Stable Isotope Ecology

WENDING TONGWEISU SHENGTAIXUE

国家科学技术学术著作出版基金资助出版

稳定同位素生态学

林光辉　著

高等教育出版社·北京
HIGHER EDUCATION PRESS BEIJING

谨把此书献给：

我的三位学术导师——中国厦门大学林鹏院士、美国迈阿密大学Leonel Sternberg教授、美国犹他大学James Ehleringer教授，是他们指导我如何开展创造性的研究、成为启蒙型的教师；

我的父母，虽然没有多少文化，却一直教育我踏踏实实做人、做事、做学问；

我的妻子柯渊和女儿Lulu，是她们的爱、支持和鼓励，支撑着我在生态学的前沿领域不断探索、进步。

序　言

自德国动物学家海克尔（Ernst Haeckel）提出生态学(ecology)的概念以来，历经140多年的发展，通过与传统博物学(观察、比较与归类)和现代实验生理学(实验、验证与解释)方法的逐渐融合，生态学逐步发展成为具备现代科学特性与品质的重要学科。一方面，它依托地理信息系统、遥感和系统分析等先进技术，向区域和全球等宏观领域拓展；另一方面，它吸收分子生物学的先进成果，不断向微观领域发展。与此同时，生态学的研究内容和任务还逐渐渗透到人类社会系统，成为人类社会可持续发展和生态文明建设的重要支撑。

类同于其他自然科学学科，生态学的创新研究也依赖于技术和方法的进步。作为20世纪80年代发展起来的先进技术，稳定同位素（stable isotope）技术具备示踪（tracing）、整合(integration)和指示(indication)等多项功能以及检测快速、结果准确等特点，在生态学研究中得到了广泛的应用，对促进和引领生态学的发展起到了重要作用。

2006年，美国生态学家傅莱（Brian Fry）出版 *Stable Isotope Ecology* 一书，这是全球第一本系统论述稳定同位素生态学学科背景、研究方法和应用前景的著作。它详细介绍了常见稳定同位素在生物圈的转化循环规律以及在解决生态学的一些关键问题，如物质交换与循环、植物-动物关系与食物网结构、动物迁徙途径以及污染物来源等方面的应用潜力，在国际上产生了很大的影响。然而，中国迄今还没有这方面的专著。如今，清华大学林光辉教授根据20多年的国内外科研经历和教学体会，并参阅大量文献资料，历时多年，撰写了《稳定同位素生态学》一书。该书对稳定同位素技术的发展历史、基本术语和稳定同位素生态学的学科特色，稳定同位素的测定方法，自然界中一些重要生源要素的稳定同位素组成及时空变化，以及稳定同位素技术在生态学和相关领域中的应用等，都进行了系统而深入的阐述，是一部不可多得的集研究和教学为一体的重要专著。

稳定同位素技术尽管在我国生态学研究中的应用起步较晚，但近几年通过国际交流合作以及我国科学家的不懈努力，已取得了重要进展。林教授这部专著的出版，毫无疑问会大大促进稳定同位素技术在我国生态学及相关领域的进一步普及和应用。

为此，特向应用这一技术的生态学科研人员、研究生和实验技术人员，以及相关领域的从业人员推荐这部目前国内最系统、最全面的专业参考书。

2013年1月

前　言

稳定同位素是指质子数相同、中子数不同且不具有放射性的元素形式。自从物理学家发现了质子和中子以后，人们就开始了稳定同位素的理论和应用研究，取得了许多重要的突破。尤其是20世纪80年代以后，稳定同位素质谱测试技术的改进和费用的降低，大大拓宽了稳定同位素及其技术的研究应用领域。除了"稳定同位素地球化学"（stable isotope geochemistry）已形成一门独立学科外，稳定同位素技术还应用于医学、农业、生态、环境科学和法医学（forensic science）等研究领域。通过稳定同位素的分析，不仅可以追踪重要元素如碳、氮和氧等的地球化学循环过程，还可诊断病人的代谢变化及其原因，估测农作物施肥的最佳配方和时间，研究动植物对环境胁迫的反应及相互关系，追踪污染物的来源与去向，推断古气候和古生态过程，甚至还可用来了解农、林产品组成成分、来源及掺假可能性，等等。

稳定同位素技术因具有示踪（tracing）、整合（integration）和指示（indication）等多项功能和检测快速、结果准确等特点，在自然科学许多研究领域（如生态学研究）中日益显示出广阔的应用前景。以稳定同位素作为示踪剂研究生态系统中生物要素的循环及其与环境的关系、利用稳定同位素技术的时空整合能力研究不同时间和空间尺度生态过程与机制以及利用稳定同位素技术的指示功能揭示生态系统功能的变化规律，已成为了解生态系统功能动态变化的重要研究手段之一。稳定同位素技术逐渐成为进一步了解生物与其生存环境相互关系的强有力工具，使现代生态学家能够解决用其他方法难以解决的生态问题。例如，在植物生理生态学方面，稳定同位素技术使我们能从新的角度探讨植物光合途径、植物对生源元素吸收、水分来源、水分平衡和利用效率等问题。生态系统生态学家利用稳定同位素技术研究生态系统的气体交换机制、生态系统功能动态变化及对全球变化的响应模式等。在动物生态学方面，稳定同位素也已广泛地应用于区分动物的食物来源、食物链、食物网和群落结构以及动物的迁徙活动等方面的研究。总之，稳定同位素技术在生态学中的应用已引起了生态学家广泛的注意，逐渐成为现代生态和环境科学研究中最有效的研究方法之一。

与分子生物学技术对现代基因、生化和进化生物学领域的发展所产生重大影响一样，稳定同位素技术已经对现代生态学的发展产生积极的影响。稳定同位素信息使我们能够洞悉不同空间尺度上（从细胞到植物群落、生态系统或某一区域）和时间尺度上（从数秒到几个世纪）的生态学过程及其对全球变化的响应。由于众多同位素化学家和地球化学家的前期开拓性研究工作，我们已经对稳定同位素在生态系统和生物地球化学循环中的特性有了更深入的了解。随着同位素研究方法的日趋完善，稳定同位素技术在那些需要深入研究的现代生态学领域中的应用前景将更加广阔。稳定同位素技术的应用所提供的信息大大加深了我们对自然环境下生物及其生态系统对全球变化的效应与反馈作用等方面的认识。美国生态学家傅莱（Brian Fry）的专著 *Stable Isotope Ecology* 在2006年的正式出版，标志着稳定同位素生态学作为生态学的一门新分支学科正式诞生。

稳定同位素技术在我国生态学研究中的应用起步较晚，近几年通过国际交流与合作以及我国科学家的不懈努力，已取得了重要的进展和突破。我国的生态学研究人员不但发表了一系列总结国外研究的综述文章，还发表了一些高水平的原创研究论文。然而，我国目前除了魏菊英、王关玉的《同位素地球化学》（1988年，地质出版社），郑淑蕙等的《稳定同位素地球化学分析》（1986年，北京大学出版社），郑永飞、陈江峰的《稳定同位素地球化学》（2000年，科学出版社）以及刘季花等翻译的Jochen Hoefs的 *Stable Isotope Biogeochemistry*（第四版，2002年，海洋出版社）等有关稳定同位素技术的专业参考书外，介绍稳定同位素技术在生态学和环境科学研究中应用的参考书只有易现峰编著的《稳定同位素生态学》（2007年，中国农业出版社）。

我是在1988年第一次接触稳定同位素技术。1988年春，我在厦门大学申请美国迈阿密大学（University of Miami）生物学系的博士研究生奖学金，申请的导师 Leonel Sternberg 教授正是美国当时为数不多应用稳定同位素技术研究生态学问题的研究人员之一。为了尽快熟悉Sternberg教授的研究方向，我从厦门大学图书馆借到郭正谊教授编著的《稳定同位素化学》（1984年，科学出版社），恶补了一通稳定同位素的基本常识，并硬啃了几篇有关稳定同位素技术在生态学研究中应用的英文文献，于当年8月前往风光秀丽的美国佛罗里达州迈阿密市，开始了海外求学的旅程，也与稳定同位素技术结下了毕生不解之缘。在四年的博士学习期间，我在Sternberg教授的亲自指导下系统学习了稳定同位素技术的理论知识、同位素比率质谱仪（isotope ratio mass spectrometer，IRMS）的原理和操作方法以及稳定同位素样品的制备技术，并应用稳定同位素技术研究佛罗里达海岸生态系统的一些重要生态问题，揭示了红树植物适应潮汐胁迫环境的生态生理机制，还首次发现了一些盐生植物如红树林在吸收水分过程中对重的氢同位素（即氘）具有明显的排斥效应，得到同位素生态学家的高度肯定。博士学习期间，我还与在同一研究组做博士后研究的罗耀华博士合作撰写了第一篇向国内同行介绍稳定同位素技术的综述论文，收录在由刘建国主编的《当代生态学博论》（1992，中国科学技术出版社）中。

1992年博士毕业后，我应聘到美国犹他大学（University of Utah）生物系从事博士后研究，师从著名的生态学家James Ehleringer教授，采用稳定同位素技术开展全球变化（全球变暖、CO_2浓度升高、降水变化）生态学效应等方面的研究，也对植物暗呼吸、纤维素合成过程的同位素效应及其生态学意义开展了一些探索性研究，多篇论文他引次数超过100次，最高的一篇达到260余次。1996年到哥伦比亚大学工作后，虽然研究方向涉及生态学多个方面，我领导的课题组始终以稳定同位素技术为主要研究手段，建设国际一流水平的稳定同位素实验室，并利用生物圈2号开展全球大气圈-生物圈相互作用的实验研究。1994—2003年间，我曾多次回国访问，就稳定同位素技术及其在生态学中的应用等专题与国内有关单位和学者进行了学术交流和科研合作，并向国内同仁介绍了稳定同位素技术在全球变化研究中的应用。2003年我入选中国科学院"百人计划"，接受中国科学院植物研究所的聘任，回国组建稳定同位素生态学创新研究团队，并建立专门用于生态学研究的稳定同位素实验室——中国科学院植物研究所生态与环境科学稳定同位素实验室（Stable Isotope Laboratory for Ecological and Environmental Research，SILEER）。即使后来调到厦门大学和清华大学任职，研究重点有所改变的情况下，我也一直把稳定同位素生态学的研究作为主攻方向，带领团队成员包括博士后和研究生利用稳定同位素技术研究碳、氮和水的循环过程与机理，动物的食物来源与食物网结构以及生物入侵、气候变暖和海平面升高等全球变化的生态响应，也撰写了多篇介绍稳定同位素技术及其在生态学等领域应用的综述论文。过去几年在中国科学院研究生院（现名为中国科学院大学）、中国科学院植物研究所、清华大学、厦门大学、复旦大学、南京大学、北京师范大学等单位授课期间，我深深感受到学生们对稳定同位素技术及其在生态学研究中应用的浓厚兴趣和我国目前这个领域专业参考书的匮缺，遂决定根据自己20多年的国内外研究经历和教学体会撰写一本有关生态学研究中的稳定同位素技术方面的专著，以期为我国正在和即将应用这一技术的生态学科研人员、研究生和实验室技术人员提供一本相对系统和全面的参考书。

本书共分15章，前3章详细介绍稳定同位素技术的基本理论和常识，包括稳定同位素技术的发展历史和基本术语（第1章）、稳定同位素的测定方法（第2章）和自然界中一些重要生源要素的稳定同位素组成及时空变化（第3章）；第4—13章分别系统介绍稳定同位素技术在生态学不同领域研究中的应用实例和发展前景，着重介绍了植物的碳代谢（第4章）、植物的水分关系（第5章）、动物生态学（第6章）、植物、动物与微生物之间的相互关系（第7章）、土壤有机质动态（第8章）、氮的地球化学循环（第9章）、大气中主要温室气体的源和汇关系（第10章）、全球变化的生态学效应（第11章）、城市生态问题（第12章）及古气候、古植被和古生态过程的重建（第13章）等方面；最后两章简要论述稳定同位素技术在与生态学紧密相关的两个应用领域的研究，包括污染物追踪（第14章）和法医学及反恐活动中的稳定同位素侦探（第15章）。

本书撰写过程中，得到了中国科学院植物研究所稳定同位素与生态学过程创新研究组（2004—2009年）、厦门大学"海岸生态学与湿地工程"课题组（2007—2011年）和清华大学全球变化生态学研究组（2011年—）同仁的支持和帮助，特别是黄建辉、陈世苹、陈鹭真等博士在本书章节设置、原始资料收集和筛选等方面提出了许多建设性意见。在文字输入与校对、图件清绘、文献收集与检查以及书稿统稿等方面也得到我的多位科研助理

（郭婕敏、郑陈娟、王新丽、熊樱、张凡、李娜、李乐义、冀春雷等）的帮助，我的多位研究生特别是冯建祥、王参谋、阎光宇、黄敏参、齐飞、李蕊、黄茜、陈卉、卢伟志、吴浩、贾岱、李清、杨翼、臧振宇、王建柱、孙伟、孙双峰、张文丽、魏龙、苗海霞、张屏等及博士后彭容豪博士也参与了文献收集、翻译和整理等方面工作，在此一并致谢。特别感谢高等教育出版社李冰祥编审的倡议、鼓励与耐心，以及柳丽丽编辑对各章书稿的细致修改和文字润色。本书撰写与出版得到了国家科学技术学术著作出版基金、国家自然科学基金重点项目（30930017）、海洋公益性科研专项（200905009）等项目基金的资助。由于著者的水平限制，书中难免有不足乃至错误之处，敬请读者和同行专家批评指正。

林光辉
2013年元月于北京

目 录

第1章 绪论   1

第1节 稳定同位素技术的发展史   3
一、早期（1950年前）的理论突破与仪器研发   3
二、启蒙阶段（1950—1979年）的开拓性研究   3
三、近代（1980年后）的开拓性研究工作   4

第2节 稳定同位素技术的有关术语   5
一、同位素的定义   5
二、同位素比率   5
三、同位素组成的 δ 表示法   7
四、稳定同位素测试标准物   7
五、同位素分馏   12
六、扩散过程的同位素分馏效应   15
七、同位素瑞利分馏   16
八、同位素混合模型   16

第3节 稳定同位素大尺度监测与研究网络   18
一、水同位素监测研究网络   18
二、气体同位素研究网络   19
三、同位素合作研究网络   21

第4节 稳定同位素生态学学科特点   22
一、研究对象与内容   22
二、研究方法学   23
三、有关参考书   23
四、有关刊物与学术会议   24

主要参考文献   27

第2章 稳定同位素测定方法与仪器   31

第1节 稳定同位素样品的采集方法   33
一、固体样品的采集   33
二、液体样品采集   34
三、气体样品采集   34

第2节　稳定同位素样品的预处理方法　　　　　　　　37
　　一、固体样品的预处理方法　　　　　　　　　　　37
　　二、植物或土壤中的水分提取方法　　　　　　　　38
　　三、纤维素提取方法　　　　　　　　　　　　　　39
　　四、样品的汽化、纯化和分离　　　　　　　　　　40
第3节　同位素比率质谱仪分析方法　　　　　　　　　41
　　一、同位素比率质谱仪的工作原理　　　　　　　　41
　　二、同位素比率质谱仪的结构　　　　　　　　　　42
　　三、同位素质谱仪的主要类型及其辅助设施　　　　44
第4节　稳定同位素的非质谱测定技术　　　　　　　　46
　　一、可调谐二极管激光吸收光谱法　　　　　　　　47
　　二、光腔衰荡激光光谱同位素分析仪　　　　　　　49
主要参考文献　　　　　　　　　　　　　　　　　　　50

第3章　稳定同位素的自然丰度　　　　　　　　　　53
第1节　碳稳定同位素　　　　　　　　　　　　　　　55
　　一、碳稳定同位素的分馏　　　　　　　　　　　　55
　　二、碳稳定同位素丰度的自然变异　　　　　　　　62
第2节　氢稳定同位素　　　　　　　　　　　　　　　66
　　一、氢稳定同位素的分馏　　　　　　　　　　　　67
　　二、氢稳定同位素丰度的自然变异　　　　　　　　68
　　三、大气降水 δD 与 $\delta^{18}O$ 的相互关系　　　　69
第3节　氧稳定同位素　　　　　　　　　　　　　　　71
　　一、氧稳定同位素的分馏　　　　　　　　　　　　71
　　二、氧稳定同位素丰度的自然变异　　　　　　　　74
第4节　氮稳定同位素　　　　　　　　　　　　　　　75
　　一、氮稳定同位素的分馏　　　　　　　　　　　　76
　　二、氮稳定同位素丰度的自然变异　　　　　　　　77
第5节　硫稳定同位素　　　　　　　　　　　　　　　78
　　一、硫稳定同位素的分馏　　　　　　　　　　　　79
　　二、硫稳定同位素丰度的自然变异　　　　　　　　79
主要参考文献　　　　　　　　　　　　　　　　　　　81

第4章 稳定同位素与碳循环研究　　87

第1节　光合作用　　89
　　一、光合途径与碳同位素比值　　89
　　二、光合生理生态特征　　90

第2节　呼吸和分解过程　　95
　　一、呼吸过程　　95
　　二、土壤呼吸　　96
　　三、植物衰老过程　　97

第3节　群落冠层水平的CO_2交换　　99
　　一、群落冠层内CO_2碳同位素比值动态　　99
　　二、森林内CO_2再循环　　100

第4节　生态系统碳循环　　102
　　一、Keeling曲线法　　102
　　二、生态系统呼吸同位素比值的变化格局　　104
　　三、生态系统呼吸组分的稳定同位素拆分　　107
　　四、生态系统碳同位素判别　　110
　　五、生态系统不同碳通量的拆分　　111

第5节　全球碳循环　　114
　　一、全球尺度大气CO_2同位素守恒原理　　114
　　二、利用大气CO_2碳同位素拆分全球碳交换　　115
　　三、利用大气CO_2的氧同位素拆分全球碳交换　　116

主要参考文献　　118

第5章 稳定同位素与植物水分关系研究　　125

第1节　植物吸收水分过程的稳定同位素效应　　128
　　一、陆地淡水植物　　128
　　二、滨海盐生植物　　129
　　三、干旱地区旱生植物和盐生植物　　131

第2节　植物水分来源的确定与量化　　134
　　一、植物不同水分来源的同位素拆分原理　　135
　　二、植物群落水分关系稳定同位素研究实例　　136

三、植物功能型与水分来源　　　　　　　　　　140
第3节　水分利用效率　　　　　　　　　　　　　　141
　　　一、碳同位素比值与水分利用效率的关系　　　141
　　　二、WUE与有机质的$\delta^{18}O$　　　　　　　　　　142
　　　三、植物水分利用效率的时空变化　　　　　　144
第4节　生态系统水交换与全球水循环研究　　　　　147
　　　一、生态系统蒸发与蒸腾稳定同位素拆分原理　148
　　　二、生态系统水分通量拆分研究实例　　　　　149
　　　三、全球水循环研究　　　　　　　　　　　　151
主要参考文献　　　　　　　　　　　　　　　　　　153

第6章　稳定同位素与动物生态学研究　　　　　　159
第1节　动物组织稳定同位素组成与食物源研究　　　162
　　　一、动物组织的稳定同位素特征　　　　　　　162
　　　二、营养级的同位素分馏效应　　　　　　　　163
　　　三、代谢与发育过程的同位素组成改变　　　　164
第2节　动物的食物来源　　　　　　　　　　　　　166
　　　一、动物食物来源的模型　　　　　　　　　　166
　　　二、稳定同位素研究动物食性的实例　　　　　167
第3节　动物的营养级位置与食物网　　　　　　　　174
　　　一、消费者营养级的稳定同位素计算方法　　　174
　　　二、典型生物的营养级　　　　　　　　　　　175
第4节　动物分布格局及迁徙活动　　　　　　　　　178
　　　一、鸟类的迁徙　　　　　　　　　　　　　　179
　　　二、哺乳动物的活动　　　　　　　　　　　　181
主要参考文献　　　　　　　　　　　　　　　　　　182

第7章　稳定同位素与种间关系研究　　　　　　　189
第1节　共生与附生关系　　　　　　　　　　　　　192
　　　一、共生关系　　　　　　　　　　　　　　　192
　　　二、附生关系　　　　　　　　　　　　　　　196

第2节　竞争、捕食和寄生关系　　　　　　　　　　　200

　　一、竞争关系　　　　　　　　　　　　　　　　200

　　二、捕食关系　　　　　　　　　　　　　　　　201

　　三、寄生关系　　　　　　　　　　　　　　　　203

主要参考文献　　　　　　　　　　　　　　　　　　204

第 8 章　土壤有机质的稳定同位素组成　　　　　209

第1节　土壤碳的起源　　　　　　　　　　　　　　211

　　一、土壤有机质碳的化学结构　　　　　　　　　212

　　二、土壤有机质碳的稳定同位素比率　　　　　　215

　　三、土壤剖面碳、氮含量及其稳定同位素　　　　215

　　四、土壤碳源的稳定同位素确定　　　　　　　　217

　　五、土壤有机质形成的分子机制　　　　　　　　219

第2节　土壤有机质转化与碳释放　　　　　　　　　219

　　一、生态系统不同组分呼吸间的差异　　　　　　220

　　二、土壤呼吸碳释放过程与机制　　　　　　　　222

第3节　土壤微生物种群结构及其功能　　　　　　　225

　　一、土壤中PLFAs的来源　　　　　　　　　　　225

　　二、PLFAs的稳定同位素分析技术　　　　　　　226

　　三、PLFAs稳定同位素分析土壤碳动态的研究实例　227

第4节　苔藓植物对土壤有机质的贡献　　　　　　　229

　　一、苔藓植物的稳定同位素组成　　　　　　　　229

　　二、苔藓植物对土壤有机质的贡献　　　　　　　230

第5节　地衣与土壤碳源的示踪　　　　　　　　　　230

　　一、地衣的固碳过程　　　　　　　　　　　　　231

　　二、地衣 $\delta^{13}C$ 与全球碳变化的指示　　　　　　234

主要参考文献　　　　　　　　　　　　　　　　　　235

第 9 章　稳定同位素与氮的生物地球化学研究　　241

第1节　氮循环过程中的氮同位素分馏　　　　　　　243

　　一、氮转化过程中的同位素分馏效应　　　　　　244

二、植物在吸收、利用和同化过程中的氮同位素分馏　247
　　三、其他过程或因素对氮同位素比值的影响　247
第2节　^{15}N自然丰度法在生态系统氮循环研究中的应用　248
　　一、固氮作用导致的氮输入　249
　　二、氮淋溶和土壤净矿化速率　253
　　三、植物氮元素的来源与去向　253
　　四、生态系统氮饱和现象　254
　　五、氮循环的长期变化趋势　255
第3节　^{15}N标记法在生态系统氮循环研究中的应用　257
　　一、^{15}N标记法的原理与方法　257
　　二、^{15}N标记法研究实例　263
主要参考文献　266

第10章　温室气体的稳定同位素组成及限制因子　271

第1节　温室气体稳定同位素的检测方法　273
　　一、质谱方法检测温室气体的稳定同位素组成　274
　　二、温室气体稳定同位素的激光光谱检测方法　275
第2节　大气CO_2的同位素组成　276
　　一、大气CO_2的稳定同位素特征　277
　　二、大气CO_2的源与汇　281
第3节　大气CH_4的同位素组成及其生态学意义　284
　　一、CH_4生成途径与同位素比值　284
　　二、CH_4稳定同位素比值的变化及其驱动因子　285
　　三、大气CH_4源与汇的分布　287
　　四、热带雨林的CH_4源　289
　　五、植物体内CH_4排放通道　289
第4节　大气及土壤释放的N_2O稳定同位素组成　290
主要参考文献　293

第 11 章　全球变化生态学效应研究　　301

第 1 节　大气 CO_2 浓度增加对生态系统生产力的影响　　304

一、CO_2 浓度升高条件下陆地生态系统中碳的去向与滞留时间　　305

二、CO_2 浓度升高条件下生态系统碳-氮相互作用　　306

三、CO_2 浓度升高对生态系统水分平衡的影响　　307

四、CO_2 浓度升高对陆地生态系统生产力的影响　　308

五、CO_2 浓度升高对生态系统营养关系的影响　　310

第 2 节　全球变暖的生态学效应研究　　311

一、增温对土壤碳库动态的影响　　311

二、增温对土壤矿化过程的影响　　314

三、增温对不同生长型植物养分关系的影响　　315

第 3 节　降水变化的生态效应　　317

一、降水变化对土壤呼吸的影响　　317

二、降水增加对荒漠群落水分关系的影响　　319

第 4 节　海平面上升的生态效应　　322

第 5 节　大气氮沉降增加的生态效应　　324

主要参考文献　　326

第 12 章　稳定同位素与城市生态学　　333

第 1 节　城区 CO_2 同位素组成变化与化石燃料利用　　335

一、城区空气 CO_2 浓度变化及其源的同位素组成　　337

二、城区 CO_2 主要源的同位素拆分　　342

三、城区化石燃料利用的研究案例　　344

第 2 节　城区植物稳定同位素与植物生理生态响应　　352

一、城区大气 CO_2 浓度重建　　353

二、城市空气污染对城区及周边地区植物的影响　　354

第 3 节　城市空气颗粒物 $PM_{2.5}$ 和 PM_{10} 的稳定同位素研究　　357

一、原理　　358

二、研究案例　　358

主要参考文献　　361

第 13 章　古气候、古植被与古生态过程的重建　365

第 1 节　树轮稳定同位素　367
一、树轮稳定同位素重组古气候、古生态、古环境的原理　368
二、树轮稳定同位素与古气候、古环境重建研究实例　372

第 2 节　沉积物稳定同位素　382
一、沉积物有机质同位素与环境的关系　382
二、沉积物中生物有机分子稳定同位素与环境的关系　401

第 3 节　化石材料的稳定同位素　404
一、化石木　404
二、动物的骨骼和牙齿　406

主要参考文献　408

第 14 章　稳定同位素与污染生态学　419

第 1 节　水体污染物的稳定同位素示踪研究　422
一、地表水硫酸盐源的识别　423
二、地下水中氮化物源的识别　425
三、近海水体富营养化的发生机理　427
四、流域水体污染物的同位素时空格局及成因　429

第 2 节　大气污染物的稳定同位素示踪研究　431
一、空气硫化物与酸雨　431
二、空气污染对植物的生态效应研究　432
三、大尺度空间范围大气硫化物来源追踪　435

第 3 节　土壤有机与无机污染物的稳定同位素示踪研究　437
一、森林土壤硫元素的循环与转化　437
二、土壤氮化物　438
三、土壤多环芳烃等有机污染物　438

主要参考文献　440

第15章 稳定同位素技术与产品溯源和司法侦探 447

第1节 食品溯源与原产地品质保障 449
一、食品产地溯源稳定同位素技术的原理 450
二、食品溯源稳定同位素技术应用实例 452
三、同位素溯源技术与其他溯源技术的区别与联系 462

第2节 产品掺假鉴定与消费者利益保护 464
一、产品掺假稳定同位素鉴定的原理与测定方法 464
二、产品掺假稳定同位素鉴定的研究与应用实例 465

第3节 违禁物品的追踪与检验 472
一、理论基础 473
二、测定方法 475
三、古柯叶片稳定同位素比值与生物碱含量 475
四、海洛因和吗啡的稳定同位素比值 475
五、无水醋酸的碳同位素比值 476
六、可卡因纯度与 $\delta^{13}C$ 的关系 477
七、毒品来源及其走私途径的追溯 477
八、稳定同位素技术在兴奋剂检测中的应用 478

主要参考文献 480

索 引 485

插 图

第 1 章
绪论

如同分子生物技术对基因学、分子生物学和进化生物学的发展产生巨大影响一样，稳定同位素技术也对现代生态学的发展起着极为重要的作用，其应用涉及植物生理生态适应机制、动植物相互作用、全球变化效应、全球碳循环、水资源的合理利用、食物网结构及营养级关系、古植被和古气候重建等众多生态学研究领域。稳定同位素生态学（stable isotope ecology）也随着同位素技术在生态学领域内的广泛应用而诞生。通过稳定同位素分析，不仅可以追踪生源要素（如碳、氮、磷等）的地球化学循环过程，还可研究动植物对环境胁迫的响应、追踪污染物的来源与去向、重建古气候和古生态过程等。本章简要回顾生态学研究中稳定同位素技术的发展历程，着重阐明稳定同位素技术的一些关键术语，并介绍一些比较著名的稳定同位素生态监测和研究网络，最后概述稳定同位素生态学的学科特点。

第1节 稳定同位素技术的发展史

一、早期（1950年前）的理论突破与仪器研发

稳定同位素技术并不是一门新技术。早在1913年，Soddy就提出了"同位素（isotope）"一词。1913年，Thomas用磁分析器发现天然氖是由质量数为20和22的两种同位素所组成，第一次证实了自然界中同位素的存在。Giauque和Johnson于1929年首先在大气的氧气中发现了氧同位素（^{17}O 和 ^{18}O）。1931年，Urey和他的同事发现了氘（deuterium，即 ^{2}H 或 D）同位素。1934年，Urey教授还因在同位素研究方面的卓越工作而获得当年的诺贝尔化学奖。在已知的约1 700余种同位素中，稳定同位素占260多种。

Cohn和Urey教授于1938年开发出用于水的氧同位素分析的 CO_2-H_2O 交换技术。几年后，Nier研制出第一台同位素比率质谱仪（isotope ratio mass spectrometer，IRMS）。1950年，McKinney和他的同事改进了Nier的质谱仪，使其分析精度有了明显的提高。随后，同位素比率质谱仪不断得到改进，分析精度不断提高，自动化程度也更趋完善（详见第2章）。

二、启蒙阶段（1950—1979年）的开拓性研究

稳定同位素技术在地球化学和生态学研究中的应用源于20世纪40年代末和50年代初一批先驱者的开拓性工作。例如，20世纪40年代，Urey（1947）就提出一些有关稳定同位素分馏的理论。1948年，Urey等（1948）还提出同位素古温度（isotopic paleo-temperature）的概念，极大地促进了稳定同位素技术在地球化学和古气候领域的应用。1953年，Friedman（1953）发表关于自然界水中氢同位素比值变化的论文。同一年，Epstein和他的学生发表第一篇论述自然界中氧同位素比值变化的综述性文章（Epstein and Mayeda，1953）。两年后，Hoering（1955）发表首篇关于自然物质中氮同位素比值变化的论文。1958年，Bigeleisen和Wolfsberg（1958）把过渡态理论（或称"活化络合物理论"）用于解释同位素动力学分馏，根据反应底物及其过渡态的振动能量（vibrational energy）以及反应途径及其与不同状态表观能量的关系描述同位素化学动力分馏过程。

同一年，美国Scripps海洋学研究所（Scripps Institute of Oceanography）的Keeling（1958，1961）博士在美国夏威夷Maui岛上开始著名的CO_2浓度和碳稳定同位素含量测定实验，并提出Keeling曲线法（Keeling plot approach），为现在研究陆地生态系统和全球碳平衡提供了一种极为有效的稳定同位素方法。1965年，Craig和Gordon（1965）提出著名的水分蒸发过程中同位素变化的Craig-Gordon模型，以经验公式表现出水分蒸发过程中氢和氧两种同位素的分馏过程，为利用稳定同位素技术研究自然界水循环和植物水分关系奠定了理论和实践基础。1976年，Libby等（1976）在 Nature 上发表的树木同位素气候参数文章，引发各国学者对稳定同位素分馏机制、环境影响因子、学科应用、分析测试手段、模型建立等方面的大量研究和讨论，并掀起了稳定同位素技术在地球化学和古气候重建等方面的应用热潮。

三、近代（1980年后）的开拓性研究工作

20世纪80年代和90年代，一些植物生理和生态学家提出的理论以及开展的野外研究开拓了稳定同位素技术在生态学研究中应用的新纪元。1982年，Farquhar等（1982）建立了C_3植物叶片碳同位素与其C_i/C_a（细胞内CO_2浓度与大气中CO_2浓度之比）之间的关系，而后又将其扩展到C_4植物（Farquhar and Richards，1984）。这些文章已被引用千次以上，成为经典文章。在此基础上，1989年，Farquhar等（1989）发表了关于光合作用过程中稳定同位素分馏的综述文章。1983年，Sternberg和DeNiro（1983）提出了纤维素合成中的氧同位素分馏因子。1990年，Yakir和DeNiro（1990）确定了纤维素合成的自养和异养代谢过程中氢和氧同位素的分馏值。1989年，Sternberg（1989）又提出了森林冠层内同位素再循环指数（isotopic recycle index）。1990年，Tans等（1990）开展了世界范围内用于碳和氧同位素分析的大气CO_2取样工作。1993年，Farquhar等（1993）确定了叶片H_2O-CO_2交换过程中氧同位素的分馏及其在世界范围内的分布。1996年，Yakir和Wang（1996）最先结合同位素剖面分析与涡度通量测定技术，用于区分野外条件下生态系统的净交

换和蒸散的各组分。与此同时，Peterson和Fry（1987）利用碳、氮、硫三种元素的同位素对美国东部滨海盐沼生态系统食物链关系进行了定量的研究，确定了同位素在营养级间的富集规律和食物网关系研究的新思路。正是以上这些开拓性研究，为后来的生态学研究提供了稳定同位素技术应用的范例，奠定了稳定同位素生态学作为一门新学科的理论基础（Fry，2006）。

第2节 稳定同位素技术的有关术语

一、同位素的定义

原子由质子、中子和电子组成。具有相同质子数、不同中子数（或不同质量数）的同一元素的不同核素互为同位素。同位素可分为两大类：放射性同位素（radioactive isotope）和稳定同位素（stable isotope）。稳定同位素是指某元素中不发生或极不易发生放射性衰变的同位素。有时，稳定同位素也被称为稳定性同位素，甚至在同一本著作或论文中也会出现这两种不同的名称。本书作者建议统一采用"稳定同位素"一词，既简练又达意。

稳定同位素中相当一部分是天然形成的，例如H和D、^{13}C和^{12}C、^{18}O和^{16}O、^{15}N和^{14}N、^{34}S和^{32}S等（表1-1）；另一小部分是放射性同位素衰变的最终稳定产物，如^{206}Pb、^{87}Sr等。后者通称为放射性同位素（radiogenic isotope），本书只涉及前者，即天然稳定同位素。稳定同位素之间虽然没有明显的化学性质差别，但其物理性质（如在气相中的传导率、分子键能、生化合成和分解速率等）因质量上的差异常有微小的差异，导致物质在反应前后同位素组成上有明显的差异。正是这种自然物质间同位素组成上的差别，使稳定同位素技术成为一种广泛应用于生态学和地球化学研究的新方法。

二、同位素比率

元素的同位素组成常用同位素丰度（isotopic abundance）表示。同位素丰度是指一种元素的同位素混合物中，某特定同位素的原子数与该元素的总原子数之比。绝对丰度（absolute abundance）是指地球上各元素或核素存在的数量比，也称元素丰度（element abundance）。在天然物质中，甚至像陨石之类的地球外物质中，大多数元素（特别是较重元素）的同位素组成相当恒定。但是，自然条件下的多种物理、化学和生物等作用不断地对同位素（特别是轻元素的同位素）进行分离，

表1-1　生态学研究中常用的稳定同位素及其主要特征（Fontes and Fritz，1986；Fry，2006）

元素	同位素	原子百分比	常见的丰度比形式（质量比）	δ值自然界变异[②]/‰
氢	^1H ^2H（D[①]）	99.984 0.016	$^1HD/^1H^1H$（3/2）	约700
碳	^{12}C ^{13}C	98.89 1.11	$^{13}C^{16}O^{16}O/^{12}C^{16}O^{16}O$（45/44）	约110
氮	^{14}N ^{15}N	99.64 0.36	$^{15}N^{14}N/^{14}N^{14}N$（29/28）	约90
氧	^{16}O ^{17}O ^{18}O	99.76 0.037 0.204	$^{12}C^{16}O^{18}O/^{12}C^{16}O^{16}O$（46/44）	约100
硫	^{32}S ^{33}S ^{34}S ^{36}S	95.02 0.76 4.21 0.014	$^{34}S^{16}O^{16}O/^{32}S^{16}O^{16}O$（98/96）	约150

注：① 相对原子质量为2的氢稳定同位素也叫氘，Deuterium（D）；② δ的定义见本节三。

放射性衰变或诱发核反应也使某些元素的同位素不断产生或消灭，故随样品来源环境的变迁，元素的同位素组成也在某一范围内变化。

由于重同位素的自然丰度很低（表1-1），故一般不直接测定重、轻同位素各自的绝对丰度，而是测定它们的相对丰度或同位素比率（isotope ratio，R），R可用下式表示：

$$R = \frac{重同位素丰度}{轻同位素丰度} \tag{1-1}$$

R前面可带有一个上标代表被研究的同位素质量数，例如：

$$^{13}R(CO_2) = \frac{[^{13}CO_2]}{[^{12}CO_2]} \text{ 或 } ^{18}R(CO_2) = \frac{[C^{18}O^{16}O]}{[C^{16}O_2]}$$

$$^{2}R(H_2O) = \frac{[^{2}H^{1}HO]}{[^{1}H_2O]} \text{ 或 } ^{18}R(H_2O) = \frac{[H_2^{18}O]}{[H_2^{16}O]} \tag{1-2}$$

同位素比率与原子百分比（$AT\%$）有所区别。例如，对于CO_2而言，后者定义为：

$$AT\% = \frac{[^{13}CO_2]}{[^{13}CO_2]+[^{12}CO_2]} \times 100 = \frac{[^{13}CO_2]}{[CO_2]} \times 100 = \frac{^{13}R}{1+^{13}R} \times 100 \tag{1-3}$$

当稀有同位素浓度很高时，例如在标记混合物中，稀有同位素的浓度经常是以原子百分比表示的，它和同位素比率 R 的关系如下式所示：

$$^{13}R = \frac{[AT\%/100]}{[1-AT\%/100]} \qquad (1-4)$$

三、同位素组成的 δ 表示法

在稳定同位素地球化学和生态学研究中，人们感兴趣的是物质同位素组成的微小变化，而不是绝对值的大小，同时为了便于进行比较，物质的同位素组成除了用同位素比率 R 表示外，更常用同位素比值（δ 值，简读为"delta 值"）表示（McKinney et al., 1950），其定义为：

$$\delta = \left(\frac{[R_{样品}]}{[R_{标准}]} - 1\right) \times 1\,000‰ \qquad (1-5)$$

它表示了样品中两种同位素比值相对于某一标准对应比值的相对千分差。当 δ 值大于零时，表示样品的重同位素比标准物富集（enrichment），小于零时则比标准物贫化（depletion）。因此，δ 值能清晰地反映同位素组成的变化。实际应用中，δ 值就是物质同位素组成的代名词，例如 $\delta^{13}C$、δD、$\delta^{18}O$、$\delta^{15}N$、$\delta^{34}S$ 分别表示碳、氢、氧、氮和硫稳定同位素相对于各自标准物的比值。以碳同位素为例，$AT\%$、$^{13}C/^{12}C$ 值与 $\delta^{13}C$ 值可以根据下式转换：

$$\delta^{13}C = [^{13}R/0.011\,237\,2 - 1] \times 1\,000‰ \qquad (1-6)$$

式中，$^{13}R = ^{13}C/^{12}C$

$$^{13}R = [\delta^{13}C(‰)/1\,000 + 1] \times 0.011\,237\,2 \qquad (1-7)$$

式中，0.011 237 2 为碳同位素测试标准物的 R 值。因此，

$$AT\% = ^{13}R \times 100/(1+^{13}R) \text{ 或 } R = AT\% \times 0.01/(1-AT\%/100) \qquad (1-8)$$

四、稳定同位素测试标准物

由于样品的 δ 值总是相对于某个标准物而言的，因而同一物质比较的标准物不同，得出的 δ 值也各异。因此，对样品间稳定同位素组成进行对比时必须采用同一标准物，或者将各实验室的数据换算成国际公认的统一标准。一个好的标准物应该满足以下要求：① 同位素组成均一，大致为天然同位素组成变化范围的中间值；② 数量大，以供长期使用；③ 化学制备和同位素测试操作较容易。目前普遍使用的国际公认标准物包括 SMOW、PDB、CDT 和 N_2-atm 等（表 1-2）。

SMOW（standard mean ocean water）是平均海洋水，作为氢、氧同位素标准物。

表1-2 国际公认的稳定同位素标准物及其特征值（Fry，2006）

标准物	丰度比形式	重同位素含量/%	轻同位素含量/%	重、轻同位素丰度比
SMOW	$^2H/^1H$（D/H）	0.015 574	99.984 426	$1.557\ 6 \times 10^{-4}$
	$^{17}O/^{16}O$	0.037 90	99.762 06	3.799×10^{-4}
	$^{18}O/^{16}O$	0.200 04	99.762 06	$2.005\ 2 \times 10^{-3}$
PDB	$^{13}C/^{12}C$	—	—	$1.123\ 72 \times 10^{-2}$
	$^{17}O/^{16}O$	0.038 5	99.755 3	3.859×10^{-4}
	$^{18}O/^{16}O$	0.206 2	99.755 3	$2.067\ 2 \times 10^{-3}$
V-PDB	$^{13}C/^{12}C$	1.105 6	98.894 4	$1.117\ 97 \times 10^{-2}$
N_2-atm	$^{15}N/^{14}N$	0.366 30	99.633 70	$3.676\ 5 \times 10^{-3}$
V-CDT	$^{33}S/^{32}S$	0.748 65	95.039 57	$7.877\ 2 \times 10^{-3}$
	$^{34}S/^{32}S$	4.197 19	95.039 57	$4.416\ 26 \times 10^{-2}$
	$^{36}S/^{32}S$	0.014 59	95.039 57	$1.553\ 3 \times 10^{-4}$

SMOW的D/H=$1.557\ 6 \times 10^{-4}$、$^{18}O/^{16}O$=$2.005\ 2 \times 10^{-3}$（Hayes，1983）。根据定义，其$\delta D=0‰$，$\delta^{18}O=0‰$。这是一个假想标准物，它是根据美国国家标准局（National Bureau of Standards，NBS）的一个标准物NBS-1定义为标准物，NBS-1的$\delta D=-47.1‰$，$\delta^{18}O=-7.89‰$。实际上使用的SMOW标准物是由位于维也纳（Vienna）国际原子能组织（International Atomic Energy Agency，IAEA）同位素实验室配制的V-SMOW，即海水经蒸馏后加入其他水配成的水样，其组成与SMOW几乎相等。

PDB（Pee Dee Belemnite）是美国南卡罗来纳州白垩系皮狄组地层中的美洲拟箭石，用作碳同位素标准物，最初是由美国芝加哥大学Ureg等制备的，现已耗尽，但文献中仍沿用它作为碳同位素标准物，其$^{13}C/^{12}C$=$1.123\ 72 \times 10^{-2}$。我们实际中使用的V-PDB标准物是由国际原子能组织同位素实验室制备的标准，根据它与NBS-19的关系将其$^{13}C/^{12}C$定为$1.117\ 97 \times 10^{-2}$（Sulzman，2007）。在古气候学和生态学研究中也把PDB用作碳酸盐氧同位素的标准物，其$^{18}O/^{16}O$=$2.067\ 2 \times 10^{-3}$。根据定义，它的$\delta^{13}C=0‰$；相对于SMOW，它的$\delta^{18}O$值定在30.86‰。

氮同位素的国际标准物为N_2-atm（大气中的氮气），它的量大而且氮稳定同位素比值非常稳定。硫同位素标准物则是CDT（Canyon Diablo Troilite），即美国亚利桑那州迪亚布洛峡谷中铁陨石中的陨硫铁，其$^{34}S/^{32}S$=$4.416\ 26 \times 10^{-2}$。除此之外，还有一些其他氢、氧、碳同位素标准物，如GNIP、SLAP、NBS-28、NBS-18、LTB-1等（表1-3）。在实际工作中，由于不可能在实验中把所有测定的样品和国际标准物进行直接对比，通常是先利用各实验室的"工作标准物"或"参考标准物"，然后再把样品相对于工作标准物的δ值换算成样品相对于国际标准物的δ值。

表 1-3 国内外常用的稳定同位素标准物

类型	标样代号	标样名称	同位素名称及 δ/‰	相对标准	标准来源
有机碳、氢同位素	IAEA-cH-6	SUCROSE	^{13}C -10.40 ± 0.2	PDB	IAEA-RM（参标）
	IAEA-cH-7	Poluethylene	^{13}C -31.80 ± 0.2	PDB	
	IAEA-cH-7	Poluethylene	^{2}H -100.30 ± 2.0	V-SMOW	
	NBS-22	Oil	^{13}C -29.70 ± 0.2	PDB	
	NBS-22	Oil	^{2}H -118.50 ± 2.0	V-SMOW	
有机化合物碳、氮同位素	IAEA	Caffeine	^{13}C -33.2	PDB	商业途径
	IAEA	Caffeine	^{15}N -27.9 ± 0.3	Air-N_2	
	IAEA	Urea	^{13}C -43.53	PDB	
	IAEA	Urea	^{15}N -0.36	Air-N_2	
	Work standard（USA）	Glycine	^{13}C -33.3	PDB	
	Work standard（USA）	Glycine	^{15}N $+10.0$	Air-N_2	
	Work standard（USA）	Collagen	^{13}C -9.0	PDB	
	Work standard（USA）	Collagen	^{15}N 6.7	Air-N_2	
	Work standard（USA）	Urea	^{13}C -49.1	PDB	
	Work standard（USA）	Urea	^{15}N -1.3	Air-N_2	
有机氢、氧同位素	IAEA	Benzoic acid	^{2}H 120.4 ± 1.2	V-SMOW	商业途径
	IAEA	Benzoic acid	^{18}O 24.7 ± 0.5	V-SMOW	
氮化合物同位素	NBS-14	大气氮	^{15}N 0.00	Air-N_2	IAEA-CM（定标）
	IAEA-N-1	$(NH_4)_2SO_4$	^{15}N $+0.538\pm0.186$	Air-N_2	IAEA-RM（参标）
	IAEA-N-2	$(NH_4)_2SO_4$	^{15}N $+20.343\pm0.473$	Air-N_2	
	IAEA-N-3	KNO_3	^{15}N $+4.613\pm0.191$	Air-N_2	

续表

类型	标样代号	标样名称	同位素名称及 δ/‰	相对标准	标准来源
氮化合物同位素	NSVC	大气氮	^{15}N −2.80±0.20	Air-N$_2$	IAEA-RM（参标）
	USGS25	(NH$_4$)$_2$SO$_4$	^{15}N −30.4±0.40	Air-N$_2$	
	USGS26	(NH$_4$)$_2$SO$_4$	^{15}N +53.7±0.40	Air-N$_2$	
	USGS32	KNO$_3$	^{15}N +180.0±0.10	Air-N$_2$	
碳酸盐碳、氧同位素	NBS-18	碳酸岩	^{13}C −5.01±0.06	V-PDB	IAEA-RM（参标）
	NBS-18	碳酸岩	^{18}O −23.0±0.1	V-PDB	
	NBS-19	大理岩	^{13}C +1.95	V-PDB	
	NBS-19	大理岩	^{18}O −2.20	V-PDB	
	NBS-19	大理岩	^{18}O +28.6	V-SMOW	
	IAEA-CO-1	CaCO$_3$	^{13}C +2.48±0.03	PDB	
	IAEA-CO-1	CaCO$_3$	^{18}O −2.44±0.08	PDB	
	IAEA-CO-8	CaCO$_3$	^{13}C −5.75±0.07	PDB	
	IAEA-CO-8	CaCO$_3$	^{18}O −22.7±0.2	PDB	
	IAEA-CO-9	BaCO$_3$	^{13}C −47.1±0.2	PDB	
	IAEA-CO-9	BaCO$_3$	^{18}O −15.3±0.1	PDB	
气体碳同位素	NBS-16	工业钢瓶气	^{13}C −41.8	PDB-CO$_2$	NBS（美国标准）
	NBS-16	工业钢瓶气	^{18}O −36.0	PDB-CO$_2$	
	NBS-17	美国西南气井	^{13}C −4.51	PDB-CO$_2$	
	NBS-17	美国西南气井	^{18}O −18.62	PDB-CO$_2$	
	IGGCAS-CO$_2$-1	佛山CO$_2$气井	^{13}C −2.83	PDB-CO$_2$	IGGCAS（室标准）
	IGGCAS-CO$_2$-1	佛山CO$_2$气井	^{18}O −12.44	PDB-CO$_2$	
	IGGCAS-CO$_2$-2	工业钢瓶气	^{13}C −12.63	PDB-CO$_2$	
	IGGCAS-CO$_2$-2	工业钢瓶气	^{18}O +30.28	V-SMOW	
硅酸盐氧化物	NBS-30	美国加州黑云母	^{2}H −65.7±0.3	V-SMOW	IAEA-RM（参标）
	NBS-30	美国加州黑云母	^{18}O +5.2±0.2	V-SMOW	
	NBS-28	非洲玻璃石英砂	^{18}O +9.6±0.1	V-SMOW	
	GBW04409	石英	^{18}O +11.11±0.06	V-SMOW	GBW（中国标准）
	GBW04410	石英	^{18}O −1.75±0.08	V-SMOW	
	GBW04421	石英	^{30}Si −0.02±0.10	NBS-28	
	GBW04422	石英	^{30}Si −2.68±0.10	NBS-28	

续表

类型	标样代号	标样名称	同位素名称及 δ/‰	相对标准	标准来源
水中氢、氧同位素标准	SMOW（V-S）	平均海洋水	^{18}O 0	V-SMOW	IAEA-CM（定标）
	SMOW（V-S）	平均海洋水	^{2}H 0	V-SMOW	
	SLAP	南极冰雪样品	^{18}O −55.50	V-SMOW	IAEA-RM（参标）
	SLAP	南极冰雪样品	^{2}H −428.0	V-SMOW	
	GISP	格陵兰冰雪样品	^{18}O −24.8±0.05	V-SMOW	
	GISP	格陵兰冰雪样品	^{2}H −189.5±1.0	V-SMOW	
	NBS-1A	美国黄石公园雪水	^{18}O −24.29	V-SMOW	NBS（美国标准）
	NBS-1A	美国黄石公园雪水	^{2}H −183.20	V-SMOW	
	GBW04401	称重法配制纯水	^{18}O +0.32±0.19	V-SMOW	GBW（中国标准）
	GBW04401	称重法配制纯水	^{2}H −0.40±1.0	V-SMOW	
	GBW04402	称重法配制纯水	^{18}O −8.79±0.14	V-SMOW	
	GBW04402	称重法配制纯水	^{2}H −64.8±0.11	V-SMOW	
	GBW04403	称重法配制纯水	^{18}O −24.52±0.2	V-SMOW	
	GBW04403	称重法配制纯水	^{2}H −189.1±0.11	V-SMOW	
	GBW04404	称重法配制纯水	^{18}O −55.16±0.24	V-SMOW	
	GBW04404	称重法配制纯水	^{2}H −428.3±0.12	V-SMOW	
	IGGCAS-HO$_2$-1	纯水	^{2}H −64.0	V-SMOW	IGGCAS（室标准）
	IGGCAS-HO$_2$-2	纯水	^{2}H −50.4	V-SMOW	
钢瓶气	IGGCAS-H-1	高纯钢瓶气	^{2}H −150.6	V-SMOW	IGGCAS（室标准）
	IGGCAS-H-2	高纯钢瓶气	^{2}H −76.3	V-SMOW	
硫酸盐硫化物	NBS-127	$BaSO_4$	^{34}S +20.32±0.36	CDT	IAEA-CM（定标）
	NBS-127	$BaSO_4$	^{18}O +9.34±0.32	V-SMOW	
	NBS-123	ZnS	^{34}S +17.10±0.31	CDT	IAEA-RM（参标）
	IAEA-S-1	Ag_2S	^{34}S −0.30	CDT	
	IAEA-S-2	Ag_2S	^{34}S +21.7	CDT	IAEA-IC（交换标准）
	IAEA-S-3	Ag_2S	^{34}S −30.7	CDT	
	GBW04414	Ag_2S	^{33}S −0.02±0.11	CDT	GBW（中国标准）
	GBW04414	Ag_2S	^{34}S −0.07±0.13	CDT	
	GBW04415	Ag_2S	^{33}S +11.36±0.14	CDT	
	GBW04415	Ag_2S	^{34}S +22.15±0.14	CDT	
	IGGCAS-SO$_2$-1	高纯钢瓶气SO_2	^{34}S −5.29	CDT	IGGCAS（室标准）

五、同位素分馏

由于同位素之间在物理、化学性质上的差异,导致反应底物和生成产物在同位素组成上出现差异,这种现象称作同位素效应(isotope effect)。虽然相同元素的同位素在核外电子数及排列上相同,但不同同位素间由于质量上的差异表现出物理和化学行为的一定差异,而且相对质量差异越大,物理和化学行为的差异也越大。例如 $H_2^{18}O$ 与 $H_2^{16}O$ 之间的理化性质差别就比 $DH^{16}O$ 与 $H_2^{16}O$ 之间的大(表1-4)。

表1-4 含有不同同位素的水分子在物理和化学性质上的差异

性质	$H_2^{16}O$	$DH^{16}O$	$H_2^{18}O$
相对分子质量	18.015 71	20.028 36	
20℃时密度/(g·cm^{-3})	0.997	1.105 1	1.110 6
最大密度/(g·cm^{-3})	1	1.105 97	
最大密度时温度/℃	3.98	11.23	4.3
熔点/℃	0	3.813	0.28
沸点/℃	100	101.43	100.14
饱和蒸气压(25℃)/mmHg①	760	721.6	
电离常数(25℃)	1.05×10^{-4}	1.95×10^{-15}	
NaCl溶解度(25℃)/(g·g^{-1})		0.359 2	0.305 6
摩尔体积(20℃)/(cm^3·mol^{-1})		18.049	18.124
室温下离子积	1×10^{-4}	0.16×10^{-4}	

注:① 1mmHg=133.322 Pa。

同位素效应的大小通常用分馏系数(fractionation factor)或判别值(discrimination value)的程度来表示。同位素分馏(isotopic fractionation)是指由于同位素质量不同,在物理、化学及生物化学作用过程中一种元素的不同同位素在两种或两种以上物质(物相)之间的分配具有不同的同位素比值的现象。同位素分馏系数一般用 α 表示,即:

$$\alpha = R_s / R_p \qquad (1-9)$$

式中,R_p 和 R_s 分别表示产物和底物的某一元素重、轻同位素之比(如 $^{13}C/^{12}C$)。在有些研究中,同位素分馏系数被定义为:

$$\alpha' = R_p / R_s \qquad (1-10)$$

这两种表示法所示的同位素分馏系数互为倒数。为避免混淆，本书全文采用 α、α' 区分两者的不同含义。

同位素效应大小也可用同位素判别值（Δ）来表示：

$$\Delta = \alpha - 1 \quad (1-11)$$

Δ 与 δ 的关系为：

$$\Delta = \frac{\delta_s - \delta_p}{\delta_p + 1} \quad (1-12)$$

在文献中，有时用 $10^3 \ln\alpha$ 表示 Δ，或用 $\Delta \approx \delta_s - \delta_p$（因 $\delta_p \ll 1$）。另外，也有的用 ε 表示同位素判别值，其定义为：

$$\varepsilon = 1 - \alpha' = \frac{\delta_s - \delta_p}{\delta_s + 1} \quad (1-13)$$

注意这里的分母与 Δ 表示式（式1-12）的差异。

同位素分馏主要有三种类型：热力学平衡分馏（thermodynamic equilibrium fractionation）、动力学非平衡分馏（kinetic disequilibrium fractionation）和非质量相关分馏（mass independent fractionation）。在生态学研究中，尽管这些分馏一般情况下都很小，但却非常重要，所以必须充分了解这些分馏过程。

（一）热力学平衡分馏

当体系的其他物理、化学性质不发生变化，同位素在不同物质或物相中维持不变，这种状态就叫同位素平衡状态。在体系处于同位素平衡状态时，同位素在两种物相间的分馏称为同位素平衡分馏。在讨论同位素平衡分馏时可以不考虑同位素分馏的具体机理，而把所有的平衡分馏看作同位素交换反应的结果加以处理。如 CO_2 与 H_2O 之间的氧同位素交换反应中：

$$H_2{}^{16}O + C^{18}O^{16}O \rightleftharpoons H_2{}^{18}O + C^{16}O_2$$

CO_2 中的 ^{18}O 与 H_2O 中 ^{16}O 发生了交换，这时就发生了同位素平衡分馏，其分馏系数 $^{18}\alpha_{CO_2-H_2O}$ 与温度有关：

$$10^3 \ln{}^{18}\alpha_{CO_2-H_2O} = A \times 10^6 / T^2 + B \quad (1-14)$$

式中，T 为热力学温度，A、B 为常数。当 $t=25℃$（$T=298K$）时，$^{18}\alpha_{CO_2-H_2O}=1.041$。

同位素间的物理和化学特性的区别是由同位素原子核的质量不同引起的。由质量差异引起的结果是双重的：① 较重的同位素分子的移动性较弱，和其他分子碰撞的频率也较低；② 较重的分子一般具有较高的结合能。因此，同位素分馏的程度与同位素间原子质量差别大小成正比。假设某元素有三种同位素，质量数分别为 m、$m+1$ 和 $m+2$，它们的同位素分馏系数存在以下关系：

$$[\alpha_{m-(m+2)}-1] \approx 2[\alpha_{m-(m+1)}-1] \approx 2[\alpha_{(m+1)-(m+2)}-1] \quad (1-15)$$

例如上述 CO_2 与 H_2O 同位素交换过程中如果 ^{18}O 换成 ^{17}O：

$$H_2^{16}O + C^{17}O^{16}O \rightleftharpoons H_2^{17}O + C^{16}O_2$$

在25℃时，$^{17}\alpha_{CO_2-H_2O}=1.020$，远小于 ^{18}O 的分馏系数。其他元素的同位素分馏系数以此类推。

（二）动力学非平衡分馏

动力学非平衡分馏，即动力学分馏，是指偏离同位素平衡而与时间有关的分馏，即同位素在物相之间的分配随着时间和反应进程而不断变化。自然界许多过程会产生同位素动力学分馏，如单向化学反应、水分蒸发、分子扩散和生物过程等。CO_2 通过植物叶片上气孔的扩散过程出现的同位素分馏，就是一种常见的物理过程动力学非平衡分馏。由于 $^{13}CO_2$ 质量明显大于 $^{12}CO_2$，气孔的扩散过程就会分馏 ^{13}C，或者说对 ^{13}C 产生了同位素判别，使进入气孔内的 CO_2 贫化 $^{13}CO_2$。在生物过程中，动力学分馏经常需要一种酶的催化作用，这种酶能够判别混合物中的同位素，最终造成产物与底物之间显著的同位素差异。动力学分馏产生的原因是轻同位素（相对分子质量小）结合键容易断开。与重同位素相比，轻同位素活性更高，能够更快、更容易地在产物中富集。许多生物化合和生物地球化学过程都排斥混合物中的重同位素，如 C_3 光合途径 CO_2 固定中，1,5-二磷酸核酮糖羧化酶（Rubisco）对 $^{13}CO_2$ 判别大于 $^{12}CO_2$。这种排斥导致了生物化学反应或生物地球化学循环中不同阶段的产物库以及生物对这些库中不同资源的吸收利用都发生了显著的变化。

（三）非质量相关分馏

一般来说，同位素交换反应服从质量相关定则（式1-15）。但在有些特殊情况下，同位素交换反应不服从质量相关定则。对于这种不服从质量相关定则的同位素分馏称为非质量相关分馏。例如，对于氧分子的不同同位素形式 $^{16}O^{16}O$、$^{17}O^{16}O$ 和 $^{18}O^{16}O$，大多数样品的 $\delta^{17}O$ 与 $\delta^{18}O$ 存在如图1-1所示关系，但Mauersberger等（1981）发现大气平流层上部的臭氧（O_3）富集重同位素，其 $\delta^{17}O-\delta^{18}O$ 关系偏离质量相关分馏线。Thiemens等（1991）在20~35 km高空收集的 CO_2 也表现出非质量相关同位素分馏。

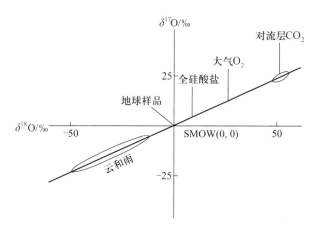

图1-1 地球样品 $\delta^{17}O$ 与 $\delta^{18}O$ 之间的关系——质量相关分馏线

六、扩散过程的同位素分馏效应

同位素分馏也可以由同位素分子不同的流动性造成。自然状态下，CO_2 或 H_2O 通过叶片气孔扩散正是这样一个例子。根据 Fick's 定律，空气的净通量 F 通过一个单位表面积为：

$$F = -D \frac{dC}{dx} \tag{1-16}$$

式中，dC/dx 是扩散方向上的斜率，D 是扩散常数。后者与温度和 $1/\sqrt{M}$ 呈正比，其中 M 是相对分子质量。因此，两种同位素的扩散系数比值决定了分馏作用的程度：

$$\alpha' = \frac{^*D}{D} = \sqrt{\frac{(^*M_A + M_B)}{(^*M_A \times M_B)} \times \frac{(M_A \times M_B)}{(M_A + M_B)}} \tag{1-17}$$

式中，$^*M_A$、M_A 代表带重、轻同位素扩散分子的相对分子质量，M_B 代表扩散介质（如空气）的相对分子质量。例如，在水蒸气通过空气进行扩散的例子中，氧气分馏系数为（空气的相对分子质量 $M_B=29$，$M_A=18$，$^*M_A=20$）：

$$^{18}\alpha' = \sqrt{\frac{(20+29)}{(20\times29)} \times \frac{(18\times29)}{(18+29)}} = 0.938$$

所以在空气扩散之后，水蒸气的 ^{18}O 减少了 62‰（$^{18}\varepsilon = 1-0.938$）。以此类推，通过空气扩散的 CO_2 中 ^{13}C 的分馏系数为：

$$^{13}\alpha' = \sqrt{\frac{(45+29)}{(45\times29)} \times \frac{(44\times29)}{(44+29)}} = 0.995\,6$$

换句话说，$^{13}\varepsilon = 1-0.995\,6 = 0.004\,4$，也就是说 ^{13}C 贫化了 4.4‰。

七、同位素瑞利分馏

除同位素交换反应代表的同位素平衡分馏外,瑞利蒸馏(Reyleigh distillation)过程也具有同位素平衡分馏的性质。瑞利蒸馏过程是指在开放体系中进行的物相交换过程,如海水蒸发、雨滴从云中不断凝结并落下等。在瑞利蒸馏过程中发生的同位素分馏,称为同位素瑞利分馏。只是体系处于瞬时平衡状态,某相生成物一旦形成,即离开平衡区域,旧的平衡随之被破坏,新的平衡开始建立。因此瑞利蒸馏过程中两相的同位素组成随时间会发生不断的变化。分馏系数除了和平衡分馏系数有关外,还与两相物质的相对数量有关。假设一个两相共存体系A和B,在物相分离过程中,A不断离开体系,B则保留在体系中。在物相分离前,A和B处于同位素平衡状态,而物相分离服从瑞利蒸馏过程,因此出现同位素瑞利分馏:

$$R_B = R_0 \times f^{\alpha-1} \quad (1\text{-}18)$$

式中,R_0为体系(A+B)的初始同位素比值,R_B为经受过物相分离后体系(相B)的同位素比值,f为分馏过程任一瞬间初始反应物的残余分数,α为物相分离前相A与相B之间的瞬时平衡分馏系数。经换算可得出:

$$\delta_B = \delta_0 + 1\,000(\alpha-1)\ln f \quad (1\text{-}19)$$

根据质量守恒关系,可得到分离相A的同位素组成:

$$\frac{R_A}{R_B} = \frac{1-f^\alpha}{1-f} \quad (1\text{-}20)$$

转化为δ形式,则有:

$$\delta_A = \frac{(\delta_0+1\,000)\times(1-f^\alpha)}{1-f} - 1\,000 \quad (1\text{-}21)$$

以雨从云中水蒸气形成为例,在25℃下,$\alpha=1.009\,2$。假设云中水蒸气的初始氧同位素为−9.2‰,云中水蒸气凝聚时的瑞利分馏过程可用图1-2表示。

当然,这里要求α为常数,即温度不变。实际上,温度会出现一定的变化,α也相应改变,此时可以把瑞利分馏过程分成几个小的阶段处理。每个阶段的α值近似不变。

八、同位素混合模型

在源同位素比值能够测定情况下,可以利用二源混合模型来区分对每一个源的利用状况。例如,利用一种同位素和一个二源混合模型来表示对两种已知源的

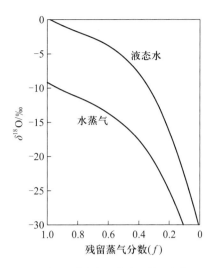

图1-2 云中水蒸气凝聚时液态水和水蒸气氧同位素比值的变化

利用比率，可以表示如下：

$$\delta_T = f_A \delta_A + (1-f_A)\delta_B \tag{1-22}$$

式中，δ_T 表示总 δ 值，δ_A 和 δ_B 表示A源和B源的同位素比值，f_A 表示来自A源的比例（%）。f_A 可以由下式计算：

$$f_A = (\delta_T - \delta_B)/(\delta_A - \delta_B) \tag{1-23}$$

这种方法经常被用于确定植物的水分来源（White *et al.*，1985；Sternberg and Swart，1987；Ehleringer *et al.*，1991；Thorburn *et al.*，1994；Thorburn and Walker，1994；Mensforth and Walker，1996）（详见第5章）。举一个简单的例子，测得一种木本植物木质部水的 $\delta^{18}O$ 为 $-10.0‰$（δ_T），当地的雨水和土壤水 $\delta^{18}O$ 分别为 $-8.0‰$（δ_A）、$-15.0‰$（δ_B），由式（1-23）就可计算出雨水对该植物水分来源的贡献为：

$$f_{雨水} = (-10‰ + 15‰)/(-8‰ + 15‰) \times 100\% = 71.4\%$$

即雨水贡献为71.4%，而土壤水贡献为28.6%。

当两个以上不同的源同时存在时，估计每个源的利用比率就会变得更有挑战性，经常需要测定两种或更多的稳定同位素比值。例如，对于有三种潜在食源的动物，其各种食物对营养贡献需要同时测定碳、氮或硫稳定同位素比值，并根据下列质量平衡方程式来计算（Peterson and Fry，1987；Phillips，2001；Phillips and Gregg，2001；Phillips and Koch，2002）：

$$\delta^{13}C_{消费者} = f_A\delta^{13}C_A + f_B\delta^{13}C_B + f_C\delta^{13}C_C \quad (1\text{-}24a)$$

$$\delta^{15}N_{消费者} = f_A\delta^{15}N_A + f_B\delta^{15}N_B + f_C\delta^{15}N_C \quad (1\text{-}24b)$$

$$1 = f_A + f_B + f_C \quad (1\text{-}24c)$$

式中，$\delta^{13}C_{消费者}$和$\delta^{15}N_{消费者}$表示动物组织的$\delta^{13}C$和$\delta^{15}N$值；下标A、B、C分别表示3种不同的食物源；f表示每种食物源在消费者食物中所占的比例（详见第6章）。这种双同位素区分法（dual isotope partition approach）也经常用于生态系统碳呼吸成分的区分（Lin *et al*., 1999）（详见第4章）。

第3节 稳定同位素大尺度监测与研究网络

一、水同位素监测研究网络

（一）全球降水同位素监测网络

持续时间最长的全球同位素监测网络始于1958年的全球降水同位素网络（the Global Network of Isotopes in Precipitation，GNIP），该网络连续多年分析了每月降水样品的$\delta^{18}O$和δD。目前，GNIP由93个国家和地区的500多个取样站点组成（图1-3）。GNIP是国际原子能机构（IAEA）和世界气象组织（WMO）的一项合作计划，由法国（BDISO）、瑞士（NISOT）、加拿大（CNIP）、美国（USNIP）、中国（CHNIP）等一些国家的监测网络组成。

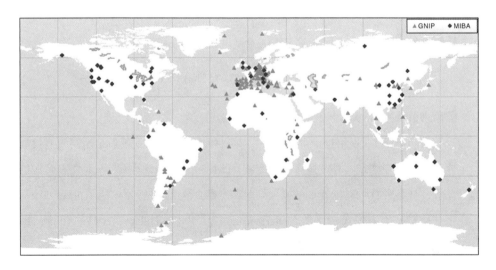

图1-3 全球降水同位素网络（GNIP）和生物圈-大气圈水分同位素网络（MIBA）的站点分布

除了每个月的主要监测外，GNIP的成员还要做一些额外的研究。例如，与美国降水同位素网络计划（USNIP）相关的一项大规模同位素测定计划，分析来自波多黎各、阿拉斯加和维尔京群岛等地200多个站点的大气降水，因此也属于大气沉降监测计划（NADP）。虽然NADP网络的主要目的是监测降水的化学性质，但是这些样品的同位素分析（Welker，2000；Harvey，2001）提供了USNIP站点外美国其他站点降水的同位素比值。

（二）全球河流同位素网络

全球河流同位素网络（Global Network of Isotopes in Rivers，GNIR）是由IAEA支持的另一个水分同位素测定网络，是"同位素追踪大河流域水文过程"合作研究计划的一部分，于2002年开始运行。这个网络的目的是监测全球水循环的变化，尤其是全球气候条件、土地利用改变、筑坝和大规模江河流域改道计划对全球水循环的影响。GNIR的取样和同位素分析由有关国家的研究所和大学完成，大多数站点的河水样品由原来负责GNIP的单位采集和分析。

（三）生物圈-大气圈水分同位素网络

生物圈-大气圈水分同位素网络（Moisture Isotopes in the Biosphere and Atmosphere，MIBA）始于2004年，是一项由IAEA资助的较新的国际同位素网络研究项目（图1-3）。在这个网络里，一个月或两个月取一次大气水样以及主要树种的叶片、茎部和土壤水样，并且分析其$\delta^{18}O$和δD。本书作者作为MIBA的发起人之一，负责协调中国区域内13个站点的样品采集与分析。由于经费缘故，MIBA研究网络只运营了三年就宣告暂停。

（四）全球海水氧-18监测网络

全球海水氧-18（GSO-18）数据库是Gavin Schmidt、Grant Bigg和Eelco Rohling自1950年开始从全球许多取样网络收集的22 000多个海水$\delta^{18}O$的集合。另外，这些样品的分析还提供了包括盐度、温度和深度的信息，并且已经初步建立$1°×1°$精度的数据集，以方便与全球模型预测数据进行比较（LeGrande and Schmidt，2006）。

二、气体同位素研究网络

（一）SIO/CIO网络

除了Keeling博士1958年开始的众所周知的背景大气CO_2测定以外，Keeling与美国Scripps海洋学研究所（SIO）的同事以及荷兰Groningen大学同位素研究中心（CIO）的Willem Mook博士一起，于1977年开始进行大气CO_2的碳（$\delta^{13}C$）和氧（$\delta^{18}O$）同位素的常规分析。他们每月从相关研究网络中收集背景大气CO_2数据，网络包括穿越太平洋南北的10个站点（Keeling，1997，2005）。自1992年起，这些样品均由 SIO 的 Martin Wahlen 博士分析。

(二) NOAA-CMDL-CCGG/INSTAAR2 网络

1989 年，美国国家海洋与大气管理局 (NOAA)、地球系统研究实验室 (ESRL)、大气监测与诊断实验室 (CMDL)、碳循环温室气体团队 (CCGG) 在原来大气取样网络基础上增加了大气气体稳定同位素分析，启动了 NOAA-CMDL-CCGG/INSTAAR2 同位素研究网络 (Conway et al., 1988; Trolier et al., 1996)。目前，大气气体浓度的测定 (包括一系列重要的温室气体：CO_2、CH_4、CO、H_2、N_2O 和 SF_6) 由 CCGG 完成，而大气 CO_2 和 CH_4 的 $\delta^{13}C$、$\delta^{18}O$ 和 δD 分析由美国科罗拉多大学北极与高山研究所 (INSTAAR) 稳定同位素实验室完成。从 1990 年最初的 6 个点和两条船的取样开始，同位素测定已经发展成现在包括高塔 (Bakwin et al., 1998) 和飞机采样网络在内的所有 NOAA-CMDL 网络点 (Vaughn and Miller, 2004)。这些全球范围 CO_2 同位素和浓度的测定的规模已经扩展到 55 个站点 (图 1-4)。

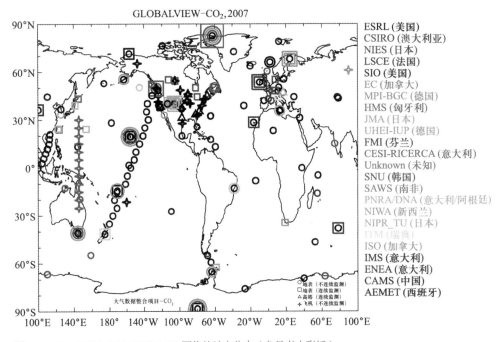

图 1-4 NOAA-CMDL-CCGG/INSTAAR2 网络的站点分布 (参见书末彩插)

(三) CSIRO-GASLAB3 网络

澳大利亚联邦科学与工业研究组织 (CSIRO) 全球大气采样与检测实验室 (GASLAB) 建于 1990 年，设有一个每周、每月取样的监测大气中主要温室气体 (CO_2、CH_4、CO 和 H_2) 和全球范围 9 个点的 CO_2 $\delta^{13}C$ 的网络 (Francey et al., 1995)。

(四) 其他大气气体同位素研究网络

其他大尺度同位素网络由于受固定期限资金的限制，存在的时间相对较短。

如欧盟框架第五综合项目（1998—2002年）由CarboEurope创立于20世纪90年代中期，这个协作网络的17个通量观测站分散于整个欧洲，设立一个专门的工作组，负责监测大气CO_2、植物和土壤水以及有机物稳定同位素组成的时空变化（Hemming et al., 2005），支持生物圈和大气圈之间CO_2、H_2O和能量交换等方面的研究（Valentini et al., 2000）。

三、同位素合作研究网络

（一）生物圈-大气圈稳定同位素网络

生物圈-大气圈稳定同位素网络（Biosphere-Atmosphere Stable Isotope Network，BASIN）最初是一项由美国国家科学基金资助的5年研究计划（2001—2005年），由全球变化与陆地生态系统（GCTE）计划主办。它的主要目标是提供一个坚实的基础，使科学团体联合起来，为当前和未来的同位素有关网络建立联系，制定一个框架和统一取样方法，便于不同网络和当前实验和模拟程序之间的数据比较。它通过专题学术讨论会、模型间的比较、学生培训和交流，为同位素分析制定适当的工作标准、建立数据集和促进合作研究来运转。在BASIN框架里，有分析各种大气和生态系统组分同位素组成的多种研究计划，尤其是为生态系统和区域通量研究提供了一个桥梁，从而给区域和全球气候模型提供更多的实际生态变量。许多生态系统的测定是在全球通量研究网络FLUXNET的站点上进行的。在这些站点上，微气象和涡度协方差方法被用于测定生态系统和大气之间的二氧化碳、水和能量的交换。自2007年，BASIN又延长了5年（BASIN Ⅱ）。

（二）生物圈-大气圈交换稳定同位素计划

生物圈-大气圈交换稳定同位素计划（Stable Isotopes in Biospheric-Atmospheric Exchange，SIBAE）是始于2002年的一项为期5年的欧洲科学基金会科学规划项目。如同BASIN一样，SIBAE是一个合作网络，通过交换访问、专题学术讨论会、会议和夏季学校来运作。SIBAE的目的是把欧洲的研究者集中起来，促进稳定同位素方法的多学科应用，集中研究陆地生态系统CO_2和H_2O的交换作用及其对全球碳平衡的影响。

其他一些重点研究代表性生态系统过程大尺度研究计划也涉及稳定同位素测定。例如寒带生态系统-大气研究计划（Boreal Ecosystem-Atmosphere Study，BOREAS）是一个重点研究加拿大北部寒带森林的跨学科计划。BOREAS的稳定同位素工作是把大气、水和树木有机物质的同位素分析与其他生态系统的测定结合起来，从而有助于了解在这种环境下植被和大气间CO_2和H_2O的交换过程。针对亚马孙河流域气候-环境变化特点及其对区域和全球气候变化的重要性，1996年由巴西主持设立了亚马孙河流域大尺度生物圈-大气圈实验（Large-Scale Biosphere-Atmosphere Experiment in Amazonia，LBA），以获得亚马孙河流域有关气候学、生态学、生物地球化学和水文学功能的新知识，了解土地利用变化对这些功能的影响，认识亚马孙河流域与地球系统的相互作用。来自美洲、欧洲及其他国家和地区的700多位科学家一起计划了该项目，其中也包括了多方面的稳定同位素测定。另一个关注区域研究的网络是非洲碳交换计划（ACE），应用了包括同位素在内的许多技术，从而有助于了解非洲碳交换在时空上的变化。

第4节 稳定同位素生态学学科特点

一、研究对象与内容

近年来，多学科的交叉综合研究成为生态学发展的新生长点。20世纪80年代以来，稳定同位素作为示踪、整合和指示技术被广泛应用于生态学的许多研究领域，成为了解生态系统动态变化的主要研究手段之一。除了人们所熟知的"稳定同位素地球化学"已形成一门独立的学科外，稳定同位素技术还被广泛应用于植物生理生态适应、动植物之间相互作用、全球变化效应与响应、生态系统和全球碳循环、动物行为生态、食物网结构及营养级关系、古植被和古气候重建等，促成稳定同位素生态学学科的诞生（Fry，2006；林光辉，2010）。

传统生态学研究方法一般以自然生态系统为研究对象，通过野外调查来揭示自然状态下生物与环境之间的相互关系。近年来，稳定同位素技术、遥感技术和数学模型逐渐成为现代生态学研究的三大新技术。其中，稳定同位素技术从新的角度探讨生物与环境的关系，进一步提高了人们对地球上发生的变化，如大气成分的改变及根源、环境质量的变化及生物学效应、元素的生物地球化学循环变化等多方面的认识，具体体现在以下4个方面。

（1）稳定同位素技术可以示踪生源要素或污染物的来源以及在生态系统内或生态系统之间的流动与循环。由于伴随在物理、化学和生物学反应中的同位素分馏，生态系统内以及不同生态系统间的营养和元素库的稳定同位素比值通常呈现动态变化。因此，利用稳定同位素技术就可以容易地示踪有机体生源要素和其他资源的来源。稳定同位素比值在较大地理范围的变化，为示踪从景观到全球尺度上的物质流动和来源提供了量化手段。我们还可以结合常规污染物调查，利用稳定同位素示踪方法研究陆源污染物的扩散运移规律以及在食物网中的生物放大和积累作用。

（2）稳定同位素技术能综合时间和空间上的生态学过程。例如，植物和动物组织以及土壤中有机和无机化合物（包括气体）的稳定同位素比值可以对景观尺度上的重要生理和生态过程进行时间上的综合。综合的时间尺度取决于目标组织或库中元素的周转速率。此外，充分混合的大气、河流和土壤水的稳定同位素比值，通常表示源的输入在更大空间尺度上的综合。

（3）稳定同位素技术能指示关键生态过程的存在及其程度。很多生态学过程都会留下具有明确特点的同位素痕迹。这样的过程存在与否以及这些过程相对于其他过程所发生改变的程度，均可以通过稳定同位素比值相对于已知背景值的变化表达出来。例如，生态系统中有机碳和氮稳定同位素组成的动态变化可以用来研究不同生态系统（如森林、草原、河口湿地、海洋、湖泊生态系统等）的碳、氮和水的循环过程，确定不同环境条件下各种生态系统食物网结构和食物来源，以界定生物的具体营养级。

（4）稳定同位素能记录生物对全球环境条件变化的响应。对于那种以一种不断增加的形式发展的物质和残留物来说，例如树轮、动物毛发、冰芯，其稳定同位素比值可以用来记录生物和生态系统对环境条件变化的响应，或者作为对环境变化的一种间接历史记录。

二、研究方法学

稳定同位素生态学目前主要利用一些轻质量的元素，如H、C、N、O、S等的同位素来研究不同时间和空间尺度的生态学问题。这些元素的同位素相对原子质量低（一般小于36），其重同位素的相对丰度为千分之几到百分之几，便于精确测定（氘例外，其相对丰度仅为1.6×10^{-4}，测定误差较大）。它们的同位素之间的相对质量差别大，例如D与H相差50%，^{18}O与^{16}O相差12.5%，^{13}C与^{12}C相差8.3%，^{15}N与^{14}N相差7.3%。C、N、S等元素为变价元素，在化合价变化过程中会发生大的同位素分馏。

在研究方法上，稳定同位素生态学综合了生态学、生物地球化学和同位素地球化学等学科的基本研究方法和技术，形成了一套较为完整和系统的研究方法，主要包括：野外调查与实地采样、野外定位连续监测、同位素组成分析、生理和生态学过程同位素分馏机理研究、元素迁移、富集和循环过程的实验及数学模拟等。

三、有关参考书

20世纪80年代以来，国内外先后出版了一系列稳定同位素生态学的论著。比较有影响的有1989年由Rundel等（1989）合编的《生态学研究中的稳定同位素》

(*Stable Isotopes in Ecological Research*)、1993年Ehleringer等（1993）主编的《稳定同位素与植物碳–水关系》(*Stable Isotopes and Plant Carbon-Water Relationships*)、2007年Michener和Lajtha（2007）合编的《生态和环境科学中稳定同位素》(*Stable Isotopes in Ecology and Environmental Science*)和2006年Fry（2006）所著的《稳定同位素生态学》(*Stable Isotope Ecology*)。另外，1998年Howard Griffiths（1998）主编的《稳定同位素：生物学、生态学和地理化学过程的整合》(*Stable Isotopes: Integration of Biological,Ecological and Geochemical Processes*)，2005年Flanagan等（2005）主编的《稳定同位素与生物圈–大气圈相互作用》(*Stable Isotopes and Biosphere-Atmosphere Interactions*)以及2007年Dawson和Siegwolf（2007）合编的《作为生态变化指示的稳定同位素》(*Stable Isotopes as Indicators of Ecological Change*)等论著也系统地总结了稳定同位素研究生态学不同领域的重要研究进展。

值得一提的是，2010年由West等（2010）联合主编的《同位素景观图：通过同位素制图研究地球物质迁移、格局和过程》(*Isoscapes: Understanding Movement, Pattern and Process on Earth Through Isotope Mapping*)一书正式出版，充分说明了稳定同位素生态学学科的发展在解决人类面临的一些重大问题方面可以发挥出特殊功效和重要作用。在美国犹他大学Ehleringer和Cerling实验室从事博士后研究的West和Bowen博士，致力发展相关物质的同位素空间变化地图，用以理解人类地表活动对地表景观、城市水源环境、动物迁徙的影响，以及问题食品、毒品和假币的地理起源。他们共同把这些源自"同位素"（isotope）和"景观"（landscapes）的地图称之为"同位素景观图"（isoscapes）。"同位素景观图"并非仅仅是一个新术语，随着对同位素景观研究兴趣的日益增长以及对其跨学科共性认识的深入，它们的出现必将促进相关学科，如生态学、地理学、大气科学、食品科学、人类学、法医学（forensic science）的进步，本书第15章将详细介绍该领域的最新进展。

国内从1980年开始就有稳定同位素地球化学的参考书出版，如《氢氧同位素地球化学》（丁悌平，1980）、《稳定同位素化学》（郭正谊，1984）、《稳定同位素地球化学分析》（郑淑蕙等，1986）、《硅同位素地球化学》（丁悌平等，1994）、《中国同位素地球化学研究》（于津生，1997）、《稳定同位素地球化学》（郑永飞和陈江峰，2000）等，介绍稳定同位素技术在生态学和环境科学研究中应用的参考书目前只有2007年出版的《稳定同位素生态学》（易现峰，2007），但该书没有真正把稳定同位素生态学作为一门新分支学科来系统介绍稳定同位素生态学的学科内涵及应用前景。

四、有关刊物与学术会议

稳定同位素技术已经被广泛应用于生态学的各个领域，因而生态学和地球化学的主要刊物（如 *Ecology*、*Ecological Monograph*、*Ecological Letters*、*Journal of Ecology*、*Functional Ecology*、*Global Change Biology*、*Global Biogeochemical Cycles*、*Journal of Geographical Research*、*Oecologia*、*Siol Biology and Biochemistry* 等）以及综合性科学刊物（如 *Nature*、*Science*、*Proceedings of National Academy of Sciences* 等）均接受利用稳定同位素技术研究生态学问题的论文。*Oecologia* 早在2002年就开始开设"稳定同位素生态学"（Stable Isotope Ecology）专栏，集中刊登稳定同位素生态学的专题研究论文。

第一个有关稳定同位素技术在生态学研究中的应用学术会议是1986年4月在美国加利福尼亚大学洛杉矶分校（University of California Los Angeles）Lake Arrowhead 会议中心召开的 Applications of Stable Isotopes to Ecological Research 专题讨论会。与会专家交流了如何利用稳定同位素技术研究植物和动物生态学不同问题的最新进展。根据本次会议论文编辑的《生态学研究中的稳定同位素》（*Stable Isotopes in Ecological Research*）（Rundel et al., 1989）不仅拓宽了生态学的研究视野，也影响了一大批目前还占据稳定同位素生态学研究众多前沿的、那个时期的研究生和博士后。

第二个类似的学术会议于1992年1月在美国加利福尼亚大学河滨分校（University of California Riverside）召开，主要关注稳定同位素在植物生理生态学领域的应用，特别是如何利用碳同位素研究植物水分利用效率（见第5章），会议的3位组织者 Ehleringer、Hall 和 Farquhar 教授联合主编了《稳定同位素与植物碳-水关系》（*Stable Isotopes and Plant Carbon-Water Relationships*）一书（Ehleringer et al., 1993），把稳定同位素在生态学研究中的应用推到更高的层次。会上也讨论了氢、氧同位素在研究植物水分利用，包括本书作者在会上介绍的滨海盐生植物水分吸收过程的同位素分馏问题（Lin and Sternberg, 1993）以及光合过程氧同位素的分馏机制实验研究进展（Farquhar et al., 1993）等专题。另外，一些报告还探讨了如何利用 Keeling 曲线法（见第4章）估测生态系统呼吸释放的 CO_2 稳定同位素组成（Keeling, 1961），把稳定同位素生理生态学的研究尺度从叶、个体植物水平扩展到生态系统水平。稳定同位素生态学的这些理论突破和概念发展恰逢国际地圈-生物圈计划（International Geosphere-Biosphere Program，IGBP）扩展地球系统科学（earth system science）的研究领域，加强对新兴交叉学科大型项目的资助，在加拿大的北方生态系统-大气圈相互作用研究项目和类似的巴西亚马孙盆地研究项目中提供了大尺度生态系统稳定同位素观测的平台。正是稳定同位素技术在生态学等研究领域应用的快速发展，促成了稳定同位素生态学研究的一些国际研究网络或联盟（如美国的 BASIN 和欧盟的 Stable SIBAE 等）的相继成立。这些研究联盟定期在世界各地举办一系列稳定同位素生态学专题会议。例如，1996年在英国Newcastle-upon-Tyne市举办的BASIN-SABAE联合专题会议集中讨论了如何利用稳定同位素进行生物学、生态学和地球化学过程在更大尺度上的整合（Griffiths，1998）。2002年5月在加拿大Banff市召开的另一个BASIN-SABAE联合专题会议关注生物圈–大气圈相互作用的稳定同位素研究，特别是稳定同位素观测在揭示空间大尺度水平生理过程的控制机理等方面的重要性，进一步丰富和提升了稳定同位素在生物学和生态学研究中的应用，会后形成了一本关于大气圈和生物圈相互作用稳定同位素研究方面至今最出色的论著（Flanagan et al., 2005）。其他重要的稳定同位素生态学会议还有2006年在葡萄牙Tomar市召开的"同位素作为生态变化指示"专题会议（Dawson et al., 2007）、2008年在美国Santa Barbara市举办的"Isoscapes 2008"（West et al., 2010）等。

"稳定同位素技术在生态学研究中的应用"系列国际会议（International Conference on Applications of Stable Isotopes to Ecological Studies，即IsoEco Conference）于1998年在加拿大萨斯喀彻温省的萨斯卡通市（Saskatoon）首次召开。该系列会议是稳定同位素生态学领域规模最大、学科最齐全的学术会议，每两年举行一次，之后在德国（2000）、美国亚利桑那（2002）、新西兰（2004）、北爱尔兰（2006）、美国夏威夷（2008）和阿拉斯加（2010）陆续召开了第2—7届会议，每届均有数百人到会交流本学科领域的最新研究进展。

2008年6月，由本书作者等发起和组织，由中国科学院植物研究所和中国林业科学研究院林业研究所联合主办的"中国首届稳定同位素生态学国际研讨会"在北京召开，有来自美国、以色列等国及国内多年从事本研究领域的著名专家、学者近150人参加会议。会议期间开展了多种专题演讲和学术研讨活动，专家们就稳定同位素技术在生态学研究中的应用历史、稳定同位素生态学的理论基础、稳定同位素技术与全球碳平衡研究等多个话题展开演讲和讨论。研讨会后，还举办了首届稳定同位素技术研修班，参加研修班的学员轮流参加了由中国科学院植物研究所、中国林业科学研究院林业研究所举办的两个稳定同位素实验室的系统训练，通过训练他们掌握了野外样品采集、实验室样品前期处理以及质谱仪操作等关键技术和方法。中国稳定同位素生态学国际研讨会和技术研修班计划今后将定期举办。

主要参考文献

- 丁悌平. 1980. 氢氧同位素地球化学. 北京: 地质出版社.
- 丁悌平, 蒋少涌, 万德芳. 1994. 硅同位素地球化学. 北京: 地质出版社.
- 郭正谊. 1984. 稳定同位素化学. 北京: 科学出版社.
- 林光辉. 2010. 稳定同位素生态学: 先进技术推动的生态学新分支. 植物生态学报 34:119-122.
- 易现峰. 2007. 稳定同位素生态学. 北京: 中国农业出版社.
- 于津生. 1997. 中国同位素地球化学研究. 北京: 科学出版社.
- 郑淑蕙, 郑斯成, 莫志超. 1986. 稳定同位素地球化学分析. 北京: 北京大学出版社.
- 郑永飞, 陈江峰. 2000. 稳定同位素地球化学. 北京: 科学出版社.
- Bakwin, P. S., P. P. Tans, D. F. Hurst, and C. Zhao. 1998. Measurements of carbon dioxide on very tall towers: Results of the NOAA/CMDL program. Tellus B 50:401-415.
- Bigeleisen, J. and M. G. Mayer. 1947. Calculation of equilibrium constants for isotopic exchange reactions. Journal of Chemical Physics 15:261-267.
- Bigeleisen, J. and M. Wolfsberg. 1958. Theoretical and experimental aspects of isotope effects in chemical kinetics. Advances in Chemical Physics 1:15-76.
- Conway, T., P. Tans, L. Waterman, K. Thoning, K. Masarie, and R. Gammon. 1988. Atmospheric carbon dioxide measurements in the remote global troposphere, 1981-1984. Tellus B 40:81-115.
- Craig, H. and L. I. Gordon. 1965. Deuterium and oxygen-18 variations in the ocean and marine atmosphere. In: Tongiorgi, E. (ed). Proceedings of A Conference on Stable Isotopes in Oceanographic Studies and Paleotemperatures. Spoleto, Italy:9-130.
- Currin, C. A., L. A. Levin, T. S. Talley, R. Michener, and D. Talley. 2011. The role of cyanobacteria in Southern California salt marsh food webs. Marine Ecology and Evolutionary Perspective 32:346-363.
- Dawson T. E. and R. T. W. Siegwolf. 2007. Stable Isotopes as Indicators of Ecological Change. Elsevier Academic Press, San Diego.
- Ehleringer, J. R., A. E. Hall, and G. D. Farquhar. 1993. Stable Isotopes and Plant Carbon-Water Relationships. Elsevier Academic Press, San Diego.
- Ehleringer, J. R., S. L. Phillips, W. S. F. Schuster, and D. R. Sandquist. 1991. Differential utilization of summer rains by desert plants. Oecologia 88:430-434.
- Epstein, S. and T. Mayeda. 1953. Variation of ^{18}O content of waters from natural sources. Geochimica et Cosmochimica Acta 4:213-224.
- Farquhar, G. D., J. R. Ehleringer, and K. T. Hubick. 1989. Carbon isotope discrimination and photosynthesis. Annual Review of Plant Physiology and Plant Molecular Biology 40:503-537.
- Farquhar, G. D., J. Lloyd, J. A. Taylor, L. B. Flanagan, J. P. Syvertsen, K. T. Hubick, S. C. Wong, and J. R. Ehleringer. 1993. Vegetation effects on the isotope composition of oxygen in atmospheric CO_2. Nature 363:439-443.
- Farquhar, G. D., M. O'leary, and J. Berry. 1982. On the relationship between carbon isotope discrimination and the intercellular carbon dioxide concentration in leaves. Australian Journal of Plant Physiology 9:121-137.
- Farquhar, G. D. and R. A. Richards. 1984. Isotopic composition of plant carbon correlates with water-use efficiency of wheat genotypes. Australian Journal of Plant Physiology 11:539-552.
- Flanagan, L. B., J. R. Ehleringer, and D. E. Pataki. 2005. Stable Isotopes and Biosphere-Atmosphere Interactions: Processes and Biological Controls. Elsevier Academic Press, San Diego.
- Fontes, J. C. and P. Fritz. 1986. Handbook of Environmental Isotope Geochemistry. Elsevier, Amsterdam.
- Francey, R., P. Tans, C. Allison, I. Enting, J. White, and M. Trolier. 1995. Changes in oceanic and terrestrial carbon uptake since 1982. Nature 373:326-330.
- Friedman, I. 1953. Deuterium content of natural waters and other substances. Geochimica et Cosmochimica Acta 4:89-103.
- Fry, B. 2006. Stable Isotope Ecology. Springer, New York.
- Griffiths, H. 1998. Stable Isotopes: Integration of Biological, Ecological and Geochemical Processes. BIOS Scientific Publishers, Oxford.
- Harvey, F. E. 2001. Use of NADP archive samples to determine the isotope composition of precipitation: Characterizing the meteoric input function for use in ground water studies. Ground Water 39:380-390.
- Hayes, J. M. 1983. Practice and principles of isotopic measurements in organic geochemistry. In: Meinschein, W. G. (ed). Organic Geochemistry of Contemporaneous and Ancient Sediments. Society for Economic Paleontologists and Mineralogists, Bloomington, Indiana: 5-1-5-31.
- Hemming, D., D. Yakir, P. Ambus, M. Aurela, C. Besson, K. Black, N. Buchmann, R. Burlett, A. Cescatti, and R. Clement. 2005. Pan-European $\delta^{13}C$ values of air and organic matter from forest ecosystems. Global Change Biology 11:1065-1093.
- Hoering, T. 1955. Variations of nitrogen-15 abundance in naturally occurring substances. Science 122:1233-1234.
- Keeling, C. D. 1958. The concentration and isotopic abundances

- of atmospheric carbon dioxide in rural areas. Geochimica et Cosmochimica Acta 13:322–334.
- Keeling, C. D. 1961. The concentration and isotopic abundances of carbon dioxide in rural and marine air. Geochimica et Cosmochimica Acta 24:277–298.
- Keeling, M. 2005. The implications of network structure for epidemic dynamics. Theoretical Population Biology 67:1–8.
- Keeling, M. J. 1997. Modelling the persistence of measles. Trends in Microbiology 5:513–518.
- LeGrande, A. N. and G. A. Schmidt. 2006. Global gridded data set of the oxygen isotopic composition in seawater. Geophysical Research Letters 33:L12604.
- Libby, L. M., L. J. Pandolfi, P. H. Payton, J. Marshall, B. Becker, and V. Giertz-Sienbenlist. 1976. Isotopic tree thermometers. Nature 261: 284–288.
- Lin, G., J. R. Ehleringer, P. L. T. Rygiewicz, M. G. Johnson, and D. T. Tingey. 1999. Elevated CO_2 and temperature impacts on different components of soil CO_2 efflux in Douglas-fir terracosms. Global Change Biology 5:157–168.
- Lin, G. and L. S. L. Sternberg. 1993. Hydrogen isotopic fractionation during water uptake in coastal wetland plants. In: Ehleringer, J., A. Hall and G. Farquhar. (eds). Stable Isotopes and Plant Carbon-Water Relations. Elsevier Academic Press, San Diego:497–510.
- Mauersberger, S., W. H. Schunck, and H. H. Müller. 1981. The induction of cytochrome P-450 in *Lodderomyces elongisporus*. Zeitschrift für allgemeine Mikrobiologie 21:313–321.
- McKinney, C. R., J. M. McCrea, S. Epstein, H. A. Allen, and C. Urey. 1950. Improvements in mass spectrometers for the measurement of small differences in isotopic abundance ratios. Review of Scientific Instruments 21:724–730.
- Mensforth, L. J. and G. R. Walker. 1996. Root dynamics of *Melaleuca halmaturorum* in response to fluctuating saline groundwater. Plant and Soil 184:75–84.
- Michener, R. H. and K. Lajtha. 2007. Stable Isotopes in Ecology and Environmental Science. Blackwell, Malden.
- Peterson, B. J. and B. Fry. 1987. Stable isotopes in ecosystem studies. Annual Review of Ecology and Systematics 18:293–320.
- Phillips, D. L. 2001. Mixing models in analyses of diet using multiple stable isotopes: A critique. Oecologia 127:166–170.
- Phillips, D. L. and J. W. Gregg. 2001. Uncertainty in source partitioning using stable isotopes. Oecologia 127:171–179.
- Phillips, D. L. and P. L. Koch. 2002. Incorporating concentration dependence in stable isotope mixing models. Oecologia 130:114–125.
- Rundel E. W., J. R. Ehleringer, and K. A. 1988. Stable Isotopes in Ecological Research. Ecological Studies. Springer-Verlag, New York.
- Sternberg, L. S. L. 1989. A model to estimate carbon dioxide recycling in forests using ratios and concentrations of ambient carbon dioxide. Agricultural and Forest Meteorology 48:163–173.
- Sternberg, L. S. L. and M. J. DeNiro. 1983. Isotopic composition of cellulose from C_3, C_4, and CAM plants growing near one another. Science 220:947–949.
- Sternberg, L. S. L. and P. K. Swart. 1987. Utilization of freshwater and ocean water by coastal plants of southern Florida. Ecology 68:1898–1905.
- Sulzman, E. W. 2007. Stable isotope chemistry and measurement: A primer. In: Michener, R. H. and K. Lajtha. (eds). Stable Isotopes in Ecology and Environmental Science. Blackwell, Malden:1–21.
- Tans, P. P., I. Y. Fung, and T. Takahashi. 1990. Observational contrains on the global atmospheric CO_2 budget. Science 247:1431–1439.
- Thiemens, M., T. Jackson, K. Mauersberger, B. Schueler, and J. Morton. 1991. Oxygen isotope fractionation in stratospheric CO_2. Geophysical Research Letters 18:669–672.
- Thorburn, P. J., L. J. Mensforth, and G. R. Walker. 1994. Reliance of creek-side river red gums on creek water. Marine and Freshwater Research 45:1439–1443.
- Thorburn, P. J. and G. R. Walker. 1994. Variations in stream water uptake by *Eucalyptus camaldulensis* with differing access to stream water. Oecologia 100:293–301.
- Trolier, M., J. White, P. Tans, K. Masarie, and P. Gemery. 1996. Monitoring the isotopic composition of atmospheric CO_2: Measurements from the NOAA Global Air Sampling Network. Journal of Geophysical Research 101:25897–25916.
- Urey, H. C. 1947. The thermodynamic properties of isotopic substances. Journal of the Chemical Society:562–581.
- Urey, H. C., S. Epstein, C. McKinney, and J. McCrea. 1948. Method for measurement of paleotemperatures. Geological Society of America Bulletin 59:1359–1360.
- Valentini, R., G. Matteucci, A. Dolman, E. D. Schulze, C. Rebmann, E. Moors, A. Granier, P. Gross, N. Jensen, and K. Pilegaard. 2000. Respiration as the main determinant of carbon balance in European forests. Nature 404:861–865.
- Vaughn, B. H. and J. Miller. 2004. Stable isotope measurement of atmospheric CO_2 and CH_4. In: de Groot, P.A(ed). Handbook of Stable Isotope Analytical Techniques. Elsevier:272–304.
- Welker, J. M. 2000. Isotopic ($\delta^{18}O$) characteristics of weekly precipitation collected across the USA: An initial analysis with application to water source studies. Hydrological Processes 14:1449–1464.

- West, J. B., G. J. Bowen, T. E. Dawson, and K. P. Tu. 2010. Isoscapes: Understanding Movement, Pattern and Process on Earth Through Isotope Mapping. Springer, New York.
- White, J. W. C., E. R. Cook, J. R. Lawrence, and S. B. Wallace. 1985. The ratios of sap in trees: Implications for water sources and tree ring ratios. Geochimica et Cosmochimica Acta 49:237–246.
- Yakir, D. and M. J. DeNiro. 1990. Oxygen and hydrogen isotope fractionation during cellulose metabolism in *Lemna gibba* L. Plant Physiology 93:325–332.
- Yakir, D. and X. F. Wang. 1996. Fluxes of CO_2 and water between terrestrial vegetation and the atmosphere estimated from isotope measurements. Nature 380: 515–517.

第 2 章
稳定同位素测定方法与仪器

在早期的稳定同位素分析中，所有的样品必须转化成纯气体（如CO_2、H_2、N_2、SO_2）后才能在同位素比率质谱仪（isotope ratio mass spectrometer，IRMS）上测定。随着稳定同位素技术的广泛应用，仪器设备及分析的自动化程度都得到了极大的改进，人力投入大量减少。稳定同位素的测定大致需要3个步骤：样品的采集与预处理、转化成含待测元素的纯气体以及同位素比率质谱仪测定。本章在简要介绍稳定同位素样品采集和预处理方法后，着重介绍稳定同位素质谱测定技术，并简要介绍一些稳定同位素非质谱分析的最新技术。

第1节 稳定同位素样品的采集方法

无机样品（如水、碳酸盐、气体）和有机样品（如动、植物组织）均可作为稳定同位素的待测样品。根据研究目的的不同，样品的采集方法和所需的仪器设备都有所不同。由于重稳定同位素的自然丰度一般极低（10^{-6}级），且不同物质之间稳定同位素组成可能相差很大，样品容易受到污染，因此稳定同位素样品采样时应尽量使用不与目标物质发生化学反应，且不会释放对分析产生干扰物质的惰性采样袋、容器和设备。

一、固体样品的采集

采集植物样品，一般应采集光合活性强的阳生叶片，除非研究目的需要一般应尽量避免采集新生和衰老叶片。比较不同种或不同地区植物间的水分利用效率（water use efficiency，WUE，见第4、5章）时，应注意它们之间大气CO_2本底的$\delta^{13}C$值及气候、水分条件是否接近。特别是在森林生态系统中，植物叶片$\delta^{13}C$值存在明显的冠层效应，即愈接近森林地表，植物叶片的同位素贫化（isotopic depletion）效应愈明显。产生这一效应的原因主要有两个：第一是林冠内部形成的光强梯度导致冠层的C_i/C_a（细胞内CO_2浓度与大气中CO_2浓度之比，见第3、4章）偏高；第二是林下植物和土壤呼吸释放低^{13}C的CO_2。植物叶片样品采集后应尽快于70℃左右烘干。采集土壤样品时，则应根据具体情况取不同深度的样品，浅表层土壤尽量划分得细些，如0~2cm，2~5cm，5~10cm等。因最表层土壤容易受到人类和生物活动的干扰，所以一般表土样品采集地表下面2~3cm的土壤，此层土壤中的有机质组分经过了长时间的分解，已达到了稳定。土壤样品采集后一般自然风干即可，也可用常规烘箱在70℃左右烘干。

为了研究植物水分来源，乔木和灌木应采集植物非绿色的枝条，而草本则应尽可能采集根茎结合处的非绿色部分。因为这些植物器官没有气孔，不会因蒸腾作用而导致目标同位素的分馏。采样量应根据植物的含水量而有所不同，一般以能够提取0.1～1.0 mL水为宜（如3～4 cm长的枝条1～3支即可），不宜过多或过少。样品取样过多将导致抽提时间过长，并容易造成抽提不完全而影响结果；过少则可能难以获得足够的水分供同位素比率质谱仪测定。采样过程要迅速，采样完毕后样品瓶需要立即用不透水薄膜密封，然后在-20℃下冰冻保存。

二、液体样品采集

采集大气降水（降雨或降雪）时，应在降水发生期间直接采集，需要时可使用雨量桶，采集时和存储期间应注意避免水分蒸发。采集土壤水时，最好是采集根系较集中的土层，也可以采集土壤剖面，浅层土壤采集则要注意不要采集暴露在空气中的表层土壤，最好是采集表层2 cm以下的土壤。在无法直接采集到地下水的情况下，可通过采集深层土壤水、泉水或井水来代替。所有采集的水样品瓶都需要立即用不透水薄膜密封。土壤水样品冰冻（-20℃左右）保存，而其他液体水样品应在低温（3～4℃）保存。

三、气体样品采集

（一）大气水蒸气样品的采集

一般采用自制的气体采集系统，由气泵、红外气体分析仪（IRGA）、流量计、冷阱（采集水蒸气）或气瓶（采集CO_2）、干燥剂管等组成（图2-1）。冷阱内装有酒精与液氮或干冰搅匀成的浓浆，温度一般应低于-70℃。

Helliker开发出一种更简单的专门用于采集水蒸气的冷阱采样装置，因携带方便已被广泛使用，该装置组成见图2-2（Helliker *et al.*，2002）。

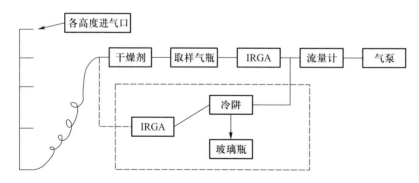

图2-1 气体同位素常见采集系统示意图

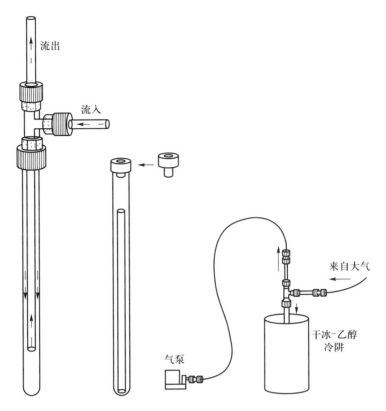

图2-2 采集水蒸气的冷阱采样装置示意图（Helliker et al., 2002）

进行大气水蒸气采样时，应尽量把采样点设置在高处，避免人为和其他水汽来源的潜在影响，定期监测并保持冷阱温度。采样时空气的流速不能太快，一般在 $0.2 L \cdot min^{-1}$ 左右为宜，过快将使空气中的水汽不能完全被冷阱冰冻而导致水汽同位素分馏。采集后的样品要立即密封并低温（3～4℃）保存。在干旱地区采样时间要适当延长以获得足够的水样品。

（二）大气 CO_2 样品的采集

首先将气瓶抽真空，然后在空旷、相对较高的地方将气阀打开，待瓶子内外气压平衡后关闭气阀即可。采集样品时，应注意尽量避免人呼吸、植物光合或土壤呼吸的影响，尤其在森林中取样时，要注意冠层效应造成的 CO_2 浓度梯度（见第4章）。由于在野外对空气中 CO_2 进行自动化连续测定还比较困难（新进展见本章第3节），目前一般采用气瓶取样技术采集生态系统气体的剖面样品，各个实验室自己设计了一些半自动的连续采样系统，如图2-3（Schauer et al., 2003），以及与同位素比率质谱仪耦合的测定系统，如图2-4（Ribas-Carbo et al., 2002）、图2-5（Schauer et al., 2005）。

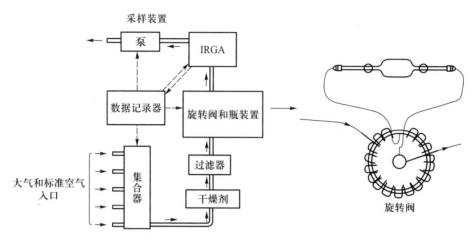

图2-3 半自动的连续采样系统（Schauer et al., 2003）

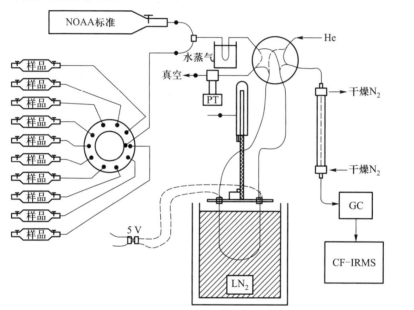

图2-4 连续自动测定大气中CO_2稳定同位素比率的系统流程图（Ribas-Carbo et al., 2002）

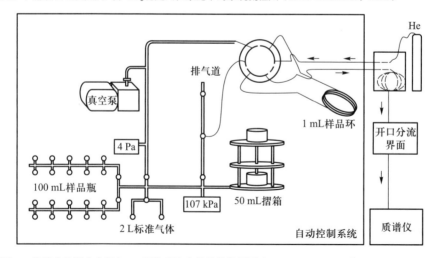

图2-5 连续自动测定大气中CO_2同位素比率的系统流程图（Schauer et al., 2005）

进行生态系统气体剖面采样时,应选择静风或风速较小的晚上采样,以确保可以得到比较稳定的CO_2剖面。一般认为CO_2浓度差超过75 μmol·mol^{-1}时,获得的信息才较为可靠(Pataki et al.,2003)。即便如此,在一些生态系统(如荒漠、草原等),有时也很难获得足够大的CO_2浓度差,通常需要采取一些其他辅助措施。

第2节 稳定同位素样品的预处理方法

需要通过预处理才能分析稳定同位素比值的样品类型主要有固体样品、液体样品和气体样品。固体样品一般用于测定纤维素、淀粉、蛋白质、葡萄糖等组分的碳、氧、氢或氮同位素组成,液体样品主要是测定水分的氢、氧同位素组成,而气体样品一般测定各组分的碳、氮、氧同位素比值。由于不同成分物质的同位素组成可能相差较大,有些有机样品必须先纯化,如从叶片中提取纤维素。在测定纤维素的氢同位素比值时,样品必须先经过硝化,即把纤维素上可能与环境水发生交换的氢氧根替换为硝酸根,以消除环境中水分对样品氢同位素的影响(Sternberg,1989)。如需要通过化学反应转化样品的形态,要求转化率趋近于100%,才能保证转化过程中不发生同位素分馏。另外,样品制备系统中不能引入与待测气体质量相近的其他气体,如CO会严重干扰N_2的测定,而N_2O会也对CO_2的测定带来严重干扰。因此,涉及气体样品的预处理过程需要在高度真空(<100 mTorr[1])条件下进行。

一、固体样品的预处理方法

固体样品在进行同位素质谱分析之前必须进行干燥、粉碎、酸处理(碱性土壤)等处理步骤。

(1)干燥:样品可以放在透气性好、耐一定高温的器具或采样袋中,在干燥箱中于60~70℃下干燥24~48 h(温度不可太高,以免样品炭化)。(注意:烘干的样品要及时研磨或者保持干燥,否则有返潮现象,给磨样造成困难,而且会影响同位素比值。)

(2)粉碎:经过烘干的样品需要粉碎才能进行分析,为了保证样品的均匀,粉碎程度至少要过60目的筛子。粉碎可以用研钵、球磨机或混合磨碎机等来处理。

---

[1] 1mTorr=0.133Pa。

（3）酸处理：测定碱性土壤中的有机碳同位素，在干燥之前需要进行酸处理，以消除土壤样品中无机碳的影响。具体步骤如下：① 取适量研磨过筛后的土壤样品于小烧杯中，加入适量浓度的盐酸（一般为 $0.5\ mol \cdot L^{-1}$），由于土壤中的无机碳与盐酸反应产生 CO_2，所以有气泡产生；② 反应时间应不少于 6 h，每隔 1 h 用玻璃棒搅拌一次，使之充分反应，以完全去除土壤中的无机碳，静置，再倒掉上清液；③ 用去离子水搅拌洗涤，静置，倒掉上清液，重复 3～4 次，以去除过量盐酸，然后烘干备用。

前期处理好的样品，在分析之前于锡箔帽（锡舟）中用微量天平（如 Sartoris SE2、Mettler Toledo XP2U 等）称量，精确到 0.000 1 mg。称样前，先将所需工具及样品排放好，所需工具包括样品垫、样品盘、镊子和勺子。调节天平平衡（在称量过程中尽量不碰桌子，以减少对天平的影响），称量时，先将锡舟放进天平内，等数字显示稳定时调零，然后将锡舟取出放在样品垫上，放适量样品至锡舟中，样品的质量根据测定的同位素及样品中的含量而定。记录所称取的样品质量。然后将锡舟用镊子或拇指和食指轻轻用力团成小球。将包好的样品放在专门的样品盘里，并附带一份质量表格，保存。（注意：任何时候不能用裸露的双手触摸样品或锡舟。若用手操作，须带无尘橡胶手套。）

二、植物或土壤中的水分提取方法

测定植物或土壤中的水分同位素，需要预先用水分真空抽提系统抽提出植物或土壤中的水分。为避免大气中水汽对测定样品的影响，需在真空的环境下通过加热、冷凝的方法提取样品中的水分。水分真空抽提系统主要包括三部分（图2-6）：泵，将系统抽成真空；真空表，测定系统的真空度；抽提管路，抽提水分。具体步骤如下。

（1）在提取水分之前，先检漏，检查系统是否密闭。具体方法是：将样品管

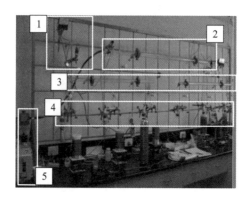

图2-6 样品水分真空抽提系统实物图（1:真空表；2:A级抽提管路；3:B级抽提管路；4:C级抽提管路；5:真空泵）

和收集管全部装上，打开泵的电源，待泵的噪声消失后，依次打开A级、B级阀门，和真空表的电源。当真空度低于50 mTorr时，打开C级阀门，等到真空度再低于50 mTorr时，关闭B级阀门，等待1 min，如果真空度不超过100 mTorr，则说明C级阀门回路不漏气，如果真空表读数迅速上升，说明系统漏气。一般漏气的原因主要是样品管和收集管接口处没有拧紧、橡胶圈老化或者橡胶圈上有沙子灰尘等影响密闭性、C级阀门拧开得过大。达到真空后，依次关掉C级、B级、A级阀门和真空泵。观察气压表的变化，如果气压表快速升高，说明系统漏气；如果不升高或升高得很缓慢（<100 mTorr·min^{-1}），则说明系统不漏气。如果系统漏气，需要逐个检查，查出漏气的地方并修理。

（2）在系统检查完后，拧松水样收集管，将样品管取下，将样品放入样品管内。样品从冰柜取出后，需在室温下放置几分钟。在放入样品管前须去掉封膜，并擦干外壁的水分。如果是土壤样品，要在样品上放入玻璃棉以避免将土壤颗粒抽到系统中，再将装有样品的样品管装上。将样品管浸没到液氮中冷冻10～15 min（注意样品冷冻过程中，样品管中的样品要全部浸没到液氮中）。

（3）样品继续冷冻，打开真空泵，然后依次打开A级主阀门、B级阀门和C级阀门，抽到气压表的读数不再减小为止（一般要小于50 mTorr）。如果抽真空的速度缓慢，说明样品管接口漏气，需检查样品管和水样收集管口是否拧紧。在加热之前，必须先关掉C级阀门。然后将加热套在样品管上，打开加热套和加热带的电源。将装有液氮的瓶子移至水分收集管下。需根据收集水分的情况调整液氮瓶的高度，并不断添加液氮。植物样品中的水分收集时间一般为1.5 h，土壤样品中的水分收集时间一般为1 h。必须充分抽提出样品中的水分，以样品不再产生水汽为准。

（4）加热抽提完后，将收集管取下，用不透水薄膜封口，待收集的水分全部融化为液态水时，迅速将水分转移到样品小瓶中，并用封口膜封口，避免水分泄漏和蒸发。样品置于4℃冰箱中保存、待测。

三、纤维素提取方法

纤维素是D-葡萄糖以β-1,4糖苷键组成的大分子多糖，相当于300～15 000个葡萄糖基，分子式可写作（$C_6H_{10}O_5$）$_n$。根据Leavitt和Danzer所改进的方法（Leavitt and Danzer，1993），纤维素提取的具体步骤如下。

（1）将称重后的木头刨片置于改进的索氏抽提套环中。将索氏抽提套环浸没在装有去离子水、乙酸与亚氯酸钠混合溶液的烧杯中，在70℃下超声水浴4 h，每隔1 h补充蒸发的混合溶液。

（2）超声水浴结束后真空抽滤溶液得到全纤维素（holo-cellulose），用热的（70~80℃）去离子水（50 mL）冲洗全纤维素，再用常温的去离子水（50 mL）冲洗全纤维素。此时全纤维素应呈现白色并且不掺杂黄色或橙色。如果有杂色存在，样品需重新氧化后再清洗一遍，直到颜色全部呈白色为止。

（3）样品过滤冲洗后将索氏抽提套环置于干净的烧杯中，加入10%的氢氧化钠，超声水浴45 min，温度设为45℃。水浴结束后用室温去离子水冲洗样品，然后将索氏抽提套环置于新的烧杯中，加入17%的氢氧化钠，室温下超声水浴45 min。

（4）真空抽滤样品后，用17%的氢氧化钠（20 mL）和1%的盐酸冲洗样品，最后用室温去离子水冲洗样品直至冲洗水为无色。将样品置于真空烘箱中70℃烘干4 h以上，样品取出后进行同位素测定。

四、样品的汽化、纯化和分离

在传统稳定同位素分析中，所有样品需要转化为可引入同位素比率质谱仪的高纯气体。不同物质中氢、氧、碳、氮、硫等同位素的汽化、纯化和分离方法在一些稳定同位素地球化学相关专著里已有专门介绍（如郑淑蕙等，1986；郑永飞和陈江峰，2000）。一般情况下，稳定同位素样品的预处理包括两个步骤：① 样品的氧化分解；② 干扰物质的排除。几十年来尽管发展了不同的方法进行有机化合物的同位素组成分析，但基本原理没有改变，即在过量的氧气中将有机物燃烧为二氧化碳和水，将水通过还原法转换成氢气，然后将二氧化碳或者氢气转移到同位素比率质谱仪中进行分析。总的来说，这种方法的制备过程复杂耗时，产生误差的因素很多，对操作人员的技能要求较高，且需要的样品量较大。

现代稳定同位素分析中，由于同位素比率质谱仪及其配件自动化程度的不断提高，样品的纯化和分离过程可由与同位素比率质谱仪相耦联的元素分析仪（elemental analyzer，EA）、高温裂解元素分析仪（TC/EA）和气相色谱仪（gas chromatography，GC）等预处理设备自动完成。将制备好的固体样品约0.05 mg（用量根据所测同位素种类及含量而定）装在锡舟内，包裹好后置于取样盘上；水样品可用微量注射器直接注入微管（0.1~0.5 μL）中。然后在高温、真空条件下燃烧，产生CO_2、N_2、N_2O或H_2气体，混合气体经过气相色谱仪的色谱柱后被分开，待测的气体成分（如CO_2、N_2O、H_2、N_2）可直接进入同位素比率质谱仪分析同位素比值。气体样品用特制的样品瓶收集，由氦气充当载气载入，经高温燃烧后再由液氮循环冷冻，以便分离出CO_2和N_2O，再经过气相色谱仪进一步的分离，进入同位素比率质谱仪分析。

第3节 同位素比率质谱仪分析方法

质谱仪（mass spectrometer 或 mass spectrograph）是指基于电磁学原理设计而成的仪器，因采用的质量分析器只能对带电粒子起分离作用，所以要求将被研究的原子（分子）转变成离子，而仪器所获得的信息则是离子的质量 m 与电荷 e 之比 m/e。近百年来，人们利用质谱仪进行了相对原子质量测定、同位素分离与分析、有机物结构分析和其他科学实验，形成质谱法（mass spectrometry 或 mass spectroscopy），其在现代化学分离、分析研究领域中占有重要地位。同位素比率质谱仪（isotope ratio mass spectrometer，IRMS）是利用离子光学和电磁原理，按照质荷比（m/e）进行分离从而测定同位素质量和相对含量的科学实验仪器，不同于其他质谱仪如气相色谱-质谱仪（GC-MS）、液相色谱-质谱仪（LC-MS）、电感耦合等离子体质谱仪（ICP-MS）、二次离子质谱仪（SIMS）等。同位素比率质谱仪的主要特点包括：① 擅长同位素比率分析；② 可进行多种形态样品（气体、液体、固体、常温、高温、常量、微量）分析；③ 可同时（或顺序）检测多种成分；④ 样品用量少，灵敏度很高；⑤ 测量准确度与精密度较高；⑥ 可进行快速分析与实时检测；⑦ 可进行定量分析；⑧ 可连续（或间歇）进样、连续分析；⑨ 仪器结构复杂、造价较高等。同位素比率质谱仪分析方法的不断改进加深了生态学家对不同时空尺度生态系统过程的进一步了解，使生态学家可以探讨一些其他方法无法研究的问题（林光辉，2010）。

一、同位素比率质谱仪的工作原理

在稳定同位素质谱分析中，样品均以气体形式进入仪器，因此同位素比率质谱仪有时也称为气体同位素比率质谱仪（gas isotope ratio mass spectrometer）。同位素比率质谱仪是一种测定粒子质荷比（m/e）的仪器，主要是根据不同同位素粒子质荷比的差别在磁场中发生不同的偏转而测出相对含量。气体纯化后，以高纯氦气作为载气，送入同位素比率质谱仪进行质谱分析。气体物质首先在高真空条件下离子化，气体的外层电子在离子源中被轰击掉并加速。重、轻同位素由于它们的质荷比不同，进入磁场后会发生不同轨道的偏转，沿着不同的飞行管撞击对应的电子检测器（法拉第杯）。与法拉第杯连接的信号放大器，把粒子的冲撞转化成电压，再转化成频率，在计算机的辅助下直接显示出同位素的相对含量。以碳同位素为例，经提纯和干燥后的 CO_2 气体进入同位素比率质谱仪的离子源室，在电子轰击作用下失去电子而带正电荷。带正电荷的二氧化碳粒子在磁场作用下依据质量不同分离成质荷比为 44、45、46 的 3 种粒子（$^{12}C^{16}O^{16}O^+$、$^{13}C^{16}O^{16}O^+$、$^{12}C^{16}O^{18}O^+$），由3个碳检测器检测质量分别为44、45和46离子束的信号，再根据接收信号的强度来得到其同位素比率（图2-7）。

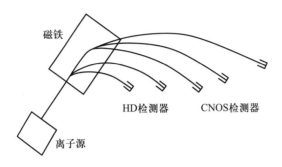

图2-7 同位素比率质谱仪工作原理示意图

带电粒子在磁场中运动时发生偏转，偏转程度与粒子的荷质比成反比。带电离子携带电荷e，通过电场时获得能量eV，它应与该离子动能相等：

$$1/2mv^2 = eV \quad (2-1)$$

式中，m和v分别为粒子的质量和速度，e为粒子电荷，V为电压。

带电粒子沿垂直磁力线方向进入磁场，受到磁场力（即洛伦磁力）作用，其运动方向发生偏转，由直线运动改做圆周运动。在磁场力的作用下，圆周运动的向心力等于磁场力，关系式为：

$$\frac{mv^2}{r_m} = HeV \quad (2-2)$$

式中，r_m为离子轨道半径，H为磁场强度。合并式（2-1）和式（2-2），得到：

$$r_m = \frac{1}{H}\sqrt{2V\frac{m}{e}} \quad (2-3)$$

显然，r_m为粒子质量的函数，确切来说是荷质比的函数。据此，带电粒子在磁场中运动时因磁场力而偏转，导致不同质量同位素的分离，重同位素偏转半径大，轻同位素偏转半径小。实际测定中，直接测定同位素的绝对含量难以做到，因而测定的是某个元素重、轻同位素的比率，例如$^{13}C/^{12}C$或$^{18}O/^{16}O$等。

二、同位素比率质谱仪的结构

同位素质谱仪源于Nier的设计（Nier，1947），其结构主要可分为进样系统、离子源、质量分析器和检测器四部分，此外还有电气系统和真空系统等支持系统。

（1）进样系统：即把待测气体导入同位素质谱仪系统。它要求在导入样品的同时不破坏离子源和分析室的真空。为避免扩散引起的同位素分馏，要求在进样系统中形成黏滞性气体流,即气体的分子平均自由路径小于储样器和气流管道的直径,因此气体分子之间能够彼此频繁碰撞,分子间相互作用,形成一个整体。

(2)离子源:在离子源中,待测样品的气体分子发生电离,加速并聚焦成束。针对某种元素,往往可以采用不止一种离子源测定同位素丰度。对离子源的要求是电离效率高,单色性好。

(3)质量分析器:将具有不同质荷比的离子分开。主体为一扇形磁铁。要求其分离好,聚焦效果好。

(4)离子检测器:接收来自质量分析器的具有不同质荷比的离子束,并加以放大和记录。由离子接收器和放大测量装置组成。离子通过磁场后,待分析离子束通过特别的狭缝,重新聚焦落在接收器上并被收集。接收器一般为法拉第杯。现代同位素质谱仪一般有两个或多个接收器以便同时接收不同质量数的离子束,交替测量样品和标准样品的同位素比值并将两者加以比较,可以提高测量精度。对检测部分的要求是灵敏度高,信号不发生畸变。

早期的同位素比率质谱仪进行稳定同位素分析时,必须把样品经过人工的样品分离和纯化,得到单一的气体后才能进入同位素质谱仪进行分析。采用的进样系统为双进样模式,因而统称这一类同位素质谱仪为双进样同位素质谱仪(dual inlet IRMS)。双进样同位素质谱仪进样系统见图2-8。常见的双进样同位素质谱仪有德国菲尼根(Finnigan)公司(现为Thermo Fisher公司的一部分)生产的Delta S和MAT 251气体质谱仪及英国VG质谱仪器公司生产的PRISM Ⅰ、Ⅱ气体质谱仪。

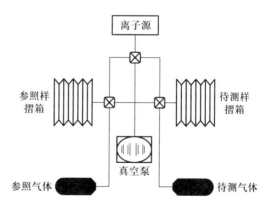

图2-8 双进样同位素比率质谱仪进样系统示意图

1987年,Hayes(1987)率先研发出利用连续流同位素比率质谱仪(continuous flow IRMS,CF-IRMS)进行同位素测定的新分析方法,在以后几年里该技术飞速发展、不断完善,并在实际中被广泛应用。连续流同位素质谱仪的工作原理见图2-9。随着GC-C/TC-IRMS联用仪的出现,有机化合物同位素组成的测定变得相对简单,以热电公司新推出的 Finnigan Delta plus XP 为例,它可以实现有机化合物、水和某些无机化合物中多种元素(C、N、O、H)的自动分析,分析时间大大缩短,而且测量精度也接近传统的双进样同位素质谱仪。

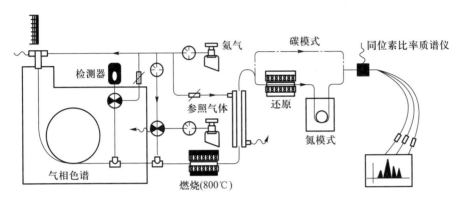

图 2-9 连续流同位素比率质谱仪工作原理示意图

三、同位素质谱仪的主要类型及其辅助设施

随着同位素分析技术的发展,同位素分析仪也得到了很大的改进。通过同位素质谱仪和其他仪器的耦联,同位素分析技术自动化程度得到极大提高,节省了大量的人力和时间。同位素质谱仪和元素自动分析仪相耦联,可以一次性安装至少49个固体样品,实现了仪器的自动进样和连续分析。同位素质谱仪和色谱仪相耦联,样品直接通过仪器进行分离、纯化,然后进入同位素质谱仪进行同位素比值分析,减少了人工的介入,具有很高的应用价值。20世纪90年代以来,化合物的单体稳定同位素研究得到了很大发展。单体稳定同位素分析仪器包括气相色谱-燃烧-同位素比率质谱联用仪(GC-C-IRMS,适用于单体碳、氮同位素分析)、气相色谱-热转换-同位素比率质谱联用仪(GC-TC-IRMS,适用于单体氢、氧同位素分析)、气相色谱-燃烧/热转换-同位素比率质谱联用仪(GC-C/TC-IRMS,适用于单体碳、氮、氢、氧同位素分析)。目前比较常用的连续流同位素质谱仪主要有热电公司的 MAT 252、MAT 253、Finnigan Delta plus XP、Delta plus Advantage、Delta V 等型号的 GC-IRMS、Micromass 公司的 Optima GC-IRMS 和 Europa 公司(现为 SerCon 公司)的 20-20 GC-IRMS 等。一台连续流同位素质谱仪可以配置3~4台辅助设施,实现功能多样化(图2-10)。以下是3种常见的同位素比率质谱仪。

热电公司生产的 Finnigan Delta V 同位素质谱仪,可配备高温裂解 Flash EA1112 HT 元素分析仪和 PreCon 气体浓缩系统,联机工作后可在线精确测量固体或液体样品中C、N、H、O等稳定同位素比值,不仅灵敏度高、功能多样(最多可配置10个检测器,灵活多样的接收器排列方式,更宽的质量范围,在线氢分析),且坚固

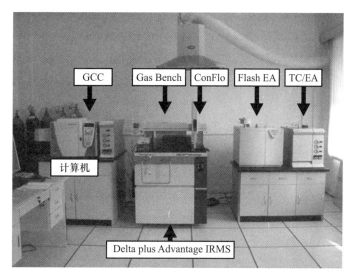

图2-10 连续流同位素质谱仪可配置的主要辅助设备

可靠（所有离子光学组成都有固定排列的单片分析器、集成信号扩大器和数字转换器；所有的离子光学组成都是固定的，安装或维护时不需要调整位置；最优化的真空排气设计；自动诊断的完整系统）。

热电公司生产的MAT 253是气体同位素质谱仪中灵敏度最高、可测质量数范围最广的仪器。质量分析器具有90°凹面无色散聚焦磁场，近百分之百转换，最多可有10个法拉第杯同时测量离子流。MAT 253提供开放而灵活多变的平台，将进样系统和样品制备设备连接起来。以极小量的样品获得精确的测量结果。进样可采用双路或连续流两种模式。另外，MAT 253方便对通用入口/制备系统的连接和控制，因而可连接多种样品预处理配套装置，还可扩展到硅（Si）、氯（Cl）的气体样品以及惰性气体的同位素比率的精确测定。

英国SerCon质谱公司的SerCon 20-20 IRMS是用于连续流和双路进样的气体稳定同位素质谱仪，可以连接多种用于连续流的样品预处理配套系统。它采用120°夹角离子光学系统设计，可完全排除He对D/H的干扰。与传统设计相比，它的离子路径缩短，优点为缩小离子间碰撞的概率，保证100%的离子传输效率并得到较高的灵敏度。它可以得到很宽的平顶峰，避免分析时的温度变化对仪器的影响，并且在分析过程中无需进行峰聚焦（peak center）。它的高效涡轮分子泵对H_2和He具有等同的压缩比，可有效排除连续流分析对丰度灵敏度的影响和记忆效应，适用于常见气体如H_2、N_2、NO、N_2O、O_2、CO、CO_2、SO及SO_2的同位素分析。图2-11列出了一些常见的气体同位素质谱仪。

目前，稳定同位素的质谱分析技术朝着快速化、精确化、微量化、多样化和标准化的趋势向前发展。随着同位素技术研究的深入，传统的同位素分析手段已

图 2-11 常见的同位素质谱仪：（a）Finnigan Delta S；（b）VG PRISM Ⅱ and Europa；（c）Finnigan Delta plus XP；（d）MAT 253；（e）GV；（f）SerCon 20-20

经不能满足某些微区、微量的高精度研究要求，因而出现了新的分析手段、分析仪器。近年来同位素分析仪器的进展主要表现在：离子探针质谱的不断改进和广泛应用；加速器质谱的应用；高分辨多接收激光等离子体质谱的开发和应用；连续流质谱仪的出现和应用以及激光同位素分析装置的应用。这些仪器和技术的应用和发展使金属元素、稀有元素、重元素等其他元素的稳定同位素研究得以开展并取得了可喜的进步。这些元素的加入扩展了稳定同位素的研究对象，为稳定同位素技术在各个研究领域的应用开拓了广阔的前景。目前这些技术已经广泛应用于硼、硅、硫、镁、钙、锶、铅等同位素分析。

第4节 稳定同位素的非质谱测定技术

相当一段时间内，大气中CO_2和水汽的稳定同位素比值测定主要依靠大气冷阱/同位素质谱仪（cold-trap/mass spectrometer）技术，通常包括两个步骤：样品收集和样品分析(Flanagan et al., 1996; Buchmann et al., 1997; Bowling et al., 2001; Bowling et al., 2002; Bowling et al., 2003)。样品收集步骤不仅费时费力,且会导致较大的误差。首先,当利用冷阱技术将大气中CO_2或水汽凝结成固态时,样品收集效率取决于冷阱装置的设计、冷阱温度和空气湿度。如果样品收集效率低于100%,就可能发生同位素分馏效应。其次,收集到的CO_2中的氧原子可能与环境中的水分发生交换。由于采样与分析仪器和技术的限制,几乎所有研究都局限于短期或非连续实验。因此,测定的样品量非常有限,严重限制了稳定同位素技术在生态系统、区域和全球尺度上植被与大气相互作用方面研究中的应用。针对以上这些问题,近几年,众多研究人员和仪器公司开始研发能连续测定且价格相对便宜的新型稳定同位素分析仪器。

一、可调谐二极管激光吸收光谱法

可调谐二极管激光吸收光谱法(tunable diode laser absorption spectroscopy, TDLAS)是在二极管激光器与长光程吸收池技术相结合的基础上发展起来的一种新的痕量气体及其相关同位素检测方法。TDLAS技术利用二极管激光器的波长调谐特性,获得被选定的待测气体特征吸收线的吸收光谱,从而对气体进行定性或者定量分析。在大气痕量气体监测中,为了提高探测的灵敏度,一般会根据具体情况对激光器采取不同的调制技术,如波长调制、振幅调制、频率或位相调制等。这种方法以前主要用于空气中痕量气体如NO_x等的浓度测定,已经商品化的此类同位素分析仪主要是美国Campbell公司研制的TGA100系列产品,其结构见图2-12。

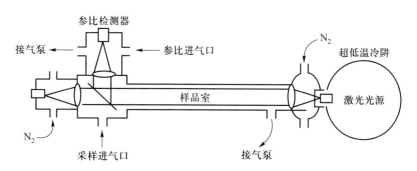

图2-12 美国Campbell仪器公司的TGA100同位素分析仪结构示意图

TGA100同位素分析仪的主体是调制式半导体激光发生器和检测器。激光发生器必须在恒定低温下进行波段扫描,以确定适合于待测目标气体的波谱光段。例如,对于CO_2的同位素比值测定而言,应选择能同时检测到^{13}C和^{12}C的相邻吸收波谱范围,即2 308~2 310 cm^{-1},进一步在2 308.1~2 308.3 cm^{-1}的极小范围内再选择出有明显区别的吸收波长。通过同时测定样品气和参考气,并保持样品室内稳定的压力环境,能分别测定CO_2浓度及其^{13}C的含量。另外,由于^{12}C相对较高,应选择对^{13}C吸收较大的吸收光谱段,从而减少因信号放大不同步而造成的误差。

虽然TGA100的测量精度不如同位素质谱仪,但这种方法选择性强、响应速度快(采样频率为1~10 Hz),几乎与涡度协方差系统(eddy covariance system)同步,可以和涡度通量仪器(如CSAT3-LI7500涡度通量系统)一起实现连续的在线测定。另外,由于TDLAS技术可以快速地在线完成目标气体物质的量浓度的同步测定,所以系统克服了常规方法中样品处理过程可能发生的污染等问题,降低了大气CO_2或水汽稳定同位素测定结果的不确定性。值得注意的是,在应用TDLAS技术测定大气CO_2或水汽同位素比率时需要采取适当的标定方法,才能与同位素质谱仪测定的结果取得一致。该技术最大的不足是仪器运转时需要使用液氮维持恒定低温,在野外条件下有时难以满足。Bowling等(2003)详细介绍了如何利用TDLAS技术测定大气CO_2,并对该系统的优缺点进行了科学分析。Bowling等(2005)还在美国科罗拉多州利用TGA100连续测定了森林生态系统上空1 m和60 m处CO_2浓度和碳同位素比值,结果与采用传统气瓶联合同位素质谱仪方法获得的结果相当接近。

通过选择其他合适的特定波谱,TDLAS分析仪还可对空气中其他气体(如大气水蒸气、CH_4)的同位素进行在线连续测定。例如,Wen等(2008)利用TGA100A分析仪监测了北京郊区大气水蒸气$^{18}O/^{16}O$和D/H同位素比值。大气水蒸气^{18}O和D及其通量的原位连续观测系统主要由TGA100A分析仪、大气水蒸气采样系统、$^{18}O/^{16}O$和D/H在线标定系统等三部分组成。该系统运行原理简单介绍如下。

(1)TGA100A分析仪:激光光源利用氮和加热器平衡原理精确维持在$-183.45℃$的低温运行环境,而参比室和样品室的激光检测器利用液氮维持在$-126℃$的低温运行环境。利用$H_2^{18}O$和$HD^{16}O$富集的水汽作为参比气可以直接测定大气水蒸气$H_2^{18}O$、$HD^{16}O$和$H_2^{16}O$的物质的量浓度;

(2)$^{18}O/^{16}O$和D/H在线标定系统:利用干空气直接进入TGA100A分析仪作为标定零气体。利用滴水装置产生两个湿度跨度的标定气(已知$^{18}O/^{16}O$和D/H)跟踪外界大气水蒸气浓度变化。根据已建立的数据校正程序,对观测数据进行校正可以得到大气水蒸气$^{18}O/^{16}O$和D/H同位素比率的真值;

(3)大气水蒸气采样系统:3个样品进气口可以测定不同高度的大气水蒸气$^{18}O/^{16}O$和D/H。因此,与微气象学通量梯度廓线技术相结合,可以直接测定大气水蒸气$^{18}O/^{16}O$和D/H通量。

二、光腔衰荡激光光谱同位素分析仪

光腔衰荡激光光谱同位素分析仪是基于光腔衰荡光谱技术（CRDS）的新型同位素分析仪器。光腔衰荡光谱技术是近年来发展起来的一种全新的激光吸收光谱技术，它将传统吸收光谱中对光强绝对值的测量转变为对光强衰减时间的测量，从而避免了光强波动对测量结果的影响。光腔衰荡激光光谱同位素分析仪的工作原理见图2-13。它通过光脉冲在谐振腔中的多次反射，获得极长的吸收程，大大提高了检测灵敏度。在常温条件下，采用连续光源的连续波光腔衰荡光谱具有极高的光谱分辨率和探测灵敏度，因而光腔衰荡激光光谱同位素分析仪运行时不需要消耗液氮。与TDLAS同位素分析仪相同，光腔衰荡激光光谱同位素分析仪不需要任何样品前处理，也不需要昂贵的耗材。

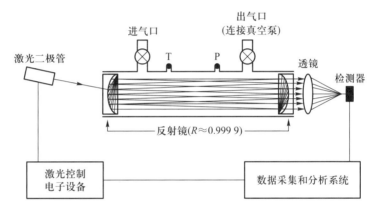

图2-13 光腔衰荡光谱技术工作原理示意图

（一）LGR同位素分析仪

LGR同位素分析仪主要有CO_2同位素分析仪（直接测定大气中CO_2的$^{13}C/^{12}C$的值）、甲烷同位素分析仪（直接测定大气中甲烷的$\delta^{13}C$）、气态水同位素分析仪（直接测定大气中水汽的$^{18}O/^{16}O$、$^{17}O/^{16}O$和D/H的比率）和液态水同位素分析仪（精确测量液态水样中的$^{18}O/^{16}O$和D/H的比率）（图2-14）。

图2-14 LGR同位素分析仪：(a)CO_2同位素分析仪；(b)液态水同位素分析仪

(二)Picarro 同位素分析仪

Picarro 同位素分析仪主要有便携式 CO_2 同位素分析仪（可测量环境气体中 CO_2 的 $\delta^{13}C$）和液态水同位素分析仪（可测量液态水的氢、氧稳定同位素比值）（图 2-15）。

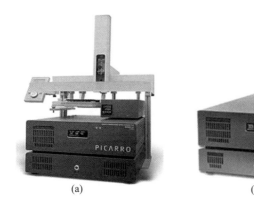

图 2-15 Picarro 同位素分析仪：(a) 液态水同位素分析仪；(b) 便携式 CO_2 同位素分析仪

主要参考文献

- 林光辉. 2010. 稳定同位素生态学：先进技术推动的生态学新分支. 植物生态学报 34:119-122.
- 郑淑蕙，郑斯成，莫志超. 1986. 稳定同位素地球化学分析. 北京：北京大学出版社.
- 郑永飞，陈江峰. 2000. 稳定同位素地球化学. 北京：科学出版社.
- Bowling, D., S. Burns, T. Conway, R. Monson, and J. White. 2005. Extensive observations of CO_2 carbon isotope content in and above a high-elevation subalpine forest. Global Biogeochemical Cycles 19: doi:10.1029/2004GB002394.
- Bowling, D. R., C. Cook, and J.R. Ehleringer. 2001. Technique to measure CO_2 mixing ratio in small flasks with a bellows/IRGA system. Agricultural and Forest Meteorology 109:61-65.
- Bowling, D. R., N. G. McDowell, B. J. Bond, B. E. Law, and J. R. Ehleringer. 2002. ^{13}C content of ecosystem respiration is linked to precipitation and vapor pressure deficit. Oecologia 131:113-124.
- Bowling, D. R., S. D. Sargent, B. D. Tanner, and J. R. Ehleringer. 2003. Tunable diode laser absorption spectroscopy for stable isotope studies of ecosystem-atmosphere CO_2 exchange. Agricultural and Forest Meteorology 118:1-19.
- Buchmann, N., W. Y. Kao, and J.R. Ehleringer. 1997. Influence of stand structure on carbon-13 of vegetation, soils, and canopy air within deciduous and evergreen forests in Utah, United States. Oecologia 110:109-119.
- Flanagan, L. B., J. R. Brooks, G. T. Varney, S. C. Berry, and J. R. Ehleringer. 1996. Carbon isotope discrimination during photosynthesis and the isotope ratio of respired CO_2 in boreal forest ecosystems. Global Biogeochemical Cycles 10:629-640.
- Hayes, J. M. 1987. Analytical spectroscopy in supersonic expansions. Chemical Reviews 87:745-760.
- Helliker, B. R., J. S. Roden, C. Cook, and J. R. Ehleringer. 2002. A rapid and precise method for sampling and determining the oxygen isotope ratio of atmospheric water vapor. Rapid Communications in Mass Spectrometry 16:929-932.
- Leavitt, S. W. and S. R. Danzer. 1993. Method for batch processing small wood samples to holocellulose for stable-carbon isotope analysis. Analytical Chemistry 65:87-89.
- Nier, A.O.1947. A mass spectrometer for isotope and gas analysis. The Review of Scientific Instruments 18:398-411.
- Pataki, D. E., D. R. Bowling, and J. R. Ehleringer. 2003. Seasonal cycle of carbon dioxide and its isotopic composition in an urban atmosphere: Anthropogenic and biogenic effects. Journal of Geophysical Research 108：doi:10.1029/2003JD003865.
- Ribas-Carbo, M., C. Still, and J. Berry. 2002. Automated system for simultaneous analysis of $\delta^{13}C$, $\delta^{18}O$ and CO_2 concentrations in

small air samples. Rapid Communications in Mass Spectrometry 16:339-345.
- Schauer, A., C. T. Lai, D. R. Bowling, and J. R. Ehleringer. 2003. An automated sampler for collection of atmospheric trace gas samples for stable isotope analyses. Agricultural and Forest Meteorology 118:113-124.
- Schauer, A. J., M. J. Lott, C. S. Cook, and J. R. Ehleringer. 2005. An automated system for stable isotope and concentration analyses of CO_2 from small atmospheric samples. Rapid Communications in Mass Spectrometry 19:359-362.
- Sternberg, L. S. L. 1989. Oxygen and hydrogen isotope measurements in plant cellulose analysis. In: Linskens, H. F. and J. F. Jackson.（eds）. Modern Methods of Plant Analysis. Springer-Verlag, New York:89-99.
- Wen, X. F., X. M. Sun, S. C. Zhang, G. R. Yu, S. D. Sargent, and X. Lee. 2008. Continuous measurement of water vapor D/H and $^{18}O/^{16}O$ isotope ratios in the atmosphere. Journal of Hydrology 349:489-500.

第 3 章
稳定同位素的自然丰度

由于物理、化学和生物过程存在的同位素效应（见第1章），自然界各种物质之间的稳定同位素比值差异明显。正是这些差异的存在，生态学家可以根据同位素的变化规律和内在机制，来示踪营养元素在生态系统内和生态系统之间的流动过程，在时间和空间不同尺度上整合生物生理生态过程及其对环境变化的响应，指示地球生态系统和环境的变迁及其驱动因子。本章主要介绍碳、氢、氧、氮、硫稳定同位素丰度的自然变异及其内在机制，特别是碳、水、氮和硫循环过程中这些同位素自然丰度的变化及其驱动因子。

第1节 碳稳定同位素

碳元素的稳定同位素有两种：^{12}C和^{13}C，自然丰度分别是98.89%和1.11%（表1-1），所以$^{13}C/^{12}C$的比率大约是0.011（Nier，1950）。从^{13}C丰度很低的细菌产生的甲烷（CH_4）到特定条件下地下水中^{13}C自然丰度很高的碳酸氢盐，最大变异幅度超过100‰（图3-1）。变异较大的情况一般出现在能发生碳氧化或还原反应的系统中，如发生在土壤中细菌分解有机质产生甲烷的过程，最大分馏高达-55‰。

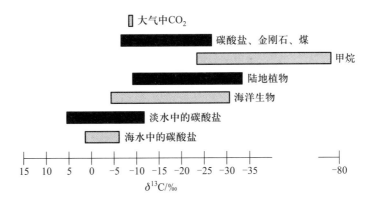

图3-1 自然界不同物质中$\delta^{13}C$值的变异范围（Dawson and Siegwolf，2007）

一、碳稳定同位素的分馏

（一）同位素交换反应

最常见的碳同位素交换反应发生在CO_2与各种水溶性碳酸根离子之间：

$$^{13}CO_2 + H^{12}CO_3^- \longrightarrow {}^{12}CO_2 + H^{13}CO_3^- \tag{3-1}$$

由于同位素平衡分馏，式（3-1）中^{12}C在CO_2中富集（即^{13}C减少），而^{13}C在HCO_3^-

中富集，其结果是海水中HCO_3^-比大气中CO_2富集了7‰～9‰的^{13}C（如HCO_3^-的$\delta^{13}C$值为0‰，CO_2的$\delta^{13}C$值则为-9‰～-7‰），这种差别直接影响了海陆生物体中碳同位素的丰度。CO_2与HCO_3^-之间交换的碳同位素分馏系数与温度存在以下的关系（Mook et al., 1974）：

$$1000 \times \ln\alpha = 9.55 \times \frac{10^3}{T} - 24.10 \quad (3-2)$$

式中，T为水的热力学温度，范围为278～398K（即5～125℃的水温范围）。

另一个典型例子就是CO_2与CH_4之间的碳同位素交换：

$$^{12}CO_2 + {}^{13}CH_4 \longrightarrow {}^{13}CO_2 + {}^{12}CH_4 \quad (3-3)$$

由于在常压下需要很长的时间才能达到同位素平衡，因此它的分馏系数只能通过理论推算（Richet et al., 1977）：

$$1000 \times \ln\alpha = 2.67 \times \frac{10^6}{T^2} + 13.53 \times \frac{10^3}{T} - 7.08 \quad (3-4)$$

式（3-4）适用的温度范围为0～1 200℃。类似的碳同位素交换也发生在CO_2与CO之间。总的来说，^{13}C趋于富集在碳的高价化合物中，即^{13}C含量从低到高依次为：$CH_4 < CO < CO_2 < CO_3^{2-}$。

（二）光合作用的同位素动力学分馏

陆地植物固定大气CO_2时会发生碳同位素效应，致使植物的^{13}C含量远比大气CO_2的低。植物光合作用是自然界产生碳同位素动力学分馏的最重要过程。在光合作用过程中，通常存在以下化学反应：

$$6CO_2 + 11H_2O \longrightarrow C_6H_{22}O_{11} + 6O_2 \quad (3-5)$$

这个反应不仅需要酶的催化，而且是单方向的。空气中的$^{12}CO_2$比$^{13}CO_2$更易裂解，能更快地被光合同化酶催化参与上述的单向反应。也就是说，植物叶片更趋向于同化$^{12}CO_2$而排斥$^{13}CO_2$，使生成的糖类富集^{12}C而贫化^{13}C（Farquhar et al., 1982; Farquhar et al., 1989）。光合作用过程的同位素分馏分三步发生（图3-2）：

（1）大气CO_2经气孔向叶片内扩散的过程：气孔扩散过程的碳同位素分馏高达4.4‰，进入叶肉胞间的CO_2比叶外大气CO_2具有更低的$\delta^{13}C$值。

（2）CO_2在叶水中的溶解过程：植物优先从叶胞间空气吸收$^{12}CO_2$，使之溶于细胞质中。这种分馏由动力学效应而引起，分馏的程度取决于空气中的CO_2浓度，浓度越高分馏越大。

（3）光合羧化酶对CO_2的同化过程：溶解在细胞质中的$^{12}CO_2$通过酶的作用优先

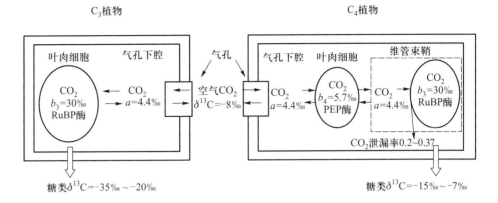

图3-2 不同光合途径植物光合作用过程中碳同位素分馏效应

结合到磷酸甘油酸中，使残余的溶解CO_2富集^{13}C，而合成的光合产物贫化^{13}C。不同光合途径（C_3、C_4和CAM）因光合羧化酶（RuBP酶和PEP酶）和羧化的时空差异对^{13}C有不同的判别和排斥，导致了不同光合途径的植物具有明显不同的$\delta^{13}C$值。

C_3植物光合作用过程中的碳同位素效应（图3-2）通常可用下式表示（Farquhar et al., 1982）：

$$\delta^{13}C_{plant} = \delta^{13}C_{air} - a - (b-a)\frac{C_i}{C_a} \quad (3\text{-}6)$$

式中，a和b分别代表CO_2扩散过程的同位素分馏系数（4.4‰）和RuBP酶羧化过程的碳同位素分馏系数（30‰）；$^{13}C_{plant}$、$^{13}C_{air}$分别为植物叶内光合产物和叶外空气CO_2的$\delta^{13}C$值；C_i/C_a为胞间CO_2和空气CO_2浓度的比率。C_i/C_a值是一个重要的植物生理生态特征值，反映了净光合同化速率（CO_2的需求）和气孔导度（CO_2的供给）两个变量的相对大小。这一比值受叶光合羧化酶活性和叶片气孔的开闭以及调节这些碳代谢生理过程的环境因子的控制。所以，C_3植物叶片的$\delta^{13}C$值不仅与植物光合作用途径有关，还是植物胞间与大气CO_2分压比（C_i/C_a）的长期整合指标，可以用来指示植物的长期水分利用效率，并能从另一个角度反映植物整个生长期的生理生态特征（见第4章和第5章）。

C_4植物由于具有维管束鞘和PEP酶，在光合作用过程中的碳同位素分馏过程与C_3植物明显不同（图3-2），一般可用下式表示（Farquhar and Richards, 1984）：

$$\delta^{13}C_{plant} = \delta^{13}C_{air} - a - (b_4 + b \times f - a)\frac{C_i}{C_a} \quad (3\text{-}7)$$

式中，b_4为PEP酶羧化反应过程的碳同位素分馏系数（约为-5.7‰），f为CO_2从光合的叶肉细胞渗漏到维管束鞘细胞外的比率，通常为0.20~0.37。由于（$b_4+b\times f-a$）的值接近0，式（3-7）经常被简化为：$\delta^{13}C_{plant}=\delta^{13}C_{air}-a$。因此，$C_4$植物的$\delta^{13}C$可以用来指示大气$CO_2$的$\delta^{13}C$值(见第13章)。另外,根据运入维管束鞘的$C_4$化合物和脱羧反应的不同,$C_4$光合途径有3种类型(NADP-ME型、NAD-ME型和PCK型)。3种类型由于结构和生理生化上的区别,使得其维管束鞘细胞的CO_2传导性,即叶肉组织泄露已脱羧的CO_2的速率有所不同,从而使3种类型C_4植物的$\delta^{13}C$值出现差异(Hattersley and Browning, 1981; Ziegler et al., 1981; Hattersley, 1982; Ohsugi et al., 1988; Henderson et al., 1992; Buchmann et al., 1996)。Schulze等(1996)对纳米比亚地区110个属374种禾本科植物(其中大部分是C_4植物)的$\delta^{13}C$值进行研究,结果表明,NADP-ME型C_4植物具有最高的$\delta^{13}C$值(-11.7‰),主要分布在高降水区;NAD-ME型C_4植物的$\delta^{13}C$值显著降低(-13.4‰),主要分布在降水区的最干旱部分;PCK型C_4植物的$\delta^{13}C$值介于以上两者之间(-12.5‰),且在中度降水区分布最广。植物光合作用不同过程中碳同位素分馏效应及其相关系数列在表3-1中。

表3-1 光合作用不同过程中碳同位素分馏效应及其相关系数(Farquhar et al., 1989)

过程	分馏系数	判别值/‰	符号	参考文献
从空气经边界层到气孔的扩散	1.002 9	2.9	a_b	Farquhar (1983)
从空气经气孔的扩散	1.004 4	4.4	a	Craig (1954)
溶解CO_2在水中的扩散	1.000 7	0.7	a_f	O'Leary (1984)
C_3途径中碳净固定	1.027	27	b	Farquhar et al. (1982)
高等植物RuBP酶对气相CO_2的固定	1.030 (pH=8) 1.029 (pH=8.5)	30 20	b_3 b_3	Roeske and O'Leary (1984) Guy et al. (1987)
PEP羧化酶对HCO_3^-的固定	1.002 0 1.002 0	2.0 2.0	b_4^*	O'Leary et al. (1981) Reibach and Benedict (1977)
PEP羧化酶对气相CO_2的固定(25℃时与HCO_3^-平衡)	0.994 3	-5.7	b_4	Farquhar (1983)
25℃时CO_2的平衡水合作用	0.991	9.0	e_b	Emrich et al. (1970) Mook et al. (1974)
水中CO_2的平衡溶解	1.001 1	1.1	e_s	Mook et al. (1974) O'Leary (1984)

CAM植物介于C_3和C_4植物之间,包含了上面提到的各种碳同位素分馏效应,其$\delta^{13}C$值为-22‰~-10‰。目前还没有描述CAM植物$\delta^{13}C$值的简单公式。但是,在夜晚固定CO_2的比例以及生长环境的水分条件是控制CAM植物$\delta^{13}C$值的最重要因素(Bender et al., 1973; Osmond et al., 1973; Winter et al., 1978),可以用下式表示:

$$\Delta = a + \frac{\int^D A(b_4-a)\frac{P_i}{P_a}dt + \int^L A(b-a)\frac{P_i}{P_a}dt}{\int^D Adt + \int^L Adt} \quad (3-8)$$

式中，A 为光合同化率，D 表示暗阶段，L 表示光阶段。

在水生环境里，大型藻类进行光合作用利用的主要是溶解二氧化碳（DIC）和重碳酸盐。如果大气与水中 CO_2 平衡的话（如开放的海洋环境），那么DIC的 $\delta^{13}C$ 值应该接近0‰。但是，水中还有一些过程可以改变DIC库的 $\delta^{13}C$ 值：① 水中自养生物的光合作用导致水中DIC库中 ^{13}C 的积累；② 水与大气存在着扩散，由于扩散过程中，$^{12}CO_2$ 扩散速率较快，水中 ^{13}C 增多；③ 随着基底 $CaCO_3$ 的溶解与降水，导致水中DIC整体 $\delta^{13}C$ 值出现变化，因为重碳酸盐相对于DIC来说常有较高的 $\delta^{13}C$ 值；④ 矿化过程中有机质释放 CO_2 使DIC的 $\delta^{13}C$ 值降低。除了这些光合作用机制和生物量分解过程的分馏效应使 $\delta^{13}C$ 值变化以外，还存在一些其他因素影响 $\delta^{13}C$ 值，如植物对DIC的选择性利用，生长速率限制因子（如营养、光照、温度以及细胞的大小与密度）。因此，藻类中的碳稳定同位素含量表现出了较大的差异，一般海洋浮游植物的 $\delta^{13}C$ 值介于 $-23‰ \sim -17‰$。

海洋植物固定 CO_2 的过程也发生碳同位素分馏作用，即富集 ^{12}C 而使 ^{13}C 进一步贫化。也就是说，海洋生物体中的 ^{13}C 含量与 HCO_3^- 中的 ^{13}C 含量相比，^{13}C 含量贫化，其 $\delta^{13}C$ 值由0‰转为 $-28‰ \sim -13‰$。海洋浮游植物的 $\delta^{13}C$ 值为 $-32‰ \sim -18‰$，与海水温度呈负相关。海洋中不同温度区浮游植物中 $\delta^{13}C$ 值也有明显差别。高温区浮游植物相对富集 ^{13}C，而低温区浮游植物则贫化 ^{13}C（Craig，1953；Sackett et al.，1965）。

（三）呼吸过程中的碳同位素分馏效应

与植物光合作用不同，生物呼吸过程中碳同位素的分馏效应还未充分研究清楚。呼吸过程中的碳同位素分馏效应可能源于：① 糖类分子结构上 ^{13}C 的不均匀分配：Rossmann 等发现葡萄糖4位键上富集 ^{13}C，而6位键上的碳贫化 ^{13}C（Rossmann et al.，1991）；② 呼吸酶的动力学同位素效应（DeNiro and Epstein，1977；Melzer and Schmidt，1987）和③ 次生代谢过程中的同位素分馏：如乙酰辅酶A（acetyl-CoA）合成中，新形成的乙酰辅酶A相对于底物丙酮酸（pyruvate）总是贫化 ^{13}C，而释放的 CO_2 相对富集 ^{13}C（见本章第4节）。呼吸同位素效应的早期研究结果不一致，呼吸释放的 CO_2 有时比叶片富集 ^{13}C，有时又贫化 ^{13}C（Park and Epstein，1961；Smith and Epstein，1971；Troughton et al.，1974），以至于被认为可以忽略不计（O'Leary，1981；Farquhar et al.，1982）。

Lin 和 Ehleringer（1997）曾利用植物叶肉质体（mesophyll protoplasts）证实 C_3 和 C_4 植物呼吸过程所释放 CO_2 的 $\delta^{13}C$ 值与呼吸的底物如糖类的同位素组成非常接近，因此可以假设呼吸产生的 CO_2 和呼吸的底物具有类似的碳同位素组成。但在干旱等环境胁迫条件下，植物在呼吸过程中的同位素分馏会有所提高（Duranceau et al.，1999；Ghashghaie et al.，2001；Ghashghaie et al.，2003）。Tcherkez 等（2003）

发现暗呼吸CO_2的$δ^{13}C$值随温度升高而下降，与此同时呼吸熵（research quotient，RQ，呼吸CO_2产量与O_2消耗量之比）也相应下降（图3-3）。呼吸CO_2的$δ^{13}C$值也随着底物变化而改变。最近一些研究也发现叶片呼吸释放的CO_2总是比叶片总有机碳、可溶性糖、淀粉和蛋白质等组成具有更高的$δ^{13}C$值，判别值介于2‰ ~ 6‰（Duranceau et al., 1999; Ghashghaie et al., 2001; Xu et al., 2004; Hymus et al., 2005; Klumpp et al., 2005; Prater et al., 2006; Wingate et al., 2007）。但这些发现至今还是未能解析清楚^{13}C富集的CO_2来自呼吸的哪个同位素分馏过程（Bowling et al., 2008）。次生代谢中合成相当数量^{13}C贫化的脂肪酸也许能解释6‰或更高的呼吸CO_2中^{13}C的富集现象，但需要进一步的论证（Pataki, 2005）。

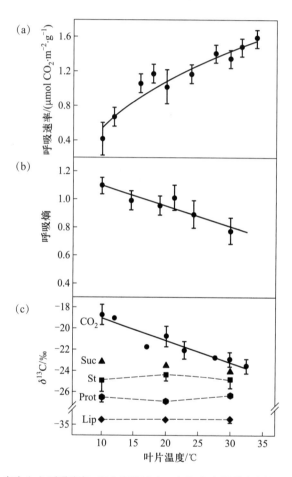

图3-3 不同温度下小麦叶（a）呼吸速率、（b）呼吸熵（RQ）和（c）呼吸产生的CO_2以及叶片中主要有机成分（Suc：蔗糖；St：淀粉；Prot：蛋白质；Lip：脂肪）的碳同位素比值（$δ^{13}C$）
（Tcherkez et al., 2003）

（四）次生代谢过程中的碳同位素分馏效应

由于光合产物的次生代谢过程对^{13}C的分馏作用，植物不同成分因化学结构不同其同位素比值也不同，如脂类化合物和木质素相对贫化^{13}C，而蔗糖、淀粉、蛋白质和有机酸相对富集^{13}C（图3-4）（Bowling et al., 2008）。脂类化合物^{13}C相对贫化可能是丙酮酸去氢酶在转化丙酮酸为乙酰辅酶A过程的碳同位素分馏造成的，接着由辅酶A继续合成的化合物均出现^{13}C贫化（DeNiro and Epstein, 1977）。

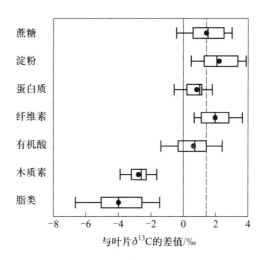

图3-4 C_3植物不同组分与叶片总有机碳之间的δ^{13}C差值（Bowling et al., 2008）

（五）化学反应的动力学同位素分馏效应

同位素的质量不同，振动频率和势能也不同，因此^{13}C和^{12}C取代分子或键的化学活性也有差别。—C—C—键的稳定性由高到低依次如下：—^{13}C—^{13}C—、—^{13}C—^{12}C—和—^{12}C—^{12}C—，即—^{12}C—^{12}C—键的化学活性最大，而—^{13}C—^{13}C—的化学活性最低。它们参与化学反应时，在相同的温度及其他条件下，—^{12}C—^{12}C—参与反应的概率和速率比—^{13}C—^{13}C—大得多。这就使得在低温条件下形成的烃类^{12}C较富集（即^{13}C贫化）；而高温条件下形成的烃类，^{13}C的含量相对较高。

（六）物理化学过程的动力学同位素分馏效应

蒸发作用的结果，使气相富集轻同位素，残余部分相对富集重同位素。扩散过程中，气体分子穿过多孔介质的速率与质量有密切关系。气体分子的平动速率比等于质量反比的平方根，即：

$$\frac{V_1}{V_2} = \sqrt{\frac{m_2}{m_1}} \qquad (3-9)$$

例如，对分别由^{12}C和^{13}C组成的CO_2来说，其速率比为：

$$\frac{V_1(^{12}CO_2)}{V_2(^{13}CO_2)} = \sqrt{\frac{45}{44}} = 1.011 \qquad (3-10)$$

上式表明$^{12}CO_2$比$^{13}CO_2$的平动速率快1.1%。同样，$^{12}CH_4$比$^{13}CH_4$的平动速率快3.1%，这种差别可以造成明显的影响，例如漫长地质时间积累的扩散效应对甲烷的同位素有很明显的分馏效应。

二、碳稳定同位素丰度的自然变异

（一）大气CO_2

大气CO_2虽然仅占0.03%，但具有重要的生态学和地球化学意义。大气CO_2的$\delta^{13}C$值最初接近−7‰。19世纪以来这一数值发生了相当显著的变化，随着大气CO_2浓度不断升高，其$\delta^{13}C$值越来越低，且北半球降低的趋势更明显（图3-5）。这是人类活动来源的CO_2（$\delta^{13}C$约为−25‰）在大气中不断累积造成的后果（Keeling，1961）。人类活动来源的CO_2一部分来自植物分解，另一部分则来自化石燃料的使用，两者均具有比大气CO_2低得多的$\delta^{13}C$值。另外，植被和土壤的活动也对大气CO_2的浓度和同位素比值产生显著影响。白天，由于光合作用对CO_2的吸收和对^{13}C的分馏，大气CO_2浓度下降，而$\delta^{13}C$值增高。到了晚上，生态系统呼吸向大气输入大量^{13}C相对贫化的CO_2，大气CO_2浓度升高，而$\delta^{13}C$值则降低。同样地，北半球比南半球更明显的大气CO_2浓度和$\delta^{13}C$值的季节变化，也反映出植被的作用（图3-5）。

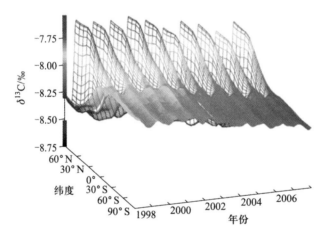

图3-5 美国NOAA/INSTAAR全球大气气瓶采样网络测出的大气CO_2的$\delta^{13}C$值时空变化趋势（Vaughn et al., 2010）（参见书末彩插）

（二）植物

尽管陆地植物碳来源于大气CO_2，但植物碳的^{13}C含量却比大气CO_2的含量低。植物吸收CO_2进行光合作用过程中同位素分馏取决于植物的光合途径类型和气候与生态因子。陆地植物的不同光合途径强烈地导致不同的分馏程度（Farquhar et al., 1989）。根据全球范围的调查，C_3植物（大部分木本植物）的$\delta^{13}C$值为−35‰~−20‰，C_4光合途径植物（如甘蔗、玉米）的$\delta^{13}C$值为−15‰~−7‰，而CAM途径植物（如菠萝、部分兰花），其$\delta^{13}C$值更宽，为−22‰~−10‰（图3-6）（Vogel，1980）。上面提到，同一种光合途径植物内的$\delta^{13}C$值变异则是由于大气CO_2的$\delta^{13}C$值以及环境因子的差异造成[式(3-6)和式(3-7)]，第4章还会详细阐明这些因子对植物$\delta^{13}C$值的影响机理及其应用领域。

植物不同器官的$\delta^{13}C$值也不相同（图3-7）。与叶片相比，花和果的$\delta^{13}C$值较低，而幼枝、树干、根和凋落物，甚至韧皮部中的树液均含有较高的^{13}C

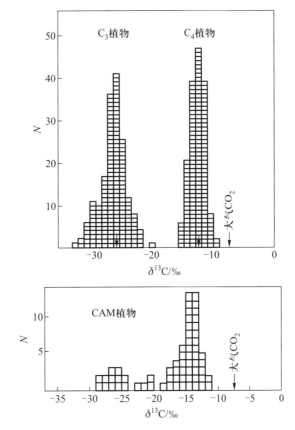

图3-6 三种不同光合途径植物叶片碳同位素比值的分布范围（Vogel，1980）

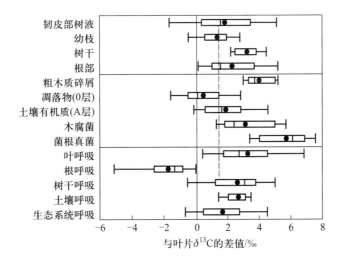

图3-7 植物不同器官、土壤不同成分和呼吸CO_2与叶片总有机碳之间$\delta^{13}C$的差值（Bowling et al.，2008）

(Bowling et al., 2008)。从平均值来看，植物器官的$\delta^{13}C$值从高到低依此为：树干＞根＞幼枝＞叶＞果＞花。

（三）土壤有机质

土壤有机质中的碳主要来自植物凋落物和根系的分解，两者稳定碳同位素的变异幅度相当。但各种含碳组分的分解速率不同，一般轻同位素含量高的组分更易分解，使未分解的部分出现^{13}C富集，结果导致土壤有机质相比于植物体有机质更加富集^{13}C（见第8章）。同样的，土壤有机质的^{13}C含量随着土壤深度的增加而增大（Desjardins et al., 1994），其中，C_3植物主导的生态系统中这种现象最为明显（De Camargo et al., 1999; Ehleringer et al., 2000）。土壤有机质腐殖化过程中^{13}C的增加是由于与土壤中较老（即^{13}C富集）的有机碳混合或者^{12}C富集的有机化合物分解较快造成的（Nadelhoffer and Fry, 1988）。也就说，土壤有机质^{13}C的富集可能只与植物和微生物的成分^{13}C含量有关，而与土壤有机质降解或微生物的分馏作用无关。现在还没有微生物分馏^{13}C的直接证据（Ehleringer et al., 2000）。

（四）海水和海洋中的碳酸盐

溶解在水体中的碳有五种形式：CO_2、H_2CO_3、HCO_3^-、CO_3^{2-}和溶解有机碳（DOC），它们的浓度和同位素组成均随水的温度和pH而变化。海水垂直剖面上的总碳质量摩尔浓度和$\delta^{13}C$关系如图3-8所示。大气中的CO_2似乎和海洋中的溶解碳酸氢盐保持着同位素平衡，使海洋中的$\delta^{13}C$（HCO_3^-）值为1‰～1.5‰（Mook and Vogel, 1968）。淡水中CO_2的$\delta^{13}C$变化很大，反映了碳酸盐岩石风化形成^{13}C富集的"重"HCO_3^-与生物有机来源（如植物或土壤有机质）及^{13}C贫化的"轻"碳之间的混合。例如，巴西亚马孙河中CO_2的$\delta^{13}C$值为−20‰，而未经污染的加拿大Mckenzie河中CO_2的$\delta^{13}C$值为−9‰，说明亚马孙河中游大量的生物碳输入。

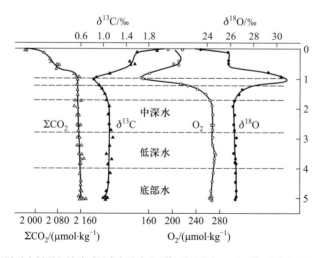

图3-8 北大西洋垂直剖面上总碳质量摩尔浓度和$\delta^{13}C$以及溶解O_2和$\delta^{13}C$的变化（Kroopnick et al., 1972）

（五）地下水与河水溶解无机碳

土壤中的CO_2对地下水中溶解无机碳（dissolved inorganic carbon, DIC）的形成非常重要，下渗的雨水溶解了CO_2后能够溶解土壤中的石灰石：

$$CO_2 + H_2O + CaCO_3 \longrightarrow Ca^{2+} + 2HCO_3^- \qquad (3-11)$$

由于石灰石一般都是海洋起源的（$\delta^{13}C \approx 1‰$），因此这个过程导致地下水中溶解碳酸氢盐的$\delta^{13}C$值为$-12‰ \sim -11‰$（温带地区）。在土壤中，HCO_3^-首先和存在的气态CO_2进行充分的交换。因此，土壤水和地表淡水（如河流和湖泊中）的$\delta^{13}C$（HCO_3^-）值明显不在$-12‰ \sim -11‰$内。地表水（如湖泊）中DIC与大气CO_2（$\delta^{13}C \approx -7.5‰$）的同位素交换能导致DIC中$^{13}C$富集，使淡水的碳酸盐矿物可能具有"海洋"的$\delta^{13}C$值（图3-9）。在这种情况下，鉴别海洋碳酸盐的特征要采用$\delta^{18}O$而不是$\delta^{13}C$。另外，对于HCO_3^-，由于天然水体中CO_2的浓度不尽相同，因此会出现DIC的$\delta^{13}C$值比单独碳酸氢盐的$\delta^{13}C$值更低的现象。对于地下水和发源于地下水的溪流与河流（图3-9），DIC的$\delta^{13}C$值一般介于$-15‰ \sim -12‰$（Vogel and Ehhalt, 1963）。

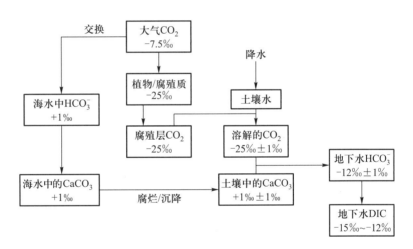

图3-9 地下水中DIC的碳同位素比值（Vogel and Ehhalt, 1963）

（六）化石燃料

陆地和海洋植物最终经过一系列复杂的生物地球化学过程转化为煤、石油和天然气。因此，化石燃料的$\delta^{13}C$值范围比较大，并倾向更小的值，特别是生物来源的甲烷。全球化石燃料燃烧排放CO_2的$\delta^{13}C$平均估计值大约为$-27‰$。

（1）石油的碳稳定同位素

石油中碳的$\delta^{13}C$值与类脂物的较接近，一般为$-33‰ \sim -22‰$，平均为$-26‰ \sim -25‰$。其中，海相原油的$\delta^{13}C$值较高，为$-27‰ \sim -22‰$；陆相原油中的$\delta^{13}C$偏低，为$-33‰ \sim -29‰$（戴金星等，1985）。石油的$\delta^{13}C$值随年代变

老，显示出轻微降低趋势，即年代愈老的石油，^{12}C 相对富集，^{13}C 含量减少。另外，石油中不同组分的碳同位素成分也有差异。一般来说，饱和烃、芳烃、胶质和沥青质 $\delta^{13}C$ 值随馏分的极性和相对分子质量增大而增加。把石油不同组分 $\delta^{13}C$ 值变化连成曲线，称为碳同位素类型曲线。利用碳同位素类型曲线能有效地解决成油环境、油源对比及石油演化等方面的问题（戴金星，1985）。

（2）天然气的碳稳定同位素

天然气的 $\delta^{13}C$ 值变化较大，从 −100‰ 到 −20‰。一般低温浅层中形成的天然气（甲烷）中富集 ^{12}C，具有较低的 $\delta^{13}C$ 值（−100‰ ~ −50‰）；而深层和年代较老，在较高温度下形成的天然气，具有较高的 $\delta^{13}C$ 值（−50‰ ~ −20‰）。对地下水中溶解的甲烷气的碳同位素测定，能帮助确定溶解气的成因类型及来源，有助于确定地下水与油气藏的关系（张士亚等，1998）。

第2节 氢稳定同位素

H 元素有两种稳定同位素：^{1}H 和 ^{2}H（D），自然丰度分别是 99.985% 和 0.015%，所以 $^{2}H/^{1}H$ 的同位素丰度比约为 0.000 15（Urey et al., 1932）。氢在自然界有最大范围的稳定同位素丰度变异，地球上氢稳定同位素比率的自然变异超过 250‰（图 3-10），比碳和氧 δ 值的变异幅度都大，这是因为氢稳定同位素之间质量相差相对较大（Dawson and Siegwolf, 2007）。

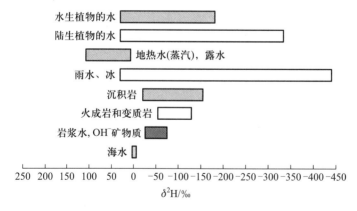

图 3-10 天然化合物 $\delta^{2}H$ 的变异范围（Dawson and Siegwolf, 2007）

一、氢稳定同位素的分馏

（一）水向空气扩散过程的氢稳定同位素分馏效应

水分向空气的扩散中，含轻同位素 ^1H 的水比重同位素 D 的水扩散得快，这种因动力学效应带来的分馏系数用 α_k 表示。对于氢同位素，Merlivat（1978）测得 $\alpha_k=1.025$。

（二）物态转化过程中氢同位素分馏效应

水在液态和气态之间转换的氢同位素分馏是最重要的氢同位素分馏。在平衡状态下，水蒸气在同位素组成上要比液态水轻。根据 Majoube（1971）的研究，在液-气系统中水的氢同位素平衡分馏系数用 α' 表示，且与蒸发点的温度有以下的关系：

$$1000\times\ln\alpha' = \frac{-24.844}{T^2}+\frac{76.248}{T}-0.052612 \quad (3-12)$$

适用温度范围为 25~100℃。Horita 和 Wesolowski（1994）对更大温度范围的液-气氢同位素平衡分馏系数做了修正，提出了以下新公式：

$$1000\times\ln\alpha' = \frac{1158.8\times T^3}{10^9}-\frac{1620.1\times T^2}{10^6}+\frac{794.84\times T}{10^3}-161.04+\frac{2.9992\times 10^9}{T^3} \quad (3-13)$$

适用温度范围提高为 0~374.1℃。

典型的水的液-气转化过程主要有蒸发、冰冻和叶片蒸腾等。

（1）蒸发过程

由于水分子的蒸气压与质量成反比，上面提到的扩散动力学同位素分馏和液-气系统同位素平衡分馏使水蒸发时一般水汽总是贫化 D，富集 ^1H。这个过程可用下式表示（Craig and Gordon，1965；Gat，1995）：

$$R_v = \frac{1}{\alpha_k}\frac{R_s}{(\alpha'-R_a h)(1-h)} \quad (3-14)$$

式中，h 为空气湿度，R_v、R_s、R_a 分别为水汽、蒸发的水和大气中的水之 D/H 比率，α_k、α' 分别为水蒸发过程的平衡分馏和动力学分馏系数。由于 α' 与温度有关（式3-12），随着温度的升高，$\delta D_{水-气}$ 迅速降低。在 220~230℃ 时 $\delta D_{水-气}$ 达到 0；在约 300℃ 时 $\delta D_{水-气}$ 最低（约为 -4‰）；之后逆转，在临界温度下 $\delta D_{水-气}$ 趋近于 1。在海水蒸发中，由于海洋库远远超过水汽，因而不会发生海水因水-气转化的氢同位素分馏系数而不断富集 D 同位素。同样，$\delta D_{水-气}$ 与空气湿度成反比，湿度愈高，$\delta D_{水-气}$ 值愈小。

（2）冰冻过程

当水结冰时，冰中富集 D。在同位素平衡条件下，$\delta D_{冰-水}$ 为 21.2‰。另外，冰还可从大气降水冻结形成。这个过程由于存在蒸发和凝聚反复过程，所以使形成的冰极度贫化 D。

（3）植物蒸腾过程

和蒸发一样，带 ^1H 的水比带 D 的水更易从叶片扩散到大气，蒸腾过程导致 D 在叶片水中的富集，一直到叶片水达到同位素稳定状态（isotopic steady state），即进入叶与从叶中出来的水具有相同的同位素组成。基于 Craig 和 Gorden（1965）的模型，蒸腾出来的水汽同位素比率 R_t 可用下式表示：

$$R_t = \frac{1}{\alpha_k} \frac{R_l e_i / \alpha' - R_a e_a}{e_i - e_a} \quad (3-15)$$

式中，R_t、R_l 分别代表蒸腾产生的水汽、叶中蒸发点的水之 D/H 比率，e_i、e_a 分别为叶内外的水汽浓度，其余符号与式（3-14）相同。但叶片水达到同位素平衡状态时，R_t 可通过测定植物木质部水（xylem water）的同位素比值来确定，因此蒸腾后植物叶片中水的同位素组成可由下式计算：

$$R_l = \alpha' \left[\alpha_k R_t \frac{(e_i - e_a)}{e_i} + R_a \frac{e_a}{e_i} \right] \quad (3-16)$$

但是，通常情况下由式（3-16）计算的值与实际测定的值有一定的差距。Farquhar 等（1989）和 Flanagan 等（1991）修正了式（3-16）：

$$R_l = \alpha' \left[\alpha_k R_t \frac{(e_i - e_s)}{e_i} + \alpha_{kb} R_t \frac{(e_s - e_a)}{e_i} + R_a \frac{e_a}{e_i} \right] \quad (3-17)$$

式中，e_s 代表叶表面的水汽浓度，α_{kb} 为水分通过叶面边界层（leaf boundary layer）的同位素动力学分馏系数（对于氢同位素，$\alpha_{kb}=1.017$）。式（3-17）充分考虑了水汽通过叶面边界层的同位素分馏效应。

二、氢稳定同位素丰度的自然变异

（一）大气降水

大气降水包括雨、雪等各种形式的降水以及由它们组成的地表水（如湖水、河水）和浅层地下水（如井水），其 δD 变化幅度为 $-300‰ \sim 31‰$，平均值为 $-22‰$。由于水分蒸发和冷凝过程中均有显著的氢同位素分馏，在蒸发强烈的地表水中 D 的浓度较高，而极地的冰中 D 浓度较低。同样地，随着从海洋向内陆或随着海拔的升高，水的 δD 值越来越低（图3-11）。造成这些格局的主要因子有：① 纬度效应。随着纬度的增加 δD 值减小；② 大陆效应。从海岸到内陆 δD 值下降；③ 季节效应。夏季温度较高，大气降水富集 D，而冬季则相反；④ 高度效应。随海拔高度的增加 δD 值下降。

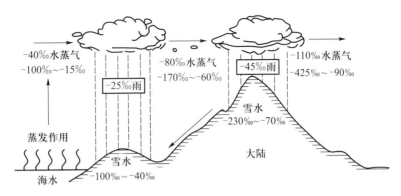

图3-11 水的δD值随离海洋的距离及海拔高度的变化幅度

（二）海洋水

根据氢、氧稳定同位素测试标准的定义（见第1章），海水的理论δD值应为0‰，实际测定值为0‰±10‰。因此，海水的δD值仍有局部变化，且和$\delta^{18}O$是同步变化的，可用以下经验公式（Craig，1961）：

$$\delta D = M\delta^{18}O \qquad (3\text{-}18)$$

式中，M为常数，但会随蒸发量/降雨量比率的升高而降低，如红海的M为6.0，北大西洋为6.5，北太平洋为7.0。另外，海水的δD值还与海水的盐度有关。如红海海水，当盐度由36‰上升到41‰时，δD值由4‰增加到10‰。

三、大气降水δD与$\delta^{18}O$的相互关系

Craig（1961）最早发现，大气降水δD与$\delta^{18}O$之间有密切的相关关系，并提出以下公式：

$$\delta D = 8\delta^{18}O + 10 \qquad (3\text{-}19)$$

由式（3-19）描述的δD和$\delta^{18}O$关系在图中为一条直线，因此称之为大气降水线（meteoric water line，MWL）。产生这种线性关系是因为平衡状态下D/H的分馏大体为$^{18}O/^{16}O$的8倍。

不同地区大气降水线的斜率和截距略有区别，Rozanski等（1993）通过全球IAEA网络世界各地200多个降水样品的分析得到它们的算术平均值：

$$\delta D = (8.17 \pm 0.06)\delta^{18}O + (10.35 \pm 0.65) \qquad (3\text{-}20)$$

表3-2列出了世界不同地区大气降水线的斜率和截距。中国的MWL为$\delta D = 7.9\delta^{18}O + 8.2$，非常接近世界平均值（图3-12）。

表3-2 世界不同地区大气降水线的斜率和截距（Rozanski et al., 1993）

站名	斜率	截距	r^2
大陆和海岸站			
Vienna（奥地利）	7.07	−1.38	0.961
Ottawa（加拿大）	7.44	5.01	0.973
Addis Ababa（埃塞俄比亚）	6.95	11.51	0.918
Bet Dagan（以色列）	5.48	6.87	0.695
Izobamba（厄瓜多尔）	8.01	10.09	0.984
Tokyo（日本）	6.87	4.70	0.835
海洋站			
北大西洋气象观测站	5.96	2.99	0.738
北太平洋气象观测站	5.51	−1.10	0.737
St. Helene（南大西洋）	2.80	6.61	0.758
Diego Garcia（印度洋）	6.93	4.66	0.880
Midway Island（北太平洋）	6.80	6.15	0.840
Turk Island（北太平洋）	7.07	5.05	0.940

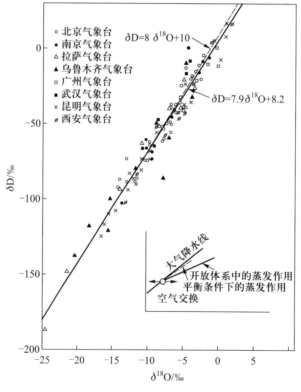

图3-12 中国现代大气降水的MWL，图中右下角标示了地表雨水的同位素平衡和非平衡变化趋势（郑淑蕙等，1983）

第3节 氧稳定同位素

氧元素有三种稳定同位素：^{16}O、^{17}O 和 ^{18}O，丰度分别是 99.759%、0.037% 和 0.204%。由于 ^{17}O 的测定还不够准确，因此在这里我们主要介绍 $^{18}O/^{16}O$ 的值（约为0.0020）。$\delta^{18}O$ 值的自然变异幅度接近100‰（图3-13）。^{18}O 常常在蒸发量大的（咸水）湖泊中富集，而在纬度高、寒冷气候条件下，特别是在南极地区的降水中 ^{18}O 的含量相对较低。在温带地区，水的 $\delta^{18}O$ 值则一般不超过30‰。

一、氧稳定同位素的分馏

由于氧和氢均是水的组成元素，在水循环过程中两者具有相似的同位素分馏作用，只是 ^{18}O 与 ^{16}O 之间的相对质量差远比 D 与 H 之间的相对质量差小，所以表现出的同位素分馏作用比氢同位素的小。另外，氧又是组成 CO_2 的元素，在植物光合作用中也表现出较明显的同位素分馏现象。

（一）水向空气扩散过程的氧同位素分馏效应

与氢一样，带 ^{18}O 的水向空气扩散的速率比带 ^{16}O 的水慢一些，这种动力学氧同位素分馏系数被测定为 1.0285（Merlivat，1978）。

（二）液–气物态转化过程的氧同位素效应

根据 Majoube（1971）的研究，液–气物态转化过程的氧同位素分馏系数（在 25 ~ 100℃内）为：

$$1000 \times \ln \alpha' = \frac{-1137}{T^2} + \frac{0.4156}{T} + 0.002\,066\,7 \qquad (3-21)$$

Horita 和 Wesolowski（1994）提出了更大温度范围（0 ~ 374.1℃）下的液–气平衡

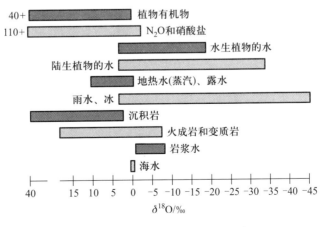

图3-13 天然化合物 $\delta^{18}O$ 的变异幅度（Dawson and Siegwolf，2007）

系统中水的氧同位素分馏系数：

$$1\,000 \times \ln\alpha' = -7.685 + \frac{6.7123 \times 10^3}{T} - \frac{1.6664 \times 10^6}{T^2} + \frac{0.35041 \times 10^9}{T^3} \quad (3\text{-}22)$$

（1）蒸发过程

与氢同位素相同，由于水分子的蒸气压与质量成反比，在平衡条件下水蒸发时一般水汽总是贫化^{18}O，富集^{16}O。25℃时蒸发时水–气转化的氧同位素分馏系数为1.0092。在低温下，蒸发过程氧和氢同位素分馏系数与温度的关系相近，但在高温下，氧同位素分馏系数对温度的敏感度相对较小。

土壤蒸发水汽的计算一般采用Craig-Gordon模型，这一模型最初基于开放水体（如湖泊）的蒸发过程推导而成，它也可以用来计算其他非开放水体的蒸发水汽同位素值，Craig-Gordon公式如下（Craig and Gordon，1965）：

$$\delta_E = \frac{\alpha_{V/L}\delta_S - h\delta_V - \varepsilon_{V/L} - \Delta\xi}{(1-h) + \Delta\xi/1\,000} \approx \frac{\delta_S - h\delta_V - \varepsilon_{V/L} - \Delta\xi}{1-h} \quad (3\text{-}23)$$

式中，δ_S是土壤蒸发表面液态水的同位素组成，h是大气水汽的相对湿度，是相对于土壤蒸发点温度（5 cm深度）而言的，δ_V表示大气水汽的同位素组成，$\alpha_{V/L}$表示水汽从液态转化为气态的平衡分馏系数，$\varepsilon_{V/L}$是平衡分馏系数的另一种表达形式，$\Delta\xi$为同位素动力扩散系数。计算公式分别如下：

$$-\ln{^{18}\alpha_{V/L}} = \frac{1.137 \times 10^3}{T^3} - \frac{0.4156}{T} - 2.0667 \times 10^{-3} \quad (3\text{-}24)$$

$$\varepsilon_{V/L} = (1-\alpha_{V/L}) \times 10^3 \quad (3\text{-}25)$$

$$\Delta\xi = (1-h)\theta \times n \times C_D \times 10^3 \quad (3\text{-}26)$$

式（3-26）中，各参数的取值为：对于不流动的气层而言（土壤蒸发或叶片蒸腾），n一般取值为1，而自然条件下大的开放水体，其n一般取值0.5；对蒸发通量不会显著干扰环境湿度的小的水体而言（包括土壤蒸发），θ一般取值为1，但对于大的水体，θ取值一般为0.5~0.8；描述分子扩散效率的参数C_D相对于$H_2^{18}O$来说一般取值28.5‰（Gat，1995）。

（2）冰冻过程

当水结冰时，冰中富集^{18}O。在同位素平衡条件下，$\delta^{18}O_{冰-水}$为3.5‰。然而，结冰时，取决于结冰的速率，水与冰未必处于同位素平衡状态。另外，冰还可从大气降水冻结形成。这个过程由于存在反复的蒸发和凝聚，所以使形成的冰极度贫化^{18}O。

（3）植物蒸腾过程

植物蒸腾δ_T可以利用Craig-Gordon方程描述（Flanagan et al.，1991；Yakir and Sternberg，2000；Farquhar and Cernusak，2005）：

$$\delta_T = \frac{\delta_{Le}/\alpha_e - h\delta_v - \varepsilon_{eq} - (1-h)\varepsilon_k}{(1-h) + (1-h)\varepsilon_k/1000} \tag{3-27}$$

植物叶片水 δ_{Le} 可以基于 Craig-Gordon 方程的变换求解来获得 (式 3-24)，但是式 (3-27) 含有 3 个未知量 δ_v、δ_T 和 δ_{Le}，所以自身没有解 (Roden and Ehleringer, 1999)。过去，人们通过引入稳态假设得到该模型的闭合形式。Farquhar 和 Cernusak (2005) 提出克服这一闭合难题的办法，将 δ_{Le} 表示为整片叶水 δ_{Lb} 的函数，而 δ_{Lb} 是可以测得或通过质量守恒方程算得的。

在大气水汽 δ_v 和植物蒸腾 δ_T 数据缺乏的条件下，模型计算植物叶片水 $H_2^{18}O$ 富集时经常假设大气水汽 δ_v 为常数，而假设植物蒸腾 δ_T 与植物木质部水 δ_x 值相等 (即稳态假设，$\delta_T = \delta_x$)，因此，可以通过测定植物木质部水 δ_x 来确定植物蒸腾 δ_T (Yakir and Sternberg, 2000)。用 δ_x 代替式 (3-27) 中的 δ_T 便可以解 δ_{Le}。为了与气孔内蒸发部位水的 δ_{Le} 区别，这里将这个稳态假设的解表示为 δ_{Ls}，

$$\delta_{Ls} \approx \delta_v + \varepsilon_{eq} + \varepsilon_k + h(\delta_v - \varepsilon_k - \delta_x) \tag{3-28}$$

稳态假设要求 δ_{Ls} 恒定，然而用式 (3-28) 计算出的 δ_{Ls} 值随时间的变化很大，由此产生了自相矛盾的结果。稳态假设条件下，通过 Craig-Gordon 方程计算出 δ_{Le} 的理论值与实际测定值之间有一定的差异。大量研究表明，植物叶片水 $H_2^{18}O$ 富集程度比模型预测富集的程度要小 (Roden and Ehleringer, 1999; Gan et al., 2002; Lai et al., 2006)。由于叶片水的周转相当快，导致了 δ_{Le} 的日变化和季节变化 (Welp et al., 2008)。在比叶片水周转时间长得多的时间尺度上，质量平衡条件要求叶片蒸腾 δ_T 等于木质部水 δ_x，但是在分钟到几小时的短时间尺度上，植物叶片蒸腾 δ_T 是变化的，这表明稳态假设即 δ_T 等于 δ_x 是无法满足的 (Harwood et al., 1998; Farquhar and Cernusak, 2005; Lai et al., 2006)。

大气水汽 δ_v 受土壤蒸发和植物蒸腾 δ_T 的影响，δ_v 与其他环境变量特别是相对湿度是协同变化的 (He et al., 2001; Lee et al., 2005)。Welp 等 (2008) 观测到傍晚时大豆田内，伴随着 δ_T 迅速上升，δ_v 大约上升了 2‰。只有在正午的时候植物蒸腾 δ_T 才近似达到稳态条件，其余时间都处于非稳态条件，这必将导致以上假设产生系统性的误差，并将误差代入模型计算中 (He et al., 2001; Lee et al., 2006)。Lee 等 (2007) 的研究结果显示，在短于几小时的时间尺度上，植物蒸腾 δ_T 的主要控制因子是相对湿度。为分离出相对湿度的影响，可以将式 (3-27) 简化为：

$$\delta_T = \left[\alpha_{eq}\delta_{Le} - h\delta_v - \varepsilon_{eq} - (1-h)\varepsilon_k\right] / \left[(1-h)(1+\varepsilon_k/1000)\right] \tag{3-29}$$

由此可见，δ_T 与 h 密切相关。

(三)光合作用对氧同位素的分馏效应

与碳同位素类似,植物在光合作用过程中对大气CO_2的氧同位素也有显著的同位素分馏作用。并不是所有进入叶片气孔的大气CO_2都会被固定下来,大约有2/3的CO_2会被重新释放回大气,但在此过程中CO_2的氧原子会在碳酸酐酶(carbonic anhydrase)的催化下迅速与叶中水的氧发生同位素交换。由于叶片中的水因蒸腾作用显著富集^{18}O,导致了在植物光合作用过程中释放的CO_2会富集^{18}O(Farguhar et al., 1993)。光合作用对CO_2中^{18}O的分馏效应(Δ_A)可用下式表示:

$$\Delta_A = \bar{\alpha} + C_c(\delta_c - \delta_a)/(C_a - C_c) \qquad (3-30)$$

式中,$\bar{\alpha}$为CO_2从空气扩散至叶片叶绿体的光合作用部位的平均分馏系数(一般介于7.4‰~8.8‰),C_c和C_a分别为叶绿体内和空气中的CO_2浓度,δ_c和δ_a分别为叶绿体内和空气中CO_2的氧同位素比值。光合作用对氧同位素分馏效应的含义及其在全球植被生产力测算等方面的应用详见第4章。

(四)土壤呼吸过程对氧同位素的分馏作用

土壤呼吸产生的CO_2从土壤释放到大气的过程中也会与土壤中的水发生同位素交换反应。但是土壤中的水含量比叶片低得多,碳酸酐酶含量很低,加上CO_2释放速率很快,发生这种同位素交换的程度一般较低。

二、氧稳定同位素丰度的自然变异

(一)海水

海洋构成了最大的全球水库,其表层水的^{18}O含量相当均一,在0.5‰和-0.5‰之间变化(Epstein and Mayeda, 1953),仅在热带和极地海区存在较大的偏差。在热带海区,强烈的蒸发作用导致$\delta^{18}O$值比较正一些。如在地中海,海水的$\delta^{18}O$值可达到2‰。在两极海区,由于同位素轻的冰、雪融化注入海水,海水的$\delta^{18}O$值更负一些。如果海水在平衡状态下蒸发,产生的水蒸气中^{18}O的贫化将达到8‰~10‰,其大小取决于温度。

(二)降水

大气中的水蒸气转变为降水受到许多气候因子的影响,因此全球降水$\delta^{18}O$值的变化非常大。一般来说,雨水越远离作为水蒸气主要来源的赤道地区,其$\delta^{18}O$值就越小。在北极和南极地区,冰的$\delta^{18}O$值可低至-50‰。和氢同位素一样,降水中的氧同位素也具有:① 纬度效应:随着纬度的增加$\delta^{18}O$值减小;② 大陆效应:降水的$\delta^{18}O$值随着向内陆延伸而减小;③ 高度效应:海拔越高降水的$\delta^{18}O$值越小;④ 季节效应:冬季的$\delta^{18}O$值远比夏季的$\delta^{18}O$值小。

（三）地表水

蒸发可导致地表水 ^{18}O 富集，特别是在热带和半干旱地区。例如，蒸发导致尼罗河的 δ^{18}O 值达到 3‰ ~ 4‰。个别湖泊的 δ^{18}O 值更高，达 20‰。

（四）植物叶片水和有机物

叶片是植物通过蒸腾和蒸发失去水分的主要场所，因而植物叶片中水的氧同位素除了受环境水源的同位素组成影响外，还受叶片的蒸腾和蒸发过程的同位素分馏作用所控制，一般比环境水更富集 ^{18}O。陆地植物中水的 δ^{18}O 值波动于 −45‰ ~ 5‰，变化幅度低于降水，但远远高于水生植物。植物有机物的氧同位素比值介于 0‰ ~ 40‰，平均值显著高于降水或植物体中水，反映了蒸腾、蒸发以及纤维素合成过程的同位素分馏对 ^{18}O 的富集现象（见第 5 章和第 13 章）。

第 4 节 氮稳定同位素

自然界绝大部分的氮是以单质分子氮气的形式存在于大气中，氮气占空气体积的 78%。氮有两种天然同位素：^{14}N 和 ^{15}N，其中 ^{14}N 的丰度为 99.63%，^{15}N 的丰度为 0.37%，^{15}N/^{14}N 为 3.6765×10^{-3}（Nadelhoffer and Fry，1988；Evans，2001）。氮素在生态系统中的循环大致可人为划分为 3 个过程：氮素的输入（主要是生物固氮）、氮素在生态系统中的转化（主要包括分解作用、矿化和硝化作用以及在食物网中的转化）和氮素的输出（主要是反硝化和气体挥发）（Menyailo et al.，2003）。由于化学转化、物理运输等原因，氮素循环诸过程都可能使氮素发生同位素分馏。所有这些涉及氮损失的生态系统氮转换过程都可能导致 ^{15}N 含量的变化，即剩余氮中 ^{15}N 富集，而丢失氮中 ^{15}N 贫化（Penuelas et al.，1999）。图 3-14 显示出自然界不同物质的 δ^{15}N 变化范围。

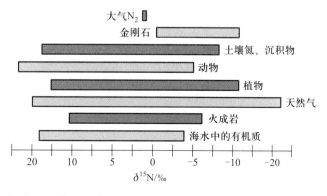

图 3-14 自然界不同物质的 δ^{15}N 变化范围（Dawson and Siegwolf，2007）

一、氮稳定同位素的分馏

在氮循环中，许多过程会对^{15}N有分馏作用。表3-3列出氮循环主要过程的氮同位素判别值。

表3-3　氮循环主要过程的氮同位素判别值（Evans *et al.*，2007）

过程	Δ/‰
总矿化过程	0～5
硝化	0～35
反硝化	17.3～40.0
氨挥发（平衡）	25～35
NO_3^-同化	13
NH_4^+同化	14～20
硝化产生N_2O、NO	0～70
反硝化产生N_2O、N_2	0～39
氮化物挥发	29
NH_4^+-NH_3平衡	20～27

（一）生物固氮过程中的氮同位素分馏

生物固氮是氮素由气态N_2向生态系统输入的主要途径之一。通常，生物固氮过程中的氮同位素分馏很小，这也是生物固定氮的$\delta^{15}N$值为何与大气$\delta^{15}N$值相近的原因（Shearer and Kohl，1986）。

（二）植物氮吸收、同化和分配过程中的同位素分馏

到目前为止，还没有发现植物在吸收氮元素时发生同位素分馏现象。植物$\delta^{15}N$值是由具有不同同位素值的多个氮源、氮有效性的时空变异和植物需求的变化几个因素共同影响的结果（Evans，2001）。当NH_4^+作为唯一的氮源，且氮浓度有限时，同位素分馏很小（Evans *et al.*，1996）。但在高氮浓度条件下，整株植物可能产生^{15}N贫化（Yoneyama *et al.*，2001）。至于贫化发生的原因以及为何从根部渗出的NH_4^+和有机氮中^{15}N含量相对较高，需要更复杂的实验进一步研究。外界NO_3^-浓度对整株植物$\delta^{15}N$的影响较小，与NO_3^-源相比，植物^{15}N略微富集或贫化（Yoneyama *et al.*，2001）。外界非常高的NO_3^-浓度和渗透压或者干旱会降低植物氮同位素分馏，但造成这种分馏的机制目前还不清楚（Handley *et al.*，1997）。吸收和同化有机形态氮时是否发生同位素分馏则了解得更少。

（三）氮素转化过程中的氮同位素分馏

土壤中主要的氮转换过程均是在微生物的参与下完成的，如矿化作用（从有机形态转化成无机形态）、硝化作用（从 NH_4^+ 转化为 NO_3^-）以及反硝化作用（NO_3^- 通过微生物呼吸转化成大气中的 NO、N_2O 和 N_2），这一系列转化过程均导致产物与底物相比 ^{15}N 含量有一定程度的降低。例如，如果硝化过程产生的 NO_3^- 超过了土壤和植物的需求并从森林淋溶时，剩余有机物质库 ^{15}N 可能逐渐富集。一项关于美国威斯康星州森林土壤 $\delta^{15}N$ 的研究表明，深层土壤存在更多因分解而产生的高 ^{15}N 含量的产物，而表层土壤的凋落叶片 ^{15}N 则出现贫化（Nadelhoffer and Fry, 1988），这就意味着根系吸收同种形式的氮（如 NH_4^+），却可能具有不同的 $\delta^{15}N$。

氮同位素分馏现象在矿化和硝化过程中较为显著。一般来说，矿化和硝化后产物具有不同程度的 ^{15}N 贫化。植物对 NO_3^-、NH_4^+ 等无机盐的吸收和同化过程也有较大的同位素效应，被吸收、同化后的氮素 ^{15}N 丰度比吸收、同化前富集（Shearer and Kohl, 1986）。在食物网中，食物被采食或猎食后，在同化过程中也会发生同位素分馏。一般情况下，捕食动物均发生 ^{15}N 富集现象。捕食动物在发生 ^{15}N 富集的同时，其代谢产物通常以 ^{15}N 贫化的氮分泌物和排泄物排出体外，动物体不同组织的 $\Delta^{15}N$ 值相对于食物有从肾、毛发、肝逐渐增大的趋势（Nadelhoffer and Fry, 1994）。

（四）氮素输出过程中的氮同位素分馏

氨挥发过程中的同位素分馏通常产生 ^{15}N 贫化的 NH_3 和 ^{15}N 富集的 NH_4^+ 库。然而，由于森林土壤一般酸度都较强，足以防止氨的损失，因此，在多数森林中氨挥发过程的同位素分馏显得并不怎么重要。反硝化作用也能够产生 ^{15}N 贫化的气体，同时使剩余 NO_3^- 库富集 ^{15}N。一般来说，反硝化损失相对于净氮矿化、硝化和氮积累速率要小得多。因此，反硝化对多数森林的氮同位素分馏效应也可能很小（Nadelhoffer and Fry, 1994）。

（五）动物摄食过程中氮同位素分馏

动物在吸收利用食物的过程中存在明显的氮同位素分馏（一般每营养级增加3‰，图3-15），但动物不同组织间对氮同位素分馏效应也有很大差异。例如，Roth 和 Hobson（2000）发现：红狐（*Vulpes vulpes*）不同组织（血清、血红细胞、肝、肌肉和毛皮）与食物氮同位素组成相比，富集程度不同，如血清富集 ^{15}N 达 4.2‰，而肝、肌肉和毛皮为 3.3‰ ~ 3.5‰。尽管动物在利用食物过程中存在不同程度的同位素分馏现象，但从整体上看，动物的同位素组成还是由食物同位素组成决定的。

二、氮稳定同位素丰度的自然变异

氮气是大气的主要成分，因此其 $\delta^{15}N$ 十分稳定，接近国际标准的 $\delta^{15}N$ 值

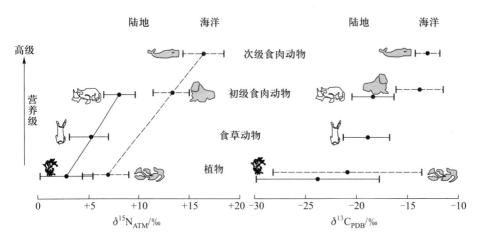

图3-15 不同生态系统动物—植物中的$\delta^{13}C$和$\delta^{15}N$值（Schoeninger and DeNiro，1984）

（0‰）。然而，土壤、植物、动物、水中氮化物和化石燃料的$\delta^{15}N$变异幅度很大（图3-14）。土壤的$\delta^{15}N$值为-8‰ ~ 20‰，如此大的变化是因为氮输入跟不上植物吸收、土壤中硝化、反硝化以及氮矿化等过程（Fry，2006）。植物的不同部位、器官和化合物与整株植物$\delta^{15}N$值也存在差异。植物内部$\delta^{15}N$值变异很小，一般在2‰ ~ 3‰，但沙漠植物有时可达7‰（Evans，2001）。了解产生这种变异的原因，将帮助我们解释与之相关的新陈代谢活动，因为植物各个部位和化合物的$\delta^{15}N$差异是由同化、再分配和氮损失程度不同造成的。例如，假设NO_3^-是唯一的氮源，且部分被根同化吸收，那么根与枝条之间就会产生同位素差异（Yoneyama et al.，2001）。氮再吸收过程并不发生同位素判别，但氮储存库的再分配过程会产生^{15}N的判别。动物组织$\delta^{15}N$近30‰的变异幅度主要反映出食物特别是植物的氮同位素组成变化以及沿营养级递增的^{15}N富集（图3-15），这将在第6、7章继续详细论述。

第5节 硫稳定同位素

自然界中硫的同位素有25种之多，其中^{32}S、^{33}S、^{34}S、^{36}S为稳定同位素。在生态学和环境科学研究中，最常用的硫稳定同位素主要是^{32}S、^{34}S。在地学研究中，硫同位素可作为地质温度计，测定地质体中同位素平衡的温度，判断硫及硫化物矿床的成因及其硫源，判别有机矿产的形成机理，寻找石油原岩等。在环境科学研究方面，硫同位素可用来研究大气中SO_2、NO_2污染物的来源及对植物生长的危害。在生态学研究中，硫同位素还用来研究动物的食物来源、土壤微生物的代谢规律以及植物的水分生理生态及其对污染、气候变化的响应（Fry，2006）。硫同位素丰度的自然分布如图3-16所示。

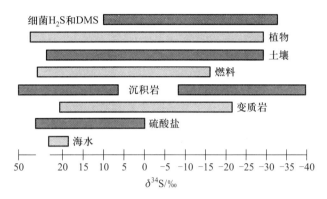

图3-16 自然界不同硫化物的硫同位素比率变化范围（Dawson and Siegwolf，2007）

一、硫稳定同位素的分馏

（一）浮游植物

浮游植物在固定硫酸盐的过程中伴随着较小的同位素效应，而海洋沉积物中异化硫酸盐的减少则伴随着较大的同位素效应（Goldhaber and Kaplan，1975）。

（二）SO_2氧化

在SO_2被氧化为硫酸盐的过程中有较大的同位素负效应，其在最终的硫酸盐产物中偏向于累积^{34}S重同位素，这种效应在形成SO_2和HSO_3^-至最终形成硫酸盐的过程中都是一样的（Saltzman et al.，1983）。在其他含硫分子氧化过程中也存在相对小的同位素分馏效应（Fry et al.，1986）。

二、硫稳定同位素丰度的自然变异

（一）大气硫化物

进入空气中的硫化物同位素组成的变动也是很大的。例如，从加拿大艾伯塔省的富含硫化物的植物中释放的SO_2的$\delta^{34}S$值的变动范围为8‰ ~ 25‰，而加拿大东部和美国东北部周围大气的$\delta^{34}S$值则为0‰ ~ 2‰（Nriagu and Harvey，1978，Saltzman et al.，1983）。开阔洋面上降雨中的^{34}S同位素值（13‰）与海水飞沫中硫酸盐（21‰）相比显著要低（Chukhrov et al.，1980），这大概是因为SO_2气体氧化的减慢（Hitchcock and Black，1984）。我们对诸如H_2S、碳基硫化物和二甲基硫化物的同位素组成的了解并不多（Calhoun et al.，1991），对于这些空气硫化物中人为成因硫和天然生物硫相对贡献的大小需要做更深入的研究。

（二）大气降水中的硫化物

大气降水硫同位素组成具有明显的区域特征，有的地区大气降水富集轻硫同位素^{32}S，有的地区则富集重硫同位素^{34}S。这一特征经研究表明也与污染源密切相关。因为不同地区工业用煤和石油产自不同地区，由于它们形成的地质背景不同，其硫同位素组成有很大的差异，造成其燃烧排放的污染物（气体SO_2和固体颗粒物）的硫同位素组成不同。例如我国的两个酸雨区（珠江三角洲和湘桂走廊）大气降水的硫同位素组成就有着明显的差别，珠江三角洲地区大气降水的δ^{34}S值变化范围为1.9‰~10.3‰，明显富集^{34}S；而湘桂走廊地区大气降水的δ^{34}S值的变化范围为-4.8‰~-0.1‰，主要分布在负值的范围内，即明显富集轻硫同位素^{32}S（张鸿斌等，2002）。这种现象正是由于两个地区燃烧排放的污染物的δ^{34}S值不同引起的。珠江三角洲地区的工业用煤燃烧排放的污染物δ^{34}S值的变化范围为4.1‰~16.5‰；而湘桂走廊地区工业用煤燃烧排放污染物的δ^{34}S值为-19.4‰~1.1‰（张鸿斌等，2002）。也正是由于这些具有不同δ^{34}S值的污染物，才直接导致了大气降水的硫同位素组成的差异。

大气降水δ^{34}S值往往随季节呈规律性变化，即夏季时间相对富集轻硫同位素^{32}S，冬季时间相对富集重硫同位素^{34}S。例如，衡阳大气降水δ^{34}S的四季排序为冬＞秋＞春＞夏，表现出冬高夏低的季节性变化规律，这是该地区大气降水硫同位素组成的一个重要特征（姚文辉等，2003）。如果不考虑生物硫源因素，仅考虑人为硫源的影响，那么由于二氧化硫相对富集轻硫同位素，冬季SO_2浓度高于夏季，其降水硫同位素组成应为冬季低夏季高，而不会是相反。可见，生物来源硫对于大气降水中的硫循环也有着不可低估的作用。如富集轻硫同位素^{32}S的生物硫在华南地区四季排放量占大气总硫通量的比例分别为：夏季（40%）＞秋季（28%）＞春季（21%）＞冬季（11%），其时间分布与大气降水硫年度走势大致相反（姚文辉等，2003）。根据同位素分馏规律，生物硫源普遍富集轻硫同位素，δ^{34}S值分布区都是呈负值或高负值，不同地区的生物源硫同位素也相差很大，可以推测，只有大通量富集轻硫同位素的生物源才有可能造成大气降水δ^{34}S值冬高夏低的现象。

（三）海水中的硫酸盐

海水中的硫酸盐是硫化物存在的主要形式，其硫同位素组成为21‰，高于硫同位素的国际标准物质（Rees et al., 1978）。在整个地质时期，由于全球尺度硫酸盐含量的变动，海洋硫酸盐中δ^{34}S值的变动范围为10‰~33‰（Peterson and Fry, 1987）。

（四）植物

较大区域内的陆地植被的δ^{34}S值为2‰~6‰（Chukhrov et al., 1980），这与海

洋浮游生物及海草的17‰～21‰是差别很大的（Peterson and Fry，1987）。生物成因的硫是通过微生物作用由水体（海洋、湖泊、河流、沼泽等）中硫酸根产生的，也可以由陆地动、植物组织中的含硫物质经生物作用分解而生成，主要以H_2S和DMS（二甲基硫化合物）等物质形式释放出来，具有相对低的$\delta^{34}S$值。

（五）化石燃料

两种含硫量不同的煤中硫同位素的来源和组成是不同的：① 低硫煤中硫的来源主要是成煤植物本身，由成煤植物保存下来，由于植物同化作用造成的硫同位素分馏效应很小，其同位素组成只是略小于溶解硫酸盐源的$\delta^{34}S$值（20‰），但变化幅度不大；② 高硫煤中硫的来源主要是海水中的硫酸盐，来自环境中溶解硫酸盐经细菌还原作用，优先利用^{32}S而形成，由于细菌异化还原作用会导致大的同位素分馏，其硫同位素值一般偏于负值，因此这部分硫的同位素组成将显著地贫化$\delta^{34}S$，由此而形成的有机硫和黄铁矿硫具有比原始植物硫低得多的$^{34}S/^{32}S$比值。例如，洪业汤等（1992）曾对我国15个省区统配煤矿的煤样中全硫的同位素组成进行研究，发现我国北方煤$\delta^{34}S$平均值为3.68‰，明显高于南方煤的$\delta^{34}S$平均值（-0.32‰）。

主要参考文献

- 戴金星,戚厚发,宋岩.1985.鉴别煤成气和油型气若干指标的初步探讨.石油学报6:31-38.
- 洪业汤,张鸿斌,朱泳煊,朴河春,姜洪波,曾毅强,刘广深.1992.中国煤的硫同位素组成特征及燃煤过程硫同位素分馏.中国科学（B辑）8:868-873.
- 姚文辉,陈佑蒲,刘坚,姚伟新,陈翰,尹小凤,文秀凤.2003.衡阳大气硫同位素组成环境意义的研究.环境科学研究16:3-5.
- 张鸿斌,胡霭琴,卢承祖,张国新.2002.华南地区酸沉降的硫同位素组成及其环境意义.中国环境科学22:165-169.
- 张士亚,邬建军,蒋泰然.1998.利用甲、乙烷碳同位素判别天然气类型的一种新方法.北京:地质出版社.
- 郑淑蕙,侯发高,倪葆龄.1983.我国大气降水的氢氧稳定同位素研究.科学通报28:801-806.
- Bender, M. M., I. Rouhani, H. Vines, and C. Black Jr. 1973. $^{13}C/^{12}C$ ratio changes in Crassulacean acid metabolism plants. Plant Physiology 52:427-430.
- Bowling, D. R., D. E. Pataki, and J. T. Randerson. 2008. Carbon isotopes in terrestrial ecosystem pools and CO_2 fluxes. New Phytologist 178:24-40.
- Buchmann, N., R. Brooks, K. D. Rapp, and J. R. Ehleringer. 1996. Carbon isotope composition of C_4 grasses is influenced by light and water supply. Plant, Cell and Environment 19: 392-402.
- Calhoun, J. A., T. S. Bates, and R. J. Charlson. 1991. Sulfur isotope measurements of submicrometer sulfate aerosol particles over the Pacific Ocean. Geophysical Research Letters 18:1877-1880.
- Chukhrov, F., L. Ermilova, V. Churikov, and L. Nosik. 1980. The isotopic composition of plant sulfur. Organic Geochemistry 2:69-75.
- Craig, H. 1953. The geochemistry of the stable carbon isotopes. Geochimica et Cosmochimica Acta 3:53-92.
- Craig, H. 1954. ^{13}C in plants and the relationships between ^{13}C and ^{14}C variations in nature. The Journal of Geology 62:115-149.
- Craig, H. 1961. Isotopic variations in meteoric waters. Science 133:1702-1703.
- Craig, H. and L. I. Gordon. 1965. Deuterium and oxygen-18 variations in the ocean and marine atmosphere. In: Tongiorgi,

- E. (ed). Proceedings of A Conference on Stable Isotopes in Oceanorgaphic Studies and Paleotemperatures. Spoleto, Italy: 9–130.
- Dawson, T. E. and R. T. W. Siegwolf. 2007. Using stable isotopes as indicators, tracers, and recorders of ecological change: Some context and background. Terrestrial Ecology 1:1–18.
- De Camargo, P. B., S. E. Trumbore, L. Z. A. Martinelli, E. C. A. Davidson, D. C. Nepstad, and R. L. Victoria. 1999. Soil carbon dynamics in regrowing forest of eastern Amazonia. Global Change Biology 5:693–702.
- DeNiro, M. J. and S. Epstein. 1977. Mechanism of carbon isotope fractionation associated with lipid synthesis. Science 197:261–263.
- Desjardins, T., F. Andreux, B. Volkoff, and C. Cerri. 1994. Organic carbon and ^{13}C contents in soils and soil size-fractions, and their changes due to deforestation and pasture installation in eastern Amazonia. Geoderma 61:103–118.
- Duranceau, M., J. Ghashghaie, F. Badeck, E. Deleens, and G. Cornic. 1999. $\delta^{13}C$ of CO_2 respired in the dark in relation to $\delta^{13}C$ of leaf carbohydrates in Phaseolus vulgaris L. under progressive drought. Plant, Cell and Environment 22:515–523.
- Ehleringer, J. R., N. Buchmann, and L. B. Flanagan. 2000. Carbon isotope ratios in belowground carbon cycle processes. Ecological Applications 10:412–422.
- Emrich, K., D. Ehhalt, and J. Vogel. 1970. Carbon isotope fractionation during the precipitation of calcium carbonate. Earth and Planetary Science Letters 8:363–371.
- Epstein, S. and T. Mayeda. 1953. Variation of ^{18}O content of waters from natural sources. Geochimica et Cosmochimica Acta 4:213–224.
- Evans, R. D. 2001. Physiological mechanisms influencing plant nitrogen isotope composition. Trends in Plant Science 6:121–126.
- Evans, R. D., A. J. Bloom, S. S. Sukrapanna, and J. R. Ehleringer. 1996. Nitrogen isotope composition of tomato (Lycopersicon esculentum Mill. cv. T-5) grown under ammonium or nitrate nutrition. Plant, Cell and Environment 19:1317–1323.
- Farquhar, G. D. 1983. On the nature of carbon isotope discrimination in C_4 species. Functional Plant Biology 10:205–226.
- Farquhar, G. D. and L. A. Cernusak. 2005. On the isotopic composition of leaf water in the non-steady state. Functional Plant Biology 32:293–303.
- Farquhar, G. D., J. R. Ehleringer, and K. T. Hubick. 1989. Carbon isotope discrimination and photosynthesis. Annual Review of Plant Physiology and Plant Molecular Biology 40:503–537.
- Farquhar, G. D., J. Lloyd, J. A. Taylor, L. B. Flanagan, J. P. Syvertsen, K. T. Hubick, S. C. Wong, and J. R. Ehleringer. 1993. Vegetation effects on the isotope composition of oxygen in atmospheric CO_2. Nature 363:439–443.
- Farquhar, G. D., M. O'Leary, and J. Berry. 1982. On the relationship between carbon isotope discrimination and the intercellular carbon dioxide concentration in leaves. Australian Journal of Plant Physiology 9:121–137.
- Farquhar, G. D. and R. A. Richards. 1984. Isotopic composition of plant carbon correlates with water-use efficiency of wheat genotypes. Australian Journal of Plant Physiology 11:539–552.
- Flanagan, L. B., J. P. Comstock, and J. R. Ehleringer. 1991. Comparison of modeled and observed environmental influences on the stable oxygen and hydrogen isotope composition of leaf water in Phaseolus vulgaris L. Plant Physiology 96:588–596.
- Fry, B. 2006. Stable Isotope Ecology. Springer Verlag, New York.
- Fry, B., J. Cox, H. Gest, and J. M. Hayes. 1986. Discrimination between ^{34}S and ^{32}S during bacterial metabolism of inorganic sulfur compounds. Journal of Bacteriology 165:328–330.
- Gan, K. S., S. C. Wong, J. W. Yong, and G. D. Farquhar. 2002. ^{18}O spatial patterns of vein xylem water, leaf water, and dry matter in cotton leaves. Plant Physiology 130:1008–1021.
- Gat, J. R. 1995. The relationship between the isotopic composition of precipitation, surface runoff and groundwater for semiarid and arid zones. IAHS Publications-Series of Proceedings and Reports-Intern Assoc Hydrological Sciences 232:409–416.
- Ghashghaie, J., M. Duranceau, F. W. Badeck, G. Cornic, M. T. Adeline, and E. Deleens. 2001. $\delta^{13}C$ of CO_2 respired in the dark in relation to $\delta^{13}C$ of leaf metabolites: Comparison between Nicotiana sylvestris and Helianthus annuus under drought. Plant, Cell and Environment 24:505–515.
- Goldhaber, M. and I. Kaplan. 1975. Controls and consequences of sulfate reduction rates in recent marine sediments. Soil Science 119:42.
- Guy, R., M. Fogel, J. Berry, and T. Hoering. 1987. Isotope fractionation during oxygen production and consumption by plants. Progress in Photosynthesis Research 3:597–600.
- Handley, L. L., D. Robinson, B. P. Forster, R. P. Ellis, C. M. Scrimgeour, D. C. Gordon, E. Nevo, and J. A. Raven. 1997. Shoot $\delta^{15}N$ correlates with genotype and salt stress in barley. Planta 201:100–102.
- Harwood, K. G., J. S. Gillon, H. Griffiths, and M. S. J. Broadmeadow. 1998. Diurnal variation of $\Delta^{13}CO_2$, $\Delta C^{18}O^{16}O$ and evaporative site enrichment of $\delta H_2^{18}O$ in Piper aduncum under field conditions in Trinidad. Plant Cell and Environment 21:269–283.
- Hattersley, P. 1982. $\delta^{13}C$ values of C_4 types in grasses. Functional Plant Biology 9:139–154.
- Hattersley, P. and A. Browning. 1981. Occurrence of the suberized lamella in leaves of grasses of different photosynthetic types. I. In parenchymatous bundle sheaths and PCR ('Kranz') sheaths. Protoplasma 109:371–401.

- He, H., X. H. Lee, and R. B. Smith. 2001. Deuterium in water vapor evaporated from a coastal salt marsh. Journal of Geophysical Research-Atmospheres 106:12183–12191.
- Henderson, M., D. Levy, and J. Stockner. 1992. Probable consequences of climate change on freshwater production of Adams River sockeye salmon (*Oncorynchus nerka*). GeoJournal 28:51–59.
- Hitchcock, D. and M. Black. 1984. $^{34}S/^{32}S$ evidence of biogenic sulfur oxides in a salt marsh atmosphere. Atmospheric Environment 18:1–17.
- Horita, J. and D. J. Wesolowski. 1994. Liquid-vapor fractionation of oxygen and hydrogen isotopes of water from the freezing to the critical temperature. Geochimica et Cosmochimica Acta 58:3425–3437.
- Hymus, G. J., K. Maseyk, R. Valentini, and D. Yakir. 2005. Large daily variation in ^{13}C-enrichment of leaf-respired CO_2 in two Quercus forest canopies. New Phytologist 167:377–384.
- Keeling, C. D. 1961. The concentration and isotopic abundances of carbon dioxide in rural and marine air. Geochimica et Cosmochimica Acta 24:277–298.
- Klumpp, K., R. Schäufele, M. Lötscher, F. Lattanzi, W. Feneis, and H. Schnyder. 2005. C-isotope composition of CO_2 respired by shoots and roots: Fractionation during dark respiration? Plant, Cell and Environment 28:241–250.
- Kroopnick, P., R. Weiss, and H. Craig. 1972. Total CO_2, ^{13}C, and dissolved ^{18}O at Geosecs II in the North Atlantic. Earth and Planetary Science Letters 16:103–110.
- Lai, C. T., J. R. Ehleringer, B. J. Bond, and U. K. Paw. 2006. Contributions of evaporation, isotopic non-steady state transpiration and atmospheric mixing on the $\delta^{18}O$ of water vapour in Pacific Northwest coniferous forests. Plant, Cell and Environment 29:77–94.
- Lee, X., K. Kim, and R. Smith. 2007. Temporal variations of the O-18/O-16 signal of the whole canopy transpiration in a temperate forest. Global Biogeochemical Cycles 21: GB3013, doi:10.1029/2006GB002871.
- Lee, X., S. Sargent, R. Smith, and B. Tanner. 2005. In situ measurement of the water vapor $^{18}O/^{16}O$ isotope ratio for atmospheric and ecological applications. Journal of Atmospheric and Oceanic Technology 22:1305–1305.
- Lee, X., R. Smith, and J. Williams. 2006. Water vapour $^{18}O/^{16}O$ isotope ratio in surface air in New England, USA. Tellus 58B:293–304.
- Lin, G. and J. R. Ehleringer. 1997. Carbon isotopic fractionation does not occur during dark respiration in C_3 and C_4 plants. Plant physiology 114:391–394.
- Majoube, M. 1971. Fractionnement en ^{18}O et en deuterium entre l'eau et sa vapeur. Journal of Chemical Physics 68:1423–1436.
- Melzer, E. and H. Schmidt. 1987. Carbon isotope effects on the pyruvate dehydrogenase reaction and their importance for relative ^{13}C depletion in lipids. Journal of Biological Chemistry 262:8159–8164.
- Menyailo, O. V., B. A. Hungate, J. Lehmann, G. Gebauer, and W. Zech. 2003. Tree species of the Central Amazon and soil moisture alter stable isotope composition of nitrogen and oxygen in nitrous oxide evolved from soil. Isotopes in Environmental and Health Studies 39:41–52.
- Merlivat, L. 1978. Molecular diffusivities of $H_2^{16}O$, $HD^{16}O$, and $H_2^{18}O$ in gases. Journal of Chemical Physics 69:2864–2871.
- Mook, W., J. Bommerson, and W. Staverman. 1974. Carbon isotope fractionation between dissolved bicarbonate and gaseous carbon dioxide. Earth and Planetary Science Letters 22:169–176.
- Mook, W. and J. Vogel. 1968. Isotopic equilibrium between shells and their environment. Science 159:874-875.
- Nadelhoffer, K. and B. Fry. 1988. Controls on natural ^{15}N and ^{13}C abundances in forest soil organic matter. Soil Science Society of America Journal 52:1633–1640.
- Nadelhoffer, K. and B. Fry. 1994. Nitrogen isotope studies in forest ecosystems. In: Lajtha, K. and R. H. Michener. (eds). Stable Isotopes in Ecology and Environmental Science. Blackwell, Malden:22–44.
- Nier, A. O. 1950. A redetermination of the relative abundances of the isotopes of carbon, nitrogen, oxygen, argon, and potassium. Physical Review 77:789–793.
- Nriagu, J. O. and H. H. Harvey. 1978. Isotopic variation as an index of sulphur pollution in lakes around Sudbury, Ontario. Nature 273:223–224.
- O'Leary, M. H. 1981. Carbon isotope fractionation in plants. Phytochemistry 20:553–567.
- O'Leary, M. H. 1984. Measurement of the isotope fractionation associated with diffusion of carbon dioxide in aqueous solution. Journal of Physical Chemistry 88:823–825.
- Ohsugi, R., M. Samejima, N. Chonan, and T. Murata. 1988. $\delta^{13}C$ values and the occurrence of suberized lamellae in some *Panicum* species. Annals of Botany 62:53–59.
- Osmond, C., W. Allaway, B. Sutton, J. Troughton, O. Queiroz, U. Lüttge, and K. Winter. 1973. Carbon isotope discrimination in photosynthesis of CAM plants. Nature 246:41–42.
- Park, R. and S. Epstein. 1961. Metabolic fractionation of ^{13}C & ^{12}C in plants. Plant Physiology 36:133–138.
- Pataki, D. E. 2005. Emerging topics in stable isotope ecology: Are there isotope effects in plant respiration? New Phytologist

167:321–323.
- Penuelas, J., I. Filella, and J. Terradas. 1999. Variability of plant nitrogen and water use in a 100-m transect of a subdesertic depression of the Ebro valley (Spain) characterized by leaf $\delta^{13}C$ and $\delta^{15}N$. Acta Oecologica-International Journal of Ecology 20:119–123.
- Peterson, B. J. and B. Fry. 1987. Stable isotopes in ecosystem studies. Annual Review of Ecology and Systematics 18:293–320.
- Prater, J. L., B. Mortazavi, and J. P. Chanton. 2006. Diurnal variation of the $\delta^{13}C$ of pine needle respired CO_2 evolved in darkness. Plant, Cell and Environment 29:202–211.
- Rees, C., W. Jenkins, and J. Monster. 1978. The sulphur isotopic composition of ocean water sulphate. Geochimica et Cosmochimica Acta 42:377–381.
- Reibach, P. H. and C. R. Benedict. 1977. Fractionation of stable carbon isotopes by phosphoenolpyruvate carboxylase from C_4 plants. Plant Physiology 59:564–568.
- Richet, P., Y. Bottinga, and M. Javoy. 1977. A review of hydrogen, carbon, nitrogen, oxygen, sulphur, and chlorine stable isotope fractionation among gaseous molecules. Annual Review of Earth and Planetary Sciences 5:65–110.
- Roden, J. S. and J. R. Ehleringer. 1999. Observations of hydrogen and oxygen isotopes in leaf water confirm the craig-gordon model under wide-ranging environmental conditions. Plant Physiology 120:1165–1174.
- Roeske, C. and M. H. O'Leary. 1984. Carbon isotope effects on enzyme-catalyzed carboxylation of ribulose bisphosphate. Biochemistry 23:6275–6284.
- Rossmann, A., M. Butzenlechner, and H. L. Schmidt. 1991. Evidence for a nonstatistical carbon isotope distribution in natural glucose. Plant physiology 96:609–614.
- Roth, J. D. and K. A. Hobson. 2000. Stable carbon and nitrogen isotopic fractionation between diet and tissue of captive red fox: Implications for dietary reconstruction. Canadian Journal of Zoology 78:848–852.
- Rozanski, K., L. Araguás-Araguás, and R. Gonfiantini. 1993. Isotopic patterns in modern global precipitation. Continental Isotopic Indicators of Climate 78:1–36.
- Sackett, W. M., W. R. Eckelmann, M. L. Bender, and A. W. H. Bé. 1965. Temperature dependence of carbon isotope composition in marine plankton and sediments. Science 148:235–237.
- Saltzman, E., D. Savoie, R. Zika, and J. Prospero. 1983. Methane sulfonic acid in the marine atmosphere. Journal of Geophysical Research 88:10897–10902.
- Schoeninger, M. J. and M. J. DeNiro. 1984. Nitrogen and carbon isotopic composition of bone collagen from marine and terrestrial animals. Geochimica et Cosmochimica Acta 48:625–639.
- Schulze, E. D., H. Mooney, O. Sala, E. Jobbágy, N. Buchmann, G. Bauer, J. Canadell, R. Jackson, J. Loreti, and M. Oesterheld. 1996. Rooting depth, water availability, and vegetation cover along an aridity gradient in Patagonia. Oecologia 108:503–511.
- Shearer, G. and D. H. Kohl. 1986. N_2-fixation in field Settings: Estimations based on natural ^{15}N abundance. Functional Plant Biology 13:699–756.
- Smith, B. N. and S. Epstein. 1971. Two categories of $^{13}C/^{12}C$ ratios for higher plants. Plant Physiology 47:380–384.
- Tcherkez, G., S. Nogués, J. Bleton, G. Cornic, F. Badeck, and J. Ghashghaie. 2003. Metabolic origin of carbon isotope composition of leaf dark-respired CO_2 in French bean. Plant Physiology 131:237–244.
- Troughton, J. H., P. Wells, and H. Mooney. 1974. Photosynthetic mechanisms and paleoecology from carbon isotope ratios in ancient specimens of C_4 and CAM plants. Science 185:610–612.
- Urey, H. C., F. Brickwedde, and G. Murphy. 1932. A hydrogen isotope of mass 2 and its concentration. Physical Review 40:1–15.
- Vaughn, B. H., C. U. Evans, J. W. C. White, C. J. Still, K. A. Masarie, and J. Turnbull. 2010. Global network measurements of atmospheric trace gas isotopes. In: West, J.B., G.J., Bowen, T.E. Dawson, and K.P. Tu. (eds). Isoscapes: Understanding Movement, Pattern, and Process on Earth through Isotope Mapping. Springer Science, New York: 3–31.
- Vogel, J. C. 1980. Fractionation of the Carbon Isotopes During Photosynthesis. Springer, New York.
- Vogel, J. C. and D. H. Ehhalt. 1963. The use of carbon isotopes in groundwater studies. International Atomic Energy Agency, Vienna.
- Welp, L. R., X. Lee, K. Kim, T. J. Griffis, K. A. Billmark, and J. M. Baker. 2008. $\delta^{18}O$ of water vapour, evapotranspiration and the sites of leaf water evaporation in a soybean canopy. Plant, Cell and Environment 31:1214–1228.
- Wingate, L., U. Seibt, J. B. Moncrieff, P. G. Jarvis, and J. Lloyd. 2007. Variations in ^{13}C discrimination during CO_2 exchange by *Picea sitchensis* branches in the field. Plant, Cell and Environment 30:600–616.
- Winter, K., U. Lüttge, E. Winter, and J. H. Troughton. 1978. Seasonal shift from C_3 photosynthesis to Crassulacean acid metabolism in *Mesembryanthemum crystallinum* growing in its natural environment. Oecologia 34:225–237.
- Xu, C., G. Lin, K. L. Griffin, and R. N. Sambrotto. 2004. Leaf respiratory CO_2 is ^{13}C-enriched relative to leaf organic components in five species of C_3 plants. New Phytologist 163:499–505.
- Yakir, D. and L. D. L. Sternberg. 2000. The use of stable isotopes to study ecosystem gas exchange. Oecologia 123:297–311.
- Yoneyama, T., T. Matsumaru, K. Usui, and W. M. H. G. Engelaar.

2001. Discrimination of nitrogen isotopes during absorption of ammonium and nitrate at different nitrogen concentrations by rice (*Oryza sativa* L.) plants. Plant, Cell and Environment 24:133–139.

- Ziegler, H., H. Batanouny, N. Sankhl, O. Vyas, and W. Stichler. 1981. The photosynthetic pathway types of some desert plants from India, Saudi Arabia, Egypt, and Iraq. Oecologia 48:93–99.

第4章
稳定同位素与碳循环研究

不同植物物种间碳同位素组成的差异首先是在20世纪50年代由地球化学家Craig发现（Craig, 1953）。到70年代，用植物间碳同位素组成的差异和碳同位素比值来区分不同的光合途径类型已被广泛接受（O'Leary, 1981）。进入80年代，澳大利亚植物生理学家Farquhar和他的同事对光合作用过程中碳同位素效应机制的研究，为大气CO_2同位素组成研究以及陆地C_3植物光合代谢和水分利用的研究奠定了理论基础（Farquhar et al., 1982; Farquhar and Richards, 1984; Farquhar et al., 1989）。从那时起，碳同位素比值逐渐被广泛应用到叶、树冠层、生态系统、全球尺度碳交换的研究中。本章详细论述稳定同位素技术在碳循环研究中的应用原理、研究实例和发展趋势。

第1节　光合作用

第3章提到，大气CO_2经气孔向叶内的扩散过程、CO_2在叶水中的溶解过程，以及羧化酶对CO_2的同化过程，均存在着明显的碳同位素效应（Farquhar et al., 1989）。而且，不同光合途径（C_3、C_4和CAM）因光合羧化酶（RuBP酶和PEP酶）和羧化时空上的差异对^{13}C有不同的识别和排斥，导致了不同光合途径的植物具有明显不同的$\delta^{13}C$值。大气CO_2的$\delta^{13}C$值目前约为−8‰，C_3植物利用RuBP酶固定CO_2，其$\delta^{13}C$值平均为−28‰，变化范围为−36‰～−20‰；C_4植物主要利用PEP羧化酶固定HCO_3^-，$\delta^{13}C$值平均为−12‰（−15‰～−7‰）。植物碳同位素比值的变化反映了环境因子通过叶片气孔对光合作用的调节程度（Farquhar et al., 1989），从而为研究植物在不同生境下的代谢调节、生理适应及其对环境变化的适应机理等方面提供很好的技术途径（Dawson et al., 2002）。

一、光合途径与碳同位素比值

植物光合途径（C_3、C_4和CAM）是划分植物功能型的重要标准之一。鉴别植物的光合途径通常采用形态解剖（即是否存在Kranz花环结构）、生化指标（PEP酶和RuBP酶的活性比值）和稳定碳同位素比值三种方法。相对于前两种方法，稳定碳同位素比值的方法具有操作快捷简便、采样方法简单、样品需要量小及测试精度高等优点。Bender（1971）以及Smith和Epstein（1971）最早提出碳同位素组成可以用于区分植物的C_3和C_4光合途径。由于C_3、C_4植物的$\delta^{13}C$值没有重叠（第3章，见图3-6），通过测定叶片的$\delta^{13}C$值可以十分准确又快速地区分两者。食品加工业采用稳定碳同位素分析检测蜂蜜（主要来自C_3植物的花粉）中是否掺入蔗糖（C_4植物），就是根据这个原理。当然，CAM植物在夜晚吸收CO_2，白天固定HCO_3^-，其$\delta^{13}C$值由 –22‰到 –10‰，几乎涵盖了C_3和C_4植物$\delta^{13}C$值变化幅度，因此就很难根据稳定碳同位素比值加以确认。

由于C_3、C_4和CAM植物对环境因子有不同的需求，所以不同光合类型的植物对气候变化、放牧干扰以及营养机制的改变等都有不同的响应，因此明确不同植物物种的光合途径在植物生态学研究中是非常必要的。在我国，殷立娟和王萍（1997）结合不同方法对我国东北地区233种草原植物的光合作用途径进行了鉴定，并初步探讨了植物光合途径与生境之间的关系。唐海萍和刘书润（2001）测定了内蒙古地区280余种植物的稳定碳同位素值，发现其中82种是C_4植物，198种是C_3植物，并通过分析该地区C_4植物的生活型、水分生态型与区系地理成分等特征，对其与环境之间的关系进行了探讨（唐海萍，1999）。李明财等（2007）也分析了青藏高原159种植物的碳同位素比率，发现没有一种植物属于C_4或CAM植物，说明该地区只适合C_3植物生长。据统计，全球C_4植物约有18科196属943种，然而到目前为止，中国究竟拥有多少种C_4光合作用植物，仍然是一个未知数，许多植物种的光合型尚未确定。因此，稳定同位素技术为这方面工作的进一步研究提供了一个便利的工具。

有些植物形态解剖结构和生理生化特性介于C_3植物和C_4植物之间，统称为C_3-C_4中间光合植物（C_3-C_4 intermediate photosynthesis plants）(Rawsthorn，1992)。迄今已发现在禾本科、粟米草科、苋科、菊科、十字花科及紫茉莉科等科植物中有数十种C_3-C_4中间植物，如黍属的 *Panicum milioides* 和 *P. schenckii* 等。C_3-C_4中间植物的碳同位素比值取决于：① 叶肉细胞丙酮酸羧化酶的同位素分馏；② 维管束鞘中CO_2固定量；③ 维管束鞘中CO_2泄漏率；④ C_4途径固定CO_2占碳总固定量的比例（O'Leary，1988；von Caemmerer，1989；von Caemmerer and Hubick，1989）。在大多数情况下，C_3-C_4中间植物的碳同位素比率与C_3植物接近，因为维管束鞘中CO_2固定量只占很小的比例，但在低浓度CO_2和高叶温条件下，C_3-C_4中间植物可能重新固定光呼吸产生的CO_2，其碳同位素比值就可能比C_3植物高得多（O'Leary，1988；Schnyder and Lattanzi，2005）。

二、光合生理生态特征

植物叶片的$\delta^{13}C$值或光合作用对^{13}C同位素判别值除了与植物光合作用途径有关外，也是植物叶片胞间与大气CO_2分压比（P_i/P_a）或浓度比（C_i/C_a）的长期整合指标（图4-1），还是评估C_3植物叶片中细胞间CO_2浓度的有效方法，可以用来指示植物的长期水分利用效率（详见第5章），并能从侧面反映植物整个生长期的生理生态特征。也就说，植物组织的$\delta^{13}C$值不仅反映了大气CO_2的碳同位素比值，也反映了C_i/C_a比率。C_i/C_a比率是一重要的植物生理生态特征值，反映了净光合同化速率（CO_2的需求）和气孔导度（CO_2的供给）两个变量的相对大小。这一比率的大小与叶光合羧化酶活性和叶片气孔开闭有关，而且受到调节植物碳代谢生理过程的环境因子的影响。

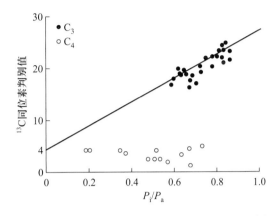

图4-1 光合作用对^{13}C同位素判别值与叶片胞间-大气CO_2分压比（P_i/P_a）之间的关系（Farquhar et al., 1989）

气体交换技术（gas exchange technique）是常用于测定植物叶片光合特征的一种方法，但此方法只能代表某特定时间内植物部分叶片的行为，而叶片$\delta^{13}C$值是叶片组织合成过程中光合活动的整合反映。此外，叶片$\delta^{13}C$值反映了植物碳水关系各个方面之间的相互作用，因此与气体交换测定相比，可以更有效地作为整株植物功能的综合反映指标。也就是说，植物组织碳同位素分析可以作为整合跨越时间和空间尺度植物光合作用的一种有效技术（Dawson et al., 2002）。碳同位素比值还可以揭示物种如何通过调节自身气体交换过程、资源获取和利用策略，以及生活史格局在特定的生境中得以生存并确保竞争优势（Ehleringer and Cooper，1988；Ehleringer，1993）。已有大量研究结果表明，影响植物气体交换代谢过程的环境因子对大多数植物的$\delta^{13}C$值也产生影响，包括降水量（Anderson et al., 2000）、土壤水分含量（Ehleringer and Cooper，1988；Ehleringer，1993）、湿度（Comstock and Ehleringer，1992；Panek and Waring，1997）、温度（Welker et al., 1993；Panek and Waring，1997）、氮素有效性（Guehl et al., 1995）和大气CO_2浓度（Bettarini et al., 1995；Ehleringer and Cerling，1995；Williams et al., 2001）等。

此外，植物的形态结构特征也通过影响叶片边界层阻力、木质部导水率和叶片内部对CO_2和H_2O的阻力等因素影响植物对不同环境条件的生理响应。众多研究已发现植物$\delta^{13}C$值的变化与叶片的大小（Geber and Dawson，1990）、厚度

(Vitousek，1990；Hanba *et al.*，1999)、气孔的密度(Hultine and Marshall，2000)、枝条的长度(Warren and Adams，2000)以及冠层的高度(Martinelli *et al.*，1998)等相关。这些研究结果表明，环境条件的变化会导致植物光合过程中碳同位素分馏程度的变化，间接反映出这些环境因子影响到植物光合过程，包括光合途径的变更(Tieszen *et al.*，1979；Körner *et al.*，1988；Lin and Sternberg，1992a)。例如，韦莉莉等(2008)认为红树植物在盐生环境中$\delta^{13}C$值的改变可能包含两个部分：一部分是由于盐分对CO_2的扩散、传递或光合速率的影响而导致的$\delta^{13}C$值改变；另一部分可能是光合途径的变更(C_3转化为C_4)而引起的$\delta^{13}C$值变化。然而，对红树植物是否因盐生环境出现光合途径的转变至今还未有直接的证据。本书作者曾研究过一些环境胁迫(高盐、淹水、营养亏缺等)对美国佛罗里达红树植物叶片$\delta^{13}C$值的影响(Lin and Sternberg，1992a，b)，也未发现红树植物$\delta^{13}C$值趋向C_4植物的证据，说明红树植物不具有C_4代谢的功能。

Chen 等(2007b)对内蒙古锡林浩特盆地典型草原群落主要植物碳同位素的分析结果表明(表4-1)，这个地区的植物主要利用C_3光合途径，只有少数种植物如伏地肤(*Kochia prostrata*)、无芒隐子草(*Cleistogenes polyphylla*)属于C_4植物。在C_3植物中，叶片碳同位素比值不仅与土壤含水量和叶片含水量有关(图4-2)，也与它们在群落中的频度和对生物量的贡献程度有关(图4-3)。这些关系决定了典型草原植物的碳同位素组成与植物不同生活型或群落类型直接相关(Chen *et al.*，2005；Chen *et al.*，2007a)。

表4-1 内蒙古锡林浩特盆地C_3植物的名称、生活型和碳同位素分馏值(Δ)(Chen *et al.*，2007a)

物种	植物生活型	碳同位素分馏值 Δ/‰		
		均值	标准偏差(SD)	样品数量(n)
羽茅(*Achnatherum sibiricum*)	PG	15.69	0.21	5
芨芨草(*A. splendens*)	PG	16.26	0.24	5
冠状冰草(*Afropyron cristatum*)	PG	16.57	0.54	20
野韭(*Allium ramosum*)	PF	16.5	0.41	5
知母(*Anemarrhena asphodeloides*)	PF	14.9	0.65	5
南牡蒿(*Artemisia eriopoda*)	PF	17.11	0.22	5
冷蒿(*A. frigida*)	SS	17.87	0.55	10
柔毛蒿(*A. pubescens*)	PF	16.66	0.32	4
三角叶驴蹄草(*Caltha palustris*)	PF	16.86	0.47	3
小叶锦鸡儿(*Caragana microphylla*)	S	16.39	0.9	24

续表

物种	植物生活型	碳同位素分馏值 Δ/‰		
		均值	标准偏差（SD）	样品数量（n）
黄囊薹草（*Carex korshinskyi*）	PF	16.12	0.78	33
薹草属（*Carex* spp.）	PF	17.61	0.33	3
毒芹（*Cicuta virosa*）	PF	17.21	0.28	3
莲座蓟（*Cirsium esculeutum*）	PF	17.49	0.67	3
虫实属（*Corispermum* spp.）	A	16.05	0.25	9
蒙古栒子（*Cotoneaster mongolicus*）	S	15.54	0.92	3
线叶菊（*Filifolium sibiricum*）	PF	16.83	0.28	5
北芸香（*Haplophyllum dauricum*）	PF	17.3	0.37	5
木岩黄耆（*Hedysarum fruticosum* var. *lignosum*）	SS	17.2	0.47	9
大旋花复花（*Inula britanica*）	PF	18.25	0.36	3
马蔺（*Iris lactes* Pall. var. *chinensis*）	PF	14.64	0.37	5
溚草（*Koeleria cristata*）	PG	15.92	0.3	15
也得怀（*Leontopodium leontopodioides*）	PF	17.01	0.54	5
长叶火线草（*L. longifolium*）	PF	19.29	0.14	3
羊草（*Leymus chinensis*）	PG	15.45	0.39	30
囊吾（*Ligularia sibirica*）	PF	18.06	0.51	3
疗齿草（*Odontites serotina*）	A	17.66	0.57	3
多叶棘豆（*Oxytropis myriophylla*）	PF	15.41	0.54	5
红纹马先蒿（*Pedicularis striata*）	PF	17.9	0.28	5
分叉蓼（*Polygonum divaricatum*）	PF	15.95	0.64	12
无茎刺葵（*Phoenix acaulis*）	PF	16.57	0.28	5
鹅绒委陵草（*Potentilla anserina*）	PF	17.71	0.13	3
蒿叶委陵草（*P. tanacetifolia*）	PF	16.03	0.32	10
沙鞭（*Psammochloa villosa*）	PG	16.73	0.46	9
白头翁（*Pulsatilla turczaninovii*）	PF	15.22	0.27	5
毛茛（*Ranunculus japonicus*）	PF	17.04	0.15	3
楔叶茶藨（*Ribes diacanthum*）	S	17.59	1.45	3
藨草属（*Scirpus* spp.）	PF	17.46	0.43	3
麻花头（*Serratula centauroides*）	PF	16.51	0.32	3
耧斗叶绣线菊（*Spiraea aquilegifolia*）	S	16.04	1.58	3
狼毒（*Stellera chamaejasme*）	PF	14.99	0.34	13
大针茅（*Stipa grandis*）	PG	15.26	0.41	20

续表

物种	植物生活型	碳同位素分馏值 Δ/‰		
		均值	标准偏差（SD）	样品数量（n）
角碱蓬（*Suaeda corniculata*）	A	16.31	0.53	5
唐松草（*Thalictrum petaloideum*）	PF	17.37	0.26	5
展枝唐松草（*T. squarrosum*）	PF	16.31	0.57	8
海韭菜（*Triglochin maritimum*）	PF	18.39	0.25	3

注：S：灌木，SS：半灌木，PG：多年生禾本科草本植物，PF：多年生非禾本科草本植物，A：一年生草本植物。

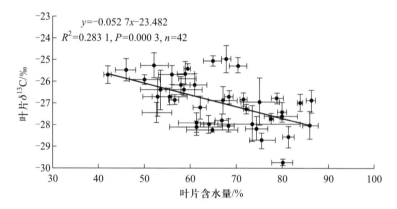

图4-2 锡林浩特典型草原C_3植物叶片碳同位素比值与叶片含水量的关系（Chen et al.，2007a）

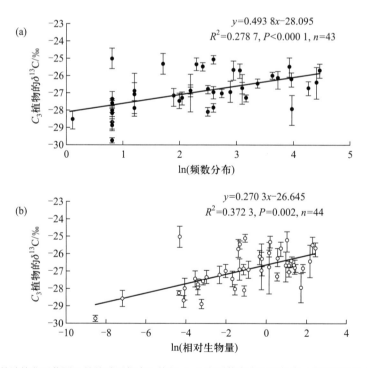

图4-3 锡林浩特典型草原C_3植物碳同位素比值与（a）在群落中出现的频度（频数分布）和（b）对生物量的贡献程度（相对生物量）间的关系（Chen et al.，2007a）

第2节 呼吸和分解过程

呼吸和分解是生态系统碳循环的两个重要过程，了解这些过程及其影响因子对理解陆地甚至全球的碳循环极为重要。然而，气候、生物、土壤等因素对呼吸和分解的影响往往表现为综合作用，如温度、降水、氮营养一方面直接影响土壤中根系和微生物的呼吸速率，另一方面又通过影响植物、微生物生长以及土壤条件从而间接影响植物呼吸、土壤呼吸和凋落物分解。因此，研究生态系统呼吸和凋落物分解需要新技术、新方法的应用，才能揭示呼吸和分解的动态变化过程和调控机制。碳、氮、氧等多种元素的稳定同位素在呼吸和分解过程中存在明显的同位素分馏效应，为研究生态系统碳循环过程提供了良好的示踪和整合信息，如土壤中碳的周转速率、生态系统或土壤呼吸释放CO_2的主要来源以及光合作用和呼吸作用对净生态系统CO_2交换的相对贡献等（Flanagan and Ehleringer，1998；Ciais et al.，1999；Lin et al.，1999；Yakir and Sternberg，2000；Connin et al.，2001；Pataki et al.，2003a，b；刘涛泽等，2008）。

一、呼吸过程

光合作用增加了陆地生态系统与近陆地生态系统大气中的$^{13}CO_2$，而呼吸作用却趋于稀释空气中的重同位素。呼吸释放的CO_2与大气CO_2的同位素组成的显著差异可以用于拆分生态系统呼吸的组分（Flanagan and Ehleringer，1998；Yakir and Sternberg，2000）。尽管现已有叶片尺度光合碳同位素分馏效应的理论基础（Farquhar et al.，1982），而对暗呼吸阶段同位素分馏的理论和实验数据却相对较少。

虽然我们利用C_3、C_4植物分离的细胞原生质体成功证明了植物在利用糖类过程中不存在明显的碳同位素分馏（Lin and Ehleringer，1997），但与植物叶中糖类碳同位素组成相比，叶片呼吸释放的CO_2中^{13}C富集程度可高达6‰（Duranceau et al.，1999；Duranceau et al.，2001；Ghashghaie et al.，2001；Hymus et al.，2005）。造成这种结果的原因一方面是由于植物暗呼吸过程可能存在显著的同位素分馏（见第3章第1节），另一方面的原因可能是由于用于呼吸的碳底物与总物质之间的同位素差异造成的。

与叶片糖类的^{13}C含量相比，树干呼吸释放CO_2总的来说是^{13}C富集的，而根系呼吸释放CO_2是^{13}C贫化的。Schnyder和Lattanzi（2005）也证明地上与地下部分的相反呼吸分馏作用使整个植株水平呼吸产生的CO_2与植株总有机质的$\delta^{13}C$值相近。然而，Tu和Dawson（2005）却报道北美红杉（*Sequoia sempervirens*）离体根系呼吸产生的CO_2比阳叶具有更高的^{13}C含量。因此，需要加强对根系特别是活体根系呼吸过程碳同位素比值变化的研究，以更好地了解根系碳代谢过程的物质变化。虽然树干呼吸只占生态系统呼吸的一小部分，但研究树干呼吸产生CO_2的同位素组成可以揭示树干呼吸的碳源是否来自木质部或韧皮部运输的有机质（Teskey and McGuire，2007）。有些结果表明树干呼吸产生的CO_2比叶片组织总有机物具有更高的$\delta^{13}C$值（Cernusak and Marshall，2001；Damesin and Lelarge，2003）。Maunoury等（2007）还观察到栎树（$Quecus\ petraea$）树干呼吸产生CO_2的碳同位素比值具有明显的季节变化，反映出物候变化、生长与维持呼吸的相对贡献变化对呼吸过程碳代谢的影响。

二、土壤呼吸

土壤微生物或其他生物的异养呼吸过程稳定同位素变化不能直接测定，但一些实验室内培养实验（incubation experiments）结果表明：微生物呼吸产生的CO_2在开始阶段出现^{13}C贫化，之后出现^{13}C富集，到最后趋于稳定（Andrews et al.，1999；Fernandez and Cadisch，2003）。真菌分解木头的过程也有类似的结果（Kohzu et al.，1999），具体机理还不太清楚。虽然这种实验室培养研究可以有效区分土壤中易分解和长寿命碳对微生物呼吸碳源的贡献（Andrews et al.，1999），但不能揭示出田间土壤呼吸过程中碳源的转化（Bowling et al.，2008），因为土壤呼吸的碳源可能来自多种周转时间差异很大的有机质。

稳定同位素技术可用来区分土壤呼吸的不同成分。例如，可以在C_3土壤上种植C_4植物（如玉米），利用C_3与C_4植物之间的$\delta^{13}C$差异来计算C_4植物的根系呼吸对整个土壤表层CO_2通量的贡献。同样地，如果生态系统不同组成（即根系、土壤、茎、叶等）之间的同位素存在明显的差异，我们就可以利用这种方法来区分生态系统不同呼吸成分的碳源。例如，Hungate等（1997）将植被置于^{13}C贫化的CO_2条件下（$\delta^{13}C$为-35‰），依靠根系和微生物之间$\delta^{13}C$值的差异将两者从总土壤呼吸通量中区分出来。本书作者曾结合了碳和氧两种同位素，把土壤呼吸的三种成分（根系呼吸、凋落物分解、土壤有机质分解）拆分开来（Lin et al.，1999；Lin et al.，2001），并研究了森林实验生态系统（forest terracosms）中根系呼吸、凋落物分解和土壤有机质分解过程对CO_2增加和温度升高的响应。这种方法的原理主要根据根系呼吸、凋落物分解、土壤有机质分解这些过程产生的CO_2具有不同的碳、氧同位素比值，采用下面的两个独立方程求解出它们对总土壤呼吸的贡献比例（m，n，$1-m-n$）：

$$\delta^{13}C_{R-soil} = m\delta^{13}C_{R-root} + n\delta^{13}C_{R-litter} + (1-m-n)\delta^{13}C_{R-SOM} \quad (4-1)$$

$$\delta^{18}O_{R-soil} = n\delta^{18}O_{R-litter} + (1-n)\delta^{18}O_{R-topsoil} \quad (4-2)$$

式中，^{13}C 的下标分别表示土壤呼吸（R-soil）、根系呼吸（R-root）、凋落物分解（R-litter）以及土壤有机质分解（R-SOM）过程中产生的 CO_2，而 ^{18}O 的下标分别表示土壤总呼吸（R-soil）释放的 CO_2 及与凋落物层（R-litter）和土壤表层水（R-topsoil）交换过的 CO_2。这些土壤呼吸组分的稳定同位素组成关系如图4-4所示。

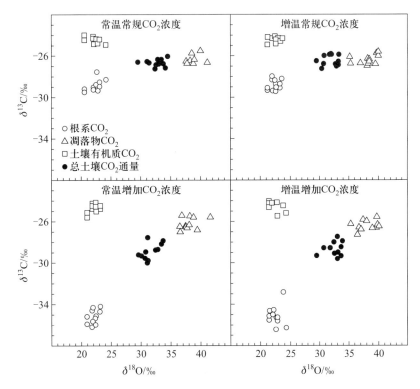

图4-4 森林实验系统中土壤呼吸三种成分（根系呼吸、凋落物分解、土壤有机质分解）的稳定同位素组成特征（Lin et al.，1999）

从图中可以看出，土壤呼吸产生的 CO_2 其碳、氧同位素组成反映出主要组分的稳定同位素组成。利用计算出的 m、n 值，结合实际测出的土壤呼吸总量，我们计算出不同 CO_2 浓度和气温条件下土壤呼吸三大组分的各自通量（图4-5），定量地揭示了森林实验生态系统土壤呼吸不同成分对大气 CO_2 浓度增加和温度升高的不同响应（Lin et al.，1999；Lin et al.，2001）。这个方法已被列入拆分陆地生态系统土壤呼吸主要成分的一种常规方法（Luo and Zhou，2007）。

三、植物衰老过程

植物组织衰老与降解过程中一般会发生明显的物质组成变化，但是否也存

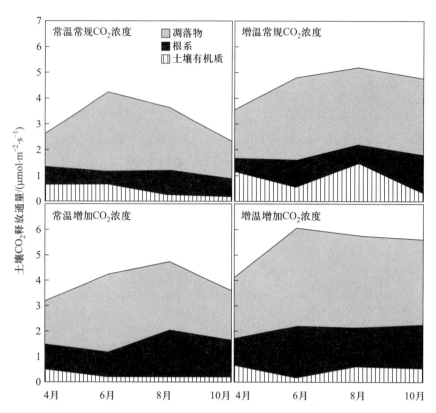

图4-5 森林实验系统中土壤呼吸三种成分（根系呼吸、凋落物分解、土壤有机质分解）对CO_2和气温的不同响应（Lin et al., 1999）

在明显的同位素组成变化至今未有定论。例如，Rao等（1994）发现在肯尼亚5种红树植物的新鲜与衰老组织之间不存在碳同位素比率的差异（<1‰），但在其他4种红树植物中衰老与新鲜组织间却存在较为明显的碳同位素比率差异（1.3‰～1.6‰）。Schwamborn等（2002）以及Kieckbusch等（2004）的研究结果表明：绿叶与衰老叶片之间不存在明显的碳同位素组成差异，Wooller等（2003）的研究结果证明在红树植物秋茄（*Kandelia candel*）与大红树（*Rhizophora mangle*）衰老过程中$δ^{13}C$也不存在明显的变化；但Lee（2000）对两种植物的绿叶与黄叶的研究结果却正好相反。因此，还需要更多的研究来阐明叶片衰老过程的碳同位素变化及其生理生态学意义。

第3节 群落冠层水平的CO_2交换

一、群落冠层内CO_2碳同位素比值动态

群落中冠层碳同位素判别被定义为大气CO_2的$\delta^{13}C$值与同一冠层中不同种植物叶片$\delta^{13}C$值的加权平均之间的差别(Lloyd and Farquhar, 1994)。群落冠层中不同高度上大气CO_2分压(P_a)和碳同位素(δ_a)组成有差异。Broadmeadow等(1992)连续测定了两个热带森林(Simla和Aripo)不同冠层(0.15 m、1 m、8 m、18 m)P_a和δ_a的日变化(图4-6)。在Aripo样地,清晨18 m和0.15 m冠层的P_a分别

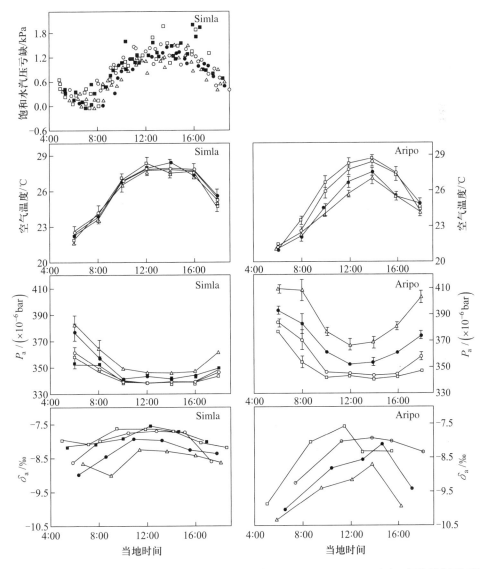

图4-6 两个热带森林(Simla和Aripo)不同冠层(0.15 m、1 m、8 m、18 m)内二氧化碳分压和碳同位素比值的日变化格局(Broadmeadow et al., 1992)

为 377 μbar [1] 和 411 μbar, 相差 34 μbar。虽然一天中这种成层现象都十分明显, 但在中午这种差异降低至 24 μbar。同期测定的 δ_a 表现出相似的成层现象, 只有在中午, 最高冠层表现出接近于大气的 δ_a 值 (−7.8‰), 而 0.15 m 处的 CO_2 一直保持最低的 δ_a。在较为开阔的 Simla 样地冠层, 虽然 P_a 和 δ_a 的梯度变化没有 Aripo 样地显著, 但成层现象是相似的。

植物冠层内 P_a 和 δ_a 的日变化是光合作用过程中同位素分馏、植物和土壤呼吸以及冠层空气与边界层 (boundary layer) 或对流层湍流混合 (turbulent mixing) 的综合结果。许多非生物和生物因子, 如湍流混合、光照、水分、植物的生活型以及林地的结构等都对冠层 CO_2 浓度和 $\delta^{13}C$ 剖面产生影响 (McNaughton et al., 1989; Buchmann, 1996; Buchmann et al., 1997)。在森林冠层中, 一般来说, 冠层内 CO_2 浓度和 $\delta^{13}C$ 随着叶面积指数 (leaf area index, LAI) 的增加而增加 (Buchmann, 1996; Buchmann et al., 1997)。

在热带和温带森林中, 随着冠层高度的降低, 叶片 $\delta^{13}C$ 值都表现出减小的趋势 (Ehleringer et al., 1986; Schleser, 1990; Medina et al., 1991; Garten and Taylor, 1992), 并且在热带和温带森林中这种下降的程度是相似的, 约为 −3.6‰。但就整体 $\delta^{13}C$ 值而言, 热带森林 (−33.2‰) 通常低于温带森林 (−31.5‰)。Martinelli 等 (1998) 提出"冠层效应"(canopy effect) 的概念, 即愈接近森林地表, 植物叶片的同位素贫化现象愈明显。这一现象的产生有两个主要原因: ① 穿透森林冠层内部的光线形成一个光强度梯度, 而光强度的下降导致较高的胞间和大气 CO_2 浓度比率 (C_i/C_a) (Farquhar et al., 1989); ② 冠层内 CO_2 同位素组成的强烈变化, 是林下植物和土壤呼吸释放含有较低 ^{13}C 的 CO_2 的结果 (Sternberg et al., 1989; Buchmann, 1996; Lloyd and Farquhar, 1996)。林下接近地表层的高 CO_2 浓度可能在抵消低光照强度效应方面起重要作用 (Medina et al., 1991)。Bonal 等 (2000) 研究了 3 个低地雨林主要植物种的 $\delta^{13}C$, 并通过对各种植物基面积进行加权平均计算出冠层碳同位素判别值 (Δ_A)。虽然 3 个雨林的植物组成和土壤排水特点不同, 但它们的 Δ_A 相似, 约为 23.1‰。

二、森林内 CO_2 再循环

生态系统呼吸释放的 CO_2 并非全部与外界大气进行湍流混合, 其中一部分 CO_2 被植物重新吸收利用, 这就导致了生态系统内部的 CO_2 再循环 (CO_2 recycling)。Sternberg 等 (1989) 对 Keeling 式 (详见下一节) 做了一定程度的修改, 将再循环

---

[1] 1 bar=10^5Pa。

指数（f_s）定义为重新固定的呼吸释放CO_2与生态系统呼吸通量的比例。将CO_2再循环考虑在内的Keeling式如下：

$$\delta_F = \{(\delta_a - \delta_R)[CO_2]_a(1-f_s)/[CO_2]_F\} + \delta_R + f_s\Delta \qquad (4-3)$$

式中，δ_F、δ_a和δ_R分别表示环境、大气和呼吸释放CO_2的同位素比值；$[CO_2]_a$和$[CO_2]_F$分别表示对流层和周围环境CO_2浓度；Δ表示光合过程对^{13}C的判别。在巴拿马的热带雨林，Sternberg等（1989，1997）发现生态系统内部的CO_2再循环可达10%左右，而在巴西亚马孙的热带雨林内CO_2最大再循环比例高达40%以上（图4-7）。

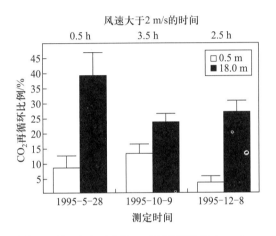

图4-7 亚马孙热带雨林中不同树冠高度下呼吸CO_2的再循环比例（Sternberg *et al.*，1997）

Lloyd和Farquhar（1996）则通过微气象通量测量提出了不同的再循环指数（f_L），即重新固定CO_2量与整个CO_2同化量的比例。两个CO_2再循环指数的最大区别就是对$[CO_2]_a$和δ_a的定义不同。Lloyd认为，冠层边界层（canopy boundary layer, CBL）和对流层之间CO_2浓度和同位素组成存在显著差异，实际进入冠层的气体浓度和同位素组成应以CBL为准。Sternberg则认为，对流层与CBL之间同位素组成和浓度差异是由呼吸、湍流混合和光合等过程造成的，因此，对流层CO_2浓度和同位素组成应该是该混合模型真正的最初组分。Lloyd和Farquhar（1996）对亚马孙热带雨林和西伯利亚针叶林的研究结果表明，两种森林的再循环比例不到1%，这一数值远远小于Sternberg等（1989）对巴拿马热带雨林的研究结果（9%）。其实，这两个再循环指数的含义完全不同，Sternberg的f_s是指森林里呼吸释放CO_2被重新固定的量占生态系统总呼吸通量的比例，而Lloyd和Farquar的f_L是指森林里呼吸释放CO_2被重新固定的量占生态系统CO_2总同化量的比例，不可混淆和直接比较。

第4节 生态系统碳循环

陆地生态系统碳-水关系显著影响着大气CO_2浓度和全球水分循环。随着全球变化趋势的日趋明显，陆地生态系统在碳的吸收、转移、储存和释放过程中以及在区域乃至全球水分循环过程中所起的作用越来越受到人们的关注（Conway et al., 1994; Ciais et al., 1995a; Francey et al., 1995; Lin et al., 1999; Pataki et al., 2003a, b）。利用微气象法，人们已经能够测定生态系统CO_2或H_2O通量，但是不能精确量化不同生态过程（碳通量中的光合和呼吸，蒸散通量中的蒸腾和蒸发）对碳、水通量变化的相对贡献（Baldocchi et al., 1988）。

稳定同位素的组成可以指示生态系统碳储量与通量的变化，这为区分光合碳固定与呼吸碳释放提供了一个独特的方法（Yakir and Wang, 1996; Bowling et al., 2001; Ogée et al., 2003）。光合作用增加了陆地生态系统与近陆地生态系统大气中的$^{13}CO_2$（Farquhar et al., 1989），而呼吸作用却趋于稀释空气中的重同位素（Buchmann, 2002）。呼吸释放CO_2与对流层CO_2同位素组成的显著差异被频繁用于估算生态系统呼吸的同位素组成（Flanagan and Ehleringer, 1998; Yakir and Sternberg, 2000）。

一、Keeling曲线法

美国科学家Keeling博士于1958年就开始测量北美太平洋沿岸多个生态系统大气稳定同位素（碳和氧同位素）与大气CO_2物质的量浓度，并发现碳同位素变化与大气CO_2物质的量浓度倒数之间存在一定关系，并且构建了两者之间的响应方程，即所谓的Keeling曲线法（Keeling, 1958, 1961）。这种方法以生物学过程前后的物质平衡原理为基础，将稳定同位素技术与物质（CO_2或H_2O）浓度测量相结合，利用冠层不同高度样点之间同位素组成和CO_2或水浓度之间的差异，构建同位素组成与CO_2或水蒸气浓度倒数之间的线性关系，该直线的截距即为生态系统呼吸或水分蒸散的同位素组成（图4-8）。利用Keeling曲线法求得的生态系统呼吸释放CO_2的$\delta^{13}C$值（$\delta^{13}C_R$），能够将叶片尺度的同位素判别外推到生态系统尺度（Yakir and Sternberg, 2000）。如结合全球植被模型，还能确定不同植被类型在全球碳循环中的源-汇关系（Buchmann et al., 1998a, b; Pataki et al., 2003）。

Keeling曲线法的基础是生态系统中气体交换前后的物质平衡，即群落冠层或相临边界层气体浓度是大气本底浓度与源增加的气体浓度之和（Keeling, 1958, 1961）。这种关系（以CO_2为例）可以表示为：

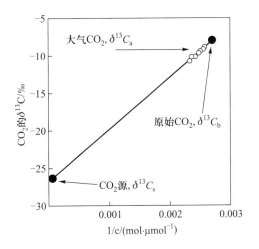

图4-8 Keeling曲线示意图（Pataki et al., 2003b）

$$C_a = C_b + C_s \tag{4-4}$$

式中，C_a、C_b和C_s分别表示生态系统中大气的CO_2浓度、CO_2浓度的本底值和源添加的CO_2浓度。式（4-4）不仅适用于CO_2，也适用于生态系统其他气体，如水蒸气或甲烷（Pataki et al., 2003）。将式（4-4）的各项组分分别乘以各自的CO_2同位素比率（$\delta^{13}C$），就能够得到重同位素^{13}C的质量平衡方程：

$$\delta^{13}C_a \times C_a = \delta^{13}C_b \times C_b + \delta^{13}C_s \times C_s \tag{4-5}$$

式中，$\delta^{13}C_a$、$\delta^{13}C_b$和$\delta^{13}C_s$分别表示3个部分的同位素比值。将式（4-4）和式（4-5）合并之后，可以得到：

$$\delta^{13}C_a = C_b(\delta^{13}C_b - \delta^{13}C_s)(1/C_a) + \delta^{13}C_s \tag{4-6}$$

式中，$\delta^{13}C_s$是生态系统中自养呼吸和异养呼吸释放CO_2的整合同位素比值。由此可见，$\delta^{13}C_a$与$1/C_a$之间的关系曲线在y轴的截距即为$\delta^{13}C_s$。

生态系统夜晚呼吸释放CO_2，导致森林边界层CO_2浓度升高。植物和土壤呼吸释放的是^{13}C贫化的CO_2，使得森林边界层大气CO_2的同位素比率降低。在冠层尺度，Keeling曲线截距表示植被和土壤呼吸释放CO_2的$\delta^{13}C$在空间上的整合。同时，它也表示植被和土壤不同年龄C库（周转时间和$\delta^{13}C$值不同）在时间上的一种整合（Dawson et al., 2002）。Keeling曲线法经过不断的修改和完善，已被广泛地应用于森林生态系统（Sternberg et al., 1989；Buchmann et al., 1997；Bowling et al., 2001）、农田生态系统（Buchmann and Ehleringer, 1998）和草地生态系统（Ometto et al., 2002）碳通量研究。

应用Keeling曲线法时有两个基本假设：① 每个呼吸源具有独特的同位素组成；

② 各个呼吸源对总呼吸量的相对贡献率在取样期间内不发生变化。在野外条件下，两种假设同时成立的情况很少，因此在实际运用该方法时，在时间和空间的选择上一定要慎重（Pataki et al., 2003）。另外，叶片呼吸并不是生态系统呼吸的唯一组分。植物的其他部分及生态系统其他组分（例如，树干、土壤自养呼吸、土壤异养呼吸）的贡献也很大（Damesin and Lelarge, 2003）。每个器官对呼吸作用的相对贡献率是随时间变化的，进而引起生态系统$\delta^{13}C_R$的变化（Bowling et al., 2003）。因此，在自然条件下，如果环境条件发生变化，叶片呼吸CO_2的$\delta^{13}C$、生态系统$\delta^{13}C_R$也会发生很大变化。这些变化即使在短时间尺度（小时到天）也是很重要的。然而，在许多生态系统中为了构建可信的Keeling曲线需要较大的CO_2梯度（一般要求$75 \mu mol \cdot mol^{-1}$以上），但因为系统活性较低，在短期内很难获得符合要求的CO_2浓度梯度。为了克服这一点，通常将取样时间延长至几小时，直至达到一个充分的梯度，一般为2～8 h（Pataki et al., 2003）。因为$\delta^{13}C$在叶片水平和生态系统水平呈现很高的动态，需要强调将夜间Keeling曲线的取样规则标准化的重要性（Mortazavi et al., 2005），同时还需要评估夜间的哪一时段最适于取样，从而得到一个具有代表性的$\delta^{13}C_R$值。

由于分析方法的改进，我们现在可以更好地测定呼吸产生CO_2中$\delta^{13}C$的时空变化。从前，大气的气样必须收集在一个大容器中，经过复杂的纯化、浓缩步骤后才能在同位素比率质谱仪上分析，限制了Keeling曲线的建立和应用。现在自动取样系统利用低成本的小气瓶可获取不同高度上的大气样品（Schauer, 2003），还能与质谱仪直接联用（Ribas-Carbo et al., 2002），大幅度提高了采样和测定的速度。同时，室外连续流动测定同位素质谱仪系统（Schnyder et al., 2004）、可调谐二极管激光优化系统（Bowling et al., 2003）和光腔衰荡激光光谱同位素分析仪解决了连续高频度测定大气CO_2中$\delta^{13}C$的技术瓶颈，为更好地利用Keeling曲线了解生态系统$\delta^{13}C_R$的变化格局和驱动机制提供了技术便利（见第2章第4节）。

二、生态系统呼吸同位素比值的变化格局

（一）碳同位素

不同生态系统的$\delta^{13}C_R$值差异明显（图4-9），单个测定值可介于-32.6‰～-19.0‰，热带雨林最低（Pataki et al., 2003）。另外，陆地生态系统的$\delta^{13}C_R$也呈显著的季节变化，季节间的变幅可高达8‰（McDowell et al., 2004）。相当幅度的$\delta^{13}C_R$变化也可发生在更短的时间尺度，如降雨前后的一周内（Knohl and Buchmann, 2005；Mortazavi et al., 2005）。在不同陆地生态系统中，森林生态系统的$\delta^{13}C_R$变化较大，而其他生态系统$\delta^{13}C_R$变化较小（Bowling et al., 2002；Fessenden and Ehleringer, 2003；McDowell et al., 2004；Knohl and Buchmann, 2005；Mortazavi et al., 2005）。

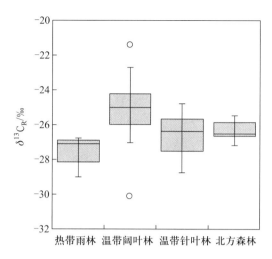

图 4-9 不同陆地生态系统呼吸 CO_2 的碳同位素组成（$\delta^{13}C_R$）(Pataki et al., 2003b)

一般认为 $\delta^{13}C_R$ 在夜间变化不大，Ogée 等（2003）和 Schnyder 等（2004）的研究结果均表明 $\delta^{13}C_R$ 在夜间没有显著变化。然而，Bowling 等（2003）却发现 $\delta^{13}C_R$ 在夜间有较大变化（高达 6‰）。他们认为，夜间 $\delta^{13}C_R$ 变化有 3 个可能原因。① 呼吸作用底物的变化。白天光合作用分馏的变化可能会引起夜间呼吸释放 CO_2 的 $\delta^{13}C$ 值的变化，即呼吸作用底物的变化可能会引起 $\delta^{13}C_R$ 的变化。如果最近生成的光合产物在夜间较早地就被呼吸释放掉，呼吸作用的底物可能会发生变化，即呼吸作用底物变为在夜间储存碳。② 不同呼吸组分贡献率的变化，即叶片呼吸、土壤呼吸和根系呼吸的相对贡献率发生变化，从而引起 $\delta^{13}C_R$ 的变化。③ 呼吸过程中碳同位素分馏程度的变化。越来越多的证据表明自然条件下叶片暗呼吸的 $\delta^{13}C$ 值会经历一个显著的日变化，其变化值约为 5‰ ~ 10‰（Hymus et al., 2005；Prater and DeLucia, 2006）。不过，这些因子在 $\delta^{13}C_R$ 夜间变化中所起的具体作用有多大还未有定量研究。

生态系统 $\delta^{13}C_R$ 的短期变化可能反映出前一天或前几天内植被光合分馏程度的变化，主要受到许多环境因子，如饱和水汽压亏缺（vapor pressure deficit, VPD）、降水、辐射、温度等的影响。这些环境因子主要是通过影响叶细胞内外 CO_2 浓度比（C_i/C_a）而影响光合作用（详见第 3 章），因此不仅最近同化产物的同位素特征值，而且还有糖类库的变化都会造成 $\delta^{13}C_R$ 的变化。然而，同化作用与呼吸作用间通常存在大约几天的时滞（time delay），导致呼吸释放 CO_2 的同位素组成与环境变化间也存在时滞效应。大多数环境因子对 $\delta^{13}C_R$ 的影响不是恒定不变的，可随着碳分配比例、组织代谢速率以及对干旱等胁迫的适应程度等的变化而变化（Pataki et al. 2003）。

（二）氧同位素

陆地生态系统通过植物光合作用过程中 CO_2 与叶片中水的氧同位素交换对大气 CO_2 中氧同位素的组成产生决定性的作用（Farquhar et al., 1993）。当大气 CO_2 经气孔进入叶肉细胞内，只有约1/3被叶绿体光合作用固定，剩余的2/3又回到大气。然而，在这个过程中 CO_2 的氧原子与叶片中水的氧原子在碳酸酐酶（carbonic anhydrase）的催化作用下发生同位素交换，获得了叶片水同位素的信号。这个过程的氧同位素分馏效应可以用下式表示：

$$\Delta_A = \alpha + \frac{C_c}{C_a - C_c}\left(\delta^{18}O_c - \delta^{18}O_a\right) \qquad (4-7)$$

式中，Δ_A 为植物同化过程对 CO_2 中氧重同位素（^{18}O）的判别值，α 为 CO_2 从大气到气孔扩散过程对 CO_2 氧同位素的分馏作用（理论值为8.8‰，考虑到其他一些扩散阻力，实际值应为7.4‰），C_c、C_a 分别为叶绿体内和大气 CO_2 浓度，而 $\delta^{18}O_c$、$\delta^{18}O_a$ 为叶绿体内和大气 CO_2 的氧同位素比值（Farquhar and Roderick, 2003）。式（4-7）可以用图4-10表示。

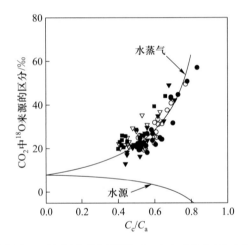

图4-10 C_3 植物同化过程对 CO_2 中氧同位素的判别值（Δ_A）与叶绿体内和大气 CO_2 浓度比率（C_c/C_a）的关系。两条实线代表 CO_2 与植物茎水和叶中水完全交换的情景（Farquhar et al., 1993）

扩大到全球的尺度，大气 CO_2 的氧同位素主要受大气-海洋之间的双向交换量（F_{oa}、F_{ao}）、总初级生产力（A）、总生态系统呼吸量（R）和人为 CO_2 排放量（F_{an}）及其相关的同位素分馏的影响，可由下式表示：

$$Mc_a \frac{d\delta_a}{dt} = F_{oa}(\delta_o - \alpha_w - \delta_a) + F_{oa}\alpha_w + R(\delta_r - \delta_a) + A\Delta_A + F_{an}(\delta_{an} - \delta_o) \qquad (4-8)$$

式中，M 为大气 CO_2 的总量，α_w 为 $C^{18}O^{16}O$ 在空气和水体中扩散的综合同位素分馏系数，而 δ_a、δ_o、δ_r 和 δ_{an} 分别为大气 CO_2、与海水充分平衡后的 CO_2、生态系统呼吸释放 CO_2 和人为排放 CO_2 的 $\delta^{18}O$ 值（Farquhar et al., 1993）。基于这些考虑，

Farquhar 等（1993）绘制出全球第一张植被光合作用对大气 CO_2 氧同位素判别值（Δ_A）的全球变化趋势图（图 4-11）。

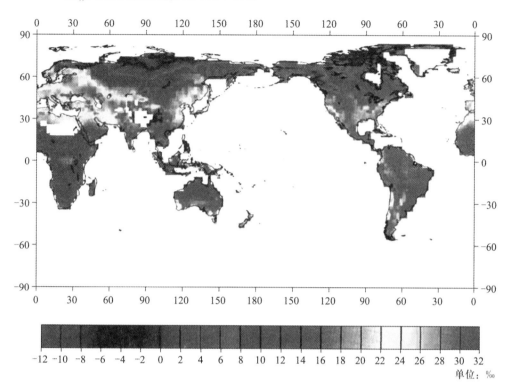

图 4-11 植被光合作用对大气 CO_2 氧同位素的判别值（Δ_A）全球变化格局（Farquhar et al., 1993）
（参见书末彩插）

三、生态系统呼吸组分的稳定同位素拆分

生态系统呼吸组分的拆分通常是通过气体交换方法对每个组成部分（根、土壤、茎、叶等）的呼吸测定而拆分的，但这种方法不仅费时，也很难准确地从一些点上的测定推到整个群落或生态系统尺度上。近几年来，稳定同位素技术不仅可用于拆分具有不同光合途径更换（如从 C_3 到 C_4 植物）的生态系统（Robinson and Scrimgeour，1995；Rochette and Flanagan，1997；Rochette et al., 1999）或者经过特殊 CO_2（如高度富集或者贫乏 ^{13}C）处理后生态系统（Hungate et al., 1997；Andrews et al., 1999；Lin et al., 1999）总呼吸的不同组分，也可用来区分自然生态系统中不同的呼吸源，前提是该生态系统不同组分呼吸的碳同位素组成具备足够的差异（一般要求 1‰ 以上）。图 4-12 比较了一个典型森林生态系统不同组分呼吸释放 CO_2 的碳同位素比值，各组分之间的差异均在 1‰ 以上，土壤有机质分解释放的 CO_2 值最正，而树冠底层叶片的呼吸值最负（Tu and Dawson，2005）。

（一）生态系统呼吸同位素拆分原理

一般情况下，生态系统呼吸（R_{eco}，注意这里的 R 代表呼吸通量而不是同位素

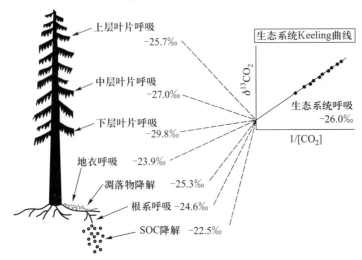

图4-12 美国加利福尼亚州红杉林（*Sequoia sempervirens*）不同组分呼吸释放的CO_2之碳同位素比值（Tu and Dawson，2005）

比率，下同）可拆分为地上呼吸（R_{above}）和地下呼吸（R_{below}）：

$$R_{eco} = R_{above} + R_{below} \qquad (4-9)$$

地下呼吸可以进一步拆分为根系呼吸（R_{root}）和微生物呼吸（R_{mic}）：

$$R_{below} = R_{root} + R_{mic} \qquad (4-10)$$

遵循物质守恒定律，可以给上面两个等式里各个组分乘上对应的碳同位素比值：

$$\delta_{eco} R_{eco} = \delta_{above} R_{above} + \delta_{below} R_{below} \qquad (4-11)$$

$$\delta_{below} R_{below} = \delta_{root} R_{root} + \delta_{mic} R_{mic} \qquad (4-12)$$

重新排列上式，可以给出地上呼吸占生态系统总呼吸的比例（$F_{above}=R_{above}/R_{eco}$）和根系呼吸占地下呼吸的比例（$f_{root}=R_{root}/R_{below}$）：

$$F_{above} = (\delta_{eco} - \delta_{below})/(\delta_{above} - \delta_{below}) \qquad (4-13)$$

$$f_{root} = (\delta_{below} - \delta_{mic})/(\delta_{root} - \delta_{mic}) \qquad (4-14)$$

而生态系统总呼吸中的地下呼吸比例（F_{below}）、根系呼吸比例（F_{root}）和微生物呼吸比例（F_{mic}）可表示为：

$$F_{below} = 1 - F_{above} \qquad (4-15)$$

$$F_{root} = f_{root} \times F_{below} \qquad (4-16)$$

$$F_{mic} = 1 - F_{above} - F_{root} \qquad (4-17)$$

（二）生态系统呼吸同位素拆分的研究实例及意义

为了说明稳定碳同位素在区分植物和微生物呼吸之间的应用，Tu 和 Dawson 用图 4-11 中提到的数据和上述方程 [式（4-9）至式（4-17）] 进行演算如何拆分不同呼吸组分（Tu and Dawson, 2005）。生态系统总呼吸的值（-26.0‰，SE=0.01‰）是以夜间在冠层内收集的气体用 Keeling 曲线法测得的。作为一个近似计算，植物根系呼吸的碳同位素值采用上、中和下层叶片碳同位素比值的平均值（-27.5‰，SE=0.28‰）。微生物呼吸值是用凋落物和土壤有机质（SOC）的平均值得到的（-23.9‰，SE=1.4‰）。土壤呼吸的值是用密闭气室和 Keeling 曲线法测得的（-25.5‰，SE=0.1‰）。利用式（4-13）可以计算出作为整个生态系统呼吸一部分的地上呼吸（叶+茎）所占的比例：

$$F_{above} = (\delta_{eco} - \delta_{below})/(\delta_{above} - \delta_{below}) \\ = (-26.0 + 25.5)/(-27.5 + 25.5) \\ = 0.25(\pm 0.10) \quad (4-18)$$

再利用式（4-14）计算出作为总地下呼吸一部分的根系呼吸比例：

$$f_{root} = (\delta_{below} - \delta_{mic})/(\delta_{root} - \delta_{mic}) \\ = (-25.5 + 23.9)/(-27.5 + 23.9) \\ = 0.44(\pm 0.20) \quad (4-19)$$

括号中的数值是根据 Phillips 和 Gregg（2001）方法估算的这种拆分计算的误差。从这两个值，我们还可以继续演算出生态系统呼吸的其他部分，即地下、根系和微生物呼吸所占的各自比例：

$$F_{below} = 1 - F_{above} = 1 - 0.25 = 0.75(\pm 0.10) \quad (4-20)$$

$$F_{root} = f_{root} \times F_{below} = 0.44 \times 0.75 = 0.33(\pm 0.20) \quad (4-21)$$

$$F_{mic} = 1 - F_{above} - F_{root} = 1 - 0.25 - 0.33 = 0.42(\pm 0.22) \quad (4-22)$$

准确区分 R_{eco} 对于理解生态系统不同呼吸源的关系以及它们在生态系统碳循环中所起的作用具有重要的意义。最近的一些研究结果证实，生态系统不同呼吸源之间的同位素差异足够大，便于开展如上所述的生态系统呼吸的同位素拆分（Tu and Dawson, 2005）。这些生态系统呼吸组分在稳定同位素组成上的差异主要来自：① 生态系统不同碳库间碳交换的时滞；② 各种代谢过程的碳同位素分馏；③ CO_2 的补缺固定（anaplerotic fixation）；④ 化合物特定的同位素效应；⑤ 碳同位素的动力学分馏（Tu and Dawson, 2005）。植物和微生物生物质之间的同位素差异，包括不同功能群（即腐生营养的、菌根的）之间以及植物（自养的）和微生物（异养的）之间的同位素差异，清楚表示出利用呼吸 CO_2 的同位素差异进行生态系统呼吸拆分的潜力。

四、生态系统碳同位素判别

（一）生态系统判别的定义

Buchmann等（1998a，1998b），最先提出了生态系统判别（ecosystem discrimination，Δ_e）的概念，是指整个生态系统包括土壤部分的碳同位素判别：

$$\Delta_e = \left(\delta^{13}C_T - \delta^{13}C_R\right)/\left(1 + \delta^{13}C_R\right) \quad (4\text{-}23)$$

式中，$\delta^{13}C_T$指对流层的碳同位素比值，$\delta^{13}C_R$指土壤微生物和植物（包括地上和地下部分）呼吸释放出的CO_2碳同位素比值。他们用呼吸释放CO_2的$\delta^{13}C$代表一个生态系统全部有机质（包括土壤和植被中的碳）碳同位素组成的一个整合值。因为在线粒体呼吸中不发生碳同位素分馏（Lin and Ehleringer，1997），所以生态系统呼吸的$\delta^{13}C$代表了这一系统中全部有机质的$\delta^{13}C$。这样，碳同位素判别的概念就由我们熟悉的叶片水平转化到生态系统水平（图4-13）。Δ_e是整个生态系统中叶片特征（包括过去的和现在的）在时间和空间上的整合，并且受到凋落物和降解过程的影响。

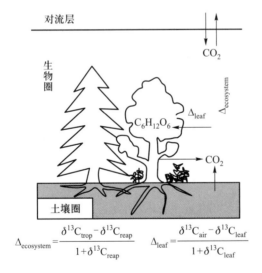

图4-13 陆地生态系统碳同位素判别的概念模型（Buchmann et al.，1998a）

（二）生态系统判别值的时空动态

众多研究者已经对许多生态系统的碳同位素判别进行了估算，包括热带雨林、温带森林、北方森林以及农田生态系统（Buchmann et al.，1998a，b）。北方森林生态系统（包括常绿和落叶）的Δ_e变化范围最大，15.9‰～19.3‰，平均为18.2‰。温带森林Δ_e变化范围相对较宽，16.1‰～20.3‰，平均为18.0‰。热带雨林Δ_e的变化范围最小，19.5‰～21.1‰，平均为20.4‰。北方森林和温带森林Δ_e较大的变化范围可能是由于研究地点之间自然条件的差异，最可能的原因是样地间的气候差异，特别是不同的湿度条件。与干燥的内陆地区相比，湿润的沿海地区Δ_e一般更大。

在降水量下降和蒸发量增加的条件下，Δ_e的降低可能反映了生态系统水分利用效率的提高。例如，在美国俄勒冈州西部，Bowling等（2002）沿一个降水梯度（年降水量为227～2760 mm）对6种针叶林生态系统呼吸的碳同位素组成（$\delta^{13}C_R$）进行连续3年的研究。在这个森林生态系统中，$\delta^{13}C_R$波动于-23.1‰～33.1‰，变化幅度达到3.5‰～8.5‰。生态系统年平均$\delta^{13}C_R$差异显著且与年平均降水量密切相关。树木（包括叶片、细根、凋落物和土壤有机质）的碳同位素比值同样随着年降水量变化（即在干旱的地方，$\delta^{13}C$值较大）。$\delta^{13}C_R$与5～10天前大气的饱和水汽压亏缺也密切相关，这与气体交换的气孔调节以及光合作用碳同位素判别的相应变化是一致的。

Lloyd和Farquhar（1994）综合了全球范围的温度、降雨、海拔、湿度和植被类型等资料，利用模型估计了全球基础上的光合作用碳同位素判别（Δ_A）。Δ_A是通过总初级生产力（GPP）的加权平均进行估算，因此与Δ_e不同。Δ_A反映的仅是生态系统中植物群落碳同位素组成的变化，而不包括土壤。结果表明C_3植物群落Δ_A的变化范围由干旱地带乔木和灌木的12.9‰到寒冷地带落叶林的19.6‰，平均值为17.8‰。C_4植物群落Δ_A平均为3.6‰。全球平均的Δ_A为14.8‰。在全球尺度上，不同地区的Δ_A有很大差别，这主要是由于以下几个原因造成的：① C_3、C_4植物分布上的差异；② 不同类型的C_3植物对蒸气摩尔分数（vapour mole fraction，指叶片和大气的蒸气压差除以大气蒸气压）的气孔反应不同；③ 蒸气摩尔分数在空间和季节上的变化（Lloyd and Farquhar，1994）。表面温度、降水量和大气蒸气压的变化也对Δ_A有明显的影响。例如，大气蒸气压增加1 mbar将导致全球Δ_A增加0.5‰。可以说，全球尺度上碳同位素判别值（Δ_A）的估算准确与否与全球碳平衡的研究有直接的联系，而陆地植被^{13}C判别值（Δ_e）的估计直接影响着我们对大气$^{13}CO_2/^{12}CO_2$比值在时间和纬度梯度上的变化的解释。

五、生态系统不同碳通量的拆分

涡度相关（eddy covariance）技术是陆地生态系统碳-水通量测量的有效方法（Baldocchi *et al.*，1996），但是到目前为止还没有与之匹配的快速的同位素分析方法来测定通量的稳定同位素比值（Bowling *et al.*，2003，2008）。只能通过气瓶取样（flask sampling）、实验室同位素分析和Keeling曲线法来估算碳通量的同位素比值

(Keeling, 1958; Yepez et al., 2003; Bowling et al., 2001, 2002)。将大气CO_2的同位素组成与传统的涡度相关式相结合，就能够估算出^{13}C和^{18}O的通量：

$$F_{13}(或F_{18}) = \overline{\rho\omega'[c(mc+b)]'} \quad (4-24)$$

式中，ρ为干燥空气的密度；ω为垂直风速组分；c为干燥空气化学要素混合比率或摩尔分压（可通过涡度相关系统计算得到），常数m和b则可以利用与涡度相关测量同时进行的取样-同位素分析法所获得的δ与c之间的相关关系获得。Bowling等（1999）强调了利用这种取样法获得的Keeling关系与涡度相关取样之间的差异，他们将同位素测量与条件取样技术（conditional sampling technique）相结合，通过直接测量^{13}C或^{18}O通量来独立验证式（4-24）的有效性，但未得出确切的结论，还需要更深入的研究。尽管如此，随着技术手段和分析方法的不断进步，稳定同位素分析与涡度相关技术相结合，将能够更精确地拆分光合吸收和呼吸释放通量对生态系统CO_2净通量的贡献。

（一）碳通量稳定同位素拆分的原理

利用涡度相关技术已经能够直接测得冠层与大气间CO_2或水交换的净通量（Baldocchi et al., 1988），但却无法确定不同的生态过程对净通量的影响和贡献。土壤呼吸CO_2释放的增加和光合吸收CO_2的减少都可能导致冠层CO_2净吸收的减少。稳定同位素技术与冠层尺度通量测量相结合，能够将冠层CO_2的净通量拆分为不同组分通量。以冠层与大气CO_2交换为例，假设F_N为净通量，F_1和F_2是两个初级通量组分（如光合CO_2吸收和土壤呼吸CO_2释放），三者的同位素组成分别为δ_N、δ_1和δ_2。根据同位素质量平衡原理：

$$F_N \delta_N = F_1 \delta_1 + F_2 \delta_2 \quad (4-25)$$

可推导出通量F_1和F_2的计算式：

$$F_1 = F_N(\delta_N - \delta_2)/(\delta_1 - \delta_2) \quad (4-26)$$

$$F_2 = F_N(\delta_N - \delta_1)/(\delta_2 - \delta_1) \quad (4-27)$$

生态系统通量组分之间同位素组成的显著差异是利用Keeling曲线结合微气象法区分组分通量的先决条件。如土壤呼吸释放和植物光合吸收CO_2之间^{13}C差异较小，还可以利用^{18}O来研究生态系统的气体交换过程。叶水的大量蒸腾造成其^{18}O富集，从而导致与叶水和土壤水进行同位素交换之后的CO_2具有不同的^{18}O同位素组成（见第5章）。例如，Bowling等（2003）则利用$\delta^{18}O_R$区分美国俄勒冈州森林生态系统夜晚呼吸组分，结果表明土壤呼吸对生态系统总呼吸通量贡献比例为80%左右。

Lloyd 和 Farquhar（1996）利用质量平衡原理估测光合气体交换判别、呼吸 CO_2 同位素比率和湍流混合对冠层 CO_2 的 O 同位素比率影响。以同位素效应作为权重，三个主要通量对大气 CO_2 中 O 同位素组成的影响可以表示如下：

$$M_i[CO_2]_i(d\delta^{18}O_i/dt) = A\Delta C^{18}O^{16}O + R(\delta^{18}O_R - \delta^{18}O_i) + F_{oi}(\delta^{18}O_o - \delta^{18}O_i) \quad (4-28)$$

式中，M_i 为森林冠层内空气的物质的量浓度（$mol \cdot m^{-3}$）；$[CO_2]_i$ 为冠层平均 CO_2 浓度（$\mu mol \cdot mol^{-1}$）；$\delta^{18}O_i$ 为冠层 CO_2 平均氧同位素比值（‰）；A 为 CO_2 净同化速率（$\mu mol \cdot m^{-2} \cdot s^{-1}$）；$\Delta C^{18}O^{16}O$ 为光合气体交换对 $C^{18}O^{16}O$ 的判别值（‰）；R 为植物和土壤的呼吸速率（$\mu mol \cdot m^{-2} \cdot s^{-1}$）；$\delta^{18}O_R$ 为植物与土壤呼吸 CO_2 的氧同位素组成（‰）；F_{oi} 为由大气向冠层的单向 CO_2 湍流混合通量（$mmol \cdot m^{-2} \cdot s^{-1}$）；$\delta^{18}O_o$ 为大气 CO_2 平均氧同位素比值（‰）。以上参数除 A 和 R 外均可测定，因而式（4-28）可用于估测全球范围内 CO_2 净同化速率和土壤呼吸速率的动态变化（Lloyd and Farquhar，1996）。氧同位素方法的一个主要优点是，即使是在 $\delta^{13}C$ 信号差异很小时，CO_2 交换过程中 $\delta^{18}O$ 也会产生很大的变异。尽管我们在理解植物-土壤-大气物质交换过程中氧同位素变化机制方面已取得了很大的进步（Farquhar et al.，1993），但 CO_2 中 $\delta^{18}O$ 信号较大的可变性和空间异质性使采用 Keeling 曲线法区分 CO_2 通量还有一定的难度，需要进一步的探讨。

（二）碳通量同位素拆分的研究案例

到目前为止，利用碳、氧同位素进行生态系统的组分拆分在一定程度上受到稳定同位素取样、分析技术和仪器的限制。CO_2 中碳和氧同位素组成测量能够精确到 ±0.3‰，观测到的冠层边界层 ^{13}C 和 ^{18}O 同位素组成梯度通常为 $0.3‰ \cdot m^{-1}$（Yakir and Wang，1996；Buchmann and Ehleringer，1998），只有在高光合速率群落冠层或者在非常理想状态下才能够产生较大的同位素梯度。Yakir 和 Wang（1996）采用这种方法，成功地将农田生态系统 CO_2 净交换区分为光合同化和呼吸释放，并量化了光合吸收减少（56%）和呼吸减少（71%）对生长季晚期麦田生态系统 CO_2 净吸收的减少（从 $44.2 \mu mol \cdot m^{-2} \cdot s^{-1}$ 到 $20.6 \mu mol \cdot m^{-2} \cdot s^{-1}$）的影响。利用梯度-同位素法来区分生态系统净通量至少需要两个假设，首先假设两个通量组分来自同一位置（即忽略了来自土壤和来自冠层的高度差异），其次假设背景大气（通常取自上风向或冠层边界层之上）同位素组成在浓度-同位素梯度上是均一的（Yakir and Sternberg，2000）。

Still 等（2003）将 C_3 和 C_4 植物叶水平 Δ 的测量、来源于 $\delta^{13}CO_2$ 垂直梯度上的冠层 Δ 值估计和土壤有机质降解过程中释放 CO_2 的 $\delta^{13}C$ 的估计相结合，测量了 C_3 和 C_4 植被对整个冠层光合作用的相对贡献。通过分析 CO_2 的同位素组成，而不是分析生物量，能测量出C_3和C_4植物相对的、以通量衡量的各自的生理活动。Bowling等（2001）就将这种方法应用于森林生态系统从而提出了一个理论框架和一些实验的证明。以这种形式将同位素与微气象学的测量方法相结合，将最终为研究生态学和生态系统内碳生产和储存动态变化提供持续的长期观测结果。这种方法最大的不确定性就在于冠层光合判别（Δ_{canopy}）的确定上，目前Δ_{canopy}还不能直接测量（Lloyd and Farquhar，1996），有待进一步的深入研究。

第5节 全球碳循环

在全球碳平衡研究中，稳定同位素是一个很有价值的指标。大气CO_2的碳同位素比值（$\delta^{13}C$）已被应用于全球碳平衡的研究中，包括确定全球碳汇的分布、量化海洋和陆地植物对大气圈碳迁移的相对贡献等方面（Ciais et al.，1995a，b；Francey et al.，1995；Battle et al.，2000）。因为对流层的CO_2和陆地生态系统呼吸释放的CO_2有着不同的碳同位素比值（大约分别为-8‰和-27‰），利用稳定同位素技术对陆地和大气碳流的耦合研究也颇有进展（Keeling，1958；Sternberg et al.，1989；Lloyd and Farquhar，1996）。利用碳同位素技术估测的全球碳汇分布与年际间的变化与其他方法如模型计算和大气氧气/氮气比率测定结果相近（Battle et al.，2000）。Hoag等（2005）利用大气CO_2的3个氧同位素（^{18}O、^{17}O、^{16}O）组成拆分全球碳通量，而Welp等（2011）根据近3年的全球大气CO_2氧同位素比值的变化趋势改写了全球总初级生产力的估算值。

一、全球尺度大气CO_2同位素守恒原理

在全球尺度，大气CO_2浓度（C_a）随时间的变化取决于陆地和海洋与大气之间不同通量（F_i）的总和：

$$\frac{dC_a}{dt} = M_a \sum_i F_i \qquad (4-29)$$

式中，M_a为通量单位Gt C与浓度单位$\mu mol \cdot mol^{-1}$之间的换算因子（大气1$\mu mol \cdot mol^{-1}$ CO_2浓度的增加相当于2.12 Gt C的通量）。本式既适用于普通的CO_2，也适用于带有重同位素的CO_2，如$^{13}C^{16}O_2$或$C^{18}O^{16}O$。用"'"表示带有重同位素的CO_2及其相关参数，有：

$$\frac{dC_a'}{dt} = M_a \sum_i F_i' \quad (4-30)$$

因 $R_a = C_a'/C_a$, $R = F_i'/F$

$$\frac{d(C_a R_a)}{dt} = M_a \sum_i R_i F_i \quad (4-31)$$

根据 δ 的定义，$\delta = R/R_{std} - 1$（见第1章），上式可以改写为：

$$\frac{d(C_a \delta_a)}{dt} = M_a \sum_i \delta_i F_i \quad (4-32)$$

式中，δ_a 为全球大气 CO_2 的平均同位素比值，δ_i 为每个 CO_2 通量相关的同位素比值。因 $dC_a R_a = R_a dC_a + C_a dR_a$，式（4-32）可以改写为：

$$C_a \frac{dR_a}{dt} = M_a \sum_i R_i F_i - R_a M_a \sum_i F_i = M_a \sum_i F_i (R_i - R_a) \quad (4-33)$$

用 Δ 表示，有：

$$\frac{d\delta_a}{dt} = \frac{M_a}{C_a} \sum_i F_i (\delta_i - \delta_a) = \frac{M_a}{C_a} \sum_i F_i \Delta_i \quad (4-34)$$

式中，$\Delta_i = \delta_i - \delta_a$ 表示了某一个碳通量与大气 CO_2 之间的同位素比值之差值（类似于上述的生态系统同位素判别值），而 $F_i \Delta_i$ 则表示了某一个碳通量对大气 CO_2 同位素组成的改变值，称之为同位素通量（isoflux）。由此可见，大气 CO_2 同位素比值随时间的变化取决于所有同位素通量的总和。

值得注意的是，式（4-29）与式（4-30）中的 i 可以不等，这是因为有些时候两个值一样但方向相反的碳通量（即 $F_{in} = F_{out}$）虽然不会改变大气的 C_a，但会显著改变大气 CO_2 的值（即 $F_{in}' \neq F_{out}'$）。假设有 j 对这样的通量，式（4-34）需要修改为：

$$\frac{d\delta_a}{dt} = \frac{M_a}{C_a} \left[\sum_i F_i (\delta_i - \delta_a) + \sum_j F_j (\delta_{j,in} - \delta_{j,out}) \right] \quad (4-35)$$

用 D_j 表示 $F_j (\delta_{j,in} - \delta_{j,out})$，即同位素不平衡参数（isotopic disequilibria）。由于 $C_a \delta_a$ 遵守质量守恒定律，D_j 保持不变，式（4-35）可转化为：

$$\frac{d(C_a \delta_a)}{dt} = M_a \left(\sum_i \delta_i F_i + \sum_j D_j \right) \quad (4-36)$$

二、利用大气 CO_2 碳同位素拆分全球碳交换

众多的研究表明，陆地 C_3 植被对大气 CO_2 的碳同位素判别度平均为17‰，C_4 植被的判别度为4.4‰，而海洋与大气之间的 CO_2 交换仅产生2‰的碳同位素分馏（Farquhar et al., 1989; Ciais et al., 1995a）。结合全球示踪运输模型（global tracer transportation model）和一些站点的连续多年或全球多点（见第1章）大气CO_2同位素组成监测结果（Francey et al., 1995; Keeling et al., 1995），可利用"双重下推"（double de-convolution）法来区分陆地和海洋与大气之间的CO_2交换量（Ciais et al., 1995a; Ciais et al., 1995b; Ciais et al., 1997; Ciais et al., 1999; Trudinger et al., 1999; Battle et al., 2000），具体步骤如下：

$$\frac{dC_a}{dt}=F_o+F_b+F_f \quad (4-37)$$

式中，F_o和F_b分别代表海洋与大气、陆地与大气之间CO_2交换通量，F_f为化石燃料使用释放的CO_2通量。其中，F_b还可继续拆分为多种成分如生物质燃烧（F_{bur}）、燃烧地森林恢复生长（$F_{bur-regrow}$）、森林砍伐后转化为草地或草原（$F_{def-resp}$）、森林砍伐后植物新生长（$F_{def-assim}$），以及未知的陆地碳汇（F_{res}）所导致的CO_2通量：

$$F_b=F_{bur}+F_{bur-regrow}+F_{def-resp}+F_{def-assim} \quad (4-38)$$

考虑了它们各自的同位素比值，式（4-37）和式（4-38）可以转化为：

$$\frac{d\delta_a}{dt}=F_o\times\varepsilon_{ao}+F_b\times\Delta_b^{13}+F_f\times(\delta_f-\delta_a)+D_o+D_b+D_{bur}+D_{def} \quad (4-39)$$

式中，ε_{ao}为海洋与大气CO_2交换产生的同位素分馏系数（约为2‰），Δ_b^{13}为陆地植被对大气CO_2同位素组成的判别值（平均为17‰），右边4个同位素不平衡参数分别为：

海-气同位素不平衡参数： $D_o=F_{oa}\times(\delta_o-\delta_o^e)$ （4-40）

土壤呼吸同位素不平衡参数： $D_b=F_{HR}\times(\delta_b-\delta_b^e)$ （4-41）

生物质燃烧同位素不平衡参数： $D_{bur}\approx F_{bur}\times(\delta_{bur}-\delta_{bur-regrow})$ （4-42）

土地利用改变同位素不平衡参数： $D_{def}=F_{def-resp}\times(\delta_{def-resp}^*-\delta_{def-assim}^*)$ （4-43）

式中，HR代表异养呼吸（heterotrophic respiration）。同位素不平衡参数值的准确估算对于区分全球碳通量非常重要。近几年已有众多研究对这些参数开展了深入的研究（Ciais et al., 1999; Gruber and Keeling, 2001; Ciais et al., 2005），得到一些比较可靠的平均值及其时空变化趋势。Battle等（2000）成功结合全球氧气和大气CO_2碳同位素数据量化了全球陆地和海洋1990年来碳净交换通量（碳汇）的变化趋势（图4-14）。

三、利用大气CO_2的氧同位素拆分全球碳交换

当CO_2与水分子接触时，^{18}O原子很可能发生同位素交换。因自然界中水分子数远大于CO_2分子数，平衡后的CO_2获得了与之交换水的氧同位素比值。由于叶

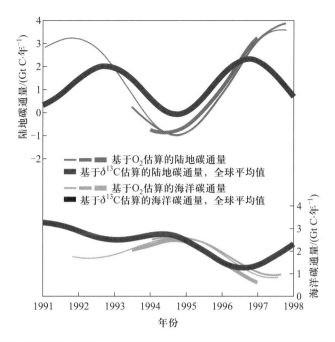

图4-14 利用大气氧气浓度和CO_2碳同位素比率估算的陆地和海洋碳汇年际变化（Battle et al., 2000）（参见书末彩插）

片蒸腾过程中发生显著的氧同位素分馏，使叶中水的氧同位素比值一般远高于土壤水，与这两种不同水交换后的CO_2具有明显不同的氧同位素比值，而海-气间的CO_2交换却对大气CO_2的氧同位素不产生显著的影响。因此，我们可以利用下式拆分全球不同碳交换通量：

$$\frac{d\delta_a}{dt}=F_{oa}\Delta_{oa}+F_{ao}\Delta_{ao}+F_R\Delta_R+F_A\Delta_A+\left(F_f+F_{bur}\right)\Delta_{f,bur}+F_{inv}\Delta_{inv}+F_{strat}\Delta_{strat} \quad (4-44)$$

式中，

$$\Delta_{oa}=\delta_o+\varepsilon_o-\delta_a$$

$$\Delta_{ao}=-\delta_o$$

$$\Delta_R=\delta_s+\varepsilon_s-\delta_a$$

$$\Delta_A=-\varepsilon_1\frac{C_a}{C_a-C_{cs}}+(\delta_1+\varepsilon_1-\delta_a)\frac{C_{cs}}{C_a-C_{cs}}=-\varepsilon_1+\frac{C_{cs}}{C_a-C_{cs}}(\delta_1-\delta_a)$$

$$\Delta_{f,bur}=\delta^{18}O_2-\delta_a$$

$$\Delta_{inv}=\delta_s-\delta_a$$

$$\Delta_{strat}=\delta_{strat}-\delta_a$$

Δ_{inv}表示CO_2回流到土壤的氧同位素效应，Δ_{strat}表示平流层-对流层之间CO_2总交换的氧同位素分馏。表4-2列出不同碳交换过程的氧同位素通量。

表4-2　地球不同碳交换过程的氧同位素通量（Ciais et al., 2005）

碳交换过程	氧同位素通量/（Gt C ‰·年$^{-1}$）
光合同化	600 ~ 1 850
呼吸作用	-1 450 ~ -600
海洋净交换	1.5 ~ 2.0
海洋总交换	70 ~ 160
化石燃料燃烧	~ -100
生物质燃烧	~ -50
与土壤水交换	~ -130
平流层-对流层交换	200 ~ 400
碳酸酐酶催化的碳-水交换	~ -300

Welp等（2011）分析了美国Scripps海洋研究所近30年的全球气瓶收集网络（见第1章）获得的大气CO_2氧同位素比值变化趋势，发现大气CO_2氧同位素比值的年际波动与EN/SO（El Niño/Southern Oscillation）活动高度相关。他们认为El Niño引起热带地区空气湿度和降雨的重新分配，提高了降雨和植物水的氧同位素比值，再通过生物圈-大气圈气体交换提高了大气CO_2的氧同位素比值。他们进一步利用这些数据中El Niño异常值的消减时间来估算全球总初级生产力（gross prominary production，GPP），发现陆地和海洋与大气间的CO_2循环时间远比原来估测的快，原来普遍接受的120 PgC GPP可能低估了全球总初级生产力，更可靠的GPP应该在150 ~ 175 PgC。虽然这是利用长期全球大气同位素数据第一次重新估算的GPP，但对全球生物圈碳循环模型的验证极为重要，也势必引起全球变化学术界更加关注稳定同位素技术在研究大尺度碳循环等方面的应用。

主要参考文献

- 李明财,黎贞发,易现峰,李来兴. 2007. 青藏高原东部高寒草甸植物δ^{13}C年间变化及其环境分析. 生态环境16:1205-1210.
- 刘涛泽,刘丛强,张伟. 2008. 喀斯特地区坡地土壤有机碳的分布特征和δ^{13}C值组成差异. 水土保持学报22:116-124.
- 唐海萍. 1999. 中国东北样带（NECT）的C_4植物分布及其与环境因子的相关性. 科学通报44:416-421.
- 唐海萍,刘书润. 2001. 内蒙古地区的C_4植物名录. 内蒙古大学学报（自然科学版）32:431-438.
- 韦莉莉,严重玲,叶彬彬. 2008. C_3植物稳定碳同位素组成与盐分的关系. 生态学报28:1270-1278.
- 殷立娟,王萍. 1997. 中国东北草原植物中的C_3和C_4光合作用途径. 生态学报17:113-123.
- Anderson, J. E., P. E. Kriedemann, M. P. Austin, and G. D. Farquhar. 2000. Eucalypts forming a canopy functional type in dry sclerophyll forests respond differentially to environment. Australian Journal of Botany 48:759-775.
- Andrews, J. A., K. G. Harrison, R. Matamalac, and W. H. Schlesinger. 1999. Separation of root respiration from total soil

- respiration using carbon-13 labeling during free-air carbon dioxide enrichment (FACE). Soil Science Society of American Journal 63:1429-1435.
- Baldocchi, D. D., B. B. Hincks, and T. P. Meyers. 1988. Measuring biosphere-atmosphere exchanges of biologically related gases with micrometeorological methods. Ecology 69:1331-1340.
- Baldocchi, D., R. Valentini, S. Running, W. Oechel, and R. Dahlman. 1996. Strategies for measuring and modelling carbon dioxide and water vapour fluxes over terrestrial ecosystems. Global Change Biology 2:159-168.
- Battle, M., M. Bender, P. P. Tans, J. White, J. Ellis, T. Conway, and R. Francey. 2000. Global carbon sinks and their variability inferred from atmospheric O_2 and $\delta^{13}C$. Science 287: 2467-2470.
- Bender, M. M. 1968. Mass spectrometric studies of carbon-13 variations in corn and other grasses. Radiocarbon 10:468-472.
- Bender, M. M. 1971. Variations in the $^{13}C/^{12}C$ ratios of plants in relation to the pathway of photosynthetic carbon dioxide fixation. Phytochemistry 10:1239-1244.
- Bettarini, I., G. Calderoni, F. Miglietta, A. Raschi, and J. Ehleringer. 1995. Isotopic carbon discrimination and leaf nitrogen content of *Erica arborea* L. along a CO_2 concentration gradient in a CO_2 spring in Italy. Tree Physiology 15:327-332.
- Bonal, D., D. Sabatier, P. Montpied, D. Tremeaux, and J. Guehl. 2000. Interspecific variability of $\delta^{13}C$ among trees in rainforests of French Guiana: Functional groups and canopy integration. Oecologia 124:454-468.
- Bowling, D. R., D. D. Baldocchi, and R. K. Monson. 1999. Dynamics of isotopic exchange of carbon dioxide in a Tennessee deciduous forest. Global Biogeochemical Cycles 13:903-922.
- Bowling, D. R., N. G. McDowell, B. J. Bond, B. E. Law, and J. R. Ehleringer. 2002. ^{13}C content of ecosystem respiration is linked to precipitation and vapor pressure deficit. Oecologia 131:113-124.
- Bowling, D. R., D. E. Pataki, and J. T. Randerson. 2008. Carbon isotopes in terrestrial ecosystem pools and CO_2 fluxes. New Phytologist 178:24-40.
- Bowling, D. R., S. D. Sargent, B. D. Tanner, and J. R. Ehleringer. 2003. Tunable diode laser absorption spectroscopy for stable isotope studies of ecosystem-atmosphere CO_2 exchange. Agricultural and Forest Meteorology 118:1-19.
- Bowling, D. R., P. P. Tans, and R. K. Monson. 2001. Partitioning net ecosystem carbon exchange with isotopic fluxes of CO_2. Global Change Biology 7:127-145.
- Broadmeadow, M., H. Griffiths, C. Maxwell, and A. Borland. 1992. The carbon isotope ratio of plant organic material reflects temporal and spatial variations in CO_2 within tropical forest formations in Trinidad. Oecologia 89:435-441.
- Buchmann, N. 2002. Plant ecophysiology and forest response to global change. Tree Physiology 22:1177-1184.
- Buchmann, N., J. Brooks, L. Flanagan, and J. Ehleringer. 1998a. Carbon isotope discrimination of terrestrial ecosystems. In: Griffiths, H. (ed). Stable Isotopes: Integration of Biological, Ecological and Geochemical Processes. BIOS Scientific Publishers, Oxford, UK: 203-221.
- Buchmann, N., R. Brooks, K. D. Rapp, and J. R. Ehleringer. 1996. Carbon isotope composition of C_4 grasses is influenced by light and water supply. Plant, Cell and Environment 19: 392-402.
- Buchmann, N. and J. R. Ehleringer. 1998b. CO_2 concentration profiles and carbon and oxygen isotopes in C_3 and C_4 crop canopies. Agricultural and Forest Meteorology 89:45-58.
- Buchmann, N., T. Hinckley, and J. Ehleringer. 1998c. Carbon isotope dynamics in *Abies amabilis* stands in the Cascades. Canadian Journal of Forest Research 28:808-819.
- Buchmann, N., W. Y. Kao, and J. R. Ehleringer. 1997. Influence of stand structure on carbon-13 of vegetation, soils, and canopy air within deciduous and evergreen forests in Utah, United States. Oecologia 110:109-119.
- Cernusak, L. A. and J. D. Marshall. 2001. Responses of foliar $\delta^{13}C$, gas exchange and leaf morphology to reduced hydraulic conductivity in *Pinus monticola* branches. Tree Physiology 21:1215-1222.
- Chen, S., Y. Bai, G. Lin, J. Huang, and X. Han. 2007a. Isotopic carbon composition and related characters of dominant species along an environmental gradient in Inner Mongolia, China. Journal of Arid Environments 71:12-28.
- Chen, S., Y. Bai, G. Lin, J. Huang, and X. Han. 2007b. Variations in $\delta^{13}C$ values among major plant community types in the Xilin River Basin, Inner Mongolia, China. Australian Journal of Botany 55:48-54.
- Chen, S., Y. Bai, G. Lin, Y. Liang, and X. Han. 2005. Effects of grazing on photosynthetic characteristics of major steppe species in the Xilin River Basin, Inner Mongolia, China. Photosynthetica 43:559-565.
- Ciais, P., A. S. Denning, P. P. Tans, and J. A. Berry. 1997. A three-dimensional synthesis study of in atmospheric CO_2. Journal of Geophysical Research 102:5857-5872.
- Ciais, P., P. Friedlingstein, D. Schimel, and P. Tans. 1999. A global calculation of the $\delta^{13}C$ of soil respired carbon: Implications for the biospheric uptake of anthropogenic CO_2. Global Biogeochemical Cycles 13:519-530.
- Ciais, P., M. Reichstein, N. Viovy, A. Granier, J. Ogée, V. Allard, M. Aubinet, N. Buchmann, C. Bernhofer, and A. Carrara. 2005.

- Europe-wide reduction in primary productivity caused by the heat and drought in 2003. Nature 437:529–533.
- Ciais, P., P. P. Tans, M. Trolier, J. W. C. White, and R. J. Francey. 1995a. A large northern hemisphere terrestrial CO_2 sink indicated by the $^{13}C/^{12}C$ ratio of atmospheric CO_2. Science 269:1098–1102.
- Ciais, P., P. P. Tans, J. W. C. White, M. Trolier, R. J. Francey, J. A. Berry, D. R. Randall, P. J. Sellers, J. G. Collatz, and D. S. Schimel. 1995b. Partitioning of ocean and land uptake of CO_2 as inferred by $\delta^{13}C$ measurements from the NOAA Climate Monitoring and Diagnostics Laboratory Global Air Sampling Network. Journal of Geophysical Research 100:5051–5070.
- Comstock, J. and J. Ehleringer. 1992. Correlating genetic variation in carbon isotopic composition with complex climatic gradients. Proceedings of the National Academy of Sciences, USA 89:7747–7751.
- Connin, S. L., X. Feng, and R. A. Virginia. Isotopic discrimination during long-term decomposition in an arid land ecosystem. Soil Biology and Biochemistry 33:41–51
- Conway, T., P. Tans, and L. Waterman. 1994. Atmospheric CO_2 records from sites in the NOAA/CMDL air sampling network. Trends 93:62–119.
- Craig, H. 1953. The geochemistry of the stable carbon isotopes. Geochimica et Cosmochimica Acta 3:53–92.
- Damesin, C. and C. Lelarge. 2003. Carbon isotope composition of current-year shoots from *Fagus sylvatica* in relation to growth, respiration and use of reserves. Plant, Cell and Environment 26:207–219.
- Dawson, T. E., S. Mambelli, A. H. Plamboeck, P. H. Templer, and K. P. Tu. 2002. Stable isotopes in plant ecology. Annual Review of Ecology and Systematics 33:507–559.
- Duranceau, M., J. Ghashghaie, F. Badeck, E. Deleens, and G. Cornic. 1999. $\delta^{13}C$ of CO_2 respired in the dark in relation to $\delta^{13}C$ of leaf carbohydrates in *Phaseolus vulgaris* L. under progressive drought. Plant, Cell and Environment 22:515–523.
- Duranceau, M., J. Ghashghaie, and E. Brugnoli. 2001. Carbon isotope discrimination during photosynthesis and dark respiration in intact leaves of *Nicotiana sylvestris*: Comparisons between wild type and mitochondrial mutant plants. Functional Plant Biology 28:65–71.
- Ehleringer, J. R. 1993. Variation in leaf carbon isotope discrimination in *Encelia farinosa*: Implications for growth, competition, and drought survival. Oecologia 95:340–346.
- Ehleringer, J. R. and T. E. Cerling. 1995. Atmospheric CO_2 and the ratio of intercellular to ambient CO_2 concentrations in plants. Tree Physiology 15:105–111.
- Ehleringer, J. R. and T. A. Cooper. 1988. Correlations between carbon isotope ratio and microhabitat in desert plants. Oecologia 76:562–566.
- Ehleringer, J., C. Field, Z. Lin, and C. Kuo. 1986. Leaf carbon isotope and mineral composition in subtropical plants along an irradiance cline. Oecologia 70:520–526.
- Farquhar, G. D., J. R. Ehleringer, and K. T. Hubick. 1989. Carbon isotope discrimination and photosynthesis. Annual Review of Plant Physiology and Plant Molecular Biology 40:503–537.
- Farquhar, G. D., J. Lloyd, J. A. Taylor, L. B. Flanagan, J. P. Syvertsen, K. T. Hubick, S. C. Wong, and J. R. Ehleringer. 1993. Vegetation effects on the isotope composition of oxygen in atmospheric CO_2. Nature 363:439–443.
- Farquhar, G. D., M. O'leary, and J. Berry. 1982. On the relationship between carbon isotope discrimination and the intercellular carbon dioxide concentration in leaves. Australian Jonrnal of Plant Physiology 9:121–137.
- Farquhar, G. D. and R. A. Richards. 1984. Isotopic composition of plant carbon correlates with water-use efficiency of wheat genotypes. Australian Jonrnal of Plant Physiology 11:539–552.
- Farquhar, G. D. and M. L. Roderick. 2003. Pinatubo, diffuse light, and the carbon cycle. Science 299:1997–1998.
- Fernandez, I. and G. Cadisch. 2003. Discrimination against ^{13}C during degradation of simple and complex substrates by two white rot fungi. Rapid Communications in Mass Spectrometry 17:2614–2620.
- Fessenden, J. E. and J. R. Ehleringer. 2003. Temporal variation in $\delta^{13}C$ of ecosystem respiration in the Pacific Northwest: Links to moisture stress. Oecologia 136:129–136.
- Flanagan, L. B. and J. R. Ehleringer. 1998. Ecosystem-atmosphere CO_2 exchange: Interpreting signals of change using stable isotope ratios. Trends in Ecology and Evolution 13:10–14.
- Francey, R., P. Tans, C. Allison, I. Enting, J. White, and M. Trolier. 1995. Changes in oceanic and terrestrial carbon uptake since 1982. Nature 373:326–330.
- Garten, C. and G. Taylor. 1992. Foliar $\delta^{13}C$ within a temperate deciduous forest: Spatial, temporal, and species sources of variation. Oecologia 90:1–7.
- Geber, M. A. and T. E. Dawson. 1990. Genetic variation in and covariation between leaf gas exchange, morphology, and development in *Polygonum arenastrum*, an annual plant. Oecologia 85:153–158.
- Ghashghaie, J., M. Duranceau, F. W. Badeck, G. Cornic, M. T. Adeline, and E. Deleens. 2001. $\delta^{13}C$ of CO_2 respired in the dark in relation to $\delta^{13}C$ of leaf metabolites: Comparison between *Nicotiana sylvestris* and *Helianthus annuus* under drought. Plant, Cell and Environment 24:505–515.

- Gruber, N. and C. D. Keeling. 2001. An improved estimate of the isotopic air-sea disequilibrium of CO_2: Implications for the oceanic uptake of anthropogenic CO_2. Geophysical Research Letter 28:555–558.
- Guehl, J., C. Fort, and A. Ferhi. 1995. Differential response of leaf conductance, carbon isotope discrimination and water-use efficiency to nitrogen deficiency in maritime pine and pedunculate oak plants. New Phytologist 131:149–157.
- Hanba, Y., S. I. Miyazawa, and I. Terashima. 1999. The influence of leaf thickness on the CO_2 transfer conductance and leaf stable carbon isotope ratio for some evergreen tree species in Japanese warm temperate forests. Functional Ecology 13:632–639.
- Hoag, K., C. Still, I. Fung, and K. Boering. 2005. Triple oxygen isotope composition of tropospheric carbon dioxide as a tracer of terrestrial gross carbon fluxes. Geophysical Research Letter 32, L02802, doi:10.1029/2004GL021011.
- Hultine, K. and J. Marshall. 2000. Altitude trends in conifer leaf morphology and stable carbon isotope composition. Oecologia 123:32–40.
- Hungate, B. A., R. B. Jackson, E. S. I. Chapin, H. A. Mooney, and C. B. Field. 1997. The fate of carbon in grasslands under carbon dioxide enrichment. Nature 388:576–579.
- Hymus, G. J., K. Maseyk, R. Valentini, and D. Yakir. 2005. Large daily variation in ^{13}C enrichment of leaf respired CO_2 in two Quercus forest canopies. New Phytologist 167:377–384.
- Keeling, C., T. Whorf, M. Wahlen, and J. Plicht. 1995. Interannual extremes in the rate of rise of atmospheric carbon dioxide since 1980. Nature 375:666–670.
- Keeling, C. D. 1958. The concentration and isotopic abundances of atmospheric carbon dioxide in rural areas. Geochimica et Cosmochimica Acta 13:322–334.
- Keeling, C. D. 1961. The concentration and isotopic abundances of carbon dioxide in rural and marine air. Geochimica et Cosmochimica Acta 24:277–298.
- Kieckbusch, D. K., M. S. Koch, J. E. Serafy, and W. Anderson. 2004. Trophic linkages among primary producers and consumers in fringing mangroves of subtropical lagoons. Bulletin of Marine Science 74:271–285.
- Knohl, A. and N. Buchmann. 2005. Partitioning the net CO_2 flux of a deciduous forest into respiration and assimilation using stable carbon isotopes. Global Biogeochemical Cycles 19:1–14.
- Kohzu, A., T. Yoshioka, T. Ando, M. Takahashi, K. Koba, and E. Wada. 1999. Natural ^{13}C and ^{15}N abundance of field-collected fungi and their ecological implications. New Phytologist 144:323–330.
- Körner, C., G. Farquhar, and Z. Roksandic. 1988. A global survey of carbon isotope discrimination in plants from high altitude. Oecologia 74:623–632.
- Lee, S. 2000. Carbon dynamics of Deep Bay, eastern Pearl River estuary, China. II: Trophic relationship based on carbon and nitrogen-stable isotopes. Marine Ecology Progress Series 205:1–10.
- Lin, G. and J. R. Ehleringer. 1997. Carbon isotopic fractionation does not occur during dark respiration in C_3 and C_4 plants. Plant Physiology 114:391–394.
- Lin, G., J. E. Ehleringer, E. T. Rygiewicz, and M. G. a. T. Johnson, D. T. Tingey. 1999. Elevated CO_2 and temperature impacts on different components of soil CO_2 effiux in Douglas-fir terracosms. Global Change Biology 5:157–168.
- Lin, G. and L. da S. L. Sternberg. 1992a. Differences in morphology, carbon isotope ratios, and photosynthesis between scrub and fringe mangroves in Florida, USA. Aquatic Botany 42:303–313.
- Lin, G. and L. da S. L. Sternberg. 1992b. Comparative study of water uptake and photosynthetic gas exchange between scrub and fringe red mangroves, *Rhizophora mangle* L. Oecologia 90:399–403.
- Lin, G., P. T. Rygiewicz, J. R. Ehleringer, M. G. Johnson, and D. T. Tingey. 2001. Time-dependent responses of soil CO_2 efflux components to elevated atmospheric [CO_2] and temperature in experimental forest mesocosms. Plant and Soil 229:259–270.
- Lloyd, J. and G. D. Farquhar. 1994. ^{13}C discrimination during CO_2 assimilation by the terrestrial biosphere. Oecologia 99:201–215.
- Lloyd, J. and G. Farquhar. 1996. The CO_2 dependence of photosynthesis, plant growth responses to elevated atmospheric CO_2 concentrations and their interaction with soil nutrient status. I. General principles and forest ecosystems. Functional Ecology 10:4–32.
- Luo, Y. and X. H. Zhou. 2007. Soil Respiration and the Environment. Academic Press, San Diego.
- Martinelli, L., S. Almeida, I. Brown, M. Moreira, R. Victoria, L. Sternberg, C. Ferreira, and W. Thomas. 1998. Stable carbon isotope ratio of tree leaves, boles and fine litter in a tropical forest in Rondonia, Brazil. Oecologia 114:170–179.
- Maunoury, F., D. Berveiller, C. Lelarge, J. Y. Pontailler, L. Vanbostal, and C. Damesin. 2007. Seasonal, daily and diurnal variations in the stable carbon isotope composition of carbon dioxide respired by tree trunks in a deciduous oak forest. Oecologia 151:268–279.
- McDowell, W. H., A. H. Magill, J. A. Aitkenhead-Peterson, J. D. Aber, J. L. Merriam, and S. S. Kaushal. 2004. Effects of chronic nitrogen amendment on dissolved organic matter and inorganic

nitrogen in soil solution. Forest Ecology and Management 196:29–41.
- McNaughton, S., M. Oesterheld, D. Frank, and K. Williams. 1989. Ecosystem-level patterns of primary productivity and herbivory in terrestrial habitats. Nature 341:142–144.
- Medina, E., L. Sternberg, and E. Cuevas. 1991. Vertical stratification of $\delta^{13}C$ values in closed natural and plantation forests in the *Luquillo mountains*, Puerto Rico. Oecologia 87:369–372.
- Mortazavi, B., J. P. Chanton, J. L. Prater, A. C. Oishi, R. Oren, and G. Katul. 2005. Temporal variability in ^{13}C of respired CO_2 in a pine and a hardwood forest subject to similar climatic conditions. Oecologia 142:57–69.
- Nageswara, R. and G. Wright. 1994. Stability of the relationship between specific leaf area and carbon isotope discrimination across environments in peanut. Crop Science 34:98–103.
- Ogée, J., P. Peylin, P. Ciais, T. Bariac, Y. Brunet, P. Berbigier, C. Roche, P. Richard, G. Bardoux, and J. M. Bonnefond. 2003. Partitioning net ecosystem carbon exchange into net assimilation and respiration using $^{13}CO_2$ measurements: A cost-effective sampling strategy. Global Biogeochemical Cycles 17, GB1070, doi:10.1029/2003GB002166.
- O'Leary, M., H. 1981. Carbon isotope fractionation in plants. Phytochemistry 20:553–567.
- O'Leary, M.H. 1988. Carbon isotopes in photosynthesis fractionation techniques may reveal new aspects of carbon dynamics in plants. Bioscience 38:329–336.
- Ometto, J., L. B. Flanagan, L. A. Martinelli, M. Z. Moreira, N. Higuchi, and J. R. Ehleringer. 2002. Carbon isotope discrimination in forest and pasture ecosystems of the Amazon Basin, Brazil. Global Biogeochemical Cycles 16:1109, doi:10.1029/2001GB001462.
- Panek, J. A. and R. H. Waring. 1997. Stable carbon isotopes as indicators of limitations to forest growth imposed by climate stress. Ecological Applications 7:854–863.
- Pataki, D., D. Bowling, and J. Ehleringer. 2003a. Seasonal cycle of carbon dioxide and its isotopic composition in an urban atmosphere: Anthropogenic and biogenic effects. Journal of Geophysical Research 108: 4735, doi:10.1029/2003JD003865.
- Pataki, D. E., J. R. Ehleringer, L. B. Flanagan, D. Yakir, D. R. Bowling, C. J. Still, N. Buchmann, J. O. Kaplan, and J. A. Berry. 2003b. The application and interpretation of Keeling plots in terrestrial carbon cycle research. Global Biogeochem Cycles 17:1022, doi:10.1029/2001GB001850.
- Phillips, D. L. and J. W. Gregg. 2001. Uncertainty in source partitioning using stable isotopes. Oecologia 127:171–179.
- Prater, M. R. and E. H. DeLucia. 2006. Non-native grasses alter evapotranspiration and energy balance in Great Basin sagebrush communities. Agricultural and Forest Meteorology 139:154–163.
- Rawsthorn, S. 1992. C_3-C_4 intermediate photosynthesis: Linking physiology to gene expression. The Plant Journal 2:267–274.
- Rao, R. G., A. F. Woitchik, L. Goeyens, A. V. Riet, J. Kazunguc, F. Dehairsa. 1994. Carbon, nitrogen contents and stable carbon isotope abundance in mangrove leaves from an east African coastal lagoon (Kenya) Aquatic Botany 2:175–183.
- Ribas-Carbo, M., C. Still, and J. Berry. 2002. Automated system for simultaneous analysis of $\delta^{13}C$, $\delta^{18}O$ and CO_2 concentrations in small air samples. Rapid Communications in Mass Spectrometry 16:339–345.
- Robinson, D. and C. Scrimgeour. 1995. The contribution of plant C to soil CO_2 measured using $\delta^{13}C$. Soil Biology and Biochemistry 27:1653–1656.
- Rochette, P. and L. B. Flanagan. 1997. Quantifying rhizosphere respiration in a corn crop under field conditions. Soil Science Society of America Journal 61:466–474.
- Rochette, P., L. Flanagan, and E. Gregorich. 1999. Separating soil respiration into plant and soil components using analyses of the natural abundance of carbon-13. Soil Science Society American Journal 63:1207–1213.
- Schauer, J. J. 2003. Evaluation of elemental carbon as a marker for diesel particulate matter. Journal of Exposure Science and Environmental Epidemiology 13:443–453.
- Schleser, G. 1990. Investigations of the $\delta^{13}C$ pattern in leaves of *Fagus sylvatica* L. Journal of Experimental Botany 41:565–572.
- Schnyder, H. and F. Lattanzi. 2005. Partitioning respiration of C_3-C_4 mixed communities using the natural abundance ^{13}C approach—Testing assumptions in a controlled environment. Plant Biology 7:592–600.
- Schnyder, H., R. Scheufele, and R. Wenzel. 2004. Mobile, outdoor continuous-low isotope-ratio mass spectrometer system for automated high ferequency ^{13}C and $^{18}O-CO_2$ analysis for Keeling plot applications. Rapid Communications in Mass Spectrometry 18:3068–3074.
- Schwamborn, R., W. Ekau, M. Voss, and U. Saint-Paul. 2002. How important are mangroves as a carbon source for decapod crustacean larvae in a tropical estuary? Marine Ecology Progress Series 229:195–205.
- Smith, B. N. and S. Epstein. 1971. Two categories of $^{13}C/^{12}C$ ratios for higher plants. Plant Physiology 47:380–384.
- Sternberg, L. S. L., M. Z. Moreira, L. A. Martinelli, R. L. Victoria, E. M. Barbosa, L. Bonates, and D. C. Nepstad. 1997. Carbon dioxide recycling in two Amazonian tropical forests. Agricultural and

Forest Meteorology 88:259–268.
- Sternberg, L. S. L., S. S. Mulkey, and S. J. Wright. 1989. Ecological interpretation of leaf carbon isotope ratios: Influence of respired carbon dioxide. Ecology 70:1317–1324.
- Still, C. J., J. A. Berry, G. J. Collatz, and R. S. DeFries. 2003. The global distribution of C_3 and C_4 vegetation: Carbon cycle implications. Global Biogeochemical Cycles 17:6–14.
- Teskey, R. and M. McGuire. 2007. Measurement of stem respiration of sycamore (*Platanus occidentalis* L.) trees involves internal and external fluxes of CO_2 and possible transport of CO_2 from roots. Plant, Cell and Environment 30:570–579.
- Tieszen, L. L., M. M. Senyimba, S. K. Imbamba, and J. H. Troughton. 1979. The distribution of C_3 and C_4 grasses and carbon isotope discrimination along an altitudinal and moisture gradient in Kenya. Oecologia 37:337–350.
- Trudinger, C., I. Enting, R. Francey, D. Etheridge, and P. Rayner. 1999. Long-term variability in the global carbon cycle inferred from a high-precision CO_2 and $\delta^{13}C$ ice-core record. Tellus B 51:233–248.
- Tu, K. and T. Dawson. 2005. Partitioning ecosystem respiration using stable carbon isotope analyses of CO_2. In: Flanagan, L. B. J. R. Ehleringer, and D. E. Pataki. (eds). Stable Isotopes and Biosphere-Atmosphere Interactions. Elsevier Academic Press, San Diego:125–149.
- von Caemmerer, S. 1989. Biochemical models of photosynthetic COP-assimilation in leaves of C_3-C_4 intermediates and the associated carbon-isotope discrimination. I. A model based on a glycine shuttle between mesophyll and bundle-sheath cells. Planta 178:376–387.
- von Caemmerer, S. and Hubick, K.T. 1989. Short-term carbonisotope discrimination in C_3-C_4 intermediate species. Planta 178:475–481.
- Warren, C. R. and M. A. Adams. 2000. Water availability and branch length determine $\delta^{13}C$ in foliage of *Pinus pinaster*. Tree Physiology 20:637–643.
- Welker, J., P. Wookey, A. Parsons, M. Press, T. Callaghan, and J. Lee. 1993. Leaf carbon isotope discrimination and vegetative responses of *Dryas octopetala* to temperature and water manipulations in a high arctic polar semi-desert, Svalbard. Oecologia 95:463–469.
- Welp, L. R., R. F. Keeling, H. A. J. Meijer, A. F. Bollenbacher, S. C. Piper, K. Yoshimura, R. J. Francey, C. E. Allison, and M. Wahlen. 2011. Interannual variability in the oxygen isotopes of atmospheric CO_2 driven by El Niño. Nature 477:579–582.
- Williams, D., V. Gempko, A. Fravolini, S. Leavitt, G. Wall, B. Kimball, P. Pinter Jr, R. LaMorte, and M. Ottman. 2001. Carbon isotope discrimination by *Sorghum bicolor* under CO_2 enrichment and drought. New Phytologist 150:285–293.
- Wooller, M. J., D. L. Swain, K. J. Ficken, A. Agnew, F. Street errott, and G. Eglinton. 2003. Late Quaternary vegetation changes around Lake Rutundu, Mount Kenya, East Africa: Evidence from grass cuticles, pollen and stable carbon isotopes. Journal of Quaternary Science 18:3–15.
- Yakir, D. and L. S. L. Sternberg. 2000. The use of stable isotopes to study ecosystem gas exchange. Oecologia 123:297–311.
- Yakir, D. and X. F. Wang. 1996. Fluxes of CO_2 and water between terrestrial vegetation and the atmosphere estimated from isotope measurements. Nature 380:515–517.
- Yepez, E. A., D. G. Williams, R. L. Scott, and G. Lin. 2003. Partitioning overstory and understory evapotranspiration in a semiarid savanna woodland from the isotopic composition of water vapor. Agricultural and Forest Meteorology 119:53–68.

第5章
稳定同位素与植物水分关系研究

约70%的陆地表面为植被所覆盖。植物通过根部对水分的吸收及叶片的蒸腾作用，调控着水分重新进入陆地水循环的速率和数量，从而调节着生态系统的能量流动及物质循环；反过来，植物的代谢及土壤资源状况又通过土壤的水分可利用性影响着植物的生理功能。由于水分从土壤到植物根及沿导管向上传输的过程中，与外界环境不发生交换，因此一般情况下不存在同位素分馏，所以植物茎木质部水分同位素组成能反映出植物利用来源水分的同位素信息（White et al.,1985）。通过比较植物茎木质部水分与植物利用的不同来源水分的同位素值，利用同位素源混合模型，可以估算出植物对不同来源水分的相对使用量（Yakir and Sternberg，2000；Dawson et al.，2002）。由于植物叶片和树轮的同位素组成受到周围温度、湿度、降水和土壤水分异质性等许多环境因素的影响（图5-1），因此通过比较分析植物茎木质部和叶片水及树年轮的氢、氧和碳同位素比值，可以从新的角度反映出不同时间和空间尺度上植物的水分关系和生态系统功能（Roden et al.，2000；Yakir and Sternberg，2000；Dawson et al.，2002；McCarroll and Loader，2004）。本章重点介绍稳定同位素技术在研究不同时空尺度植物水分关系中的应用。

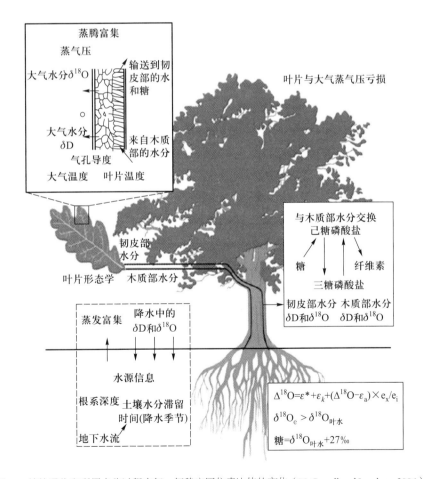

图5-1 植物吸收和利用水分过程中氢、氧稳定同位素比值的变化（McCarroll and Loader，2004）

第1节 植物吸收水分过程的稳定同位素效应

在自然界，植物能利用的水分主要来自大气降水、土壤水、地表径流和地下水，其中土壤水、地表径流和地下水最初也来自大气降水。由于物理过程、集水盆地的大小、海拔的高低、地下蓄水层的深度、地质特性、土壤亚表层水分的溶解性和水分运动速度等方面的不同，这些水源在不同地区具有不同的δD和$\delta^{18}O$值。降水δD和$\delta^{18}O$同位素的时空差异会导致土壤水、地表水、地下水以及植物水的时空差异。通过这些差异，可以分析集水区大气降水水汽来源及对应的气象气候信息，量化地表水径流与蒸发、土壤水蒸发与下渗、植物水分吸收、壤中流、地下水水流路径和滞留时间。

一、陆地淡水植物

一般认为，植物根部吸收的水分在到达如叶片或幼嫩未栓化的枝条等器官组织之前，即水分在根部与茎干之间的运输过程中，它的同位素成分（木质部中液体的D/H或$^{18}O/^{16}O$）并不发生变化（White et al., 1985; Flanagan and Ehleringer, 1991; Ehleringer et al., 2000），这是利用稳定同位素技术确定植物水分来源或量化植物对不同水分源相对利用程度的理论基础。另外，土壤中植物可利用的水分与更深层的地下水或其他水源（如海水、人工降水等）之间具有显著不同的氢、氧同位素组成也是量化植物水分来源的先决条件（Sternberg and Swart, 1987; Flanagan and Ehleringer, 1991; Lin et al., 1996; Williams and Ehleringer, 2000; Yakir and Sternberg, 2000）。

植物茎水（stem water），特别是木质部水（xylem water）是植物根系吸收了不同层的土壤水而形成的混合水，其氢、氧同位素组成可反映出不同水源对植物吸收水分的相对贡献。如果植物根系在水分吸收过程中不发生同位素分馏，那么利用植物木质部水的同位素组成来估算不同水源的相对贡献就比较容易。已有众多温室和野外实验研究证明，陆地植物的根系在吸收水分过程中一般不会发生氢、氧同位素分馏现象（Wershaw et al., 1966; White et al., 1985; Dawson and Ehleringer, 1991; Walker and Richardson, 1991; Dawson and Ehleringer, 1993; Thorburn et al., 1993），但滨海地区的盐生植物（halophytes）如一些红树植物以及干旱地区的旱生植物（xerophytes）或盐生植物的情况并非如此（Lin and Sternberg, 1993; Ellsworth and Williams, 2007）。

二、滨海盐生植物

有一些滨海盐生植物如美国红树植物(*Laguncularia racemosa*,*Rhizophora mangle*,*Avicennia germinans*)和半红树植物(*Conocarpus erecta*)在根系吸收水分过程中会发生氢同位素显著分馏的现象(Lin and Sternberg,1993)。利用稳定同位素确定植物对具有显著不同同位素特征水源利用的相对比例时,如果没有考虑根系吸水时发生的氢同位素分馏现象,可能会导致明显的误差(Sternberg and Swart,1987;Lin and Sternberg,1993)。这是本书作者在美国迈阿密大学攻读博士期间的一个意外科学发现。当时,我师从Sternberg教授,学习如何利用稳定同位素技术比较不同生长型红树植物间的生理生态特征差异,在计算它们对海水与河水利用的相对比例时,我发现单独采用氢、氧同位素数据得出的结论相差很大,而在同一地区的淡水植物里,并没有发现这种现象。由于采用氢同位素比值计算得到的红树植物对河水(与海水相比,河水 ^{2}H 相对贫化)的利用比例总是低于利用氧同位素比值计算得到的结果,使我开始怀疑红树植物的根系在吸收水分过程中是否出现了氢同位素分馏现象。我的想法得到Sternberg教授的肯定,并在他的鼓励和资助下,我通过一系列田间和温室的实验研究最终证明了我的猜测(Lin and Sternberg,1993)。

红树植物根系吸收水分过程对氢同位素判别值($\Delta^2H=\delta^2H_{土壤水}-\delta^2H_{茎水}$)(表5-1)与植物的生长速率及叶片蒸腾速率成正比(图5-2)(Lin and Sternberg,1993)。红树植物根部内皮层径向细胞壁上凯氏带结构非常发达,因而阻碍了水分的质外体运输,迫使水分通过细胞膜进入维管束内(Waisel *et al.*,1986)。我们推测水的氢同位素分馏发生在水分通过内皮层的过程,因为已有证据表明水在经过生物膜和黏土膜时会发生同位素分馏(Karan and Macey,1980;Philips and Bentley,1987)。

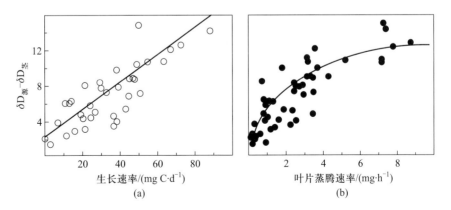

图5-2 不同生长条件下 *R. mangle* (a)幼苗茎水氢同位素分馏程度与植物生长速率和(b)叶片蒸腾速率的关系(Lin and Sternberg,1993)

表5-1 沿美国佛罗里达州南部海岸不同盐度梯度分布的海岸湿地植物茎水和水源的δD和$\delta^{18}O$的差值（Lin and Sternberg, 1993）

植物物种和类型	盐度	n	$\delta_{源-茎}$/‰ 氢	$\delta_{源-茎}$/‰ 氧
拒盐的盐生植物				
Conocarpus erecta	28	3	13±0.3	0.5±0.1
	0	3	12±0.7	0.0±0.1
Laguncularia racemosa	35	4	9±1.1	0.0±0.1
	28	3	8±0.6	0.4±0.1
	0	3	11±0.6	0.3±0.1
Rhizophora mangle	93	1	10	0.4
	40	1	11	0.2
	35	3	9±0.7	0.0±0.1
	28	4	10±0.6	0.0±0.2
	0	7	10±0.8	-0.2±0.1
泌盐的盐生植物				
Avicennia germinans	93	1	9	0.5
	35	4	7±0.9	0.3±0.1
	28	4	8±0.6	0.3±0.1
	0	3	2±0.9	-0.2±0.1
耐盐的甜土植物				
Acrostichum aureum	0	3	5±1.5	0.1±0.1
Annona glabra	0	5	6±1.0	0.6±0.1
Ilex cassine	0	5	6±1.6	-0.3±0.1
Myrica cerifera	0	4	8±1.9	0.3±0.1
Schinus terebinthifolius	0	4	7±0.4	0.3±0.1
盐度敏感的甜土植物				
Magnolia virginiana	0	2	5	0.0
Plucea foetida	0	2	2	0.2
Salix caroliniana	0	5	4±1.3	-0.3±0.4

在水分子中，^{16}O替代^{18}O所引起的振动能比^{1}H替代^{2}H的要小很多，因而根部吸收水分的过程中对氢同位素的分馏比氧同位素要明显。如果大量水分以共质体途径进入根部，根部木质部水的氢同位素值会比土壤中的贫化。随着以共质体途径进入根部水分的数量的增加，对氢同位素的判别值也会随着增加。当水分主要

以质外体途径进入体内时，就不会发生同位素分馏，因为当水分以质外体途径进入植物体内时，不需要分离成单个水分子。

三、干旱地区旱生植物和盐生植物

根据Lin和Sternberg（1993）提出的有关红树林氢同位素分馏假说推测，水分从土壤进入根部木质部以共质体途径为主的其他物种，也会对水的氢同位素产生分馏。凯氏带细胞的栓化和木质化程度决定水分以共质体途径从根皮层进入维管束和木质部的量。内皮层径向细胞壁上凯氏带结构的发达程度种间各异，以盐生植物的最为发达（Waisel，1972）。甜土植物和中生植物的凯氏带结构不发达，因而水分的共质体途径不是很重要。旱生木本植物凯氏带、表皮和内皮层细胞壁的栓化都非常显著（Passioura，1981；Nobel and Sanderson，1984）。因此，具有抗旱和耐盐特性的木本植物在根部吸收水分的过程中很有可能会发生氢同位素分馏。

Ellsworth和Williams（2007）在控制条件下研究了16种旱生、半旱生乔木和灌木及1种中生草本，寻找其在根-土壤水分吸收过程中氢同位素分馏证据，在12种植物中都发现了氢同位素分馏现象，氢同位素分馏值为3‰～9‰（$\Delta^2H=\delta^2H_{土壤水}-\delta^2H_{茎水}$）。*Prosopis velutina* 分馏值最高，*Chrysothamnus nauseosus* 分馏值最低，另外的5种植物（*Lycopersicon esculentum*、*Artemisia tridentata*、*Prosopis pubescens*、*Ephedra viridis* 和 *Larrea tridentata*）没有发生很明显的同位素分馏（图5-3）。他们的结果表明，盐生植物同位素分馏程度与耐盐性成正相关，说明植物的耐盐性导致氢同位素分馏。当加压的水分经过*Artemisia tridentata* 的完整根系时，氢同位素值降低。随着流速增加，氢的分馏效应也增大。通过热水破坏了根细胞的膜，并没有改变根系δ^2H和流速之间的关系。

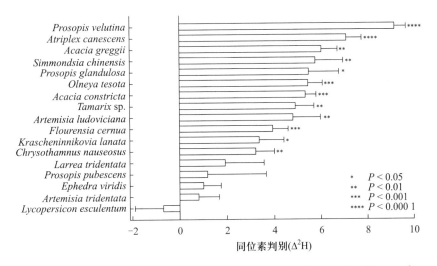

图5-3 干旱、半干旱地区不同植物水分吸收过程对氢同位素的判别值（$\Delta^2H=\delta^2H_{土壤水}-\delta^2H_{茎水}$）
（Ellsworth and Williams，2007）

以美国西南地区常见的一种豆科植物 Prosopis velutina（具有最高的 Δ^2H）为例，整个茎段、边材和根中水的 δ^2H 显著低于土壤水中的 δ^2H，但叶片水与土壤水相比，具有较高的 δ^2H 值（$\Delta^2H = -59‰ \pm 1‰$，$P < 0.0001$）、$\delta^{18}O$（$\Delta^{18}O = -25.1‰ \pm 0.6‰$，$P < 0.001$），见图5-4。木质、绿色（幼）茎的平均 $\Delta^{18}O = -0.3‰ \pm 0.3‰$（$P = 0.36$），老茎中平均 $\Delta^{18}O = 0.4‰ \pm 0.2‰$（$P = 0.07$）。幼茎和老茎中水的 δ^2H 分别为 $5‰ \pm 1‰$（$P < 0.01$）和 $8‰ \pm 1‰$（$P < 0.001$）。幼茎木质部水的 δ^2H 和 $\delta^{18}O$ 值介于老茎木质部和叶片水之间。每个实验盆中土壤水的同位素值相近。

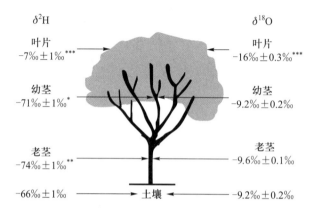

图5-4 Prosopis velutina 的木质、绿色（幼）茎、具有完好树皮的木质（老）茎、叶片和土壤水同位素组成（t-检验：*P < 0.05，**P < 0.001，***P < 0.0001）（Ellsworth and Williams，2007）

Prosopis velutina 的不同组织和不同器官之间的氢、氧稳定同位素差异极为相似，树皮水具有最高的 δ^2H 和 $\delta^{18}O$ 值，而根部水具有最低的 δ^2H 和 $\delta^{18}O$ 值（图5-5）。树皮中水比边材中水 δ^2H 高 $6‰ \pm 1‰$，但与土壤水的 δ^2H 值相比没有显著差异，然而其 $\delta^{18}O$ 值比土壤中的高 $0.7‰ \pm 0.1‰$。整个茎秆中水的 δ^2H 值比边材中的稍高。树皮虽然薄，但其中包含整个茎秆水的 33% ~ 43%，很大程度上影响了茎秆水的同位素组成。与土壤水相比，植物器官中氢同位素分馏最大的为根，但根部水的平均 $\delta^{18}O$ 值与土壤水相似（即 $\Delta^{18}O = 0$）。整个茎秆和边材中水的 δ^2H 值显著低于土壤水的 δ^2H 值。茎秆和边材中水的 $\delta^{18}O$ 高于土壤水，$\Delta^{18}O$ 值分别为 $-0.5‰ \pm 0.1‰$ 和 $-0.5‰ \pm 0.1‰$。

幼茎和老茎木质部中水的低 δ^2H 值很可能是水分以共质体途径进入根的过程中发生超滤过程，而不是因为表面蒸发或叶片水回流造成的同位素干扰，因为以上这些过程会导致木质部水的 δ^2H 值偏高（与土壤水相比）。茎秆水同位素值的差异并不是因为土壤水的同位素差异造成的，因为实验盆中土壤水的 δ^2H 和 $\delta^{18}O$ 并没有显著差异。根据水分通过根部细胞膜时会发生同位素分馏的假设，我们预计 $\delta^{18}O$ 值也会发生微小的分馏。然而，由于相对质量不同，两个实验中的幼茎、整个茎秆、树皮和边材的同位素组成是来自叶片的 ^2H 富集的韧皮部水与 ^2H 贫化的根

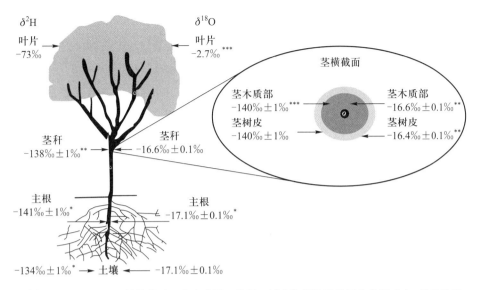

图 5-5 *Prosopis velutina* 植物的叶、整个茎秆、边材、树皮和根的平均同位素组成（*t*-检验结果：*P<0.05，**P<0.001，***P<0.000 1）（Ellsworth and Williams，2007）

木质部水混合物。由于蒸腾过程造成 ^{2}H 和 ^{18}O 富集，叶片水很有可能是幼茎水的来源，因为相对于栓化的老茎水，幼茎水的 ^{2}H 和 ^{18}O 更富集。

同位素富集的叶片水（isotopically heavy leaf water）同样也是树皮、整个茎秆和边材水的 ^{18}O 和 ^{2}H 同位素富集的原因（图5-5）(Dawson and Ehleringer，1993)。另外，根木质部水 ^{2}H 的贫化导致老茎、幼茎、整个茎秆、边材和根部水的 δ^2H 值比水源的 δ^2H 值低。*Prosopis velutina* 植株的木质化的老茎具有发育良好的树皮，并且很有可能已经栓化，因而蒸发引起的 ^{2}H 和 ^{18}O 富集较小。由于具有发育完全树皮的成熟茎的韧皮部中含水量少，因而相对于幼茎，其同位素富集的韧皮部水受到的同位素干扰较小（Dawson and Ehleringer，1993；Thorburn *et al*.，1993）。所以，比起较老的茎，幼茎水的蒸发和韧皮部水（来自叶片）的回流造成幼茎水 ^{2}H 的较大富集（见图5-4）。同样，韧皮部同位素富集的水和木质部水分的充分交换，使边材木质部的水与土壤水分相比，^{18}O 更富集，与根木质部水相比，^{2}H 更富集（图5-5）。*Prosopis velutina* 根部吸收过程中会发生氢同位素分馏。盆栽的 *Prosopis velutina* 植株的根部木质部水的 δ^2H 最负，这表明根-土壤界面很可能是发生分馏的界面（图5-5）。然而，根木质部水的 δ^{18}O 比来源水稍低，但差异不显著，表明在水分吸收过程中氧同位素分馏很小。牧豆属的植物与其他耐盐植物相比，具有丹宁化和栓化的根内皮、表皮细胞和形成速率快、靠近根尖、迫使水分通过共质体途径传输的凯氏带（Valenti *et al*.，1991；Valenti *et al*.，1992）。

盐生和旱生植物根部因为耐盐和抗旱特性，内皮层和外皮层细胞壁发达，水分运输主要以共质体途径为主，随之造成氢同位素分馏。根部具有最高的 δ^2H 值，是分馏最明显的部位，整个茎秆的同位素组成是通过韧皮部运送的 ^{2}H 富集的叶片水和来自根部的 ^{2}H 贫化的木质部水的混合。木质部水的 δ^2H 值并不能完全反映土壤水的 δ^2H 值。然而，木质部水的 δ^{18}O 值比较准确地反映土壤水的 δ^{18}O 值。鉴于以上发现，我们在利用同位素研究盐生和旱生植物水源利用中应该特别注意。

第2节 植物水分来源的确定与量化

由于氢和氧的稳定同位素分析能区分植物利用水分的不同来源，从而极大地促进了我们对植物水分生理生态方面的了解。上节提到，除一些盐生和旱生植物外，高等植物根系在吸收水分过程中一般不发生同位素分馏。对陆地植物而言，如果能够采集到不同水源样品和植物木质部水，通过分析它们的氢、氧稳定同位素比值，就可以量化出植物对这些水源的利用程度。近年来，稳定同位素技术已经成为研究植物水资源利用和生态系统水分循环等的新方法（Dawson et al., 2002）。

由于土壤水分输入的季节变化、地表层的蒸发以及与地下水之间的同位素组成差异使得土壤水会随土壤深度变化出现明显的同位素组成梯度（isotopic composition gradients）。在水分受限的生态系统（如沙漠生态系统）中，植物能迅速更替利用不同水源，对其生存、繁殖和竞争十分有利。换句话说，在遭受水分胁迫的时候，长期稳定的水源是影响植物存活的一个重要因素，能利用较深层土壤水分的个体比只依靠表层土壤水分的个体更具竞争优势。因此，研究自然条件下生态系统（特别是水分受限的生态系统）中不同植物所利用的水源，才能更好地了解植物之间的竞争关系和不同植物对水分的利用模式。

氢、氧稳定同位素分析已被有效地应用于量化植物对不同水源的选择利用，如海水与地下水（Sternberg and Swart, 1987; Sternberg et al., 1991; Lin and Sternberg, 1992a; Lin and Sternberg, 1992b; Ewe et al., 2007; Greaver and Sternberg, 2010）、冬季降水与夏季降水（Ehleringer et al., 1991; Lin et al., 1996; Dawson et al., 1998; Dawson and Ehleringer, 1998）、浅层土壤水与深层土壤水（White et al., 1985; Dawson, 1996）、冬季降水与雾水（Dawson, 1998）。氢、氧稳定同位素技术的另一个重要作用是能够确定土壤中植物根系吸收水分最活跃的区域（Ehleringer et al., 1991）。虽然植物根系可以遍布整个土壤剖面，但这并不意味着所有根系在其存在的土层中都表现出水分吸收能力，稳定同位素的研究已经证实了这一点。到目前为止，其他方法还难以解决这一问题（Dawson et al., 2002）。其他研究还利用δD或$\delta^{18}O$来调查群落内不同物种水资源利用的差异（Flanagan et al., 1992；Meinzer et al., 1999）以及揭示植物沿有效水分梯度的分布机理（Sternberg and Swart, 1987；Mensforth et al., 1994）等。也有一些研究利用水源和植物体水分同位素组成来阐述不同深度土壤含水量随季节的变化和植物吸收水分的区域变化以及这种变化与生活史阶段、生活型差异、功能群分类以及植物大小之间的关系（Ehleringer et al., 1991；Dawson and Pate, 1996；Dawson, 1998；Meinzer et al., 1999；Williams and Ehleringer, 2000）。

一、植物不同水分来源的同位素拆分原理

只要不同来源水分的同位素比值存在显著差异，就可以利用同位素混合模型（isotope mixing model）来量化植物对这些水源利用的相对比例。例如，某种植物对两个已知水源的利用比例可以通过下列公式计算：

$$\delta_t = f_A \times \delta_A + (1 - f_A) \times \delta_B \qquad (5-1)$$

式中，δ_t表示植物木质部水的δD或$\delta^{18}O$，δ_A和δ_B表示A和B水源的δD或$\delta^{18}O$值，f_A表示对水源A的利用比例：

$$f_A = \frac{\delta_t - \delta_B}{\delta_A - \delta_B} \qquad (5-2)$$

同样的道理，可以同时利用δD和$\delta^{18}O$来确定植物对3种不同水源的利用比例（Mensforth et al., 1994）。当然，对于3个或3个以上不同水源，计算每一个水源的利用比例会较为繁琐。Phillips及同事开发了IsoSource软件（http://www.epa.gov/wed/pages/models/stableIsotopes/isosource/isosource.htm），解决了利用稳定同位素技术定量研究植物对多种水源选择利用的计算难题，并研发出统计方法，用以计算采用同位素混合模型可能产生的误差（Phillips, 2001；Phillips and Koch, 2002；Phillips and Gregg, 2003；Phillips et al., 2005）。

当不同来源水分的同位素比值差异不大时，添加富集D或^{18}O的重水与自然丰度同位素方法相结合，可揭示植物水分吸收动态过程及其对降水等气候因子变化的响应机理（Lin et al., 1996；Plamboeck et al., 1999）。在这些研究中，D_2O标记的水被添加到单株植物或整个实验小区，以便区分出植物利用水分的确切土壤层次和季节时间（Lin et al., 1996；Plamboeck et al., 1999；Williams and Ehleringer, 2000；Schwinning et al., 2002）及植物不同生长阶段对不同层土壤水利用的变更（Plamboeck et al., 1999；Williams and Ehleringer, 2000）。

当很难或不可能利用二源或三源同位素混合模型时，同位素示踪物脉冲（isotope tracer pulse labeling）方法与植物蒸腾（T）和可交换水体积（V）的测量相结合能够精确量化植物对不同源水分的利用。Schwinning 等提出了一个动态混合模型，即通过测量 T 和 V 以及标记（f）和未标记（$1-f$）水源，能够很好地了解灌木与草本混合群落的水分利用特征。在 V 固定的情况下，标记 D_2O 的浓度由 f 的相对贡献和 T/V 决定。然而，由于在脉冲降水过程中或脉冲之后，植物对不同水源的吸收速率和比例可能不会保持恒定，所以采用同位素示踪物脉冲方法研究水分利用，最好通过测量整个过程中的综合参数来估算。基于这些实验性和模型性的研究，能以很高的精度估算具有不同生活史策略的植物对脉冲水分（water pulses）的相对利用，从而能够更好地推断植物群落水分分配格局（Schwinning and Ehleringer，2001；Schwinning et al.，2002）。同位素脉冲标记也可以用于揭示群落内不同生活型植物的水资源的分配（Lin et al.，1996；Schwinning et al.，2002）。

总之，无论采用自然丰度示踪物还是添加示踪物，稳定同位素技术在量化不同植物利用表层或深层水的绝对量和相对量方面起到了很大的作用。

二、植物群落水分关系稳定同位素研究实例

（一）河岸森林群落

Dawson 和 Ehleringer（1991）利用氢稳定同位素对美国犹他州山间的河流橡−槭灌木植物群落的水分关系进行了前瞻性研究，发现只有河岸旁的小树利用河流水，而离河流很近的成熟大树却很少或几乎不用河流水（图5-6）。对水源及木质部树液的 δD 分析表明，不管成熟的大树离河流水有多近，它们利用的均为地下水。在澳大利亚和美国其他地方，河流森林群落也存在与 Dawson 和 Ehleringer

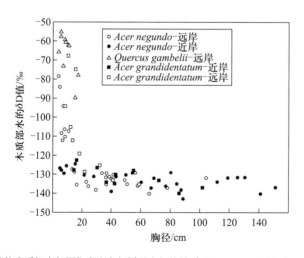

图5-6 河岸旁植物木质部水氢同位素比率与树干胸径的关系（Dawson and Ehleringer，1991）

研究结果一致的现象，即河流旁的植物并不一定利用河流水。例如，Thorburn 和 Walker（1993）在澳大利亚东南部 Murray 河对生长在半干旱滩地上的桉树（*Eucalyptus camaldulensis*）植物的水分利用方式进行了稳定同位素研究，发现这些河岸树利用的是地下水而不是河流中的水，尤其是那些离河流超过 15m 远的树木。离河流比较近的树木，在夏季利用河流水，在冬季却利用土壤水，即便是那些根系直接生长在河边水中的树木也只利用 50% 的河流水（Mensforth *et al.*，1994）。Busch 等（1992）也在美国西部 Corlorado 河证实那里的河岸群落优势树种都利用地下水而不是河流水。

（二）热带森林

Meinzer 等（1999）利用稳定同位素研究了巴拿马 Barro Colorado Island 热带雨林内几种林冠层树种利用土壤水分的时空格局。与许多其他研究结果（Dawson and Ehleringer，1991；Dawson，1996；Dawson and Pate，1996）相反，Meinzer 等发现冠层下的小树要比林冠层大树利用更深层土壤中的水分，因为这些慢生树种大约需 70~90 年才能达到林冠层，而当地严酷的干燥季节会使上层土壤水势降低，只有利用比较充足的深层土壤水才可减少这些树木的死亡率。Stratton 等（2000）在夏威夷低地干燥森林对 7 种本地种和 1 种外来种植物的水分利用来源进行了稳定同位素研究，发现不同树种利用土壤水的深度明显不同，从而降低它们之间对水分的竞争。

（三）温带森林群落

White 等（1985）最早对温带森林群落的可能水源和树木木质部水稳定同位素的变化进行了分析，他们发现在美国东北部占很大比例的白皮松（*Pinus strobus*）对夏季降雨反应迅速。一旦有降雨，白皮松主要从表层土壤吸收水分，当进入旱季，土壤出现干燥时，这些植物转向利用地下水或经雨水补充过的深层土壤水。Dawson（1993）发现一些温带植物还可以通过水分提升（hydraulic lift）把地下水传输到上层土壤，供给相邻的浅根植物利用，说明在旱季，温带森林群落可以通过水分提升的机制降低相邻植物的水分胁迫，共渡难关。

水分提升是指夜间处于深层湿润土壤中的部分根系吸收水分，并通过输导组织输送至浅层根系，进而释放到周围较干燥土壤中并且储存，直到随后几天被浅层根系吸收的一种现象。Caldwell 和 Richards（1989）首次用添加氘化水（D）的实验在美国大盆地（Great Basin）验证了水分提升作用的存在，然而这个实验并没有算出相邻植物对提升的水分利用的比例。Dawson（1996）通过测定植物木质部水分、土壤水及地下水的稳定同位素（D）自然丰度，运用混合模型首次确定了相邻植物对提升水分的利用比例。近年来，稳定同位素技术在研究植物水分提升在不同环境中的作用方面得到了广泛的应用，Penuelas 和 Filella（2003）运用添加氘化水对西班牙东北地中海森林研究发现,只在干燥夏季出现水分提升现象。而Ludwig等(2003)非洲东部稀树草原中研究发现,在湿润年份 Acacia tortilis 会通过根系产生水分提升使地下水上升,而在干燥年份却不出现这种现象,同时也发现树木近处土壤比远处土壤的水势低,说明了树木对草本的促进作用与竞争同时存在。

（四）干旱、半干旱植物群落

在干旱半干旱地区,水分是限制植物群落生产力的一个最重要环境因子。土壤水靠降水供给,而夏季降水与冬季降水有着显著不同的氢、氧同位素组成。夏季降水的持续时间短且蒸发较强,不能渗入深层土壤,而冬季降水则可渗入深层土壤和蓄水层。利用冬、夏季降水同位素组成差别,可以较为理想地研究群落中不同植物利用水的方式（Ehleringer et al., 1991；Dawson, 1993；Dawson and Ehleringer, 1998）。例如,Ehleringer等(1991)研究了生长在美国犹他州沙地中的一系列植物,这个地区几乎一半的年降水来自夏季降水。他们发现,一年生植物和浅层根系的沙漠肉质植物的木质部水氢同位素比值（δD）与当地夏季降水的δD值接近（图5-7）,说明这些植物主要依靠夏季降水提供水分。多年生草本植物木质部水的δD值也没有显著不同于夏季降水的δD值,说明它们与一年生植物和浅层根系的沙漠肉质植物共享有限的夏季降水。与此相反,多年生的深根系植物具有与冬季降水和地下水（由井水代表）几乎一样的δD值,可以推测这些植物根本没有利用当地的夏季降水,而是100%依赖由冬季降水或地下水补充的深层土壤的水分（图5-7）。有趣的是,多年生木本植物木质部水的δD值变异幅度最大（图5-7）,几乎覆盖了从夏季降水到地下水δD值的范围,说明这些多年生植物既可以利用夏季降水,也可以利用冬季降水、地下水或两者的混合水。根据这些结果,Ehleringer等(1991)从新的角度诠释了干旱地区不同生长型植物对有限水分的竞争机制。

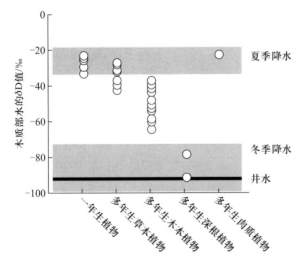

图5-7 美国犹他州Stud Horse Point夏季常见物种茎水氢同位素比率（Ehleringer et al., 1991）

在一个相邻的矮松-杜柏（Pinyon-Juniper）林地内，Flanagan和Ehleringer（1991）同样观测到有些乔木和灌木植物（如 *Juniperus osteosperma*、*Chrysothamnus nauseosus*）只利用地下水，而其他一些植物（如 *Pinus edulis*、*Artemisia tridentata*）可以利用一部分夏季降水。他们的研究揭示了干旱地区乔、灌木植物如何适应水分胁迫的机理。Flanagan等（1992）又对此项工作进行了更深入的研究，发现 *Pinus edulis* 和 *Artemisia tridentata* 利用很大一部分夏季降水且清晨水势较低（即更大水分胁迫）。

Williams和Ehleringer（2000）还沿着从美国犹他州到亚利桑那州自然降水梯度研究不同水分条件下矮松-杜柏群落3种优势树种（*Pinus edulis*、*Juniperus osteosperma*、*Quercus gambelii*）如何利用夏季降水情况，发现干旱地区植物对降水和土壤水的利用与当地的降水量直接相关。在这个地区，降水格局主要受季风系统的影响，而全球变化的一个主要预测后果是美国西北部干旱地区夏季降水会有明显的增加，因此Williams和Ehleringer的研究结果预示着该地区植物的水分关系及其在群落中的竞争结局会因全球气候变化发生改变。然而，要研究这种未来降水变化对干旱地区植被的影响，单靠年际间降水量的波动以及水同位素的天然丰度还远远不够，因为每年增加的降水量实在太少，干旱地区水分的同位素组成也比较多样化，需要通过人为控制降水量进行模拟实验，甚至需要使用同位素标记过的水进行示踪研究，才能定量地研究这些旱区不同植物对未来降水变化的响应机理（见第11章）。

（五）滨海植物群落

滨海生境中水分的高含盐量显著影响着此处的植被类型及植物对不同水源的利用效率和方式。Sternberg及其同事的一系列研究表明，在高盐分生境中生长的红树植物，可直接利用D和^{18}O相对富集的海水，但大红树（*Rhizophora mangle*）等红树植物也可以把根系扎到远离盐分的区域，利用那里的淡水（相比于海水，淡水中D和^{18}O相对贫化）（Sternberg and Swart，1987；Sternberg *et al*.，1991；Ish-Shalom *et al*.，1992；Lin and Sternberg，1993）。正是由于海岸植物可以选择利用淡水或海水，加上这些植物对盐分的不同生理耐性，使滨海植物呈现镶嵌式分布，并支持较高的植物多样性（Greaver and Sternberg，2007）。然而，这些多样的植被类型可能会因全球气候变化出现显著的改变。

在海岸地区，虽然海水浸淹与盐雾会给海岸沙丘植物的水分关系带来不利的影响，但海边常见的大雾还可以给经常处于生理干旱的植物带来大量的水分来源。世界上许多海岸区域常常被海雾覆盖，这些大雾相对于形成它的水源贫化了许多D和^{18}O（Ingraham，1998）。Dawson（1996，1998）利用大雾同位素组成的这种特征，对美国加利福尼亚州北部的红杉（*Sequoia sempervirens*）海岸林进行了连续3年的观测研究，通过分析海雾、雨水、土壤水和优势树种木质部水的D和^{18}O来确定植物对这些不同水分来源的利用比例，发现当地植物每年吸收的水分约有1/3来自掉落在叶片上的雾滴，证实了海雾在这种海岸森林水分输入中的重要性。Burgess和Dawson（2004）还通过稳定同位素技术等方法证明了红杉植物叶片可以直接吸收海雾中的水分，揭示了海岸植物为何可以利用如此高比例海雾水的生理机制。这些机理性的新研究成果，采用传统研究方法是很难甚至无法实现的。

三、植物功能型与水分来源

植物功能型是对一系列环境条件产生相似反应的一组植物物种。植物根系常会贯穿整个土壤剖面，然而根系的存在并不意味着这些根具有水分吸收的功能。在植物群落中，各种根系分布和功能区分策略现象是植物物种生态位分化的一种重要形式。稳定同位素的研究结果表明，这种生态位分化归因于土壤水分的有效性而非土壤水分本身在不同层次的具体分布（Flanagan et al., 1992; Thorburn et al., 1994）。灌木和一些树木经常利用几种水源的混合水分，夏季降水量小时，落叶植物比针叶植物更多地利用可靠水源（如地下水）而不是降水（Dawson and Ehleringer, 1991; Flanagan et al., 1992; Dodd et al., 1998; Jackson et al., 1999; Stratton et al., 2000; Williams and Ehleringer, 2000）。生态位分化的假设可以解释为什么不同功能类型可以在同一气候条件下共存（Sala et al., 1997; Schwinning et al., 2002）。

稳定同位素应用的研究也表明，同一功能群中的物种与物种之间或同一物种在不同的生境和降水梯度条件下在水分利用方面的差别，与生境中不同水分来源的相对有效性高度相关（Snyder and Williams, 2000; Williams and Ehleringer, 2000）。例如，Feild和Dawson（1998）通过分析植物木质部水分和水源的稳定同位素组成，研究了半附生植物 *Didymopanax pittieri* 3个不同生长阶段（附生、半附生和乔木）水分来源的变化。他们发现，在附生阶段这种植物主要利用冠层雨水及云雾等，在半附生阶段他们既利用冠层雨水也利用地表土壤水，但在成熟乔木阶段只利用近期降水进入到土壤中的水分。因此，通过稳定同位素技术研究不同功能型植物利用水分的方式，可以更好地了解物种特性及其多样性与生态系统功能的关系。

综上所述，水分来源及植物的稳定同位素分析已成为探讨土壤-植物-大气连续体水分运动强有力的研究方法。这些研究正在成为提出与水资源管理相关的问题的基础，并且为推算整个流域的水分平衡提供科学依据。例如，那些利用深层土壤水或地下水的植物不会受到因水分季节间巨大波动所造成的水分胁迫，比只利用浅层土壤水的植物更具竞争力。了解植物水分的具体来源，可以揭示水分作为限制因子调节某一区域植物间互相作用的机制，还可为建立区域尺度水分平衡模型提供新的思路（Dawson and Ehleringer，1998；Yakir and Sternberg，2000）。

第3节 水分利用效率

水分利用效率（water use efficiency，WUE）是衡量植物耐旱性的一个重要指标。许多相关研究都证实叶片的$\delta^{13}C$值可以反映出植物的长期水分利用效率（见第3章）。由于植物组织的碳是在一段时间（如全生育期）内积累起来的，$\delta^{13}C$值所代表的不是瞬时的WUE，而是叶片有机质形成那段时间内的平均WUE。与其他方法测得的瞬时WUE相比，利用稳定同位素技术所测得的WUE更能反映出植物在一段时间内对水分的利用以及对水分胁迫的适应状况。另外，Sullivan等（2007）证实同时采用叶片碳同位素判别值（$\Delta^{13}C$）和叶片$\delta^{18}O$相对于水分来源的富集度（$\Delta^{18}O$）可以更好地揭示气孔导度和最大光合能力在当地环境条件下对水分变化的响应机理。

一、碳同位素比值与水分利用效率的关系

植物水分利用效率就是植物同化的CO_2与蒸腾的水分的物质的量比。植物生理学家通过测定植物的瞬时蒸腾效率（instantaneous transpiration efficiency，ITE），即同化速率（assimilation，A）与蒸腾效率（transpiration，E）的比值（A/E）来表示植物水分利用效率WUE：

$$A = g(C_a - C_i)/P \tag{5-3}$$

$$E = 1.6g(e_i - e_a)/P = 1.6g\Delta e/P \tag{5-4}$$

$$\text{WUE} = A/E = (C_a - C_i)/1.6\Delta e \tag{5-5}$$

式中，g为边界层和气孔对CO_2扩散的导度，P为大气压，C_a和C_i分别是大气及叶片细胞内的CO_2气压，e_a和e_i分别为大气及叶片细胞间水汽压，Δe为叶内外水汽压之差。因此，碳同位素判别值可以作为确定在生态生理研究中C_i/C_a比值及WUE的一种手段，也就是说，$\delta^{13}C$可间接地反映出植物的水分利用效率（Farquhar *et al.*，1982；Brugnoli *et al.*，1988）：

$$\text{WUE} = C_a\left(1 - \frac{\delta^{13}C_a - a - \delta^{13}C_p}{(b-a)}\right)/1.6\Delta e \tag{5-6}$$

式中，a和b是经验常数，C_i和WUE取决于气孔张开度与叶片的羧化能力之间的平衡。

实质上，C_i/C_a是由同化的CO_2比率与气孔的张开程度决定的。因此，一种光合作用活跃且气孔相对封闭的植物表现出低的C_i/C_a值，相应地具有高的$\delta^{13}C$值；而相对气孔张开程度大的植物则表现出高的C_i/C_a值，因此具有更负的$\delta^{13}C$值。迄今为止，研究对象中典型C_3植物的C_i/C_a值在0.4～0.8范围内，相应的$\delta^{13}C$值在-30‰～-21‰之间（Pate and Dawson，1999；Pate，2001）。总的来说，植物$\delta^{13}C$值越负，水分利用效率就越低。

叶片碳稳定同位素组成（$\delta^{13}C$）反映了环境变化对C_i/C_a的影响。通常当土壤湿度减少时，$\delta^{13}C$值增加（Meinzer et al.，1992），但当水分对植物生长并不是主要限制因子时，$\delta^{13}C$值受饱和蒸气压差（VPD）、光照、叶片含N量等多个因子的影响（Sharifi and Rundel，1993；Waring and Silvester，1994；Sparks and Ehleringer，1997）。一般来说，研究植物的水分利用效率，需要在不同季节、不同天气进行多次测定，要求许多配套的仪器，且对针叶植物光合作用的测定具有一定的难度，而^{13}C稳定同位素的应用使这一研究的效率提高了。这一技术的主要优点是能够在大范围内（如全球变化的样带）展开针对不同植物的水分利用效率比较研究，是传统仪器观测方法所不易实现的（蒋高明，1996）。因$\delta^{13}C$和E都部分地由C_i/C_a决定，因此$\delta^{13}C$值为所测植物的水分利用效率提供了一个相对的而不是绝对的指数（Pate，2001）。

二、WUE与有机质的$\delta^{18}O$

$\delta^{13}C$反映了C_i/C_a变化，而$\delta^{18}O$通常随环境湿度变化，因而反过来反映了植物水分利用的变化。为区分光合能力与气孔导度对C_i/C_a的作用，Scheidegger等（2000）建议同时测定叶片有机物质$\delta^{13}C$和$\delta^{18}O$。叶片及年轮纤维素的$\delta^{18}O$很大程度上由光合作用过程中叶片与大气蒸气压梯度决定，而这种叶片与大气蒸气压梯度随环境因子以及植物对这些环境因子变化的反应而变化（Farquhar et al.，1998）。因此，测定植物组织的^{18}O组成有助于解释生物在同一地点的个体间和不同环境下种间的$\delta^{13}C$差别，并且同时测定植物组织的$\delta^{13}C$和$\delta^{18}O$，很大程度上提高了WUE测定的准确性（Saurer et al.，1997）。植物有机物质O同位素的研究在环境因子变化对WUE的影响研究中起了相当大的作用（Farquhar et al.，1998）。通过$\delta^{18}O$可以使同位素不仅在水分限制的环境中并且在很好的水分条件下对研究WUE起了很大的作用（Farquhar and Richards，1984；Farquhar et al.，1988；Farquhar et al.，1994）。

许多研究结果表明植物组织的氧同位素值（$\delta^{18}O$）能够反映组织物质形成时的蒸发条件因而能够体现气孔导度的差异（Craig and Gordon，1965；Farquhar et al.，1993）。为了验证该理论，Barbour等（2000）测量了墨西哥3个生长季8个春小麦品系（Triticum aestivum L.）花期和果实期旗叶有机物的氧同位素值。这些小麦品系的气孔导度和平均作物产量大小不均一，而气孔导度与平均作物产量呈正相关关系。其支持理论是：3个季节中有2个季节，旗叶的氧同位素比率（$\delta^{18}O_l$）都与气孔导度呈负相关。显著相关性与具有较低叶温的高气孔导度的品系、动力分馏因子、较高的大气压分馏因子以及Péclet数（Péclet number）是一致的，以上所有因子结合起来导致旗叶氧同位素比率富集降低。研究结果还发现，3个季节中有2个季节，作物产量（每平方米的作物）均值也与$\delta^{18}O_l$呈显著负相关（图5-8）。$\delta^{18}O_l$和气孔导度一样，是作物产量一个很好的指示，比碳同位素判别更具有优势。然而作物$\delta^{18}O$（$\delta^{18}O_g$）和生理参数的相关性还不是很清楚。只有在第1个季节，$\delta^{18}O_g$和气孔导度之间，叶温和作物产量均值之间呈显著负相关（图5-9）。整个叶片组织的$\delta^{13}C$和$\delta^{18}O$的品系均值呈显著正相关，然而与其相关性有关的因子还需要进一步研究。

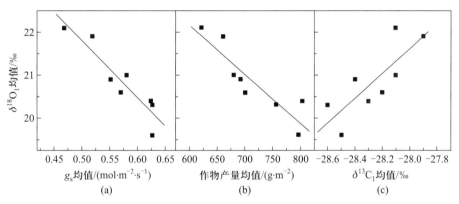

图5-8 $\delta^{18}O_l$均值和相应的（a）开花前期的测量值g_s、（b）作物产量均值和（c）$\delta^{13}C_l$均值之间的关系（Barbour et al., 2000）

注：（a）$\delta^{18}O_l=28.53-13.4\times g_s$, $r=-0.93$, $P<0.001$，（b）$\delta^{18}O_l=29.02-0.0114\times$产量, $r=-0.90$, $P<0.01$，（c）$\delta^{18}O_l=101.81+2.86\times\delta^{13}C_l$, $r=0.80$, $P=0.02$

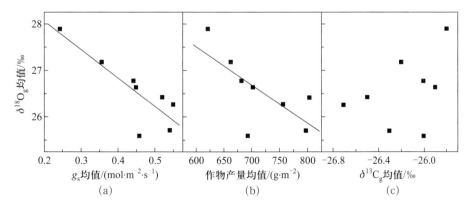

图5-9 $\delta^{18}O_g$均值和相应的（a）开花后期下午测量值g_s、（b）作物产量均值和（c）$\delta^{13}C_g$均值之间的关系（Barbour et al., 2000）

注：（a）$\delta^{18}O_g=29.30-6.2\times g_s$, $r=-0.84$, $P<0.01$，（b）$\delta^{18}O_g=32.27-0.0080\times$产量, $r=-0.69$, $P<0.10$，（c）$\delta^{18}O_g=52.78+1.00\times\delta^{13}C_g$, $r=0.41$, $P=0.41$

在叶片和茎组织碳、氧同位素与生理特性（如光合能力和气孔导度）之间形成一种数量关系，将在很大程度上提高植物碳稳定同位素和水分关系的研究，包括不同的空间尺度（从植物个体叶片、整个植株，到完整的生态系统）及时间尺度（从瞬时气体交换到古生物的树木年轮）的研究，这使我们不但可以了解一种植物当前的生理状况，而且可以通过它所保存的过去的历史信息来了解它长期对环境变化的反应，尤其是水分利用和水分状态。这样，我们将可以利用从生长在过去环境条件下的树木年轮中及从边远地点或无法进行气体交换测定的区域收集的植物组织中所记录的稳定同位素信息，来增强对植物生理状况的研究。

三、植物水分利用效率的时空变化

（一）不同季节的变化

由于植物随外界环境变化有本身的物候期，在各个季节生长生理特性不同，最主要的就是光合作用和蒸腾作用的差别，因而不同季节其利用水分状况不同，碳同位素判别也会随季节而变化。

Garten 和 Taylor（1992）、Damesin 和 Lelarge（2003）、严昌荣等（1998）发现从生长初期到生长末期叶片 $\delta^{13}C$ 值有逐渐降低的趋势，秋季叶片 $\delta^{13}C$ 值比同年正夏时要低。Pate 和 Arthur（1998）在澳大利亚西部两个相距 10km 的人工桉树林（*Eucalyptus globules*）样地进行研究，他们首次利用韧皮部树液中 $\delta^{13}C$ 值来研究植物利用水分的季节变化，在没有灌溉只靠雨水供应水分的样地（Eulup）内，$\delta^{13}C$ 值范围在 −27.6‰ ~ −20.2‰ 内波动，而在灌溉的样地（Albany）内却并没有表现出明显的波动；在秋季水分胁迫时，样地 Eulup 内韧皮部树液 $\delta^{13}C$ 值范围为 −20.6‰ ~ −19.6‰，而在样地 Albany 内范围为 −26.7‰ ~ −23.7‰。说明植物叶片中碳稳定同位素的自然丰度在生长过程中是不断变化的，不同季节植物水分利用效率的变化是生长季内环境因子与植物本身生理生化共同作用的结果。

（二）不同空间的差异

环境不同水分因子情况也不同，通常在冷湿环境中，植物 $\delta^{13}C$ 值较低，在干燥环境中，由于气孔运动使得 C_i/C_a 减小，植物 $\delta^{13}C$ 值会增大（Pate，2001）。Chen 等（2003）在锡林河流域内沿一条样带对在不同生境 6 个群落内分布的两种植物羊草（*Leymus Chinensis*）和 *Cleistogenes squarrosa* 叶片 $\delta^{13}C$ 进行了分析，发现 $\delta^{13}C$ 值与土壤含水率有明显的负相关，表明这两种植物随水分可利用性变化而相应改变 WUE。这与 Ehleringer 和 Cooper（1998）研究结果相一致，表明随土壤水分可利用性降低，植物 WUE 提高。苏波等（2000）和 Miller 等（2001）分析区域环境内不同植物水分利用效率对环境梯度变化的响应，却出现了几种情况：一种与大多数研究结果相一致（Stewart et al., 1995；Damesin et al., 1998；Korol et al., 1999），即植物叶片$\delta^{13}C$值和WUE随降水量增加而显著降低；一种是植物叶片$\delta^{13}C$值及WUE对降水量的变化反应不敏感；而另一种情况则是随降水量增加，植物叶片$\delta^{13}C$及WUE也随之增大。这表明不同植物种的水分利用情况对环境梯度变化的响应不同，具有不同的适应环境变化的策略。

现已发现，多种植物对^{13}C的分馏程度随海拔增高而减弱（Körner et al., 1988；Körner et al., 1991；Marshall and Zhang, 1994；Hultine and Marshall, 2000），这种减弱反映了随海拔增高而降低的CO_2和O_2的分压，与随海拔而变化的叶片解剖、形态和生理特性的综合作用。海拔是一个间接的环境梯度因子，许多互相关联的气象（如大气压、温度、降水）和土壤因子（如土壤年龄、深度、养分状况、持水性能）都随海拔而变化。因此，海拔增高对^{13}C分馏的减弱并不能简单地归于某一单个因子，而很可能是多个因子共同作用的结果（Warren et al., 2001；Qiang et al., 2003）。

在区域尺度上同一物种的$\delta^{13}C$值随环境梯度有所不同，同样在同一植株个体内，由于温度、光照、湿度等微环境的差异，也会导致不同空间位置的叶片$\delta^{13}C$值有所差别。Garten等（1992）指出树冠叶片$\delta^{13}C$值随高度增加而升高。Martinelli等（1998）提出了"冠层效应"（canopy effect）的概念，即愈接近森林地表，植物叶片同位素贫化现象愈明显。同样，冠层中阳面叶比阴面叶具有较高的$\delta^{13}C$值，这是由于阳面叶蒸发加强导致水分消耗增多，其气孔限制比阴面叶要高（Leavitt and Long, 1986；Waring and Silvester, 1994）。

尽管$\delta^{13}C$与环境变量有着较强的关系，近来却有更多证据表明水分传导性在控制树木体内水分传输及对^{13}C的分馏起着关键作用（Ryan and Yoder, 1997；Hubbard et al., 1999）。水分传导组织的长度不同影响着水分传导性及$\delta^{13}C$，原因是g_s和A依赖于水分到光合组织的传输速率。一些研究发现叶片$\delta^{13}C$与传输水分到这些叶片的枝条长度呈正相关，表明枝条长度的增加降低了水分传导性，因而降低了叶片的气孔导度，增强了其^{13}C的吸收（Waring and Silvester, 1994；Panek, 1996；Walcroft et al., 1996；Warren and Adams, 2000；Brendel et al., 2003）。而一些研究却表明叶片$\delta^{13}C$值与枝条长度关系并不是总相关。Warren和Adams（2000）研究Pinus pinaster指出叶片$\delta^{13}C$值与枝条长度关系是水分传导性K的函数，其与枝条长度呈负相关（r^2=0.84），并且当枝条长度的影响被去掉时，叶片$\delta^{13}C$值与P/PET（降水/潜在蒸发散）呈更高相关性（r^2=0.99），同样Cernusak和Marshall（2001）也指出叶片$\delta^{13}C$值与枝条长度关系不明显，可能是由于叶面积的减小补偿了枝条长度增加带来的水分传导阻力，这种观点被Phillips等（2003）的实验所支持。因此叶片$\delta^{13}C$值与枝条长度的关系机理还需进一步研究。

(三)不同生活型的差异

在一个复杂的生态系统中,$\delta^{13}C$为表示其生活型多样性和区分不同功能群物种提供了一条理想的途径(Garten and Taylor,1992),因为水分利用效率的特点可能对植物种间竞争的结果有重要的影响并且可能最终导致群落结构的差异(Cohen,1970)。Gower和Richards(1990)、Valentini等(1994)的研究发现,落叶松的$\delta^{13}C$值显著低于生长于同一样地的常绿树种,同样Kloeppel等(1998)发现总体上落叶松(*Larix* spp.)与北半球20个地点同期常绿针叶树相比,具有低的WUE且保持着高的光合能力。Sobrado和Ehleringer(1997)也发现在委内瑞拉一个季节性干旱热带森林中,优势落叶植物叶片的$\delta^{13}C$值低于常绿植物。但Damesin等(1997)对地中海—森林生态系统进行研究,发现常绿植物与落叶植物叶片$\delta^{13}C$并不存在显著差异。渠春梅等(2001)用我国西双版纳两个热带雨林类型中226个植物种叶片$\delta^{13}C$值作为植物水分利用效率的指示物,对本地区植物水分利用状况进行了研究。发现藤本植物叶片$\delta^{13}C$最高,落叶乔木叶片$\delta^{13}C$显著高于常绿乔木,草本植物叶片$\delta^{13}C$较低。产生这种差异的原因很多,但主要原因可能是研究样地之间的非生物环境条件不同,从而导致落叶和常绿植物的水分利用状况不同。

尹伟伦等测定了7个无性系杨树的功能叶、当年生枝和树干的碳同位素判别值($\Delta^{13}C$),并转换成WUE,同时用气体交换法测定这些无性系杨树的瞬时WUE。他们发现,杨树叶、枝、干的$\Delta^{13}C$依次显著降低,对应的不同时间尺度的WUE则依次显著增大;用气体交换法和叶$\Delta^{13}C$评价7个参试无性系的结果基本一致。用当年生枝$\Delta^{13}C$与用树干$\Delta^{13}C$的评价结果基本一致;但用气体交换法时,叶$\Delta^{13}C$的评价结果与枝$\Delta^{13}C$、树干$\Delta^{13}C$的评价结果差异很大。枝$\Delta^{13}C$和树干$\Delta^{13}C$与树高、胸径间有显著正线性相关,而叶$\Delta^{13}C$与生长的相关性不明显。枝、树干$\Delta^{13}C$不仅可作为评价不同杨树无性系整株水平长期水分利用效率的良好指标,而且还有可能被用于预测和评价良好水分条件下杨树的生长潜力(尹伟伦等,2007)。

(四)植物不同器官组织的碳稳定同位素

由于光合产物转化成次生产物的过程中也存在着同位素分馏,所以在植物体内不同组织器官$\delta^{13}C$值会有所不同,虽然差值较小(Brugnoli *et al.*,1988;Gleixner *et al.*,1993)。植物器官的$\delta^{13}C$值差异可能来自两个方面,一是不同的植物器官有不同的生物化学成分,二是不同器官呼吸特性的差异。从理论上讲,植物器官在呼吸时优先利用含^{12}C的物质从而使^{13}C在组织中富集(韩兴国等,2000)。对植物不同组织器官(不同器官如根、茎、生长年轮、不同年龄叶片等)分析,包括全部植株干物质合在一起分析,以及对韧皮部液体的分析,主要依据研究目的不同选择取样分析也不同(Pate,2001)。可溶性糖或淀粉可用来确定C_3植物短期的C_i/C_a

变化和WUE（Brugnoli et al., 1988; Lauteri et al., 1993）。尤其所测叶片可溶性糖或淀粉的碳同位素分馏与1～2天内平均的C_i/C_a高度相关。当叶片C_i/C_a表现出快的变化时，可溶性糖类$\Delta^{13}C$同样也表现出很快的变化。而结构性碳中$\Delta^{13}C$却并没有受短期C_i/C_a变化和其他环境因子波动所影响。因此，对可溶性糖类的$\Delta^{13}C$分析对研究短期WUE非常有用（Brugnoli et al., 1988; Lauteri et al., 1993）。

Pate等测定澳大利亚桉树韧皮部树液来研究气孔对水分胁迫的反应和叶片的水分利用效率，并对韧皮部树液的$\delta^{13}C$与木质部的$\delta^{13}C$季节变化做了比较，发现在靠雨水输入水分的样地内，木质部中$\delta^{13}C$值的最高值和最低值都比相应的韧皮部$\delta^{13}C$值晚1个月左右，这可能是韧皮部中物质要通过形成层后才被新形成的木质部所吸收（Pate and Arthur, 1998; Pate et al., 1998; Pate, 2001）。

茎中$\delta^{13}C$综合了叶片吸收碳的变化特征，并且通过年轮$\delta^{13}C$可揭示出长期气候和大气CO_2浓度变化趋势（Ward et al., 2002; Ferrio et al., 2003）。由于树木年轮中年与年之间纤维素并不发生转移，因此年内及年际间的变化信息都被长久地保存在了树轮$\delta^{13}C$信息中。植物气孔传导率受水分的影响，当空气湿度降低时，气孔传导率和细胞内CO_2浓度低，导致植物$\delta^{13}C$值高，因此树轮$\delta^{13}C$的变化能反映湿度的变化（Tans et al., 1978）。现已发现$\delta^{13}C$与植物水分胁迫的不同参数相关，如清晨水势、降水等（Hemming et al., 1998; Schulze et al., 1998; Korol et al., 1999; Warren et al., 2001）。在干旱、半干旱地区，树轮$\delta^{13}C$的变异可能是降水量的不同造成的。Freyer和Belacy（1983）发现树轮$\delta^{13}C$与春季降水明显相关，Lipp等（1991）、Saurer等（1995）、马利民等（2002）均观察到树轮$\delta^{13}C$与降水之间的相关关系。Ferrio等（2003）指出*Quercus ilex*和*Pinus halepensis*树轮中纤维素$\Delta^{13}C$与年平均降水量以及P/E正相关，水分可利用性降低则WUE_i增加，而*Pinus halepensis*对水分可利用性更为敏感，随着干旱程度增加，其$\Delta^{13}C$下降比*Quercus ilex*快。然而，树轮$\Delta^{13}C$与降水之间的相关程度取决于采样点气候、水文及树木的生活习性（Saurer et al., 1995; 陈拓等, 2002）。

第4节　生态系统水交换与全球水循环研究

稳定同位素技术的应用已经从植物个体水平扩展到立地内水分循环从而把水分吸收来源与生态系统水平水分流动联系起来（Yakir and Wang, 1996; Moreira et al., 1997; Yepez et al., 2003）。植物对生态系统中水分转移的数量和速率起着很重要的作用。δD 和 $\delta^{18}O$ 分析在土壤、植物和水分蒸发等方面已经被用于研究植物在小集水区规模过程及水文循环中的作用。一些研究者还通过直接测量林冠层蒸腾与其他同位素数据一起来研究水源吸收和生态系统水平水分损失的关系，这些数据可以用来推断林地水平水文循环过程并确定树木在这些过程中的作用。

植物叶片蒸发通量与其水分含量之间比率相对较高，叶片通常处在同位素稳定状态（isotope steady state），即输入叶片的水和通过叶片蒸发的水具有相同的同位素比率。当叶片处于同位素稳定状态时，蒸腾水蒸气的同位素组成与植物利用的土壤水的同位素组成一致（Dawson，1993；Wang and Yakir，1995）。这就导致了经过高度分馏的土壤蒸发水与没有分馏的植物冠层蒸腾产生水蒸气之间具有明显的同位素组成差异。两者之间的同位素组成差异是利用同位素方法将生态系统蒸散通量区分为土壤蒸发通量和植物蒸腾通量的基础（Moreira et al.，1997）。当然，尽管当叶片处于同位素稳定状态时，通过叶片蒸腾的水分没有发生分馏，但土壤剖面变化、茎富集和季节变化还是会显著影响叶片蒸腾水的同位素组成（Dawson and Ehleringer，1993；Dawson and Pate，1996）。

一、生态系统蒸发与蒸腾稳定同位素拆分原理

植物叶片水分、叶片表面的水蒸气、大气水蒸气及植物吸收来源水分的同位素值可以被用来计算来自冠层的水蒸气与整个生态系统蒸发通量的比例。Moreira 等（1997）试图把蒸散中的土壤蒸发和植物蒸腾区分开来。Dawson（1996）在北美东北部温带森林生态系统中进行研究，以确定不同龄级的糖槭的蒸发是来自土壤水还是地下水，结果表明小树从土壤浅层吸收水分而大树蒸腾的水分大部分来自地下水。这些研究表明森林生态系统中蒸腾是水分损失的主要途径，并且可能随林木年龄、演替阶段、季节及树木种类而变化。

在水分从叶片进入大气中时，叶片水分和大气水分的同位素成分会通过平衡分馏和动力分馏而改变（Craig and Gordon，1965；Flanagan and Ehleringer，1991；Yakir，1998；Gan et al.，2002，2003；Yepez et al.，2003）。这种分差程度可以使我们了解在水分交换时的大气情况、叶片水分状态、蒸发蒸腾速率、叶片蒸腾，以及区分不同冠层的蒸腾及土壤蒸发与总的蒸腾（Majoube，1971；Flanagan and Ehleringer，1991；Flanagan et al.，1991；Moreira et al.，1997；Wang and Yakir，2000；Yepez et al.，2003）。

来自土壤表面的水蒸气与土壤水分相比存在着重同位素的贫化，这种贫化与大气中水蒸气的同位素组成、相对湿度、水分状态改变和扩散时的平衡分馏和动力分馏有关（Craig and Gordon，1965；Gat，1996）。Moreira 等（1997）用方程作了解释：

$$R_E = \left(\frac{1}{\alpha_k}\right)\frac{(R_s/\alpha^*) - R_a h}{1-h} \quad (5-7)$$

式中，R_E是从土壤蒸发出的水分中的重轻同位素比，R_s是蒸发表面液态水重轻同位素比，R_a是大气水蒸气同位素比，α^*为依温度变化的平衡分馏因子（25℃时，$\delta^{18}O$和δD分别为9.3‰和76.4‰），α_k为空气中分子扩散时动力分差因子（氧和氢的值分别是1.028 5和1.025）（Majoube，1971），或氧和氢在湍流边界层的值分别是1.018 9（约19‰）和1.017（约17‰）（Flanagan et al.，1991；Wang and Yakir，2000），h是空气相对湿度。这个方程假设离开表面充分湍流运输时没有同位素分馏变化（Gat，1996）。

当蒸腾在同位素稳定状态下发生时，蒸腾水蒸气的同位素成分与植物利用的水分相同（Flanagan et al.，1991；Moreira et al.，1997；Wang and Yakir，2000），相反，从土壤表面蒸发的水分却存在着重同位素的贫化（Craig and Gordon，1965；Gat，1996）。因此，从土壤蒸发的水蒸气与从植物蒸腾出的水分通量就会存在明显的同位素成分差别，分辨这些差别及它们与水蒸气在生态系统边界层的相互作用，是应用同位素分析技术区分各气体通量的基础，因为水蒸气样品的同位素成分反映了各种来源与周围环境气体的混合（Yakir and Wang，1996；Yepez et al.，2003）。

虽然稳定同位素技术可以把生态系统中总的蒸散（植被蒸腾与地表蒸发）区分开来，这是其他微气象方法无法做到的（Tuzet et al.，1997；Scott et al.，2003）。但它也存在着一定的局限性，简单同位素模型是把植物所有的水分输入看作是一次性的，然后通过连续的蒸发蒸腾从生态系统中损失，如果经常性的水分输入改变了土壤各层的水分，则δ_T值（蒸腾水汽同位素值）将可能不正确。另外，同位素稳定状态是假设状态下的，然而非稳定状态却很容易发生，尤其在干旱或异常湿润阶段（Harwood et al.，1998；Ferretti et al.，2003）。建议有条件的话，可以综合运用多种方法和模型进行测定。

二、生态系统水分通量拆分研究实例

在生态系统水分循环研究中，Keeling曲线法的另一个重要用途是区分植物蒸腾（transpiration）和土壤蒸发（evaporation）对整个生态系统蒸散（evapotraspiration或ET）的贡献（Yakir and Wang，1996；Moreira et al.，1997；Yepez et al.，2003）。采用Keeling曲线法时，除需要假设水蒸气与大气湍流混合之外，还需假设该生态系统没有其他的水蒸气散失或来源。Yakir和Wang（1996）以及Moreira等（1997）分别在麦田、亚马孙森林和欧洲橡树林利用高度梯度上稳定性同位素组成与水蒸气浓度倒数来确定蒸腾和蒸发对蒸散的贡献，实验结果表明，蒸散水蒸气$\delta^{18}O$值与植物茎水

的 $\delta^{18}O$ 值非常接近，即大部分的蒸散来自植物的蒸腾。

Moreira 等（1997）利用不同来源水蒸气同位素组成差异以及通过 Keeling 曲线计算所得蒸散水蒸气同位素组成，进一步确定植物蒸腾对蒸散贡献的百分比：

$$F_T = \frac{\delta_{ET} - \delta_E}{\delta_T - \delta_E} \times 100\% \qquad (5-8)$$

式中，F_T 表示蒸腾对蒸散通量的贡献；δ_{ET}、δ_E 和 δ_T 分别表示蒸散、蒸发和蒸腾水蒸气的同位素组成，δ_{ET} 可以利用 Keeling 曲线计算；δ_T 可以通过 Craig-Gordon 公式计算。研究结果表明，在亚马孙盆地森林，植物蒸腾对整个蒸散通量的贡献为76%～100%（Moreira et al.，1997）。Wang 和 Yakir（1995）在麦田生态系统的研究结果表明，96%～98%的蒸散来自植物的蒸腾。以上研究中，均假设植物处于同位素稳定状态，即植物蒸腾水蒸气同位素组成与茎水同位素组成相同。叶尺度和冠层尺度（Harwood et al.，1998）研究结果表明，稳定状态假设只是一个近似值，蒸腾水蒸气 $\delta^{18}O$ 值在早晨比茎水 $\delta^{18}O$ 值低，而在下午则比茎水 $\delta^{18}O$ 值高。因此，Harwood 等（1998）建议直接测量蒸腾水蒸气同位素组成，以减小稳定状态假设所带来的误差。

Yepez 等（2003）还利用 Keeling 曲线法区分半干旱稀树草原林地上层林冠蒸发（以豆科小乔木植物 Prosopis velutina 为主）、林下冠层蒸发（以 C_4 草本植物 Sporobolus wrightii 为主）及地表的蒸散（Yepez et al.，2003）。该生态系统乔木层和草本层之间层次分明，在湍流混合较弱的情况下，利用 Keeling 曲线在接近地表层（0.1～1 m）所测得的水蒸气同位素组成（δD 或 $\delta^{18}O$）能够反映土壤蒸发和底层草本植物蒸发通量整合，而整个冠层剖面（3～14 m）所做的 Keeling 曲线则能够反映整个冠层蒸腾和土壤蒸发对生态系统蒸散的贡献。利用 Keeling 曲线和公式（5-8），Yepez 等（2003）测量并计算得到60%的生态系统蒸散来自灌木的蒸腾，22%来自草本蒸腾，剩余的18%来自土壤蒸发。尽管利用 Keeling 曲线法的假设在野外条件下有时不能完全满足，但是 Gat（1996）以及 Wang 和 Yakir（2000）认为由此导致的同位素组成变异对于区分蒸散通量影响较小。

Ferretti 等（2003）利用稳定同位素技术对 Colorado 草地在自然状态和人为增加大气 CO_2 浓度状态下的地表蒸发和植物蒸腾进行了区分，发现通过蒸发损失的水分在生长季节内为0%～40%，与降水时间有关，通过同位素物质平衡得出的蒸腾与蒸发的总和与通过 Bowen 比率系统实际测定的值相近，CO_2 浓度的增加减少了土壤蒸发，使得土壤含水率增加。

三、全球水循环研究

全球水循环是指水由地球不同的地方通过吸收太阳辐射的能量，通过转变其存在的模式转移到地球上另一些地方，如地面的水分被太阳蒸发成为空气中的水蒸气或通过一些物理作用（降水、渗透、表面的流动和表底下流动等）由一个地方移动至另一个地方，又如水由河川流动至海洋。

在水循环的相变反应中，氢（^1H、^2H）与氧（^{16}O、^{17}O、^{18}O）各自的同位素分配形成了最简单但最深刻的关于全球尺度自然空间同位素分配的例证。当经过中低纬度海洋的时候，空气中充满了同位素组成相对一致的水蒸气。当它通过大气环流向北运动，穿过大陆，空气中的水分由于凝结和降水流失，在这个过程中重同位素（这里主要指^2H和^{18}O）优先从剩下的水分中去除。随着气团冷却和比湿度下降，这个过程就会发生。并且每一次凝结形成降水的同位素构成（δ^2H_p和$\delta^{18}O_p$）都反映了剩余水蒸气中重同位素相对丰度的下降。

因为这个过程的方向性与大气水分经常结合或者进入生物的、地质的或者人造的材料，在这些材料具有化学惰性的情况下，在这些材料中反映了水的同位素组成，即不同的材料能作为地理来源是基于不同地区水同位素组成的差异（样品同位素组成的差异源于地理位置引起的水同位素组成差异）。

降水同位素比率的空间分布研究涉及一系列方法，从样点数据的简单分析到包含了水同位素示踪剂的成熟大气环流模式（GCM）建模。地统计学的应用描述数据的空间自相关性质，并提供基于空间自相关来估计数据的工具，在δ^2H_p与$\delta^{18}O_p$的研究中富有成效，这是由于：① 水循环的内在机制引起了数据明显而连续的空间变化，② 存在描述降水同位素比率空间分布的庞大数据集。③ 降水（与水汽）同位素空间分布的研究，加深了我们对当前（Salati et al., 1979; Gat et al., 2003; Worden et al., 2007）和远古时代（Ufnar et al., 2004; Schmidt et al., 2007）的大尺度水分循环动态与地表-大气水分通量的理解。降水同位素比率的空间差异为地表水文学研究提供了天然的示踪物，使我们在大尺度水文研究中区分水源成为可能（Fekete et al., 2006; Bowen et al., 2007）。

全球降水同位素网络（GNIP）计划的前几年致力于降水同位素比率的空间格局的识别，制作了很多早期的地图，展现了降水同位素比率主要的、大尺度上分布的特点。最早的地图，制作于20世纪60年代至70年代，主要是站点数据的手绘等值线，也描述了很多特性，如北美洲明显的带状的δ^2H_p与$\delta^{18}O_p$梯度，由于墨西哥湾洋流的水汽补充造成北大西洋相对高的同位素比率，以及东非与阿拉伯半岛很高的同位素比率（图5-10）。这些插图在揭示一阶空间分布方面做了很好的工作，并激发了一系列工作的开展，这些工作主要关注于理解这些格局内部的机制,但是由于受到文件与可追溯性的限制,这样的插图仅仅只是高度概括的。

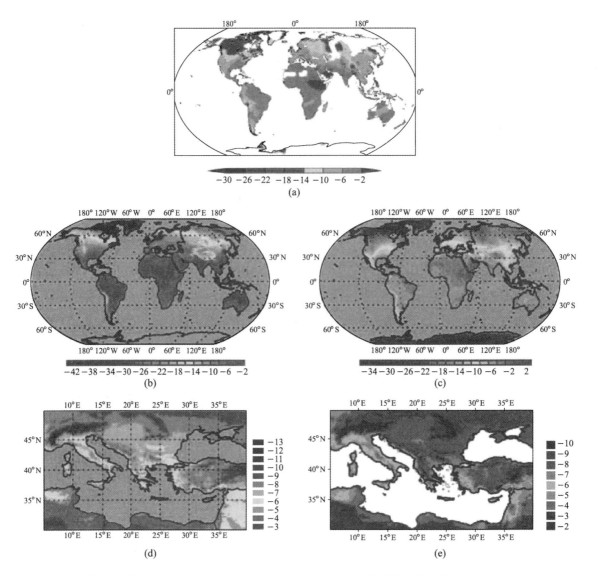

图5-10 年平均$\delta^{18}O_p$值的全球和局部示意图:(a)由Cressman客观分析法得到的内插值替换图(IAEA 2001)(Birks et al., 2002);(b)依据年平均温度、降水量和海拔等参数得出的回归模型基底图(Farquhar et al., 1993; New et al., 1999)(U. S. National Geophysical Data Center, 1998);(c)利用反距离平均加权法将纬度和海拔参数化得到的地统计学-回归模型混合图(http://waterisotopes.org; Bowen and Revenaugh, 2003);(d)图(c)中标识的地中海地区$\delta^{18}O_p$值的放大图;(e)基于地统计学-回归模型混合法得到的地中海地区$\delta^{18}O_p$值的局部分布图(原始Krigin法)(Lykoudis and Argiriou, 2007)(参见书末彩插)

主要参考文献

- 陈拓, 秦大河, 何元庆, 李江风, 刘晓宏, 任贾文. 2002. 从树轮 $\delta^{13}C$ 序列中提取大气 $\delta^{13}C$ 信息的可行性研究. 海洋地质与第四季地质 4:79-83.
- 韩兴国, 严昌荣, 陈灵芝, 梅旭荣. 2000. 暖温带地区几种木本植物碳稳定同位素的特点. 应用生态学报 11:497-500.
- 蒋高明. 1996. 植物生理生态学研究中的稳定碳同位素技术及其应用. 生态学杂志 15:49-54.
- 马利民, 刘禹, 赵建夫. 2002. 树木年轮中不同组分稳定碳同位素含量对气候的响应. 生态学报 23:2607-2613.
- 渠春梅, 韩兴国, 苏波, 黄建辉, 蒋高明. 2001. 云南西双版纳片段化热带雨林植物叶片 $\delta^{13}C$ 值的特点及其对水分利用效率的指示. 植物学报 43(2):186-192.
- 苏波, 韩兴国, 李凌浩, 黄建辉, 白永飞, 渠春梅. 2000. 中国东北样带草原区植物 $\delta^{13}C$ 值及水分利用效率对环境梯度的响应. 植物生态学报 24:648-655.
- 严昌荣, 韩兴国, 陈灵芝, 黄建辉, 苏波. 1998. 暖温带落叶阔叶林主要植物叶片中 $\delta^{13}C$ 值的种间差异及时空变化. 植物学报 9:853-859.
- 尹伟伦, 万雪琴, 夏新莉. 2007. 杨树稳定碳同位素分辨率与水分利用效率和生长的关系. 林业科学 43:15-22.
- Barbour, M. M., R. A. Fischer, K. D. Sayre, and G. D. Farquhar. 2000. Oxygen isotope ratio of leaf and grain material correlates with stomatal conductance and grain yield in irrigated wheat. Functional Plant Biology 27:625-637.
- Birks, S., J. Gibson, L. Gourcy, P. Aggarwal, and T. Edwards. 2002. Maps and animations offer new opportunities for studying the global water cycles. EOS Transactions 83:406.
- Bowen, G. J., J. R. Ehleringer, L. A. Chesson, E. Stange, and T. E. Cerling. 2007. Stable isotope ratios of tap water in the contiguous United States. Water Resources Research 43: doi:10.1029/2006WR005186.
- Bowen, G. J. and J. Revenaugh. 2003. Interpolating the isotopic composition of modern meteoric precipitation. Water Resources Research 39: doi:10.1029/2003WR002086.
- Brendel, O., L. Handley, and H. Griffiths. 2003. The C of Scots pine (*Pinus sylvestris* L.) needles: Spatial and temporal variations. Annals of Forest Science 60:97-104.
- Brugnoli, E., K. T. Hubick, S. von Caemmerer, S. C. Wong, and G. D. Farquhar. 1988. Correlation between the carbon isotope discrimination in leaf starch and sugars of C_3 plants and the ratio of intercellular and atmospheric partial pressures of carbon dioxide. Plant Physiology 88:1418-1424.
- Burgess, S. and T. Dawson. 2004. The contribution of fog to the water relations of *Sequoia sempervirens* (D. Don): Foliar uptake and prevention of dehydration. Plant, Cell and Environment 27:1023-1034.
- Busch, D. E., N. L. Ingraham, and S. D. Smith. 1992. Water uptake in woody riparian phreatophytes of the southwestern United States: A stable isotope study. Ecological Applications 2:450-459.
- Caldwell, M. M. and J. H. Richards. 1989. Hydraulic lift: Water efflux from upper roots improves effectiveness of water uptake by deep roots. Oecologia 79:1-5.
- Cernusak, L. A. and J. D. Marshall. 2001. Responses of foliar $\delta^{13}C$, gas exchange and leaf morphology to reduced hydraulic conductivity in *Pinus monticola* branches. Tree Physiology 21:1215-1222.
- Chen, S. P., Y. F. Bai, and X. G. Han. 2003. Variations in composition and water use efficiency of plant functional groups based on their water ecological groups in the Xilin river basin. Acta Botainca sinica 45:1251-1260.
- Cohen, D. 1970. The expected efficiency of water utilization in plants under different competition and selection regimes. Israel Journal of Botany 19:50-54.
- Craig, H. and L. I. Gordon. 1965. Deuterium and oxygen-18 variations in the ocean and marine atmospheres. In: Tongiorgi, E. (ed). Proceedings of A Conference on Stable Isotopes in Oceanographic Studies and Palaeotemperatures. Spoleto, Italy: 9-130.
- Damesin, C. and C. Lelarge. 2003. Carbon isotope composition of currentt-year shoots from *Fagus sylvatica* in relation to growth, respiration and use of reserves. Plant, Cell and Environment 26:207-219.
- Damesin, C., S. Rambal, and R. Joffre. 1997. Between-tree variations in leaf $\delta^{13}C$ of *Quercus pubescens* and *Quercus ilex* among Mediterranean habitats with different water availability. Oecologia 111:26-35.
- Damesin, C., S. Rambal, and R. Joffre. 1998. Co-occurrence of trees with different leaf habit: A functional approach on Mediterranean oaks. Acta Oecologica 19:195-204.
- Dawson, T. 1993. Water sources of plants as determined from xylem-water isotopic composition: Perspectives on plant competition, distribution, and water relations. Stable isotopes and plant carbon water relations. Academic Press, San Diego:465-496.
- Dawson, T., R. Pausch, and H. Parker. 1998. The role of hydrogen and oxygen stable isotopes in understanding water movement along the soil-plant-atmospheric continuum. In: Griffith, H. (ed). Stable Isotopes: Integration of Biological, Ecological and Geochemical Processes. Bios, Oxford:169-183.

- Dawson, T. E. 1996. Determining water use by trees and forests from isotopic, energy balance and transpiration analyses: The roles of tree size and hydraulic lift. Tree Physiology 16:263-272.
- Dawson, T. E. 1998. Fog in the California redwood forest: Ecosystem inputs and use by plants. Oecologia 117:476-485.
- Dawson, T. E. and J. R. Ehleringer. 1991. Streamside trees that do not use stream water. Nature 350:335-337.
- Dawson, T. E. and J. R. Ehleringer. 1993. Isotopic enrichment of water in the. Geochimica et Cosmochimica Acta 57:3487-3492.
- Dawson, T. E. and J. R. Ehleringer. 1998. Plants, isotopes and water use: A catchment-scale perspective. In: Kendall, C. and J.J. McDonnell. (eds). Isotope Tracers in Catchment Hydrology. Elsevier, Amsterdam: 165-202.
- Dawson, T. E., S. Mambelli, A. H. Plamboeck, P. H. Templer, and K. P. Tu. 2002. Stable isotopes in plant ecology. Annual Review of Ecology and Systematics 33:507-559.
- Dawson, T. E. and J. S. Pate. 1996. Seasonal water uptake and movement in root systems of Australian phraeatophytic plants of dimorphic root morphology: A stable isotope investigation. Oecologia 107:13-20.
- Dodd, M., W. Lauenroth, and J. Welker. 1998. Differential water resource use by herbaceous and woody plant life-forms in a shortgrass steppe community. Oecologia 117:504-512.
- Ehleringer, J. R. and T. A. Cooper. 1988. Correlations between carbon isotope ratio and microhabitat in desert plants. Oecologia 76:562-566.
- Ehleringer, J. R., S. L. Phillips, W. S. F. Schuster, and D. R. Sandquist. 1991. Differential utilization of summer rains by desert plants. Oecologia 88:430-434.
- Ehleringer, J. R., J. Roden, and T. E. Dawson. 2000. Assessing ecosystem-level water relations through stable isotope ratio analyses. In: Sala, O. E., R. B. Jackson, H. A. Mooney, and R. W. Howarth. (eds). Methods in Ecosystem Science. Springer, New York: 181-198.
- Ellsworth, P. Z. and D. G. Williams. 2007. Hydrogen isotope fractionation during water uptake by woody xerophytes. Plant and Soil 291:93-107.
- Ewe, S. M. L., L. S. L. Sternberg, and D. L. Childers. 2007. Seasonal plant water uptake patterns in the saline southeast Everglades ecotone. Oecologia 152:607-616.
- Farquhar, G., M. Barbour, and B. Henry. 1998. Interpretation of oxygen isotope composition of leaf material. In: Griffiths, H. (ed). Stable Isotopes: Integration of Biological, Ecological, and Geochemical Processes. BIOS Scientific Publishers Ltd, Oxford: 27-48.
- Farquhar, G., A. Condon, and J. Masle. 1994. On the use of carbon and oxygen isotope composition and mineral ash content in breeding for improve drice production under favourable, irrigated conditions. In: Cassman, K. (ed). Breaking the Yield Barrier. International Rice Research Institute, Manila:95-101.
- Farquhar, G., K. Hubick, A. Condon, and R. Richards. 1988. Carbon isotope fractionation and plant water-use efficiency. Ecological Studies 68:21-40.
- Farquhar, G. D., J. Lloyd, J. A. Taylor, L. B. Flanagan, J. P. Syvertsen, K. T. Hubick, S. C. Wong, and J. R. Ehleringer. 1993. Vegetation effects on the isotope composition of oxygen in atmospheric CO_2. Nature 363:439-443.
- Farquhar, G. D., M. O'leary, and J. Berry. 1982. On the relationship between carbon isotope discrimination and the intercellular carbon dioxide concentration in leaves. Australian Joural of Plant Physiology 9:121-137.
- Farquhar, G. D. and R. A. Richards. 1984. Isotopic composition of plant carbon correlates with water-use efficiency of wheat genotypes. Australian Joural of Plant Physiology 11:539-552.
- Feild, T. S. and T. E. Dawson. 1998. Water sources used by Didymopanax pittieri at different life stages in a tropical cloud forest. Ecology 79:1448-1452.
- Fekete, B. M., J. J. Gibson, P. Aggarwal, and C. J. Vorosmarty. 2006. Application of isotope tracers in continental scale hydrological modeling. Journal of Hydrology 330:444-456.
- Ferretti, D., E. Pendall, J. Morgan, J. Nelson, D. LeCain, and A. Mosier. 2003. Partitioning evapotranspiration fluxes from a Colorado grassland using stable isotopes: Seasonal variations and ecosystem implications of elevated atmospheric CO_2. Plant and Soil 254:291-303.
- Ferrio, J., A. Florit, A. Vega, L. Serrano, and J. Voltas. 2003. Delta C-13 and tree-ring width reflect different drought responses in Quercus ilex and Pinus halepensis. Oecologia 137:512-518.
- Flanagan, L. B., J. P. Comstock, and J. R. Ehleringer. 1991. Comparison of modeled and observed environmental influences on the stable oxygen and hydrogen isotope composition of leaf water in Phaseolus vulgaris L. Plant Physiology 96:588-596.
- Flanagan, L. and J. Ehleringer. 1991. Stable isotope composition of stem and leaf water: Applications to the study of plant water use. Functional Ecology 5:270-277.
- Flanagan, L., J. Ehleringer, and J. Marshall. 1992. Differential uptake of summer precipitation among occurring trees and shrubs in a pinyon uniper woodland. Plant, Cell and Environment 15:831-836.
- Freyer, H. and N. Belacy. 1983. $^{13}C/^{12}C$ records in northern hemispheric trees during the past 500 years-anthropogenic impact and climatic superpositions. Journal of Geophysical

Research 88:6844-6852.

- Gan, K. S., S. C. Wong, J. W. H. Yong, and G. D. Farquhar. 2002. ^{18}O spatial patterns of vein xylem water, leaf water, and dry matter in cotton leaves. Plant Physiology 130:1008-1021.
- Gan, K. S., S. C. Wong, J. W. H. Yong, and G. D. Farquhar. 2003. Evaluation of models of leaf water ^{18}O enrichment using measurements of spatial patterns of vein xylem water, leaf water and dry matter in maize leaves. Plant, Cell and Environment 26:1479-1495.
- Garten, C. and G. Taylor. 1992. Foliar δ^{13}C within a temperate deciduous forest: Spatial, temporal, and species sources of variation. Oecologia 90:1-7.
- Gat, J. 1996. Oxygen and hydrogen isotopes in the hydrologic cycle. Annual Review of Earth and Planetary Sciences 24:225-262.
- Gat, J., B. Klein, Y. Kushnir, W. Roether, H. Wernli, R. Yam, and A. Shemesh. 2003. Isotope composition of air moisture over the Mediterranean sea: An index of the air-sea interaction pattern. Tellus B 55:953-965.
- Gleixner, G., H. J. Danier, R. A. Werner, and H. L. Schmidt. 1993. Correlations between the ^{13}C content of primary and secondary plant products in different cell compartments and that in decomposing basidiomycetes. Plant Physiology 102:1287-1290.
- Gower, S. T. and J. H. Richards. 1990. Larches: Deciduous conifers in an evergreen world. Bioscience 40:818-826.
- Greaver, T. L. and L. S. L. Sternberg. 2010. Decreased precipitation exacerbates the effects of sea level on coastal dune ecosystems in open ocean islands. Global Change Biology 16:1860-1869.
- Harwood, K., J. Gillon, H. Griffiths, and M. Broadmeadow. 1998. Diurnal variation of δ^{13}CO$_2$, δC^{18}O^{16}O and evaporative site enrichment of δH$_2^{18}$O in Piper aduncum under field conditions in Trinidad. Plant, Cell and Environment 21:269-283.
- Hemming, D., V. Switsur, J. Waterhouse, and A. Carter. 1998. Climate variation and the stable carbon isotope composition of tree ring cellulose: An intercomparison of Quercus robur, Fagus sylvatica and Pinus silvestris. Tellus B 50:25-33.
- Hubbard, R. M., B. J. Bond, and M. G. Ryan. 1999. Evidence that hydraulic conductance limits photosynthesis in old Pinus ponderosa trees. Tree Physiology 19:165-172.
- Hultine, K. and J. Marshall. 2000. Altitude trends in conifer leaf morphology and stable carbon isotope composition. Oecologia 123:32-40.
- Ingraham, N. L. 1998. Isotopic variations in precipitation. In: Kendall, C. and J.J. McDonell. (eds). Isotope Tracers in Catchment Hydrology. Elsevier, New York:87-118.
- Ish-Shalom, N., L. S. L. Sternberg, M. Ross, J. O'Brien, and L. Flynn. 1992. Water utilization of tropical hardwood hammocks of the lower Florida Keys. Oecologia 92:108-112.
- Jackson, P. C., F. C. Meinzer, M. Bustamante, G. Goldstein, A. Franco, P. W. Rundel, L. Caldas, E. Igler, and F. Causin. 1999. Partitioning of soil water among tree species in a Brazilian Cerrado ecosystem. Tree Physiology 19:717-724.
- Körner, C., G. Farquhar, and Z. Roksandic. 1988. A global survey of carbon isotope discrimination in plants from high altitude. Oecologia 74:623-632.
- Körner, C., G. Farquhar, and S. Wong. 1991. Carbon isotope discrimination by plants follows latitudinal and altitudinal trends. Oecologia 88:30-40.
- Karan, D. M. and R. I. Macey. 1980. The permeability of the human red cell to deuterium oxide (heavy water). Journal of Cellular Physiology 104:209-214.
- Kloeppel, B. D., S. T. Gower, I. W. Treichel, and S. Kharuk. 1998. Foliar carbon isotope discrimination in Larix species and sympatric evergreen conifers: A global comparison. Oecologia 114:153-159.
- Korol, R., M. Kirschbaum, G. Farquhar, and M. Jeffreys. 1999. Effects of water status and soil fertility on the C-isotope signature in Pinus radiata. Tree Physiology 19:551-562.
- Lauteri, M., E. Brugnoli, L. Spaccino, J. Ehleringer, A. Hall, and G. Farquhar. 1993. Carbon isotope discrimination in leaf soluble sugars and in whole-plant dry matter in Helianthus annuus L. grown under different water conditions. In: Ehleringer, J., A. Hall and G. Farquhar. (eds). Stable Isotopes and Plant Carbon-Water Relations. Academic Press, San Diego:93-108.
- Leavitt, S. W. and A. Long. 1986. Stable-carbon isotope variability in tree foliage and wood. Ecology 67:1002-1010.
- Lin, G., S. L. Phillips, and J. R. Ehleringer. 1996. Monosoonal precipitation responses of shrubs in a cold desert community on the Colorado Plateau. Oecologia 106:8-17.
- Lin, G. and L. S. L. Sternberg. 1992a. Comparative study of water uptake and photosynthetic gas exchange between scrub and fringe red mangroves, Rhizophora mangle L. Oecologia 90:399-403.
- Lin, G. and L. S. L. Sternberg. 1992b. Effect of growth form, salinity, nutrient and sulfide on photosynthesis, carbon isotope discrimination and growth of red mangrove (Rhizophora mangle L.). Functional Plant Biology 19:509-517.
- Lin, G. and L. S. L. Sternberg. 1993. Hydrogen isotopic fractionation by plant roots during water uptake in coastal wetland plants. In: Ehleringer, J., A. Hall and G. Farquhar. (eds). Stable Isotopes and Plant Carbon-Water Relations. Academic Press, San Diego:497-510.
- Lipp, J., P. Trimborn, P. Fritz, H. Moser, B. Becker, and B. Frenzel.

1991. Stable isotopes in tree ring cellulose and climatic change. Tellus B 43:322-330.

- Ludwig, F., T. E. Dawson, H. de Kroon, F. Berendse, and H. H. T. Prins. 2003. Hydraulic lift in *Acacia tortilis* trees on an East African savanna. Oecologia 134:293-300.
- Lykoudis, S. and A. Argiriou. 2007. Gridded data set of the stable isotopic composition of precipitation over the eastern and central Mediterranean. Journal of Geophysical Research 112: doi:10.1029/2007JD008472.
- Majoube, M. 1971. Fractionnement en oxygene-18 et en deuterium entre l'eau et sa vapaeur. J Chim Phys 68:1423-1436.
- Marshall, J. D. and J. Zhang. 1994. Carbon isotope discrimination and water-use efficiency in native plants of the north-central Rockies. Ecology 75:1887-1895.
- Martinelli, L., S. Almeida, I. Brown, M. Moreira, R. Victoria, L. Sternberg, C. Ferreira, and W. Thomas. 1998. Stable carbon isotope ratio of tree leaves, boles and fine litter in a tropical forest in Rondonia, Brazil. Oecologia 114:170-179.
- McCarroll, D. and N. J. Loader. 2004. Stable isotopes in tree rings. Quaternary Science Reviews 23:771-801.
- Meinzer, F. C., J. L. Andrade, G. Goldstein, N. M. Holbrook, J. Cavelier, and S. J. Wright. 1999. Partitioning of soil water among canopy trees in a seasonally dry tropical forest. Oecologia 121:293-301.
- Meinzer, F., P. Rundel, G. Goldstein, and M. Sharifi. 1992. Carbon isotope composition in relation to leaf gas exchange and environmental conditions in Hawaiian *Metrosideros polymorpha* populations. Oecologia 91:305-311.
- Mensforth, L. J., P. J. Thorburn, S. D. Tyerman, and G. R. Walker. 1994. Sources of water used by riparian *Eucalyptus camaldulensis* overlying highly saline groundwater. Oecologia 100:21-28.
- Miller, J., R. Williams, and G. Farquhar. 2001. Carbon isotope discrimination by a sequence of *Eucalyptus* species along a subcontinental rainfall gradient in Australia. Functional Ecology 15:222-232.
- Moreira, M., L. Sternberg, L. Martinelll, R. Victoriol, E. Barbosa, L. Bonates, and D. Nepstad. 1997. Contribution of transpiration to forest ambient vapour based on isotopic measurements. Global Change Biology 3:439-450.
- New, M., M. Hulme, and P. Jones. 1999. Representing twentieth-century space-time climate variability.Part I: Development of a 1961-1990 mean monthly terrestrial climatology. Journal of Climate 12:829-856.
- Nobel, P. S. and J. Sanderson. 1984. Rectifier-like activities of roots of two desert succulents. Journal of Experimental Botany 35:727-737.
- Panek, J. A. 1996. Correlations between stable carbon-isotope abundance and hydraulic conductivity in Douglas-fir across a climate gradient in Oregon, USA. Tree Physiology 16:747-755.
- Passioura, J. B. 1981. Water collection by roots. In:Paleg, L. G., D. Aspinall. (eds). Physiology and Biochemistry of Drought Resistance Plants. Academic Press, Sydney: 39-53.
- Pate, J. and D. Arthur. 1998. $\delta^{13}C$ analysis of phloem sap carbon: Novel means of evaluating seasonal water stress and interpreting carbon isotope signatures of foliage and trunk wood of *Eucalyptus globulus*. Oecologia 117:301-311.
- Pate, J. S. 2001. Carbon isotope discrimination and plant water-use efficiency. In: Unkovich, M. J. Pate, A. Mcneill, and D.J. Gibbs. (eds). Stable Isotope Techniques in the Study of Biological Processes and Functioning of Ecosystems. Kluwer Academic Press, Boston:19-36.
- Pate, J. S. and T. E. Dawson. 1999. Assessing the performance of woody plants in uptake and utilisation of carbon, water and nutrients:Implications for designing agricultural mimic systems. Agroforestry Systems 45:245-275.
- Pate, J., E. Shedley, D. Arthur, and M. Adams. 1998. Spatial and temporal variations in phloem sap composition of plantation-grown *Eucalyptus globulus*. Oecologia 117:312-322.
- Penuelas, J. and I. Filella. 2003. Deuterium labelling of roots provides evidence of deep water access and hydraulic lift by *Pinus nigra* in a Mediterranean forest of NE Spain. Environmental and Experimental Botany 49:201-208.
- Phillips, D. L. 2001. Mixing models in analyses of diet using multiple stable isotopes: A critique. Oecologia 127:166-170.
- Phillips, D. L. and J. W. Gregg. 2003. Source partitioning using stable isotopes: Coping with too many sources. Oecologia 136:261-269.
- Phillips, D. L. and P. L. Koch. 2002. Incorporating concentration dependence in stable isotope mixing models. Oecologia 130:114-125.
- Phillips, D. L., S. D. Newsome, and J. W. Gregg. 2005. Combining sources in stable isotope mixing models: Alternative methods. Oecologia 144:520-527.
- Phillips, F. and H. Bentley. 1987. Isotopic fractionation during ion filtration. Geochimca et Cosmochimca Acta 51:683-695.
- Phillips, N., B. Bond, N. McDowell, M. G. Ryan, and A. Schauer. 2003. Leaf area compounds height-related hydraulic costs of water transport in Oregon White Oak trees. Functional Ecology 17:832-840.
- Plamboeck, A., H. Grip, and U. Nygren. 1999. A hydrological tracer study of water uptake depth in a Scots pine forest under two different water regimes. Oecologia 119:452-460.

- Qiang, W., X. Wang, T. Chen, H. Feng, L. An, Y. He, and G. Wang. 2003. Variations of stomatal density and carbon isotope values of *Picea crassifolia* at different altitudes in the Qilian Mountains. Trees-Structure and Function 17:258–262.
- Roden, J. S., G. Lin, and J. R. Ehleringer. 2000. A mechanistic model for interpretation of hydrogen and oxygen isotope ratios in tree-ring cellulose. Geochimica et Cosmochimica Acta 64:21–35.
- Ryan, M. G. and B. J. Yoder. 1997. Hydraulic limits to tree height and tree growth. Bioscience 47:235–242.
- Sala, O., W. Lauenroth, and R. Golluscio. 1997. Plant functional types in temperate semi-arid regions. In: Smith, T. M., H. H. Shugart, and F. I. Woodward. (eds). Plant Functional Types. Cambridge University Press, Cambridge:217–233.
- Salati, E., A. Dall'Olio, E. Matsui, and J. R. Gat. 1979. Recycling of water in the Amazon basin: An isotopic study. Water Resources Research 15:1250–1258.
- Saurer, M., K. Aellen, and R. Siegwolf. 1997. Correlating delta ^{13}C and delta ^{18}O in cellulose of trees. Plant Cell and Environment 20:1543–1550.
- Saurer, M., U. Siegenthaler, and F. Schweingruber. 1995. The climate carbon isotope relationship in tree rings and the significance of site conditions. Tellus B 47:320–330.
- Scheidegger, Y., M. Saurer, M. Bahn, and R. Siegwolf. 2000. Linking stable oxygen and carbon isotopes with stomatal conductance and photosynthetic capacity: A conceptual model. Oecologia 125:350–357.
- Schmidt, G. A., A. N. LeGrande, and G. Hoffmann. 2007. Water isotope expressions of intrinsic and forced variability in a coupled ocean-atmosphere model. Journal of Geophysical Research 112: doi:10.1029/2006JD007781.
- Schulze, E. D., R. Williams, G. Farquhar, W. Schulze, J. Langridge, J. Miller, and B. Walker. 1998. Carbon and nitrogen isotope discrimination and nitrogen nutrition of trees along a rainfall gradient in northern Australia. Functional Plant Biology 25:413–425.
- Schwinning, S., K. Davis, L. Richardson, and J. R. Ehleringer. 2002. Deuterium enriched irrigation indicates different forms of rain use in shrub/grass species of the Colorado Plateau. Oecologia 130:345–355.
- Schwinning, S. and J. R. Ehleringer. 2001. Water use trade-offs and optimal adaptations to pulse-driven arid ecosystems. Journal of Ecology 89:464–480.
- Scott, R. L., C. Watts, J. G. Payan, E. Edwards, D. C. Goodrich, D. Williams, and W. J. Shuttleworth. 2003. The understory and overstory partitioning of energy and water fluxes in an open canopy, semiarid woodland. Agricultural and Forest Meteorology 114:127–139.
- Sharifi, M. R. and P. Rundel. 1993. The effect of vapour pressure deficit on carbon isotope discrimination in the desert shrub *Larrea tridentata* (creosote bush). Journal of Experimental Botany 44:481–487.
- Snyder, K. A. and D. G. Williams. 2000. Water sources used by riparian trees varies among stream types on the San Pedro River, Arizona. Agricultural and Forest Meteorology 105:227–240.
- Sobrado, M. and J. Ehleringer. 1997. Leaf carbon isotope ratios from a tropical dry forest in Venezuela. Flora 192:121–124.
- Sparks, J. and J. Ehleringer. 1997. Leaf carbon isotope discrimination and nitrogen content for riparian trees along elevational transects. Oecologia 109:362–367.
- Sternberg, L. S. L., N. Ish-Shalom-Gordon, M. Ross, and J. O'Brien. 1991. Water relations of coastal plant communities near the ocean/freshwater boundary. Oecologia 88:305–310.
- Sternberg, L. S. L. and P. K. Swart. 1987. Utilization of freshwater and ocean water by coastal plants of southern Florida. Ecology 68:1898–1905.
- Stewart, G. R., M. Turnbull, S. Schmidt, and P. Erskine. 1995. ^{13}C natural abundance in plant communities along a rainfall gradient: A biological integrator of water availability. Functional Plant Biology 22:51–55.
- Stratton, L. C., G. Goldstein, and F. C. Meinzer. 2000. Temporal and spatial partitioning of water resources among eight woody species in a Hawaiian dry forest. Oecologia 124:309–317.
- Sullivan, P. F. and J. M. Welker. 2007. Variation in leaf physiology of Salix arctica within and across ecosystems in the High Arctic: Test of a dual isotope (δ^{13}C and δ^{18}O) conceptual model. Oecologia 151:372–386.
- Tans, C., T. Black, and J. Nnyamah. 1978. A simple diffusion model of transpiration applied to a thinned Douglas-fir stand. Ecology 59:1221–1229.
- Thorburn, P. J., T. J. Hatton, and G. R. Walker. 1993. Combining measurements of transpiration and stable isotopes of water to determine groundwater discharge from forests. Journal of Hydrology 150:563–587.
- Thorburn, P. J., L. J. Mensforth, and G. R. Walker. 1994. Reliance of creek-side river red gums on creek water. Marine and Freshwater Research 45:1439–1443.
- Tuzet, A., J. Castell, A. Perrier, and O. Zurfluh. 1997. Flux heterogeneity and evapotranspiration partitioning in a sparse canopy: The fallow savanna. Journal of Hydrology 188:482–493.
- Ufnar, D., L. Gonzalez, G. Ludvigson, R. Brenner, and B. Witzke. 2004. Evidence for increased latent heat transport during the Cretaceous (Albian) greenhouse warming. Geology 32:1049–

1052.
- Valenti, G. S., M. Ferro, D. Ferraro, and F. Riveros. 1991. Anatomical changes in *Prosopis tamarugo* Phil. seedlings growing at different levels of NaCl salinity. Annals of Botany 68:47–53.
- Valenti, G. S., L. Melone, O. Orsi, and F. Riveros. 1992. Anatomical changes in *Prosopis cineraria* (L.) Druce seedlings growing at different levels of NaCl salinity. Annals of Botany 70:399–404.
- Valentini, R., T. Anfodillo, and J. Ehleringer. 1994. Water sources and carbon isotope composition ($\delta^{13}C$) of selected tree species of the Italian Alps. Canadian Journal of Forest Research 24:1575–1578.
- Waisel, Y. 1972. Biology of Halophytes(Physiological Ecology). Academic Press Inc, Mishawaka.
- Waisel, Y., A. Eshel, and M. Agami. 1986. Salt balance of leaves of the mangrove *Avicennia marina*. Physiologia Plantarum 67:67–72.
- Walcroft, A. S., W. B. Silvester, J. C. Grace, S. D. Carson, and R. H. Waring. 1996. Effects of branch length on carbon isotope discrimination in *Pinus radiata*. Tree Physiology 16:281–286.
- Walker, C. and S. Richardson. 1991. The use of stable isotopes of water in characterising the source of water in vegetation. Chemical Geology: Isotope Geoscience Section 94:145–158.
- Wang, X. F. and D. Yakir. 1995. Temporal and spatial variations in the oxygen-18 content of leaf water in different plant species. Plant, Cell and Environment 18:1377–1385.
- Wang, X. F. and D. Yakir. 2000. Using stable isotopes of water in evapotranspiration studies. Hydrological Processes 14:1407–1421.
- Ward, J., T. Dawson, and J. Ehleringer. 2002. Responses of *Acer negundo* genders to interannual differences in water availability determined from carbon isotope ratios of tree ring cellulose. Tree Physiology 22:339–346.
- Waring, R. H. and W. B. Silvester. 1994. Variation in foliar $\delta^{13}C$ values within the crowns of *Pinus radiata* trees. Tree Physiology 14:1203–1213.
- Warren, C. R. and M. A. Adams. 2000. Water availability and branch length determine $\delta^{13}C$ in foliage of *Pinus pinaster*. Tree Physiology 20:637–643.
- Warren, C. R., J. F. McGrath, and M. A. Adams. 2001. Water availability and carbon isotope discrimination in conifers. Oecologia 127:476–486.
- Wershaw, R., I. Friedman, S. Heller, and P. Frank. 1966. Hydrogen isotopic fractionation of water passing through trees. Earth Sciences 32:55–67.
- White, J. W. C., E. R. Cook, J. R. Lawrence, and S. B. Wallace. 1985. The ratios of sap in trees: Implications for water sources and tree ring ratios. Geochimica et Cosmochimica Acta 49:237–246.
- Williams, D. G. and J. R. Ehleringer. 2000. Intra-and interspecific variation for summer precipitation use in pinyon-juniper woodlands. Ecological Monographs 70:517–537.
- Worden, J., D. Noone, K. Bowman, R. Beer, A. Eldering, B. Fisher, M. Gunson, A. Goldman, R. Herman, and S. S. Kulawik. 2007. Importance of rain evaporation and continental convection in the tropical water cycle. Nature 445:528–532.
- Yakir, D. 1998. Oxygen-18 of leaf water: A crossroad for plant-associated isotopic signals. In: Griffiths, H. (ed). Stable Isopes. BIOS Scientific Publishers, Oxford:147–168.
- Yakir, D. and L. S. L. Sternberg. 2000. The use of stable isotopes to study ecosystem gas exchange. Oecologia 123:297–311.
- Yakir, D. and X. F. Wang. 1996. Fluxes of CO_2 and water between terrestrial vegetation and the atmosphere estimated from isotope measurements. Nature 380:515–517.
- Yepez, E. A., D. G. Williams, R. L. Scott, and G. Lin. 2003. Partitioning overstory and understory evapotranspiration in a semiarid savanna woodland from the isotopic composition of water vapor. Agricultural and Forest Meteorology 119:53–68.
- Yurtsever, Y. and J. R. Gat. 1981. Atmospheric waters. International Atomic Energy Agency, Technical Report Series 210:103–142.

第 6 章
稳定同位素与动物生态学研究

在动物生态学中，食物来源和生态系统营养级位置研究的传统方法包括直接观察、胃含物分析、食物残留物分析和排泄物分析等。但这些方法所能获得的信息极其有限，主要有以下几方面的原因：① 研究结果只能反映动物近期的取食情况，很难反映动物食物组成的改变，尤其是在较长时间段内甚至一生的取食变化情况；② 由于有些被摄食、但没有被消化吸收的食物（Gannes et al.，1997），研究结果可能与动物实际摄食的主要食物有较大偏差；③ 对于体型较小的动物（如昆虫、线虫和浮游动物），存在研究技术上的困难；④ 破坏性取样、研究耗时长以及劳动强度大。因此，这些方法在应用方面有很大的局限性。

近年来，稳定同位素技术在动物生态学研究中的应用得到迅速发展，特别是在动物食物来源的确定、食物链与食物网的构建以及动物的迁徙活动等领域中的应用日益普遍（Hobson et al.，2000；Iacumin et al.，2005；Cerling et al.，2006；Layman et al.，2007；Newsome et al.，2007；Wang et al.，2008；Semmens et al.，2009；Wang et al.，2010；Fricke et al.，2011；Roach et al.，2011）。动物组织的同位素组成与其食物源和水源的同位素组成相一致，反映了一段时间（几小时到几年甚至更长时间）内动物所同化的所有食物或生活环境同位素组成的综合特征。因此，通过对动物体内不同组织和可能摄取食物的碳、氮稳定同位素值的分析比较，就可推断动物的摄食情况。当动物栖息环境发生变化或动物迁徙到一个新的生境时，动物组织同位素组成又会向新环境的同位素组成转变。因此，动物组织同位素组成能真实地反映一段时期内动物的食物来源、栖息地环境、分布格局及其迁徙路线等信息，是动物生存状况的理想指示物（Cerling et al.，2006；Newsome et al.，2007；Roach et al.，2011）。而分析不同时空尺度上动物组织同位素组成还可以深入了解动物对环境变化的适应过程（Wang et al.，2010；Roach et al.，2011）。

与传统方法相比，稳定同位素技术在研究动物生态学时具有如下优点：① 通过稳定同位素技术得到的营养级关系，反映了动物间捕食与被捕食相互作用的长期结果，而非某一偶然的捕食关系（Layman et al.，2007；Newsome et al.，2007；Wang et al.，2010）；② 研究体型较小（昆虫和土壤动物）或群落结构复杂的动物（水生动物）时，稳定同位素方法更显示了其优越性，使我们可以真正地了解这些动物在生态系统能量流动中的作用（Peterson and Fry，1987；Hentschel，1998）；③ 稳定同位素技术可以连续地测出食物网中动物的营养级位置，从而克服了营养级在传统方法的测定中只有整数的缺点，较真实地反映了动物在食物网及群落中的位置及作用（Quevedo et al.，2009；Hammerschlag-Peyer et al.，2011）；④ 用稳定同位素技术分析已经灭绝的或用常规方法难以测定的大型珍稀动物的摄食情况

(Iacumin et al., 2005; Cerling et al., 2006; Fricke et al., 2011), 更加体现了其他方法难以替代的优势。正是这些优点,稳定同位素技术是目前揭示动物食物来源、食物网中物质循环、动物迁徙路线以及消费者和生产者之间营养关系等领域的重要方法。本章第1节主要介绍动物组织稳定同位素组成与食物的关系,第2节论述如何利用稳定同位素技术确定动物的不同食物来源和摄食行为,第3节列举一些利用稳定同位素技术研究食物网和食物链关系的经典研究实例,第4节讨论如何利用稳定同位素技术研究动物的分布和迁徙。

第1节 动物组织稳定同位素组成与食物源研究

一、动物组织的稳定同位素特征

DeNiro和Epstein(1978)在研究动物组织碳同位素组成与其食物关系中发现,两者$\delta^{13}C$值相差甚微(平均差值不到0.8‰),并且同种动物在摄食不同食物时同位素组成会明显不同,而不同种动物在食用同种食物时同位素组成却十分相近。Yoneyama等(1983)用已知同位素组成的食物对三种不同年龄的老鼠进行喂养实验,测得老鼠不同组织的$\delta^{13}C$值与食物$\delta^{13}C$值平均相差在0.5‰以内。此外,Teeri和Schoeller(1979)分别用纯小麦面粉(C_3)、纯玉米面粉(C_4)及两者的混合物(各50%)来饲养甲虫(Tribolium castaneum),结果表明甲虫$\delta^{13}C$值与其所食用食物的平均$\delta^{13}C$值高度吻合。这些结果均表明动物组织的同位素组成取决于其食物的同位素组成。

由于动物各组织新陈代谢速率不同,因此不同组织的同位素值能反映出不同时间尺度动物的食物特征。例如,动物呼出气体和血液同位素值反映的是几小时到几天的;脂肪、肌肉和毛发等组织同位素值反映的是几周、几个月甚至几年的;而骨骼、牙齿则反映其几十年甚至一生的(Jim et al., 2004)。Tieszen等(1983)的实验表明,当沙鼠(Meriones unguienlatus)的食物从玉米(C_4植物)转变为小麦(C_3植物)后,其组织的$\delta^{13}C$值也随之改变,并且不同组织的$\delta^{13}C$值存在差异($\delta^{13}C$值大小顺序为:毛>脑>肌肉>肝>脂肪)。Hobson和Bairlein(2003)对刺嘴莺(Sylvia borin)的血液及羽毛同位素组成更新速率进行的实验结果表明,测定同一动物不同组织的同位素组成可以获得不同时间尺度上动物的食物变化及其迁徙活动等信息。

二、营养级的同位素分馏效应

早期的研究表明,消费者$\delta^{13}C$值通常与其食物较为接近,即个体在整条食物链传递中,$\delta^{13}C$值变化不大。但$\delta^{15}N$通常在消费者体内富集,主要原因是动物向体外分泌物质的过程中对^{15}N有排斥作用,导致消费者体内^{15}N含量逐步增加(见第3章)。这样,营养级越高,^{15}N的含量也越高(McCutchan et al., 2003)。测定动物(组织)及其可能食物来源的同位素组成,不但可以确定动物的食物偏好(张雪莲等,2003)、主要食物来源(Chisholm et al., 1982)及食物季节变化和年变化(Ben-David et al., 1997),对于有多种食物来源的动物,还可以计算出每种食物在整体食物中所占的比例,分析动物所处的营养级位置,划分复杂食物网及群落结构等。

稳定同位素能够应用于食物网研究基于以下假设:动物与其食物之间的稳定同位素值存在较为确定的判别值(discrimination,Δ),如$\Delta^{13}C$:0‰~1‰;$\Delta^{15}N$:3‰~4‰(图6-1)(Peterson and Fry, 1987; Post, 2002)。需要注意的是,上述判别值均来自对已发表数据进行综述的文章,例如碳、氮和硫营养级的判别值详见McCutchan等(2003)的文章,这些判别值是室内实验结果与营养级富集度(trophic enrichment)野外实验数据结合得出的平均值(Neilson et al., 2002),忽略了动物的分类地位、取样组织及其他变量的差异后。该平均值的应用会掩盖诸多因素(研究对象的分类地位、栖息环境和取样及处理方法)对碳、氮等稳定同位素在营养级之间富集产生的影响(Post, 2002; Olive et al., 2003),其中,食物稳定同位素值的影响是最易受到忽略的因素。利用模型或公式估算食物贡献比例及营养级的关键在于确定营养级判别值,即使判别值很小的变化也会导致输出结果的大幅度偏差(Caut et al., 2009)。

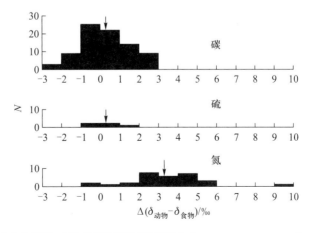

图6-1 动物和食物之间碳、氮和硫同位素组成的判别值(Peterson and Fry, 1987)

稳定同位素已经成为研究动物食物源及营养关系的重要手段。但研究人员需要注意稳定同位素应用的前提假设，充分考虑导致同位素营养级富集度变化的诸多因素，同时需要通过更多的室内喂养控制实验来获取动物与其食物之间的营养关系（Martínez del Rio et al.，2009）。滨海河口地区因其独特性和复杂性，稳定同位素随营养级的富集可能表现出与其他生态系统不同的特征，Yokoyama等（2005）对河口大型底栖动物的研究表明，利用两种虾类肌肉得出的动物–食物的 $\Delta\delta^{13}C$ 达到2‰~2.2‰，指出同位素分馏与物种及取样组织有关，因此需要更多的室内实验来确定河口地区特定物种或组织的同位素分馏情况，以更好地解释野外实验获得的稳定同位素数据。例如，Mazumder和Saintilan（2010）在澳大利亚的红树林生态系统中底栖动物体内所检测出的 $\delta^{13}C$ 信号较红树植物的低了3‰~4‰，并由此判定红树植物并非其主要食物来源。然而上述结果是在底栖动物碳同位素分馏作用较小（每级的判别值约1‰）的前提下得到的，一旦判别值超过1‰，就会显著低估该生态系统中红树植物对底栖动物的食物贡献率。因此，有必要得到具体动物种类的特定的判别值和分馏系数（fractionation factor，α），从而更准确地估算该种类的食物源，而这只能依靠室内控制实验来解决。

三、代谢与发育过程的同位素组成改变

动物在吸收利用食物的过程中存在一定程度的同位素分馏（DeNiro and Epstein，1981；Sponheimer and Lee-Thorp，2003），而且动物各组织对不同元素同位素的分馏效应也有很大差异。例如，Roth和Hobson（2000）分析了红狐（*Vulpes vulpes*）不同组织（血清、血红细胞、肝、肌肉和毛皮）与食物碳、氮稳定同位素组成，发现对于 ^{13}C，食物富集程度最大的组织是毛皮（2.6‰），其次是肌肉（1.1‰），最小的是肝和血红细胞（0.4‰~0.6‰）。对于 ^{15}N，除血清（4.2‰）外，其他各组织间差异较小（肝、肌肉和毛皮约为3.3‰~3.5‰）。Kurle（2002）进一步研究了动物组织对食物的同位素分馏效应，发现海豹（*Callorhinus ursinus*）的血液各组分（血浆、血清、血红细胞）中重同位素 ^{13}C 和 ^{15}N 富集程度也有明显差异：血清、血浆和血红细胞 ^{13}C 分别平均增加了0.6‰、1.0‰和1.4‰；血红细胞 ^{15}N 平均增加了4.1‰，而血浆和血清增加了5.2‰。

许多生物类群中存在着生态位随着个体发育而产生变化的现象。由于个体发育生态位（ontogenetic niche）的改变会引起种群、群落以及生态系统结构和动态过程的变化，因此有必要利用定量技术来甄别这一过程中食性的转变。稳定同位素技术对动物食性的时空再现性使其成为研究个体发育生态位的重要工具（Post，2002；Bearhop et al.，2004；Layman et al.，2007）。已有许多研究通过利用稳定同

位素技术定性了或者从单个同位素的角度验证了个体发育生态位的改变这一事实（Landman，1983；Post，2003）。同位素分析的即时性在鉴别自然状态下随着个体发育而产生的食性转变方面具有很大优势，有助于加深了解个体发育过程中生态位的宽度、位置和重叠生态位的可能变化及相互关系。Hammerschlag-Peyer等（2011）结合单因素和多因素的分析方法，提出了验证个体发育生态位变化的研究框架（图6-2）。这个框架包含个体生态位3种可能变化情况：① 生态位不发生改变；② 生态位扩张或缩小；③ 不同大小个体之间的生态位变化相互独立。并且分别设置了3种情况各自的鉴别标准，3个用来反应资源利用特征的参数：生态幅、生态位以及重叠生态位，并分别提供了经验性的例子。这个框架为个体发育生态位转变的进一步研究奠定了基础，也被应用于检验种群内的其他因素对资源利用的影响（例如，性别和表型）。

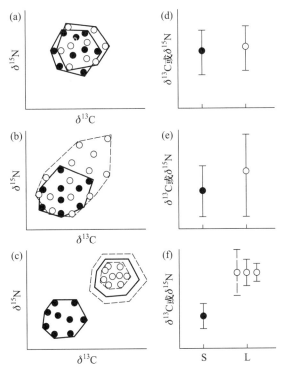

图6-2 稳定同位素比率对3种个体发育生态位潜在转变情况的模拟。水平的两两一组分别代表3种假设。根据个体大小分为两个处理组：S=小个体组；L=大个体组。（a）~（c）为不同假设下两组生态幅（以多边形表示）、生态位和重叠生态位的$\delta^{13}C$-$\delta^{15}N$多元分析。（d）~（f）为不同假设下两组生态幅（以同位素值的变化幅度表示）、生态位（平均值）和重叠生态位的$\delta^{13}C$或$\delta^{15}N$多元分析（Hammerschlag-Peyer et al.，2011）

在应用这一框架时，应将研究中的3种假设视为连续状态的极端情况，大多个体可能落在这3个极端假设之间。而之前讨论过有关同位素的诸多限制因素也应当被考虑（Newsome et al.，2007；Layman and Post，2008；Layman et al.，2011）。例如，食物源库的同位素特征值之间需要有较大差异,而其对时空变化很敏感。因此,在$\delta^{13}C$-$\delta^{15}N$图中,将存在多种关于消费者摄入潜在食物源的解释。所以,尽管稳定同位素技术是非常有用的工具(Layman and Post,2008),但仍有必要结合传统直观的方法(例如胃含物分析、粪便分析以及直接观察法)来分析同位素信号值。另外,还需要特别注意的是,在解释数据时应注意到统计学上的差异显著并不总是等同于具有重要的生物学意义。

第2节 动物的食物来源

近年来,稳定同位素技术在调查动物食物来源方面已得到了广泛应用,并展示出较强的优越性。动物体同位素组成能够反映其一段时间内食物的同位素组成,通过分析比较动物体(组织)和可能来源食物的碳、氮稳定同位素值,即可推断动物的摄食情况(DeNiro and Epstein,1978;Balasse et al.,2006)。由于动物摄食后对食物同化需要一定时间,所以动物体内稳定同位素值主要反映了动物当前甚至更长一段时期内的摄食情况(Cerling et al.,1999;蔡德陵和洪旭光,2001)。

稳定同位素作为动物食物来源的可靠标记物,是量化动物食物组成的理想指标。当动物有多种食物来源时,同位素方法可以确定其主要食物来源(Cormie and Schwarcz,1996;Romanek et al.,2000)。对于那些已灭绝的动物或大型珍稀动物,稳定同位素是研究它们食物来源及其生活环境变迁的理想工具(Iacumin et al.,2005;Cerling et al.,2006;Fricke et al.,2011)。对于体型非常小的土壤动物、昆虫以及水生无脊椎动物,利用传统方法确定它们的食物来源及食性十分困难,而稳定同位素技术提供了一种有效手段(Peterson and Fry,1987;Hentschel,1998)。

一、动物食物来源的模型

对于有两种或两种以上食物来源的动物,可根据同位素质量平衡方程(isotope mass balance equation)确定各种食物在动物食物总体中所占的比例。同位素质量平衡方程可用下式表示:

$$\delta^{13}C_i = \sum_{j=1}^{n}\left[f'_{ij}\left(\delta^{13}C_j + \Delta'_C\right)\right] \tag{6-1}$$

$$\delta^{15}N_i = \sum_{j=1}^{n}\left[f'_{ij}\left(\delta^{15}N_j + \Delta'_N\right)\right] \tag{6-2}$$

$$\sum_{j=1}^{n} f'_{ij} = 1 \tag{6-3}$$

式中，$\delta^{13}C_i$和$\delta^{15}N_i$分别是消费者碳和氮同位素组成；$\delta^{13}C_j$和$\delta^{15}N_j$分别为可能食物碳和氮同位素组成；Δ'_C和Δ'_N分别为沿营养级的碳和氮同位素判别值；f'_{ij}是各种食物在整体食物中所占比例；n代表消费者全部食物种类（Saito et al., 2001）。

从式（6-1）、式（6-2）和式（6-3）看出，当动物只有两种食物来源时，只需要分析单种元素（碳、氮或硫）的同位素就可以确定动物取食它们的相对比例。当有3种食物来源时，可以采用双同位素组合测定（如^{13}C、^{15}N或^{13}C、^{34}S或^{15}N、^{34}S）确定取食食物所占的比例。当动物食物来源有4种时，需要分析3种元素（碳、氮和硫）的同位素组成。以此类推，从理论上讲，可以运用n种同位素确定$n+1$种食物来源，n值越大计算越复杂。有时当动物食物来源数量过多时，可以先合并一些同位素比值接近的食物来源，也可以直接利用IsoSource软件计算各食物来源被使用的比例范围（Phillips et al., 2005）。

二、稳定同位素研究动物食性的实例

（一）陆地动物

（1）农田生物

Ostrom等（1997）利用稳定碳和氮同位素研究农业生态系统中植物（小麦、玉米和苜蓿）–蚜虫–瓢虫间能量流动，运用上述同位素质量平衡方程计算瓢虫的食物组成。结果显示，在5月份，瓢虫的食物有32%来自苜蓿，68%来自玉米；到了8月份，其食物来源组成为苜蓿52%、小麦6%和玉米42%。

（2）森林生物

Cerling等（1999）比较了生活在稀树草原和森林中现存大象的同位素组成，发现两者均是食叶动物。Hilderbrand等（1996）分析了已灭绝的穴居熊（*Ursus spelaeus*）和棕熊（*Ursus arctos*）骨骼同位素（$\delta^{13}C$和$\delta^{15}N$）组成，研究结果与以往的结论（Bocherens et al., 1994）不同，穴居熊不仅不是食草动物，而且肉类在它所利用的食物中占了很大比例（41%~78%）。

（3）草原生物

Boutton等（1983）用稳定碳同位素分析了东非草原上白蚁（*Macrotermes michaelseni*）的食物组成，并分别算出在Kajiado和Ruiru两个地点的白蚁食物中C_4植物分别占70%和64%。此外，Magnusson等（1999）在亚马孙中部的热带稀树草原上研究了C_3和C_4植物对不同动物食物的贡献，并分别计算出C_3和C_4植物在多种动物食物中所占比例。如蝗虫（*Tropidacris collaris*）食物中C_3植物约占90%，两种切叶蚁（*Acromyrmex latticeps nigrosetosus*和*Atta laevigata*）食物中C_3植物约占70%；两种白蚁（*Syntermes molestus*和*Nasutitermes* sp.）主要以C_4植物为食，而以白蚁为食的青蛙和蜥蜴有超过50%的食物源于C_4植物；杂食啮齿动物（*Bolomys lasiurus*）大约有60%食物来自C_3植物。

Cormie和Schwarcz（1996）研究北美白尾鹿（*Odocoileus virginianus*）食物组成时发现，即使在C_4植物也占优势的旱季草原上，北美白尾鹿还是很少食用C_4植物（<10%）。此外，Ramsay和Hobson（1991）对北极熊（*Ursus maritimeus*）骨骼、肌肉和脂肪组织$\delta^{13}C$分析发现，虽然北极熊一年有1/3时间活动在陆地上，但它几乎不食用陆生食物。

易现峰等（2004）通过测定海北高寒草甸生态系统中主要物种的碳稳定同位素组成，研究了它们捕食与被捕食的关系，确定了高寒草甸生态系统中5条主要的食物链。碳稳定同位素的数据还表明，由于大规模的灭鼠，大鵟的食性发生了较大变化，其食物主要来源由原来的小型哺乳类转变为雀形目鸟类。另外，沙丘动物群落、巨蜥（*Varanus mabitang*）、冰岛上的6种海鸟、地中海地区海鸟群落和热带雨林蚂蚁动物群落的营养级关系也都通过稳定同位素研究得到划分（Fry *et al.*，1978；Thompson *et al.*，1999；Struck *et al.*，2002；Blüthgen *et al.*，2003；Forero and Hobson，2003）。这些研究均表明，重稳定同位素在动物体内的富集从本质上揭示了动物间捕食与被捕食的关系。

（4）岛屿生物

世界上规模最大的大坝——我国的三峡大坝于2009年起开始满负荷运行，导致周边水域永久性和季节性岛屿的形成。大规模的生境岛屿化现象可能引起三峡库区生物多样性和生态系统过程的改变，吸引了全球各领域科学家的目光。Wang等（2010）就三峡库区陆地和岛屿两种生境的啮齿类动物种群组成和分布展开调查，并利用稳定同位素技术研究了两种生境啮齿类动物的食性。稳定同位素分析的结果揭示了岛屿上啮齿类动物取食种类较陆地上更多样。此外，岛屿不同啮齿类动物种群食谱的重叠程度要高于陆地（图6-3），这说明岛屿上的啮齿类动物对食物的竞争比陆地更激烈。由此断定三峡大坝引起的生境破碎化增加了啮齿类动物种间和种内的竞争，进一步影响了生态系统的物种组成和生物多样性。

（二）水生动物

（1）浮游动物

碳、氮稳定同位素在揭示浮游动物营养关系层面上起到了很好的示踪作用（Gu *et al.*，1997），但仍然要考虑动物和其摄食食物之间的同位素值存在变化范围的影响。通过测定浮游动物稳定同位素，可以分析探究一些难以觉察的有机碳源。其中，浮游植物碳稳定同位素的组成和变化对浮游动物影响最显著。对许多浮游植物碳稳定同位素的测定发现其变化范围为−25.9‰ ~ −19.2‰（蔡德陵等，1999）

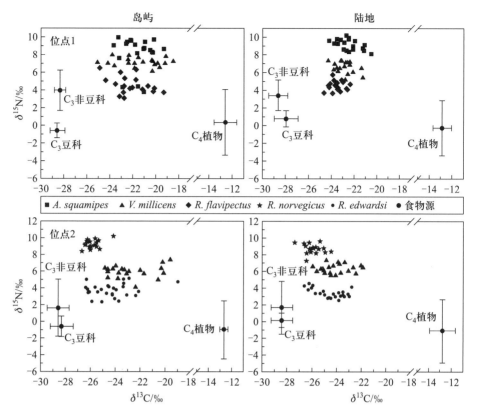

图 6-3 两种生境主要种类啮齿类动物的组织（血液、肌肉和毛发）及其潜在食物源的 $\delta^{15}N$-$\delta^{13}C$ 关系（Wang et al., 2010）

或 −24‰ ~ −18‰（Fry, 1988），并且随着季节变化, 冬季和春季较负（Ben-David et al., 1997）。其变化原因尚无定论，但可能是水温的变化对溶解在水中的二氧化碳分馏作用的影响。

在分析水生生物的食性时，另一不可忽略的影响因素是水体中的颗粒有机碳（particulate organic matter, POM）。当海水盐度发生变化时（即混入了淡水），水中溶解无机碳（dissolved inorganic carbon, DIC）的变化也会导致浮游植物碳同位素值的变化，从而影响到那些主要食物来源是浮游植物的水生生物。Vizzini 等（2003）对地中海环礁湖中主要消费者的碳、氮稳定同位素进行调查，发现了颗粒有机碳中的藻类物质——海草真菌和微藻，分别是浮游动物和底栖无脊椎动物的主要食物来源。

有研究发现，外来有机碳的输入影响了水体的营养程度，从而影响浮游动物种群特征的变化，而当水体的营养水平增高时，浮游动物对外来有机碳源的依赖性降低（Gu and Alexander, 1993; Gu et al., 1994）。因此在水环境生态调控和水产养殖过程中通过调控水体的营养程度，可在一定程度上调节水体浮游生物种群变动，进而使一些水体（尤其是养殖水体）的微环境处于良性循环。

在海水中，DIC对浮游生物体内的碳同位素值影响较大，因为水中的部分植物在光合作用时，利用的是溶解在海水中的二氧化碳，而不是HCO_3^-（Thimdee et al., 2004）。例如，一些底栖硅藻在生长过程中，虽然与浮游藻类利用同样的碳源，但是底栖硅藻的平均碳同位素值却高于浮游植物。Doi等（2003）对日本的一个火山湖中底栖硅藻和浮游藻类的碳同位素值进行分析时发现，由于溶解二氧化碳的持续补充，该湖中颗粒有机碳的同位素平均值在很小的范围内（-26.4‰ ~ -23.7‰）波动。因此，外源二氧化碳对水体中颗粒有机碳同位素值的影响不可忽视。

（2）底栖动物

底栖动物在水环境生态系统中对食物链物质能量的传递和流动具有显著影响。潮间带水体底部环境较水体其他部位复杂，主要表现在理化因子和生物组成上，这决定了底栖动物摄食情况的复杂性。蔡德陵和洪旭光（2001）对崂山湾潮间带底栖动物的碳同位素进行分析，发现其食物来源多样，食物组成复杂：双壳类等滤食性动物的主要食物来源为颗粒有机质，多数腹足类动物的主要食物为底栖硅藻，而甲壳动物的食物来源较为复杂。

（3）鱼类

鱼类摄食情况复杂，有些鱼类食性在生长过程中会发生多次转变。幼鱼阶段的食性转变显著影响幼鱼的成活率，因此对该阶段鱼类摄食状况的研究具有重要意义。Furuya等（2002）测定了大西洋鲑幼鱼及其潜在食物源的稳定同位素值，并结合生长状况，分析了大西洋鲑幼体生长时期的主要食物构成。Gu等（1996）利用稳定同位素技术，探讨了浮游生物是否是鲢鳙鱼的主要食物来源，也对鲟鱼在河流停留期间的摄食情况进行了研究（Gu et al., 2001）。这些研究均表明稳定同位素技术在鱼类摄食研究方面是很有效的。但是，在对某些鱼类进行食性分析时，由于食物间会发生相互作用，如受到浮游-底栖耦合作用的影响，可能会影响分析结果。

温带河流系统中，很少有鱼类会利用较大颗粒的碎屑，包括陆源粗颗粒有机物（如树叶和木材），但是热带河流有大量多样的特化鱼类利用它，关于鱼类对有形碎屑的生理同化及其在鱼类食物中所占比例这两方面的知识，我们了解甚少。Lujan等（2011）研究了7种不同鲶鱼下颌的6种功能形态特征，同时测定了：① 3种取食木材鲶鱼的血浆、血红细胞和鱼鳍组织的同位素信号；② 所有7种鲶鱼的肌肉同位素信号；③ 潜在食物源（生物膜、悬浮物、陆源植物木材及从中提取的全纤维素）的碳、氮稳定同位素信号值（图6-4）。

Lujan等（2011）利用上述同位素数据，在新热带区河流不同种类的鲶鱼中量化了粗木质碎屑在这些消费者食物中的贡献。这些鲶鱼具有3类不同的下颌骨

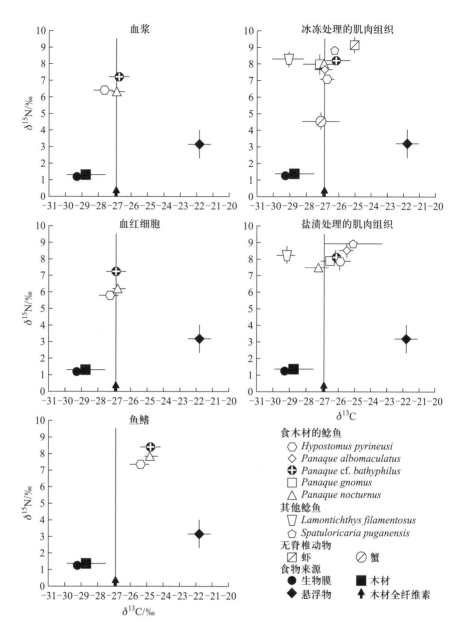

图6-4 7种不同鲶鱼组织样品的$\delta^{13}C$和$\delta^{15}N$值与食物的关系（Lujan et al., 2011）

形态，反映出它们对木质碎屑切割、表面啃食和捕食大型无脊椎动物的不同功能适应。主成分分析结果显示了下颌骨形态差异及其代表的不同鲶鱼种类的功能分化（图6-5）。Lujian等（2011）发现吃木质碎屑的鲶鱼实际上是同化细菌来源的碳，鲶鱼组织比陆源植物木材（bulk wood）的$\delta^{15}N$值大5.8‰的结果支持这一事实。这超过了室内控制实验和鱼类回归模型得到的鱼类组织-食物同位素判别值范围：4.1‰～5.2‰（Caut et al., 2009; German and Miles, 2010）。由此，Lujian等（2011）提出，取食陆源木屑的鲶鱼和其他的碎屑消费者一样，并不能直接吸收木材的碳，而是利用了微生物来源的碳。

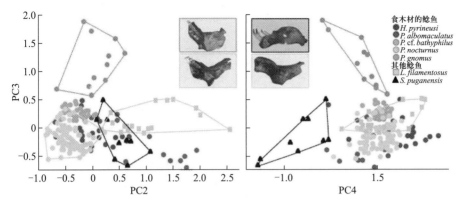

图6-5 不同鲶鱼下颌骨多元形态空间分布图（Lujan et al.，2011）（参见书末彩插）

（三）河口湿地动物

Peterson等（1985）发现，在碎屑食物链为主的生态系统中，由于无法清楚地确定碎屑来源，迫切需要找到指示有机质流向和食物链营养关系的示踪物。潮滩盐沼河口包含大面积高生产力的盐沼草本植物。例如，在以互花米草（*Spartina alterniflora*）为主的河口湿地，大量的互花米草碎屑被分解者和碎屑食物链利用，长期以来的研究认为这种碎屑的输出是盐沼河口湿地高次级生产力的主要原因。

通过稳定同位素分析可以验证互花米草碎屑是河口水体和消费者食物有机质主要来源的假设。互花米草相对于浮游植物和陆生C_3植物^{13}C更富集（δ^{13}C值分别为：互花米草−13‰，浮游植物−22‰，陆生C_3植物−28‰）。然而，Haines和Montague（1979）通过在美国佐治亚州Sapelo岛的工作，首次指出潮沟的悬浮物同位素值落在浮游植物来源有机质同位素值范围内，与互花米草的差异较大。之后对消费者的研究也表明滤食性动物（比如牡蛎）的同位素组成，与浮游植物更相似。其他消费者，例如肋贻贝的δ^{13}C值介于浮游植物和互花米草之间（Montague et al.，1982）。碳同位素数据为互花米草很可能不是Sapelo岛盐沼潮沟碎屑或者滤食性动物的主要食物来源提供了强烈证据。但是，由于可能受到其他有机质来源的干扰，如底栖微藻（δ^{13}C：−17‰）或者河流带来的陆源有机质（δ^{13}C：−28‰），单独用δ^{13}C值或许并不能准确区分出碎屑的来源。当有两个以上食物来源，而样品值又位于两者之间，单独使用一种同位素比率是无法准确进行来源分析的，这在同位素示踪研究中经常出现。在这种情况下，必须同时借助其他示踪物（硫或氮同位素），来提高同位素分析的准确性。

由于陆源植物、海洋浮游植物与互花米草有不同的^{34}S信号，可以反映硫的不同来源，硫较其他元素更适用于研究沼泽和河口湿地。浮游植物利用海水中的硫酸盐（δ^{34}S值为21‰），而互花米草利用缺氧沉积物中硫酸盐还原形成的^{34}S贫化硫化物（Carlson and Forrest，1982），而陆源植物利用沉降或者风化产生的硫酸盐，其^{34}S信号常介于互花米草和浮游植物之间。通过Sippewissett盐沼附近有机质来源的^{34}S-^{13}C信号散点图可以发现，这种双同位素方法在适当的情况下，可以将食物来源在图表中清楚地分开（图6-6）（Peterson and Fry，1987）。对沿海洋—盐沼断面上9个样点上的肋贻贝分析表明，这些滤食性动物的同位素组成与其生长地点有关：靠近海洋采集的肋贻贝同位素值与浮游植物更接近，而那些小潮沟中和盐沼表面的肋贻贝同位素值更接近互花米草。生态系统中不同地形和物理特征造成了不同样点肋贻贝不同的食物可利用性。对土壤、植物和动物的样带取样同位素分析不失为研究生物地球化学过程和循环梯度及界限的好方法。

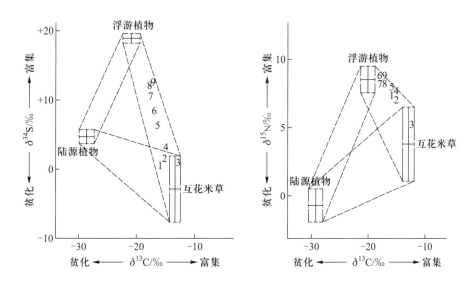

图6-6 美国佐治亚州Sippewissett盐沼的陆源植物、浮游植物和互花米草δ^{34}S、δ^{15}N和δ^{13}C值的关系，数字1～9表示沿着9个样带采集的滤食性动物肋贻贝（*Geukensia demissa*）的同位素组成（Peterson *et al*.，1985）

多元素同位素分析技术可能会和更多元素的同位素分析或其他示踪物结合得到不断发展。例如，碳和硫同位素联用可以界定有机质的最终来源，δ^{15}N值可用来估测营养级。但根据目前的研究水平，想要达成这一目标仍有困难。例如，河口的潜在食物来源，如底栖微藻，目前还没有测定出确定公认的同位素值，而碎屑的δ^{15}N值会随时间变化（Zieman *et al*.，1984）。尽管如此，多元素同位素示踪技术显著提高了我们追踪盐沼河口碎屑食物网有机质流动问题的能力。由于沿海生态系统面临人类发展的巨大压力，因而确定盐沼湿地生产力对河口次级生产力的重要性非常关键，利用稳定同位素示踪技术可以帮助我们评估这种关系。

红树林在一定程度上为相邻水体水生生物食物网提供重要营养支持，自这一假说提出至今，已有约40个关于红树林及其附近食物网动态的稳定同位素研究。Rodelli等（1984）最初沿红树林湾至开阔海域梯度分析不同消费者的碳同位素值，这种方法也被后来的许多研究采用。Rodelli等（1984）发现消费者的$\delta^{13}C$值有明显的梯度变化，岸边的消费者$\delta^{13}C$值最高，红树林湾内偏低，而入海口居中，这意味红树林对潮间带近海食物网有重要贡献。然而，有其他地方的研究监测到红树林碳对近海食物网的贡献率很低（Loneragan et al.，1997；Macià et al.，2004）。但是，由于从红树林到近海，预期中微藻的$\delta^{13}C$值也是逐渐升高的，这一点与近海消费者同位素值逐渐升高的梯度很可能相混淆，使得以上研究都未能将红树林的贡献定量。Chong等（2001）和Hayase等（1999）的研究都间接证明了红树林湾中浮游植物具有较低的$\delta^{13}C$值。

第3节 动物的营养级位置与食物网

一、消费者营养级的稳定同位素计算方法

在一定环境条件下，动物组织$\delta^{15}N$值在相邻营养级间差值（$\Delta\delta^{15}N$）较大且较为恒定，为3.0‰~5.0‰（Peterson and Fry，1987）。测得已知相邻营养级间动物组织$\delta^{15}N$值，就可以划分动物的营养级位置，具体公式如下：

$$\lambda = \frac{\delta^{15}N_{消费者} - \delta^{15}N_{基线}}{\Delta\delta^{15}N} + 1 \qquad (6-4)$$

式中，$\delta^{15}N_{基线}$是食物链底层生物氮同位素比率（即初级生产者，但很多研究以初级消费者作为基线，此时，λ为2），$\Delta\delta^{15}N$是相邻营养级同位素富集度，即$\Delta\delta^{15}N = \delta^{15}N_{消费者} - \delta^{15}N_{食物}$（Post，2002）。初级生产者的$\lambda$为1，而食草动物的$\lambda$为2。值得注意的是，$\delta^{15}N_{基线}$和$\Delta\delta^{15}N$值随环境条件（地理位置）和生态系统（陆地或海洋生态系统）而改变（Post，2002）。$\Delta\delta^{15}N$值应根据实际观察的捕食关系或从统计学角度计算出与主要食物间的差值来确定（Bocherens and Drucker，2003）。而且，当$\lambda > 2$时，λ值通常不是整数，也就是说消费者所摄入的食物不仅仅在同一营养级内（McCutchan et al.，2003）。一些研究表明动物组织$\delta^{13}C$值随营养级位置的增加也呈增加趋势（McCutchan et al.，2003），可以与$\Delta\delta^{15}N$一起作为动物营养级位置的指示物（Olive et al.，2003）。但有些研究认为相邻营养级间$\delta^{13}C$值的差值（$\Delta\delta^{13}C$）较小，为0.4‰~1.0‰，使$\delta^{13}C$值在动物营养级研究方面的应用受到限制（Post，2002）。由于动物组织δD值受环境水源的影响很大，同时动物各组织间δD值差异也较大，所以δD在动物营养级研究方面应用较少（Estep and Dabrowski，1980；Cormie et al.，1994）。

从营养级的稳定同位素计算公式可以看出，系统的基线营养富集度对其计算

结果有一定影响。目前对基线营养富集度的计算方法有两种：一是在室内严格控制的条件下，测量实验对象与其单一饵料间氮稳定同位素的差值；另一种方法是选用野外生态系统中食物相对简单的生物，测量其与食物间的氮稳定同位素的差值。室内实验虽然控制了实验对象的饵料组成，但在室内条件下生物的代谢活动与野外有较大差别。而在野外生态系统中，很难找到食物组成较单一的生物。由于生物对不同食物有不同的消化吸收率，因此生物相对于食物存在不同的氮稳定同位素营养富集度，这使得实验对象在特定环境中具有与其对应的基线营养富集度（France and Peters，1997）。针对这种情况，许多研究者推荐采用基线营养富集度的统计平均值或几个统计平均值并用。

二、典型生物的营养级

迄今为止，对营养级的研究基本上都运用了碳和氮稳定同位素。Vander Zanden等（1997）根据加拿大36个湖区中342种鱼的营养级反推了一些浮游动物的营养级，并以此计算了其中8种鱼的营养级，发现其与应用稳定同位素技术的研究结果非常相近，用这两种方法对同一个种群进行计算，结果只相差约1个营养级。Rybczynski等（2008）同时采用稳定同位素和胃含物分析的方法研究了美国南卡罗来纳州6种淡水鱼的营养级，发现这两种方法的研究结果均存在种间差异，但只有1种鱼的营养级计算结果存在方法差异（$P<0.05$），且营养级的变化范围和偏差随摄食生态类型而发生变化。

Hobson等对北极地区海洋食物网及格陵兰东北冰间湖营养关系的研究发现，$\delta^{13}C$值在第二个营养级之后并未表现出明显的富集现象，且在整个食物网中存在交叠；而$\delta^{15}N$则随营养级表现出显著的富集现象，表明了$\delta^{15}N$值更适于研究营养级结构和构建食物网，通过$\delta^{15}N$值计算得出两个生态系统都包含有约5个营养级，而且根据同位素结果推测出格陵兰冰间湖水体与底栖生物之间通过微生物循环而耦合（Hobson and Welch，1992；Hobson et al.，1995）。

李忠义等（2010）利用氮稳定同位素示踪技术，对2005年4—5月长江口及南黄海毗邻水域拖网渔获物的营养级进行了研究。结果表明，长江口海域主要生物资源种类的营养级处于3.19～5.11，而南黄海海域主要生物资源种类的营养级处于2.46～4.88。由于系统基线生物稳定同位素比值的影响，与南黄海相比，长江口海域55%生物的相对营养级升高了0.01～0.63，而其他45%生物的营养级相对降低了0.02～0.74。

蔡德陵等（2005）同时应用碳、氮两种稳定同位素对黄东海生态系统展开营养动力学研究，初步建立了从浮游植物到顶级捕食者的水体食物网连续营养谱（图

6-7），并结合底栖生物碳同位素资料勾勒出黄东海食物网营养结构图，这说明稳定同位素技术是研究海洋食物网及其稳定性的有力手段。在南黄海海域中，11种生物中有7种生物的营养级升高，4种减少。除双斑蟳（0.23）、口虾蛄（0.27）和太平洋褶柔鱼（0.58）的营养级变化幅度超过0.20外，其他8种生物的变化幅度基本上

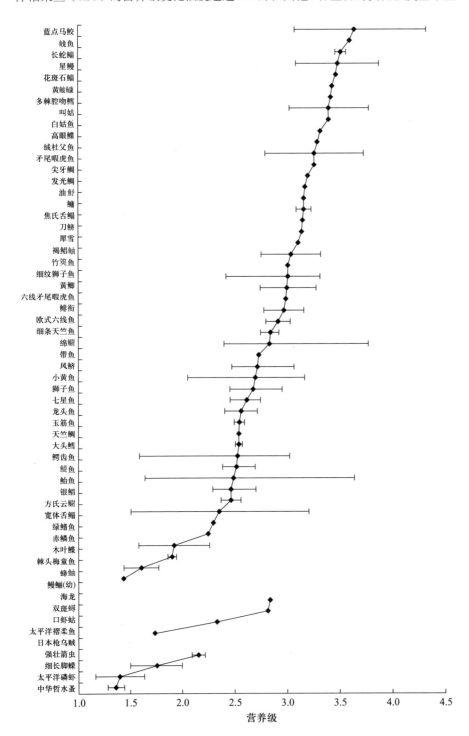

图6-7 黄东海食物网水体动物连续营养谱（蔡德陵等，2005）

小于0.1，其中银鲳和鳀的营养级基本维持不变。在长江口海域中，17种共有生物中有11种生物的营养级升高，其中日本枪乌贼的营养级变幅最大，增加了1.20；变幅介于0.10～0.19的有5种；介于0.20～0.29的有4种；介于0.30～0.39的有2种；介于0.40～0.62的有3种，剩下的虻蚰和龙头鱼2种生物的营养级基本维持不变。

依据图6-7可以将食物网中的水生生物划分为几个营养群：以中华哲水蚤、太平洋磷虾为代表的初级消费者；以强壮箭虫、双斑蟳等无脊椎动物和鳀鱼等草食性鱼类为代表的次级消费者；以带鱼、小黄鱼等经济鱼种为代表的中级消费者；以蓝点马鲛为代表的顶级消费者。结合过去应用碳稳定同位素研究崂山湾底栖食物网的资料（蔡德陵和洪旭光，2001），可以勾勒出黄东海生态系统营养结构图（图6-8）。这一完全根据稳定同位素数据描述的营养结构图与根据1985—1986年主要资源种群生物量绘制的黄海简化食物网和营养结构图基本一致并略有改进。

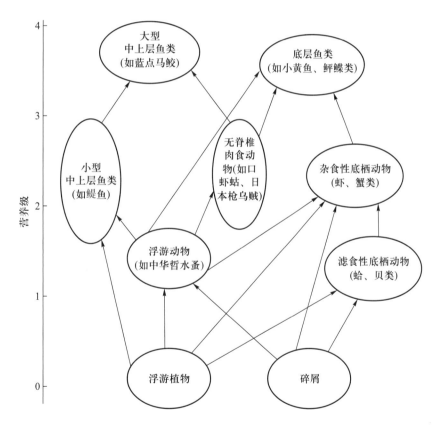

图6-8 黄东海生态系统营养结构图（蔡德陵等，2005）

当所研究的生态系统包含多种初级生产者，有机物质来源较为复杂时，应用多同位素进行研究能更深刻地阐释食物网信息，分析各初级生产者在食物网物质传递和能量流动中的作用。Kwak等（1997）利用碳、氮和硫多同位素对南加利福尼亚滨海湿地的研究发现，大型藻类、湿地微藻及多叶米草（*Spartina foliosa*）是无脊椎动物、鱼类和鸟类有机物质的主要来源。多源模型计算结果表明，鱼类有机物源于多叶米草，大型藻类则为无脊椎动物和鸟类有机物供给者。另外，Kwak和Zedler（1997）还探讨了湿地-潮汐通道的相互作用及鱼类资源对珍稀鸟类保护的重要性，为当地管理部门制定湿地恢复和珍稀物种保护政策和方案提供了帮助。Carlier等（2007）研究了地中海西北海湾的底栖食物网结构，发现这一结构包含4个营养层次，而且陆源和海草床对底栖食物网的贡献水平较低，初级消费者的主要食物源为底泥有机物（SSOM）与悬浮颗粒有机物（SPOM）及沉降有机物（STOM）组成的有机物质库（图6-9）。稳定同位素技术克服了传统营养级研究中只能得到整数的缺点，可以更为真实地反映动物在生态系统中的位置和作用。

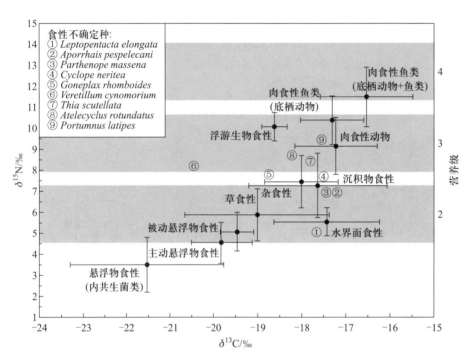

图6-9 Banyuls-sur-Mer湾（地中海西北）底栖动物食性及营养级。阴影部分为在初级生产者$\delta^{15}N$值基础上，根据底栖动物$\delta^{15}N$计算出的该动物理论营养级（Carlier et al., 2007）

第4节 动物分布格局及迁徙活动

陆地上不同区域植物同位素组成（δD、$\delta^{13}C$、$\delta^{15}N$和$\delta^{18}O$）有明显差异，而动物组织的同位素组成总是与其食物相关联（Peterson and Fry, 1987）。而当动物从一个地方迁徙到其他地方时，动物组织中的同位素特征就会逐渐转化为新食物的同位素组成。这种转化是一种动态渐变过程，原来的食物同位素特征还会在动物组织中保留一段时间（Olive et al., 2003）。因此分析动物不同组织的同位素组成可以获得不同时间段内动物的活动区域及其迁徙信息。

一、鸟类的迁徙

作为天然示踪物，稳定同位素一个重要用途就是追踪鸟类在繁殖地与越冬地间的迁徙活动（Wassenaar and Hobson, 2001; Rubenstein and Hobson, 2004）。Alisauskas 和 Hobson（1993）首次将稳定同位素（$\delta^{13}C$ 和 $\delta^{15}N$）用于雪雁（*Chen caerulescens caerulescens*）冬季栖息环境变化的研究，结果表明稳定同位素可以作为一种天然示踪物来深入研究动物的活动区域变化。

Marra 等（1998）也将碳稳定同位素作为候鸟美洲红尾鸲（*Setophaga ruticilla*）冬夏季栖息地转换的指示物。他们研究发现：适合美洲红尾鸲冬季栖息的栖息地非常有限，并且红尾鸲在春季到达繁殖地的时间与其冬季栖息环境的质量有密切关系。如果冬季栖息地的质量较差，红尾鸲到达繁殖地的时间就会提前或推迟，进而影响到它来年的繁殖活动。

黑海鸥（*Puffinus griseus*）和短尾海鸥（*P. tenuirostris*）有两条迁徙路线：沿东太平洋和沿西太平洋。由于迁徙路线上食物的同位素组成不同，Minami 等用稳定同位素方法成功地区分了沿不同路线迁徙的个体（Minami et al., 1995; Minami and Ogi, 1997）。Bearhop 等（2004）认为，鸟爪比羽毛更适于研究鸟类食物变化及其迁徙活动，这是由于鸟爪代谢缓慢，几乎不受外界环境影响，并且生长连续，因此鸟爪的同位素组成（$\delta^{13}C$ 和 $\delta^{15}N$）能更好地反映鸟类在迁徙过程中的中途停留地及迁徙地的同位素特征。

随着地理纬度、海拔高度及与距海洋距离的增加，大陆降水 δD 也呈规律性变化（Yapp and Epstein, 1982）。这种规律性变化又反映在相应区域的植物中（Körner et al., 1991），并依次沿着食物网向更高级的动物传递（Chamberlain et al., 1996）。Hobson 和 Wassenaar（1996）利用大陆上 δD 这种规律性分布格局（图 6-10）研究了新热带区鸟类在繁殖地与越冬地间的迁徙活动。他们分析了北美洲落叶阔叶林中 6 种候鸟羽毛的 δD 值，结果发现羽毛 δD 值与该地区降水的平均 δD 值显著相关（$r^2=0.89$），并且随地理纬度变化呈现明显规律性变化。

Chamberlain 等（1996）研究表明，在北美东部黑喉蓝羽莺（*Dendroica caerulescens*）的繁殖地，黑喉蓝羽莺羽毛 δD 和 $\delta^{13}C$ 值随地理纬度变化也呈规律性变化，而且这种变化与该区域环境同位素变化相一致。Kelly 等（2002）在研究威尔逊柳莺（*Wilsonia pusilla*）时同样也得出鸟羽毛中 δD 值与地理纬度的这种相关关系。而且他们通过分析羽毛 δD 值还发现，威尔逊柳莺是一种交替前进式候鸟：秋季，在

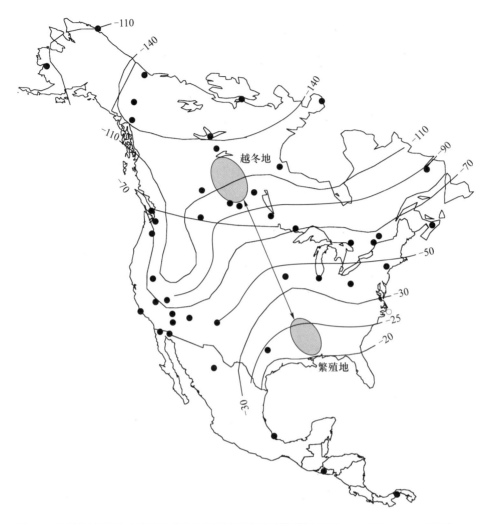

图6-10 北美生长季降水中平均δD值的分布格局和候鸟的迁徙情况（Hobson and Wassenaar，1996）

北方繁殖的威尔逊柳莺要先经过墨西哥才抵达中美南部的越冬地。利用δD值在陆地上的分布格局（Kelly and Finch，1998），结合其他稳定同位素（碳、氮、硫和锶）的地理差异，可以更准确地示踪候鸟冬夏不同季节在繁殖地与越冬地间的迁徙活动，从而更深入地研究候鸟的迁徙习性。

在山区，随着海拔的升高，植物同位素组成（δD、$\delta^{13}C$和$\delta^{15}N$）发生相应的改变，这种变化也被用于示踪鸟类在垂直方向上的迁徙活动。Hobson等（2003）测定了分布在不同海拔梯度上（300～3 290m）的8种蜂雀羽毛同位素值（δD、$\delta^{13}C$和$\delta^{15}N$）。结果表明，蜂雀羽毛δD和$\delta^{13}C$值与海拔高度显著相关：在海拔高度为1 300～3 120m之间，蜂雀羽毛$\delta^{13}C$值随海拔稳定增加（$r^2=0.54$，$P<0.001$）；海拔每增加1 000m，$\delta^{13}C$值增加1.5‰；在海拔400m以上，蜂雀羽毛δD值则随着高度的增加呈下降趋势（$r^2=0.53$，$P<0.0001$），并且与$\delta^{13}C$值呈相关关系（$r^2=0.34$，$P<0.0001$）。

二、哺乳动物的活动

Ambrose 和 DeNiro（1986）分析了从森林到草原的43种238个哺乳动物稳定同位素组成，根据骨骼 $\delta^{13}C$ 值来确定其活动的小生境。例如：森林、草原、森林与草原边界区、林下（$\delta^{13}C$ 值约为 $-25‰$）和林冠（$\delta^{13}C$ 值约为 $-19‰$）等。他们发现非洲鹿（Tragelaphus scriptus）骨骼 $\delta^{13}C$ 值与其生活的海拔高度显著相关，可以用 $\delta^{13}C$ 值来确定其生活的海拔高度范围。另外，也可以根据 $\delta^{13}C$ 值来划分食草动物、食叶动物和混合食性动物。Schoeninger 等（1999）用稳定同位素方法分析了生活在 Ugalla 和 Ishasha 的黑猩猩的栖息环境，结果发现：虽然这两个地方都可被称为稀树草原，但在 Ugalla 的黑猩猩主要生活在河滨森林中，而 Ishasha 的黑猩猩主要在开阔干旱稀树草原上活动。

由于哺乳动物的活动范围较小，并且在其活动范围内植物稳定同位素组成不会有明显改变，所以，稳定同位素在研究哺乳动物的活动方面受到一定限制。目前开展较多的是在较长时间尺度上研究哺乳动物对环境变化的适应过程。例如，Koch 等（1995）分析在肯尼亚 Amboseli 公园相继死去（1970—1990年）的大象象牙的稳定同位素（碳、氮和锶），推断出大象食物从树木-灌丛草甸的转变过程以及大象在森林和草原间相互迁移的过程，并解释了气候、环境的变化对大象栖息地转变的影响。Rubenstein 和 Hobson（2004）详细地介绍了稳定同位素方法在示踪动物活动时的特点、应用范围及应用时应注意的问题，并认为稳定同位素方法在示踪动物活动方面的应用前景广阔。

综上所述，动物的稳定同位素组成是其食物及活动的准确指示物，分析动物组织的稳定同位素组成不仅可以调查一段时期内动物的食物来源、生存状况、栖息环境、分布格局及其迁徙活动等信息，还可以深入地理解动物对气候变化的适应过程等内容。虽然稳定同位素技术的发展为深入理解动物与环境之间相互关系提供了重要技术手段，而且在研究上取得了巨大进步，但是，在应用稳定同位素研究动物与植物间的关系时，还有许多潜在的问题值得注意，并有待于进一步的研究。

首先，在调查动物食物来源和不同食物在其食物中所占比例时，应用稳定同位素技术的前提条件之一是各食物的稳定同位素组成必须有明显差异。其中，还应特别注意同位素印迹（isotope routing）现象（Schwarcz，1991）。同位素印迹指不同同位素比值的食物在进入动物组织时，不同食物会直接进入动物的特定组织或部位，而并非先进行充分混合后平均分配到动物的不同组织或组织的不同组分中去（Hobson and Bairlein，2003）。虽然同位素印迹现象还没有得到更多研究的确认，但有研究表明同位素印迹现象确实存在（Schwarcz，1991；Gannes et al.，

1998），其结果是动物某一组织可能并不能完全反映其整体的食物组成。为解决这个难题，还需要更深入地研究动物组织同位素组成与其食物成分同位素组成间的关系，特别是当动物食性发生转变时，动物组织同位素组成的动态平衡过程又是怎样的特征（Wassenaar and Hobson，2001；Olive et al.，2003）。

其次，在研究动物营养级位置时，虽然稳定同位素在划分一些复杂食物网和群落结构（例如蚁类和鸟类群落）时具有很大优势，但是应该注意到，在研究不同生态系统动物群落时一定要选择一个适当的稳定同位素基线。因为不同环境中，动物赖以生存的碳源（$\delta^{13}C_{基线}$）和氮源（$\delta^{15}N_{基线}$）的稳定同位素组成差异很大，如果没有一个适当的同位素基线，单从动物组织同位素组成是无法估计动物所处的营养级位置的（Post，2002）。目前，$\delta^{15}N$在研究动物营养级位置中的应用较多，但有关^{15}N在动物组织中的富集现象还存在许多未知因素，比如饥饿、生理胁迫（Bearhop et al.，2002）和不同元素间相互作用及组织内在的生化过程等（Ponsard and Averbuch，1999）。McClelland和Montoya（2002）对水生生物中的16种氨基酸进行更深入的研究发现，消费者与其食物间不同氨基酸的$\delta^{15}N$富集程度有很大差别：谷氨酸的$\delta^{15}N$值变化最大，约为7‰；而苯丙氨酸的$\delta^{15}N$值则基本没有变化。陆地生态系统中动物营养级间不同物质的同位素富集程度有待于进一步研究，此外，其他元素（碳和氧）在营养级间的富集程度也需要更深入研究。

再次，调查降水的氢稳定同位素值在陆地生态系统的分布规律，并做出同位素等值线（isotopic contour）分布图，为深入地研究大范围内动物的迁徙活动提供了有力工具（Kelly et al.，2002）。研究发现$\delta^{18}O$值在陆地上的分布也有明显的纬度地带性（从赤道到高纬度相差20‰）（MacFadden et al.，1999）。陆地上$\delta^{13}C$的分布与植被类型（C_3、C_4和CAM）密切相关。有关稳定同位素在大尺度范围内的分布格局还需要做进一步研究，结合陆地植被分布图（Cerling et al.，1993），就可以对动物（尤其是鸟类）迁徙路线及中途停留地进行准确示踪和深入研究。

最后，目前用同位素方法研究动物活动（摄食与迁徙）对植物影响的研究较少。Cook（2001）和Neilson等（2002）研究动物摄食活动对植物碳、氮稳定同位素组成的影响时发现：动物的采食能导致植物叶片中$\delta^{13}C$和$\delta^{15}N$的增加。

主要参考文献

- 蔡德陵,洪旭光. 2001. 崂山湾潮间带食物网结构的碳稳定同位素初步研究. 海洋学报 23:41–47.
- 蔡德陵,李红燕,唐启升,孙耀. 2005. 黄东海生态系统食物网连续营养谱的建立：来自碳氮稳定同位素方法的结果. 中国科学（C辑）35:123–130.
- 蔡德陵,孟凡,韩贻兵,高素兰. 1999. $^{13}C/^{12}C$比值作为海洋生态系统食物网示踪剂的研究：崂山湾水体生物食物网的营养关系. 海洋与湖沼 30:671–678.

- 李忠义,左涛,戴芳群,金显仕. 2010. 运用稳定同位素技术研究长江口及南黄海水域春季拖网渔获物的营养级. 中国水产科学 17:103-109.
- 易现峰,张晓爱,李来兴,李明财,赵亮. 2004. 高寒草甸生态系统食物链结构分析——来自稳定性碳同位素的证据. 动物学研究 25:1-6.
- 张雪莲,王金霞,冼自强,仇士华. 2003. 古人类食物结构研究. 考古 2:62-75.
- Alisauskas, R. T. and K. A. Hobson. 1993. Determination of lesser snow goose diets and winter distribution using stable isotope analysis. The Journal of Wildlife Management 57:49-54.
- Ambrose, S. H. and M. J. DeNiro. 1986. The isotopic ecology of East African mammals. Oecologia 69:395-406.
- Balasse, M., A. Tresset, and S. Ambrose. 2006. Stable isotope evidence ($\delta^{13}C$, $\delta^{18}O$) for winter feeding on seaweed by Neolithic sheep of Scotland. Journal of Zoology 270:170-176.
- Bearhop, S., G. M. Hilton, S. C. Votier, and S. Waldron. 2004. Stable isotope ratios indicate that body condition in migrating passerines is influenced by winter habitat. Proceedings of the Royal Society of London. Series B: Biological Sciences 271:S215-S218.
- Bearhop, S., S. Waldron, S. C. Votier, and R. W. Furness. 2002. Factors that influence assimilation rates and fractionation of nitrogen and carbon stable isotopes in avian blood and feathers. Physiological and Biochemical Zoology 75:451-458.
- Ben-David, M., R. Flynn, and D. Schell. 1997. Annual and seasonal changes in diets of martens: Evidence from stable isotope analysis. Oecologia 111:280-291.
- Blüthgen, N., G. Gebauer, and K. Fiedler. 2003. Disentangling a rainforest food web using stable isotopes: Dietary diversity in a species-rich ant community. Oecologia 137:426-435.
- Bocherens, H. and D. Drucker. 2003. Trophic level isotopic enrichment of carbon and nitrogen in bone collagen: Case studies from recent and ancient terrestrial ecosystems. International Journal of Osteoarchaeology 13:46-53.
- Bocherens, H., M. Fizet, and A. Mariotti. 1994. Diet, physiology and ecology of fossil mammals as inferred from stable carbon and nitrogen isotope biogeochemistry: Implications for Pleistocene bears. Palaeogeography, Palaeoclimatology, Palaeoecology 107:213-225.
- Boutton, T., M. Arshad, and L. Tieszen. 1983. Stable isotope analysis of termite food habits in East African grasslands. Oecologia 59:1-6.
- Carlier, A., P. Riera, J. M. Amouroux, J. Y. Bodiou, and A. Gremare. 2007. Benthic trophic network in the Bay of Banyuls-sur-Mer (northwest Mediterranean, France): An assessment based on stable carbon and nitrogen isotopes analysis. Estuarine Coastal and Shelf Science 72:1-15.
- Carlson, P. R. and J. Forrest. 1982. Uptake of dissolved sulfide by *Spartina alterniflora*: Evidence from natural sulfur isotope abundance ratios. Science 216:633-635.
- Caut, S., E. Angulo, and F. Courchamp. 2009. Variation in discrimination factors ($\delta^{15}N$ and $\delta^{13}C$): The effect of diet isotopic values and applications for diet reconstruction. Journal of Applied Ecology 46:443-453.
- Cerling, T. E., J. M. Harris, and M. G. Leakey. 1999. Browsing and grazing in elephants: The isotope record of modern and fossil proboscideans. Oecologia 120:364-374.
- Cerling, T. E., Y. Wang, and J. Quade. 1993. Expansion of C_4 ecosystems as an indicator of global ecological change in the late Miocene. Nature 361:344-345.
- Cerling, T. E., G. Wittemyer, H. B. Rasmussen, F. Vollrath, C. E. Cerling, T. J. Robinson, and I. Douglas-Hamilton. 2006. Stable isotopes in elephant hair document migration patterns and diet changes. Proceedings of the National Academy of Sciences, USA 103:371-373.
- Chamberlain, C., J. Blum, R. Holmes, X. Feng, T. Sherry, and G. R. Graves. 1996. The use of isotope tracers for identifying populations of migratory birds. Oecologia 109:132-141.
- Chisholm, B. S., D. Nelson, and H. P. Schwarcz. 1982. Stable carbon isotope ratios as a measure of marine versus terrestrial protein in ancient diets. Science 216:1131-1132.
- Chong, V., C. Low, and T. Ichikawa. 2001. Contribution of mangrove detritus to juvenile prawn nutrition: A dual stable isotope study in a Malaysian mangrove forest. Marine Biology 138:77-86.
- Cook, G. 2001. Effects of frequent fires and grazing on stable nitrogen isotope ratios of vegetation in northern Australia. Austral Ecology 26:630-636.
- Cormie, A. and H. Schwarcz. 1996. Effects of climate on deer bone $\delta^{15}N$ and $\delta^{13}C$: Lack of precipitation effects on $\delta^{15}N$ for animals consuming low amounts of C_4 plants. Geochimica et Cosmochimica Acta 60:4161-4166.
- Cormie, A., H. Schwarcz, and J. Gray. 1994. Determination of the hydrogen isotopic composition of bone collagen and correction for hydrogen exchange. Geochimica et Cosmochimica Acta 58:365-375.
- DeNiro, M. J. and S. Epstein. 1978. Influence of diet on the distribution of carbon isotopes in animals. Geochimica et Cosmochimica Acta 42:495-506.
- DeNiro, M. J. and S. Epstein. 1981. Influence of diet on the distribution of nitrogen isotopes in animals. Geochimica et Cosmochimica Acta 45:341-351.
- Doi, H., E. Kikuchi, S. Hino, T. Itoh, S. Takagi, and S. Shikano. 2003. Isotopic ($\delta^{13}C$) evidence for the autochthonous origin of

- sediment organic matter in the small and acidic Lake Katanuma, Japan. Marine and Freshwater Research 54:253–257.
- Estep, M. F. and H. Dabrowski. 1980. Tracing food webs with stable hydrogen isotopes. Science 209:1537–1538.
- Forero, M. G. and K. A. Hobson. 2003. Using stable isotopes of nitrogen and carbon to study seabird ecology: Applications in the Mediterranean seabird community. Scientia Marina 67:23–32.
- France, R. and R. Peters. 1997. Ecosystem differences in the trophic enrichment of ^{13}C in aquatic food webs. Canadian Journal of Fisheries and Aquatic Sciences 54:1255–1258.
- Fricke, H. C., J. Hencecroth, and M. E. Hoerner. 2011. Lowland-upland migration of sauropod dinosaurs during the Late Jurassic epoch. Nature 480:513–515.
- Fry, B. 1988. Food web structure on Georges Bank from stable C, N, and S isotopic compositions. Limnology and Oceanography 33:1182–1190.
- Fry, B., J. Woei-Lih, R. S. Scalan, P. L. Parker, and J. Baccus. 1978. $\delta^{13}C$ food web analysis of a Texas sand dune community. Geochimica et Cosmochimica Acta 42:1299–1302.
- Furuya, V., C. Hayashi, W. Furuya, and C. Ducatti. 2002. Carbon stable isotopes (^{13}C) natural abundance of some foods and its contribution to the pintado juvenile growth *Pseudoplatystoma corruscans* (Agassiz, 1829) (Osteichthyes, Pimelodidae). Acta Scientiarum, Maringá 24:493–498.
- Gannes, L. Z., C. M. del Rio, and P. Koch. 1998. Natural abundance variations in stable isotopes and their potential uses in animal physiological ecology. Comparative Biochemistry and Physiology-Part A: Molecular and Integrative Physiology 119:725–737.
- Gannes, L. Z., D. M. O'Brien, and C. M. del Rio. 1997. Stable isotopes in animal ecology: Assumptions, caveats, and a call for more laboratory experiments. Ecology 78:1271–1276.
- German, D. P. and R. D. Miles. 2010. Stable carbon and nitrogen incorporation in blood and fin tissue of the catfish *Pterygoplichthys disjunctivus* (Siluriformes, Loricariidae). Environmental Biology of Fishes 89:117–133.
- Gu, B. and V. Alexander. 1993. Estimation of N_2 fixation based on differences in the natural abundance of ^{15}N among freshwater N_2-fixing and non-N_2-fixing algae. Oecologia 96:43–48.
- Gu, B., V. Alexander, and D. M. Schell. 1997. Stable isotopes as indicators of carbon flows and trophic structure of the benthic food web in a subarctic lake. Archiv für Hydrobiologie 138:329–344.
- Gu, B., D. M. Schell, and V. Alexander. 1994. Stable carbon and nitrogen isotopic analysis of the plankton food web in a subarctic lake. Canadian Journal of Fisheries and Aquatic Sciences 51:1338–1344.
- Gu, B., D. Schell, T. Frazer, M. Hoyer, and F. Chapman. 2001. Stable carbon isotope evidence for reduced feeding of Gulf of Mexico sturgeon during their prolonged river residence period. Estuarine, Coastal and Shelf Science 53:275–280.
- Gu, B., D. M. Schell, X. Huang, and F. Yie. 1996. Stable isotope evidence for dietary overlap between two planktivorous fishes in aquaculture ponds. Canadian Journal of Fisheries and Aquatic Sciences 53:2814–2818.
- Haines, E. B. and C. L. Montague. 1979. Food sources of estuarine invertebrates analyzed using $^{13}C/^{12}C$ ratios. Ecology 60:48–56.
- Hammerschlag-Peyer, C. M., L. A. Yeager, M. S. Araujo, and C. A. Layman. 2011. A hypothesis-testing framework for studies investigating ontogenetic niche shifts using stable isotope ratios. PLoS ONE 6: doi:10.1371/journal.pone.0027104.
- Hayase, S., T. Ichikawa, and K. Tanaka. 1999. Preliminary report on stable isotope ratio analysis for samples from Matang mangrove brackish water ecosystem. Japan Agricultural Research Quarterly 33:215–221.
- Hentschel, B. T. 1998. Intraspecific variations in $\delta^{13}C$ indicate ontogenetic diet changes in deposit-feeding polychaetes. Ecology 79:1357–1370.
- Hilderbrand, G. V., S. Farley, C. Robbins, T. Hanley, K. Titus, and C. Servheen. 1996. Use of stable isotopes to determine diets of living and extinct bears. Canadian Journal of Zoology 74:2080–2088.
- Hobson, K., W. Ambrose, and P. Renaud. 1995. Sources of primary production, benthic-pelagic coupling, and trophic relationships within the Northeast Water Polynya: Insights from ^{13}C and ^{15}N analysis. Marine Ecology Progress Series 128:1–10.
- Hobson, K. A. and F. Bairlein. 2003. Isotopic fractionation and turnover in captive Garden Warblers (*Sylvia borin*): Implications for delineating dietary and migratory associations in wild passerines. Canadian Journal of Zoology 81:1630–1635.
- Hobson, K. A., B. N. McLellan, and J. G. Woods. 2000. Using $\delta^{13}C$ and $\delta^{15}N$ to infer trophic relationships among black and grizzly bears in the upper Columbia River basin, British Columbia. Canadian Journal of Zoology 78:1332–1339.
- Hobson, K. A. and L. I. Wassenaar. 1996. Linking breeding and wintering grounds of neotropical migrant songbirds using stable hydrogen isotopic analysis of feathers. Oecologia 109:142–148.
- Hobson, K. A., L. I. Wassenaar, B. Milá, I. Lovette, C. Dingle, and T. B. Smith. 2003. Stable isotopes as indicators of altitudinal distributions and movements in an Ecuadorean hummingbird community. Oecologia 136:302–308.
- Hobson, K. A. and H. E. Welch. 1992. Determination of trophic relationships within a high Arctic marine food web using $\delta^{13}C$ and $\delta^{15}N$ analysis. Marine Ecology Progress Series 84:9–18.
- Iacumin, P., S. Davanzo, and V. Nikolaev. 2005. Short-term climatic

- changes recorded by mammoth hair in the Arctic environment. Palaeogeography, Palaeoclimatology, Palaeoecology 218:317−324.
- Jim, S., S. H. Ambrose, and R. P. Evershed. 2004. Stable carbon isotopic evidence for differences in the dietary origin of bone cholesterol, collagen and apatite: Implications for their use in palaeodietary reconstruction. Geochimica et Cosmochimica Acta 68:61−72.
- Kelly, J. F., V. Atudorei, Z. D. Sharp, and D. M. Finch. 2002. Insights into Wilson's Warbler migration from analyses of hydrogen stable-isotope ratios. Oecologia 130:216−221.
- Kelly, J. F. and D. M. Finch. 1998. Tracking migrant songbirds with stable isotopes. Trends in Ecology and Evolution 13:48−49.
- Koch, P. L., J. Heisinger, C. Moss, R. W. Carlson, M. L. Fogel, and A. K. Behrensmeyer. 1995. Isotopic tracking of change in diet and habitat use in African elephants. Science 267:1340−1343.
- Körner, C., G. Farquhar, and S. Wong. 1991. Carbon isotope discrimination by plants follows latitudinal and altitudinal trends. Oecologia 88:30−40.
- Kurle, C. M. 2002. Stable-isotope ratios of blood components from captive northern fur seals (*Callorhinus ursinus*) and their diet: Applications for studying the foraging ecology of wild otariids. Canadian Journal of Zoology 80:902−909.
- Kwak, T. J. and J. B. Zedler. 1997. Food web analysis of southern California coastal wetlands using multiple stable isotopes. Oecologia 110:262−277.
- Layman, C. A., J. E. Allgeier, A. D. Rosemond, C. P. Dahlgren, and L. A. Yeager. 2011. Marine fisheries declines viewed upside down: Human impacts on consumer-driven nutrient recycling. Ecological Applications 21:343−349.
- Layman, C. A. and D. M. Post. 2008. Can stable isotope ratios provide for community-wide measures of trophic structure? Reply Ecology 89:2358−2359.
- Layman, C. A., J. P. Quattrochi, C. M. Peyer, and J. E. Allgeier. 2007. Niche width collapse in a resilient top predator following ecosystem fragmentation. Ecology Letters 10:937−944.
- Loneragan, N., S. Bunn, and D. Kellaway. 1997. Are mangroves and seagrasses sources of organic carbon for penaeid prawns in a tropical Australian estuary? A multiple stable-isotope study. Marine Biology 130:289−300.
- Lujan, N. K., D. P. German, and K. O. Winemiller. 2011. Do wood-grazing fishes partition their niche: Morphological and isotopic evidence for trophic segregation in Neotropical Loricariidae. Functional Ecology 25:1327−1338.
- MacFadden, B. J., T. E. Cerling, J. M. Harris, and J. Prado. 1999. Ancient latitudinal gradients of C_3/C_4 grasses interpreted from stable isotopes of New World Pleistocene horse (*Equus*) teeth. Global Ecology and Biogeography 8:137−149.
- Macià, A., F. Borrull, M. Calull, and C. Aguilar. 2004. Determination of some acidic drugs in surface and sewage treatment plant waters by capillary electrophoresis-electrospray ionization-mass spectrometry. Electrophoresis 25:3441−3449.
- Magnusson, W. E., M. Carmozina de Araújo, R. Cintra, A. P. Lima, L. A. Martinelli, T. M. Sanaiotti, H. L. Vasconcelos, and R. L. Victoria. 1999. Contributions of C_3 and C_4 plants to higher trophic levels in an Amazonian savanna. Oecologia 119:91−96.
- Marra, P. P., K. A. Hobson, and R. T. Holmes. 1998. Linking winter and summer events in a migratory bird by using stable-carbon isotopes. Science 282:1884−1886.
- Martínez del Rio, C., N. Wolf, S. A. Carleton, and L. Z. Gannes. 2009. Isotopic ecology ten years after a call for more laboratory experiments. Biological Reviews 84:91−111.
- Mazumder, D. and N. Saintilan. 2010. Mangrove leaves are not an important source of dietary carbon and nitrogen for crabs in temperate Australian mangroves. Wetlands 30:375−380.
- McClelland, J. and J. Montoya. 2002. Trophic relationships and the nitrogen isotopic composition of amino acids in plankton. Ecology 83:2173−2180.
- McCutchan, J. H., W. M. Lewis, C. Kendall, and C. C. McGrath. 2003. Variation in trophic shift for stable isotope ratios of carbon, nitrogen, and sulfur. Oikos 102:378−390.
- Minami, H., M. Minagawa, and H. Ogi. 1995. Changes in stable carbon and nitrogen isotope ratios in sooty and short-tailed shearwaters during their northward migration. Condor 97:565−574.
- Minami, H. and H. Ogi. 1997. Determination of migratory dynamics of the sooty shearwater in the Pacific using stable carbon and nitrogen isotope analysis. Marine Ecology Progress Series 158:249−256.
- Montague, C., S. Bunker, E. Haines, M. Pace, and R. Wetzel. 1982. Aquatic macroconsumers. In: Pomeroy, L. R. and R. G. Wiegert. (eds). The Ecology of a Salt Marsh. Springer-Verlag, New York: 69−85.
- Neilson, R., D. Robinson, C. A. Marriott, C. M. Scrimgeour, D. Hamilton, J. Wishart, B. Boag, and L. L. Handley. 2002. Above-ground grazing affects floristic composition and modifies soil trophic interactions. Soil Biology and Biochemistry 34:1507−1512.
- Newsome, S. D., C. Martinez del Rio, S. Bearhop, and D. L. Phillips. 2007. A niche for isotopic ecology. Frontiers in Ecology and the Environment 5:429−436.
- Olive, P. J. W., J. K. Pinnegar, N. V. C. Polunin, G. Richards, and R. Welch. 2003. Isotope trophic-step fractionation: A dynamic equilibrium model. Journal of Animal Ecology 72:608−617.

- Ostrom, P. H., M. Colunga-Garcia, and S. H. Gage. 1997. Establishing pathways of energy flow for insect predators using stable isotope ratios: Field and laboratory evidence. Oecologia 109:108–113.
- Peterson, B. J. and B. Fry. 1987. Stable isotopes in ecosystem studies. Annual Review of Ecology and Systematics 18:293–320.
- Peterson, B. J., R. W. Howarth, and R. H. Garritt. 1985. Multiple stable isotopes used to trace the flow of organic matter in estuarine food webs. Science 227:1361–1363.
- Phillips, D., S. Newsome, and J. Gregg. 2005. Combining sources in stable isotope mixing models: Alternative methods. Oecologia 144:520–527.
- Ponsard, S. and P. Averbuch. 1999. Should growing and adult animals fed on the same diet show different $\delta^{15}N$ values? Rapid Communications in Mass Spectrometry 13:1305–1310.
- Post, D. M. 2002. Using stable isotopes to estimate trophic position: Models, methods, and assumptions. Ecology 83:703–718.
- Quevedo, M., R. Svanback, and P. Eklov. 2009. Intrapopulation niche partitioning in a generalist predator limits food web connectivity. Ecology 90:2263–2274.
- Ramsay, M. and K. Hobson. 1991. Polar bears make little use of terrestrial food webs: Evidence from stable carbon isotope analysis. Oecologia 86:598–600.
- Roach, K., M. Tobler, and K. Winemiller. 2011. Hydrogen sulfide, bacteria, and fish: A unique, subterranean food chain. Ecology 92:2056–2062.
- Rodelli, M., J. Gearing, P. Gearing, N. Marshall, and A. Sasekumar. 1984. Stable isotope ratio as a tracer of mangrove carbon in Malaysian ecosystems. Oecologia 61:326–333.
- Romanek, C., K. Gaines, A. Bryan Jr, and I. Brisbin Jr. 2000. Foraging ecology of the endangered wood stork recorded in the stable isotope signature of feathers. Oecologia 125:584–594.
- Roth, J. D. and K. A. Hobson. 2000. Stable carbon and nitrogen isotopic fractionation between diet and tissue of captive red fox: Implications for dietary reconstruction. Canadian Journal of Zoology 78:848–852.
- Rubenstein, D. R. and K. A. Hobson. 2004. From birds to butterflies: Animal movement patterns and stable isotopes. Trends in Ecology and Evolution 19:256–263.
- Rybczynski, S. M., D. M. Walters, K. M. Fritz, and B. R. Johnson. 2008. Comparing trophic position of stream fishes using stable isotope and gut contents analyses. Ecology of Freshwater Fish 17:199–206.
- Saito, L., B. M. Johnson, J. Bartholow, and R. B. Hanna. 2001. Assessing ecosystem effects of reservoir operations using food web-energy transfer and water quality models. Ecosystems 4:105–125.
- Schoeninger, M. J., J. Moore, and J. M. Sept. 1999. Subsistence strategies of two "savanna" chimpanzee populations: The stable isotope evidence. American Journal of Primatology 49:297–314.
- Schwarcz, H. P. 1991. Some theoretical aspects of isotope paleodiet studies. Journal of Archaeological Science 18:261–275.
- Semmens, B. X., E. J. Ward, J. W. Moore, and C. T. Darimont. 2009. Quantifying inter- and intra-population niche variability using hierarchical Bayesian stable isotope mixing models. PLoS ONE 4: doi:10.1371/journal.pone.0006187.
- Sponheimer, M. and J. A. Lee-Thorp. 2003. Differential resource utilization by extant great apes and australopithecines: Towards solving the C_4 conundrum. Comparative Biochemistry and Physiology-Part A: Molecular and Integrative Physiology 136:27–34.
- Struck, U., A. V. Altenbach, M. Gaulke, and F. Glaw. 2002. Tracing the diet of the monitor lizard Varanus mabitang by stable isotope analyses ($\delta^{15}N, \delta^{13}C$). Naturwissenschaften 89:470–473.
- Teeri, J. and D. Schoeller. 1979. $\delta^{13}C$ values of an herbivore and the ratio of C_3 to C_4 plant carbon in its diet. Oecologia 39:197–200.
- Thimdee, W., G. Deein, C. Sangrungruang, and K. Matsunaga. 2004. Analysis of primary food sources and trophic relationships of aquatic animals in a mangrove-fringed estuary, Khung Krabaen Bay (Thailand) using dual stable isotope techniques. Wetlands Ecology and Management 12:135–144.
- Thompson, D. R., K. Lilliendahl, J. Solmundsson, R. W. Furness, S. Waldron, and R. A. Phillips. 1999. Trophic relationships among six species of Icelandic seabirds as determined through stable isotope analysis. Condor 101:898–903.
- Tieszen, L. L., T. W. Boutton, K. Tesdahl, and N. A. Slade. 1983. Fractionation and turnover of stable carbon isotopes in animal tissues: Implications for $\delta^{13}C$ analysis of diet. Oecologia 57:32–37.
- Vander Zanden, M. J., G. Cabana, and J. B. Rasmussen. 1997. Comparing trophic position of freshwater fish calculated using stable nitrogen isotope ratios ($\delta^{15}N$) and literature dietary data. Canadian Journal of Fisheries and Aquatic Sciences 54:1142–1158.
- Vizzini, S. and A. Mazzola. 2003. Seasonal variations in the stable carbon and nitrogen isotope ratios ($^{13}C/^{12}C$ and $^{15}N/^{14}N$) of primary producers and consumers in a western Mediterranean coastal lagoon. Marine Biology 142:1009–1018.
- Wang, J. Z., J. H. Huang, J. G. Wu, X. G. Han, and G. H. Lin. 2010. Ecological consequences of the Three Gorges Dam: Insularization affects foraging behavior and dynamics of rodent populations. Frontiers in Ecology and the Environment 8:13–19.
- Wassenaar, L. I. and K. A. Hobson. 2001. A stable-isotope approach to delineate geographical catchment areas of avian migration

- monitoring stations in North America. Environmental Science and Technology 35:1845−1850.
- Yapp, C. J. and S. Epstein. 1982. A reexamination of cellulose carbon-bound hydrogen δD measurements and some factors affecting plant-water D/H relationships. Geochimica et Cosmochimica Acta 46:955−965.
- Yokoyama, H., A. Tamaki, K. Harada, K. Shimoda, K. Koyama, and Y. Ishihi. 2005. Variability of diet-tissue isotopic fractionation in estuarine macrobenthos. Marine Ecology Progress Series 296:115−128.
- Yoneyama, T., Y. Ohta, and T. Ohtani. 1983. Variations of natural ^{13}C and ^{15}N abundances in the rat tissues and their correlation. Radioisotopes 32:330−332.
- Zieman, J., S. Macko, and A. Mills. 1984. Role of seagrasses and mangroves in estuarine food webs: Temporal and spatial changes in stable isotope composition and amino acid content during decomposition. Bulletin of Marine Science 35:380−392.

第 7 章
稳定同位素与种间关系研究

种间关系（interspecific relationship）是指同一生境中不同物种种群之间的相互作用所形成的关系，种间关系可以简单地分为三大类：① 正相互作用，包括偏利共生、互利共生等；② 负相互作用，包括竞争、捕食、寄生等；③ 中性作用。虽然这些种间关系对于种群动态和群落结构与功能极为重要，但是生态学者一直缺乏合适的研究方法来解释这些关系。例如，竞争和捕食关系的确定需要动物排泄物或胃容物的繁琐分析、法医调查（forensic investigation）、捕食者-猎物（predator-prey）关系的跨纬度研究或操纵实验（Fedriani et al., 2000; Terborgh et al., 2001）。这些工作不仅费时耗钱，有时还不可能开展，特别是一些大型动物或大尺度的研究。对于定性或定量特征不是很明显的种间间接关系的研究尤为如此。

20世纪90年代以来，生态学者广泛利用稳定同位素技术对物种间的相互作用进行了深入的研究（Dawson, 1993; Gebauer and Dietrich, 1993; Gleixner et al., 1993; Simard et al., 1997; Caut et al., 2006; Wilder et al., 2011）。Caut等（2006）提出了利用稳定同位素研究种间直接和间接关系及群落动态的技术路线图（图7-1）。利用这种研究思路，可以较为准确地解析物种间的相互作用，但目前还存在许多知识缺口（knowledge gap），包括因为不能确定组织转化过程的同位素分馏系数而无法获得不同营养级生物的同位素特征值、现有同位素模型还无法包括所

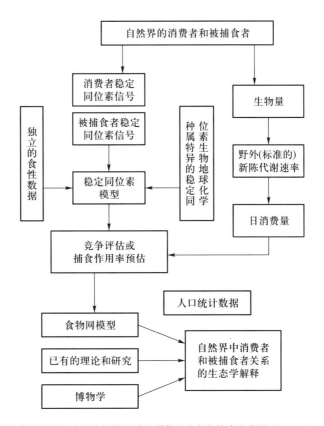

图7-1 利用同位素研究种间直接和间接关系及群落动态变化技术路线图（Caut et al., 2006）

有的猎物、有限时空尺度的有机体生物量估算、缺乏大尺度范围动物能量消耗的估量、田间动物代谢速率和对猎物的实际利用、消化和同化程度以及在猎物紧缺情况下种间作用（竞争、捕食）的表现等，这些仍需要更进一步的研究（Caut et al.，2006）。本章重点论述如何利用稳定同位素研究物种间的共生与附生关系（第1节）以及种间竞争、捕食与寄生关系（第2节）。

第1节 共生与附生关系

物种间的共生（symbiosis）在很多情况下是互利互惠的，如真菌从高等植物根中吸取有机化合物或利用其根系分泌物，同时供给高等植物氮和矿物质，两者互利共生。防卫上的互利共生是指一方从另一方获得食物或隐蔽场所，作为回报为对方提供安全防护，使其免受捕食或寄生物的攻击。除互利共生外，也存在仅对一方有利的偏利共生。附生植物与被附生植物是一种典型的偏利共生。附生，则是植物的一种生活方式。附生植物不跟土壤接触，其根系附着在其他树的枝干上生长，从雨露、空气中的水汽及有限的腐殖质（腐烂的枯枝残叶或动物排泄物等）中吸取养分，如众多的蕨类植物、兰科植物。在传统研究方法的基础上，稳定同位素技术的应用可以从新的角度揭示物种间这些互惠或无害关系（Dawson，1993）。

一、共生关系

互惠互利的共生生物因扩大了物种的生态幅，使物种可生存在原来不能生存的生境里，从而影响到生态系统的结构和功能（Bruno et al.，2003；Schmitt and Holbrook，2003；Goheen and Palmer，2010）。共生既可为群落中的一些物种提供赖以生存和繁殖的资源，也可为其他物种提供额外养分以提高它们的竞争优势。虽然共生关系一直被认为对自然或紧密共同进化的生态系统具有重要意义，最新的一些研究也证实共生对引入物种的定居、扩散和生态效应至关重要（Richardson et al.，2000；Reinhart and Callaway，2006；Simberloff，2006）。例如，新引入的植物与具有固氮能力的细菌或菌根真菌共生可以增加养分，从而提高它们入侵成功的机会（Reinhart and Callaway，2006）。共生对动物的引入也有益处，但与植物相比，我们对共生如何使引入的动物获得额外营养从而提高它们的扩散与定居成功率还了解甚少（Simberloff，2006）。另外，本地种与引入种之间在种群密度与共生体养分获取的关系上是否明显不同，至今我们还一无所知。

（一）水分提升与植物间的共生

Dawson首次利用氢稳定同位素数据证明了树木可通过水分提升（hydraulic lift）的过程对其周围植物产生积极影响，即一些植物的根系能将土壤深层的水分提升并释放到比较干旱的表层土壤和根系周围，供给树木附近的浅根系植物。与距离有水分提升功能树种较远的同种植物相比，这些植物有较多的可利用水分，受到的水分胁迫较小。这项研究表明，相邻生长的植物一定存在竞争等消极影响的假设，并非都是正确的。一些学者将δD数据、植物水分利用及土壤水分运输测量相结合，还发现具有水分提升能力的植物不仅可以促进周围植物的生长，还可增加群落的生物多样性（Dawson，1993；Emerman and Dawson，1996）。同样，Ludwig（2001）在东非阿拉伯树胶（*Acacia senegal*）林和热带稀树草原的研究表明，树与草之间的养分竞争以及阿拉伯树胶植物的水分提升作用均可影响树–草之间相互作用的年际动态。

（二）草本与灌木植物间的共生关系

Archer（1995）利用$\delta^{13}C$值推断橡树–草地混合群落中有或无一年生草本或多年生丛生草本情况下橡树的水分利用效率，从新的角度阐述以C_4禾草为主的草地在过去100～200年里由于土壤氮含量的变化而被C_3灌丛所取代的过程。Caldeira等（2001）利用$\delta^{13}C$数据确立了物种丰富度与生产力之间的关系。他们的数据表明，生长在物种丰富群落中的植物比单一栽培植物具有更多的可利用水分和更高的生产力。

（三）植物与微生物的共生关系

植物不能直接利用大气中的N_2，而土壤氮又因土壤颗粒强烈的吸附作用、植物与土壤微生物的竞争和其他导致氮损失的过程而时常处于匮乏状态。因此，多数植物进化出与菌根真菌或固氮细菌共生的关系。这些共生生物可提供植物所需的氮，而植物则为它们提供碳作为"回报"（Newman and Reddell，1987；Smith and Read，2008）。此外，菌根真菌使得寄主植物能够利用很多类型的氮。然而，植物根与真菌之间的直接联系并不是那么容易被观察到，因为很多真菌不是专性寄生，真菌可以从很多寄主处获得碳。同样地，植物也可以从很多不同的真菌共生体获得氮营养。

一些采用^{13}C标记的研究表明，碳可通过外生菌根（ECM）和丛枝菌根（VAM）相互连接的网络进行传输（Watkins *et al.*，1996；Simard *et al.*，1997；Fitter *et al.*，1998）。这种以菌根为媒介的植物与植物之间的碳传输，对植物的碳平衡和种群或群落内竞争都有显著影响。例如，这种关系对于灌层下部幼苗的生长非常重要，因为这些弱小植物的碳来源是非常有限的。如果有真菌共生在这些幼苗根系上，同时这些真菌又与冠层树木相连，那么幼苗就有可能从高大树木获得糖类，促进它们的生长，提高生存的可能性。

Simard 等（1997）通过将纸皮桦（*Betula papyrifera*）和花旗松（*Pseudotsuga menziesii*）幼苗分别放置于 $^{14}CO_2$ 和 $^{13}CO_2$ 的环境中，相隔约 1 m 来研究两者之间的碳传输。他们检测到碳元素在两种植物之间互相流动。同时，生活在遮阴环境中的幼苗从另外一种植物中获得更多的碳元素。实验进行 9 天之后，两种植物彼此从另外一方获得平均约 4% 的 C，生活在遮阴环境中的花旗松幼苗从纸皮桦中获得约 8% 的 C。

Hobbie 和 Colpaert（2003）提出氮的可利用性以及菌根真菌菌落与植物氮同位素格局紧密相关的观点（图 7-2）。一般来讲，菌根真菌具有比菌根植物较高的 $\delta^{15}N$ 值。菌根真菌共生植物在氮可利用性低时，$\delta^{15}N$ 值低，但非菌根真菌共生植物（ectomycorrhial）的 $\delta^{15}N$ 值不随氮可利用程度变化而变化（图 7-2）。因此可以通过测定多种植物与其不同形式的菌根真菌的同位素比值来推断植物和菌根真菌之间的氮可利用性和氮传输。

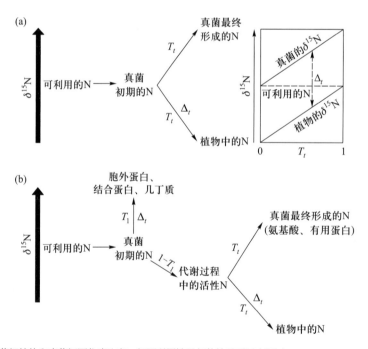

图 7-2 菌根植物和真菌间同位素比率、氮可利用性及氮传输关系示意图（Hobbie and Colpaert, 2003）

之前的许多研究表明氮从固氮菌根植物通过共同的菌根网络（common mycorrhizal networks，CMNs）传输给非固氮植物，为单向传输。但也有研究认为这是双向传输，即氮也会从非固氮植物传向固氮植物。这种植物之间的氮传输是直接通过共同的菌根网络单向传输还是通过土壤的间接传输目前还存在争议，需要利用多种植物在多种生境下的进一步研究来阐述（He et al.，2003）。

另外，Abuzinadah 和 Read（1986）以及 Finlay 等（1992）的研究还证明，很多 ECM 真菌能够直接利用可溶性氨基酸以及动物和植物蛋白。添加 ^{15}N 示踪物的研究证明了 ECM 真菌能够利用桉树植物不能直接吸收利用的氨基酸（Trudell et al.，2003）。在 ECM 真菌协助下，松树吸收 ^{15}N 标记的丙氨酸和铵的量要远远高于硝酸盐（Wallander et al.，1997）。Michelsen 等（1996）利用 $\delta^{15}N$ 分析也发现亚北极地区的菌根可直接利用凋落物的有机氮。

（四）外来种与本地种间的共生关系

真菌或微生物共生体（microbial associate）可为外来植物提供受限的营养元素，能够增加外来植物的生长和竞争力。共生体同样可能会促进动物入侵，但是有关共生系统促进动物成功入侵方面的研究还相对较少。Wilder 等（2011）研究了里氏火蚁（Solenopsis invicta）的共生体（食物-庇护）是如何协助里氏火蚁成功入侵的。在火蚁自然分布区阿根廷，激烈的种间竞争抑制了火蚁从产蜜汁的半翅目昆虫（Hemiptera）的分泌物或其他源中获取糖类，但在其入侵的美国地区，由于没有竞争，火蚁能够充分利用这些资源。氮同位素数据显示美国的火蚁种群与阿根廷火蚁种群相比处在较低的营养级（图 7-3）。

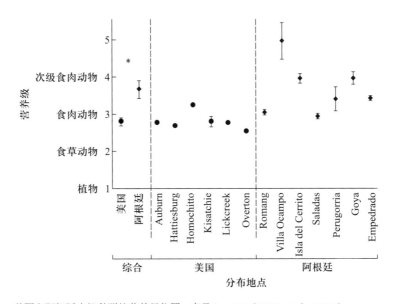

图 7-3 美国和阿根廷火蚁种群的营养级位置，* 表示 $P<0.05$（Wilder et al.，2011）

里氏火蚁常在树上取食（$F_{1,7}=45.2$，$P<0.001$），并趋于与产蜜汁半翅目昆虫聚集成群（$\chi^2=6\,103$，$P<0.000\,1$）（图 7-4a）。室内和野外实验均表明，即使在火蚁的食物（昆虫）不受限的情况下，蜜汁也会促进火蚁群落的生长。因而火蚁的大范围成功入侵可能是通过共生体获得关键资源——糖类而实现的。通过洲际间

的比较发现，美国火蚁种群在树上取食的频率（每样地约为40%）远高于阿根廷火蚁种群（每样地约为5%）（图7-4b）。利用稳定同位素得到的这些结果表明，共生生物之间潜在的相互作用在入侵动物的定居和扩张过程中起着非常重要的作用（Wilder et al., 2011）。

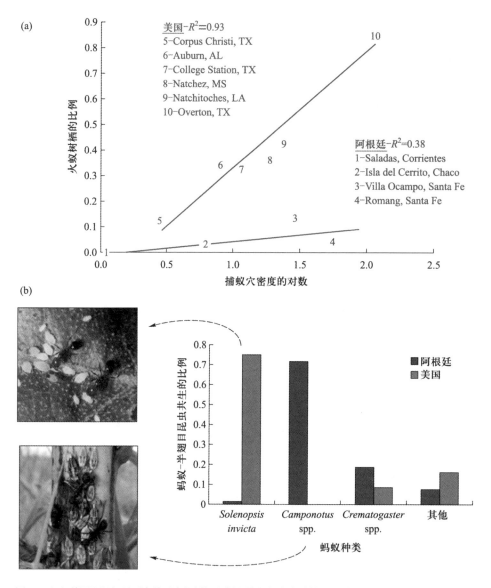

图7-4 （a）美国和阿根廷两个地区火蚁树栖比例和捕蚁穴密度对数的关系；（b）蚂蚁种类与半翅目Hemiptera的共生关系（Wilder et al., 2011）（参见书末彩插）

二、附生关系

在地球上许多潮湿地带特别是热带雨林中，常见到种类繁多、形态各异的附生植物，以兰花科（Orchidaceae）植物为主。兰花科有200多种无叶绿素植物（achlorophyllous），它们从共生真菌中获得全部的碳，因而也被称为真菌-异养植物

（myco-heterotrophic）(Leake，1994)。这类植物还从真菌获得矿质营养。部分真菌-异养兰花植物与树木外生菌根的担子菌相连（Zelmer and Currah，1995；Taylor and Bruns，1997；McKendrick et al.，2000b；McKendrick et al.，2002），碳通过外生菌根的担子菌菌丝从外生菌根树木传输到真菌-异养兰花植物中（McKendrick et al.，2000a）。

这类真菌-异养植物的碳、氮有机物来源一直是研究植物附生关系的一个重要命题。目前我们对兰花植物和它的菌根真菌间的相互营养关系的认识主要来自：① 对兰花植物菌根的显微镜观测；② 利用放射性同位素研究营养流动的室内实验；③ 传统生物学和分子生物学的方法鉴定与兰花植物共生的真菌菌种。Gleixner 等（1993）以及 Gebauer 和 Dietrich（1993）分别首次发现真菌和森林植被间的碳、氮同位素组成差异。这种同位素组成的差异已被多次证实，并且已扩展到一系列真菌和具有不同形式真菌菌根的森林植物中，但不包括兰花植物（Högberg et al.，1996；Michelsen et al.，1998；Gebauer and Taylor，1999；Kohzu et al.，1999；Henn and Chapela，2001；Hobbie et al.，2001）。虽然真菌的碳、氮稳定同位素比值与伴生的非兰花植物存在显著的差异，但碳、氮稳定同位素自然丰度差异在真菌和兰花植物营养动态的野外研究中一直被忽略。

真菌和非兰花植物之间的同位素组成差异为检验自养兰花植物是否从真菌获得碳、氮及其定量研究提供了机会。原理是基于非兰花植物不具有吸收利用真菌菌丝的能力，因而不含有真菌同位素信号的碳、氮化合物，而真菌-异养兰花植物吸收利用真菌的菌丝，因此其碳、氮同位素组成具有真菌的同位素信号的假设之上，利用二元同位素线性混合模型可以估算自养兰花植物的碳、氮来源比例。

最近越来越多的研究发现绿色植物如单侧花属（Orthilia）可以利用真菌碳源，说明这种现象比以前认为的更为广泛，其生态学意义也更广。因而所有绿色植物都是自养的说法不再成立。Bidartondo 等（2004）最近研究发现5种绿色兰花植物可以依赖真菌菌根碳存活，因而兰花植物可延伸到森林中最阴暗的地方。它们可以是没有任何竞争对手的先锋种。这种现象也被称之为混合营养型（mixotrophy）。事实上，混合营养型在半寄生植物中早就存在，即植物寄生于其他植物上，但保留有光合能力。除了自身的光合作用产物外，一些半寄生植物从寄主植物获得有机碳化合物（Press and Graves，1995）。例如，槲寄生（mistletoes）63%的碳来自寄主（Bannister and Strong，2001）。也有研究称一些肉食性植物从食物中获取碳实际上是吸收氮和磷元素的附带产物，但该说法并未受到重视（Adams and Grierson，2001）。部分寄生植物和肉食性植物进化出专门的结构（例如吸器和捕获器），但仅限于为数很少的几科植物中，兰花植物和石南科植物的混合营养型仅依赖菌根。

^{14}C 和 ^{13}C 标记实验证明多种光合作用植物会从它们的共生真菌中获取碳

（Simard et al., 1997; Simard and Durall, 2004; Smith and Read, 2008）。但是, ^{14}C 和 ^{13}C 标记只能指示瞬时的传输，不能说明这种传输是经常发生或在任何条件下都存在的（Selosse et al., 2006）。此外，该法不能计算整个生长季的碳传输量。相反，植物的 ^{13}C 自然丰度是自然条件下研究物质来源非常有效的工具（Adams and Grierson, 2001; Dawson et al., 2002），无需模拟实验就能计算植物整个生活史过程中的物质来源。与邻近的自养生物相比，虽然都属于 C_3 光合途径，但混合营养型兰花和石南科植物有较高的 $\delta^{13}C$ 值（Gebauer and Meyer, 2003; Zimmer et al., 2007; Zimmer et al., 2008）。与真菌-异养植物相似，混合营养型植物的 $\delta^{13}C$ 值与其菌根真菌的 $\delta^{13}C$ 值接近。^{15}N 丰度沿营养级逐渐增大：真菌通常直接利用或经循环后的植物有机物，因而具有比自养生物高的 $\delta^{15}N$ 值。同样，利用真菌的植物的 $\delta^{15}N$ 值比菌根真菌的高（Gebauer and Meyer, 2003）。因而混合营养型植物的 ^{15}N 丰度比自养植物的高，与菌根真菌的较为接近（图7-5a）。通过气体交换研究发现，混合营养型的植物具有通过光合作用固定大气 CO_2 的能力（图7-5b）（Julou et al., 2005; Girlanda et al., 2006; Tedersoo et al., 2007）。但固定量与植物种类有关，通常低光照、低叶绿素含量或低光合作用活动使植物光合速率与呼吸速率相等或更低（Julou et al., 2005; Girlanda et al., 2006; Zimmer et al., 2008）。显然，这些植物的生长和繁殖需要额外的碳。在某些兰花植物中，叶片大小和数量会限制光合作用，如珊瑚兰（*Corallorhiza trifida*）和 *Limodorum abortivum*（Girlanda et al., 2006; Zimmer et al., 2008）。因而，混合营养型植物对真菌碳的依赖程度种间差异较大。

通过进一步测量混合营养型植物的 ^{13}C 丰度，结果发现其生物量一部分来自真菌（p），另外一部分来自光合作用（$1-p$）。以真菌-异养型和自养型植物的 ^{13}C 丰度为参照，已研究的混合营养型植物 p 值为 0%~80%，与预期结果一致，p 值大小在种间和同种不同生境间存在差异（Gebauer and Meyer, 2003; Tedersoo et al., 2007; Zimmer et al., 2007）。这种估算法最大的缺点是其估算结果只是真菌碳对植物生物量的贡献，而不是对整个生物代谢的贡献。因而，在建立全球混合营养型生物代谢模式中对呼吸释放 CO_2 的测定是非常有必要的。

到目前为止，虽然已有实验证明碳从邻近植物输送到真菌-异养植物（Selosse et al., 2006），但依然没有已发表的研究直接支持图7-5b所示的混合营养过程。另外，碳从真菌传输到混合营养型植物的机理还不清楚。在兰花植物菌根中，真菌菌丝定居植物根细胞并最终溶解。这个过程可被认为是营养转移或老组织更新，也被认为是类似细胞吞噬过程的碳转移，菌丝被消化吸收（Trudell et al., 2003），这就很好地解释了接收植物的 ^{13}C 含量与共生真菌接近的原因。但真菌-异养型植物 $\delta^{15}N$ 与附生真菌不同。虽然真菌菌丝同样进入石南科植物的根细胞中，

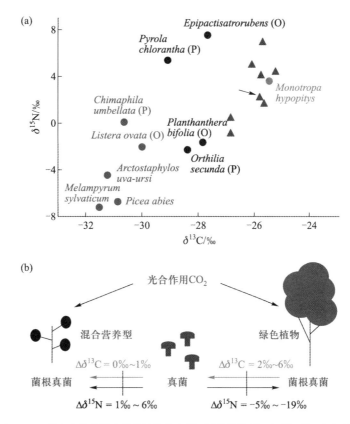

图7-5 (a)Estonian北方森林中混合异养植物和真菌-异养植物$\delta^{13}C$和$\delta^{15}N$值；(b) 混合营养型、伴生植物和真菌之间的碳氮传输示意图 (Selosse and Roy，2009)

但未观察到细胞溶解现象 (Tedersoo et al., 2007；Vincenot et al., 2008)。这种现象不符合消化吸收模型，因而真菌碳转移可能涉及其他转移机制。一种假设是有机物分子从活菌丝中转移到寄主细胞。另外一种可能是碳氮非同时传输。虽然菌根真菌是所有菌根植物的主要氮源，但与其他菌根植物相比 (Trudell et al., 2003)，混合异养和菌根-异养植物^{15}N丰度的显著差异表明两者通过不同的形式或途径获取氮。通常铵盐、部分氨基酸是氮从菌根真菌传输到自养菌根植物的主要形式 (Smith and Read, 2008)。碳和氮通过某种有机物分子同时传向混合异养植物。混合异养植物的氮含量通常较高 (Gebauer and Meyer, 2003；Julou et al., 2005)，但也可能是因为呼吸作用降低了碳氮比 (C/N) (Tedersoo et al., 2007)。

种间及同种不同生境间的^{13}C和^{15}N丰度之间的不相关 (图7-5a) (Zimmer et al., 2007)，在某种程度上说明了部分碳可能是通过与氮传输不相关的生化途径获得的。混合营养型植物 (图7-5b) 的发现也引发了许多疑问，包括混合营养型在全球生态系统中普遍存在吗？它最终会进化为真菌-异养型吗？如果会，通过何种方式进化？什么生态因子决定其对真菌碳的依赖程度？碳传输到受体植物的分子机制是什么？

第2节 竞争、捕食和寄生关系

物种间相互作用必定会带来负面影响的种间关系主要包括竞争、捕食和寄生关系。由于这些种间关系均涉及物种间的物质转移和利用，对不同物种有机物稳定同位素组成的分析，可以揭示它们之间的内在联系和共存消亡机制，了解不同物种在营养关系中的本质联系（Caut et al., 2006）。如与生物能学法、机理模型和自然历史等其他方法相结合，稳定同位素技术可能成为研究种间关系和种群动态非常有用的工具。

一、竞争关系

从达尔文时代的"生存竞争、优胜劣汰"的理论产生到现在，生态学家在关于生物竞争方面进行了广泛而深入的研究。种间竞争是指种间的两个或多个个体间，由于它们的需求或多或少地超过了共同资源的供应而产生的一种生存斗争现象。当生活史简单的单种种群在无限环境中时，其种群数量应呈指数式增长。然而，对任何物种来说，地球可供给的资源总是有限的，因此各种生物为了自身的生存必然会与其他个体对资源进行竞争。探寻物种共存的内在机制一直都是生物多样性研究的焦点，已有众多的理论和假说，绝大多数物种共存理论和假说都与竞争理论有紧密联系。例如，Verhulst（1838）以及Pearl和Reed（1920）最早用数学式表达物种在有限环境中种群所呈现的逻辑斯谛（logistic）增长形式。该模型表明，随着种群内个体数量的增多，对有限资源的种内竞争也将加剧，从而使种群不能充分实现其内禀增长能力所允许的增殖速率。

（一）动物种间竞争关系

Caut等（2006）结合稳定同位素和生物能学方法估计直接和间接的种间相互作用及种群动态（图7-1）。目的是正确阐述种间的相互作用。他们建立了美国加利福尼亚州Santa Cruz岛上一系列脊椎动物的种群动态和种间相互作用模型，包括2种本土食肉动物（狐和斑臭鼬）、1种外来食草动物（野猪）和它们共同的捕食者——金雕。虽然他们此次实验得到了这个脊椎动物群落的种间相互作用关系的信息，但利用同位素技术推测种间关系仍受到几方面因素的限制，通过室内实验才能获得的目标动物的同位素分馏系数和通过历史资料获得的确切猎物信息。

李忠义等（2009）根据长江口及邻近南黄海水域多个站位中不同体长的小黄鱼（*Pseudosciaena polyactis*）与皮氏叫姑鱼（*Johnius belengerii*）及其饵料的碳、氮稳定同位素值，研究了两者的主要食物组成及竞争策略。结果表明：① 红狼牙鰕虎鱼（*Odontamblyopus rubicundus*）、六丝矛尾䱛虎鱼（*Chaeturichthys hexanema*）、中华栉孔鰕虎鱼（*Ctenotrypauchen chinensis*）、龙头鱼（*Harpadon nehereus*）、葛氏长臂虾（*Palaemon gravieri*）、口虾蛄（*Squilla oratoria*）6 种生物饵料为两者的优选食物；② 小黄鱼与皮氏叫姑鱼的体长与碳、氮稳定同位素值间无显著相关性（$P > 0.05$）；③ 小黄鱼、皮氏叫姑鱼及其一些生物饵料的碳、氮稳定同位素值在站位间存在极显著差异（$P < 0.05$）；④ 两种鱼采取了栖息地与食物分化的摄食策略来缓和食物竞争。郭旭鹏等（2007）还根据 2005 年 4—5 月在黄海海域进行的春季定点拖网调查，采用稳定同位素技术和聚类分析方法，研究了黄海低营养层鱼类中的代表性种类，鳀鱼（*Engraulis japonicus*）和赤鼻棱鳀（*Thrissa kammalensis*）的食物组成、相似指数及两者对食物竞争的激烈程度。

（二）植物种间竞争关系

在沙漠生态系统中，大部分水分和氮来自降雨脉冲。通常认为沙漠植物间的竞争在养分可利用性最高的时间段最激烈。Gebauer 等（2002）通过研究科罗拉多冻原活跃根系分布位置不同的三种沙漠灌木——金雀花拳生（*Gutierrezia sarothrae*）、密叶滨藜（*Atriplex confertifolia*）、*Chrysothamnus nauseosus* 来验证此假说。为期 3 年的研究中，Gebauer 等（2002）在春季和夏季分别进行了邻近植物移除、模拟降雨（25 mm）和氮施加实验，同时测定了清晨水势、气体交换、叶片 $\delta^{15}N$ 值、碳同位素分馏值和植物的生长。研究结果发现根系较浅的 *G. sarothrae* 利用脉冲养分的程度比活跃根系位于较深土壤层的 *A. confertifolia* 大。水分或氮元素添加都不会显著影响这 3 种植物的最大光合速率或枝条生长。与最初的假设相反，他们并未发现当周边有其他植物存在时植物对脉冲养分的利用会降低的现象。然而，邻近植物移除会影响扎根较深的 *A. confertifolia* 的清晨水势、气体交换、碳同位素分馏值和生长。而根系较浅的 *G. sarothrae* 受邻近灌木移除的影响较小，当仅去除浅根草本植物时，其不受影响。这些结果表明冻原灌木群落可能主要在水分消耗慢、主要以植物利用为主的深层土壤中竞争水分。而在水分消耗快、主要以蒸发为主的表层土壤中基本没有竞争。

二、捕食关系

食叶和食根动物会改变植物根系的分泌物，分泌物的改变反过来会影响土壤氮的可利用。植物根系会增加土壤氮源的可利用性和邻近植物对氮的吸收利用，然而几乎没有研究阐述食草动物通过根系对氮通量的影响。另外，到目前为止，仍没有食草动物对植物根和叶摄食的共同作用对氮通量产生影响的相关研究。

Ayres 等（2007）利用同位素标记技术，通过剪除白车轴草（*Trifolium repens*）的叶片和添加食根线虫（*Heterodera trifolii*）来检验这些压力对白车轴草的氮向邻近植物黑麦草（*Lolium perenne*）传输的影响（图7-6a）。同时也研究了叶片掉落、食根动物对土壤微生物群落和黑麦草生长的影响（图7-6b、c）。去除叶片和添加食根线虫都未影响白车轴草的生物量。相反，去除叶片使根和芽的生物量分别增加了34%和100%。另外，去除叶片处理使黑麦草根系中来源于白车轴草的氮增长了5倍，土壤微生物的生物流量增加了77%。添加食根线虫处理使黑麦草根系中来源

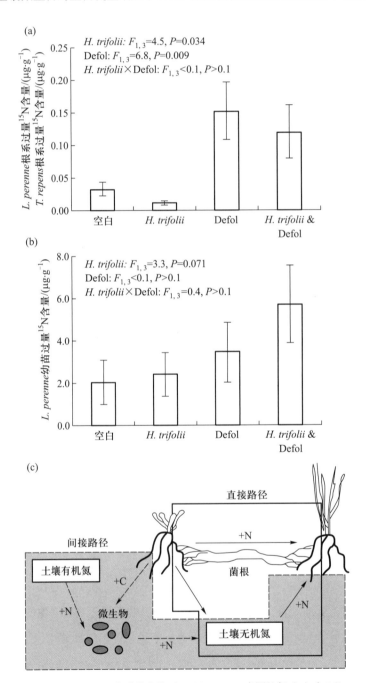

图7-6 食根线虫*Heterodera trifolii*和叶片去除对*Trifolium repens*来源的氮（a）向*Lolium perenne*根传输的影响；（b）对*L. perenne*芽的影响；（c）落叶通过直接和间接途径增加土壤氮可利用性示意图（Ayres et al., 2007）

于白车轴草的氮略有减少，但并未改变土壤微生物的生物量，并且对邻近黑麦草的生长影响不显著。

这些发现表明草原豆科植物叶片掉落是通过直接影响地下氮通量显著增加向邻近植物的氮传输。在陆地生态系统中，植物生物量一般受氮限制，豆科植物向非固氮植物的氮传输可能会改变物种间的竞争，进而改变植物的群落结构。但这些发现仍需要进一步的野外实验来验证。

在利用自然丰度$\delta^{15}N$进行研究受到限制的情况下，富集^{15}N示踪物成为研究有效氮在塑造自然群落方面重要作用的有力工具。植物在空间和时间上对氮示踪物的吸收不同，这一特性被用来推测废弃耕地（McKane et al., 1990）、沙漠植物群落（Gebauer and Ehleringer，2000）保持物种多样性（生态位多样化）的原因。$\delta^{15}N$示踪物还被用来研究植物在失去叶片后如何提高氮吸收速率（Wallace and Macko，1993）。示踪物研究还表明，经过模拟哺乳动物放牧后，一些常绿和落叶树幼苗的生产性能依赖于前一个冬季氮储存能力和储藏部位。

三、寄生关系

寄生关系是指一种生物（寄生者）寄居于另一种生物的体内或体表，以寄主的组织为生活基质，在其中进行生长繁殖，并对寄主造成不同程度危害作用的关系。不仅动物间或植物间存在寄生现象，植物与微生物间也存在寄生关系。已发现有超过400种植物因缺乏叶绿素不能进行光合作用，需要依靠菌根真菌提供有机物。这种植物寄生现象主要出现在兰花、石楠和龙胆科植物中。稳定同位素技术为了解物种间寄生关系提供了非常有效的工具。稳定同位素比值的分析与解剖学、形态学和生理学等信息相结合，使我们对寄主植物和与其相关的寄生植物之间的复杂生理关系有了更加深刻的认识。高等植物的专性寄生植物具有特化的吸收器官（吸器），它能穿透寄主植物的组织，从而获取养分资源。槲寄生就是典型的植物寄生现象。

槲寄生（mistletoes）通过木质部与寄主植物连接获取养分，但它本身也进行光合作用。通过测定寄主植物和槲寄生的$\delta^{13}C$来估测它们的水分利用效率WUE，结果发现槲寄生水分利用效率很低，尤其是在氮缺乏条件下（Schulze and Ehleringer，1984；Ehleringer et al., 1985）。Press等（1987）依靠叶片的气体交换数据对C_4寄主和它的C_3根半寄生生物的$\delta^{13}C$与预测值进行比较，发现尽管寄生生物能进行光合作用，也会发生从寄主到寄生物的碳传输。Marshall等（1994）通过扩展这种方法来研究寄主-槲寄生联合体之间的关系，发现槲寄生植物非自养性碳贡献率的范围为15%～60%，获得的总碳量（通过同化作用加上在蒸腾流动中获得的非自养性碳）与寄主植物光合速率A之间存在显著相关关系，槲寄生与寄主的生长速率有趋同性，并研发出预算非自养性碳对寄生生物整个碳贡献量的模型。与之相反，Bannister和Strong（2001）最近发现在新西兰这样温暖湿润环境中，通过槲寄生和寄主的$\delta^{13}C$值估计槲寄生非自养碳可能会出现较大的差错，因为寄主与寄生物之间$\delta^{13}C$值差异一般很小。

最近一些研究认为，稳定同位素技术与混合模型相结合的方法能够使我们了解营养关系的本质。例如，Treseder等（1995）通过对Philidris属蚂蚁和它们的寄主植物——热带附生植物Dischidia major的$\delta^{13}C$和$\delta^{15}N$的研究发现，蚂蚁提供碳（呼出CO_2）和氮作为获得栖息环境的交换条件。因为该附生植物是一种$\delta^{13}C$比C_3树木更高的专性CAM植物，而蚂蚁以吸收韧皮部汁液的同翅目昆虫为食，但附生植物出乎意料的低$\delta^{13}C$值恰好反映了植物在多大程度上同化了蚂蚁呼出的碳。与临近同种植物相比，有蚂蚁寄生的D. major叶片^{15}N含量较高，也就表明D. major以蚂蚁的残骸为一个氮源。Sagers等（2000）的研究也证明，在一个由Azteca蚂蚁和吸水木（Cecropia peltata）构成的特化互利共生关系中，蚂蚁与树之间存在资源交换，蚂蚁利用植物碳的同时向寄主植物提供氮。早期关于食肉植物的研究，利用该植物的主要食物——蚂蚁或白蚁的$\delta^{13}C$和$\delta^{15}N$值来确定这些食物对植物资源需求的贡献（Schulze et al., 1991；Schulze et al., 1997；Moran et al., 2001）。对这类营养关系的研究而言，采用混合模型来确定不同源的贡献率是非常关键的。

在澳大利亚西南部的丛生欧石楠荒野，人们研究了氮从假定的寄主植物到木质根半寄生生物的传输规律（Tennakoon et al., 1997）。寄生生物和固氮的寄主植物之间具有类似的$\delta^{15}N$值，这一结果充分表明寄生生物依靠固定的N_2为氮源，而不是土壤无机氮。这些发现可能能够解释在土壤有效氮不足的条件下，木质根半寄生生物仍能够达到很高的生物量并成为重要的生长类型。

主要参考文献

- 郭旭鹏, 李忠义, 金显仕, 戴芳群. 2007. 应用稳定同位素技术对南黄海两种鳀科鱼类食物竞争的研究. 杭州师范学院学报（自然科学版）6:283-287.
- 李忠义, 戴芳群, 左涛, 金显仕, 庄志猛. 2009. 长江口及南黄海水域秋季小黄鱼与皮氏叫姑鱼的食物竞争. 生态学杂志 2:67-72.
- Abuzinadah, R. and D. Read. 1986. The role of proteins in the nitrogen nutrition of ectomycorrhizal plants. New Phytologist 103:507-514.
- Adams, M. and P. Grierson. 2001. Stable isotopes at natural abundance in terrestrial plant ecology and ecophysiology: An update. Plant Biology 3:299-310.
- Archer, S. 1995. Tree-grass dynamics in a Prosopis-thornscrub savanna parkland: Reconstructing the past and predicting the future. Ecoscience 2:83-99.
- Ayres, E., K. M. Dromph, R. Cook, N. Ostle, and R. D. Bardgett. 2007. The influence of below-ground herbivory and defoliation of a legume on nitrogen transfer to neighbouring plants. Functional

Ecology 21:256–263.

- Bannister, P. and G. L. Strong. 2001. Carbon and nitrogen isotope ratios, nitrogen content and heterotrophy in New Zealand mistletoes. Oecologia 126:10–20.
- Bidartondo, M. I., B. Burghardt, G. Gebauer, T. D. Burns, D. J. Read. 2004. Changing partners in the dark: Isotopic and molecular evidence of ectomycorrhizal liaisons between forest orchids and trees. Proceedings of the Royal Society of London Series B-Biological Sciences 271:1709–1860.
- Bruno, J. F., J. J. Stachowicz, and M. D. Bertness. 2003. Inclusion of facilitation into ecological theory. Trends in Ecology and Evolution 18:119–125.
- Caldeira, M. C., R. J. Ryel, J. H. Lawton, and J. S. Pereira. 2001. Mechanisms of positive biodiversity-production relationships: Insights provided by $\delta^{13}C$ analysis in experimental Mediterranean grassland plots. Ecology Letters 4:439–443.
- Caut, S., G. W. Roemer, C. J. Donlan, and F. Courchamp. 2006. Coupling stable isotopes with bioenergetics to estimate interspecific interactions. Ecological Applications 16:1893–1900.
- Dawson, T. E. 1993. Hydraulic lift and water use by plants: Implications for water balance, performance and plant-plant interactions. Oecologia 95:565–574.
- Dawson, T. E., S. Mambelli, A. H. Plamboeck, P. H. Templer, and K. P. Tu. 2002. Stable isotopes in plant ecology. Annual Review of Ecology and Systematics 33:507–559.
- Ehleringer, J., E. D. Schulze, H. Ziegler, O. Lange, G. Farquhar, and I. Cowar. 1985. Xylem-tapping mistletoes: Water or nutrient parasites? Science 227:1479–1481.
- Emerman, S. H. and T. E. Dawson. 1996. Hydraulic lift and its influence on the water content of the rhizosphere: An example from sugar maple, *Acer saccharum*. Oecologia 108:273–278.
- Fedriani, J. M., T. K. Fuller, R. M. Sauvajot, and E. C. York. 2000. Competition and intraguild predation among three sympatric carnivores. Oecologia 125:258–270.
- Finlay, R.D., Å. Frostegård, and A. M. Sonnerfeldt. 1992. Utilization of organic and inorganic nitrogen sources by ectomycorrhizal fungi in pure culture and in symbiosis with *Pinus contorta* Dougl. ex Loud. New Phytologist 120:105–115.
- Fitter, A., J. Graves, N. Watkins, D. Robinson, and C. Scrimgeour. 1998. Carbon transfer between plants and its control in networks of arbuscular mycorrhizas. Functional Ecology 12:406–412.
- Gebauer, G. and P. Dietrich. 1993. Nitrogen isotope ratios in different compartments of a mixed stand of spruce, larch and beech trees and of understorey vegetation including fungi. Isotopes in Environmental and Health Studies 29:35–44.
- Gebauer, G. and M. Meyer. 2003. ^{15}N and ^{13}C natural abundance of autotrophic and myco-heterotrophic orchids provides insight into nitrogen and carbon gain from fungal association. New Phytologist 160:209–223.
- Gebauer, G. and A. Taylor. 1999. ^{15}N natural abundance in fruit bodies of different functional groups of fungi in relation to substrate utilization. New Phytologist 142:93–101.
- Gebauer, R. L. E. and J. R. Ehleringer. 2000. Water and nitrogen uptake patterns following moisture pulses in a cold desert community. Ecology 81:1415–1424.
- Gebauer, R. L. E., S. Schwinning, and J. R. Ehleringer. 2002. Interspecific competition and resource pulse utilization in a cold desert community. Ecology 83:2602–2616.
- Girlanda, M., M. Selosse, D. Cafasso, F. Brilli, S. Delfine, R. Fabbian, S. Ghignone, P. Pinelli, R. Segreto, and F. Loreto. 2006. Inefficient photosynthesis in the Mediterranean orchid *Limodorum abortivum* is mirrored by specific association to ectomycorrhizal Russulaceae. Molecular Ecology 15:491–504.
- Gleixner, G., H. J. Danier, R. A. Werner, and H. L. Schmidt. 1993. Correlations between the ^{13}C content of primary and secondary plant products in different cell compartments and that in decomposing basidiomycetes. Plant Physiology 102:1287–1290.
- Goheen, J. R. and T. M. Palmer. 2010. Defensive plant-ants stabilize megaherbivore-driven landscape change in an African savanna. Current Biology 20:1768–1772.
- He, X. H., C. Critchley, and C. Bledsoe. 2003. Nitrogen transfer within and between plants through common mycorrhizal networks (CMNs). Critical Reviews in Plant Sciences 22:531–567.
- Henn, M. R. and I. H. Chapela. 2001. Ecophysiology of ^{13}C and ^{15}N isotopic fractionation in forest fungi and the roots of the saprotrophic-mycorrhizal divide. Oecologia 128:480–487.
- Hobbie, E. A. and J. V. Colpaert. 2003. Nitrogen availability and colonization by mycorrhizal fungi correlate with nitrogen isotope patterns in plants. New Phytologist 157:115–126.
- Hobbie, E. A., N. S. Weber, and J. M. Trappe. 2001. Mycorrhizal vs saprotrophic status of fungi: The isotopic evidence. New Phytologist 150:601–610.
- Högberg, P., L. Högbom, H. Schinkel, M. Högberg, C. Johannisson, and H. Wallmark. 1996. ^{15}N abundance of surface soils, roots and mycorrhizas in profiles of European forest soils. Oecologia 108:207–214.
- Julou, T., B. Burghardt, G. Gebauer, D. Berveiller, C. Damesin, and M. A. Selosse. 2005. Mixotrophy in orchids: Insights from a comparative study of green individuals and nonphotosynthetic individuals of *Cephalanthera damasonium*. New Phytologist 166:639–653.

- Kohzu, A., T. Yoshioka, T. Ando, M. Takahashi, K. Koba, and E. Wada. 1999. Natural ^{13}C and ^{15}N abundance of field-collected fungi and their ecological implications. New Phytologist 144:323-330.
- Leake, J. R. 1994. The biology of myco-heterotrophic ('saprophytic') plants. New Phytologist 127:171-216.
- Ludwig, F. 2001. Tree-grass interactions on an east African savanna: The effects of competition, facilitation and hydraulic lift. Wageningen University and Research Centre, Wageningen.
- Marshall, J., J. Ehleringer, E. D. Schulze, and G. Farquhar. 1994. Carbon isotope composition, gas exchange and heterotrophy in Australian mistletoes. Functional Ecology 8:237-241.
- McKane, R. B., D. F. Grigal, and M. P. Russelle. 1990. Spatiotemporal differences in ^{15}N uptake and the organization of an old-field plant community. Ecology 71:1126-1132.
- McKendrick, S., J. Leake, and D. Read. 2000a. Symbiotic germination and development of myco-heterotrophic plants in nature: Transfer of carbon from ectomycorrhizal *Salix repens* and *Betula pendula* to the orchid *Corallorhiza trifida* through shared hyphal connections. New Phytologist 145:539-548.
- McKendrick, S., J. Leake, D. Taylor, and D. Read. 2000b. Symbiotic germination and development of myco-heterotrophic plants in nature: Ontogeny of *Corallorhiza trifida* and characterization of its mycorrhizal fungi. New Phytologist 145:523-537.
- McKendrick, S., J. Leake, D. L. Taylor, and D. Read. 2002. Symbiotic germination and development of the myco-heterotrophic orchid *Neottia nidus-avis* in nature and its requirement for locally distributed *Sebacina* spp. New Phytologist 154:233-247.
- Michelsen, A., C. Quarmby, D. Sleep, and S. Jonasson. 1998. Vascular plant ^{15}N natural abundance in heath and forest tundra ecosystems is closely correlated with presence and type of mycorrhizal fungi in roots. Oecologia 115:406-418.
- Michelsen, A., I. K. Schmidt, S. Jonasson, C. Quarmby, and D. Sleep. 1996. Leaf ^{15}N abundance of subarctic plants provides field evidence that ericoid, ectomycorrhizal and non- and arbuscular mycorrhizal species access different sources of soil nitrogen. Oecologia 105:53-63.
- Moran, J. A., M. A. Merbach, N. J. Livingston, C. M. Clarke, and W. E. Booth. 2001. Termite prey specialization in the pitcher plant *Nepenthes albomarginata*-evidence from stable isotope analysis. Annals of Botany 88:307-311.
- Newman, E. and P. Reddell. 1987. The distribution of mycorrhizas among families of vascular plants. New Phytologist 106:745-751.
- Pearl, R. and L. J. Reed. 1920. On the rate of growth of the population of the United States since 1790 and its mathematical representation. Proceedings of the National Academy of Sciences, USA 6:275-288.
- Press, M. C. and J. D. Graves. 1995. Parasitic Plants. Springer, London.
- Press, M. C., N. Shah, J. M. Tuohy, and G. R. Stewart. 1987. Carbon isotope ratios demonstrate carbon flux from C_4 host to C_3 parasite. Plant Physiology 85:1143-1145.
- Reinhart, K. O. and R. M. Callaway. 2006. Soil biota and invasive plants. New Phytologist 170:445-457.
- Richardson, D. M., N. Allsopp, C. M. D'ANTONIO, S. J. Milton, and M. Rejmanek. 2000. Plant invasions: The role of mutualisms. Biological Reviews 75:65-93.
- Sagers, C., S. Ginger, and R. Evans. 2000. Carbon and nitrogen isotopes trace nutrient exchange in an ant-plant mutualism. Oecologia 123:582-586.
- Schmitt, R. J. and S. J. Holbrook. 2003. Mutualism can mediate competition and promote coexistence. Ecology Letters 6:898-902.
- Schulze, E. D. and J. Ehleringer. 1984. The effect of nitrogen supply on growth and water-use efficiency of xylem-tapping mistletoes. Planta 162:268-275.
- Schulze, E. D., G. Gebauer, W. Schulze, and J. Pate. 1991. The utilization of nitrogen from insect capture by different growth forms of *Drosera* from Southwest Australia. Oecologia 87:240-246.
- Schulze, W., E. Schulze, J. Pate, and A. Gillison. 1997. The nitrogen supply from soils and insects during growth of the pitcher plants *Nepenthes mirabilis*, *Cephalotus follicularis* and *Darlingtonia californica*. Oecologia 112:464-471.
- Selosse, M. A. and M. Roy. 2009. Green plants that feed on fungi: facts and questions about mixotrophy. Trends in Plant Science 14:64-70.
- Simard, S. W. and D. M. Durall. 2004. Mycorrhizal networks: A review of their extent, function, and importance. Canadian Journal of Botany 82:1140-1165.
- Simard, S. W., D. A. Perry, M. D. Jones, D. D. Myrold, D. M. Durall, and R. Molinak. 1997. Net transfer of carbon between ectomycorrhizal tree species in the field. Nature 388:579-582.
- Simberloff, D. 2006. Invasional meltdown 6 years later: Important phenomenon, unfortunate metaphor, or both? Ecology Letters 9:912-919.
- Smith, S. E. and D. J. Read. 2008. Mycorrhizal Symbiosis. Academic Press, New York.
- Taylor, D. L. and T. D. Bruns. 1997. Independent, specialized invasions of ectomycorrhizal mutualism by two nonphotosynthetic orchids. Proceedings of the National

- Academy of Sciences, USA 94:4510−4515.
- Tedersoo, L., P. Pellet, U. Koljalg, and M. A. Selosse. 2007. Parallel evolutionary paths to mycoheterotrophy in understorey Ericaceae and Orchidaceae: Ecological evidence for mixotrophy in Pyroleae. Oecologia 151:206−217.
- Tennakoon, K. U., J. S. Pate, and B. A. Fineran. 1997. Growth and partitioning of C and fixed N in the shrub legume *Acacia littorea* in the presence or absence of the root hemiparasite *Olax phyllanthi*. Journal of Experimental Botany 48:1047−1060.
- Terborgh, J., L. Lopez, P. Nunez, M. Rao, G. Shahabuddin, G. Orihuela, M. Riveros, R. Ascanio, G. H. Adler, and T. D. Lambert. 2001. Ecological meltdown in predator-free forest fragments. Science 294:1923−1926.
- Treseder, K. K., D. W. Davidson, and J. R. Ehleringer. 1995. Absorption of ant-provided carbon dioxide and nitrogen by a tropical epiphyte. Nature 375:137−139.
- Trudell, S. A., P. T. Rygiewicz, and R. L. Edmonds. 2003. Nitrogen and carbon stable isotope abundances support the myco-heterotrophic nature and host-specificity of certain achlorophyllous plants. New Phytologist 160:391−401.
- Verhulst, P. F. 1838. Notice sur la loi que la population suit dans son accroissement. Correspondance Mathematique et Physique Publiee par A. Quetelet 10:113−121.
- Vincenot, L., L. Tedersoo, F. Richard, H. Horcine, U. Kõljalg, and M. A. Selosse. 2008. Fungal associates of *Pyrola rotundifolia*, a mixotrophic Ericaceae, from two Estonian boreal forests. Mycorrhiza 19:15−25.
- Wallace, L. and S. Macko. 1993. Nutrient acquisition by clipped plants as a measure of competitive success: The effects of compensation. Functional Ecology 7:326−331.
- Wallander, H., K. Arnebrant, F. Östrand, and O. Kårén. 1997. Uptake of ^{15}N-labelled alanine, ammonium and nitrate in *Pinus sylvestris* L. ectomycorrhiza growing in forest soil treated with nitrogen, sulphur or lime. Plant and Soil 195:329−338.
- Watkins, N., A. Fitter, J. Graves, and D. Robinson. 1996. Carbon transfer between C_3 and C_4 plants linked by a common mycorrhizal network, quantified using stable carbon isotopes. Soil Biology and Biochemistry 28:471−477.
- Wilder, S. M., D. A. Holway, A. V. Suarez, E. G. LeBrun, and M. D. Eubanks. 2011. Intercontinental differences in resource use reveal the importance of mutualisms in fire ant invasions. Proceedings of the National Academy of Sciences, USA 108:20639−20644.
- Zelmer, C. D. and R. Currah. 1995. Evidence for a fungal liaison between *Corallorhiza trifida* (Orchidaceae) and *Pinus contorta* (Pinaceae). Canadian Journal of Botany 73:862−866.
- Zimmer, K., N. A. Hynson, G. Gebauer, E. B. Allen, M. F. Allen, and D. J. Read. 2007. Wide geographical and ecological distribution of nitrogen and carbon gains from fungi in pyroloids and monotropoids (Ericaceae) and in orchids. New Phytologist 175:166−175.
- Zimmer, K., C. Meyer, and G. Gebauer. 2008. The ectomycorrhizal specialist orchid *Corallorhiza trifida* is a partial myco-heterotroph. New Phytologist 178:395−400.

第 8 章
土壤有机质的稳定同位素组成

土壤碳库是陆地生态系统最大的碳库（1 500 Pg），大约是大气碳库（780 Pg）的2倍和植被碳库（550 Pg）的3倍。土壤碳库减少1%，大气CO_2浓度将增加7×10^{-6}。大气CO_2浓度升高会促进植被生长，使输入土壤的碳量增加但品质（quality）下降。土壤呼吸是土壤与大气之间碳交换的主要途径，每年通过植被输入土壤的碳量和通过土壤呼吸输出的碳量分别约为60 Pg和58 Pg（Houghton，2005）。土壤碳的存储时间是陆地生态系统碳库中最长的。土地利用方式会影响土壤的碳储量及其循环周期，通过有效的土地利用管理可使土壤成为一个碳汇。土壤储存碳的过程就是土壤有机碳动态平衡的过程。因此，要揭示土壤碳循环过程及其调控机制就有必要认识土壤有机碳的动态变化。

土壤有机质（soil organic matter，SOM）具有很高的^{14}C年龄，一些土壤碳的^{14}C年龄可以追溯到距今140 ka[1]前最近的一次冰期（Wang et al.，1996）。然而，我们现在还不太了解土壤碳储量的形成机制和动态（Schimel et al.，2001）以及自养、异养生物在其中发挥的作用（Catovsky et al.，2002）。而且，我们现在对土壤碳的理解主要来源于仅在总体水平上考虑土壤碳的简单输入-输出模型。基于这种总体水平的土壤碳模型，利用三种碳库的不同寿命（时间尺度），如一年、十年和千年等，来描述土壤碳的动态（Parkes，1987；Parton et al.，1987）。但是，这些模型忽略了源于SOM分子水平的研究，如碳的不同化学形式的存在方式，即具有不同抗分解能力的糖类和木质素等方面的信息（Gleixner et al.，2001），也忽略了土壤剖面中化学物质变化（Hedges and Oades，1997）以及土壤剖面碳分布中溶解碳的作用（Neff and Asner，2001）。此外，我们仍未能清楚了解土壤中个体较大的生物和微生物对土壤碳循环的重要作用（Scheu，2001）。

本章将综述当前利用稳定同位素研究土壤碳的起源、动态以及周转等方面的内容，也包括大量稳定同位素观测研究的实例。

第1节　土壤碳的起源

土壤的碳累积通常发生在主要是由植物性的碳分解和输入所驱动的生态系统的发育过程中（Amundson，2001；Jobbágy and Jackson，2001）。在生态系统发育的早期阶段，大约在冰期退却后，主要是地衣和苔藓向裸地表面输入碳。因而，

---

[1] ka，时间单位，千年（即1 000年）。

岩石表面发生了生物风化（Barker and Banfield，1996；Banfield et al.，1999），并且初始的SOM是来自分解的生物量。随着岩石表面湿度的增加，生物风化提高了有效营养物质和SOM的输入，这意味着土壤具有较高的控水能力，进而加快了生态系统（Lucas，2001）和土壤剖面的发育进程（Tandarich et al.，2002）。

土壤碳主要来源于植物固定的大气CO_2，并通过凋落物和根的凋亡进入土壤。一些植物凋落物在土壤中保持原状，但大多数植物凋落物通过土壤生物的活动转变为SOM，并释放大量的碳回到大气中。因此，在复杂的SOM形成过程中食物网具有重要作用，并且可能受到其物种组成的影响。土壤动物，如蚯蚓，会切碎凋落物（营养含量少），利用可被吸收的化合物。在这个过程中，凋落物的表面积增加了，分解者微生物进一步通过表面消化降解化合物。部分土壤动物，如线虫类、潮虫、跳虫或微小生物，通常以微生物为食，而肉食性动物捕食这些土壤动物，最终，这些死亡的土壤动物由分解者矿化，在土壤中形成一个封闭独立的碳循环。因此，土壤碳的形成和周转依赖于植物、土壤动物和土壤微生物之间的相互关系（Korthals et al.，2001）。最终形成了SOM碳同位素沿土壤剖面深度逐渐富集3‰~4‰的普遍情形（图8-1）。

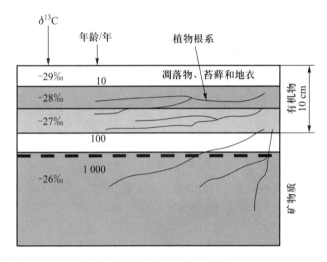

图8-1 寒带森林无根SOM的$δ^{13}C$值和^{14}C年龄在土层中的差异（Gleixner et al.，2002；Högberg and Högberg，2002；Franklin et al.，2003）

一、土壤有机质碳的化学结构

土壤碳的稳定性和储量主要依赖于两个方面：① 碳分子的化学结构（Lichtfouse et al.，1998）；② 它们与矿质土壤结构的关系（Kaiser and Guggenberger，2003）。这里主要探讨有机质的化学结构和稳定同位素组成，了解微生物利用植物碳源过程中产生的新的碳输入。

大多数植物性碳都属于一组化学物质，主要包括糖类、脂质、木质素和蛋白质。

其中一部分（如糖类和蛋白质）是土壤微生物非常好的能源物质，而且在土壤中没有在脂质和木质素中稳定（Gleixner et al., 2001）。因此，植物凋落物分解速率会随凋落物的品质不同而变化，并且分解会造成稳定性植物分子在土壤中的累积。木材是最大量的植物生物量组分，主要包括纤维素和木质素（图8-2中的a和b）。由于木质素比纤维素更稳定，因此在木材分解过程中木质素会逐渐累积，即它被选择性保存了，这在褐腐真菌（Brown-rot fungi）分解中是非常著名的（Gleixner et al., 1993b）。

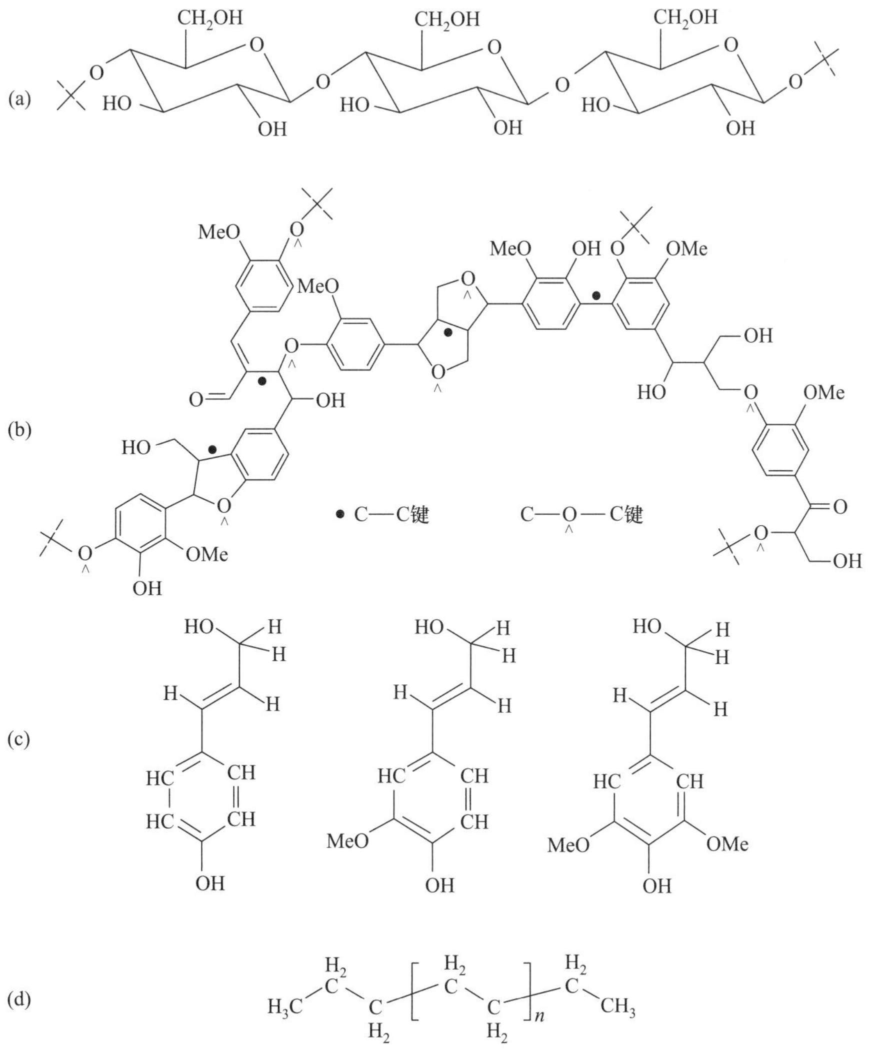

图8-2 植物主要化学成分的化学结构（Gleixner, 2005）：（a）纤维素；（b）木质素；（c）木质素单体；（d）烷烃

木质素是复杂聚合物，是由香豆醇（coumaryl alcohol）、松柏醇（coniferyl alcohol）和芥子醇（sinapyl alcohol）三种单体组成。它们的酚环正位上甲氧基取代基是不同的（图8-2中的c），这可以用来表征木质素的来源：单子叶植物富含香豆醇，而双

子叶植物富含松柏醇和芥子醇；针叶林中，松柏醇是主要的木质素单体，而在阔叶林中，芥子醇是主要的木质素单体。不同的植物群落向土壤输入的木质素生物标记物（lignin biomarker）类型是不同的，确定被选择性保存的木质素分子可以表征稳定植物残体的存在（Gleixner，2005）。

脂质分子也是一种选择性保存的化学抗性分子，如烷烃（图8-2中的d）（Lichtfouse et al.，1998）。烷烃是仅含碳原子和氢原子的碳氢化合物。氧、氮或硫原子的缺失降低了它的活性，因此烷烃可以在早期地质年代样品中发现（Yen and Moldowan，1988）。烷烃是上表皮和根蜡（root wax）的组成部分，如角质和软木脂，可以减少植物水分流失和微生物侵害（Nierop，1998）。烷烃的成分组成是不同植被类型的表征，广泛应用于古环境重建（Didyk et al.，1978）。绿藻主要合成碳链具有17个碳原子组成的烷烃，而高等植物合成的主要是碳链具有27、29和31个碳原子组成的烷烃（Rieley et al.，1991）。这些不同烷烃的相对组成代表了它们特定的植物起源（Schwark et al.，2002）。利用 C_{27}、C_{29} 和 C_{31} 烷烃的混合图形可观察判别不同植物（图8-3）。*Fagus sylvatica* 合成的烷烃主要是 C_{27} 烷烃，而 *Quercus cerris* 合成的主要是 C_{29} 烷烃。这3种烷烃的相对丰度也反映在土壤脂类提取物中。在榉木（Beech：这里指 *Fagus*）森林中，土壤枯枝落叶层和腐殖质层明显是以 C_{27} 烷烃为主的（图8-3）。在较深一些的淀积层，C_{27} 烷烃的优势下降，结果，在这种土壤中，保存的植物材料对于深层SOM形成的重要性下降了。虽然列举的木质素和烷烃的例子中都提供了土壤中的植物性生物标记物，但是，在总土壤碳水平，只能通过分子手段来判定土壤碳的植物性来源。

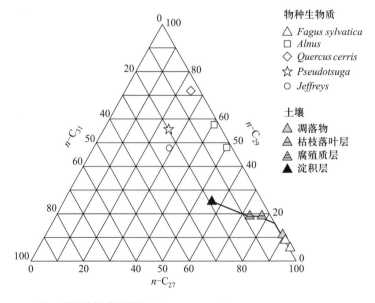

图8-3 C_{27}、C_{29} 和 C_{31} 烷烃的相对组成图（Gleixner，2005）

二、土壤有机质碳的稳定同位素比率

除了分子化学结构信息外,碳稳定同位素组成也可以用来研究土壤碳输入和碳储存。已有的研究发现植物生物质具有不同的稳定同位素组成(O'Leary,1981;Schmidt and Gleixner,1998)。众所周知,C_3和C_4光合途径植物间具有明显的$\delta^{13}C$差异,为12‰~15‰;而针叶和阔叶植物之间差异较小,约为5‰。这种自然标记可以在植被更替后用来示踪新碳进入SOM(Balesdent et al.,1987)。此外,分子间同位素也有区别。例如,木质素的$\delta^{13}C$相对于纤维素贫化6‰(Schmidt and Gleixner,1998)。特定化学成分间分解速率的差别导致SOM的同位素变化。这与同位素效应或者由不同来源碳的差异引起的SOM同位素变化的情况相似(Gleixner et al.,1993b)。例如,分解残余的木材中,由于木质素含量的相对增加会导致$\delta^{13}C$更贫化。不幸的是,绝大多数土壤碳的研究都是基于整个土体或植物材料进行的(Boutton,1996),因此,我们必须考虑土壤碳组分选择性保存和同位素转变带来的可能干扰。利用单个同位素组成信息可以克服这个问题。如果能从土壤中分离出来的分子与其对应的植物前体具有相同的同位素比率,则表示它们被选择性保存了(Kracht and Gleixner,2000)。相应地,如果单种分子同位素比率发生了变化,则表示有其他正在进行的过程,如微生物降解、微生物合成或者碳来源物质的差异。

三、土壤剖面碳、氮含量及其稳定同位素

自然系统中,SOM的主要来源是输入到地表的叶凋落物和输入到相应土层的根凋落物。Jobbágy和Jackson(2001)利用分别取自全球数据库的2 721份土壤和117份根系生物质样品,评估了土壤碳和根系生物量随深度的相对分布(图8-4)。这个数据库的样品来自地球所有主要生物区系,例如,北方森林、农田、沙漠、硬叶灌木林、温带落叶林、温带常绿林、温带草原、热带落叶林、热带常绿林、热带草原/稀树草原和苔原。研究发现,全球平均水平上,超过60%的根系生物量储存在地表20 cm深的土层中,并随着土壤深度增加呈指数下降。仅仅14%的根系生物量储存在40 cm以下的土层中。然而,土壤碳中仅有40%分布在20 cm深的地表土壤中,也呈指数下降。而有36%的土壤碳在40 cm以下的土层中。根系生物量分布与土壤碳分布的强相关性支持了根系碳对土壤碳的形成具有重要作用的观点,$y=0.019\ 9x^{2.181}$,$R^2=0.999\ 1$(图8-4a)。相对于根系生物量分布而言,土壤碳在表层20 cm土层中比例较低,而在深层土壤中比例较高。这个结果强调了以下几点的重要性:① 在表层20 cm土壤中,生物量的微生物降解;② 可溶性有机碳(DOC)随水的运动向下转移;③ 深层土壤对碳的吸附。这些发现认为受植物影响的根系

碳分布，可能是控制土壤碳储存的一个因素。但是，在表层20 cm土壤中，生物量的微生物降解（Cebrian and Duarte，1995；Cebrian，1999），也就是土壤生物群落可能控制着碳储存，而在较深的土层中，土壤因素本身可能对碳储存更重要。然而，仅通过对总碳含量分析还无法区分土壤碳储存的不同过程。

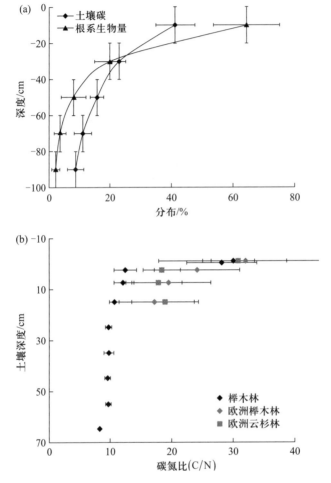

图8-4 不同土壤深度根系生物量、土壤碳含量及其C/N的分布（Jarvis，2000；Jobbágy and Jackson，2001）

土壤碳含量随着剖面深度的增加逐渐降低和与之相关的土壤氮含量变化是一致的。但是，土壤氮含量降低却很少报道，这导致统计的数据中SOM的C/N值随着土壤深度的逐渐变化（图8-4b）。C/N值从超过30±15（植物凋落物）变化到10±2（微生物生物量）。C/N值降低意味着在表层几厘米的土壤剖面中，根系和叶凋落物或许是土壤有机质库的重要组成，而在深层土壤中，微生物碳可能决定土壤有机质库。

为了证明后面一点，Gleixner（2005）比较了深层土壤与食物网中微生物生物量的$\delta^{13}C$和$\delta^{15}N$的富集度。通常认为食物链间的$\delta^{13}C$富集度在0‰~1‰之间，

$\delta^{15}N$ 的富集度在 3‰ ~ 4‰（Rothe and Gleixner，2000）。Schulze 分析了来自欧洲一个沿纬度梯度的 10 个不同榉木和云杉（spruce）样地的 $\delta^{13}C$ 值和 $\delta^{15}N$ 值，另外，也分析了来自德国海尼希国家公园的 100 个独立土壤剖面的 $\delta^{13}C$ 值和 $\delta^{15}N$ 值（Jarvis，2000）。有趣的是，两个实验都发现 $\delta^{13}C$ 值和 $\delta^{15}N$ 值之间具有非常高的相关性，其斜率分别约为 3.7 和 4.6（图 8-5）。这表明 SOM 的 $\delta^{13}C$ 值和 $\delta^{15}N$ 值在两个实验中都随着土壤深度的增加而增加。这些数据很好地支持了食物网中预期的营养级转变，这意味着深层土壤碳主要来源于土壤生物。

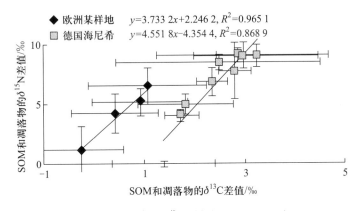

图 8-5 不同深度 SOM 与凋落物之间的 $\delta^{13}C$ 和 $\delta^{15}N$ 差异（Gleixner，2005）

四、土壤碳源的稳定同位素确定

土壤碳储量依赖于碳源的输入、它们的化学结构和 SOM 的分解率/周转率。一些可以体现当前水平的实验技术利用简单的稳定同位素标记实验确定 SOM 的周转率（图 8-6）。在这些实验中，利用结构相似但同位素有差异的植物替代现有植物。例如，利用 C_4 植物，如玉米（$\delta^{13}C$ 值约为 -12‰）替代 C_3 植物，如小麦和黑麦（$\delta^{13}C$ 值约为 -25‰）。初始时，所有 SOM 分子被 C_3 作物的同位素信号标记（图 8-6）。植被改变几年后，新植被有差异地标记了一些类型的分子（例如，图 8-6 中的正方形已经完全被标记，而三角形始终没有被标记）。参照临近对照组（没有植被变化）的土壤有机质 $\delta^{13}C$ 值，可以计算剩余 C_3 植物碳的比例（Balesdent and Mariotti，1996）。假设处于稳态的土壤碳以指数降解，可以估算总土壤碳或特定土壤有机质成分的滞留时间（Gleixner et al.，1999）。这个滞留时间表明新作物需要多少时间才能标记整个碳库。

农田 25 cm 深的土壤中，SOM 的相应周转周期在 10 ~ 100 年间（Balesdent and Mariotti，1996；Collins et al.，2000；Paul et al.，2001）。在森林生态系统中，由阔叶林转变为针叶林或 FACE 实验 $^{13}CO_2$ 标记表明，仅有比例很小的新植物碳进入凋落物层（Schlesinger and Lichter，2001），大多数碳通过呼吸快速返回大气。这在一

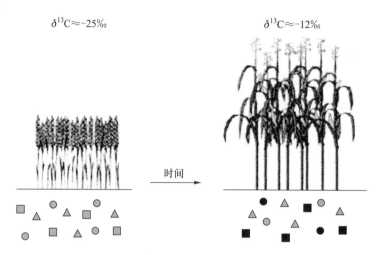

图8-6 田间土壤碳同位素标记实验示意图（Gleixner，2005）

个在德国Fichtelgebirge Waldstein地区进行的，从120年的榉木林转变为云杉林植被替代实验中尤其明显。计算得到的平均SOM滞留时间，从凋落物层的60年，到10~30 cm土层的大于5 000年（图8-7）。然而，$\delta^{14}C$分析的这些土壤剖面SOM年龄低于500年。

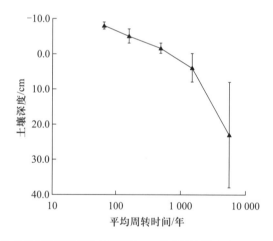

图8-7 榉木林转变为云杉林得到的不同土壤深度SOM的周转时间（Gleixner，2005）

SOM中沙土组分或轻密度组分比泥土/黏土组分或重密度组分具有更高周转速率（Balesdent and Mariotti，1996）。因为沙土或轻密度组分会很快被新植被标记，所以假设凋落物碳首先进入土壤的这些组分。在后续分解过程中形成的矿物-有机物复合体稳定了土壤碳，而这种复合体属于重密度或泥土/黏土组分，被新植物碳缓慢标记（Sohi et al.，2001；Six et al.，2002）。然而，现在还不清楚是何种来源的碳，植物碳或微生物碳进入了更稳定的矿化组分，只有通过特定化合物同位素比率才能认识这个过程。

五、土壤有机质形成的分子机制

为了确定特定化合物同位素比率，可以通过溶解或加热分别从有机质中提取特定化合物组分或者降解产物（Hayes et al., 1990; Gleixner and Schmidt, 1998）。可溶组分（如烷烃）的同位素含量可以直接测定，或者极性基团（如磷脂酸）衍生之后，通过气相色谱-燃烧-同位素比率质谱仪（GC-C-IRMS）测定（Hilkert et al., 1999）。另外，非可溶组分（如蛋白质、糖类或木质素）通过加热产生分子碎片，并转移到在线GC-C-IRMS系统测定（Gleixner et al., 1999）。在高温分解条件下，分子内水被释放，不稳定分解产物（如来自呋喃和吡喃的碳水化合物衍生物和来自苯酚的木质素衍生物）分子间化学键断裂，然后可以分析它们的同位素含量。结合植被替代实验，可以估计特定化合物被新植物的标记情况（图8-6）。

尽管现在关于SOM稳定性的认识还很少，我们能够证明植物源分子（如稳定的木质素和纤维素）周转时间小于1年（Gleixner et al., 1999; Gleixner et al., 2001），表明土壤中植物源碳骨架的物理化学性状都不稳定。而且，仅仅在土壤样品中而不在植物样品中的糖类和蛋白质的高温裂解产物具有出人意料的20~100年的周转时间。这与土壤的周转时间一致。然而，糖类和蛋白质在土壤中是不稳定的（Trojanowski et al., 1984）。同时，它们也被认为是土壤生物的主要组成。结果，碳周转可能受到土壤生物的控制。而且，地下食物网的组成在提供SOM储存的主要碳源上可能比植物更为重要。

第2节 土壤有机质转化与碳释放

生态系统呼吸是生态系统碳平衡的重要组成，可以作为一种表征生态系统碳损失的参数。生态系统呼吸通常测量包括地上植物叶片和茎，地下根和微生物的呼吸活动。由于光合作用固定的CO_2大部分会通过呼吸作用返回大气，因此区分影响生态系统呼吸的因素是理解各呼吸源的生物环境控制机制及它们在生态系统碳循环动态中的作用的关键。

最近的研究显示稳定同位素自然丰度可以用于将净生态系统CO_2交换区分为总光合和呼吸通量（Yakir and Wang, 1996; Bowling et al., 2001）。而且，不同生态系统组分间的稳定同位素差异可能很大而且显著，不同呼吸源之间的可以测定的差异可以用来分离生态系统呼吸，并因此可以应用于生态系统碳平衡的研究中。Keeling曲线现在通常应用于表征生态系统呼吸的同位素特征（Flanagan and

Ehleringer, 1998; Pataki et al., 2003)。研究发现，生态系统呼吸同位素信号存在空间和时间变化。而这种变化主要归结为环境因素（Bowling et al., 2002），然而，生态系统各组分的不同的生态生理响应也可能导致整个生态系统的同位素信号变化。第 4 章中的图 4-12 中显示了美国加利福尼亚州的一个红杉林生态系统呼吸 CO_2 的 $\delta^{13}C$ 变化范围，不同的呼吸源之间的差异范围达到了 7.3‰。

本节主要关注生态系统不同组分间的同位素差异，然后分析造成这些差异的因素以及这些差异在土壤碳动态中的应用。

一、生态系统不同组分呼吸间的差异

通常认为生态系统呼吸的同位素组成反映了优势植被的信息（Flanagan and Ehleringer, 1998）。但是，通常相较于生态系统呼吸，土壤呼吸（根和微生物）经常是 ^{13}C 富集的，而地上部分的呼吸（叶片和茎）是贫化的（见第 4 章中的图 4-12）。最近一些研究显示，微生物（主要是真菌）生物质比植物有机质 ^{13}C 富集。尽管有些早期研究表明微生物呼吸过程可能有显著的分馏效应（Blair et al., 1985; Mary et al., 1992），近期的研究显示这种分馏效应可能很小（Santrueckova et al., 2000; Högberg et al., 2005），或者可以忽略（Henn and Chapela, 2000; Ekblad and Högberg, 2001）。尽管如此，近期的研究已经非常明显地表明潜在的呼吸 CO_2 间的同位素差异，在微生物功能组间（尤其是腐生真菌和菌根真菌）和植物与微生物间（自养和异养生物）均存在（Högberg et al., 1999; Hobbie et al., 1999; Kohzu et al., 1999; Henn and Chapela, 2001; Hobbie et al., 2001）。

生态系统组分间呼吸同位素信号差异可能来源于：① 碳同位素信号在不同生态系统库间移动的时滞效应，② 代谢分馏，③ 回补反应固定 CO_2，④ 特定化合物效应，⑤ 动力分馏。下面详细讨论这些因素。

（一）时滞效应

由于每个库具有不同的周转速率，光合产物从植物到土壤库间的移动具有时滞效应。结合光合作用判别的差异会导致不同底物间及它们的呼吸产物间的非平衡。例如，在 C_3 和 C_4 植被季节交替的温带草原，土壤呼吸信号会滞后优势植被的变化（Still et al., 2003）。类似的时滞可能是由于环境而不是植物相关的因素。例如 Suess 效应，即在过去的 250 年内，大气 CO_2 的碳同位素比率贫化了大约 1.4‰，可能引起这段时期内光合产物的平衡变化。这些碳在土壤中移动的时滞效应被认为是造成通常观测到的随深度变化的 ^{13}C 富集（Ehleringer et al., 2000）。而且湿度的改变会引起气孔导度和光合作用判别，这反过来能够在光合产物转移到微生物群落和参与异养呼吸之前改变光合产物和植物呼吸的碳同位素比率（Ekblad and

Högberg, 2001）。在特殊环境下可能观测到十年甚至世纪尺度的时滞效应，例如包括泥炭地和冻土的有机质在永久冻土层冰冻数年以后。这种碳源释放的 CO_2 会有一个独特的 $\delta^{13}C$。

（二）代谢分馏

同位素动力效应（见下文的动力分馏）和在合成过程的代谢支点碳选择性移动到特定方向的同位素效应（Gleixner et al., 1993b; Schmidt and Gleixner, 1998）会导致在生物合成次生组分（如脂类、木质素和纤维素）时释放 CO_2 的碳同位素差异。例如，相对于总有机质，木质素和脂类的 ^{13}C 贫化3‰～6‰，而糖类，如葡萄糖和蔗糖及相关多聚物，包括淀粉和纤维素可以富集1‰～3‰（O'Leary, 1981; Schmidt and Gleixner, 1998）。依据质量守恒，合成的任一组分的 ^{13}C 贫化（或富集）必定对应着其他组分的 ^{13}C 富集（贫化）。这些组分可以是固体或气体，如呼吸出的 CO_2（Park and Epstein, 1961; DeNiro and Epstein, 1977; Rossmann et al., 1991）。相应地，Park 和 Epstein（1961）指出脂类合成过程中的 CO_2 可能相对糖类富集8‰。然而，在生态系统尺度的研究大都忽视了这些效应。

（三）回补反应（anaplerotic reaction）固定 CO_2

异养 CO_2 固定可能发生在根和微生物的次级化合物（如氨基酸）合成中，CO_2 被 PEP 羧化酶固定，取代从三羧酸循环（TCA）中移除的碳（Wingler et al., 1996; Dunn, 1998）。由于土壤 CO_2 的同位素信号位于大气（−8‰）和土壤呼吸（−27‰）之间，固定土壤 CO_2 将会导致微生物生物质相对植物的 ^{13}C 富集（−27‰）。这种 CO_2 固定方式对微生物生物量的贡献很小（约5%），但会引起微生物碳同位素组成的显著变化（1‰～1.5‰）（Ehleringer et al., 2000）。富集的微生物生物质的后续分解将引起呼吸释放富集的 $^{13}CO_2$。

（四）特定化合物效应

呼吸时选择性利用某些由于形成时的分馏（见上述代谢分馏）造成同位素组成不同的特定化合物作为底物，可能会导致呼吸 CO_2 的同位素差异。尽管微生物同位素信号可能与"它们的食物的信号"一致（microbes are what they eat），但并不是所有微生物都吃相同的东西。例如，不同微生物功能群之间的同位素差异是和它们的特定底物的同位素差异相一致的：降解木材的真菌比降解凋落物的真菌更富集 ^{13}C，后者比菌根真菌更富集 ^{13}C（Kohzu et al., 1999; Hobbie et al., 2001）。不论腐生真菌能否降解木质素，它们似乎更偏好利用纤维素作为底物（Gleixner et al., 1993a; Hobbie et al., 2001）。事实上，^{14}C 示踪研究显示木质素衍生碳并不被同化到细菌生物质中（Hofrichter et al., 1999），而是被溶解（少量）并矿化成 CO_2。所以，木质纤维素相对叶片纤维素 ^{13}C 通常富集3‰（Leavitt and Long, 1982）可以解释观测到的上述两种真菌的差异（Hobbie et al.，2001）。菌根真菌以溶解根部糖类为食，相应的，它们的同位素信号比木质降解真菌或凋落物降解真菌更接近叶片和根的原始信号。植物和菌根之间差异的机制还不清楚，但是可能会来源于这样一个事实，在碳从植物根系转运到真菌过程中的潜在分馏（Högberg et al.，1999；Henn and Chapela，2000）之外，大多数外生菌根的真菌都在某种程度上具有腐生性，因此整合了^{13}C富集的纤维素信号。

（五）动力分馏

动力分馏指质量（相对原子质量）依赖同位素效应，主要发生在呼吸或微生物整合糖类过程中的分馏中。Lin和Ehleringer（1997）在分离的植物原生质体的自养呼吸中发现微小分馏。如上所述（代谢分馏），为判断自养和异养呼吸过程中是否存在分馏以及在不同的底物和环境条件下的分馏程度还需要更多的研究。在真菌吸收糖类过程中可能发生分馏是由于在不完全裂解条件下，蔗糖裂解时会产生^{13}C富集的葡萄糖和^{13}C贫化的果糖（González et al.，1999；Henn and Chapela，2000）。真菌似乎并不直接吸收蔗糖（Chen and Hampp，1993；Buscot et al.，2000），它们对葡萄糖的亲和力高于果糖（Chen and Hampp，1993），所以在吸收过程中可能发生不完全裂解和分馏。这可以解释一些根和菌根间的同位素变化。相反，细菌似乎不依赖葡萄糖作为主要碳源。而且它们的底物和生物质之间没有明显的同位素差异，因为分馏效应是高度底物依赖的（Abraham et al.，1998）。糖类附加到细菌活动主导的有机质层，表明在呼吸过程中没有显著的微生物分馏（Ekblad and Högberg，2000；Ekblad et al.，2002）。

二、土壤呼吸碳释放过程与机制

微生物呼吸的CO_2相对于植物底质富集^{13}C，这导致土壤呼吸（包括根呼吸和微生物呼吸）CO_2相对于植物底质的^{13}C富集（见第4章中的图4-12），土壤有机碳（SOC）的^{13}C贫化。这和^{13}C随土壤剖面深度增加而富集1‰～3‰的典型模式形成对比（Nadelhoffer and Fry，1988；Ehleringer et al.，2000）。但是，Ehleringer等（2000）指出，^{13}C随深度的富集可以通过两种因素的结合解释：① Suess效应：大气CO_2的^{13}C贫化的历史趋势以及光合产物和植物凋落物输入对这个信号的整合；② 微生物在生物合成过程中通过回补反应固定^{13}C富集的CO_2，而微生物产物通过选择性保留逐渐成为土壤有机质（SOM）的重要组分。后者将导致再合成微生物碳的逐渐富集，因此土壤微生物和土壤呼吸都相对于植物有机质富集^{13}C。关于微生物循环和微生物产物随深度对SOC的总体影响程度，有以下研究结果：随深度碳含量的总体降低（Nadelhoffer and Fry，1988；Bird and Pousai，1997），土壤相对于微生物的C/N值（真菌：5～15，细菌：3～6）降低（Nadelhoffer and Fry，1988），粒径降低（Bird and Pousai，1997）和SOC中反映微生物源产物的特定化合物变化

（Huang et al., 1996; Marseille et al., 1999; Kracht and Gleixner, 2000）。

^{13}C随土壤剖面深度富集也表明在分解过程中没有发生对^{13}C贫化的木质素优先存留（Nadelhoffer and Fry, 1988）。尽管^{13}C随深度富集不可能是由于对^{13}C富集的化合物，如糖类、氨基酸和纤维素优先存留导致的，但通过Maillard反应（Maillard, 1917）或者非生物再浓缩（Burdon, 2001），这些相对不稳定化合物^{13}C富集的特征能够通过微生物代谢及接下来合成的耐受次级化合物，如脂肪族的生物多聚物（Lichtfouse et al., 1995; Lichtfouse et al., 1998）和蛋白质物质（Gleixner et al., 1999），包括果蛋白和其他多聚酮（Burdon, 2001）转移到腐殖质中。因为植物凋落物大部分是由多糖（如纤维素和半纤维素）或木质素（Aber et al., 1991）组成，所以，土壤的碳同位素比率可能最终取决于保留在土壤中的木质素来源物和多糖来源物间的平衡。因此，同位素富集或者贫化的程度可能依赖于纤维素和木质素之间初始的同位素差异，并可能取决于那些影响它们分解速率的因素，包括温度、pH、湿度、氧气压力、土壤结构、微生物群落组成、养分利用和凋落物品质（如木质素与纤维素的比率）等。例如，厌氧条件（如泥炭岩土壤）由于限制木质素降解会导致土壤^{13}C贫化；相反的，氧气充足条件有利于木质素降解会导致土壤^{13}C富集。理论上，呼吸过程中的同位素效应（^{13}C不易参与呼吸）（Blair et al., 1985; Mary et al., 1992; Santrueckova et al., 2000），会导致呼出气体^{13}C贫化，同时微生物生物量与SOC的^{13}C富集（Agren et al., 1996）。

图8-8显示了我们发展的一个单独从特定化合物效应角度描述可以导致凋落物分解过程中δ^{13}C差异的模型结果。模型示踪关键碳库在微生物代谢并进入SOC过程的命运，同时保持^{13}C质量守恒并追踪溶解有机碳（DOC）通量的后续命运。为简化起见，与微生物不喜欢的木质素δ^{13}C值（-29‰）相对，所有微生物有效底物（提取物和纤维素）都被赋予相同的δ^{13}C值（-25‰）。最初，凋落

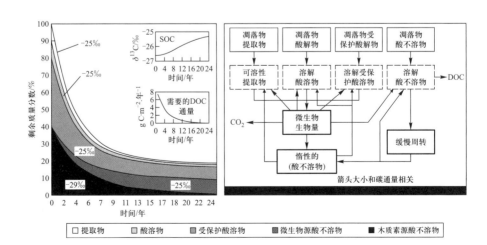

图8-8 涵盖凋落物分解、腐殖质形成和木质素源DOC的模型示意图（Neff and Asner, 2001）

物 $\delta^{13}C$ 为 $-26.5‰$。这是由于相对 ^{13}C 富集的化合物,包括提取物(如糖类、氨基酸)、酸性溶解物(纤维素)和被保护的酸性溶解物(木质素结合的纤维素)等,^{13}C 贫化的酸性不溶物(如木质素)占主要成分。分解过程中,微生物更偏好合成 ^{13}C 富集的纤维素和提取物。这些被微生物吸收的碳一部分用来合成次级化合物并最终转化为耐酸性不溶物,通过主动排放或在细胞死亡和降解过程中释放到环境中(另一部分在可提取物、酸性溶解物和被保护的酸性溶解物内部循环)。这些微生物起源的类似木质素的酸性不溶解物质携带着微生物生物量同位素富集的特征(如 $-25‰$),表征它们的底物(提取物和纤维素)。由于木质素不断地被降解、溶解和损失为DOC,这些耐受性的微生物次级化合物逐渐成为存留有机物平衡及其所有同位素组成的主要部分。木质素损失所维持的DOC通量和在这个例子里存留有机物的最终1.5‰的富集与Neff和Asner(2001)所得到范围($1\sim 84\,g\,C\cdot m^{-2}\cdot$ 年$^{-1}$)是一致的。前面的讨论和这份图示(图8-8)提供了时间依赖的碳转化和它们的同位素效应的细节。模型结果揭示这些效应可能很大,因此在拆分中必须考虑。

依据质量守恒,^{13}C 富集可能是在碳损失过程中 ^{12}C 损失超过 ^{13}C 损失,或者在碳获取过程中,^{13}C 获得超过 ^{12}C 获得(如回补反应 CO_2 固定)。因此,土壤 ^{13}C 富集导致预期微生物呼吸 ^{13}C 贫化(Nadelhoffer and Fry, 1988; Agren et al., 1996)。后者同"轻"的 ^{12}C 优先被代谢而"重"的 ^{13}C 被聚合的观点相一致(Schmidt and Gleixner, 1998; Santrueckova et al., 2000)。而且,实验室 ^{14}C 示踪实验研究表明木质素矿化效率可以达到75%(Hofrichter et al., 1999; Tuomela et al., 2000)。然而,自然土壤中这个效率一般很低,除非在有利于喜温微生物的高温条件下($>35℃$)(Hackett et al., 1977)。因此,木质素(^{13}C 贫化)经由呼吸的损失应该很小($<20\%$)。此外,野外实验也表明土壤表层呼吸相对于植物凋落物输入明显富集 ^{13}C,与呼吸 ^{13}C 贫化的假设相反。

如果在有氧土壤里,SOM和呼吸释放的 CO_2 都富集 ^{13}C,那么就需要如 ^{13}C 贫化的DOC淋溶一样的机制使得碳同位素达到物质平衡。测定DOC的碳同位素比率表明,DOC确实比表层凋落物输入和各土层SOC更贫化(Schiff et al., 1990; Trumbore et al., 1992)。进而,放射性碳定年法表明,DOC年龄随深度增加与它原位微生物活动生长的产物吻合,而不是与通过转移上层土中物质相一致的。因此,随着土壤剖面深度增加,每个土层都逐渐更加独立于土壤表层输入的新凋落物(除了碳从深根和一些淋溶过程输入外)。在许多土壤剖面深处分解更加完全的土层,^{13}C 贫化的木质素源化合物不断降解和流失为DOC,而 ^{13}C 富集的多糖源化合物被微生物群落有效循环形成微生物产物(图8-8)。尽管微生物呼吸损失的 $^{13}CO_2$ 远远大于 ^{12}C-DOC流失,由于再合成产物的 ^{13}C 具有更长有效保留时间使得微小DOC通量可以具有累积效应并最终引起土壤同位素比率的显著变化(图8-8)。观察到的随土壤剖面深度^{13}C富集增加支持这种DOC累积效应。

旨在平衡生态系统碳同位素收支的研究将促进对根-微生物-土壤复合体稳定同位素相互作用和它们应用于区分生态系统呼吸的研究。这些研究应该包括测定主要碳组分（如可溶性糖类、氨基酸、烷烃、纤维素、脂类和木质素）的特定化合物的^{13}C，结合^{14}C分析以更好地理解在从叶片到根到凋落物以及在各种土壤微生物、DOC和SOC库之间转移过程中碳稳定同位素的变化和命运。

第3节 土壤微生物种群结构及其功能

土壤微生物以复杂群落而非单种群形式存在，是生物圈中C、H、N、O和S等基本元素生物循环的重要参与者。传统上，依赖于培养技术来揭示微生物种群与生物化学过程的直接联系。现在，稳定同位素技术和微生物标记物的结合为揭示微生物种群结构及其功能提供了一种有效方法。由于具有生物特异性，磷脂脂肪酸（PLFAs）已经成为一种广泛应用于土壤微生物学研究的生物标记物。稳定同位素标记技术的日臻完善，特别是气相色谱-燃烧-同位素比率质谱（GC-C-IRMS）以及气相色谱-质谱联用（GC-MS）等技术的成熟，可以进行PLFAs的稳定同位素组成分析。PLFAs的稳定同位素分析可用于研究复杂土壤生态系统中微生物源有机质的代谢途径，并识别特定微生物种群特征，可将特定微生物种群与其相应的生物化学过程相联系。

一、土壤中PLFAs的来源

磷脂广泛存在于活体生物细胞中，属于结构部分，占细胞脂类的50%，目前已发现的磷脂物质有1 000多种。随着土壤微生物研究的深入，磷脂类物质作为微生物生物标记物逐渐为人们所认识（表8-1）。PLFAs几乎是所有活体细胞膜中磷脂的主要成分，结构与组成多样且种群间差异明显，周转速率极高且随细胞死亡而迅速降解。微生物PLFAs含量较为稳定。一般细菌中含PLFAs 10～100 $\mu mol \cdot g^{-1}$干重，即使在不同环境中，同种微生物的PLFAs变化率也不会超过30%～50%。因此，PLFAs可以作为微生物量的计量标准，为测定实际环境中活体微生物量提供了一种可靠的方法。PLFAs技术作为一种快速可靠且重现性好的土壤微生物群落（包括不可培养微生物）分析方法，最适合用于总微生物群落分析而不是具体的微生物种群的研究（Ibekwe and Kennedy, 1998）。

表8-1 指示特定微生物种群的PLFAs生物标记物（Boschker and Middelburg，2002）

PLFAs	指示的微生物类型
i15:0, i17:0, a15:0 等	革兰氏阳性细菌
cy17:0, cy19:0, 18:1Δ11c	革兰氏阴性细菌
10Me18:0, 10Me16:0	放线菌类
18:2ω6c, 18:3ω6c, 18:3ω3c	真菌
16:1ω8c, 16:1ω6c	甲烷营养菌 I 型
18:1ω8c, 18:1ω8t, 18:1ω6c	甲烷营养菌 II 型
10Me16:0, cy18:0 (ω7, 8)	脱硫菌属
i17:1ω5, 10Me18:1ω6, 11Me18:1ω6	硫杆菌
cy15:1	梭状芽孢杆菌
18:2ω6, 9	蓝绿藻类
16:1ω3t, 20:5ω5, 20:5ω3	硅藻属
16:1ω13t, 18:3ω3, 18:1ω9	绿藻属

二、PLFAs的稳定同位素分析技术

稳定同位素标记技术已经广泛应用于土壤微生物学研究。PLFAs技术与稳定同位素分析相结合能够识别复杂土壤生态系统中利用外加底物的微生物种群，这是识别参与特定有机质代谢周转的微生物重要途径之一（Bull et al., 2000; Zhang, 2002）。其理论基础是：一部分加入的稳定同位素示踪剂可被具有代谢活力的微生物吸收，并转化为某些可被检测的生物标记物（如PLFAs）。通过将同位素标记的生物标记物与已知标记物比对，可以识别出参与代谢外源底物的微生物类群。PLFAs技术还可以获得微生物生物量方面的信息，因为PLFAs的合成与微生物的生长密切相关。^{13}C标记技术有利于对已标记成分的代谢周转过程与机理进行深入分析，并用来估计磷脂的代谢速率（Sun, 2000）。与放射性同位素相比，稳定同位素作为标记物的灵敏性与之相当，但安全性更为显著，因此不受法律和健康安全的限制，可以直接在实验场地应用。

GC-C-IRMS技术的发展为PLFAs的稳定同位素比率分析提供了高度灵敏的分析手段，特别适合于对标记化合物的研究。GC-C-IRMS系统用气相色谱毛细管柱分离化合物，柱子的出口连接有一个微型的氧化装置，有机分子在氧化装置中燃烧产生CO_2。IRMS可以测定重的和轻的同位素的比率（如$^{13}C/^{12}C$），还可用于研究非生物标记物的稳定同位素组成，如糖类、氨基酸、可挥发脂肪酸等。对于分析^{13}C标记的PLFAs来说，$\delta^{13}C$值的增加说明微生物利用^{13}C标记的外

加碳源合成了自身物质。GC-C-IRMS的主要优点是能够检测到稳定同位素组成非常微小的变化。GC-C-IRMS系统对样品的需求量仅为1 μmol，检测精度高达0.3‰，足以研究低自然丰度的土壤PLFAs。因此，利用GC-C-IRMS方法，所用标记物的加入量可以低到接近或低于其在自然环境中的浓度（Bull et al., 2000; Boschker and Middelburg, 2002）。

GC-MS是另一种研究化合物同位素组成的重要方法。GC-MS系统是将气相色谱仪与质谱仪串联起来成为一个整体的检测技术，它既具有气相色谱高分离效能，又具有质谱准确鉴定化合物结构的特点，可达到同时定性、定量监测目的。对于PLFAs来说，利用GC-MS分析^{13}C标记和未标记的脂肪酸甲酯（由PLFAs衍生得到的化合物）得到相应的质谱图，通过比较未标记与标记的脂肪酸甲酯某些碎片的质核比（m/z），可以区别标记与未标记的化合物。质核比增加的数目代表被标记化合物中^{13}C原子的数目，并且可以获得^{13}C原子在脂肪酸甲酯分子中的分布信息。在研究中，质核比增加也表示微生物利用^{13}C标记的外加碳源合成了自身物质。因此，与GC-C-IRMS相比，GC-MS的优点是可以检测到同位素原子在化合物分子内部的分布情况，这为分析稳定同位素标记物质的降解机制提供了重要信息（Sun, 2000）。

三、PLFAs稳定同位素分析土壤碳动态的研究实例

（一）微生物对土壤有机质的利用

理论上说，碳流是优先从植物（不稳定碳）进入土壤中的稳定碳，并且发现了以土壤中所有可能有效碳源为食的生物。位于Niwot Ridge（美国科罗拉多州）长期生态学研究样地的研究结果充分支持了以上的推测（Neff et al., 2002）。在缺氮的生态系统中，增加氮能够提高初级生产力和物种多样性。然而，土壤中的碳总量和SOM的^{14}C含量都没有发生显著变化。利用混合物特定组分同位素比率的研究方法，能够证明氮增加使得来自木质素和纤维素的"年轻"的植物碳发生降解。同时，矿性碳的周转加快，并且新碳进入这个减少了的碳库。

（二）土壤微生物利用外加碳源的研究

葡萄糖是能够成为大多数耗氧和厌氧微生物代谢的底物。Lundberg等（2001）通过向土壤中加入^{13}C标记的葡萄糖并用^{13}C-NMR进行分析，研究微生物对加入葡萄糖的利用以及脂肪酸的生物化学合成机制。结果表明，微生物利用葡萄糖最初合成的是微生物结构组分，然后合成贮存脂类，并可能在碳源不足时发生贮存碳减少的现象。这可能是因为当外部能源耗竭时贮存的碳成为微生物的能源。不饱和甘油三酯（真核微生物的典型贮存物质）的形成表明，在葡萄糖降解过程中

真菌是最活跃的微生物。Ziegler等（2005）对加入^{13}C标记葡萄糖的土壤进行短期培养，并应用GC-IRMS分析技术测定PLFAs的稳定同位素组成，研究土壤微生物对葡萄糖碳的循环利用情况。在培养过程中，单个PLFAs同位素组成的变化表明，微生物群落的不同组分在葡萄糖碳循环中发挥着不同的作用。与革兰氏阳性细菌有关的PLFAs的^{13}C富集程度最高，这说明革兰氏阳性细菌在最初的葡萄糖利用过程中起着重要作用。与此形成对比的是，在24种添加生物标记物的PLFAs细菌中，4种没有出现^{13}C富集。然而，在利用再循环葡萄糖碳的过程中，放线菌类可能发挥了较大作用，因为在外源葡萄糖耗竭之后，PLFAs的10Me18:0中出现了明显的^{13}C富集。在整个培养过程中，革兰氏阳性细菌对葡萄糖的利用起主导作用。放线菌类在葡萄糖的最初利用中作用不大，而在后期利用再循环葡萄糖碳中作用显著。

Malosso等（2004）应用^{13}C标记的植物体研究了南极土壤中有机物分解和微生物群落结构变化的关系。通过利用GC-C-IRMS分析土壤中磷脂脂肪酸的同位素组成发现，PLFAs构型随时间变化不显著，这个结果说明在植物体分解过程中，微生物群落结构并未发生显著变化。Murase等（2006）通过利用GC-C-IRMS分析土壤中磷脂脂肪酸的同位素组成研究了微生物对^{13}C标记的水稻秸秆中碳的吸收利用。在培养的前三天，土壤PLFAs中^{13}C富集显著，表明微生物对水稻秸秆中碳的迅速吸收利用。Williams等（2006）用^{13}C标记的秸秆和根残体研究了田间条件下秸秆和根残体中碳向微生物PLFAs中的转移。通过用GC-C-IRMS对磷脂脂肪酸的同位素组成分析，发现一些PLFAs中^{13}C富集较少（16:1ω5、10Me17:0;0‰～5‰），而其他PLFAs（16:0、18:1ω9、18:2ω6;10‰～25‰）中^{13}C富集量较多，这表明不同的微生物类群对残体中碳的吸收利用情况不同。在不同的取样时间上，^{13}C在土壤PLFAs中分布不同，表明残体的性质和土壤状况影响微生物对残体中碳的利用。不同植物（如黑麦草与苜蓿）的不同部位（如秸秆与根部残体）中的碳会掺入不同土壤微生物体的PLFAs中，并且植物残体仅占土壤微生物PLFAs碳来源中的很少一部分（图8-9）。此结果一方面说明，土壤微生物对植物残体的降解具有选择性；另一方面也表明，在土壤中大多数微生物可能并不直接参与植物残体的降解。

磷脂脂肪酸（PLFAs）作为一种生物标记物在土壤微生物学研究中越来越重要，这是因为GC-MS、GC-IRMS以及NMR技术为研究土壤中微生物的各种生物化学合成路径以及为代谢物和细胞物质的转化提供了有效的分析方法。^{13}C标记技术通过直接将菌群活力与相应^{13}C标记代谢物相联系，极大地拓展了PLFAs技术的应用前景。每一种PLFAs的稳定同位素分析方法都有其适用的情况和自身的特点，在实际应用中，要根据研究的需要选择适当的分析方法。此外，由于一些PLFAs技术自身的不足，例如PLFAs在提取过程中易受环境影响，并且PLFAs在估算真菌

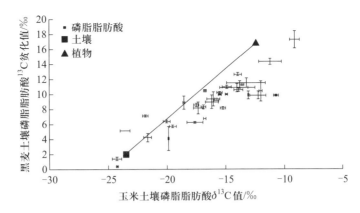

图8-9 黑麦土壤磷脂脂肪酸^{13}C贫化值与玉米土壤磷脂脂肪酸δ^{13}C值的关系（Gleixner，2005）

生物量时不够准确，因此在实际操作中要控制好操作流程，并且可以将其他生物标记物作为参考。

第4节 苔藓植物对土壤有机质的贡献

苔藓植物特殊的形态结构和生理生态适应，使其成为对环境最敏感的地面植物以及生态系统演替中最关键的拓荒者之一，具有很高的科研价值。此外，很早的研究就表明，由于具有快速且大量吸收大气营养物质的能力，苔藓植物的养分来源是大气而非土壤基质。理解苔藓植物对元素的吸收、储存与周转等的变化对于阐明生态系统物质流向和过程、苔藓植物在全球变化中的作用、利用苔藓植物监测大气环境污染等均具有重要意义。刘学炎等（2007）应用稳定同位素建立了苔藓对根际土壤碳氮累积的贡献关系，深入了解苔藓吸收大气物质进而输入土壤的程度和速度。

一、苔藓植物的稳定同位素组成

苔藓碳同位素变化范围为-31.4‰～-29.0‰，在C_3植物范围（-35‰～-20‰）内，属于C_3植物类型。新老组织之间的碳同位素组成分别为-30.2‰±1.1‰与-30.1‰±0.9‰，没有显著差异。

苔藓氮同位素变化范围为-9.4‰～-5.0‰，新老组织之间氮同位素组成分别为-6.5‰±1.1‰和-6.8‰±1.5‰，总体上没有显著差异。苔藓组织和根际土壤之间的碳、氮含量及同位素组成均不存在相关性。

二、苔藓植物对土壤有机质的贡献

苔藓年净生产量较高（如极地和沼泽生态系统），体现其很强的固碳能力（曹同等，1995），而且苔藓能够借助茎叶表面直接吸收大气中的活性氮（NO_x 和 NH_x）来满足其快速生长的需求（Bergamini and Peintinger，2002）。刘学炎等（2007）研究发现，细叶小羽藓和根际土壤之间的碳氮含量及同位素组成间没有相关性，说明研究样地的苔藓层对土壤碳氮累积的贡献低。这可能是因为苔藓本身的分解速率在生态系统各组分中是较慢的，约为维管束植物组织分解速率的10%（Houghton，2005）。Li和Vitt（1997）还利用 ^{15}N 对以苔藓类为建群种的沼泽氮动态示踪发现，无论富营养型沼泽或贫营养型沼泽，藓类都是施入氮的主要吸收者和持有者，并且在氮施入两年后仍保留80%左右，而灌木作为系统中的优势种仅含施入氮量的1%。可见，持有大量养分而极缓慢的养分循环速度限制了氮从苔藓向根际土壤的转化。此外，如果采样点没有其他植物混生，苔藓残体较疏松，破碎化程度更高，分解速率和营养元素的循环速度更慢。目前对于大气营养被苔藓吸收后的动态和周转研究集中在沼泽生态系统的泥炭藓和森林生态系统的某些藓类（Gerdol，1990），而喀斯特地区的苔藓能否将所累积的大气物质很快地输入土壤及其周转周期等问题还不确定。苔藓植物作为累积大气物质的一个库，其在环境中的重要性和生态功能还有待深入研究。

第5节 地衣与土壤碳源的示踪

地衣通常被认为是共生菌（mycobiont）（真菌）和共生藻（photobiont）（光合藻类和/或蓝细菌）之间共生现象的最典型例子之一。真菌共生菌中约85%与绿藻类共生，10%与蓝细菌共生，3% ~ 4%同时与绿藻类和蓝细菌共生（Honegger，1997）。共生藻分布于菌体的细胞外，在菌体内以一种独特的海藻层层状排列（异层地衣），或者在菌体内随机分布（同层地衣）。异层地衣的形态和解剖变化很多，但是基本上它们由三层组成：外部皮层（黏合区）、共生光合物细胞（藻类层）和繁殖菌丝（髓质）。异层地衣有叶状和灌木状两种生长型，而同层地衣主要是壳状生长型（Honegger，1997）。

尽管这些光合自养有机体在全球的水体和陆地都有分布，但依然存在一些不确定性。地衣是这些光合自养有机体类群中最重要的有机体之一，以地衣为主的植被类型覆盖了约8%的地球表面（Larson，1987）。地衣存在于各种微环境中，如树叶、树皮、岩石、土壤，甚至人类源的底质。由于直接依赖环境因子，地衣稳定同位素组成能够反映在微环境尺度下，整合很长一段时间内的碳水变化。地衣的持水性使得它们可以在一些高等植物不能生存的环境中生活，而且可以吸收特别底物，如水蒸气和通常不能被高等植物利用的微碳源。本节介绍地衣的$\delta^{13}C$可以作为碳获取、CO_2源变化和全球变化的示踪剂、环境变化整合器和土壤-大气交换过程的记录器。

在许多生物过程中，地衣与高等植物存在本质差异，它们以不同的方式影响生态系统。因此，地衣可以作为补充信息的示踪剂。虽然它们对于一个生态系统，甚至全球的重要性尚不可知，但是稳定同位素技术的应用可能为增进这种认识提供一个较好的途径。

一、地衣的固碳过程

地衣碳获取和光合藻的光合作用（向共生菌提供葡萄糖或多羟基化合物）有直接联系（Honegger，1997）。光合藻的光合能力是适应包括光照、温度和营养等环境条件（Palmqvist，2000）。为了降低CO_2的限制，一些光合藻能够通过积累无机碳增加Rubisco酶附近CO_2浓度，这同时也会降低光呼吸。这种机制被称为CO_2浓缩机制（CCM），它与一种特殊的细胞结构有关，这种结构中绿藻的蛋白核和蓝细菌（cyanobacteria）的羧化酶体（carboxysomes）联合在一起。然而，一些绿藻光合藻缺乏CCM，也不包括蛋白核（Palmqvist et al.，1994；Máguas et al.，1995）。

（一）地衣碳生理吸收过程

一般而言，植物的有机物碳同位素比率（$\delta^{13}C$）依赖于光合自养吸收CO_2中的分馏过程。碳同位素判别的范围与羧化作用和扩散限制（如气孔导率）的平衡有关，取决于内部和外部的CO_2气压比。另外，地衣吸收CO_2可能更是瞬时变化的，受空气湿度、降露和降水的调节。地衣由于不能像恒水植物一样通过气孔调节含水量，只能维持一种精致的平衡：充足水分会重新激活共生藻光合作用，而水饱和菌体中的CO_2吸收受到扩散限制。

之前的研究表明，地衣$\delta^{13}C$由光合藻控制。光合藻内$\delta^{13}C$的差异表示不同程度的扩散限制（Lange et al.，1986；Lange et al.，1988）。后来，这一理论得到新发现的补充，即结合了CO_2吸收通量（Máguas et al.，1995；Máguas and Brugnoli，1996；Smith and Griffiths，1996；Smith et al.，1998；Smith and Griffiths，1998）和它们共生藻CCM（Máguas et al.，1997）的物种特定差异。最近的研究证实了两种类型地衣基本上是相同的（Lakatos et al.，2006），依据初始共生藻中是否存在CCM分成两组，$\delta^{13}C$存在平均10‰的显著差异（图8-10，$P=0.000$，$n=230$）。

共生藻（如具有CCM的蓝细菌或绿藻）提高了Rubisco酶羧化作用位点附近的内部碳库。随着可利用底物的增加，羧化速率增加而光呼吸速率降低。而且，这种机制缓解了叶状体内CO_2扩散抑制效应，如高含水量或者过饱和条件（Máguas et al.，1997）。因此，有CO_2浓缩机制的地衣的$\delta^{13}C$范围为−26‰ ~ −16‰，平均值约为−22‰（图8-10）。

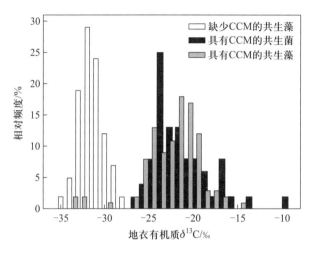

图8-10 不同地衣有机质$\delta^{13}C$的相对频度分布（Lakatos et al.，2007）

在包含两个共生藻（无CCM的绿藻和有CCM的蓝细菌）的三分地衣（tripartite lichens）中，蓝细菌被组织成被称为衣瘿（cephalodia）的特化叶状体结构，有机质$\delta^{13}C$决定于藻类部分（Máguas et al.，1995；Green et al.，2002）。因此，由于绿藻的原因，如 *Myrmecia*，*Dictyochloropsis*（Smith and Griffiths，1996）和缺乏蛋白核和CCM的 *Coccomyxa*（Palmqvist et al.，1994），这些三分地衣有机质的$\delta^{13}C$与C_3植物特征类似（18个种的平均值约为−32‰±1.6‰；$n=43$）。类似结果也存在于只有一种共生藻的地衣：缺乏CCM的绿藻 *Trentepohlia*（Lakatos et al.，2006）是热带和亚热带的绝对优势共生藻（Sipman and Harris，1989）。因此，CCM的有无可以基本解释两种功能组的地衣的$\delta^{13}C$差异（图8-10）。

（二）形态学及CO_2扩散抑制

大小不同的地衣叶状体的形态、质量分配和生理特征存在差异（Larson，1987）。体积大小增加，叶状地衣的比表面积减小，内部的结构和生理可变性增强。此外，一般认为叶状和枝状地衣具有顶端或边缘生长特征，因此，边缘末端比内部更活跃。这种普通的生长格局结合地衣体内边缘和中央区域的结构和功能的巨大差异，推导出同一叶状体内不同部分存在一定程度功能分化的假设：边缘部分最大化气体交换，中间部分最大化水储量（Valladares et al.，1994；Máguas and

Brugnoli，1996）。而且，在吸水过程中，同一个叶状体内部的一些形态结构（如黏附皮质层、叶状体厚度和密度、伴随的结构变化）也会增强CO_2扩散的抗性。因此，与中心叶状体结构相比，包括边缘和顶部的较薄的叶状体部分，通常结构较松散，抗CO_2扩散性较弱，$\delta^{13}C$判别也较弱（^{13}C贫化）。Lakatos等（2006）的结果证实，给定同一叶状体的边缘和中心区域之间存在显著$\delta^{13}C$差异，边缘总是呈现较高的^{13}C判别值（Δ）（^{13}C更贫化）。

但是，不同生长型的共生藻组间观察到的边缘部分相对于中心部分$\delta^{13}C$的高异质性（0.25‰～2.5‰）并没有明确表征期望的判别因子。这些判别因子与形态和叶状体结构有关，而与生长型无关（Lakatos *et al.*，2006）。可以推测在一个非常活跃的CCM地衣中（如蓝细菌地衣），由于相对较高且稳定的CO_2浓度，整个叶状体的$\delta^{13}C$将会保持不变。因此，地衣叶状体中$\delta^{13}C$的变化作为指标自身似乎并不是一个预测气体扩散抑制的可靠示踪剂。或许，我们只能概括以下结论，即同一个地衣叶状体中$\delta^{13}C$的明显下降可能意味着CO_2扩散抗性的增加，能够导致的区别达到2.5‰。

（三）微环境中碳源对地衣$\delta^{13}C$的影响

除了在CO_2运输和固定过程中主要光合分馏外，一个影响$\delta^{13}C$的关键因子是特定微环境中地衣利用的碳源的来源。可能原因如下：① 地衣可能附着于一个不以大气CO_2为直接CO_2源的基质；② 取决于所在的位置，地衣会优先固定离自己近的生态系统组分呼吸释放的CO_2。例如，我们已经清楚在大生境内（如密闭森林），从地表到冠层，环境CO_2逐渐变化（Sternberg *et al.*，1989；Buchmann *et al.*，1997）。另外，在一个较小尺度，不同呼吸基质（如土壤、树皮和树叶等）释放的CO_2的$\delta^{13}C$信号比环境空气更贫化^{13}C。

为了评估地衣$\delta^{13}C$是否受到了这些过程影响，在有大量地衣覆盖的地中海海岸开阔沙丘生境，对不同基质[如土壤、树皮或者悬垂生长（暴露于周围空气）]的地衣种类进行研究。此外，为了评估自然界CO_2剖面的影响，Lakatos等（2006）选择了法国圭亚那和巴拿马热带雨林，研究了生长在具有不同呼吸的树（附着物）上的地衣。后者研究表明生长在树皮上的邻近地衣间有机质$\delta^{13}C$具有显著差别，取决于它们暴露在空气中的程度或者靠近树皮的程度；附着的地衣叶状体利用树干呼吸释放的CO_2，比环境大气的CO_2更贫化^{13}C。另外，森林中生长在树皮上的地衣的$\delta^{13}C$视垂直分布（中部和底部）而不同。因此，在热带森林里，暴露的环境CO_2和$\delta^{13}C$剖面对地衣中$\delta^{13}C$影响显著。

在地中海（葡萄牙）沙丘植被下土壤表面以上的10 cm空气内观察到的CO_2剖面也显示一个非常明显的梯度和$\delta^{13}C$信号，该信号受到底质结构和空气扰动的显著影响。在这个生态系统中，陆生地衣的碳源主要受贫化的土壤呼吸影响，而悬垂生长的地衣种类则固定^{13}C富集的大气CO_2。因此，陆生地衣有机物的^{13}C比悬垂生长的地衣明显贫化。简而言之，树皮上的地衣主要暴露在树干呼吸释放的CO_2中（δ^{13}C：~ −30‰），陆生地衣主要暴露在土壤呼吸释放的CO_2中（−25‰ ~ −16‰），石头上和悬垂生长的地衣都是主要暴露于大气CO_2中（约−8‰）（图8-11）。而且，存在这样的一般趋势：具有CCM的地衣比没有CCM的地衣δ^{13}C受到碳源影响更明显（图8-11）。

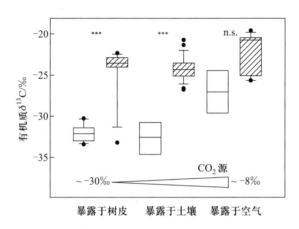

图8-11 不同地区地衣总有机质δ^{13}C的箱式图（Lakatos *et al.*，2007）

总之，在研究的微环境中，^{13}C贫化的CO_2被地衣作为光合作用的碳源，使它们的同位素信号偏离了原本应该受到生理过程决定的特征。因此，地衣可以作为揭示微环境主要CO_2源的示踪剂。所以，地衣有机物也能表明（特别是在较幼嫩的叶状体部分）城市-农村和土地利用边界的环境空气$^{13}CO_2$变化。

二、地衣δ^{13}C与全球碳变化的指示

由于地衣生长缓慢（每年0.5 ~ 5 mm），并受到光线、水、温度和CO_2浓度等微气象条件的直接影响，它们的有机物（OM）整合了一段很长时期内特定微生境的环境因子变化信息。OM量由碳源碳汇的平衡计算决定，碳源碳汇主要指光合作用和呼吸作用。尽管地衣共生菌占叶状体生物量的绝大部分，但是它的碳是通过共生光合藻的光合作用获得并转移到共生菌内的。因此，地衣的碳获取取决于其含水量、光强和光合藻的CO_2固定。因此，^{13}C判别过程与CO_2获取方式、CO_2扩散和来源有关。

由于其独有的特征及全球分布（Kappen，1988，1993），利用地衣作为监测生物非常具有吸引力。它们对许多人类和自然的环境变化敏感。为了研究工业革命之后，人类活动造成大气中$^{13}CO_2$减少带来的影响，Máguas和Brugnoli（1996）研

究了1846、1923、1945、1953和1989年收集的三重叶状地衣的标本。1846—1989年，这些地衣的同位素组成^{13}C逐渐贫化。在地衣样本和大气CO_2源中观察到了相似的^{13}C贫化，这清晰地表明了观测到的变化与化石燃料燃烧和随后的大气CO_2的^{13}C贫化有关。另外，不考虑采样时间，地衣边缘和中央部分具有明显的$\delta^{13}C$差别。这些观察结果表明标本菌体（thalli）的$\delta^{13}C$的变化并不反映它对CO_2浓度增加的生理过程响应，因为不同采样时间的$\delta^{13}C$差别完全取决于大气CO_2的$\delta^{13}C$变化。这些可能是地衣在应用于全球变化研究时常结合其他指标研究（如树年轮）的原因。

总之，地衣材料$\delta^{13}C$表现出很高的异质性，而且生理、形态和碳源间的相互作用很明显。因此，地衣$\delta^{13}C$可用来示踪碳获取、环境CO_2源变化和全球变化。在初始共生光合藻中是否存在CCM解释了大约10‰的$\delta^{13}C$差异。观测到的单个物种$\delta^{13}C$的自然变异最高达到4‰。离群值显示由扩散抗性引起的高CO_2限制能够引起碳同位素6‰~8‰判别。在自由生活和共生的光合藻之间的差异，由CO_2源影响造成的$\delta^{13}C$差异达到13‰。作为示踪效应的出发点，建议在地衣$\delta^{13}C$判别的一般模型中考虑前述的一些因素。地衣有机质碳稳定同位素组成（$\delta^{13}C$）的三个主要判别因子是：① 是否具有CO_2浓缩机制[$\delta^{13}C$（frontier）为$-28‰ \pm 2‰$]；② 扩散抗性导致的CO_2限制；③ 利用不同于良好混合大气CO_2的CO_2源。

主要参考文献

- 曹同, 高谦, 傅星. 1995. 长白山森林生态系统苔藓植物的生物量. 生态学报 15:68-74.
- 刘学炎, 肖化云, 刘丛强. 2007. 苔藓新老组织及其根际土壤的碳氮元素含量和同位素组成（$\delta^{13}C$和$\delta^{15}N$）对比. 植物生态学报 6:1168-1173.
- Aber, J. D., J. M. Melillo, K. J. Nadelhoffer, J. Pastor, and R. D. Boone. 1991. Factors controlling nitrogen cycling and nitrogen saturation in northern temperate forest ecosystems. Ecological Applications 1:303-315.
- Abraham, W. R., C. Hesse, and O. Pelz. 1998. Ratios of carbon isotopes in microbial lipids as an indicator of substrate usage. Applied and Environmental Microbiology 64:4202-4209.
- Agren, G. I., E. Bosatta, and J. Balesdent. 1996. Isotope discrimination during decomposition of organic matter: A theoretical analysis. Soil Science Society of America Journal 60:1121-1126.
- Amundson, R. 2001. The carbon budget in soils. Annual Review of Earth and Planetary Sciences 29:535-562.
- Balesdent, J. and A. Mariotti. 1996. Measurement of soil organic matter turnover using ^{13}C natural abundance. In: Boutton, T. W. and S. Yamasaki. (eds). Mass Spectrometry of Soils. CRC Press, New York:83-111.
- Balesdent, J., A. Mariotti, and B. Guillet. 1987. Natural ^{13}C abundance as a tracer for studies of soil organic matter dynamics. Soil Biology and Biochemistry 19:25-30.
- Banfield, J. F., W. W. Barker, S. A. Welch, and A. Taunton. 1999. Biological impact on mineral dissolution: Application of the lichen model to understanding mineral weathering in the rhizosphere. Proceedings of the National Academy of Sciences, USA 96:3404-3411.
- Barker, W. W. and J. F. Banfield. 1996. Biologically versus inorganically mediated weathering reactions: Relationships between minerals and extracellular microbial polymers in lithobiontic communities. Chemical Geology 132:55-69.
- Bergamini, A. and M. Peintinger. 2002. Effects of light and nitrogen on morphological plasticity of the moss Calliergonella

- cuspidata. Oikos 96:355-363.
- Bird, M. and P. Pousai. 1997. Variations of $\delta^{13}C$ in the surface soil organic carbon pool. Global Biogeochemical Cycles 11:313-322.
- Blair, N., A. Leu, E. Munoz, J. Olsen, E. Kwong, and D. Des Marais. 1985. Carbon isotopic fractionation in heterotrophic microbial metabolism. Applied and Environmental Microbiology 50:996-1001.
- Boschker, H. and J. Middelburg. 2002. Stable isotopes and biomarkers in microbial ecology. FEMS Microbiology Ecology 40:85-95.
- Boutton, T. 1996. Stable carbon isotope ratios of organic matter and their use as indicators of vegetation and climate change. In:Boutton, T. W. and S. Yamasaki. (eds). Mass Spectrometry of Soils. CRC Press, New York:47-82.
- Bowling, D. R., N. G. McDowell, B. J. Bond, B. E. Law, and J. R. Ehleringer. 2002. ^{13}C content of ecosystem respiration is linked to precipitation and vapor pressure deficit. Oecologia 131:113-124.
- Bowling, D. R., P. P. Tans, and R. K. Monson. 2001. Partitioning net ecosystem carbon exchange with isotopic fluxes of CO_2. Global Change Biology 7:127-145.
- Buchmann, N., J. M. Guehl, T. Barigah, and J. Ehleringer. 1997. Interseasonal comparison of CO_2 concentrations, isotopic composition, and carbon dynamics in an Amazonian rainforest (French Guiana). Oecologia 110:120-131.
- Bull, I. D., N. R. Parekh, G. H. Hall, P. Ineson, and R. P. Evershed. 2000. Detection and classification of atmospheric methane oxidizing bacteria in soil. Nature 405:175-178.
- Burdon, J. 2001. Are the traditional concepts of the structures of humic substances realistic? Soil Science 166:752-769.
- Buscot, F., J. Munch, J. Y. Charcosset, M. Gardes, U. Nehls, and R. Hampp. 2000. Recent advances in exploring physiology and biodiversity of ectomycorrhizas highlight the functioning of these symbioses in ecosystems. FEMS Microbiology Reviews 24:601-614.
- Catovsky, S., M. A. Bradford, and A. Hector. 2002. Biodiversity and ecosystem productivity: Implications for carbon storage. Oikos 97:443-448.
- Cebrian, J. 1999. Patterns in the fate of production in plant communities. American Naturalist 154:449-468.
- Cebrian, J. and C. M. Duarte. 1995. Plant growth-rate dependence of detrital carbon storage in ecosystems. Science 268:1606-1608.
- Chen, X. Y. and R. Hampp. 1993. Sugar uptake by protoplasts of the ectomycorrhizal fungus, Amanita muscaria (L. ex Fr.) Hooker. New Phytologist 125:601-608.
- Collins, H., E. Elliott, K. Paustian, L. Bundy, W. Dick, D. Huggins, A. Smucker, and E. Paul. 2000. Soil carbon pools and fluxes in long-term corn belt agroecosystems. Soil Biology and Biochemistry 32:157-168.
- DeNiro, M. and S. Epstein. 1977. Mechanism of carbon isotope fractionation associated with lipid synthesis. Science 197:261-263.
- Didyk, B., B. Simoneit, S. C. Brassell, and G. Eglinton. 1978. Organic geochemical indicators of palaeoenvironmental conditions of sedimentation. Nature 272:216-222.
- Dunn, M. F. 1998. Tricarboxylic acid cycle and anaplerotic enzymes in rhizobia. FEMS Microbiology Reviews 22:105-123.
- Ehleringer, J. R., N. Buchmann, and L. B. Flanagan. 2000. Carbon isotope ratios in belowground carbon cycle processes. Ecological Applications 10:412-422.
- Ekblad, A. and P. Högberg. 2000. Analysis of $\delta^{13}C$ of CO_2 distinguishes between microbial respiration of added C_4 sucrose and other soil respiration in a C_3 ecosystem. Plant and Soil 219:197-209.
- Ekblad, A. and P. Högberg. 2001. Natural abundance of ^{13}C in CO_2 respired from forest soils reveals speed of link between tree photosynthesis and root respiration. Oecologia 127:305-308.
- Ekblad, A., G. Nyberg, and P. Högberg. 2002. ^{13}C discrimination during microbial respiration of added C_3, C_4 and ^{13}C-labelled sugars to a C_3 forest soil. Oecologia 131:245-249.
- Flanagan, L. B. and J. R. Ehleringer. 1998. Ecosystem-atmosphere CO_2 exchange: Interpreting signals of change using stable isotope ratios. Trends in Ecology and Evolution 13:10-14.
- Franklin, O., P. Högberg, A. Ekblad, and G. I. Ågren. 2003. Pine forest floor carbon accumulation in response to N and PK additions: Bomb ^{14}C modelling and respiration studies. Ecosystems 6:644-658.
- Gerdol, R. 1990. Seasonal variations in the element concentrations in mire water and in Sphagnum mosses on an ombrotrophic bog in the southern Alps. Lindbergia 16:44-50.
- Gleixner, G. 2005. Stable isotope composition of soil organic matter. In:Flanagan,L.B., B.Ehleringer,and D.E. Pataki. (eds). Stable Isotopes and Biosphere-Atmosphere Interactions: Processes and Biological Controls. Elsevier Academic Press, New York:29-46.
- Gleixner, G., R. Bol, and J. Balesdent. 1999. Molecular insight into soil carbon turnover. Rapid Communications in Mass Spectrometry 13:1278-1283.
- Gleixner, G., C. Czimczik, C. Kramer, B. Lukher, and M. Schmidt. 2001. Plant compounds and their turnover and stabilization as soil organic matter. In: Schulze, E. D.,M. Heimann, S. Harrison,

- E. Holland, J. Lloyd, I. C. Prentice, and D. Schimel. (eds). Global Biogeochemical Cycles in the Climate System. Academic Press, San Diego: 201–215.
- Gleixner, G., H. J. Danier, R. A. Werner, and H. L. Schmidt. 1993a. Correlations between the ^{13}C content of primary and secondary plant products in different cell compartments and that in decomposing basidiomycetes. Plant Physiology 102:1287–1290.
- Gleixner, G., H. J. Danier, R. A. Werner, and H. L. Schmidt. 1993b. Correlations between the ^{13}C content of primary and secondary plant products in different cell compartments and that in decomposing basidiomycetes. Plant Physiology 102:1287–1290.
- Gleixner, G., N. Poirier, R. Bol, and J. Balesdent. 2002. Molecular dynamics of organic matter in a cultivated soil. Organic Geochemistry 33:357–366.
- Gleixner, G. and H. Schmidt. 1998. On-line determination of group-specific isotope ratios in model compounds and aquatic humic substances by coupling pyrolysis to GC-C-IRMS. ACS Publications: 34–46.
- González, J., G. Remaud, E. Jamin, N. Naulet, and G. G. Martin. 1999. Specific natural isotope profile studied by isotope ratio mass spectrometry (SNIP-IRMS): $^{13}C/^{12}C$ ratios of fructose, glucose, and sucrose for improved detection of sugar addition to pineapple juices and concentrates. Journal of Agricultural and Food Chemistry 47:2316–2321.
- Green, A. T., M. Schlensog, L. G. Sancho, B. J. Winkler, F. D. Broom, and B. Schroeter. 2002. The photobiont determines the pattern of photosynthetic activity within a single lichen thallus containing cyanobacterial and green algal sectors (photosymbiodeme). Oecologia 130:191–198.
- Hackett, W., W. Connors, T. Kirk, and J. Zeikus. 1977. Microbial decomposition of synthetic ^{14}C-labeled lignins in nature: Lignin biodegradation in a variety of natural materials. Applied and Environmental Microbiology 33:43–51.
- Hayes, J., K. H. Freeman, B. N. Popp, and C. H. Hoham. 1990. Compound-specific isotopic analyses: A novel tool for reconstruction of ancient biogeochemical processes. Organic Geochemistry 16:1115–1128.
- Hedges, J. and J. M. Oades. 1997. Comparative organic geochemistries of soils and marine sediments. Organic Geochemistry 27:319–361.
- Henn, M. R. and I. H. Chapela. 2000. Differential C isotope discrimination by fungi during decomposition of C_3 and C_4 derived sucrose. Applied and Environmental Microbiology 66:4180–4186.
- Henn, M. R. and I. H. Chapela. 2001. Ecophysiology of ^{13}C and ^{15}N isotopic fractionation in forest fungi and the roots of the saprotrophic-mycorrhizal divide. Oecologia 128:480–487.
- Hilkert, A., C. Douthitt, H. Schluter, and W. Brand. 1999. Isotope ratio monitoring gas chromatography/mass spectrometry of D/H by high temperature conversion isotope ratio mass spectrometry. Rapid Communications in Mass Spectrometry 13:1226–1230.
- Hobbie, E. A., S. A. Macko, and H. H. Shugart. 1999. Insights into nitrogen and carbon dynamics of ectomycorrhizal and saprotrophic fungi from isotopic evidence. Oecologia 118:353–360.
- Hobbie, E. A., N. S. Weber, and J. M. Trappe. 2001. Mycorrhizal vs saprotrophic status of fungi: The isotopic evidence. New Phytologist 150:601–610.
- Hofrichter, M., T. Vares, M. Kalsi, S. Galkin, K. Scheibner, W. Fritsche, and A. Hatakka. 1999. Production of manganese peroxidase and organic acids and mineralization of ^{14}C-labelled lignin (^{14}C-DHP) during solid-state fermentation of wheat straw with the white rot fungus *Nematoloma frowardii*. Applied and Environmental Microbiology 65:1864–1870.
- Högberg, M. N. and P. Högberg. 2002. Extramatrical ectomycorrhizal mycelium contributes one-third of microbial biomass and produces, together with associated roots, half the dissolved organic carbon in a forest soil. New Phytologist 154:791–795.
- Högberg, P., A. Ekblad, A. Nordgren, A. Plamboeck, A. Ohlsson, and H. M. N. Bhupinderpal-Singh. 2005. Factors determining the ^{13}C abundance of soil-respired CO_2 in boreal forests. In: Flanagan, L. B., J. R. Ehleringer, and D. E. Pataki. (eds). Stable Isotopes and Biosphere-Atmosphere Interactions: Processes and Biological Controls. Elsevier, New York: 47–68.
- Högberg, P., A. H. Plamboeck, A. F. S. Taylor, and P. Fransson. 1999. Natural ^{13}C abundance reveals trophic status of fungi and host origin of carbon in mycorrhizal fungi in mixed forests. Proceedings of the National Academy of Sciences, USA 96:8534–8539.
- Honegger, R. 1997. Metabolic interactions at the mycobiont and photobiont interface in lichens. In: Carroll, G. C. and P. Tudzynsky. (eds). The Mycota V, Part A, Plant Relationships. Springer-Verlag, Berlin: 209–221.
- Houghton, R. A. 2005. Aboveground forest biomass and the global carbon balance. Global Change Biology 11:945–958.
- Huang, Y. S., R. Bol, D. D. Harkness, P. Ineson, and G. Eglinton. 1996. Post-glacial variations in distributions, C-13 and C-14 contents of aliphatic hydrocarbons and bulk organic matter in three types of British acid upland soils. Organic Geochemistry 24:273–287.
- Ibekwe, A. M. and A. C. Kennedy. 1998. Phospholipid fatty acid

- profiles and carbon utilization patterns for analysis of microbial community structure under field and greenhouse conditions. FEMS Microbiology Ecology 26:151-163.
- Jarvis, P. 2000. Carbon and nitrogen cycling in European forest ecosystems. Annals of Botany 91:402-403.
- Jobbágy, E. G. and R. B. Jackson. 2001. The distribution of soil nutrients with depth: Global patterns and the imprint of plants. Biogeochemistry 53:51-77.
- Kaiser, K. and G. Guggenberger. 2003. Mineral surfaces and soil organic matter. European Journal of Soil Science 54:219-236.
- Kappen, L. 1988. Ecophysiological relationships in different climatic regions. In :Galun, M.(ed) . Handbook of Lichenology. CRC Press, Boca Raton:37-100.
- Kappen, L. 1993. Lichens in the Antarctic region. Antarctic Microbiology:433-490.
- Kohzu, A., T. Yoshioka, T. Ando, M. Takahashi, K. Koba, and E. Wada. 1999. Natural ^{13}C and ^{15}N abundance of field collected fungi and their ecological implications. New Phytologist 144:323-330.
- Korthals, G. W., P. Smilauer, C. V. Dijk, and W. H. V. D. Putten. 2001. Linking above- and below-ground biodiversity: Abundance and trophic complexity in soil as a response to experimental plant communities on abandoned arable land. Functional Ecology 15:506-514.
- Kracht, O. and G. Gleixner. 2000. Isotope analysis of pyrolysis products from *Sphagnum* peat and dissolved organic matter from bog water. Organic Geochemistry 31:645-654.
- Lakatos, M., B. Hartard, and C. Máguas. 2007. The stable isotopes δ^{13}C and δ^{18}O of lichens can be used as tracers of microenvironmental carbon and water sources. In : Todd, E. D. and T. W. S. Rolf. (eds). Terrestrial Ecology. Elsevier: 77-92.
- Lakatos, M., U. Rascher, and B. Büdel. 2006. Functional characteristics of corticolous lichens in the understory of a tropical lowland rain forest. New Phytologist 172:679-695.
- Lange, O., T. G. A. Green, and H. Ziegler. 1988. Water status related photosynthesis and carbon isotope discrimination in species of the lichen genus *Pseudocyphellaria* with green or blue-green photobionts and in photosymbiodemes. Oecologia 75:494-501.
- Lange, O., E. Kilian, and H. Ziegler. 1986. Water vapor uptake and photosynthesis of lichens: Performance differences in species with green and blue-green algae as phycobionts. Oecologia 71:104-110.
- Larson, D. 1987. The absorption and release of water by lichens. Bibliotheca Lichenologica 25:1-360.
- Leavitt, S. W. and A. Long. 1982. Evidence for ^{13}C/^{12}C fractionation between tree leaves and wood. Nature 298:742-744.
- Li, Y. and D. Vitt. 1997. Patterns of retention and utilization of aerially deposited nitrogen in boreal peatlands. Ecoscience 4:106-116.
- Lichtfouse, E., C. Chenu, F. Baudin, C. Leblond, M. Da Silva, F. Behar, S. Derenne, C. Largeau, P. Wehrung, and P. Albrecht. 1998. A novel pathway of soil organic matter formation by selective preservation of resistant straight-chain biopolymers: Chemical and isotope evidence. Organic Geochemistry 28:411-415.
- Lichtfouse, E., S. Dou, C. Girardin, M. Grably, J. Balesdent, F. Behar, and M. Vandenbroucke. 1995. Unexpected ^{13}C-enrichment of organic components from wheat crop soils: Evidence for the in situ origin of soil organic matter. Organic Geochemistry 23:865-868.
- Lin, G. and J. R. Ehleringer. 1997. Carbon isotopic fractionation does not occur during dark respiration in C_3 and C_4 plants. Plant Physiology 114:391-394.
- Lucas, Y. 2001. The role of plants in controlling rates and products of weathering: Importance of biological pumping. Annual Review of Earth and Planetary Sciences 29:135-163.
- Lundberg, P., A. Ekblad, and M. Nilsson. 2001. ^{13}C NMR spectroscopy studies of forest soil microbial activity: Glucose uptake and fatty acid biosynthesis. Soil Biology and Biochemistry 33:621-632.
- Máguas, C. and E. Brugnoli. 1996. Spatial variation in carbon isotope discrimination across the thalli of several lichen species. Plant, Cell and Environment 19:437-446.
- Máguas, C., H. Griffiths, and M. Broadmeadow. 1995. Gas exchange and carbon isotope discrimination in lichens: Evidence for interactions between CO_2-concentrating mechanisms and diffusion limitation. Planta 196:95-102.
- Máguas, C., F. Valladares, E. Brugnoli, and F. Catarino. 1997. Carbon isotope discrimination, chlorophyll fluorescence and quantitative structure in the assessment of gas diffusion resistances of lichens. Bibliotheca Lichenologica 67:119-136.
- Maillard, L. 1917. Identite des matieres humiques de synthese avec les matieres humiques naturelles. Ann. Chimie (Paris) 7:113-152.
- Malosso, E., L. English, D. W. Hopkins, and A. G. O' Donnell. 2004. Use of ^{13}C-labelled plant materials and ergosterol, PLFA and NLFA analyses to investigate organic matter decomposition in Antarctic soil. Soil Biology and Biochemistry 36:165-175.
- Marseille, F., J. R. Disnar, B. Guillet, and Y. Noack. 1999. *n*-Alkanes and free fatty acids in humus and Al horizons of soils under beech, spruce and grass in the Massif-Central (Mont-Lozere) , France. European Journal of Soil Science 50:433-441.

- Mary, B., A. Mariotti, and J. Morel. 1992. Use of ^{13}C variations at natural abundance for studying the biodegradation of root mucilage, roots and glucose in soil. Soil Biology and Biochemistry 24:1065–1072.
- Murase, J., Y. Matsui, M. Katoh, A. Sugimoto, and M. Kimura. 2006. Incorporation of ^{13}C-labeled rice-straw-derived carbon into microbial communities in submerged rice field soil and percolating water. Soil Biology and Biochemistry 38:3483–3491.
- Nadelhoffer, K. and B. Fry. 1988. Controls on natural ^{15}N and ^{13}C abundances in forest soil organic matter. Soil Science Society of America Journal 52:1633–1640.
- Neff, J. C. and G. P. Asner. 2001. Dissolved organic carbon in terrestrial ecosystems: Synthesis and a model. Ecosystems 4:29–48.
- Neff, J. C., A. R. Townsend, G. Gleixner, S. J. Lehman, J. Turnbull, and W. D. Bowman. 2002. Variable effects of nitrogen additions on the stability and turnover of soil carbon. Nature 419:915–917.
- Nierop, K. 1998. Origin of aliphatic compounds in a forest soil. Organic Geochemistry 29:1009–1016.
- O'Leary, M. H. 1981. Carbon isotope fractionation in plants. Phytochemistry 20:553–567.
- Palmqvist, K. 2000. Tansley review No. 117: Carbon economy in lichens. New Phytologist 148:11–36.
- Palmqvist, K., E. Ogren, and U. Lernmark. 1994. The CO_2 concentrating mechanism is absent in the green alga lichen *Coccomyxa*: A comparative study of photosynthetic CO_2 and light responses of *Coccomyxa*, *Chlamydomonas reinhardtii* and barley protoplasts. Plant, Cell and Environment 17:65–72.
- Park, R. and S. Epstein. 1961. Metabolic fractionation of ^{13}C and ^{12}C in plants. Plant Physiology 36:133–138.
- Parkes, R. 1987. Analysis of microbial communities within sediments using biomarkers. In: Fletcher, M., T. R. G. Gray, and J. G. Jones. (eds). The Ecology of Microbial Communities. Symposium of the Society for General Microbiology, 41. Cambridge University Press, Cambridge:147–177.
- Parton, W. J., D. S. Schimel, C. V. Cole, and D. S. Ojima. 1987. Analysis of factors controlling soil organic matter levels in Great Plains grasslands. Soil Science Society of America Journal 51:1173–1179.
- Pataki, D., J. Ehleringer, L. Flanagan, D. Yakir, D. Bowling, C. Still, N. Buchmann, J. O. Kaplan, and J. Berry. 2003. The application and interpretation of Keeling plots in terrestrial carbon cycle research. Global Biogeochemical Cycles 17:1022, doi:10.1029/2001GB001850.
- Paul, E., H. Collins, and S. Leavitt. 2001. Dynamics of resistant soil carbon of Midwestern agricultural soils measured by naturally occurring ^{14}C abundance. Geoderma 104:239–256.
- Rieley, G., R. J. Collier, D. M. Jones, G. Eglinton, P. A. Eakin, and A. E. Fallick. 1991. Sources of sedimentary lipids deduced from stable carbon-isotope analyses of individual compounds. Nature 352:425–427.
- Rossmann, A., M. Butzenlechner, and H. L. Schmidt. 1991. Evidence for a nonstatistical carbon isotope distribution in natural glucose. Plant Physiology 96:609–614.
- Rothe, J. and G. Gleixner. 2000. Do stable isotopes reflect the food web development in regenerating ecosystems? Isotopes in Environmental and Health Studies 36:285–301.
- Santrueckova, H., I. Bird, and J. Lloyd. 2000. Microbial processes and carbon-isotope fractionation in tropical and temperate grassland soils. Functional Ecology 14:108–114.
- Scheu, S. 2001. Plants and generalist predators as links between the below-ground and above-ground system. Basic and Applied Ecology 2:3–13.
- Schiff, S., R. Aravena, S. Trumbore, and P. Dillon. 1990. Dissolved organic carbon cycling in forested watersheds: A carbon isotope approach. Water Resources Research 26:2949–2957.
- Schimel, D. S., J. I. House, K. A. Hibbard, P. Bousquet, P. Ciais, P. Peylin, B. H. Braswell, M. J. Apps, D. Baker, A. Bondeau, J. Canadell, G. Churkina, W. Cramer, A. S. Denning, C. B. Field, P. Friedlingstein, C. Goodale, M. Heimann, R. A. Houghton, J. M. Melillo, B. Moore, D. Murdiyarso, I. Noble, S. W. Pacala, I. C. Prentice, M. R. Raupach, P. J. Rayner, R. J. Scholes, W. L. Steffen, and C. Wirth. 2001. Recent patterns and mechanisms of carbon exchange by terrestrial ecosystems. Nature 414:169–172.
- Schlesinger, W. H. and J. Lichter. 2001. Limited carbon storage in soil and litter of experimental forest plots under increased atmospheric CO_2. Nature 411:466–469.
- Schmidt, H. and G. Gleixner. 1998. Carbon isotope effects on key reactions in plant metabolism and ^{13}C-patterns in natural compounds. In: Griffiths, H. (ed). Stable Isotopes: Integration of Biological, Ecological and Geochemical Processes. BIOS Scientific, Herndon, VA:13–25.
- Schwark, L., K. Zink, and J. Lechterbeck. 2002. Reconstruction of postglacial to early Holocene vegetation history in terrestrial Central Europe via cuticular lipid biomarkers and pollen records from lake sediments. Geology 30:463–466.
- Sipman, H. J. M. and R. C. Harris. 1989. Lichens. In: Lieth, H. and M. J. A. Werger. (eds). Tropical Rain Forest Ecosystems. Elsevier, Amsterdam:303–309.
- Six, J., R. Conant, E. Paul, and K. Paustian. 2002. Stabilization mechanisms of soil organic matter: Implications for C-saturation

- of soils. Plant and Soil 241:155–176.
- Smith, E. C. and H. Griffiths. 1996. The occurrence of the chloroplast pyrenoid is correlated with the activity of a CO_2-concentrating mechanism and carbon isotope discrimination in lichens and bryophytes. Planta 198:6–16.
- Smith, E. C. and H. Griffiths. 1998. Intraspecific variation in photosynthetic responses of trebouxioid lichens with reference to the activity of a carbon-concentrating mechanism. Oecologia 113:360–369.
- Smith, E. C., H. Griffiths, L. Wood, and J. Gillon. 1998. Intra-specific variation in the photosynthetic responses of cyanobiont lichens from contrasting habitats. New Phytologist 138:213–224.
- Sohi, S. P., N. Mahieu, J. R. M. Arah, D. S. Powlson, B. Madari, and J. L. Gaunt. 2001. A procedure for isolating soil organic matter fractions suitable for modeling. Soil Science Society of America Journal 65:1121–1128.
- Sternberg, L. S. L., S. S. Mulkey, and S. J. Wright. 1989. Ecological interpretation of leaf carbon isotope ratios: Influence of respired carbon dioxide. Ecology 70:1317–1324.
- Still, C. J., J. A. Berry, G. J. Collatz, and R. S. DeFries. 2003. Global distribution of C_3 and C_4 vegetation: Carbon cycle implications. Global Biogeochemical Cycles 17: 1006.
- Sun, M. Y. 2000. Mass spectrometric characterization of ^{13}C-labeled lipid tracers and their degradation products in microcosm sediments. Organic Geochemistry 31:199–209.
- Tandarich, J. P., R. G. Darmody, L. R. Follmer, and D. L. Johnson. 2002. History of soil science—Historical development of soil and weathering profile concepts from Europe to the United States of America. Soil Science Society of America Journal 66:335–346.
- Trojanowski, J., K. Haider, and A. Huttermann. 1984. Decomposition of ^{14}C-labelled lignin, holocellulose and lignocellulose by mycorrhizal fungi. Archives of Microbiology 139:202–206.
- Trumbore, S., S. Schiff, R. Aravena, and R. Elgood. 1992. Sources and transformation of dissolved organic carbon in the Harp Lake forested catchment: The role of soils. Radiocarbon 34:626–635.
- Tuomela, M., M. Vikman, A. Hatakka, and M. Itävaara. 2000. Biodegradation of lignin in a compost environment: A review. Bioresource Technology 72:169–183.
- Valladares, F., C. Ascaso, and L. G. Sancho. 1994. Intrathalline variability of some structural and physical parameters in the lichen genus *Lasallia*. Canadian Journal of Botany 72:415–428.
- Wang, Y., R. Amundson, and S. Trumbore. 1996. Radiocarbon dating of soil organic matter. Quaternary Research 45:282–288.
- Williams, M. A., D. D. Myrold, and P. J. Bottomley. 2006. Carbon flow from ^{13}C-labeled straw and root residues into the phospholipid fatty acids of a soil microbial community under field conditions. Soil Biology and Biochemistry 38:759–768.
- Wingler, A., T. Wallenda, and R. Hampp. 1996. Mycorrhiza formation on Norway spruce (*Picea abies*) roots affects the pathway of anaplerotic CO_2 fixation. Physiologia Plantarum 96:699–705.
- Yakir, D. and X. F. Wang. 1996. Fluxes of CO_2 and water between terrestrial vegetation and the atmosphere estimated from isotope measurements. Nature 380:515–517.
- Yen, T. F. and J. M. Moldowan. 1988. Geochemical Biomarkers. Routledge.
- Zhang, C. L. 2002. Stable carbon isotopes of lipid biomarkers: Analysis of metabolites and metabolic fates of environmental microorganisms. Current Opinion in Biotechnology 13:25–30.
- Ziegler, S. E., P. M. White, D. C. Wolf, and G. J. Thoma. 2005. Tracking the fate and recycling of ^{13}C-labeled glucose in soil. Soil Science 170:767–778.

第 9 章
稳定同位素与氮的生物地球化学研究

由于人口的持续增长、化石燃料的消耗以及工业化肥使用量的日益增加，未来几十年内氮的输入量将会持续增加（Galloway et al, 1994；Vitousek et al., 1997）。据估算，全球活性氮（氨、硝酸盐离子和氮氧化物）排放从1860年的15 Tg N·年$^{-1}$增加到1995年的156 Tg N·年$^{-1}$，2005年增加到187 Tg N·年$^{-1}$（Galloway et al., 2008）。大气氮沉降已经引起一些地区森林的富营养化和土壤酸化，并由氮限制逐渐转变为磷限制，影响到森林生态系统中树木的生长、碳贮存以及生物多样性（Wright et al., 1995；Wedin and Tilman, 1996；Matson et al., 1999；Wassen et al., 2005；Siddiqui et al., 2010）。氮作为生命体必需的大量元素之一，其稳定同位素分析技术，尤其是^{15}N自然丰度法（δ^{15}N法）在生态系统物质循环研究中的应用备受关注。在很长一段时间内，国内稳定同位素^{15}N的应用主要局限于农业生态系统中的氮吸收、转化和分配状况研究，且多采用^{15}N标记法。近几年，^{15}N自然丰度法被广泛用于研究不受人为干扰的自然生态系统氮循环过程。

植物和土壤的氮同位素组成是植物新陈代谢和氮循环影响因子的综合结果，在生态系统的氮循环研究中使用稳定同位素技术具有以下优势。首先，我们可以进行大面积区域的氮同位素比值调查研究，且不受取样时间和空间的限制（Nadelhoffer et al., 1996；Robinson, 2001；Kahmen et al., 2008）；其次，氮稳定同位素的测定现在已相对简单（Templer et al., 2007）。另外，植物或土壤的^{15}N自然丰度是氮循环的综合结果，可以提供氮输入、转化和输出的综合信息，可间接反映陆地生态系统的氮循环特征（Evans, 2007）。^{15}N自然丰度值还可以用来评估生态系统的氮通量，并且已被用作指示生态系统氮饱和状态的指标（Nadelhoffer and Fry, 1994；Högberg, 1997；Pardo et al., 2001；Kahmen et al., 2008；Xu et al., 2010）。本章详细介绍氮循环中一些关键过程的氮同位素分馏效应（第1节），并论述如何利用氮同位素自然丰度法（第2节）和^{15}N标记法（第3节）研究植物和生态系统氮循环过程及其对环境变化的响应机理。

第1节　氮循环过程中的氮同位素分馏

氮在生态系统中的循环过程可人为划分为3个阶段：氮的输入（主要是生物固氮以及氮沉降）、氮的转化（主要包括矿化——即氨化与硝化、反硝化和固持）以及植物的氮吸收和其后氮沿食物网的营养级传递。在本书第3章中已简单介绍过，由于化学转化、物理扩散等原因，氮循环的许多过程中都会发生氮同位素分馏（Nadelhoffer and Fry，1994；Menyailo et al.，2003）（图 9-1）。早期研究中对土壤 $\delta^{15}N$ 信号的解读受到 ^{15}N 标记法的强烈影响。这类氮同位素富集标记的研究方式被广泛应用于农学和生态学中，以理解土壤的氮转化。在标记法研究中，分馏效应是可以忽略的。若这一假设在野外也成立，则 ^{15}N 自然丰度可能成为一种天然的示踪指标。例如，早期的 ^{15}N 自然丰度研究试图追踪流入地下水体的化肥与土壤硝态氮，或者将固氮对植物总氮库的贡献定量化（Shearer and Kohl，1986；Högberg，1997；Robinson，2001）。土壤 $\delta^{15}N$ 信号变化是相当复杂的，其变异来自多重氮源输入，大量伴随分馏发生的内部转化过程，以及多种氮流失方式，都存在着对 ^{15}N 的潜在判别效应（图 9-1）。正是由于这种复杂性，以及对于 ^{15}N 富集研究中实验前提假定与方法论的依赖，导致我们对土壤 $\delta^{15}N$ 控制机理的知识了解并不如其他元素的同位素研究中进展那么快。尽管如此，在过去十多年间科学家们已经在对土壤 $\delta^{15}N$ 的理解上取得长足进步，而且土壤 $\delta^{15}N$ 已显示出作为土壤过程综合指标的明显价值（Robinson，2001）。

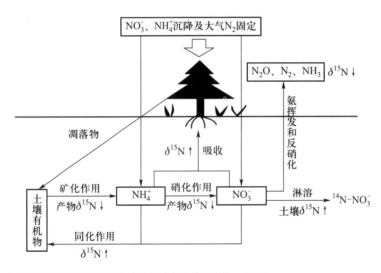

图 9-1 生态系统氮循环过程的同位素分馏效应（姚凡云等，2012）

一、氮转化过程中的同位素分馏效应

输入生态系统的氮同位素组成与氮转化、流失过程中的分馏作用共同决定着土壤的 $\delta^{15}N$ 值。对绝大多数土壤过程而言，原位（in situ）测定分馏系数是相当困难的，因此通常用观测到的判别效应值（$\delta^{15}N_{底物} - \delta^{15}N_{产物}$）来代替。对独立的各种转化过程，表观判别效应值呈现出相当大的变异（表 9-1）。Shearer 和 Kohl（1993）以及 Högberg（1997）列举了产生这类变异的几项原因。第一，一项转化过程可能在底物充足时表现出明显判别效应，但当反应受底物限制时，所有底物都被转化为产物，则无法观测到判别效应。第二，对应同一产物可存在 $\delta^{15}N$ 不同的多种底物。例如，硝化与反硝化过程均可产生 N_2O 与 NO，所以两种气体的稳定同位素值会随着含氮气体主要生成过程的差异而改变。第三，某些底物如 NH_4^+ 和 NO_3^- 会同时进行相互竞争的多重反应，而这些反应的分馏系数各不相同。第四，与同一过程相关的不同生物功能群会在判别效应值上存在轻微的差异。第五，生物与非生物因子间的交互作用所产生的效应难以预测，而这种效应可能在生态系统间，甚至同一位点内部存在变异。

表9-1 氮循环转化过程中的稳定同位素表观判别效应值（Evans，2007）

转化过程	过程编号	判别值/‰
总矿化	B	0～5
硝化	D	0～35
$NH_4^+ \xleftrightarrow{\text{平衡}} NH_3$		20～27
氨挥发	C	29
硝化过程中 N_2O 与 NO 的生成	D	0～70
反硝化过程中 N_2O 与 NO 的生成		0～39
硝态氮的固持	F	13
铵态氮的固持	F	14～20

（一）生物固氮

生物固氮是氮由非活化的气态形式（N_2）向生态系统输入的主要途径之一。一般认为，在生物固氮过程中发生的氮同位素分馏较小，所以其分馏效应可以忽略不计，这也是生物所固定氮的 $\delta^{15}N$ 值与大气 $\delta^{15}N$ 值相近的原因（Shearer and Kohl，1988）。然而，这一假定条件经常无法满足，因为实际固氮过程中观测到的判别效应值变异范围可达0‰～3‰（Shearer and Kohl，1986），所以体内氮主要来自生物固氮的生物体，其 $\delta^{15}N$ 值变异范围可达 -3‰～0‰（Fry，1991）。

（二）矿化过程

矿化过程中分馏作用由比较根际外土（bulk soil）与 NH_4^+ 的 $\delta^{15}N$ 差值来估算。这项差异通常较小（0‰～5‰），且表观判别效应常被假定为可以忽略（图9-1）。鉴于我们对土壤氮循环理解的变化以及新技术的发展，生物可用的有效氮产生过程及其分馏作用需得到进一步研究。由于土壤氮库主要由大量不发生反应的惰性氮组成，根际外土的 $\delta^{15}N$ 值几乎不提供生物体所同化氮的信号。该领域研究受到了特定化合物同位素分析技术发展的促进，因为该项技术可测定单独氨基酸的$\delta^{15}N$值,而凋落物与土壤中的这些氨基酸是继发土壤反应的底物。各单独化合物的$\delta^{15}N$值在植物体内会有巨大变异:与次生产物诸如叶绿素、脂类与氨基糖相比,蛋白质通常是^{15}N富集的,而化合物间的$\delta^{15}N$差异可高达20‰(Werner and Schmidt,2002),类似的差异也可在土壤中的氨基酸之间观测到(Bol et al.,2004)。

(三)硝化、反硝化与氨挥发过程

氮氧化物气体的同位素组成测定正日渐普遍,可以量化这些气体的全球收支范围,因为同海源N_2O相比,陆源N_2O的^{15}N和^{18}O值都是贫化的(Rahn and Wahlen,2000;Perez et al.,2001)。绝大多数此类研究与海洋生态系统相关,尽管据估算土壤向大气排放才是全球尺度上最大的源。N_2O与NO产生过程中的分馏系数难以估算,因为两种气体都是具有不同$\delta^{15}N$底物的多重土壤转化过程产物。表9-1中展示了氮循环中此类转化过程观测到的部分稳定同位素判别效应(Evans,2007)。

从表9-1可以看出,在硝化过程中,氮同位素分馏程度比较显著,其同位素判别值介于0‰~35‰,因此硝化产物的^{15}N丰度相对于硝化前的反应底物均有很大程度的贫化(Mariotti et al.,1981;Nadelhoffer and Fry,1994)。在硝化过程中产生的N_2O、NO对^{15}N的同位素判别值介于0‰~70‰。同样地,反硝化作用也会产生^{15}N显著贫化的气体,同时使剩余的NO_3^-库富集^{15}N,该过程中产生的N_2O、N_2对^{15}N的同位素判别值介于0‰~39‰。因此,反硝化作用的分馏系数低于硝化作用,故部分研究者已试图据此拆分这两种过程的相对贡献,其方法即假定具有较高$\delta^{15}N$值的N_2O是反硝化过程产物,而该值较低则是硝化作用的标识。Perez等(2000,2001)观测到施肥后最初5天内产生的N_2O其$\delta^{15}N$值较底物贫化了45‰~55‰,并推测这很可能是因为排放源中硝化作用占主导之故。此后随着反硝化过程逐渐占优,贫化值降至10‰~35‰。

前人研究发现大多数森林生态系统中氨挥发过程的氮同位素分馏效应不明显(Högberg,1997)。然而,土壤释放的NH_3其$\delta^{15}N$值会随时间增加且通常吻合蒸馏动力学的瑞利方程(Rayleigh distillation kinetics)(Evans,2007)。这种增加是由于挥发过程导致剩余土壤NH_4^+发生富集的巨大表观判别效应。这种随时间的变化可在短期内变得显著。例如,Frank等(2004)在人造尿斑后10天内观测到NH_3的$\delta^{15}N$值增加了25‰。以瑞利模型估算同期土壤NH_4^+的$\delta^{15}N$,预测增量从第0天的0‰直至第10天的30‰。这种挥发过程的巨大表观判别效应可对土壤总氮的$\delta^{15}N$产生显著影响。在另一项研究中,Frank和Evans(1997)观测到相较废牧达32~36年的位点,仍在放牧的位点其土壤$\delta^{15}N$约增加1‰,这被归因于尿斑处氨挥发过程中形成的富集NH_4^+经由微生物固持作用得以保留在生态系统中。

二、植物在吸收、利用和同化过程中的氮同位素分馏

植物在吸收、利用和同化 NO_3^-、NH_4^+ 等无机盐的过程中也会发生氮同位素分馏，对 ^{15}N 的判别值介于 13‰～20‰。一般情况下，被吸收、同化后的氮化合物富集 ^{15}N。Falkengren-Grerup 等（2004）研究还发现，$\delta^{15}N$ 可以作为林下植物吸收 NO_3^- 的相对指标，与氮有效性的其他指标相结合，在反映林下植物的 NO_3^- 吸收情况时效果尤佳。然而，植物吸收氮引起的 $\delta^{15}N$ 变化有时非常复杂，不同植物种间可能存在巨大差异（Kohzu et al., 2003）。例如，Tsialtas 等（2005）的研究得出，氮（尿素）添加虽然引起草地早熟禾（Poa pratensis）和高羊茅（Festuca valida）叶片 $\delta^{15}N$ 的增加，但 Tognetti 等（2003）发现蒲公英（Taraxacum officinale）叶片的 $\delta^{15}N$ 却显著降低。

三、其他过程或因素对氮同位素比值的影响

必须强调的一点是：对土壤无机氮同位素比值的解读一定要谨慎，因为该测定结果可能是采样与纯化期间人为虚假效应而非真实土壤生物或物理过程的产物。土样采集过程对系统的干扰会改变 $\delta^{15}N$ 值（Högberg，1997），同时目前采用的许多土壤无机氮研究方法最初是为人工标记实验发展出来的，其是否适用于同位素自然丰度研究仍不清楚。Robinson（2001）总结了这些由其他应用领域发展而来的方法的局限性。首先，无机氮的分离通常采用标记法研究中发展出的扩散法。在酸化皿收集过程中含 NH_4^+ 溶液的 pH 会升高，导致氨挥发。Robinson 计算得出为使精确度最大化，氨回收率需大于 99%，若回收率仅达 95% 则将导致结果 3‰ 的误差。其次，许多目前采用的方法并非 NH_4^+ 特异性方法，故有机氮造成的污染十分普遍。考虑到土壤有机化合物的巨大变异，这将对结果引入相当大的误差（Ostle et al., 1999）。

另外，其他一些因素也会影响植物或土壤的 $\delta^{15}N$ 值，包括：① 植物所吸收氮在土壤中的分布深度；② 土壤可用氮的存在形式（有机氮、铵态氮和硝态氮）；③ 共生菌根的影响；④ 植物的物候；⑤ 林龄以及土地使用历史（Högberg，1997；Nadelhoffer et al., 1999；Pardo et al., 2006；Cheng et al., 2010；Fang et al., 2011）。因此，使用 $\delta^{15}N$ 法时需要对已有方法、土壤和植物的状态进行深入分析（Falkengren-Grerup et al., 2004）。

为描述以上氮循环诸过程中的同位素分馏效应，Nadelhoffer 和 Fry（1994）建立了一个定性模型（图 9-2）。虽然该模型最初是用于解释森林生态系统 ^{15}N 自然丰度格局发展与维持的，但也适用于其他陆地生态系统。

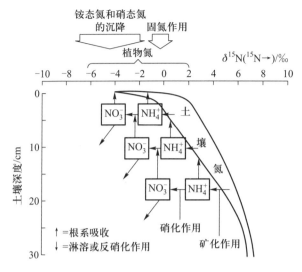

图 9-2 生态系统中氮转化过程的同位素效应模型（Nadelhoffer and Fry，1994）

第 2 节 ^{15}N 自然丰度法在生态系统氮循环研究中的应用

^{15}N 自然丰度法是一种近年发展起来的对自然生态系统固氮能力的估算新方法，也是估算无人为干扰自然生态系统固氮的研究中迄今使用最多、公认度最高的方法。^{15}N 自然丰度法可以估算植物的固氮作用对其氮来源的贡献比率，进一步结合生产力与氮含量数据，便可以估算通过固氮作用输入生态系统中的氮量。在野外固氮研究中，^{15}N 自然丰度法使用较多，但在氮转化研究中应用相对较少。虽然在复杂的系统中选取 ^{15}N 自然丰度法来研究氮转化，会受到其在各氮库间转移过程中同位素分馏的限制，但通过测定 ^{15}N 自然丰度来指示氮循环过程的方法已经在森林生态系统中得到了越来越多的应用。

由于人类活动干预的增多与加强，一方面促使自然环境中固氮量成倍增加，另一方面也造成氮的沉降量不断增加，而当氮沉降超过生物需求量的上限时，就会导致生态系统达到氮饱和状态，引起氮以淋溶方式从土壤中流失，或以气体形式向大气的排放量逐渐增加。当氮循环速率由于有效氮增加而变快时，较轻的 ^{14}N 同位素会优先通过淋溶和反硝化作用输出系统，导致土壤库中 ^{15}N 富集。于是，利用这些土壤氮库的植物其 ^{15}N 也会随之变得相对富集。由于植物生物量的周转速率高于整个土壤有机质库，所以植物体可以用来指示人类活动引起的环境变化，其中叶的 $\delta^{15}N$ 值可用来指示系统氮循环速率的变化情况。例如，有少量研究发现植物叶片 ^{15}N 富集程度与土壤氮含量升高、氮循环速率加快以及氮流失增加之间存在很大的相关性。

在很长一段时间内，国内对氮的稳定同位素技术应用只局限于农业生态系统中氮的吸收、利用和分配研究，且多采用^{15}N标记法（见第3节），而将^{15}N自然丰度法应用于自然生态系统氮循环的研究较少。随着氮沉降水平的不断增加，很有必要加强氮沉降对森林生态系统氮循环影响的研究。但无论室外或室内实验，只能反映局部地区的氮循环变化，且仪器购置和样品分析的价格相对较高，进一步限制了同位素法更广泛的应用。

一、固氮作用导致的氮输入

在20世纪中已积累了诸多在野外条件下估算氮固定量和直接测定生物固氮量的方法（Hardarson and Atkins，2003）。一般来说，植物共生固氮的测定方法主要包括氮累积法、乙炔还原法、^{15}N$_2$整合法、同位素稀释法和^{15}N自然丰度法五种（Shearer and Kohl，1988）。前四种方法因受各方面因素的限制，都无法在无干扰的自然生态系统中应用，而^{15}N自然丰度法克服了这一缺陷，引起众多生态学家的重视，并得以广泛应用。

（一）^{15}N自然丰度法测定生物固氮的基本原理

大气N$_2$的δ^{15}N值接近0，而土壤N的δ^{15}N值在$-6‰\sim 16‰$（Shearer and Kohl，1986）。因此，主要依靠从土壤中吸收氮维持生长的植物体，其^{15}N丰度高于通过固氮作用从大气获取氮的植物。利用固氮植物和非固氮植物^{15}N自然丰度的差异即可估算前者的固氮量。δ^{15}N自然丰度法本质上是一种同位素稀释法，只不过土壤"标记"在自然条件下发生。^{15}N自然丰度法可用于定量计算生物固氮对固氮植物氮营养的贡献，计算公式如下：

$$\%N_{fixed} = (\delta^{15}N_{ref} - \delta^{15}N_{field}) / (\delta^{15}N_{ref} - \delta^{15}N_{hydro}) \qquad (9-1)$$

式中，$\delta^{15}N_{ref}$代表参照植物，即与固氮植物生长在相同环境下的非固氮植物的组织δ^{15}N值，$\delta^{15}N_{field}$代表野外固氮植物的组织δ^{15}N值，$\delta^{15}N_{hydro}$代表在无氮溶液中水培生长的固氮植物的组织δ^{15}N值。对固氮植物进行无氮水培的目的是测定植物组织氮100%来源于固氮作用这一条件下的^{15}N同位素丰度。有关固氮植物水培方法及$\delta^{15}N_{hydro}$值的确定，可参考Unkovich等（1994）。

结合生物量等数据，^{15}N自然丰度法还可以计算固氮植物在一个生长季内的总固氮量（Bolger *et al.*，1995）：

总固氮量=$\%N_{固氮}$×所有植物生物量×固氮植物所占比例×固氮植物氮含量

$$(9-2)$$

需要指出的是，此公式比较适用于估计草原生态系统的总固氮量，这是因为在草原生态系统中植物生物量和豆科植物所占比例的估算较为方便。

（二）^{15}N自然丰度法取样策略

有关^{15}N自然丰度法的植物取样策略，Shearer和Kohl（1986）做了系统论述，Schulze等（1991）以及Högberg和Alexander（1995）也做过报道。综合诸法，植物采样时需注意以下问题：

（1）非固氮参照植物的选择：非固氮参照植物与固氮植物所吸收的非大气氮^{15}N丰度必须相同。为此，选择与固氮植物的根系生长模式、吸收氮所处土壤部位与时期相近的非固氮参照植物，尤为重要。

（2）为使所取样品更具代表性，取样时各样地内每个物种（包括固氮植物和参照植物）先要从5～10株个体上分别单株取样，然后合并作为该种的一个样品。为避免参照植物和固氮植物因所吸收土壤氮的^{15}N自然丰度不同而造成误差，要尽可能对多种参照植物进行取样。

（3）对固氮植物和参照植物要尽可能就近配对取样，这样有利于保证它们所吸收的土壤氮库一致，进而确保最后测定结果的准确性。

（4）在生态系统研究中，植物的叶片和茎通常是最佳的取样组织，一般叶片要收集到相当于200 g干物质的量。由于茎、叶的^{15}N自然丰度不同（茎<叶），取样时参照植物和固氮植物需选择相同的组织。

（5）由于幼小植物和未成熟组织内的氮同化过程中同位素分馏尚未完成，其^{15}N自然丰度还没有达到稳定状态。因此取样时需选择已充分展开及成熟的叶片和成熟的枝茎。

（三）^{15}N自然丰度法在生物固氮研究中的应用实例

^{15}N自然丰度法在生态学中的应用始于对植物、动物、沉积物等生物材料^{15}N自然丰度差异程度的描述（Bremner and Tabatabai，1973；封幸兵等，2005）。研究发现，大多数土壤δ^{15}N（-6‰～+15‰）高于大气N_2。土壤和大气^{15}N自然丰度间的差异引起了许多学者的兴趣，他们尝试通过对植物组织和土壤进行同位素分析来研究共生固氮（Delwiche and Steyn，1970；Shearer *et al.*，1978；Delwiche *et al.*，1979；Virginia and Delwiche，1982；Högberg，1986）。20世纪90年代以来，^{15}N自然丰度法在生态学研究中的应用得到了进一步发展。

Shearer等（1983）用^{15}N自然丰度法估算了南加利福尼亚索诺兰（Sonoran）沙漠生态系统中牧豆树属（*Prosopis* spp.）植物的固氮作用。在两个生长季中分别测定了牧豆树属5种树木组织、土壤及非固氮（对照）植物组织样品中的^{15}N自然丰度后，发现固氮植物组织^{15}N自然丰度明显低于土壤氮和对照植物相应组织，且土壤氮的^{15}N自然丰度也显著高于大气N_2。因而在此生态系统中，^{15}N自然丰度的差异可用来指示固氮作用。作者还测定了其他6处相同生境中固氮植物和对照植物叶片组织的^{15}N自然丰度，据此估计生物固氮对沙漠豆科植物氮收支的贡献比例在43% ~ 61%。

Schulze等（1991）在纳米比亚用^{15}N自然丰度法研究了一处干旱梯度沿途树种的固氮作用，分别测定了含羞草科（如*Minosaceae*）与非含羞草科各11种木本植物的δ^{15}N值。对所有物种求平均后，算得在此梯度上固氮作用对含羞草科植物叶氮浓度的贡献比例（N_f）约为30%，但种内和种间差异很大。含羞草科木本植物和非含羞草科木本植物^{15}N自然丰度之间的差异被认为主要源于固氮作用。

Yoneyama等（1993）分别对巴西和泰国的热带植物，特别是豆科树种的δ^{15}N值及其固氮量做了测定。结果显示，巴西非固氮树种的δ^{15}N值为4.8‰ ±1.9‰，低于土壤氮的δ^{15}N值（8.0‰ ±2.2‰）；含羞草属（*Mimosa* spp.）和葛属（*Pueraria* spp.）植物的δ^{15}N值更低（-1.4‰ ±0.5‰）；大黍（*Panicum maximum*）和豆科树种（除银合欢属的*Leucaena leucocephala*外）的δ^{15}N值与非固氮树种相近，表明这些植物固氮作用的贡献可以忽略不计。泰国非固氮树种δ^{15}N值为4.9‰ ±2.0‰，*L. leucocephala*、木田菁（*Sesbania grandiflora*）、木麻黄属植物（*Casuarina* spp.）和苏铁属植物（*Cycus* spp.）的δ^{15}N值则较低，接近大气N_2的δ^{15}N值（0‰），说明这些植物体内氮大部分来源于固氮作用。另外，决明属植物（*Cassia* spp.）和一种酸豆属植物（*Tamarindus indica*）的δ^{15}N值较高，说明这些树种是非结瘤豆科植物，而金合欢属树种（*Acacia* spp.）和南洋樱（*Gliricidia sepium*）及其他潜在结瘤豆科树种的δ^{15}N值均比非固氮树种的δ^{15}N值稍低，表明这些植物的固氮作用贡献不大。

Kohls等（1994）借助^{15}N自然丰度法估算了加拿大阿萨巴斯卡（Athabasca）新冰川（neo-glacial）消退后仙女木属（*Dryas*）植物固氮能力。结果表明此时间序列中非固氮的维管树种^{15}N自然丰度平均值皆为负值，从-6.4‰ ±0.4‰到-3.3‰ ±0.4‰，而仙女木属的现存种*D. drummondii*在整个时间序列中δ^{15}N值从-6.0‰ ±0.5‰变为0.32‰ ±0.4‰，显然它直到中晚期才开始固氮。估计*D. drummondii*植物体中源于大气氮比例的平均值在81% ~ 89%。仙女木属*D. octopetala*和*D. integrifolia*的^{15}N自然丰度平均值分别为-3.5‰ ±0.5‰和-4.9‰ ±0.3‰，与非固氮物种的δ^{15}N值相近，因此，这两种仙女木属植物在该地区显然并不固氮。

Högberg和Alexander（1995）为深入探讨热带林地和森林生态系统中附生的外生菌根（ectomycorrhizas，ECM）、内生菌根（endomycorrhizas，又名泡囊-丛枝菌根，vesicular-arbuscular mycorrhizas，VAM）或同时附生内生菌根和豆科根瘤固氮共生体（NOD）的树种养分状况，分别测定了赞比亚林地中22个树种和喀麦隆低地雨林中20个树种的叶片^{15}N自然丰度。结果表明，固氮树种的固氮作用在人工造就的林地中远比在天然雨林中重要。

土壤δ^{15}N还被用于推断干旱生态系统中主要的氮输入源，该系统中原初的氮输入源自生物土壤结皮层（biological soil crust），其主要由具固氮能力的蓝细菌与地衣组成（Evans and Johansen，1999）。这些结皮层在未受干扰的植物群落中形成连续地被，且其空间覆盖率经常高于维管植物。对干旱生态系统的地表干扰广泛存在，使生物土壤结皮层及其固氮作用消失。因此区分氮输入主要来自物理（大气沉降）或生物（固氮）过程对确定生态系统氮循环受地表干扰的潜在影响十分重要。Evans和Ehleringer（1993）在美国犹他州南部一处矮松-杜松（Pinyon-Juniper）群落使用瑞利关系式估算了物理与生物过程的相对贡献率。预测的土壤$\delta^{15}N$-氮含量线性关系如图9-3所示，其中土壤氮含量采用对数转换值。生物土壤结皮层数据恰好落在趋势线上，而大气氮沉降值远离此线。这表明主要氮输入源是生物固氮，而土地利用变化可能会通过消除此项氮源从而改变氮的输入-输出平衡。该结果得到Evans和Belnap（1999）的支持，后者在受干扰地点观测到较无干扰位点更低的土壤氮含量与更高的土壤$\delta^{15}N$值。

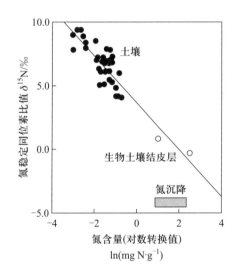

图9-3 美国犹他州南部一处矮松-杜松群落中土壤与两类潜在氮源各自的$\delta^{15}N$与氮含量（对数转换值）之间的关系（Evans and Ehleringer，1993）

采用^{15}N自然丰度法还可探明固氮入侵植物对被入侵生态系统养分循环的影响。Stock等（1995）在南非开普敦在两种澳洲合欢（*Acacia saligna*和*A. cyclops*）入侵相邻的两个生态系统后，对这两个系统养分循环的影响做了研究。结果表明合欢的入侵不仅明显增加了两系统表土有机质和矿质养分含量，还提高了氮矿化速率，被入侵样地土壤的$\delta^{15}N$值显示合欢对土壤氮的组成有强烈影响。

（四）^{15}N自然丰度法测定生物固氮的优缺点

^{15}N自然丰度法测定生物固氮的主要优点是：① 不需要收集根瘤；② 不干扰

土壤生态系统或野外植物；③ 取样简单，仅需收集植物叶片和土壤样品；④ 能够估计叶片在整个生长季内的固氮总量。

^{15}N自然丰度法测定生物固氮的主要缺点是固氮植物和非固氮参照植物间^{15}N丰度的差异很小，通常低于10‰。因此，非大气N_2的氮源δ^{15}N测量误差与真实变异相较便非常重要。显然，^{15}N法不能用于以下情况：由测量误差和真实变异组成的δ^{15}N值总差异超过了非固氮参照植物和固氮植物之间δ^{15}N值的差异。氮在代谢过程中的同位素分馏是^{15}N自然丰度法的主要误差来源，因此，实验设计、野外取样和分析流程中都必须尽可能使分馏效应对固氮值估算的影响最小化。

除此之外，^{15}N自然丰度法还有和其他同位素稀释法共有的问题。因为稀释法都假定非固氮来源的^{15}N丰度对固氮植物和参照植物贡献率相同，而有时（如两种植物所吸收氮来源的土壤位置和吸收时间不同）这一假定却并不成立。所以选择合适的参照植物至关重要（Shearer and Kohl, 1986）。

二、氮淋溶和土壤净矿化速率

Vervaet等（2002）对比利时五处森林生态系统进行土壤剖面取样，通过分析0～10 cm、10～20 cm和20～30 cm深度的土壤δ^{15}N变化，得出结论：土壤剖面的δ^{15}N廓线可能是评估氮淋溶和矿化行为的有效指标，但这尚需进一步研究来证实。Templer等（2007）为检验植物和土壤^{15}N自然丰度作为指示森林土壤氮循环速率的指标可行性，分析了山毛榉（*Fagus grandifolia*）、加拿大铁杉（*Tsuga canadensis*）、美国红橡树（*Quercus rubra*）和糖槭（*Acer saccharum*）的叶片、细根、凋落物、树干、枯枝落叶层（forest floor）和土壤有机质的δ^{15}N值。发现与其他林分相比，糖槭林分中细根和有机土壤的δ^{15}N值最高，且与该林分较高的净矿化和硝化速率呈显著正相关（部分原因可能是菌根群落和所吸收氮形式的种间差异）。这个结果表明，细根和有机土壤的δ^{15}N可作为指示土壤氮循环相对速率的指标。山毛榉林分（氮水平中等）中叶片、树干和凋落物的δ^{15}N与净矿化和硝化速率的相关性不显著，这表明与地上部分相比，地下部分的δ^{15}N值是指示土壤氮循环速率的较优指标，因为在氮吸收过程中植物地下组织产生同位素分馏的过程更少（Handley and Raven, 1992）。植物组织和土壤的δ^{15}N值是评估不同生态系统中植物氮吸收模式和表征土壤氮循环的有效指标和理想工具（Kahmen *et al.*, 2008；Cheng *et al.*, 2010），在生态系统氮循环研究中的应用越来越广泛。

三、植物氮元素的来源与去向

（一）氮素的土壤内循环研究

有机氮矿化为无机氮，而无机氮通过土壤微生物的生长和死亡过程再转变成有机氮的土壤内部氮循环过程中涉及矿化率、固持率和转化率（Jansson, 1958；

Drury et al., 1991)。由于固氮树种和非固氮林下植被的$\delta^{15}N$值存在显著差异,因此使用$\delta^{15}N$法可进行两者之间的内部氮循环研究。Kessel等(1994)用6年时间对一种银合欢属树木(Leucaena Benth)的地上各部及其林下植被的$\delta^{15}N$变化进行了监测。结果表明,该银合欢属固氮树种在生长早期固定的一部分氮通过分解作用整合入凋落物和土壤有效氮库中,可供林下层物种利用。

(二)水分和氮动态研究

Evans和Ehleringer(1994)测定了美国犹他州中南部Coral Pink沙漠内林地的矿化潜力、土壤全氮浓度和$\delta^{15}N$值,并通过分析三者的关系对该林地中的水、氮动态进行研究。结果发现,相比干旱期间能转向更稳定的土壤深层水、氮源的植物,那些依赖表层土壤水、氮源的植物可能更易受害。

(三)植物氮素来源

Abbadie等(1992)在Lamto稀树草原上测得草本植物的$\delta^{15}N$值远低于土壤有机质。为溯因他们分别测定了① 总降水中的氮沉降;② 腐殖质的矿化作用;③ 气态N_2的固定;④ 植物凋落物的降解这4种氮源的$\delta^{15}N$值,结果表明,氮源①($\delta^{15}N$值为负)仅满足草本植物氮需求的7%,氮源② 由于腐殖质矿化率很低,也只满足7%。由于在稀树草原上几乎没有豆科植物,氮源③($\delta^{15}N$为0‰)主要来自微生物和草本植物间发生的非共生固氮,满足了氮需求的17%。所有这些过程都不能解释草本植物的低$\delta^{15}N$值,分析发现植物同化的大部分氮来源于腐烂根系的分解。

Michelsen等(1996)测定了瑞典北部地区23种维管植物的叶片和2种地衣、土壤、雨水和雪水中的^{15}N自然丰度。结果发现在极端贫营养条件下,共存物种的氮来源存在种间差异,这些来源主要包括铵态氮、硝态氮、土壤有机氮、大气氮和降水中的氮,而不同的菌根共生类型(兰科型菌根、内生菌根或外生菌根)可能是导致土壤氮来源差异的重要因素。

除了确定氮的来源之外,^{15}N自然丰度法还可以测定溪流中碎屑的来源,该技术与稳定同位素^{13}C和^{34}S结合时更为有效(McArthur and Moorhead,1996)。

四、生态系统氮饱和现象

目前全球部分地区出现氮沉降不断增加的现象,生态系统随之表现出不良响应,因此氮饱和相关的研究也逐渐增多。近期研究表明,$\delta^{15}N$可以用来评估生态系统的氮饱和状态(Garten,1993)。Aber等(1989)定义氮饱和为有效氮超过了植物和微生物的需求。氮饱和的生态系统中氮循环是开放的,与氮的内部循环相比,外部的氮输入/输出量更大(Hedin et al.,1995;Martinelli et al.,1999;Matson et al.,1999),因此随着硝化作用和硝酸盐淋溶的增加,大量贫化氮的流失会导致表层土壤和叶片$\delta^{15}N$值的升高（Högberg et al., 1996; Pardo et al., 2002）。所以生态系统越接近氮饱和，土壤和叶片的$\delta^{15}N$值就会越高。

为评估叶片$\delta^{15}N$能否作为森林生态系统氮饱和的指标，Pardo等（2006）收集了美国东北部、科罗拉多州、阿拉斯加州、智利南部以及欧洲一些地点的大气氮沉降、植物叶片和根系的$\delta^{15}N$值和氮含量、土壤碳氮比以及矿化与硝化数据，分析得出叶片$\delta^{15}N$值有可能帮助我们进一步理解森林如何响应氮沉降的级联效应。另外，与叶氮含量相比，叶片的$\delta^{15}N$值和土壤氮循环的相关性更为密切，因此更适合用作指示早期氮饱和状态的指标。Högberg等（1992）通过对挪威云杉（*Picea abies*）针叶^{15}N自然丰度的23年研究预测，$9\ kg\ N \cdot hm^{-2} \cdot 年^{-1}$（约为当地沉降量的2倍）的氮沉降量会使生态系统在100年后达到氮饱和。Sah（2005）在大气氮沉降和气候条件不同的挪威云杉（*Picea abies*）林中调查叶片和土壤氮同位素比值的变化，发现氮饱和林分中的针叶氮含量和$\delta^{15}N$值显著高于贫氮林分。这是由于随氮沉降增加，土壤有效氮也随之增加，而土壤氮循环过程（如硝化、反硝化）中存在同位素判别效应，导致土壤^{15}N富集（因为较轻的^{14}N从系统中流失了），这些较重的^{15}N从土壤转移到植物中，使叶片$\delta^{15}N$值升高（Watmough, 2010）。

目前氮饱和相关研究在国际上也处于探索起步阶段，要更合理客观地确认氮饱和状态以及设定临界负荷值需要更多的研究。利用植物和土壤的$\delta^{15}N$值作为氮饱和的判断指标目前还存在争议。Koopmans等（1997）认为，在考虑氮沉降中$\delta^{15}N$值和同位素分馏因素的前提下，^{15}N自然丰度值仅可作为判断一个生态系统氮饱和阶段的指标。蒋春来等（2009）对我国西南部不同氮沉降量的森林集水区中土壤$\delta^{15}N$的分布特征进行了研究，并得出结论认为土壤^{15}N丰度值在我国西南部不一定能作为指示森林生态系统氮饱和程度的单独指标，但土壤和植被的$\delta^{15}N$值对理解当地森林生态系统氮循环具有一定意义。

五、氮循环的长期变化趋势

叶片和树轮的氮同位素可作为指示氮循环长期变化的指标。McLauchlan等（2010）通过对植物标本馆在1876—2008年间收集的545种植物标本和24种维管植物叶片进行稳定氮同位素分析，建立了氮循环模型并对其进行了一系列敏感性分析，以研究北美中部草原植物132年来氮有效性的变化。该模型包括4个氮库（土壤有机氮库、土壤铵态氮库、土壤硝态氮库和植物氮库）和8项氮通量（净矿化、净硝化、沉降的氮转化为硝态氮、植物吸收铵态氮、植物吸收硝态氮、反硝化、氮淋溶以及植物中的氮向土壤有机质的转移）。研究结果显示，132年来叶片的氮含量和$\delta^{15}N$值出现了降低，这表明尽管20世纪人源氮沉降不断增加，但土壤氮的有效性仍表现出下降趋势，该结果与渐进性氮限制（progressive nitrogen limitation，PNL）假说相一致。这一假说认为：大气CO_2浓度升高使生态系统氮储量增加，进而引起土壤氮有效性的降低（Luo et al.，2004）。

氮同位素组成能反映生态系统氮循环的开放程度。生态系统的$\delta^{15}N$值越低，氮循环越开放，反之则越封闭（Högberg，1997；Pardo et al.，2006）。Hietz等（2010）为评估偏远地区原始热带雨林（与温带相比氮沉降较高）氮含量和氮同位素组成的长期变化趋势，分析了巴西热带雨林中西班牙柏木（Cedrela odorata）和大叶桃花心木（Swietenia macrophylla）的氮含量和$\delta^{15}N$值。结果表明去除不稳定氮化合物后（以排除林龄以外的因素影响），树轮心材的$\delta^{15}N$值随林龄增加而升高。Hietz等（2011）在2007年从巴拿马Barro Colorado岛收集了40年前的158种植物叶片标本，通过对1968年来植物叶片氮含量和$\delta^{15}N$值的分析，研究了热带雨林氮循环的长期变化。为评价该研究得到的岛屿氮循环变化能否代表更广泛范围内的热带雨林，作者还研究了泰国和缅甸三种非豆科物种树轮$\delta^{15}N$的变化。这部分研究结果与巴拿马雨林相一致，都表明区域氮有效性的增加应归因于人源氮沉降。

树轮的$\delta^{15}N$值能够反映森林皆伐和土地利用变化对氮循环的影响（Pardo et al.，2002；Bukata and Kyser，2005）。为确定永久性森林皆伐引起的土地利用变化是否对氮循环（记录在树轮$\delta^{15}N$中）产生影响，Bukata和Kyser（2005）对加拿大的两种硝酸盐偏好树种的树轮氮含量和$\delta^{15}N$值进行了分析，结果显示伴随森林皆伐和土地利用变化，林分周边树轮的$\delta^{15}N$值与林分中心处相比增加了1.5‰～2.5‰。这种变化最可能与下列因素相关：森林皆伐、土地利用变化、长期水文变化和土地利用变化后化肥施用所引起的土壤硝化速率和硝酸盐淋溶增加。这表明，通过测定树轮的氮同位素组成，可确定森林生态系统的氮循环变化是否能归因于气候变化、土地利用变化或者其他环境因子变化，且可将树轮地球化学分析纳入到人类活动对森林生态系统影响的长期监测研究中。

需要指出的是：① 树轮$\delta^{15}N$可作为研究长期氮循环或氮输入变化的指标，但作为短期变化的研究指标还存在问题。Hart和Classen（2003）对西黄松（Pinus ponderosa）的^{15}N标记实验表明，大部分标记的^{15}N沉积在标记后一年生长的树木组织中，但另一些标记的^{15}N则转移到了几年前或几年后生成的树轮中。Elhani等（2003）也得出了类似研究结果；② 树木的边材具有运输水分和矿物质的功能，所以氮可在边材中转运；而心材不含活细胞，不具输导功能，因此树木心材和边材的氮含量和$\delta^{15}N$值存在差异。如果在特定物种中边材提取物表现出边缘效应，则进行生态系统氮循环过程研究时最好先去除树轮中的可溶性氮（Hietz et al.，2010）；③ 为了去除林龄对$\delta^{15}N$值变化的影响，对同种树木需要对不同林龄个体采样来进行研究（Hietz et al., 2010）；④ 为使研究结果准确可信，在利用植物$\delta^{15}N$值进行相关研究时，要考虑林龄、土壤类型、菌根真菌类型及是否固氮植物等因素带来的影响。另外，在全球尺度上利用$\delta^{15}N$来研究氮循环还存在三方面问题尚待解决：① 菌根真菌类型不同，叶片的$\delta^{15}N$值也不同；② 植物$\delta^{15}N$与气候间关系需要证明；③ 叶片$\delta^{15}N$与叶氮含量间相关性看似明显，但该项关系在全球尺度上的变化模式及其与气候是否无关尚未确定；④ 氮沉降和CO_2浓度增加的交互作用对森林系统的影响需进一步研究。

第3节 ^{15}N标记法在生态系统氮循环研究中的应用

稳定同位素^{15}N标记的无机化合物主要应用于农学、林学、环境科学与生态学等科研领域。向植物中添加^{15}N标记物并对其去向进行追踪，是区分植物体内的外源与内源氮，并量化氮循环速率的一种有效方法（Proe et al., 2000）。而在描述植物体内储存氮与新固定光合产物间关系时，^{15}N与^{13}C结合的双同位素标记法堪称目前最有力的研究工具（Dyckmans and Flessa, 2001）。^{15}N稀释法可用以确定有效氮的存在形式，以及何种形式的氮将导致植物与土壤微生物间产生竞争。该技术的发展使生态学家能在自然状态下测定总矿化速率和硝化速率，从而更透彻地了解生态系统中无机氮的存在形式，而非仅仅对某时间段内净转换的认识。利用^{15}N稀释法，Schimel等（1989）比较了美国加利福尼亚州草地中植物与微生物对氮的竞争，Davidson（1992）检测了加利福尼亚州幼龄林与老龄林的总硝化速率。目前，该方法已经成为土壤氮的总矿化速率以及土壤微生物对无机氮固持研究领域的一项标准方法（Hart and Classen, 2003）。

一、^{15}N标记法的原理与方法

^{15}N标记法是根据生物体或环境中的^{15}N丰度变化来研究氮运输转化规律的方法。稳定同位素的自然丰度可用作天然过程的整合指标与生态过程的示踪物。作为整合指标，稳定同位素使生态学家能在不人为干扰生态系统自然活动的情况下，估测诸多随时空变异的过程中相关元素的净输出（Handley and Raven, 1992; Högberg, 1997; Robinson, 2001）。作为示踪物，生态学家可利用稳定同位素追踪资源的去向和转化。利用同位素自然丰度作为示踪物要求潜在的不同源之间具有可重复的显著δ值差异，且该差值应大于所测植物的δ值自然变化范围。此外，从源

移动到植物体内的各个阶段中,高效示踪物不能有明显的分馏及不同源之间的混合现象发生。由于同时满足这些要求几乎是不可能的,所以很多植物生态学研究中并不能利用同位素自然丰度数据来直接确定源或过程速率(Handley and Scrimgeour,1997),而必须借助于同位素的添加或稀释,这些间接方法通称为同位素标记法。

(一)^{15}N标记法的原理

同位素添加法就是向一个系统(植物、土壤等)中添加一定数量的标记物,其δ值显著高于自然本底值,然后追踪这些物质的最终去向。这样,对某一特定元素,其富集同位素的增加可有效示踪该元素在系统中的运动,也可用来测定系统内生物学过程的速率(Nadelhoffer and Fry,1994)。标记物的添加量应根据测定技术的检测限、被标记库的库容、该物质的产生或消耗速率以及标记信号的持续时间来决定。同位素添加法的优点是能在不干扰自然行为的条件下追踪元素的流动和去向(Schimel,1993)。相对于背景值,添加的示踪物同位素已被富集,所以研究中能排除或降低由分馏引起的干扰。

同位素添加研究中标记物(例如$^{15}NO_3^-$)的同位素组成必须与任何自然水平的同位素组成均存在显著差异(通常较自然水平高出几个数量级)。这类物质的同位素组成可以用"原子百分比"(A_b)(见第1章)表示,定义如下:

$$A_b = X_{heavy}/(X_{heavy} + X_{light}) \quad (9-3)$$

以氮同位素为例,A_b为^{15}N(X_{heavy})占^{14}N(X_{light})与^{15}N之和($X_{heavy}+X_{light}$)的百分比。在同位素添加示踪实验中,已知数量的富集同位素被添加到一个库中,经过一段已知的时间后,这些标记物在另一个接收库中重现。如果在实验结束时,已知移出A库的原子百分比(I_A)、质量(P_B)和移入B库的原子百分比(I_B),则从标记的源(A)移动到汇(B)的元素总量(M_{AB})能够通过下式计算出来(Stark,2000):

$$M_{AB} = P_B \times I_B/I_A \quad (9-4)$$

M_{AB}除以实验时间就可以得到从A到B的通量。同位素添加法的基本假设是:① 未标记和标记的物质具有同样的化学特性(除少部分由轻、重同位素不同导致的分馏外不发生分馏);② 对源库进行的同位素标记统一均匀;③ 添加同位素不影响转换过程速率;④ 可计算汇库中的物质流失率(Stark,2000)。

(二)同位素稀释技术

同位素稀释技术首先应选定一个用来研究某种物质转换过程的标记目标库(例如,标记土壤铵库以便估计矿化速率),然后计算在整个过程中添加的同位素以何等速率被流入该库中的自然同位素所稀释。该方法可用来测量物质通过不同库间的流速，这些库都同时具有输入和输出过程。同位素稀释技术同样须满足前述同位素添加法的基本假设。另外，在整个实验过程中，转换速率必须是恒定且单向的。如果这些假设都得以满足，且知道标记库容（P）和原子过剩百分比（atom percent excess，I）在起始时刻和结束时刻的值（时长为t，则分别为P_0和I_0，P_t和I_t），那么某一特定过程的总生产速率（gross productive rate，GPR）就可按下式计算（Hart $et\ al.$，1994；Stark，2000）：

$$\text{GPR} = \frac{P_0 - P_t}{t} \times \frac{\lg(I_0/I_t)}{\lg(P_0 - P_t)} \tag{9-5}$$

（三）^{15}N标记的计算公式

（1）^{15}N自然丰度与氮元素相对原子质量的计算标准

计算标准应采用国际同位素与原子量委员会（Commission on Isotope Abundances and Atomic Weights）2005年（Wieser，2005）公布的^{14}N和^{15}N相对原子质量：14.003 074和15.000 109，天然^{15}N自然丰度为0.366 3%。元素的相对原子质量依据下式计算：

$$A_r(\text{E}) = \sum_{i=1}^{n} f_i M_i \tag{9-6}$$

式中，E为被测元素，有n种同位素；$A_r(\text{E})$为被测元素E的相对原子质量；f_i为第i同位素的丰度；M_i为第i同位素的相对原子质量。故对于氮的相对原子质量计算如下式：

$$A_r(\text{N}) = 14.003\ 047 \times (1 - {}^{15}\text{N\%}/100) + 15.000\ 109 \times {}^{15}\text{N\%}/100 \tag{9-7}$$

或

$$A_r(\text{N}) = 14.003\ 047 + 0.997\ 062 \times {}^{15}\text{N\%}/100 \tag{9-8}$$

（2）^{15}N标记物相对分子质量的计算

按^{15}N标记物化学式进行计算，其中氮的相对原子质量根据式（9-6）和^{15}N丰度计算，其他原子采用相对原子质量。

（3）^{15}N标记样品含氮量的计算

样品含氮量采用凯氏定氮法测定，并按下式计算：

$$\text{N\%} = (V - V_0) \times C / 1\ 000 / m \times M \times 100\% \tag{9-9}$$

式中，N%为全氮的质量百分数；C为标准酸（H_2SO_4）浓度，$\text{mol} \cdot \text{L}^{-1}$；$V$为滴定时样品消耗的标准酸体积，mL；$V_0$为滴定时空白消耗的标准酸体积，mL；$M$为氮的摩尔质量，非标记物为14.006 7 $\text{g} \cdot \text{mol}^{-1}$；$m$为样品质量，g。

（4）^{15}N标记样品中标记物含氮量的计算

标记物含氮量按下式计算：

$$N_{\text{dff}} = (A_S - A_0)/(A_L - A_0) \times W_S$$
$$N_{\text{dff}}\% = (A_S - A_0)/(A_L - A_0) \times 100\%$$
(9-10)

式中，N_{dff}（nitrogen derived from fertilizer）为样品所含氮中来自标记物氮的质量，g；$N_{\text{dff}}\%$ 为样品所含氮中来自标记物氮的质量百分比，%；W_S 为样品总氮量，g；A_L 为标记物的 ^{15}N 丰度，$^{15}N\%$；A_S 为样品的 ^{15}N 丰度，$^{15}N\%$；A_0 为对照物质的 ^{15}N 丰度（或取天然 ^{15}N 丰度标准值 =0.366 3%），$^{15}N\%$。

应该注意的是，在此过程中无论氮是被用于合成氨基酸、蛋白质、核酸，还是转变为其他形态，都是以原子为单位而非以质量为单位进行计算的。同时 ^{15}N 丰度的变化也影响氮元素的相对原子质量或标记物的相对分子质量和含氮量，但许多研究采用质量（kg、g、mg）为单位。在实验设计与氮含量、^{15}N 丰度及各指标的计算中，使用的氮计算单位不一致，产生计算误差，从而影响研究结果的准确性。在标记物用量、全氮测定和标记物分布等各环节计算中，物质的量应一律采用 mol 单位进行计算，避免量纲不一致的问题。这样能使计算过程简便准确，消除计算过程中 ^{15}N 丰度的影响，特别是在标记物用量的计算方面更为科学合理（高占锋等，2011）。

（四）^{15}N 标记样品的处理方法

稳定同位素质谱仪是测量氮同位素丰度的有效仪器，具有高灵敏度和高精准度的特点。在 ^{15}N 标记样品测试过程中，遇到的样品形态、性状往往不一。为满足仪器的检测要求，样品的前期转化处理必不可少。因此，对 ^{15}N 标记样品选择适宜的分析检测技术及相应的样品预处理方法显得尤为重要（杜晓宁等，2009）。

（1）^{15}N 标记无机氮样品的处理方法

实验用 ^{15}N 标记样品包括铵盐类、硝酸盐和亚硝酸盐类、尿素等，这些标记样品可采用以下方法进行处理（杜晓宁等，2009）：

① ^{15}N 铵盐样品的转化：铵盐类样品可直接用次溴酸盐将其氧化生成氮气，用液氮将进样管内的水汽、杂气冷冻除去，随后便可将样品气引入质谱仪进行 ^{15}N 丰度检测。0.5 mg N 的进样量可获得满意的检测结果。

② ^{15}N 硝酸（亚硝酸）盐类样品的转化：硝态氮转化，最常用的方法是氧化还原法，即在强碱性条件下与定氮合金反应生成 NH_3，用酸吸收，得到铵根离子溶液，再进一步用次溴酸钠氧化生成氮气。样品转化用量为 0.5～1 g，检测后，95% 以上的 ^{15}N 可以 $^{15}NH_4^+$ 的形态回收。硝态氮的转化也可用高温燃烧法（微量法）直接分解得到氮气。该法样品消耗量为 0.003～0.005 g。

③ ^{15}N 尿素样品的转化：用次溴酸盐将样品直接氧化生成氮气，样品消耗量

为 0.002～0.003 g；或用消化-次溴酸盐氧化联用法，处理样品用量 0.1～0.2 g。消化样品的操作与尿素的全氮测定法相同。从测定全氮后的试液中取一小部分，浓缩后用次溴酸盐氧化生成氮气进行 ^{15}N 丰度检测，在检测完 ^{15}N 丰度后，试液可以 $^{15}NH_4^+$ 的形态回收 95% 以上的 ^{15}N。该方法可同时满足 ^{15}N 尿素的纯度分析。

（2）^{15}N 标记有机含氮样品的转化方法

^{15}N 标记的有机化合物主要包括氨基酸类、酰胺类、胺类、多肽、蛋白质等含氮有机物，这些标记样品可采用以下方法进行转化处理（杜晓宁等，2009）：

① 高温燃烧法：在较高真空度（＜0.05 Pa）下将还原剂氧化铜和吸附剂氧化钙、5 A 分子筛以及少量铜丝与干燥的样品封入细长的玻璃管中，在 530～550℃下反应 3～4 h。样品消耗量 1～5 mg。若采用石英玻璃样品管，反应温度可提高至 1 000℃以上，此项温度适用于在 530～550℃不能完全反应的样品。

② 消化法-次溴酸盐氧化联用法：在浓硫酸和接触剂的作用下，有机类样品的 C—N 键断裂，生成 NH_4^+，在碱性条件下，通过水蒸馏使 NH_3 逸出，用酸吸收，得到铵根离子溶液，再用次溴酸钠转化为氮气。样品消耗量为 0.1～0.2 g。

（五）硝酸盐氮同位素反硝化细菌法

硝酸盐氮同位素提供了识别污染源和研究氮转化机制的直接手段。常见的硝酸盐氮同位素分析方法主要有蒸馏法（朱兆良，2000）、扩散法（Rundel et al.，1989；程励励等，1989；Lajtha and Michener，1994）和高温燃烧法（何电源等，1993；黄志武，1993；杜丽娟和施书莲，1994；何电源和廖先苓，1994；王维金，1994）。这些方法均需要通过物理、化学方法将 NO_3^- 转化为质谱可测气体 N_2。通常多数样品（特别是地下水样品）中硝酸盐含量很低，故采用上述方法需要处理的水样体积过大，费时耗钱，且容易带来同位素分馏。Sigman 等（1997）开发的硝酸盐氮同位素反硝化细菌法则是通过生物化学方法将 NO_3^- 转化为 N_2O，可用来测定海水硝酸盐的氮同位素组成。以 N_2O 作为质谱测试气体的优点是质谱检测灵敏度大大提高，因为大气 N_2O 背景含量很低。反硝化细菌法还具有其他许多优点，例如可分析浓度低至 $\mu g \cdot L^{-1}$ 级的硝酸盐氮同位素组成。由于是酶促反应，该法可在常温常压下进行。由于酶的专一性，在复杂溶液中只有 NO_3^- 会转化为 N_2O，因此免去了复杂的样品预处理，大大缩短了分析时间。此外，反硝化细菌法还可用于硝酸盐的氧同位素测试，但是必须对同位素分馏和交换进行校正（Casciotti et al.，2002）。

（1）反硝化细菌的选择和培养

工作菌种为致金色假单胞菌（*Pseudomonas aureofaciens*），由美国农业部菌种保藏中心提供，编号为 NRRLB-1578（原编号为 ATCC13985）。将复活复壮的菌株接种到 5 mL 胰蛋白大豆肉汤培养基中培养过夜，再转接到 400 mL 或 600 mL 培养基中培养5～7 d。所有液体培养均在恒温摇床上以30℃振动培养方式进行。培养瓶为500mL或1 000 mL特制培养瓶，瓶壁带有侧臂和两通阀，可用于细菌培养监测取样。通常第5天可全部转化培养液中的NO_3^-。

（2）去除来自培养基的N_2O

第6天将NO_3^-耗尽的培养液以每20 mL分装，浓缩成10倍菌液。以2 mL浓缩菌液作为一次分析，倒入20 mL顶空瓶中，用高纯N_2吹3 h以除去来自培养基的N_2O（Casciotti $et\ al.$, 2002）。吹N_2装置为具有22个平行接口的玻璃管架，每个接口配有一个三通阀，可根据顶空瓶的多少开闭接口。该装置一批可吹22个样品，一天至少可完成两批样品。

（3）样品加热处理

地下水和沉积物样品的本地反硝化菌含量一般较高（地下水样$n×10^4$ cells·mL^{-1}，土样$n×10^7$ cells·g^{-1}），这些菌可将N_2O继续还原为N_2。因此，在样品加入顶空瓶前，须通过加热处理抑制本地反硝化菌（张起刚等，1993）。对地下水样，采用80℃水浴加热1 h。对沉积物样品，将10 g沉积物加入50 mL蒸馏水中，搅拌振荡后离心，取上清作为沉积物NO_3^-萃取液，再用与地下水样相同的方法处理。

（4）样品NO_3^-转化为N_2O

将一定体积的样品用气密性注射器注入含2 mL浓缩菌液的顶空瓶中，样品量为6～20 μg NO_3^-，并用注射器释放过压气体。为方便后续同位素测试数据校正，每批样品必须保持相同的样品量。由于大部分地下水样和沉积物萃取液NO_3^-含量大于10 mg·L^{-1}，为降低空白占样品的份额，通常将NO_3^-浓度过大的样品稀释到10 mg·L^{-1}，注入水样体积2 mL；样品注入后，顶空瓶倒置放入恒温箱30℃培养过夜。第二天注入0.1 mL 10 mol·L^{-1}的NaOH，以溶解细菌并吸收培养产生的CO_2。

（5）N_2O样品的质谱测试

将制备的N_2O样品用同位素比率质谱仪分析测定$\delta^{15}N$。选用带有预浓缩装置（PreCon）和气相色谱仪（GC）的同位素质谱仪（张翠云等，2011）。样品N_2O一次性全部注入连接在质谱仪上的样品瓶（100 mL），通过预浓缩装置后，浓缩N_2O再释放到质谱管线，经化学阱除去H_2O和CO_2，再通过GC将残留的CO_2与N_2O分离，最后进入质谱仪，即可测出样品N_2O的同位素比值。通过交替输入样品N_2O参考气，便可算出样品相对于参考气的$\delta^{15}N$值。然而，这种参考气不能作为样品的绝对参考，每批样品至少要有3个国际同位素标准，用于校正样品相对于空气的$\delta^{15}N$值（张起刚等，1993；Sigman $et\ al.$, 1997；Casciotti $et\ al.$, 2002；张翠云等，2011）。张翠云等（2011）通过实验证实该方法均具有很好的重复性，可用于地下水和沉积物硝酸盐的氮同位素精确分析。

二、^{15}N标记法研究实例

近年来，由于氮肥利用效率不断下降，植物的氮营养学研究日益受到重视。氮肥利用率受施氮水平、施用方法、土壤性状、气象条件、品种类型等多种因素的影响，平均利用率只有30%～35%（朱兆良，2000；Raun et al., 2002）。减少氨挥发和反硝化作用，选育氮高效、耐低氮品种是提高氮利用率、减少环境污染与资源浪费并实现农业可持续发展的主要途径。^{15}N标记法已被广泛用于研究植物对氮的吸收、利用及分配等方面，且取得了一些突破性的研究成果（Below et al., 1985；Linzmeier et al., 2001；Delgado et al., 2004；Hofmockel et al., 2007；Turner and Henry, 2009）。

（一）大气氮沉降与植物氮素吸收与利用

在未来百年中大气氮沉降的升高将在何种程度上驱动植物生产力与物种组成的变化？这取决于其他全球变化影响因子诸如气候暖化如何影响生态系统的氮存留。Turner和Henry（2009）在一处草地为主的温带弃耕地（old-field）样点于春季融雪期进行脉冲式加标后，模拟了增温与氮沉降条件，检验其交互作用对^{15}N标记的铵盐与硝酸盐示踪剂的回收率影响。在植物生长季末，添加$^{15}NH_4^+$位点的植物根系与根际外土^{15}N富集度约为添加$^{15}NO_3^-$位点的两倍，而增温或氮肥本身对^{15}N回收率无显著效果。第二年春季响应氮肥施用植物体^{15}N回收率出现下降，但此效应很大程度上被植物体响应全年升温导致的^{15}N回收率升高所抵消（图9-4）。但是，^{15}N标记回收的主要部分，根际外土壤的^{15}N存留量在未施肥位点处较施氮肥位点高出约40%。总体而言，他们的研究结果表明单纯的增温会增加系统中的植物氮封存，但这一效应整体上会被氮沉降造成的生态系统氮流失效果所压倒。

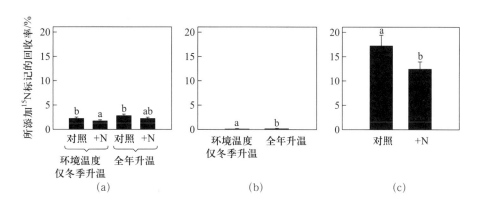

图9-4. 在加拿大安大略省伦敦市一处草地生态系统实验样地中（a）地上部分、（b）地下部分（所有物种）和（c）根际外土（0～10cm）的添加^{15}N回收率（Turner and Henry, 2009）

大气二氧化碳浓度的上升被预期将使森林的生产力增加，导致更高的森林生态系统碳储量。由于在很多森林树种中大气二氧化碳浓度增加并未引起氮利用效

率的升高，在此情况下将需要额外的氮输入以维持更高的净初级生产力（NPP）。相对于研究成果较好的无机氮源，Hofmockel等（2007）在杜克森林（Duke Forest）的大气自由CO_2施肥实验（free air CO_2 enrichment，FACE）站点研究了自由氨基酸作为森林氮供应来源的重要性。结果表明，火炬松（loblolly pine）森林中自由氨基酸在植物氮素营养中具有重要的作用，但没有提供证据支持二氧化碳浓度增加条件下细根对自由氨基酸吸收会增加的假说。这说明二氧化碳浓度增加后植物将需要通过其他机制获取额外氮源，诸如增加根系生长的探索分布范围（root exploration）或增加氮利用效率等。

由于^{15}N-尿素的标记特性、易测定性及与其他氮形式易区分等特点，长期以来被广泛用于植物，特别是作物的各种营养元素机理研究上。众多研究应用^{15}N标记法探讨了在不同环境条件下不同生育期或不同农作物品种间植物的氮吸收与利用差异，从而更准确地理解了这些农作物对植物氮的营养学特点，为提高各种作物的氮利用效率打下良好的基础。例如，张起刚等（1993）报道，在古河道细质沙土上实施冬灌，可以保持小麦越冬期间及早春土壤中适宜的水分，能显著增加土壤有效氮库、供氮能力以及小麦氮吸收量，从而增加小麦产量，但是由于细质沙土保水保肥能力差，冬灌会使底肥标记氮淋溶量增加，利用率降低，流失率增高，因此需用小水灌溉。韦东普等（2000）也利用同位素示踪技术研究了在黑麦草单播及黑麦草与白车轴草混播条件下，不同施肥处理对不同时期牧草的茎叶氮吸收率以及白车轴草共生固氮量的影响。

（二）植物氮素转移与分配

在氮循环研究方面，^{15}N标记法因不再受到氮转化过程中同位素分馏的干扰而具有^{15}N自然丰度法和传统示踪法所不具备的优点，可对氮在植物体内的转移与分配以及生态系统氮循环等进行综合研究。^{15}N标记法可作为定量指标研究农林复合经营系统或纯农业系统中非固氮植物对生物固氮、土壤氮库或氮肥等氮源的利用效率等方面的问题。例如，Jensen（1996）采用根系^{15}N标记技术进行研究发现，大麦体内总氮中有19%是从豌豆植株转移过来的，而大麦不向豌豆转移任何氮。黄见良等（2005）应用^{15}N示踪技术研究了水稻不同生理期吸收的^{15}N在各器官中的分配，发现水稻在分蘖期吸收的^{15}N在标记结束时主要分配于叶片中，至成熟期则有39%的^{15}N转运至籽粒中；水稻在幼穗分化期吸收的^{15}N在标记结束时主要分配在茎和叶鞘中，至成熟期则有46%的^{15}N转运至籽粒中。Delgado等（2004）使用^{15}N标记肥料追踪氮从小粒谷物残体向土豆的转移。他们发现约经过一年的循环，最初整合进谷物残体的氮仍有82%~86%留存在系统（土壤-作物）中（表9-2），这表明在此期间有相当一部分氮已封存进土壤。这些结果凸显了作物残体在氮循环中的重要性，并揭示出对小粒谷物-土豆的商业运营氮收支评估方法进行改进的可能途径。

表9-2 科罗拉多州中南部3种谷物田添加^{15}N标记化肥或^{15}N标记相应谷物残体后种植土豆，收获期土豆的块茎、整株及其土壤的^{15}N回收率（Delgado et al., 2004）

区隔	C-37 大麦	百年香 小麦	奥斯陆 土豆
	接受^{15}N标记化肥处理的样方/（kg $^{15}N \cdot hm^{-2}$）		
块茎^{15}N	2.6 a	1.8 b	1.7 b
植物整株^{15}N	3.6 a	2.5 b	2.4 b
土壤^{15}N	24.1 a	21.7 a	26.5 a
	接受^{15}N标记谷物残体处理的样方/（kg $^{15}N \cdot hm^{-2}$）		
块茎^{15}N	0.7 a	0.5 b	0.5 b
植物整株^{15}N	1.0 a	0.7 b	0.7 b
土壤^{15}N	5.4 b	8.7 a	8.0 a

注：同一行中的不同字母代表3种谷物田间存在显著差异的分组（$P < 0.05$）。

（三）硝化、反硝化与生态系统氮流失

如何更准确了解不同物种间植株内部氮流失的差异，不同生育期内氮流失的大小，植株内部氮流失的形态、数量等问题，尤其是如何将植株内部流失的氮同环境中流失的氮进行区分，寻求能够更科学地解答上述问题的一种行之有效的研究方法，是植物营养学家近年来的研究重点。与此同时^{15}N标记技术以其易检测、易鉴定等特点，也开始在此领域逐渐得以应用，并取得了良好的效果（Sawatsky and Soper，1991）。李生秀等（1995）采用水培、土培和^{15}N标记实验，在尽量杜绝土壤和空气中相关气体干扰的生长室内测定了植物生长过程中因硝化、反硝化或氨挥发造成的N_2、N_2O和NH_3释放量。

同样，Linzmeier等（2001）进行了一年野外实验，研究德国乳业牧场生态系统中施用^{15}N标记矿质肥后的$^{15}N-N_2O$释放通量。Lampe等（2006）定量研究了施用^{15}N标记的化肥与农家粪肥后放牧草地的N_2O来源与释放速率。结果显示在全年中最明显的主要N_2O源是土壤氮库，即便是春季紧接着化肥与粪肥的施用之后，仍有至少50%的N_2O是来自土壤库的。^{15}N标记还显示春季矿质氮所释放N_2O显著高于粪肥，而粪肥处理位点的释放量与未施肥位点无显著差异（图9-5）。

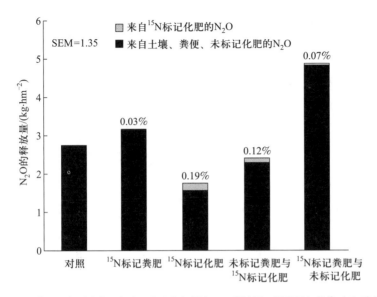

图9-5 在德国草地生态系统中，各处理产生的年累积N_2O释放量，以及添加的^{15}N标记粪肥/化肥中氮随N_2O释放而流失部分所占的比例。总的氮输入包括矿质氮、农家粪肥中的氮以及白车轴草的生物固氮（Lampe et al., 2006）。

主要参考文献

- 程励励, 文启孝, 李洪. 1989. 盆栽和田间条件下土壤^{15}N标记肥料氮的转化. 土壤学报 26:124-130.
- 杜丽娟, 施书莲. 1994. 水体系中硝酸氮的富集和$\delta^{15}N$值的测定. 土壤 26:332-334.
- 杜晓宁, 宋明鸣, 赵诚. 2009. 质谱检测用同位素^{15}N标记样品的处理方法. 原子能科学技术 49:59-63.
- 封幸兵, 李佛琳, 杨跃, 瞿兴, 苏帆, 付丽波, 陈华, 洪丽芳. 2005. 以^{15}N研究烤烟对饼肥和秸秆肥中氮素的吸收与分配. 华中农业大学学报 24:604-609.
- 高占锋, 付才, 王红云, 吕林, 刘彬, 赵广永, 罗绪刚. 2011. ^{15}N同位素示踪计算方法的改进. 河北农业大学学报 34:105-110.
- 何电源, 廖先苓. 1994. ^{15}N标记绿肥喂猪后还田的转化和效益的研究. 土壤学报 31:277-286.
- 何电源, 邢廷铣, 周卫军, 何烈华, 廖先苓. 1993. ^{15}N标记稻草中N、C在羊体内的转化和利用. 应用生态学报 4:161-166.
- 黄见良, 邹应斌, 彭少兵. 2005. 水稻对氮素的吸收、分配及其在组织中的挥发损失. 植物营养与肥料学报 10:579-583.
- 黄志武. 1993. 稻秆与标记^{15}N硫铵配合施用对硫铵氮素有效性和水稻生产的影响. 土壤学报 30:224-228.
- 蒋春来, 张晓山, 肖劲松, 夏园. 2009. 我国西南地区氮沉降量不同的森林小流域中土壤自然^{15}N丰度的分布特征. 岩石学报 5:1292-1296.
- 李生秀, 李宗让, 田霄鸿, 王朝辉. 1995. 植物地上部分氮素的挥发损失. 植物营养与肥料学报 1:18-25.
- 王维金. 1994. 关于不同籼稻品种和施肥时期稻株对^{15}N的吸收及其分配的研究. 作物学报 20:476-480.
- 韦东普, 白玲玉, 华珞, 姚允寅. 2000. 用^{15}N同位素稀释法研究牧草的氮素营养. 核农学报 14:104-109.
- 姚凡云, 朱彪, 杜恩在. 2012. ^{15}N自然丰度法在陆地生态系统氮循环研究中的应用. 植物生态学报 36:346-352.
- 张翠云, 张俊霞, 马琳娜, 张胜, 殷密英, 李政红. 2011. 硝酸盐氮同位素反硝化细菌法测试技术的建立. 核技术 34:237-240.
- 张起刚, 何昌永, 王化国, 杨合法, 陶益寿. 1993. 应用^{15}N示踪技术研究冬灌对小麦生长发育及吸收N素的影响. 核农学通报 14:172-176.
- 朱兆良. 2000. 农田中氮肥的损失与对策. 土壤与环境 9:1-6.
- Abbadie, L., A. Mariotti, and J. C. Menaut. 1992. Independence of savanna grasses from soil organic matter for their nitrogen supply. Ecology 73:608-613.
- Aber, J. D., K. J. Nadelhoffer, P. Steudler, and J. M. Melillo. 1989. Nitrogen saturation in northern forest ecosystems. BioScience 39:378-386.
- Below, F., S. Crafts-Brandner, J. Harper, and R. Hageman. 1985. Uptake, distribution, and remobilization of ^{15}N-labeled urea applied to maize canopies. Agronomy Journal 77:412-415.

- Bol, R., T. Röckmann, M. Blackwell, and S. Yamulki. 2004. Influence of flooding on $\delta^{15}N$, $\delta^{18}O$, $^1\delta^{15}N$ and $^2\delta^{15}N$ signatures of N_2O released from estuarine soils—A laboratory experiment using tidal flooding chambers. Rapid Communications in Mass Spectrometry 18:1561-1568.
- Bolger, T. P., J. S. Pate, M. J. Unkovich, and B. L. Turner. 1995. Estimates of seasonal nitrogen fixation of annual subterranean clover-based pastures using the ^{15}N natural abundance technique. Plant and Soil 175:57-66.
- Bremner, J. and M. Tabatabai. 1973. Nitrogen-15 enrichment of soils and soil-derived nitrate. Journal of Environmental Quality 2:363-365.
- Bukata, A. R. and T. K. Kyser. 2005. Response of the nitrogen isotopic composition of tree-rings following tree-clearing and land-use change. Environmental Science and Technology 39:7777-7783.
- Casciotti, K., D. Sigman, M. G. Hastings, J. K. Böhlke, and A. Hilkert. 2002. Measurement of the oxygen isotopic composition of nitrate in seawater and freshwater using the denitrifier method. Analytical Chemistry 74:4905-4912.
- Cheng, S. L., H. J. Fang, G. R. Yu, T. H. Zhu, and J. J. Zheng. 2010. Foliar and soil ^{15}N natural abundances provide field evidence on nitrogen dynamics in temperate and boreal forest ecosystems. Plant and Soil 337:285-297.
- Davidson, E. A. 1992. Pulses of nitric oxide and nitrous oxide flux following wetting of dry soil: An assessment of probable sources and importance relative to annual fluxes. Ecological Bulletins 42:149-155.
- Delgado, J. A., M. A. Dillon, R. T. Sparks, and R. F. Follett. 2004. Tracing the fate of ^{15}N in a small-grain potato rotation to improve accountability of nitrogen budgets. Journal of Soil and Water Conservation 59:271-276.
- Delwiche, C. C. and P. L. Steyn. 1970. Nitrogen isotope fractionation in soils and microbial reactions. Environmental Science and Technology 4:929-935.
- Delwiche, C. C., P. J. Zinke, C. M. Johnson, and R. A. Virginia. 1979. Nitrogen isotope distribution as a presumptive indicator of nitrogen fixation. Botanical Gazette 140:65-69.
- Drury, C. F., R. P. Voroney, and E. G. Beauchamp. 1991. Availability of NH_4^+-N to microorganisms and the soil internal N cycle. Soil Biology and Biochemistry 23:165-169.
- Dyckmans, J. and H. Flessa. 2001. Influence of tree internal N status on uptake and translocation of C and N in beech: A dual ^{13}C and ^{15}N labeling approach. Tree Physiology 21:395-401.
- Elhani, S., B. F. Lema, B. Zeller, C. Bréchet, J. M. Guehl, and J. L. Dupouey. 2003. Inter-annual mobility of nitrogen between beech rings: A labelling experiment. Annals of Forest Science 60:503-508.
- Evans, R. D. 2007. Soil Nitrogen Isotope Composition. In: Michener, R. H. and K. Lajtha. (eds). Stable Isotopes in Ecology and Environmental Science 2nd Edition. Blackwell Scientific, Oxford:83-98.
- Evans, R. D. and J. Belnap. 1999. Long-term consequences of disturbance on nitrogen dynamics in an arid ecosystem. Ecology 80:150-160.
- Evans, R. D. and J. R. Ehleringer. 1993. A break in the nitrogen cycle in aridlands? Evidence from $\delta^{15}N$ of soils. Oecologia 94:314-317.
- Evans, R. D. and J. R. Ehleringer. 1994. Water and nitrogen dynamics in an arid woodland. Oecologia 99:233-242.
- Evans, R. D. and J. R. Johansen. 1999. Microbiotic crusts and ecosystem processes. Critical Reviews in Plant Sciences 18:183-225.
- Falkengren-Grerup, U., A. Michelsen, M. O. Olsson, C. Quarmby, and D. Sleep. 2004. Plant nitrate use in deciduous woodland: The relationship between leaf N, ^{15}N natural abundance of forbs and soil N mineralisation. Soil Biology and Biochemistry 36:1885-1891.
- Fang, H., G. Yu, S. Cheng, T. Zhu, J. Zheng, J. Mo, J. Yan, and Y. Luo. 2011. Nitrogen-15 signals of leaf-litter-soil continuum as a possible indicator of ecosystem nitrogen saturation by forest succession and N loads. Biogeochemistry 102:251-263.
- Frank, D. A. and R. D. Evans. 1997. Effects of native grazers on grassland N cycling in Yellowstone National Park. Ecology 78:2238-2248.
- Frank, D. A., R. D. Evans, and B. F. Tracy. 2004. The role of ammonia volatilization in controlling the natural ^{15}N abundance of a grazed grassland. Biogeochemistry 68:169-178.
- Fry, B. 1991. Stable isotope diagrams of freshwater food webs. Ecology 72:2293-2297.
- Galloway, J. N., I. H. Levy, and P. S. Kasibhatla. 1994. Year 2020: Consequences of population growth and development on deposition of oxidized nitrogen. Ambio 23:120-123.
- Galloway, J. N., A. R. Townsend, J. W. Erisman, M. Bekunda, Z. Cai, J. R. Freney, L. A. Martinelli, S. P. Seitzinger, and M. A. Sutton. 2008. Transformation of the nitrogen cycle: Recent trends, questions, and potential solutions. Science 320:889-892.
- Garten, C. T. 1993. Variation in foliar ^{15}N abundance and the availability of soil nitrogen on Walker Branch watershed. Ecology 74:2098-2113.
- Handley, L. L. and J. A. Raven. 1992. The use of natural abundance

- of nitrogen isotopes in plant physiology and ecology. Plant, Cell and Environment 15:965–985.
- Handley, L. L. and C. M. Scrimgeour. 1997. Terrestrial plant ecology and $\delta^{15}N$ natural abundance: The present limits to interpretation for uncultivated systems with original data from a scottish old field. Advances in Ecological Research 27:133–212.
- Hardarson, G. and C. Atkins. 2003. Optimising biological N_2 fixation by legumes in farming systems. Plant and Soil 252:41–54.
- Hart, S. C. and A. T. Classen. 2003. Potential for assessing long-term dynamics in soil nitrogen availability from variations in $\delta^{15}N$ of tree rings. Isotopes in Environmental and Health Studies 39:15–28.
- Hart, S. C., G. E. Nason, D. D. Myrold, and D. A. Perry. 1994. Dynamics of gross nitrogen transformations in an old-growth forest: The carbon connection. Ecology 75:880–891.
- Hedin, L. O., J. J. Armesto, and A. H. Johnson. 1995. Patterns of nutrient loss from unpolluted, old-growth temperate forests: Evaluation of biogeochemical theory. Ecology 76:493–509.
- Hietz, P., O. Dünish, and W. Wanek. 2010. Long-term trends in nitrogen isotope composition and nitrogen concentration in Brazilian rainforest trees suggest changes in nitrogen cycle. Environmental Science and Technology 44:1191–1196.
- Hietz, P., B. L. Turner, W. Wanek, A. Richter, C. A. Nock, and S. J. Wright. 2011. Long-term change in the nitrogen cycle of tropical forests. Science 334:664–666.
- Hofmockel, K. S., W. H. Schlesinger, and R. B. Jackson. 2007. Effects of elevated atmospheric carbon dioxide on amino acid and NH_4^+-N cycling in a temperate pine ecosystem. Global Change Biology 13:1950–1959.
- Högberg, P. 1986. Nitrogen-fixation and nutrient relations in savanna woodland trees（Tanzania）. Journal of Applied Ecology 23:675–688.
- Högberg, P. 1997. Tansley review No. 95 ^{15}N natural abundance in soil-plant systems. New Phytologist 137:179–203.
- Högberg, P. and I. J. Alexander. 1995. Roles of root symbioses in African woodland and forest: Evidence from ^{15}N abundance and foliar analysis. Journal of Ecology 83:217–224.
- Högberg, P., L. Högbom, H. Schinkel, M. Högberg, C. Johannisson, and H. Wallmark. 1996. ^{15}N abundance of surface soils, roots and mycorrhizas in profiles of European forest soils. Oecologia 108:207–214.
- Högberg, P., C. O. Tamm, and M. Högberg. 1992. Variations in ^{15}N abundance in a forest fertilization trial: Critical loads of N, N saturation, contamination and effects of revitalization fertilization. Plant and Soil 142:211–219.
- Jansson, S. L. 1958. Tracer studies on nitrogen transformations in soil with special attention to mineralisation-immobilization relationships. Royal Agricultural College of Sweden.
- Jensen, E. S. 1996. Barley uptake of N deposited in the rhizosphere of associated field pea. Soil Biology and Biochemistry 28:159–168.
- Kahmen, A., W. Wanek, and N. Buchmann. 2008. Foliar $\delta^{15}N$ values characterize soil N cycling and reflect nitrate or ammonium preference of plants along a temperate grassland gradient. Oecologia 156:861–870.
- Kessel, C. V., R. E. Farrell, J. P. Roskoski, and K. M. Keane. 1994. Recycling of the naturally-occurring ^{15}N in an established stand of *Leucaena leucocephala*. Soil Biology and Biochemistry 26:757–762.
- Kohls, S. J., C. van Kessel, D. D. Baker, D. F. Grigal, and D. B. Lawrence. 1994. Assessment of N_2 fixation and N cycling by Dryas along a chronosequence within the forelands of the Athabasca Glacier, Canada. Soil Biology and Biochemistry 26:623–632.
- Kohzu, A., K. Matsui, T. Yamada, A. Sugimoto, and N. Fujita. 2003. Significance of rooting depth in mire plants: Evidence from natural ^{15}N abundance. Ecological Research 18:257–266.
- Koopmans, C. J., D. V. Dam, A. Tietema, and J. M. Verstraten. 1997. Natural ^{15}N abundance in two nitrogen saturated forest ecosystems. Oecologia 111:470–480.
- Lajtha, K. and R. H. Michener. 1994. Stable Isotopes in Ecology and Environmental Science. Blackwell Scientific Publications, Boston.
- Lampe, C., K. Dittert, B. Sattelmacher, M. Wachendorf, R. Loges, and F. Taube. 2006. Sources and rates of nitrous oxide emissions from grazed grassland after application of ^{15}N-labelled mineral fertilizer and slurry. Soil Biology and Biochemistry 38:2602–2613.
- Linzmeier, W., R. Gutser, and U. Schmidhalter. 2001. Nitrous oxide emission from soil and from a ^{15}N-labelled fertilizer with the new nitrification inhibitor 3, 4-dimethylpyrazole phosphate（DMPP). Biology and Fertility of Soils 34:103–108.
- Luo, Y., B. Su, W. S. Currie, J. S. Dukes, A. Finzi, U. Hartwig, B. Hungate, R. E. McMurtrie, R. Oren, and W. J. Parton. 2004. Progressive nitrogen limitation of ecosystem responses to rising atmospheric carbon dioxide. BioScience 54:731–739.
- Mariotti, A., J. C. Germon, P. Hubert, P. Kaiser, R. Letolle, A. Tardieux, and P. Tardieux. 1981. Experimental determination of nitrogen kinetic isotope fractionation: Some principles; illustration for the denitrification and nitrification processes. Plant and Soil 62:413–430.
- Matson, P. A., W. H. McDowell, A. R. Townsend, and P. M.

Vitousek. 1999. The globalization of N deposition: Ecosystem consequences in tropical environments. Biogeochemistry 46:67-83.
- McArthur, J. V. and K. K. Moorhead. 1996. Characterization of riparian species and stream detritus using multiple stable isotopes. Oecologia 107:232-238.
- Martinelli, L. A., M. C. Piccolo, A. R. Townsend, P. M. Vitousek, E. Cuevas, W. McDowell, G. P. Robertson, O. C. Santos, and K. Treseder. 1999. Nitrogen stable isotopic composition of leaves and soil: Tropical versus temperate forests. Biogeochemistry 46:45-65.
- McLauchlan, K. K., C. J. Ferguson, I. E. Wilson, T. W. Ocheltree, and J. M. Craine. 2010. Thirteen decades of foliar isotopes indicate declining nitrogen availability in central North American grasslands. New Phytologist 187:1135-1145.
- Menyailo, O. V., J. Lehmann, M. da Silva Cravo, and W. Zech. 2003. Soil microbial activities in tree-based cropping systems and natural forests of the Central Amazon, Brazil. Biology and Fertility of Soils 38:1-9.
- Michelsen, A., I. K. Schmidt, S. Jonasson, C. Quarmby, and D. Sleep. 1996. Leaf ^{15}N abundance of subarctic plants provides field evidence that ericoid, ectomycorrhizal and non-and arbuscular mycorrhizal species access different sources of soil nitrogen. Oecologia 105:53-63.
- Nadelhoffer, K., G. Shaver, B. Fry, A. Giblin, L. Johnson, and R. McKane. 1996. ^{15}N natural abundances and N use by tundra plants. Oecologia 107:386-394.
- Nadelhoffer, K. J., B. A. Emmett, P. Gundersen, O. J. Kjonaas, C. J. Koopmans, P. Schleppi, A. Tietema, and R. F. Wright. 1999. Nitrogen deposition makes a minor contribution to carbon sequestration in temperate forests. Nature 398:145-148.
- Nadelhoffer, K. J. and B. Fry. 1994. Nitrogen Isotope Studies in Forest Ecosystems. In:Lajtha,K. and R. Michener. (eds). Stable Isotopes in Ecology and Environmental Science. Blackwell Scientific Publications, Boston:23-44.
- Ostle, N. J., R. Bol, K. J. Petzke, and S. C. Jarvis. 1999. Compound specific δ^{15}N values: Amino acids in grassland and arable soils. Soil Biology and Biochemistry 31:1751-1755.
- Pardo, L. H., H. F. Hemond, J. P. Montoya, T. J. Fahey, and T. G. Siccama. 2002. Response of the natural abundance of ^{15}N in forest soils and foliage to high nitrate loss following clear-cutting. Canadian Journal of Forest Research 32:1126-1136.
- Pardo, L. H., H. F. Hemond, J. P. Montoya, and T. G. Siccama. 2001. Long-term patterns in forest-floor nitrogen-15 natural abundance at Hubbard Brook, NH. Soil Science Society of America Journal 65:1279-1283.
- Pardo, L. H., P. H. Templer, C. L. Goodale, S. Duke, P. M. Groffman, M. B. Adams, P. Boeckx, J. Boggs, J. Campbell, and B. Colman. 2006. Regional assessment of N saturation using foliar and root. Biogeochemistry 80:143-171.
- Perez, T., S. E. Trumbore, S. C. Tyler, E.A. Davidson, M. Keller, and P. B. de Camargo. 2000. Isotopic variability of N_2O emissions from tropical forest soils. Global Biogeochemical Cycles 14:525-535.
- Perez, T., S. E. Trumbore, S. C. Tyler, P. A. Matson, I. Ortiz-Monasterio, T. Rahn, and D. W. T. Griffith. 2001. Identifying the agricultural imprint on the global N_2O budget using stable isotopes. Journal of Geophysical Research 106:9869-9878.
- Proe, M. F., A. J. Midwood, and J. Craig. 2000. Use of stable isotopes to quantify nitrogen, potassium and magnesium dynamics in young Scots pine(*Pinus sylvestris*) . New Phytologist 146:461-469.
- Rahn, T. and M. Wahlen. 2000. A reassessment of the global isotopic budget of atmospheric nitrous oxide. Global Biogeochemical Cycles 14:537-543.
- Raun, W. R., J. B. Solie, G. V. Johnson, M. L. Stone, R. W. Mullen, K. W. Freeman, W. E. Thomason, and E. V. Lukina. 2002. Improving nitrogen use efficiency in cereal grain production with optical sensing and variable rate application. Agronomy Journal 94:815-820.
- Robinson, D. 2001. δ^{15}N as an integrator of the nitrogen cycle. Trends in Ecology and Evolution 16:153-162.
- Rundel, P. W., J. R. Ehleringer, and K. A. Nagy. 1989. Stable Isotopes in Ecological Research. Springer-Verlag, New York.
- Sah, S. P. 2005. Isotope ratios and concentration of N in needles, roots and soils of Norway spruce (*Picea abies* [L.] Karst.) stands as influenced by atmospheric deposition of N. Journal of Forest Science 51:468-475.
- Sawatsky, N. and R. J. Soper. 1991. A quantitative measurement of the nitrogen loss from the root system of field peas (*Pisum avense* L.) grown in the soil. Soil Biology and Biochemistry 23:255-259.
- Schimel, D. S. 1993. Theory and Application of Tracers. Academic Press, San Diego.
- Schimel, J. P., L. E. Jackson, and M. K. Firestone. 1989. Spatial and temporal effects on plant-microbial competition for inorganic nitrogen in a California annual grassland. Soil Biology and Biochemistry 21:1059-1066.
- Schulze, E. D., G. Gebauer, H. Ziegler, and O. L. Lange. 1991. Estimates of nitrogen fixation by trees on an aridity gradient in Namibia. Oecologia 88:451-455.
- Shearer, G. and D. H. Kohl. 1986. N_2-fixation in field settings: Estimations based on natural ^{15}N abundance. Functional Plant

- Biology 13:699–756.
- Shearer, G. and D. H. Kohl. 1988. Nitrogen isotopic fractionation and ^{18}O exchange in relation to the mechanism of denitrification of nitrite by *Pseudomonas stutzeri*. Journal of Biological Chemistry 263:13231–13245.
- Shearer, G. and D. H. Kohl. 1993. Natural abundance of ^{15}N: Fractional contribution of two sources to a common sink and use of isotope discrimination. In: Knowles, R. and T. H. Blackburn. (eds). Nitrogen Isotope Techniques. Academic Press, New York:89–125.
- Shearer, G., D. H. Kohl, and S. Chien. 1978. The nitrogen-15 abundance in a wide variety of soils. Soil Science Society of America Journal 42:899–902.
- Shearer, G., D. H. Kohl, R. A. Virginia, B. A. Bryan, J. L. Skeeters, E. T. Nilsen, M. R. Sharifi, and P. W. Rundel. 1983. Estimates of N_2-fixation from variation in the natural abundance of ^{15}N in Sonoran Desert ecosystems. Oecologia 56:365–373.
- Siddiqui, M. H., M. H. Al-Whaibi, and M. O. Basalah. 2010. Role of nitric oxide in tolerance of plants to abiotic stress. Protoplasma 248:447–455.
- Sigman, D. M., M. A. Altabet, R. Michener, D. C. McCorkle, B. Fry, and R. M. Holmes. 1997. Natural abundance-level measurement of the nitrogen isotopic composition of oceanic nitrate: An adaptation of the ammonia diffusion method. Marine Chemistry 57:227–242.
- Stark, J. M. 2000. Nutrient Transformation. In: Sala, O., R. Jackson, H. A. Mooney, and R. W. Howarth. (eds). Methods in Ecosystem Science. Springer-Verlag, New York:215–234.
- Stock, W. D., K. T. Wienand, and A. C. Baker. 1995. Impacts of invading N_2-fixing *Acacia* species on patterns of nutrient cycling in two Cape ecosystems: Evidence from soil incubation studies and ^{15}N natural abundance values. Oecologia 101:375–382.
- Templer, P. H., M. A. Arthur, G. M. Lovett, and K. C. Weathers. 2007. Plant and soil natural abundance $\delta^{15}N$: Indicators of relative rates of nitrogen cycling in temperate forest ecosystems. Oecologia 153:399–406.
- Tognetti, R. and J. Penuelas. 2003. Nitrogen and carbon concentrations, and stable isotope ratios in Mediterranean shrubs growing in the proximity of a CO_2 spring. Biologia Plantarum 46:411–418.
- Tsialtas, J. T. and N. Maslaris. 2005. Effect of N fertilization rate on sugar yield and non-sugar impurities of sugar beets (*Beta vulgaris*) grown under mediterranean conditions. Journal of Agronomy and Crop Science 191:330–339.
- Turner, M. M. and H. A. L. Henry. 2009. Interactive effects of warming and increased nitrogen deposition on ^{15}N tracer retention in a temperate old field: Seasonal trends. Global Change Biology 15:2885–2893.
- Unkovich, M. J., J. S. Pate, P. Sanford, and E. L. Armstrong. 1994. Potential precision of the $\delta^{15}N$ natural abundance method in field estimates of nitrogen fixation by crop and pasture legumes in south-west Australia. Australian Journal of Agricultural Research 45:211–228.
- Vervaet, H., P. Boeckx, V. Unamuno, O. van Cleemput, and G. Hofman. 2002. Can ^{15}N profiles in forest soils predict loss and net N mineralization rates? Biology and Fertility of Soils 36:143–150.
- Virginia, R. A. and C. Delwiche. 1982. Natural ^{15}N abundance of presumed N_2-fixing and non-N_2-fixing plants from selected ecosystems. Oecologia 54:317–325.
- Vitousek, P. M., J. D. Aber, R. W. Howarth, G. E. Likens, P. A. Matson, D. W. Schindler, W. H. Schlesinger, and D. G. Tilman. 1997. Human alteration of the global nitrogen cycle: Sources and consequences. Ecological Applications 7:737–750.
- Wassen, M. J., H. O. Venterink, E. D. Lapshina, and F. Tanneberger. 2005. Endangered plants persist under phosphorus limitation. Nature 437:547–550.
- Watmough, S. A. 2010. An assessment of the relationship between potential chemical indices of nitrogen saturation and nitrogen deposition in hardwood forests in southern Ontario. Environmental Monitoring and Assessment 164:9–20.
- Wedin, D. A. and D. Tilman. 1996. Influence of nitrogen loading and species composition on the carbon balance of grasslands. Science 274:1720–1723.
- Werner, R. A. and H. L. Schmidt. 2002. The *in vivo* nitrogen isotope discrimination among organic plant compounds. Phytochemistry 61:465–484.
- Wieser, M. E. 2005. Atomic weights of the elements 2005. Pure and Applied Chemistry 78:2051–2066.
- Wright, R. F., J. Roelofs, M. Bredemeier, K. Blanck, A. W. Boxman, B. A. Emmett, P. Gundersen, H. Hultberg, O. J. Kjønaas, and F. Moldan. 1995. NITREX: Responses of coniferous forest ecosystems to experimentally changed deposition of nitrogen. Forest Ecology and Management 71:163–169.
- Xu, Y., J. He, W. Cheng, X. Xing, and L. Li. 2010. Natural ^{15}N abundance in soils and plants in relation to N cycling in a rangeland in Inner Mongolia. Journal of Plant Ecology 3:201–207.
- Yoneyama, T., T. Muraoka, T. Murakami, and N. Boonkerd. 1993. Natural abundance of ^{15}N in tropical plants with emphasis on tree legumes. Plant and Soil 153:295–304.

第 10 章
温室气体的稳定同位素组成及限制因子

许多气体与陆地大气交换过程紧密相关,对气候变化非常敏感,反之也通过影响对流层的化学反应和辐射通量来驱动全球气候的新变化(Scholes et al., 2003)。这些温室气体包括二氧化碳(CO_2)、甲烷(CH_4)、挥发性有机化合物(VOCs)、活性氮氧化物(NO_x)、一氧化二氮(N_2O)以及水汽(H_2O)。生物圈的大量化学反应释放这些气体到大气圈,大气化学和动力学过程决定了它们在大气圈中的扩散和分布。自工业化以来,逐渐增强的人类活动极大地增加了温室气体的排放,加剧了全球温室效应及其他气候变化。CO_2、CH_4和N_2O作为3种最主要的温室气体,对地表热辐射的吸收容量、温室效应的贡献和在大气中停留时间的作用各不相同。土壤是温室气体最重要的源和汇之一,然而,现有的研究较多地关注不同生态条件(气候、水分、土壤类型、耕作制度以及肥料施用量等)下,土壤向大气释放这些气体的通量(蔡祖聪,1993;Wuebbles and Hayhoe, 2002)。但是,这种传统的浓度变化监测仅能够反映气体累积的整体过程,无法确定变化的原因。

测定温室气体的稳定同位素组成有助于加深我们对这些气体源-汇的理解。20世纪90年代以来,在研究这些微量温室气体的来源和释放规律过程中,越来越普遍应用碳、氢、氧、氮等元素稳定同位素比值的变化(Kim and Craig, 1993)。然而,大气中气体的低浓度限制了稳定同位素技术在这些温室气体源-汇关系研究中的应用。在20世纪90年代,多种气体浓缩装置与气相色谱-质谱(GC/MS)联机装置的开发和应用改变了这一局面,能够精确检测大气中痕量温室气体的稳定同位素组成(Brand, 1995; Tanaka et al., 1995)。这为以后的研究从崭新角度揭示大气中这些温室气体稳定同位素组成的变化规律及其主要源-汇的空间分布研究提供了基础(Kim and Craig, 1993)。

本章简要介绍温室气体稳定同位素的测定方法,着重论述三大痕量温室气体(CO_2、N_2O和CH_4)的稳定同位素组成特征及不同时空尺度下它们在源-汇关系研究中的应用。

第1节 温室气体稳定同位素的检测方法

测定气体稳定同位素的传统技术需要很大的气体样品量。以CH_4为例,一般需要50 L空气。而带有全自动气相色谱(GC)预浓缩接口(PreCon)的Thermo-Finnigan MAT-253同位素比率质谱仪,可以测定100 mL空气中N_2O的氮、氧同位素比值和CH_4中碳同位素比值。另外,激光光谱同位素仪的研制成功,实现了在野外进行大气温室气体稳定同位素组成的原位连续监测。两种方法相结合，能够更加方便准确地测定温室气体稳定同位素比值。

一、质谱方法检测温室气体的稳定同位素组成

仪器简介。PreCon接口是一种全自动GC预浓缩接口，由5部分组成（图10-1）。

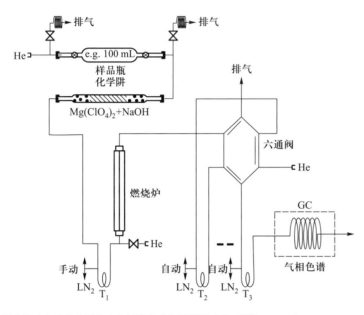

图10-1 测定温室气体稳定同位素的预浓缩系统结构图（曹亚澄等，2008）

① 样品瓶：两端带阀门的玻璃样品瓶，体积为100 mL。开始样品采集时，手动打开样品瓶两端的阀门，使气体样品进入预浓缩系统。

② 化学阱：设有两种化学阱，一种是填充$Mg(ClO_4)_2$和烧碱石棉剂的化学阱，吸收和去除气体样品中的CO_2（去除率达99.999%），也可以捕获氦气流中的水分；另一种是填充$CaSO_4$和$CaCl_2$的化学阱，只去除氦载气中的水分。

③ 冷阱：在PreCon中设有2个全自动的冷阱T_2和T_3及1个手动操作的冷阱T_1，所有冷阱均由不同内径的不锈钢毛细管组成。冷阱T_1管中填充有镍丝，防止被冷凝的CO_2变成冰粒。冷阱T_2的1 mm内径不锈钢管内也填充有镍丝，能冻结气体样品中所有由N_2O和CH_4氧化燃烧形成的CO_2。冷阱T_2是六通阀（Valco 6 port）的采样环。冷阱T_3由0.5 mm内径不锈钢管组成。分析组分从T_2转移到T_3，然后再次被冷冻，之后从T_3移出液氮容器后开始GC分析，因此T_3也称作柱头冷阱。

④ 燃烧反应器：由1个温度能升到1 000℃的燃烧炉和1支装有3根0.13 mm镍丝内径为0.8 mm的铝质氧化管组成，能将CH_4氧化成CO_2和水：

$$CH_4 + 2O_2 \Longrightarrow CO_2 + 2H_2O \tag{10-1}$$

也可把 N_2O 还原为 N_2。

⑤ 六通阀：充当PreCon与GC之间的开关，是1个旋转阀，在两个固定的方向间旋转。旋转头上有3个孔，可根据孔的朝向和不同的毛细管，使氦气流进不同的通道。

二、温室气体稳定同位素的激光光谱检测方法

采用同位素比率质谱仪测定温室气体的同位素组成，需要在野外收集气体，然后输送到稳定同位素质谱实验室进行分析。不仅测试费用昂贵，而且需要等待数周甚至数月后才能获得数据。这使得几乎所有利用同位素比率质谱仪对温室气体的研究都局限于短期或非连续性测定，严重限制了稳定同位素技术在温室气体源汇关系研究中的应用。幸运的是，近几年开发出的新型同位素分析仪，如第2章里介绍过的，可调谐二极管激光吸收光谱仪、光腔衰荡激光光谱同位素分析仪等激光光谱同位素分析仪，可以实现对空气中痕量温室气体CO_2、CH_4和N_2O的同位素组成（$^{13}CO_2$、$C^{18}OO$、$C^{17}OO$、$^{13}CH_4$、$^{15}N_2O$）进行在线连续测定。

（一）CO_2同位素分析仪

最新的CO_2同位素分析仪采用了中红外量子激光器来记录快速扫描产生的CO_2稳定同位素的高分辨率光谱。因此，仪器实时输出了$^{12}CO_2$、$^{13}CO_2$、$C^{17}OO$和$C^{18}OO$的摩尔分量及同位素比值$\delta^{13}C$、$\delta^{17}O$、$\delta^{18}O$。测定模式包括空气样品连续流动测定模式（最快可达5 Hz）和进样针手动进样模式。此外，仪器具有精确的温度控制（0.001℃）和压力控制（0.001 torr[1]），以确保野外测定的最小漂移。这个设备的出现，使得科学家们不再需要昂贵复杂的质谱实验室，就可获得准确度优于0.1‰的大气CO_2同位素测定结果。

（二）CH_4同位素分析仪

CH_4同位素分析仪坚固耐用，野外使用便携，适用于产烷生物细菌、CH_4化合物、沼气、产热通风口以及其他涉及CH_4同位素应用方面的研究工作（浓度＞100 ppm）。分析仪测定准确度优于1‰，响应时间快（2 s），而且不需要制备任何样品或用户手工操作，因此可用于野外长期CH_4同位素监测研究。

（三）N_2O同位素分析仪

可测定环境中N_2O的稳定同位素比值，区分出N_2O分子的异构体，可同时测定$\delta^{15}N$、$\delta^{15}N_\alpha$、$\delta^{15}N_\beta$。相对质谱仪而言，新型的N_2O同位素分析仪不需要任何前处理，在不去除CO_2条件下进行原位高频连续测定。测定频率高达1 Hz，且具有相对较高的精度（＜1‰）。

---

[1] torr，托，压力单位。1 torr=133.322 Pa。

这些新型的同位素分析仪，已经开始应用于监测大气温室气体的同位素组成。例如，美国国家生态观测网络（NEON）就已订购了数量众多的新型同位素分析仪，测定H_2O和CO_2的同位素、CO_2浓度及其他生态学临界分子。该生态网络观测系统涵盖了美国大陆、夏威夷、阿拉斯加和波多黎各。NEON数十个观测点将收集高质量详细的测定数据以显示土地利用、气候变化和生物多样性中的生物入侵及美国的自然资源等信息。NEON网络设计用于提供数十年的大陆生态变化早期监测，并为未来燃料前沿科学探究提供依据。NEON由美国国家科学资金发起并与其他公众部门（诸如美国农业部农业研究中心和国家大气研究中心等）合作管理，有超过40个协会和研究组织的参与，成为迄今为止最大的协作生态学项目。依赖这些新检测技术以及其他先进生态学研究技术，NEON可提供涵盖生态学、生物学、农学、水文学、民众工程学和城市规划、大气科学、地球化学等多学科的综合研究平台。

第2节　大气CO_2的同位素组成

由于化石燃料燃烧以及土地覆盖和土地利用的变化，过去150年大气CO_2浓度的增加超过30%。大气CO_2浓度的增加量约为人为排放总量的50%，这意味着另一半已经被海洋和陆地生物圈吸收（Prentice et al., 2001）。大尺度大气取样网络的大气CO_2浓度和$\delta^{13}C$测定（第1章），在了解和量化全球大气CO_2主要的源和汇及其分布方面已经取得了突破。过去几十年，从这些网络的观测中得到，每年大气CO_2浓度在增加，而$\delta^{13}C$在下降，这成为人类活动显著影响大气CO_2浓度的一个有力证据（Pataki et al., 2006）。南北半球在这个关系上相反，这些气体通过大气输送到南半球的监测台站上有6~12个月的滞后期，而且南半球较少有季节循环，表明大量的化石燃料释放来源于北半球。利用示踪大气气体输送过程的背景大气CO_2浓度和$\delta^{13}C$及"反演模型"的记录，使得海洋和陆地植物CO_2通量对大气CO_2的相对净贡献及其区域上的偏差都可以得到量化（Keeling et al., 1989; Tans et al., 1990; Ciais et al., 1995; Enting et al., 1995; Francey et al., 1995; Trolier et al., 1996）。这项工作的一个主要的结果是陆地生物圈约占大气CO_2总汇的一半（相对于海洋净CO_2汇），这比以前估计的要大很多。这些信息为许多全球政策，尤其是与控制大气CO_2浓度上升和土地利用有关的政策的制定提供了帮助。

一、大气CO_2的稳定同位素特征

大气CO_2浓度的变化对陆地生态系统功能有重要影响（Canadell et al., 2000）。大气CO_2浓度升高导致生态系统光合作用和水通量的改变（Drake et al., 1997），反之生态系统的活动也通过引起大气CO_2浓度的季节波动和纬度梯度的形成而影响大气（Flanagan and Ehleringer, 1998; Fung et al., 2000）。众多大气监测项目已发展成为在大的空间尺度上测定和记录陆地生态系统活动变化的工具（Tans and White, 1998; Canadell et al., 2000）。陆地生态系统吸收和释放CO_2的变化是大气CO_2浓度每年上升速率不同的主要原因（Fung et al., 2000）。

大气稳定碳同位素组成的测定为帮助区分海洋和陆地过程在大气CO_2浓度上升的季节和年际变化中的相对贡献提供了附加信息（Tans and White, 1998）（见第3章和第5章）。另外，CO_2中氧同位素比率已经发展成区分陆地生态系统光合和呼吸作用对大气CO_2浓度影响的一种工具（Farquhar et al., 1993）。大气CO_2中碳和氧同位素的记录信息各自独立反映了他们在光合和呼吸作用过程中不同的同位素分馏机制（见第3章和第5章）。

气候监测和诊断实验室小样瓶收集网络（美国国家海洋和大气管理局，美国商务部）收集的数据记录显示了一个重要趋势，即大气CO_2的$\delta^{18}O$值至少在1993—1997年间每年持续平稳下降0.08‰（图10-2）。在这种趋势中许多机制在起作用。首先，生物质及化石燃料的燃烧排放到大气中CO_2的$\delta^{18}O$值（PDB标准）是$-17‰$，使大气中$\delta^{18}O$的值总体大约每年下降0.05‰（Ciais et al., 1997; Stern et al., 2001）。其次，Gillon和Yakir（2001）认为热带森林（C_3植被）转变为草原禾草（C_4植被）将使大气$\delta^{18}O$值每年下降0.02‰。这种变化是由于C_4植物中较低的碳酐酶活性限制了细胞中CO_2和H_2O的平衡作用，因此降低了光合气体交换过程中对CO_2分子中^{18}O的表观判别（Williams et al., 1996; Gillon and Yakir, 2001; Ometto et al., 2006）。此外，Stern等（2001）提出其他土地利用变化加上农田面积的扩大使从土壤进入大气的CO_2通量增加，这些是大气$\delta^{18}O$值变得更负且每年下降0.01‰的原因。然而，土地利用变化使大气$\delta^{18}O$值变化的机制还有许多不确定性。

（一）大气CO_2的$\delta^{13}C$值

同时测定大气CO_2浓度和^{13}C的年际波动可以用来区分海洋和陆地通量，这种方法被称为"双解卷积"（Heimann and Keeling, 1989）。这种区分方法在全球通量中利用几个定位站的时间序列数据（Francey et al., 1995; Keeling et al., 1995），而地区通量利用站点网络和大气示踪剂传送模型（Heimann and Keeling, 1989; Ciais et al., 1995; Fung et al., 1997）。过去几年，在全球大气$\delta^{13}C$的年际变化中，陆地

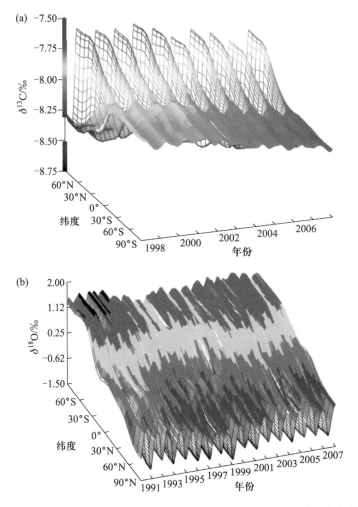

图10-2 全球大气CO_2碳、氧同位素组成的时空变化趋势（NOAA-CMDL）（参见书末彩插）

和海洋碳沉降、植物分馏和其他过程所占比例大小有很大争论。在20世纪90年代，大气$\delta^{13}C$的变化速度和CO_2升高速度都是高速变化的，两者变化趋势互为镜像。1997—1998年El Nino事件中后期，大气$\delta^{13}C$下降最快（图10-3d）而CO_2浓度升高最快（图10-3c）。而且，$\delta^{13}C$为-25‰的通量可以解释绝大部分变化，而$\delta^{13}C$为-9‰的通量仅能解释其中一小部分变化。这可能意味着陆地生态系统在这段时间贡献了绝大多数变化（Battle et al.，2000）。

图10-4是应用碳稳定同位素Robin Hood全球碳预算示意图，包括每个向量的详细解释。这个预算示意图是对1990年情况的主观构建。这种向量方法称为Robin Hood示意图是因为图中大量出现箭头（Randerson，2005）。在传统Robin Hood全球碳预算示意图中，观测变化（图10-4）代表了化石燃料释放、陆地非平衡力、陆地碳汇、海洋非平衡力和海洋碳汇的综合结果。在一种更普遍的预算表示方式（图10-4b）中，分别考虑了总初级生产力（GPP）和从生物圈到大气圈的返回通量

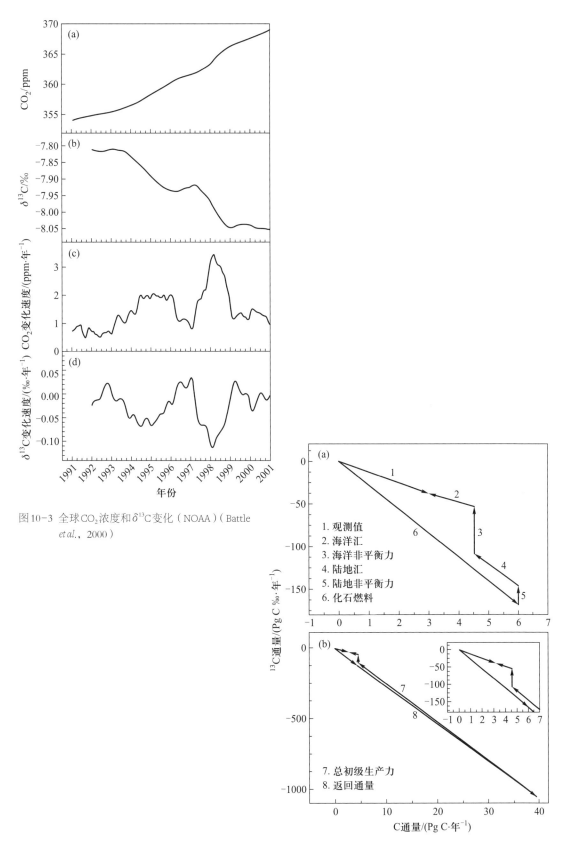

图 10-3 全球 CO_2 浓度和 $\delta^{13}C$ 变化（NOAA）（Battle et al., 2000）

图 10-4 Robin Hood 全球碳预算示意图（Randerson et al., 2002）

(Randerson et al., 2002)。在这种形式中，可以看出分馏（Δ_{ab}）异常会影响GPP，而随之而来的不平衡可能影响大气$\delta^{13}C$的年际变化。横轴代表每个过程的碳通量或者观测到的大气CO_2变化（单位：$Pg\,C\cdot 年^{-1}$）。纵轴代表^{13}C的质量通量，用同位素通量表示（$Pg\,C‰\cdot 年^{-1}$）。

仅考虑横轴，图10-4a中大气碳增加速率（$3\,Pg\,C\cdot 年^{-1}$）只是化石燃料释放（$6\,Pg\,C\cdot 年^{-1}$）的一半。陆地和海洋碳汇必须解释这种差别。但是，仅有1个已知数和两个未知数的式，在没有附加信息的条件下进一步区分两者是不可能的。关于大气$\delta^{13}C$变化速率和陆地与海洋的不同^{13}C判别效应可能提供新的思路。陆地C_3光合途径和生态系统呼吸具有强的^{13}C判别（Δ_{ab}约为19‰），会增强大气$\delta^{13}C$，在Robin Hood示意图中使用一个陡峭的向量表示。而海气界面交换的^{13}C判别很弱（Δ_{ab}约为2‰），对大气$\delta^{13}C$仅具有相对较小的作用，在Robin Hood示意图中使用相对平缓的向量表示。

1990年的大气碳增加速率观测值约为$3\,Pg\,C\cdot 年^{-1}$。大气^{13}C质量随时间的变化是总质量和它的$\delta^{13}C$乘积对时间的微分。根据微分方程的乘法法则，这个微分方程可以分成两个部分：

$$\frac{d(\delta_a C_a)}{dt}=\bar{\delta}_a\frac{d(C_a)}{dt}+\bar{C}_a\frac{d(\delta_a)}{dt} \quad (10-2)$$

式中，$\bar{\delta}_a$为大气CO_2平均的碳同位素比值，而$\bar{C}_a$为大气平均碳库量。式右边的第一项指由于大气总碳库变化引起的^{13}C质量变化，而第二项指大气$\delta^{13}C$变化引起的^{13}C质量变化。以1990年为例，右边第一项的贡献[$3\,Pg\,C\cdot 年^{-1}\times(-7.8‰)=-23.4\,Pg\,C‰\cdot 年^{-1}$]显著大于右边第二项的贡献[$60\,Pg\,C\times(-0.02‰\cdot 年^{-1})=-1.2\,Pg\,C‰\cdot 年^{-1}$]。

在双解卷积反演中，陆地碳汇的范围是式中两个未知数中的1个，向量的斜率用Δ_{ab}表示（图10-4）。当化石燃料和同位素不平衡向量已知时，只有一组海洋和陆地碳汇向量的长度可以满足观测到的向量，也就意味着能够找到唯一合适的区分比例。

陆地碳汇向量的斜率和Δ_{ab}成比例。如果陆地碳汇与C_3和C_4生态系统生产力成比例分配，那么，使用GPP加权的判别（C_3和C_4判别值的结合）可以应用到全球分析中（Still et al., 2003）。但是，如果绝大多数的陆地碳汇分布在从自然和人类干扰中恢复的森林里，那么这个向量应该主要体现C_3植被的特征（Still et al., 2003）。在生态系统尺度，从夜间呼吸的Keeling曲线推导出的Δ_{ab}有可能被1个年净碳汇相关的Δ_{ab}抵消。这是因为生态系统长期碳累积主要发生在树干、粗糙木质碎片和缓慢周转的土壤有机质库。但是夜间呼吸利用的主要是近期固定的糖类，它们还没有经过形成纤维素或木质素所需要的额外生物化学合成步骤。

（二）大气 CO_2 的 $\delta^{18}O$ 值

大气中生物活性气体 $\delta^{18}O$ 的变化，可以指示与陆地生物圈碳水循环有关的生态变化信息。现有的小样瓶收集网络在测定大气 CO_2 的 $\delta^{18}O$ 时空变异时，监测到的这些变异还需要更多的工作来准确地模拟。但是，背景监测站大气 CO_2 的 $\delta^{18}O$ 能够提供关于大尺度 CO_2 通量来源、与 CO_2 相关的水源之 $\delta^{18}O$ 和大尺度碳交换过程的信息。

尽管把在单个生态系统中的实例研究结论（Flanagan et al., 2005）推广到全球大气 CO_2 是不明智的，但从这个研究中还是能看到有意义的机制。这些分析表明，生态系统 CO_2 交换的减少和与其联系的一系列同位素效应，导致了水分胁迫增加，同时使大气 CO_2 的 $\delta^{18}O$ 值升高的正向作用增加（图10-5）。因此预测水分有效性增加可以引起生态系统生产力增加和同位素正作用降低是有根据的，而这反过来也会降低大气 CO_2 的 $\delta^{18}O$ 值（图10-6）。这些机制与Ishizawa等（2002）用全球模型分析出北半球较高的生态系统生产力和呼吸作用以及较低的光合作用判别的结论在解释1993—1997年间观察到的大气 CO_2 的 $\delta^{18}O$ 值大约降低0.5‰的现象时是一致的。Ishizawa等（2002）提出了另一种研究大气 CO_2 中氧同位素组成变化的方法。他们用模型计算阐释如果光合作用中 $C^{18}OO$ 判别的降低与北半球光合作用和总生态系统呼吸的增加同时发生，将导致所观察到的大气 CO_2 的 $\delta^{18}O$ 值的下降。光合判别的降低将因为光合时较大的气孔限制及其引起的 CO_2 和大气 CO_2 浓度比率的降低而发生。另外，叶片水中低的 $\delta^{18}O$ 也会引起光合判别降低。同时，应该考虑到有一系列环境条件变化可以导致北半球陆地生态系统光合作用和呼吸的升高并引起光合判别降低，Ishizawa等（2002）分析的局限在于他们没有把模型计算与1993—1997年间实际的环境条件变化联系起来。在这个意义上，目前还没有什么机制能把当前对同位素分馏和生态系统 CO_2 通量的控制机制与观察到的大气 CO_2 的 $\delta^{18}O$ 值的变化趋势联系起来（图10-5和图10-6）。

二、大气 CO_2 的源与汇

CO_2 和 $\delta^{13}C$ 网络在时空尺度上的分辨率不断增加，可以得到区域上 CO_2 源和汇的更详细信息（Helliker et al., 2005）。例如，Ciais等（1995）提供的数据表明，北温带陆地的碳汇在1992—1993年是3.5 Pg C，这比以前估计的要大很多（Houghton et al., 1987）。他们也表现在同年在北热带（从赤道至北纬30°）有个大的 CO_2 源（2～3 Pg C）。Fan等（1998）根据大西洋和太平洋站点测定的 CO_2 差异推导出北美每年1.7 Pg 的碳汇。此外，Francey等（1995）表明海洋 CO_2 通量的变化是形成厄尔尼诺-南方涛动事件和塔斯马尼亚地区格里姆角（Cape Grim）大气 CO_2 增长速率变化之间成反比关系的原因。

在量化陆地生物圈碳吸收量过程中,不确定性的一个主要来源是缺乏对驱动

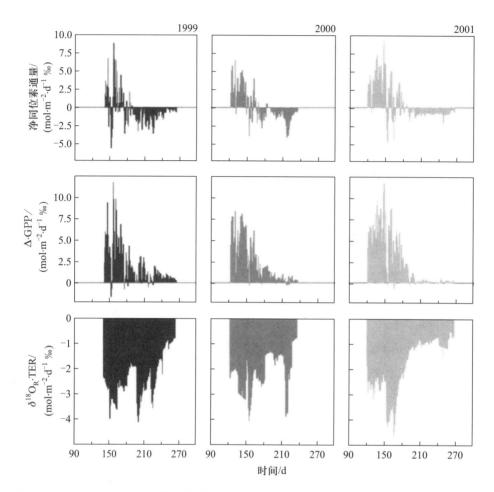

图 10-5 1999—2001 年 CO_2 的 ^{18}O 通量的季节变化比较(Flanagan *et al.*,2005)

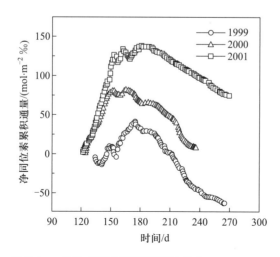

图 10-6 1999—2001 三年中 CO_2 的 ^{18}O 净同位素累积通量比较(Flanagan *et al.*,2005)

全球尺度陆地碳吸收增加机制的理解。一个可能的机制是碳吸收的增加和随后生产力的增强。这类过程，例如气候变化或生产力的增加（不是通过氮沉降的增加就是土壤氮可利用性的增加），直接地影响了碳的吸收。此外，土地利用和林业习惯做法的变化也会影响陆地碳汇。然而，土地覆盖和土地使用变化对地区和全球碳收支的贡献是很不确定的，这是因为把植物变化换算成CO_2净通量是微不足道的（Houghton et al., 1999）。另外，碳吸收变化，生产力和陆地生物圈呼吸的CO_2变化间时间的延迟加剧了这种错综复杂的关系。在许多情况中，平衡状态下的研究较少涉及呼吸作用机制，而扰动和偶然事件（例如：火灾、食草习惯、风灾、洪水等）与生产力和气候之间的相互作用目前也没有得到很好的认识（Schimel et al., 1997; Arneth et al., 1998）。

控制实验已经广泛研究了地区尺度陆地生物圈中影响CO_2净吸收的可能过程。气候与生态系统耦合模式的模拟结果表明这些过程中的反馈可能很重要（Cox et al., 2000; Friedlingstein et al., 2001）。下一步研究应该关注这些不同的过程是如何控制大气与陆地之间从地区到全球尺度的CO_2通量，以及确定在气候系统中各种相关反馈的量化关系。包含有关潜在胁迫机制数据的综合数据库是开展这方面研究的基础，这些数据可以与陆地生物圈的机制模式相结合，与陆地大气系统的中长期观测基础数据比较。最新的全球植物动力模型（DGVMs）开始处理这些问题，但还需要进一步发展（Cramer et al., 2001）。例如，对于自然的或者人为引起燃烧的真实表达还处于初级阶段（Thonicke et al., 2001）。同样地，更多的研究只是简单描述燃烧对于生物圈功能、CO_2通量以及活性气态化合物的影响，接下来的研究也应该努力理清这些组分之间的耦合关系。

非CO_2生物化合物的通量（CH_4，VOCs等）通常都与陆地-大气系统中CO_2的交换有关。例如，湿地产生的CH_4和腐烂时分解产生的CO_2量的多少取决于土壤水中的这两种痕量气体间的平衡。植物光合作用需与森林VOCs排放相耦合。这些联系的研究依赖于DGVMs的发展，DGVMs模式能够可靠地解释多种化学组成，并能比较CO_2（和其他气体）在当地尺度下的模拟结果（如FLUXNET）与较大尺度下（如GLOBALVIEW网络和遥感数据）的大气测定结果。

许多研究表明，陆地生态系统过程在大气CO_2氧同位素组成变化中起主要作用（Ciais et al., 1997; Peylin, 1999; Cuntz et al., 2003），包括生态系统到大气的单向CO_2交换通量、总光合作用和总生态系统呼吸。本书前几章叙述了相关的同位素效应，下面阐述利用涡度相关技术收集净生态系统碳交换（NEE）数据（Flanagan et al., 2002）的研究。这些数据使用习惯微气象标记（以大气为主体），总生态系统初级生产量（GPP）的值为负，代表从大气中去除的CO_2，而总生态系统呼吸值（TER）为正值，代表从大气中获得的CO_2。

$$NEE = GPP + TER \quad (10\text{-}3)$$

式中，两种总通量（GPP和TER）与大气CO_2的$\delta^{18}O$的联系一般代表相反的效应。大气净同位素效应被命名为净同位素通量（Net Isoflux），并由下式计算：

$$净同位素通量 = GPP \times (\delta_a - \Delta) + TER \times \delta_R \quad (10\text{-}4)$$

式中，δ_a代表大气CO_2的$\delta^{18}O$[这个参数在这个分析中恒定为0（PDB标准）]；Δ表示光合气体交换中$C^{18}OO$的判别；δ_R是生态系统中植物和土壤呼吸释放CO_2的$\delta^{18}O$值。为了估计$C^{18}OO$同位素通量的季节和年际变化，涡度协方差连续测定的NEE数据可用于计算GPP和TER的日整合值（Flanagan et al., 2002）（图10-5和图10-6）。

第3节 大气CH_4的同位素组成及其生态学意义

CH_4是温室效应最有力的贡献者之一，在100年内，一个数量单位CH_4辐射强迫（radioactive forcing）的潜能是CO_2的23倍多（Ramaswamy et al., 2001）。CH_4在对流层化学反应中扮演着重要角色，因为大气圈中大多数CH_4（和那些非CH_4烃）是通过与羟基反应氧化生成的。所以全球的CH_4排放不仅对地球能量收支的辐射强迫相当重要，而且对大气圈的氧化能力也很有意义。CH_4和其他的VOCs与氮循环之间存在重要联系。在NO存在情况下，CH_4和VOCs被氧化生成二氧化氮（NO_2），反之通过光分解及随后的反应形成O_3。这个反应在对流层的O_3收支中具有重要意义（Monson and Holland, 2001；Brasseur et al., 2003）。同时，这对大气羟基浓度也很重要，因为羟基主要在产生臭氧的光分解作用中生成。由于NO_x、一氧化碳（CO）和VOCs排放的增加，它们与羟基发生较快的氧化反应。这样，20世纪80年代以来，反应较慢的CH_4在大气圈中的存在寿命很可能一直在增加。

一、CH_4生成途径与同位素比值

CH_4是有机质厌氧呼吸的最终产物。在陆地淡水系统中，CH_4主要由两个途径产生，一是醋酸发酵，二是CO_2经H_2还原生成CH_4：

$$2CH_2O + 2H_2O \longrightarrow 2CO_2 + 4H_2 \qquad (10-5)$$

$$CO_2 + 4H_2 \longrightarrow CH_4 + 2H_2O \qquad (10-6)$$

综合以上反应为

$$2CH_2O \longrightarrow CH_4 + CO_2 \qquad (10-7)$$

醋酸、H_2和CO_2是在富含有机质的环境中通过厌氧食物网中较高营养级位置的厌氧菌和发酵细菌的厌氧呼吸产生。CH_4是"完美"的副产物：无毒且由于相对不溶于水，能够通过在水中形成气泡快速去除（Martens and Val Klump，1980）或者通过植被转运（Dacey，1981；Chanton and Dacey，1991）。当CH_4迁移到有氧界面（Brune et al，2000）时，会被CH_4细菌快速消耗掉（King，1992），而且支持了土壤氧化群落（Paull et al.，1989；Martens and Westermann，1991）。

生物地球化学的一个重要功能关系就是CH_4的$\delta^{13}C$和δD在CH_4生成途径和微生物介入的CH_4氧化过程中的变化关系（图10-7）。$^{13}CH_4$自身的变化是不明确的，受到CH_4氧化（Barker and Fritz，1981）或者产生CH_4机制差异的控制（Sugimoto and Wada，1993）。CH_4中δD差异的信息有助于$\delta^{13}C$数据的解释（Woltemate et al.，1984；Whiticar and Faber，1986；Martens et al，1992；Kelley et al.，1995；Bellisario et al.，1999）。

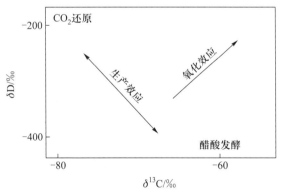

图10-7　与CH_4生成和氧化机制相关的$\delta^{13}C$和δD变化示意图

二、CH_4稳定同位素比值的变化及其驱动因子

NOAA-CMDL-CCDD/INSTAAR网络已经开始连续测定CH_4的$\delta^{13}C$和δD（图10-8）。这些数据提供了关于区分大气CH_4来源的信息，尤其是生物来源（如细菌）和火烧来源（树木、草地等的燃烧），而且能够确定CH_4来源的大体位置，如高纬度苔原或低纬度沼泽和稻田（Gupta et al.，1996；Ferretti et al.，2005）。CH_4浓度和$\delta^{13}C$的

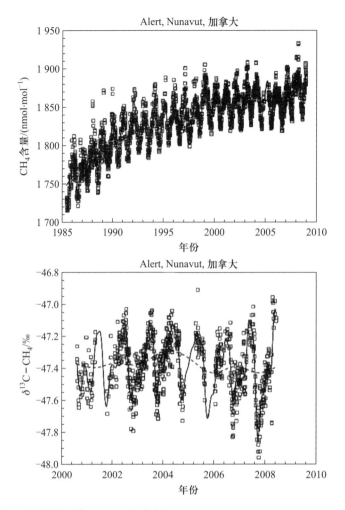

图10-8 大气CH_4浓度及其$\delta^{13}C$（Alert，加拿大）

日变化能够用于鉴别市区的排放源及其排放量（Lowry et al，2001）。

自然产生的CH_4来源于湿地细菌分解有机质时释放的气体，而沉降机制主要由大气羟基自由基主导。现在，全球大约2/3的CH_4来源于人类活动，而且绝大多数来自北半球（图10-8）。大气CH_4的增长速度在1980年前超过1%·年$^{-1}$，到了1990年就下降到接近零了。Bousquet等（2006）的研究报告对近几十年CH_4释放量减缓的观点提出了质疑。他们测定了大气CH_4浓度并将数据结合到大气化学和输送模型中，结果显示在过去几十年里全球CH_4释放减缓只是暂时的：控制CH_4释放的报告被夸大了。

Bousquet等（2006）计算了全球CH_4来源分布变化，尤其是最近几十年的变化。这个课题充满了挑战，因为难以判断这种变化是由于CH_4源还是汇的波动造成的。他们使用了反演模型，从观测到的大气表面CH_4浓度数据开始，利用输送和损失过程模型回算最优源估计。测定数据来源于全球监测网络，包括同位素数据（尤其是$\delta^{13}C$），可以提供更多的信息判断CH_4来源——来自生物质燃烧、化石燃料相关来源和细菌过程的CH_4具有不同的同位素信号。例如，湿地释放的CH_4通常是^{13}C贫化的。

这种方法是新颖的，因为模型通过羟基自由基最优化了的CH_4释放和损失。这项发现的关键是自然释放的波动，尤其是热带湿地的释放是大气CH_4年际波动的主要因素。反过来，这些释放对气象条件是敏感的：在旱季，湿地CH_4通量释放受抑制。

Bousquet等（2006）的研究和近期关于陆地植被是一个很强的CH_4源的见解是一致的。在模型中添加一个这么大的源，占全球CH_4排放的30%，并相应地降低其他来源，但却不会根本性地改变反演计算的结果，这听起来似乎是不合情理的。但是沿经度方向相对强烈的CH_4梯度和热带较少的监测站点，使得对单个源大小的限定（如森林和湿地）很困难。

在最后4个冰期-间冰期的循环期间，与大气CO_2情况相同，CH_4在大气中的浓度（$400×10^{-9} \sim 700×10^{-9}$）相对稳定（Petit $et\ al.$，1999）。然而自从工业时代开始，CH_4的浓度已经增加了大约2.5倍，达到当前的大气浓度$1\ 750×10^{-9}$（Prather and Ehhalt，2001）。可以说当今的大气中的CH_4浓度水平是史无前例的，至少在可以引证的时间内从未达到这个水平。工业化以来，在大气CH_4浓度上叠加了一定的增量，但是目前还无法解释其年际变化。同样不能解释的是在20世纪90年代观察到的大气CH_4浓度增长率缓慢下降和短时间内的快速变化（Dlugokencky $et\ al.$，1998；Lelieveld $et\ al.$，1998；Prather and Ehhalt，2001）。

三、大气CH_4源与汇的分布

大气CH_4是加剧气候变化的一个因素，因为湿地和陆地植被CH_4的释放对温度和湿度条件敏感。形成的正反馈机制推动了最近一次冰期循环的快速气候变化（Brook $et\ al.$，2000）。但是Bousquet等（2006）的分析也意味着在大气化学中可能存在负反馈机制。在旱季CH_4释放降低，羟基自由基的CH_4去除效果也降低。干旱增加了植被大火，释放大量的CO，而这种污染气体也消耗羟基。随着羟基的降低，CH_4分解也降低，也就是说CH_4浓度不会像预期那样大幅降低。然而，这种现象并不是自然的，绝大多数火灾是由人类引起的。而且，大量的CH_4沉降为冻土区和海底沉积物的水合物。现在，关于冻土区溶解和海洋温度升高对造成这两个CH_4库水合物不稳定和加重温室气体升温的影响程度还不确定。这些需要更深入研究的过程同时影响大气CH_4和羟基，可能是重要的反馈机制。

人类对大气CH_4承载力的最重要贡献与食品生产有关，包括反刍动物排泄物和动物废物的排放以及洪水期的水稻田。自然界湿地微生物过程一直都是大气

CH_4的一个主要来源，并且至今仍被认为占总排放量的40%（Walter and Heimann，2000）。由于天气和水资源管理，天然湿地和人工湿地的CH_4排放波动每年都会发生变化。当湿度超出一定范围，在从月到年的时间尺度上，CH_4排放主要受温度和植物种类组成的控制（Christensen et al.，2003）。例如，最近已经提出的根分泌液是湿地CH_4排放的主要调节因素（Ström et al.，2003）。这些变化将会影响微生物的活动和通过土壤和植物气孔CH_4的扩散（Conrad et al.，1988）。酶化作用，作为CH_4产生的第3大限制条件，它的有效性不仅受到NPP和微生物腐烂的直接影响，也会受到温度和其他气候因子的间接控制。人们通常认为气候变化导致的湿地CH_4排放变化是大气CH_4浓度增长速度波动的主要因素。频繁的湿度变化是调节CH_4消耗和产生交替状态的主导因素，这是CH_4排放模型的基础（Walter and Heimann，2000）。具体而言，干燥土壤的作用形成CH_4的汇，而浸没潮湿土壤则是CH_4的源（Harriss et al.，1982）。

基于全球过程模型，估测的天然湿地CH_4排放范围在92～260 Tg·年$^{-1}$（Cao et al.，1996；Dlugokencky et al.，2001）。其中，北纬和热带地区是两个关键的源区。尽管北纬地区包含至今为止面积最大的湿地，基于大气浓度逆增模式得出热带地区也存在最为丰富的湿地CH_4源（Hein et al.，1997；Houweling et al.，1999）。尽管绝对值差异较大，这些模型结果都显示了热带地区对全球年CH_4排放总量贡献的绝对优势。

北纬地区CH_4的产生主要受限于较短的生长季。未来气候预测模式的模拟结果显示温度将上升，并且降水量也会增加。在生态系统中，冬季休眠生物生理活动的恢复是由高于冰点的温度所触发，因此系统对温暖和潮湿的环境非常敏感。这一气候模拟情况将会引起生物系统活跃期的延长。此外，随着气候变暖，在永久冻土地区每年土壤解冻深度也将会增加。在不连续的永冻区，永久冻土自身冻解导致CH_4产生在空间上的扩张（Christensen et al.，2004）。CH_4排放可能是由于温度升高而增加或者因为蒸散和蒸发增强使得土壤变干而降低。一些重要的间接反馈机制可能包括，由于生物活跃期延长引起的固碳增加，由于温度升高引起北方生态系统呼吸释放的CO_2通量增加以及区域的水平衡方面的变化。

全球CH_4平衡中，地热和CH_4水合物的来源是未知因素。气水合物是含有高浓度CH_4结晶水的基本要素（Kvenvolden，1988）。水合物只在高压和低温环境中才稳定。在苔原地区和有永久冻土沉淀物CH_4的近海地区，水合物特别地接近地表。气水合物的释放是一个自然过程，但是对这一过程的估算是很不确定的（Kvenvolden，2002）。在特别敏感的地区，较暖的气候可能会引起气水合物变得不稳定，从而引起CH_4向大气的释放，进而增加温室效应。这类敏感地区中最具代表的是北极海岸附近的沉积物,在这里温暖的海洋预期对相对较浅的永久冻土能够产生最快速的影响(Kvenvolden,1988;Harvey and Huang,1995;Kvenvolden,2002;Glasby,2003)。

总之,在更为温暖气候的时期里,现在的永冻区可能会成为CH_4源区。另外,陆地表面和土地利用变化对区域和全球CH_4排放模式的潜在意义也是很显然的。例如,人为引起的排水或干旱导致的适宜气温和(或)降水的减少将会降低湿地的CH_4排放。同时,其他影响CH_4排放的人为因子还包括由于氮肥(和以酸的形式存在的沉积物氮)造成的土壤CH_4氧化能力变化(Prieme and Christensen,1999;Smith et al.,2000)。

四、热带雨林的CH_4源

Keppler等(2006)报告了陆地植物向大气释放CH_4的重要发现。他们的研究结果出人意料,有两点原因。首先,他们描述的CH_4释放在正常存在氧气的生境条件下发生,而不是通过厌氧环境微生物的活动。其次,他们测定到的释放量巨大,约占每年进入地球大气总CH_4量的10%~30%。在一系列严格控制的实验中,Keppler等(2006)使用气相色谱和连续同位素比率质谱仪发现在有氧条件下许多种植物都会释放CH_4。使用^{13}C标记的醋酸盐物质,排除了厌氧微生物活动产生CH_4的可能性,表现在这种植物源CH_4排放取决于光照和温度。温度每升高10℃,CH_4释放量约增加1倍。

Keppler等(2006)的发现有助于解释在空间观测到的热带森林上空不明来源的大面积CH_4雾云(Frankenberg et al.,2005)及现在令人困惑的全球大气CH_4增长速度的下降(Dlugokencky et al.,1998;Dlugokencky et al.,2003)。森林砍伐导致地球热带森林面积急剧下降(1990—2000年下降超过12%)(Keppler et al.,2006)。Keppler等计算了相应的热带植物CH_4释放的减少,同期减少量为6~20 Tg。同期CH_4累计增长速度每年约降低了20 Tg,也就意味着热带森林砍伐可能影响了这种降低。

五、植物体内CH_4排放通道

一组植物学家对领域内近几年最令人激动的研究结果之一——绿色植物释放CH_4,提出了质疑。Tom Dueck(荷兰Wageningen的国际植物研究中心)和他的同事认为他们找不到植物产生潜在温室气体的证据。

直到2005年,一直认为CH_4主要在自然条件下(如沼泽)、人工条件(如垃圾填埋场)和家牛的胃中产生。Frank Keppler(德国Heidelberg的普朗克核物理研究

所）和他的同事（2006）声称植物也会释放CH_4，有可能推翻之前的全球CH_4循环中的唯微生物观点。根据Keppler团队的研究，植物每年释放的CH_4气体最多占温室气体总释放量（5.8万t）的40%。为了解决这个问题，Dueck和他的团队在富集^{13}C的CO_2大气环境下种植植物，使得产生的CH_4具有可识别的同位素信号（Dueck et al., 2007）。但是他们并没有检测到任何的CH_4释放。

两个研究组都相互批判对方采用的实验方法。Dueck指出Keppler研究组将植物密封在塑料容器中而不是空气流动的室内，而且将植物置于强光高温的胁迫下，这有可能人为产生CH_4。Keppler反驳称由于不知道对植物代谢的影响下使用^{13}C可能是人为的化学伎俩；而且，不同种间CH_4产量可能相差3个数量级以上。尽管如此，如果找不到一个合理的代谢机制，Keppler的说法仍然面临挑战。如何解释一些森林上空令人困惑的高CH_4浓度的问题依然存在。但是，在这些新实验结果的启发下，大气科学家Ed Dlugokencky（美国科罗拉多州Boulder的地球系统研究实验室）认为最有可能的机制是可能存在另外一个尚未确定的厌氧CH_4来源。

第4节 大气及土壤释放的N_2O稳定同位素组成

一氧化二氮（N_2O）是一种重要的温室气体，其生命周期超过100年，并且在大气中的增长率是$0.8 nmol \cdot 年^{-1}$。单个分子水平上，在100年周期内，它的辐射强迫（radioactive forcing）潜能是CO_2的296倍（Yung et al., 1976; Rodhe, 1990; Ehhalt et al., 2001）。而且，N_2O在全球环境变化中还有其他作用。如N_2O在平流层通过光裂解和光氧化生成NO_x，是催化平流臭氧层解体的一族化学物质的主要来源。由于这些因素，N_2O的产生和分解机制以及这些源和汇随时间变化的研究一直很受关注。

N_2O浓度在地质时间上变化显著，在冰期很低（约200×10^{-9}），间冰期较高（约270×10^{-9}）（Flückiger et al., 1999）。现在N_2O在对流层的浓度为316×10^{-9}，不到CO_2浓度（约316×10^{-6}）的千分之一，并且以每年约0.25%的速度增长（Weiss, 1981）。已知的N_2O源不能平衡已知的对流层累积和平流层的汇（Cicerone, 1989; Prather et al., 1995）。

N_2O在土壤中的产生和消耗都是通过复杂的微生物过程。如，反硝化细菌将硝酸盐（NO_3^-）化学还原成氮气（N_2），N_2O是一种中间副产物。部分N_2O从土壤逃逸，部分在厌氧条件下完全转化为N_2。因此，反硝化过程包括N_2O的产生和消耗过程（Wrage et al., 2001；Chapuis-Lardy et al., 2007；Vieten, 2008）。

化石燃料燃烧、作物种植（与能够捕获大气N_2的细菌相关）和逐渐增加的肥料的使用都会导致地球生物循环中氮素增加。大气N_2O浓度从18世纪中叶开始到现在已经增加了18%，部分原因与上述活动有关。在大气中，N_2O在降解前的平均存留时间为114年。但是，这个大气N_2O汇仅占已知各源的71%，使得每年5.2 Tg N_2O在大气外消失（Alley et al., 2007）。Goldberg和Gebauer（2009）提供了相关证据。通常关于土壤N_2O通量的报告描述了N_2O的净释放，但是Goldberg和Gebauer研究得到的结论是森林土壤可能是比之前预期更大的N_2O汇。

NO_x在短周期和长周期陆地大气系统中都具有重要意义。对流层中的臭氧是在有阳光的情况下，VOCs与氮的多氧化物反应形成。特别是NO_x与VOCs之间的比率对于确定对流层内臭氧是被生产还是被破坏是很重要的（Meixner, 1994）。有机和无机N_2O氧化产生（如硝酸过氧化乙酰硝酸盐、烃基硝酸盐和氮酸）也是十分重要的，因为它们影响人为源下风区的大气光化学，而且，其沉降和吸收过程影响了陆地和水生生态系统。

全球尺度上，人类和其他生物的氮氧化物排放量是大致相当的，分别是：15～29 Tg N·年$^{-1}$和6～18 Tg N·年$^{-1}$（Delmas et al., 1997）。土壤是主要的生物排放NO_x源（Potter et al., 1996；Delmas et al., 1997），主要是在硝化作用和反硝化作用过程中N_2O的逃逸。所以，土壤N_2O和NO_x通量会受到土壤参数的控制，包括温度、湿度和氮含量等（Davidson, 1993；Saad and Conrad, 1993；Conrad, 1997）。这些通量受控制因素的影响而具有时空变化。例如，与观察到的CO_2情况类似（Arneth et al., 1998；Kelliher et al., 1999），旱季后的第一场雨将会产生1个NO的脉冲变化，从而导致在排放物中氮氧化物含量增加10倍左右（Davidson, 1992；Meixner et al., 1997；Scholes et al., 1997）。N_2O通量也随着干燥土壤变湿而增加，但程度较小。另外，土壤向大气排放的NO_x量受到其产生和消耗的复杂相互作用控制，而且这些过程在不同的环境状况下有着很大的差异（Galbally, 1989；Saad and Conrad, 1993；Conrad, 1996, 1997），因此，仅仅根据当地的土壤测定情况很难推断区域或者全球的土壤情况。此外，生物质在燃烧过程中也会产生NO_x和N_2O。

最近，在北纬地区森林地带已经观测到了紫外线导致NO_x排放（Hari et al., 2003）。这项研究为在陆地植被的活动和大气化学反应之间的一个新反馈提供了证据，因为氧化氮有助于臭氧、羟基以及气溶胶粒子的形成。这些粒子形成后将会影响太阳光的辐射特性，从而也会影响NO_x的排放量。研究的结果推动了量化北纬地区生物群落对自然界中大气自净过程贡献的更进一步研究。

由于氮氧化物的反应活性，地表氮氧化物的实际交换也取决于土壤排放、湍流、化学和植物冠层干沉降之间的相互作用。因此，尽管土壤排放通量存在，我们仍然能观测到一个地表干沉降通量（Ganzeveld et al.，2002）。NO、NO_2 和它们的光化反应产物，例如硝酸（HNO_3）和有机硝酸盐（如PAN），植物可以吸收或者沉积在叶片中（Jacob and Bakwin，1991；Sparks et al.，2001）。因此，在它们从土壤逃逸进入对流层前已在植物冠层内部被去除。在很多模型中这种情况被称为植被冠层简化因子。在不同景观中，有不同的植被冠层简化因子，取决于植物的类型和数量。但是，目前这一因子还不能被很好地量化。

许多土地管理方面的实际行动，例如生物质燃烧、播种、耕作以及肥料使用等，都会引起氮通量的较大变化。所以土地利用的变化将会改变到达对流层的氮的量。人类活动向环境中释放越来越多活性氮（Galloway et al.，2008）的后果之一就是在土壤微生物的作用下，增加 N_2O 产量。虽然我们现在还不理解土壤中 N_2O 的产生和消耗的内在机制，但是已经出现令人振奋的研究（Goldberg and Gebauer，2009）。

Goldberg 和 Gebauer（2009）在欧洲云杉林土壤内示踪 N_2O 通量。实验条件设定在一个预期气候模式下，即强降水之后干旱情况的加剧。虽然增加湿度会促进 N_2O 的产生（Davidson et al.，2004），但是研究者们通常假设在高湿度条件下，N_2O 消耗也是最高的，这是由这个过程的厌氧条件造成的。对土壤表面的 N_2O 消耗的野外实验报告相对较少，但是确实描述了和土壤湿度没有预期关系的相对较小 N_2O 通量。这些较小 N_2O 通量由于是在检测线水平测定的，所以经常被忽略，而且现在没有关于土壤 N_2O 汇强度的确凿证据（Chapuis-Lardy et al.，2007）。因此，土壤湿度对 N_2O 产量和它的最终命运——释放或是消耗，仍然不清楚。

Goldberg 和 Gebauer（2009）通过在一个德国云杉林内诱导土壤干旱，测定土壤表面净 N_2O 通量和土壤剖面的 N_2O 浓度来研究这个问题。结果发现，干旱增强了土壤表面的 N_2O 消耗，而且，令人吃惊的是，这种情况在森林生长季的相当长时间都存在。虽然在土壤深处的 N_2O 浓度是大气 N_2O 浓度的几个数量级倍数，而在干旱期间，近地表土壤 N_2O 浓度降低到近大气水平，促使大气 N_2O 扩散到土壤中。重新湿润后，土壤快速恢复了它们作为净大气 N_2O 源的角色。

实验中 N_2O 产生和消耗的速率都很小，在被其他研究者视为不可靠数据的接近零的范围内。但是，干旱期间净 N_2O 消耗在强度和持续时间上是足够的，而对土壤剖面使用4个月累积通量反过来反映净 N_2O 产量（Goldberg and Gebauer，2009）。他们测定了土壤剖面 N_2O 中的 ^{15}N 和 ^{18}O 来辅助确定控制这些 N_2O 通量的过程。微生物在处理这些重同位素时要比轻同位素（^{14}N 和 ^{16}O）来得慢，定量 $^{15}N_2O$

和$N_2^{18}O$能够提供关于控制N_2O产生和消耗过程的信息（Bol *et al.*，2003；Holtgrieve *et al.*，2006；Baggs，2008）。$N_2^{18}O$的趋势可能会由于和土壤水之间的氧原子交换而遭受干扰，$^{15}N_2O$数据更有价值。近地表N_2O相对更深处表现出较高含量的$^{15}N_2O$，这和土壤各层N_2O动态受微生物消耗N_2O过程主导的见解是一致的。因为微生物优先消耗$^{14}N_2O$，使余下N_2O的^{15}N相对富集。结果中重要的是土壤干旱富集了所有土层中$\delta^{15}N_2O$。Goldberg和Gebauer认为干旱条件下，土壤中N_2O源强度下降而N_2O的消耗速率不变。

Goldberg和Gebauer（2009）的研究是理解全球N_2O预算所需要的一个研究实例——测定N_2O通量和各剖面浓度，并结合同位素分析。但是，他们并没有详细阐述观察到的同位素变化的机制。他们给出的解释，即在干旱条件下，N_2O源下降而微生物消耗的速率不变，微生物主导的源会增加$^{15}N_2O$，足以解释干旱条件下，所有土层中$^{15}N_2O$增加的现象，因为不同的微生物途径能够产生不同$\delta^{15}N$的N_2O。但是另一种解释也同样有说服力，即N_2O的消耗可能增加了N_2O源强度但产生途径保持不变，这可能导致干旱中的$^{15}N_2O$"前"移（沿剖面越接近土壤表面$^{15}N_2O$越多），和实验观测类似。

进一步研究必须阐明在不同土壤类型和环境条件下，净土壤N_2O的吸收机制。由于预测到未来许多地区的干旱频率和降水将增加，研究应该特别关注土壤湿度对N_2O动态的影响。测定两种$\delta^{15}N_2O$（$^{15}N^{14}NO$和$^{14}N^{15}NO$）技术的进步将有助于区分N_2O的产生途径。这类研究能帮助我们进一步明确全球N_2O预算，并最终理解气候和N_2O之间双向关系的关键特征。

未来的挑战是改进N_2O和NO_x通量随着土地覆盖和土地利用变化而变化的模型。在区域或全球尺度下对N_2O和NO通量已经进行了多次模拟尝试（Potter *et al.*，1996；Holland and Lamarque，1997；Kirkman *et al.*，2001），但这些模拟仍然存在大量的不确定。

主要参考文献

- 蔡祖聪. 1993. 土壤痕量气体研究展望. 土壤学报 30:117-124.
- 曹亚澄, 孙国庆, 韩勇, 孙德玲, 王曦. 2008. 大气浓度下N_2O、CH_4和CO_2中氮、碳和氧稳定同位素比值的质谱测定. 土壤学报 45:249-258.
- Alley, D., T. Bernsen, N. L. Bindoff, Z. L. Chen, A. Chidthaisong, P. Friedlingstein, J. Gregory, G. Hegerl, M. Heimann, B. Hewitson, B. Hoskins, F. Joos, J. Jouzel, V. Kattsov, U. Lohmann, M. Manning, T. Matsuno, M. Molina, N. Nicholls, J. Overpeck, D. H. Qin, G. Rage, V. Ramaswamy, J. W. Ren, M. Rusticucci, S. Solomon, R. Ramaswamy, T. F. Stocker, P. Stott, R. J. Stouffer, P. Whetton, R. A. Wood, and D. Wratt. 2007. Climate Change 2007: The Physical Science Basis — Summary for Policymakers, Contribution of Working Group I to the Fourth Assessment Report of the Intergovernmental Panel on Climate Change. IPCC Secretariat, Switzerland:1–18.
- Arneth, A., F. Kelliher, T. McSeveny, and J. Byers. 1998. Net

ecosystem productivity, net primary productivity and ecosystem carbon sequestration in a *Pinus radiata* plantation subject to soil water deficit. Tree Physiology 18:785-793.

- Baggs, E. 2008. A review of stable isotope techniques for N_2O source partitioning in soils: Recent progress, remaining challenges and future considerations. Rapid Communications in Mass Spectrometry 22:1664-1672.
- Barker, J. F. and P. Fritz. 1981. Carbon isotope fractionation during microbial methane oxidation. Nature 293:289-291.
- Battle, M., M. Bender, P. P. Tans, J. White, J. Ellis, T. Conway, and R. Francey. 2000. Global carbon sinks and their variability inferred from atmospheric O_2 and $\delta^{13}C$. Science 287:2467-2470.
- Bellisario, L., J. Bubier, T. Moore, and J. Chanton. 1999. Controls on CH_4 emissions from a northern peatland. Global Biogeochemical Cycles 13:81-91.
- Bol, R., S. Toyoda, S. Yamulki, J. Hawkins, L. Cardenas, and N. Yoshida. 2003. Dual isotope and isotopomer ratios of N_2O emitted from a temperate grassland soil after fertiliser application. Rapid Communications in Mass Spectrometry 17:2550-2556.
- Bousquet, P., P. Ciais, J. Miller, E. Dlugokencky, D. Hauglustaine, C. Prigent, G. van der Werf, P. Peylin, E. G. Brunke, and C. Carouge. 2006. Contribution of anthropogenic and natural sources to atmospheric methane variability. Nature 443:439-443.
- Brand, W. 1995. PreCon: A fully automated interface for the Pre-GC concentration of trace gases on air for isotopic analysis. Isotopes in Environmental and Health Studies 31:277-284.
- Brasseur, G., R. G. Prinn, and A. A. P. Pszenny. 2003. Atmospheric Chemistry in a Changing World: An Integration and Synthesis of a Decade of Tropospheric Chemistry Research: The International Global Atmospheric Chemistry Project of the International Geosphere-Biosphere Programme. Springer, Verlag.
- Brook, E. J., S. Harder, J. Severinghaus, E. J. Steig, and C. M. Sucher. 2000. On the origin and timing of rapid changes in atmospheric methane during the last glacial period. Global Biogeochemical Cycles 14:559-572.
- Brune, A., P. Frenzel, and H. Cypionka. 2000. Life at the oxic-anoxic interface: Microbial activities and adaptations. FEMS Microbiology Reviews 24:691-710.
- Canadell, J., H. Mooney, D. Baldocchi, J. Berry, J. Ehleringer, C. Field, S. Gower, D. Hollinger, J. Hunt, and R. Jackson. 2000. Commentary: Carbon metabolism of the terrestrial biosphere: A multitechnique approach for improved understanding. Ecosystems 3:115-130.
- Cao, M., S. Marshall, and K. Gregson. 1996. Global carbon exchange and methane emissions from natural wetlands: Application of a process-based model. Journal of Geophysical Research Series 101:14399-14414.
- Chanton, J. P. and J. W. H. Dacey. 1991. Effects of vegetation on methane flux, reservoirs, and carbon isotopic composition. In: Rogers, J. E.and W. B. Whitman. (eds). Trace Gas Emissions by Plants. Academic Press, New York:65-92.
- Chapuis-Lardy, L., N. Wrage, A. Metay, J. L. Chotte, and M. Bernoux. 2007. Soils, a sink for N_2O? A review. Global Change Biology 13:1-17.
- Christensen, T. R., T. Johansson, H. J. Akerman, M. Mastepanov, N. Malmer, T. Friborg, P. Crill, and B. H. Svensson. 2004. Thawing sub-arctic permafrost: Effects on vegetation and methane emissions. Geophysical Research Letters 31: L04501.
- Christensen, T. R., N. Panikov, M. Mastepanov, A. Joabsson, A. Stewart, M. Öquist, M. Sommerkorn, S. Reynaud, and B. Svensson. 2003. Biotic controls on CO_2 and CH_4 exchange in wetlands — A closed environment study. Biogeochemistry 64:337-354.
- Ciais, P., A. S. Denning, P. P. Tans, and J. A. Berry. 1997. A three-dimensional synthesis study of in atmospheric CO_2. Journal of Geophysical Research 102:5857-5872.
- Ciais, P., P. P. Tans, J. W. C. White, M. Trolier, R. J. Francey, J. A. Berry, D. R. Randall, P. J. Sellers, J. G. Collatz, and D. S. Schimel. 1995. Partitioning of ocean and land uptake of CO_2 as inferred by ^{13}C measurements from the NOAA Climate Monitoring and Diagnostics Laboratory Global Air Sampling Network. Journal of Geophysical Research 100:5051-5070.
- Cicerone, R. 1989. Analysis of sources and sinks of atmospheric nitrous oxide (N_2O). Journal of Geophysical Research 94:18265-18271.
- Clark, I. D. and P. Fritz. 1997. Environmental isotopes in hydrogeology. Lewis Publisher, Florida.
- Colman, A. S., R. E. Blake, D. M. Karl, M. L. Fogel, and K. K. Turekian. 2005. Marine phosphate oxygen isotopes and organic matter remineralization in the oceans. Proceedings of the National Academy of Sciences, USA 102:13023-13028.
- Conrad, R. 1996. Soil microorganisms as controllers of atmospheric trace gases (H_2, CO, CH_4, OCS, N_2O, and NO). Microbiological Reviews 60:609-640.
- Conrad, R. 1997. Mechanisms of Release of NO_x and CO_2 from soil and soil micro-organisms.In: Slanina, S. (ed). Biosphere-Atmosphere Exchange of Pollutants and Trace Substances: Experimental and Theoretical Studies of Biogenic Emissions and of Pollutant Deposition. Springer, New York:420-426.

- Conrad, R., H. Schütz, and W. Seiler. 1988. Emission of carbon monoxide from submerged rice fields into the atmosphere. Atmospheric Environment 22:821–823.
- Cox, P. M., R. A. Betts, C. D. Jones, S. A. Spall, and I. J. Totterdell. 2000. Accele-ration of global warming due to carbon-cycle feedbacks in a coupled climate model. Nature 408:184–187.
- Cramer, W., A. Bondeau, F. I. Woodward, I. C. Prentice, R. A. Betts, V. Brovkin, P. M. Cox, V. Fisher, J. A. Foley, and A. D. Friend. 2001. Global response of terrestrial ecosystem structure and function to CO_2 and climate change: Results from six dynamic global vegetation models. Global Change Biology 7:357–373.
- Cuntz, M., P. Ciais, G. Hoffmann, and W. Knorr. 2003. A comprehensive global three-dimensional model of ^{18}O in atmospheric CO_2: 1. Validation of surface processes. Journal of Geophysical Research 108:doi:10.1029/2002JD003153.
- Dacey, J. W. H. 1981. Pressurized ventilation in the yellow waterlily. Ecology 62:1137–1147.
- Dansgaard, W. 1964. Stable isotopes in precipitation. Tellus 16:436–468.
- Davidson, E. A. 1992. Pulses of nitric oxide and nitrous oxide flux following wetting of dry soil: An assessment of probable sources and importance relative to annual fluxes. Ecological Bulletins 42:149–155.
- Davidson, E. A. 1993. Soil water content and the ratio of nitrous oxide to nitric oxide emitted from soil. In: Oremland, R. S. (ed). Biogeochemistry of Global Change: Radiatively Active Trace Gases. Kluwer Academic Publisher, New York:369–386.
- Davidson, E. A., F. Y. Ishida, and D. C. Nepstad. 2004. Effects of an experimental drought on soil emissions of carbon dioxide, methane, nitrous oxide, and nitric oxide in a moist tropical forest. Global Change Biology 10:718–730.
- Delmas, R., D. Serca, and C. Jambert. 1997. Global inventory of NO_x sources. Nutrient Cycling in Agroecosystems 48:51–60.
- Dlugokencky, E., S. Houweling, L. Bruhwiler, K. Masarie, P. Lang, J. Miller, and P. Tans. 2003. Atmospheric methane levels off: Temporary pause or a new steady-state? Geophysical Research Letters 19:doi:10.1029/2003GL018126.
- Dlugokencky, E., K. Masarie, P. Lang, and P. Tans. 1998. Continuing decline in the growth rate of the atmospheric methane burden. Nature 393:447–450.
- Dlugokencky, E. J., B. P. Walter, K. Masarie, P. Lang, and E. Kasischke. 2001. Measurements of an anomalous global methane increase during 1998. Geophysical Research Letters 28:499–502.
- Drake, B. G., M. A. Gonzàlez-Meler, and S. P. Long. 1997. More efficient plants: A consequence of rising atmospheric CO_2? Annual Review of Plant Biology 48:609–639.
- Dueck, T. A., R. De Visser, H. Poorter, S. Persijn, A. Gorissen, W. De Visser, A. Schapendonk, J. Verhagen, J. Snel, and F. J. M. Harren. 2007. No evidence for substantial aerobic methane emission by terrestrial plants: A ^{13}C-labelling approach. New Phytologist 175:29–35.
- Ehhalt, D., M. Prather, F. Dentener, R. Derwent, E. J. Dlugokencky, E. Holland, I. Isaksen, J. Katima, V. Kirchhoff, and P. Matson. 2001. Atmospheric chemistry and greenhouse gases. Pacific Northwest National Laboratory (PNNL), Richland, WA (US).
- Enting, I., C. Trudinger, and R. Francey. 1995. Synthesis inversion of the concentration and $\delta^{13}C$ of atmospheric CO_2. Tellus 47:35–52.
- Fan, S., M. Gloor, J. Mahlman, S. Pacala, J. Sarmiento, T. Takahashi, and P. Tans. 1998. A large terrestrial carbon sink in North America implied by atmospheric and oceanic carbon dioxide data and models. Science 282:442–446.
- Farquhar, G. D., J. R. Ehleringer, and K. T. Hubick. 1989. Carbon isotope discrimination and photosynthesis. Annual Review of Plant Physiology and Plant Molecular Biology 40:503–537.
- Farquhar, G. D., J. Lloyd, J. A. Taylor, L. B. Flanagan, J. P. Syvertsen, K. T. Hubick, S. C. Wong, and J. R. Ehleringer. 1993. Vegetation effects on the isotope composition of oxygen in atmospheric CO_2. Nature 363:439–443.
- Ferretti, D., J. Miller, J. White, D. Etheridge, K. Lassey, D. Lowe, C. Meure, M. Dreier, C. Trudinger, and T. van Ommen. 2005. Unexpected changes to the global methane budget over the past 2000 years. Science 309:1714–1717.
- Flanagan, L. B., J. R. Brooks, G. T. Varney, and J. R. Ehleringer. 1997. Discrimination against $C^{18}O^{16}O$ during photosynthesis and the oxygen isotope ratio of respired CO_2 in boreal forest ecosystems. Global Biogeochemical Cycles 11:83–98.
- Flanagan, L. B., J. P. Comstock, and J. R. Ehleringer. 1991. Comparison of modeled and observed environmental influences on the stable oxygen and hydrogen isotope composition of leaf water in *Phaseolus vulgaris* L. Plant Physiology 96:588–596.
- Flanagan, L. B. and J. R. Ehleringer. 1998. Ecosystem-atmosphere CO_2 exchange: Interpreting signals of change using stable isotope ratios. Trends in Ecology and Evolution 13:10–14.
- Flanagan, L. B., J. R. Ehleringer, and D. E. Pataki. 2005. Stable isotopes and biosphere-atmosphere interactions: Processes and biological controls. Elsevier Academic Press, San Diego.
- Flanagan, L. B., L. A. Wever, and P. J. Carlson. 2002. Seasonal and interannual variation in carbon dioxide exchange and carbon balance in a northern temperate grassland. Global Change

Biology 8:599–615.

- Flückiger, J., A. Dällenbach, T. Blunier, B. Stauffer, T. Stocker, D. Raynaud, and J. M. Barnola. 1999. Variations in atmospheric N_2O concentration during abrupt climatic changes. Science 285:227–230.
- Francey, R., P. Tans, C. Allison, I. Enting, J. White, and M. Trolier. 1995. Changes in oceanic and terrestrial carbon uptake since 1982. Nature 373:326–330.
- Frankenberg, C., J. Meirink, M. van Weele, U. Platt, and T. Wagner. 2005. Assessing methane emissions from global space-borne observations. Science 308:1010–1014.
- Friedlingstein, P., L. Bopp, P. Ciais, J. L. Dufresne, L. Fairhead, H. LeTreut, P. Monfray, and J. Orr. 2001. Positive feedback between future climate change and the carbon cycle. Geophysical Research Letters 28:1543–1546.
- Fritz, P., J. Fontes, S. Frape, D. Louvat, J. Michelot, and W. Balderer. 1989. The isotope geochemistry of carbon in groundwater at Stripa. Geochimica et Cosmochimica Acta 53:1765–1775.
- Fung, I., C. Field, J. Berry, M. Thompson, J. Randerson, C. Malmström, P. Vitousek, G. J. Collatz, P. Sellers, and D. Randall. 1997. Carbon-13 exchanges between the atmosphere and biosphere. Global Biogeochemical Cycles 11:507–534.
- Fung, I. Y., S. K. Meyn, I. Tegen, S. C. Doney, J. G. John, and J. K. B. Bishop. 2000. Iron supply and demand in the upper ocean. Global Biogeochemical Cycles 14:281–295.
- Galbally, I. 1989. Factors controlling NO_x emissions from soils. In: Andreae, M. O. and D. S. Schimel. (eds). Exchange of Trace Gases between Terrestrial Ecosystems and the Atmosphere. John Wiley and Sons, Chichester:23–37.
- Galloway, J. N., A. R. Townsend, J. W. Erisman, M. Bekunda, Z. Cai, J. R. Freney, L. A. Martinelli, S. P. Seitzinger, and M. A. Sutton. 2008. Transformation of the nitrogen cycle: Recent trends, questions, and potential solutions. Science 320:889–892.
- Ganzeveld, L., J. Lelieveld, F. Dentener, M. Krol, A. Bouwman, and G. Roelofs. 2002. Global soil-biogenic NO_x emissions and the role of canopy processes. Journal of Geophysical Research 107:doi:10.1029/2001JD001289.
- Gillon, J. and D. Yakir. 2001. Influence of carbonic anhydrase activity in terrestrial vegetation on the ^{18}O content of atmospheric CO_2. Science 291:2584–2587.
- Glasby, G. 2003. Potential impact on climate of the exploitation of methane hydrate deposits offshore. Marine and Petroleum Geology 20:163–175.
- Gogoi, N., K. Baruah, B. Gogoi, and P. K. Gupta. 2005. Methane emission characteristics and its relations with plant and soil parameters under irrigated rice ecosystem of northeast India. Chemosphere 59:1677–1684.
- Goldberg, S. and G. Gebauer. 2009. Drought turns a Central European Norway spruce forest soil from an N_2O source to a transient N_2O sink. Global Change Biology 15:850–860.
- Gupta, M., S. Tyler, and R. Cicerone. 1996. Modeling atmospheric $\delta^{13}CH_4$ and the causes of recent changes in atmospheric CH_4 amounts. Journal of Geophysical Research 101:doi:10.1029/1096JD02386.
- Hari, P., M. Raivonen, T. Vesala, J. W. Munger, K. Pilegaard, and M. Kulmala. 2003. Atmospheric science: Ultraviolet light and leaf emission of NO_x. Nature 422:134.
- Harriss, R. C., D. I. Sebacher, and F. P. Day. 1982. Methane flux in the great dismal swamp. Nature 297:537–674.
- Harvey, L. D. D. and Z. Huang. 1995. Evaluation of the potential impact of methane clathrate destabilization on future global warming. Journal of Geophysical Research 100:2905–2926.
- Heimann, M. and C. D. Keeling. 1989. A three-dimensional model of atmospheric CO_2 transport based on observed winds: 2. Model description and simulated tracer experiments. Geophysical Monorgraph 55:237–273.
- Hein, R., P. J. Crutzen, and M. Heimann. 1997. An inverse modeling approach to investigate the global atmospheric methane cycle. Global Biogeochemical Cycles 11:43–76.
- Helliker, B. R., J. A. Berry, A. K. Betts, P. S. Bakwin, K. J. Davis, J. R. Ehleringer, M. P. Butler, and D. M. Ricciuto. 2005. Regional-scale estimates of forest CO_2 and isotope flux based on monthly CO_2 budgets of the atmospheric boundary layer. In: Griffiths, H. and P. G. Jarvis. (eds). The Carbon Balance of Forest Biomes. Taylor & Francis, Oxford:77–92.
- Henderson-Sellers, A., M. Fischer, I. Aleinov, K. McGuffie, W. Riley, G. Schmidt, K. Sturm, K. Yoshimura, and P. Irannejad. 2006. Stable water isotope simulation by current land-surface schemes: Results of iPILPS Phase 1. Global and Planetary Change 51:34–58.
- Henderson-Sellers, A., K. McGuffie, D. Noone, and P. Irannejad. 2004. Using stable water isotopes to evaluate basin-scale simulations of surface water budgets. Journal of Hydrometeorology 5:805–822.
- Holland, E. A. and J. F. Lamarque. 1997. Modeling bio-atmospheric coupling of the nitrogen cycle through NO_x emissions and NO_x deposition. Nutrient Cycling in Agroecosystems 48:7–24.
- Holtgrieve, G. W., P. K. Jewett, and P. A. Matson. 2006. Variations in soil N cycling and trace gas emissions in wet tropical forests.

- Hopkin, M. 2007. Climate change 2007: Climate sceptics switch focus to economics. Nature 445:582–583.
- Houghton, R., R. Boone, J. Fruci, J. Hobbie, J. Melillo, C. Palm, B. Peterson, G. Shaver, G. Woodwell, and B. Moore. 1987. The flux of carbon from terrestrial ecosystems to the atmosphere in 1980 due to changes in land use: Geographic distribution of the global flux. Tellus 39:122–139.
- Houghton, R., J. Hackler, and K. Lawrence. 1999. The US carbon budget: Contributions from land-use change. Science 285:574–578.
- Houweling, S., T. Kaminski, F. Dentener, J. Lelieveld, and M. Heimann. 1999. Inverse modeling of methane sources and sinks using the adjoint of a global transport model. Journal of Geophysical Research 104:26137–26160.
- Ishizawa, M., T. Nakazawa, and K. Higuchi. 2002. A multi-box model study of the role of the biospheric metabolism in the recent decline of $\delta^{18}O$ in atmospheric CO_2. Tellus B 54:307–324.
- Jacob, D. J. and P. S. Bakwin. 1991. Cycling of NO_x in tropical forest canopies. In: Rogers, J. E. and W. B. Whitman. (eds). Microbial Production and Consumption of Greenhouse Gases: Methane, Nitrogen Oxides and Halomethanes. American Society for Microbiology, Washington, DC:237–253.
- Karim, A. and J. Veizer. 2002. Water balance of the Indus River Basin and moisture source in the Karakoram and western Himalayas: Implications from hydrogen and oxygen isotopes in river water. Journal of Geophysical Research 107: doi:10.1029/2000JD000253.
- Keeling, C., T. Whorf, M. Wahlen, and J. Plicht. 1995. Interannual extremes in the rate of rise of atmospheric carbon dioxide since 1980. Nature 375:666–670.
- Keeling, C. D., R. Bacastow, A. Carter, S. Piper, T. P. Whorf, M. Heimann, W. G. Mook, and H. Roeloffzen. 1989. A three-dimensional model of atmospheric CO_2 transport based on observed winds: 1. Analysis of observational data. Aspects of climate variability in the Pacific and the Western Americas 55:165–236.
- Kelley, C. A., C. S. Martens, and W. Ussler. 1995. Methane dynamics across a tidally flooded riverbank margin. Limnology and Oceanography 40:1112–1129.
- Kelliher, F., J. Lloyd, A. Arneth, B. Lühker, J. Byers, T. McSeveny, I. Milukova, S. Grigoriev, M. Panfyorov, and A. Sogatchev. 1999. Carbon dioxide efflux density from the floor of a central Siberian pine forest. Agricultural and Forest Meteorology 94:217–232.
- Keppler, F., J. T. G. Hamilton, M. Brass, and T. Röckmann. 2006. Methane emissions from terrestrial plants under aerobic conditions. Nature 439:187–191.
- Kim, K. R. and H. Craig. 1993. Nitrogen-15 and oxygen-18 characteristics of nitrous oxide: A global perspective. Science 262:1855–1857.
- King, G. 1992. Ecological aspects of methane oxidation, a key determinant of global methane dynamics. Advances in Microbial Ecology 12:431–468.
- Kirkman, G. A., W. X. Yang, and F. X. Meixner. 2001. Biogenic nitric oxide emissions upscaling: An approach for Zimbabwe. Global Biogeochemical Cycles 15:1005–1020.
- Kvenvolden, K. A. 1988. Methane hydrate—A major reservoir of carbon in the shallow geosphere? Chemical Geology 71:41–51.
- Kvenvolden, K. A. 2002. Methane hydrate in the global organic carbon cycle. Terra Nova 14:302–306.
- Lelieveld, J., P. J. Crutzen, and F. J. Dentener. 1998. Changing concentration, lifetime and climate forcing of atmospheric methane. Tellus 50:128–150.
- Lowry, D., C. W. Holmes, N. D. Rata, P. O'Brien, and E. G. Nisbet. 2001. London methane emissions: Use of diurnal changes in concentration and $\delta^{13}C$ to identify urban sources and verify inventories. Journal of Geophysical Research 106:7427–7448.
- Martens, C. S., R. I. Haddad, and J. P. Chanton. 1992. Organic matter accumulation, remineralization and burial in an anoxic coastal sediment. In: Whelan, J. K. and J. W. Farrington. (eds). Productivity, Accumulation, and Preservation of Organic Matter: Recent and Ancient Sediments. Columbia University Press, New York:82–98.
- Martens, C. S. and J. Val Klump. 1980. Biogeochemical cycling in an organic-rich coastal marine basin — I. Methane sediment-water exchange processes. Geochimica et Cosmochimica Acta 44:471–490.
- Martens, D. and D. Westermann. 1991. Fertilizer application for correcting micronutrient deficiencies. Soil Science Society of America, Madison.
- Meixner, F., T. Fickinger, L. Marufu, D. Serca, F. Nathaus, E. Makina, L. Mukurumbira, and M. Andreae. 1997. Preliminary results on nitric oxide emission from a southern African savanna ecosystem. Nutrient Cycling in Agroecosystems 48:123–138.
- Meixner, F. X. 1994. Surface exchange of odd nitrogen oxides. Nova Acta Leopoldina NF 70:299–348.
- Monson, R. K. and E. A. Holland. 2001. Biospheric trace gas fluxes and their control over tropospheric chemistry. Annual Review of Ecology and Systematics 32:547–576.
- Ometto, J. P. H. B., J. R. Ehleringer, T. F. Domingues, J. A. Berry, F. Y. Ishida, E. Mazzi, N. Higuchi, L. B. Flanagan, G. B. Nardoto, and L. A. Martinelli. 2006. The stable carbon and nitrogen isotopic

composition of vegetation in tropical forests of the Amazon Basin, Brazil. Biogeochemistry 79:251-274.
- Pataki, D., R. Alig, A. Fung, N. Golubiewski, C. Kennedy, E. McPherson, D. Nowak, R. Pouyat, and P. Romero Lankao. 2006. Urban ecosystems and the North American carbon cycle. Global Change Biology 12:2092-2102.
- Paull, C., C. Martens, J. Chanton, A. Neumann, J. Coston, A. Jull, and L. Toolin. 1989. Old carbon in living organisms and young $CaCO_3$ cements from abyssal brine seeps. Nature 342:166-168.
- Petit, J. R., J. Jouzel, D. Raynaud, N. Barkov, J. Barnola, I. Basile, M. Bender, J. Chappellaz, M. Davis, and G. Delaygue. 1999. Climate and atmospheric history of the past 420 000 years from the Vostok ice core, Antarctica. Nature 399:429-436.
- Peylin, P. 1999. The composition of ^{18}O in atmospheric CO_2: A new tracer to estimate global photosynthesis. University Paris VI, Paris.
- Potter, C. S., P. A. Matson, P. M. Vitousek, and E. A. Davidson. 1996. Process modeling of controls on nitrogen trace gas emissions from soils worldwide. Journal of Geophysical Research 101:1361-1377.
- Prather, M., R. Derwent, D. Ehhalt, P. Fraser, E. Sanhueza, and X. Zhou. 1995. Other trace gases and atmospheric chemistry. In: Houghton, J. T., L. G. M. Filho, J. Bruce, H. Lee, B. A. Callender, E. Haites, N. Harris, and K. Maskell. (eds). Climate Change 1994: Radiative Forcing of Climate Change and An Evaluation of the IPCC IS92 Emission Scenarios. Cambridge University Press, Cambridge:73-126.
- Prather, M. and D. Ehhalt. 2001. Atmospheric chemistry and greenhouse gases. In: Houghton, J. T. Y. Ding, D. J. Griggs, M. Noguer, P. J. V. D. Linden, X. Dai, K. Maskell, and C. A. Johnson. (eds).Climate Change 2001: The Scientific Basis. Cambridge University Press:239-287.
- Prentice, I., G. Farquhar, M. Fasham, M. Goulden, M. Heimann, V. Jaramillo, H. Kheshgi, C. LeQuere, R. Scholes, D. W. R. Wallace, D. Archer, M. R. Ashmore, O. Aumont, D. Baker, M. Battle, M. Bender, L. P. Bopp, P. Bousquet, K. Caldeira, P. Ciais, W. Cramer, F. Dentener, I. G. Enting, C. B. Field, E. A. Holland, R. A. Houghton, J. I. House, A. Ishida, A. K. Jain, I. Janssens, F. Joos, T. Kaminski, C. D. Keeling, D. W. Kicklighter, K. E. Kohfeld, W. Knorr, R. Law, T. Lenton, K. Lindsay, E. Maier-Reimer, A. Manning, R. J. Matear, A. D. McGuire, J. M. Melillo, R. Meyer, M. Mund, J. C. Orr, S. Piper, K. Plattner, P. J. Rayner, S. Sitch, R. Slater, S. Taguchi, P. P. Tans, H. Q. Tian, M. F. Weirig, T. Whorf, and A. Yool. 2001. The carbon cycle and atmospheric carbon dioxide. In: Houghton, J. T. (ed). Climate Change 2001: The Scientific Basis: Contribution of Working Group I to the Third Assessment Report of the Intergovernmental Panel on Climate Change. Cambridge University Press, Cambridge:183-237.
- Prieme, A. and S. Christensen. 1999. Methane uptake by a selection of soils in Ghana with different land use. Journal of Geophysical Research-Atmospheres 104:23617-23622.
- Ramaswamy, V., O. Boucher, J. Haigh, D. Hauglustaine, J. Haywood, G. Myhre, T. Nakajima, G. Shi, S. Solomon, and R. E. Betts. 2001. Radiative forcing of climate change. Pacific Northwest National Laboratory, Richland, WA.
- Randerson, J., G. Collatz, J. Fessenden, A. Munoz, C. Still, J. Berry, I. Fung, N. Suits, and A. Denning. 2002. A possible global covariance between terrestrial gross primary production and ^{13}C discrimination: Consequences for the atmospheric ^{13}C budget and its response to ENSO. Global Biogeochemical Cycles 16:83-81.
- Randerson, J. T. 2005. Terrestrial ecosystems and interannual variability in the global atmospheric budgets of $^{13}CO_2$ and $^{12}CO_2$. In: Flanagan, L. B., J. R. Ehleringer, D. E. Pataki, and H. A. Mooney. (eds). Stable Isotopes and Biosphere-Atmosphere Interactions: Processes and Biological Controls. Elsevier, San Diego:217-234.
- Raupach, M., P. Rayner, D. Barrett, R. DeFries, M. Heimann, D. Ojima, S. Quegan, and C. Schmullius. 2005. Model-data synthesis in terrestrial carbon observation: Methods, data requirements and data uncertainty specifications. Global Change Biology 11:378-397.
- Rodhe, H. 1990. A comparison of the contribution of various gases to the greenhouse effect. Science 248:1217-1219.
- Saad, O. A. L. O. and R. Conrad. 1993. Temperature dependence of nitrification, denitrification, and turnover of nitric oxide in different soils. Biology and Fertility of Soils 15:21-27.
- Salati, E. and P. B. Vose. 1984. Amazon basin: A system in equilibrium. Science 225:129-138.
- Schimel, D. S., B. Braswell, and W. Parton. 1997. Equilibration of the terrestrial water, nitrogen, and carbon cycles. Proceedings of the National Academy of Sciences, USA 94:8280-8283.
- Scholes, M., R. Martin, R. Scholes, D. Parsons, and E. Winstead. 1997. NO and N_2O emissions from savanna soils following the first simulated rains of the season. Nutrient Cycling in Agroecosystems 48:115-122.
- Scholes, M. C., R. J. Scholes, L. B. Otter, and A. J. Woghiren. 2003. Biogeochemistry: The cycling of elements. In: Toit, D., H. Biggs, and K. Rogers. (eds). The Kruger Experience. Island Press, Washington:130-148.
- Smith, K., K. Dobbie, B. Ball, L. Bakken, B. Sitaula, S. Hansen, R. Brumme, W. Borken, S. Christensen, and A. Priemé. 2000. Oxidation of atmospheric methane in Northern European soils,

- comparison with other ecosystems, and uncertainties in the global terrestrial sink. Global Change Biology 6:791–803.
- Sparks, J. P., R. K. Monson, K. L. Sparks, and M. Lerdau. 2001. Leaf uptake of nitrogen dioxide (NO_2) in a tropical wet forest: Implications for tropospheric chemistry. Oecologia 127:214–221.
- Stern, L. A., R. Amundson, and W. T. Baisden. 2001. Influence of soils on oxygen isotope ratio of atmospheric CO_2. Global Biogeochemical Cycles 15:753–759.
- Still, C. J., J. A. Berry, G. J. Collatz, and R. S. DeFries. 2003. Global distribution of C_3 and C_4 vegetation: Carbon cycle implications. Global Biogeochemical Cycles 17:doi:10.1029/2001GB001807.
- Ström, L., A. Ekberg, M. Mastepanov, and T. Rojle Christensen. 2003. The effect of vascular plants on carbon turnover and methane emissions from a tundra wetland. Global Change Biology 9:1185–1192.
- Sturm, P., M. Leuenberger, and M. Schmidt. 2005. Atmospheric O_2, CO_2 and $\delta^{13}C$ observations from the remote sites Jungfraujoch, Switzerland, and Puy de Dôme, France. Geophysical Research Letters 32:doi:10.1029/2005GL023304.
- Su, H. X. and W. G. Sang. 2004. Simulations and analysis of net primary productivity in *Quercus liaotungensis* forest of Donglingshan Mountain range in response to different climate change scenarios. Acta Botanica Sinica-English Edition 46:1281–1291.
- Sugimoto, A. and E. Wada. 1993. Carbon isotopic composition of bacterial methane in a soil incubation experiment: Contributions of acetate and. Geochimica et Cosmochimica Acta 57:4015–4027.
- Tanaka, N., D. M. Rye, R. Rye, H. Avak, and T. Yoshinari. 1995. High precision mass spectrometric analysis of isotopic abundance ratios in nitrous oxide by direct injection of N_2O. International Journal of Mass Spectrometry and Ion Processes 142:163–175.
- Tans, P. P., I. Y. Fung, and T. Takahashi. 1990. Observational contrains on the global atmospheric CO_2 budget. Science 247:1431–1438.
- Tans, P. P. and J. W. C. White. 1998. In balance, with a little help from the plants. Science 281:183–184.
- Theakstone, W. H. 2003. Oxygen isotopes in glacier-river water, Austre Okstindbreen, Okstindan, Norway. Journal of Glaciology 49:282–298.
- Thonicke, K., S. Venvsky, and S. Sitch. 2001. The role of fire disturbance for global vegetation dynamics: Coupling fire into a Dynamic Global Vegetation Model. Global Ecology and Biogeography 10:661–677.
- Trolier, M., J. White, P. Tans, K. Masarie, and P. Gemery. 1996. Monitoring the isotopic composition of atmospheric CO_2: Measurements from the NOAA Global Air Sampling Network. Journal of Geophysical Research 101:25897–25916.
- Vieten, B. 2008. N_2O Reduction in Soils. University of Basel, Vieten.
- Walter, P. and K. Heimann. 2000. Evoked cortical potentials after electrical stimulation of the inner retina in rabbits. Graefe's Archive for Clinical and Experimental Ophthalmology 238:315–318.
- Weiss, R. 1981. The temporal and spatial distribution of tropospheric nitrous oxide. Journal of Geophysical Research 86:7185–7195.
- Whiticar, M. J. and E. Faber. 1986. Methane oxidation in sediment and water column environments—Isotope evidence. Organic Geochemistry 10:759–768.
- Williams, S., R. Pearson, and P. Walsh. 1996. Distributions and biodiversity of the terrestrial vertebrates of Australia's wet tropics. Pacific Conservation Biology 2:327–362.
- Woltemate, I., M. Whiticar, and M. Schoell. 1984. Carbon and hydrogen isotopic composition of bacterial methane in a shallow freshwater lake. Limnology and Oceanography 29:985–992.
- Wrage, N., G. Velthof, M. van Beusichem, and O. Oenema. 2001. Role of nitrifier denitrification in the production of nitrous oxide. Soil Biology and Biochemistry 33:1723–1732.
- Wuebbles, D. J. and K. Hayhoe. 2002. Atmospheric methane and global change. Earth-Science Reviews 57:177–210.
- Yakir, D. and X. F. Wang. 1996. Fluxes of CO_2 and water between terrestrial vegetation and the atmosphere estimated from isotope measurements. Nature 380:515–517.
- Yepez, E. A., D. G. Williams, R. L. Scott, and G. Lin. 2003. Partitioning overstory and understory evapotranspiration in a semiarid savanna woodland from the isotopic composition of water vapor. Agricultural and Forest Meteorology 119:53–68.
- Yung, Y., W. Wang, and A. Lacis. 1976. Greenhouse effect due to atmospheric nitrous-oxide. Geophysical Research Letters 3:619–621.

第 11 章
全球变化生态学
效应研究

地球正在经历着由诸如大气组成改变（例如CO_2、CH_4和N_2O浓度）、气候变化以及生物多样性降低等环境因素改变引起的剧烈变化（Vitousek，1994）。气候变化是对地球大气环境异常的反映，并会对地球上各类生态系统产生显著影响。例如，农田粮食产量下降（Challinor et al.，2007）；极地冰川融化导致海平面上升，进而导致低海平面国家和平原地区洪涝灾害频发（Wassmann et al.，2004）；海水因为吸收较多CO_2导致酸化现象越来越明显，进而导致一些海洋动物如珊瑚和蛤蚌类难以形成维持其生存的外壳或骨架（Hoegh-Guldberg，1999）。此外，气候变化还会使污染严重地区出现高浓度臭氧（Nolte et al.，2008）。

Svante Arrhenius和Arvid Högbom认为大气温度受温室气体的影响始于19世纪末（Heimann，2005），而Hubert Horace Lamb（1913—1997年）则率先提出科学界要密切关注最近几百年到几千年地球气候的异常及其对人类社会的潜在影响（Kelly，1997）。关于全球气候变化最早的研究是Charles David Keeling（1928—2005年）对美国夏威夷Mauna Loa火山口大气CO_2浓度的精确测量（Heimann，2005）。这项工作目前被认为是气候变化研究的里程碑，为社会公众和政治家日后认识到全球变化给人类社会带来的威胁奠定了理论基础，并直接促使1992年《联合国气候变化框架公约》的出台——这也是国际社会首次对紧迫的环境问题进行正面回应（Kelly，1997）。自此，气候变化开始成为科学、政治、经济和环境领域的重要议题（Watson，2003；IPCC，2007）。

正如前面几章（见第3～6章）所描述的，生物界主要元素（C、H、O、N）的稳定同位素比值变化很小，但在地球不同区域差异显著。由于人类活动影响加剧，比如土地利用方式的改变和化石燃料的燃烧，大气CO_2中$^{13}C/^{12}C$比值在过去的200年中降低了约1.5‰（从大约0.011 107 3到0.011 090 6）。间冰期的温暖时期和最大冰川期相比，格陵兰岛雨水中$^{18}O/^{16}O$比值的变化高达5‰（从0.001 935到0.001 925）。尽管这些值表面上看起来很小，但这些变化反映的是自然界同位素的分馏过程，且这些微小的变化可以被高灵敏的质谱技术检测到。通过对这些变化的研究，我们能够重建过去的气候情况从而更好地理解地球气候系统的运转及响应机制。同时，如果同位素信号足够强且未受其他干扰，则可以通过研究自然界气体同位素比值变化进而确定痕量气体的源和汇。通过这些信息，可以依据《京都议定书》制订出相应的CO_2排放的框架协议。在关于提高CO_2浓度以及将C_4和C_3作物相间种植的实验发现，新固定的土壤有机碳（SOC）和原有土壤有机碳库同位素信号差异显著（Balesdent et al.，1988；Leavitt et al.，1994）。同时，可以通过对根系周围新沉积物质同位素值的计算（根系分泌物和细根菌根菌丝的变化）量化这些根系固定物质（Hungate et al., 1997; van Kessel et al., 2000; Leavitt et al., 2001)。

本章通过实例讲述稳定同位素技术在全球变化方面的研究，如大气CO_2增加（第1节）、全球变暖（第2节）、降水变化（第3节）以及氮沉降增加（第4节）等方面，通过这些实例进一步阐述稳定同位素技术在研究全球变化问题中的优势及地位。

第1节 大气CO_2浓度增加对生态系统生产力的影响

自工业革命以来，随着化石燃料燃烧，土地利用方式的改变及森林的大量砍伐等人为活动加剧，作为全球最主要的温室气体，CO_2浓度处于持续快速增长阶段（Keeling et al., 1995）。而CO_2浓度升高被认为是气候变化的主要原因（IPCC, 2007）。因此，更好地理解陆地生态系统碳循环过程即生物圈与大气圈CO_2交换是非常重要的。由于化石燃料燃烧释放的CO_2是^{13}C显著贫化的，大气圈与生物圈的碳同位素组成可以反映现在的环境变化，因此稳定同位素可以作为生态系统与大气间相互作用的敏感指示剂。基于大气同位素组成变化模型表明，陆地生态系统（特别是北半球陆地生态系统）是吸收人类活动释放CO_2的主要碳汇（Tans et al., 1990; Ciais et al., 1995; Valentini et al., 2000）。但由于生态系统呼吸作为生态系统碳平衡的主要组成部分（Valentini et al., 2000; Reichstein et al., 2002），会随着全球变暖而逐渐增加，这将使得北半球碳库的作用可能会被抵消（Canadell et al., 2000; Schulze et al., 2000）。

陆地生态系统对大气CO_2浓度升高的响应以及由此产生的全球变暖效应问题至今尚未研究清楚。虽然大气CO_2浓度升高导致植被生长加速这一现象已得到普遍认同，但控制陆地生物圈中碳净吸收的机制还不清楚。植物个体对CO_2浓度升高的响应通常是提高光合作用，固定更多的碳，进而增加植物生物量，但这并不表示未来陆地生物圈就必然会长期从大气中移除CO_2。若想要更有效地移除大气CO_2，则要求将植物固定的碳转移到较为稳定的碳库中，如木本植物茎或土壤稳定碳库。目前，已有研究利用封闭气室（close chambers）、开顶式气室（open top chambers, OTC）、大气自由CO_2施肥实验（free air CO_2 enrichment, FACE）等实验平台揭示了CO_2浓度升高后植物群落的变化，从而增进我们对整个生态系统响应机制的了解。

稳定同位素技术在研究CO_2浓度升高对生态系统的影响方面具有特殊价值。

许多CO_2浓度升高的实验本质上也是同位素示踪实验，因为添加的CO_2与大气CO_2有截然不同的$^{13}C/^{12}C$比值（图11-1）。在CO_2浓度升高条件下生长的植物，会将添加的CO_2整合到碳化合物中。因此，这种标记元素可以用来示踪高CO_2浓度条件下新形成碳的去向，也可以用来计算不同碳的滞留时间（resident time）。因而，在CO_2浓度升高的生态系统研究中，将稳定同位素方法与传统手段结合，可以提供一种独特的方法来示踪碳循环的长期变化路径，为研究CO_2浓度升高对关键生态系统生物地球化学循环所产生的影响以及不同营养级之间的相互作用提供指导。

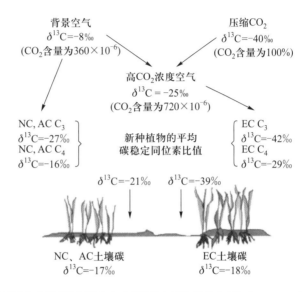

图11-1 利用开顶式气室进行的短草生态系统碳稳定同位素组成实验（Pendall et al., 2005）

一、CO_2浓度升高条件下陆地生态系统中碳的去向与滞留时间

了解未来CO_2浓度变化对陆地生物圈碳分配状况的影响是许多CO_2浓度升高实验的核心目标。通过分析土壤中有机碳同位素组成的变化，可以揭示出从植物输入到土壤碳库中量的变化。植物和土壤中碳同位素组成的差异越大，越利于成功量化碳输入和碳输出。这一示踪方法已经应用到许多大气自由CO_2施肥实验（FACE）（Nitschelm et al., 1997; Leavitt et al., 2001）和其他CO_2实验研究（Hungate et al., 1997; Lin et al., 1999; Lin et al., 2001）。例如，在美国北卡州杜克森林（Duke Forest）大气自由CO_2施肥实验中，根据同位素的测定结果，在CO_2浓度增加的样地，约70%的土壤呼吸增加量来自实验开始后新固定的碳（Andrews and Schlesinger, 2001）。采用封闭系统的实验结果表明，大气CO_2浓度升高会促进新近固定碳的分解，同时抑制较早土壤有机物的分解，特别是存在高营养物质时（Lin et al., 1999; Andrews and Schlesinger, 2001; Lin et al., 2001）。在加利福尼亚1年生草原上进行的OTC实验中，Hungate等（1997）也发现，CO_2浓度升高条件下

根际和异养呼吸均增加，同时伴随有主要来源于次生根降解的异养呼吸增加。稳定同位素证据表明了在CO_2浓度升高条件下异养呼吸速率会不断增大归因于新近固定不稳定碳的快速分解以及微生物活动的增强。

在野外准确地测定根系的更新速率是比较困难的，但在FACE实验中可以利用^{13}C来确定不同碳库（包括不同等级根系）中碳的更新速率（Jackson et al., 1996）。利用稳定同位素技术，Matamala和Schlesinger（2000）确定了杜克森林大气自由CO_2施肥实验中植物根系碳的残留时间为4～9年，且时间长短主要取决于根系大小。这一结果远大于先前使用其他方法得到的结果。稳定同位素技术还能揭示根际其他一些活动的状况，例如根系渗出物的微生物降解、菌根活性的提高以及极细根尖的降解等（Pataki et al., 2003）。

二、CO_2浓度升高条件下生态系统碳-氮相互作用

在CO_2浓度升高条件下，植物必须一方面提高氮利用效率（即单位氮消耗所能固定的碳量），另一方面需要增加对氮的吸收。氮吸收的不断增加可以通过对现存矿质氮的不断吸收，进而增加矿化率，或者通过共生生物或自生生物利用大气氮将其转化为植物可用氮，实现氮的增加。然而，这类实验中，氮循环的任何改变都会增加对结果解释的不确定性。为了明确这些关系，生态学家们已经研究了CO_2浓度升高条件下陆地生态系统中^{15}N自然丰度的变化，并开展了一些人工添加^{15}N实验。这些研究可为在CO_2浓度升高实验中理解碳-氮相互关系提供更多的帮助。

氮同位素比值（$\delta^{15}N$）是生态系统氮循环变化的一个有效指标。植物可用氮的$\delta^{15}N$主要受到生态系统氮输入、土壤微生物利用的氮底物种类、微生物氮转化率、土壤气体损失以及植物根系的深度等因素的影响。在CO_2浓度升高条件下，这些要素中任何一项发生变化，都会改变植物可用氮的$\delta^{15}N$及植物自身的$\delta^{15}N$（BassiriRad et al., 2003）。例如，在美国内华达州沙漠中的大气自由CO_2实验中，Billings等（2002）发现生长在CO_2浓度升高下的建群种灌丛（*Larrea tridentata*）叶片的$\delta^{15}N$增长了3‰。

另外，利用自然丰度氮同位素还可以通过人工添加^{15}N示踪物对氮循环进行研究。^{15}N示踪技术最大的优点是能通过跟踪计算各个植物体和土壤库中示踪氮元素并建立完整的^{15}N收支平衡，来研究CO_2浓度升高是否会导致植物氮利用效率的提高，可利用氮增加，或者植物土壤体系的氮损失下降。可利用氮含量的升高与否取决于CO_2浓度升高是否刺激了土壤有机质的降解。例如，在黑麦草（*Lolium perenne*）和白车轴草（*Trifolium repens*）为建群种的草地生态系统进行长

达4年的CO_2富集处理后，结果表明CO_2浓度升高对总的^{15}N损失没有显著影响，说明植被-土壤体系总氮含量并没有因CO_2浓度升高而改变（Lutze and Gifford，1998）。使用^{15}N稀释法测得在CO_2浓度升高条件下，白车轴草通过固氮作用获得的氮占植物总氮的比例在3年内增加了8%（Zanetti et al.，1996）。CO_2浓度升高条件下，植物的固氮作用是否会持续增加是一个很重要的生态问题。如果植物对氮需求、可利用土壤氮以及氮-固氮作用三者间的反馈机制在CO_2浓度升高条件下达到新的平衡，固氮作用的增加就会逐渐减弱。

三、CO_2浓度升高对生态系统水分平衡的影响

CO_2浓度升高可以改善植物水分关系，提高土壤水分可利用性。另外，植物蒸发和蒸腾及生物圈-大气圈水气交换的改变，也会指示气候和水文的变化。而稳定同位素C、H和O是记录环境条件和植物水分来源对植物功能影响的天然工具。例如，降水和土壤水分因同位素组成差异大而形成环境梯度，为实验研究提供了天然示踪物，而不需要进行人工标记。

由于植物长期水分利用效率（water use efficiency，WUE）与C_i/C_a的长期变化相关，因此测定植物的生长状态时通常对C_i/C_a进行测定。传统气体交换方法测定得到瞬时C_i/C_a值，可以反映短期实验中CO_2浓度升高对植物生长的影响，而长期的C_i/C_a值则需要通过测定$\delta^{13}C$计算得到。植物体同位素组成受整个冠层多个生长季综合的气孔导度和水分利用情况的影响，通过测定$\delta^{13}C$可以了解植物对长期CO_2浓度升高的反应（Lajtha and Marshall，1994）。Jackson等（1994）、Ellsworth（1999）和Greenep等（2003）通过稳定同位素技术对CO_2浓度升高如何影响植物水分利用效率方面进行了研究，发现植物水分利用效率随CO_2浓度升高而增加。

Cooper和Norby（1994）利用稳定同位素技术研究CO_2浓度升高对白栎（*Quercus alba*）和北美鹅掌楸（*Liriodendron tulipifera*）的影响发现，随着CO_2浓度的升高，两物种的蒸腾均明显降低。然而只有北美鹅掌楸的叶片水分和叶片纤维素中表现出^{18}O的富集，说明植物生长在CO_2浓度增加情况下，水分和能量平衡出现了微小的变化，而这些变化通过传统的气象学和生理学方法是很难检测的。同时，稳定同位素在土壤水分方面的应用，促进了人们对CO_2浓度升高如何影响水分流动的认识。Ferretti等（2003）用物质平衡模型研究开顶生长室内的蒸发和蒸腾时发现：CO_2浓度升高抑制了土壤水分中$\delta^{18}O$的富集，进一步的研究发现生长室内CO_2浓度升高条件下，蒸腾速率都明显高于对照组，从而不利于土壤水分中$\delta^{18}O$的富集。该实验说明在CO_2浓度增加条件下稳定同位素技术是了解生态系统

水分利用变化较为独特的手段之一，尤其在区分生态系统蒸发蒸腾方面，这种技术的应用显得更有意义。

四、CO_2浓度升高对陆地生态系统生产力的影响

大气成分的变化对陆地生态系统功能有着重要影响（Canadell et al., 2000），CO_2浓度升高导致生态系统光合作用和水通量均发生改变（Drake et al., 1997），而生态系统反过来影响大气，譬如形成CO_2浓度的季节波动及纬度梯度（Flanagan and Ehleringer, 1998; Fung and Takahashi, 2000）。目前已有很多大气监测项目正在开展，且已发展成为大空间尺度上测量和记录陆地生态系统活动变化的工具之一（Tans and White, 1998; Canadell et al., 2000）。地球系统科学研究中，一个科学假设是陆地生态系统吸收和释放的CO_2差值变化是大气CO_2浓度年际波动的主要原因（Fung and Takahashi, 2000）。通过大气稳定碳同位素组成的测定，可以帮助区分海洋和陆地过程在大气CO_2浓度上升的季节和年际变化中的相对贡献量（Tans and White, 1998）。

净生态系统生产力（net ecosystem productivity, NEP）是指一个时间周期（通常是1年）内生态系统的碳累积，为流入生态系统的碳通量（F）与流出生态系统的碳通量间的差值（Randerson et al., 2002）：

$$NEP \approx F_{GPP} + F_{R_e} + F_{fire} + F_{leaching} + F_{erosion} + F_{hydrocarbons} + F_{herbivory} + F_{harvest} + \cdots \quad (11-1)$$

式中，GPP是指总初级生产力，R_e是生态系统呼吸，F_{fire}代表火灾通量，$F_{leaching}$代表淋溶通量，$F_{erosion}$代表侵蚀通量，$F_{hydrocarbons}$代表碳水化合物排放通量，$F_{herbivory}$代表被啃食通量，$F_{harvest}$代表收割通量。净生态系统交换（net ecosystem exchange, NEE）在小时空尺度上能够大致代表NEP（Chapin III et al., 2002），而NEE经常被进一步表达为GPP与生态系统自养呼吸（ecosystem autotrophic respiration, R_a）或NPP与生态系统异养呼吸（ecosystem heterotrophic respiration, R_h）间的差值，如下式：

$$NEP \cong NEE = GPP - R_a = NPP - R_h \quad (11-2)$$

通常在生态系统尺度可以利用涡度协方差（eddy covariance）技术测定NEE，而在点位尺度下可以通过控制进出箱子CO_2浓度的变化进行（Drake et al., 1996）。由于GPP和R_a通常不能直接测量，而NPP能够在点位尺度上直接测量或者通过基于区域或全球尺度叶面积指数的模型估算，结合基于土壤温度[或湿度（Chapin III et al., 2002）]与微生物呼吸间相互关系的经验模型估算R_h，实现了对NEP（或者是NEE）的计算。

目前所有用于估算NEP的方法都有局限性，利用开顶箱测定得到的NEE结果高于直接对生物量的测定（Drake et al.，1996；Niklaus et al.，2000），这可能是由于箱子内较大的压力抑制了呼吸作用或是某些含碳化合物流失和挥发的影响。

如果碳库主要存储在地下，NEP的微小变化是很难被观测的。主要是因为实验周期往往不够长（2～5年），此段时间内土壤有机碳（SOC）的改变难以使用标准的技术进行探测。在这种情况下，碳稳定同位素技术为地下碳库改变的测定提供了基础。在CO_2浓度升高的条件下，新近固定的土壤碳与原有的土壤SOC中的碳具有明显不同的同位素信号，这与C_3-C_4植物轮种后土壤对CO_2浓度升高的响应是类似的（Balesdent et al.，1988；Leavitt et al.，1994）。

Pendall等（2005）介绍了一种通过结合生物量和碳稳定同位素，对CO_2浓度升高条件下NEP进行估算的方法。这种方法在式（11-3）的基础上，加入了根际沉积对土壤有机质库的贡献，实现了NEP更准确的估算。

$$NEP = AG + BG + NSC - R_h \qquad (11\text{-}3)$$

式中，AG和BG分别代表地上部分碳库和地下部分碳库的年际增长，NSC代表每年土壤碳的新增加量，R_h是在分解条件下碳的年损失。这一公式对NEP的估计是建立在对分解过程和根际沉积过程严格计算基础上的，如果碳同位素信号在新固定的碳和原有的土壤有机质中有差异，这种方法在任何情况下均适用。而碳稳定同位素还能够对土壤有机碳库中对根际沉积带来的微小变化量进行计算，同时也能够通过区分根际呼吸和土壤有机质的分解。通过这种方法，Pendall等（2005）对短草草原生态系统在常规和升高的CO_2浓度下NEP的微小变化进行了量化（图11-2）。

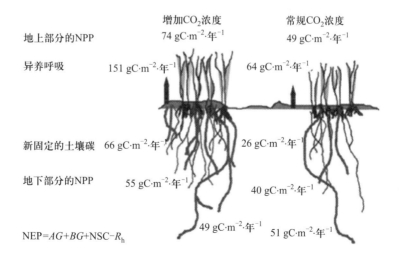

图11-2 短草草原生态系统在CO_2浓度升高和常规情况下的净生态系统生产力（NEP）（Pendall et al.，2005）

通常情况下，在湿润短草草原生态系统CO_2浓度升高增加的分解作用能够抵消生物量的增加。而在半干旱草原，由于CO_2浓度升高导致根际沉积和分解速率明显加快，也没有实现碳累积的增加。因此，不管是在干旱或者湿润地区，CO_2上升并没有明显增加NEP。通过碳稳定同位素技术进行短草草原生态系统中碳在不同组分间的追踪，实现了各部分碳库以及碳通量的区分，从而能够对NEP进行更为准确的估计，这在传统方法上是根本无法实现的。

五、CO_2浓度升高对生态系统营养关系的影响

由CO_2浓度升高引起的植物组织成分的变化不仅对生态系统的碳氮循环产生影响，而且对植物与动物群落间的相互作用也有着重要的影响，例如CO_2浓度升高引起食草昆虫食性发生变化进而改变昆虫的生长速率。目前，对CO_2浓度升高如何影响植物细根和根系渗出物还缺乏深入的研究，但已有的研究表明，CO_2浓度升高对土壤微生物的群落动态以及影响植物氮有效性的氮矿化和固定过程均有显著影响（Zak et al.，2000）。在高CO_2浓度条件下，^{13}C贫瘠的CO_2可以在植物体内形成独特的同位素信号，通过在不同营养级间追踪该信号，为研究CO_2浓度升高对动物食性的变化提供了有效方法。例如，Cotrufo和Drake（2000）通过收集FACE实验中正常和升高CO_2浓度条件下样地的凋落物，对其进行$\delta^{13}C$值的测定，结果分别为−27‰和−40‰，然后将其分别提供给等足动物，收集等足动物呼吸的CO_2并测定其$\delta^{13}C$。结果表明，使用两种凋落物混合喂食的动物呼吸产生的二氧化碳$\delta^{13}C$值为−34‰，介于单独使用两种凋落物喂食的处理之间，说明食碎屑动物对在不同CO_2浓度条件下形成的凋落物并无选择性。这一结论与传统认为CO_2浓度升高会导致凋落物碳氮比发生变化进而影响动物食性的假说是明显相反的（Strain and Bazzaz，1983），后来这一结论得到了众多野外CO_2浓度升高实验的验证（Norby et al.，2001）。

同样，在研究微生物食物网对CO_2浓度升高的响应时稳定同位素的方法也得到了应用。例如，Radajewski等（2000）通过向土壤添加富含^{13}C的底物划分出具有不同代谢途径的微生物群体，实现了分类学上的划分。同时，利用微生物可以将同位素信号整合进DNA后，通过浓度梯度离心过滤的方法区分出含添加^{13}C同位素的DNA与其他DNA，最后，对分离出的DNA进行序列分析以确定这一特殊类群的存在与变化情况。通过这一技术可用来评价微生物群落组成对CO_2浓度升高的响应。综上所述，稳定同位素技术可以用来评价CO_2浓度升高而导致的植物化学变化、植物—动物相互关系以及微生物群落组成等变化。

第2节 全球变暖的生态学效应研究

在未来的50～100年间，由温室气体排放导致的气候变化将会使全球增温1～3.5℃，而且高纬度和高海拔地区的增温效应会明显超过全球平均水平（IPCC，2007）。全球变暖对土壤碳呼吸的影响程度主要取决于难分解基质的量及影响分解速率的环境因子（Davidson and Janssens，2006），不同的气候状况和土壤类型的情况是不同的。北半球泥炭地湿地具有多种水源，主要包括雨水和地下水。尽管仅占陆地表面积的3%，但是泥炭地储存的碳占陆地碳库的1/3（约455 pg）。然而，虽然北半球泥炭地具有古老且难以分解的基质，且对全球变暖十分敏感，但是目前对其变化并没有太多的关注（Lafleur et al.，2005；Davidson and Janssens，2006）。随着气候变化加剧，泥炭地很可能以CO_2和CH_4的形式将其储存的碳释放到大气中，形成一个人类活动引起温室气体排放的正反馈（Bridgham et al.，1995；Wieder，2001）。

一、增温对土壤碳库动态的影响

数十年来，科学家一直在争论全球变化对陆地生态系统土壤碳库的长期影响（Goulden et al.，1998），争论的焦点主要集中在山地的矿质土壤上（Lajtha and Marshall，1994；Davidson and Janssens，2006）。此前，科学家已经通过酶动力学理论、实验室研究和多库模型建立了短期土壤呼吸对温度的敏感性曲线（Kirschbaum，1995；Knorr et al.，2005）。然而，由于环境条件的改变（Luo et al.，2001），不稳定碳库的迅速耗尽（Kirschbaum，1995；Melillo et al.，2002；Knorr et al.，2005）以及突发性环境的影响（Bosatta and Ågren，1999；Saleska et al.，2002；Davidson and Janssens，2006），造成长期的土壤呼吸工作难以为继，无法对其碳库和碳通量进行计算。

成百上千年来，泥炭地通过从大气中吸收大量CO_2而积累了大量土壤有机碳。由于该系统土壤呼吸对温度变化十分敏感，这就意味着会受到全球变暖更加严重的威胁。同时，由于深层难分解的土壤有机物具有更高的催化活性，因而比表层易分解的土壤有机碳具有更高的温度敏感性（Luo et al.，2001；Melillo et al.，2002）。由于研究还不是很深入，目前尚不能断定北半球泥炭地土壤碳损失（特别是25～50 cm深的土壤层）是长期流失的趋势还是受到短时间气候变暖的影响所致（Kirschbaum，1995；Goulden et al.，1998；Biasi et al.，2005），而通过稳定同位素技术则可以解决这一问题。

Dorrepaal等为了研究气候变化对生态系统土壤呼吸速率的影响，在瑞典北部的Abisko毡状沼泽地进行了两个整体生态系统应对气候变化的响应实验，该沼泽地底层为永久冻土层（Assessment et al.，2005；Dorrepaal et al.，2009）。他们运用开顶箱模拟了北欧北极地区未来几十年内夏天、冬天和春天的天气变化（Assessment et al.，2005）。实验结果表明：夏天、冬天和春天空气与土壤温度（低至20 cm深）增加约1℃时，对土壤湿度和沼泽地活跃层的深度并没有直接的影响（Dorrepaal et al.，2004）。

为了探究冬季雪层加厚对春夏季土壤呼吸是否有滞后效应，在冰雪消融期间（5月到9月）对北极苔原地区分别进行长达8年的长期实验（Dorrepaal et al.，2009）。实验结果表明，冬季雪层厚度加倍对春天和夏天的生态系统呼吸速率并没有明显影响。然而向开顶箱内加温后，春季和夏季生态系统呼吸速率明显增加，分别为34%～76%和23%～80%（图11-3a）。而与森林生态系统的研究相比，薹草生态系统增温8年后土壤呼吸并没有产生显著变化，这表明气候变暖促进亚北极泥炭地CO_2释放的滞后期较长（Rustad et al.，2001；Melillo et al.，2002；Saleska et al.，2002）。

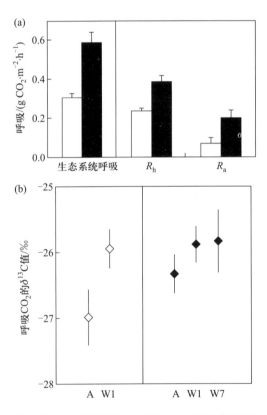

图11-3（a）实验室加温（黑色柱）和通常温度（空白柱）下亚寒带泥沼生态系统呼吸速率、差异性以及植物体相关的组成成分和$\delta^{13}C$值；以及（b）长期实验室气候变化（W1：连续1年加温；W7：连续7年加温）或通常条件下亚寒带泥沼中呼吸CO_2的同位素信号（Dorrepaal et al.，2009）

Dorrepaal等（2009）进一步研究了增温对土壤次活跃层（深度为25～50 cm）异养呼吸的影响，采用原位非破坏性地向土壤加入^{13}C标记物的方法，并测定了土壤呼吸释放的CO_2中$\delta^{13}C$的变化情况。由于凋落物分解过程中只有微生物选择性利用底物会引起同位素判别，因此在代谢过程中由分馏产生的同位素组成变化相对较小。因此，土壤呼吸释放的二氧化碳中^{13}C信号变化主要受泥炭地深层土壤对土壤总呼吸贡献的影响。相对于对照组，春夏季增温（1年，W1）和春夏季增温并伴随冬季加雪（7年，W7）处理的土壤呼吸释放的CO_2中^{13}C信号均明显增加（$P=0.032$），而处理时间对土壤呼吸释放CO_2中的$\delta^{13}C$值并没有影响（$P=0.93$）。同时，气候变化对于异养呼吸和生态系统呼吸的影响也不尽相同（图11-3）。但整体而言，增温使得土壤呼吸释放CO_2的$\delta^{13}C$值明显提高约0.77‰。但对异养呼吸和生态系统呼吸来看，增温影响基本相同，这表明增温对植物地上部分的光合分馏影响并不明显。实验表明，温度每增加1℃，土壤呼吸释放的CO_2中$\delta^{13}C$值提高了0.12%～0.42%，这说明温度增加会使得微生物群落在降解过程中选择利用^{13}C较富集且更难分解的底物（Biasi et al., 2005）。

Dorrepaal等（2004）的研究首次表明，亚北极泥炭地活跃层底部土壤温度敏感性较高，随着温度的升高，土壤呼吸明显增加且延续时间增长。与其他生态系统相比，苔原带生态系统表层土壤温度敏感性更高，这主要是因为其土壤表层含有较多易分解的活性矿物质（Luo et al., 2001；Rustad et al., 2001；Melillo et al., 2002；Saleska et al., 2002），同时表层土壤的植物呼吸也加剧了表层土壤的呼吸。因此，相对于其他生态系统而言，泥炭地表层新鲜凋落物与植物的呼吸占总呼吸的比例更低。这一特性主要是因为薹草带土层中含有较多年代久远的土壤有机质，具有更高的温度敏感性，同时永久冻土层的存在也加剧了这一效应（Luo et al., 2001；Rustad et al., 2001；Melillo et al., 2002；Zhou et al., 2007）。尽管长期的增温实验并未改变土壤活跃层的厚度，但是在生长季不结冰的土壤厚度越来越深，且不结冰土壤有着更高的温度敏感性（Kirschbaum, 1995；Goulden et al., 1998）。综合以上因素说明，增温会使薹草带土壤呼吸越来越敏感。

气候变暖影响北方泥炭地的碳库主要是通过控制新生植物的生产量实现的。人们普遍认为，随着温度的升高，北极地区生态系统呼吸比总群落初级生产力变化更加显著（Grogan and Chapin Ⅲ, 2000），薹草生态系统表现更为明显。实验表明，增温并没有使薹草带生态系统生产力增加，对于木本灌木群落，由于受到水苔垂直生长的限制，生产力也没有出现明显上升（Weltzin et al., 2001；Dorrepaal et al., 2004；Dorrepaal et al., 2006）。因此，我们推断增温对促进泥炭地的固碳量与生态系统增加的呼吸量基本持平。

目前，北半球大面积的泥炭地中储藏着大量的土壤有机碳，它们对温度变化非常敏感（Knorr et al.，2005），英格兰和威尔士等地对此已进行了大规模长期实验研究（Bellamy et al.，2005）。研究结果表明，随着全球变化加剧泥炭地土壤含碳量已经呈现急剧下降的趋势。如果将开顶箱实验得到的数据应用到全球尺度，那么若十年内生长季温度增加1℃，所有泥炭地异养呼吸增加排放的碳将会达到38～100 Tg C·年$^{-1}$（Assessment et al.，2005）。仅这一部分CO_2释放量就与《京都议定书》规定的整个欧洲的气体排放量基本持平（92 Tg C·年$^{-1}$）。尽管这个估算十分粗略，但可以完全确定的是全球变化对北方泥炭地有着长期而深远的影响。按照节能减排经济学进行估算，若要抵消这部分CO_2释放产生的影响，则需要花费24亿～63亿美元进行补偿。如果考虑土壤湿度和土壤活跃层厚度等影响因素，全球变暖对泥炭地的影响更加突出（Bosatta and Ågren，1999；Lafleur et al.，2005；Davidson and Janssens，2006；Ise et al.，2008）。

二、增温对土壤矿化过程的影响

气候变化既可以通过改变温度和土壤湿度影响碳、氮元素的矿化，也可能通过改变土壤性质间接地影响矿化速率。目前的研究表明，温度和地下水位直接影响着泥炭地碳、氮的矿化速率，而气候变化改变降水规律和温度必然也会直接影响泥炭地的矿化过程。同时，气候变化通过改变泥炭地基质质量、植物群落组成进而改变凋落物成分间接影响其分解过程（Moore and Dalva，1993；Chapin III et al.，1995）。Keller等（2004）推测相对短期的气候扰动会通过改变土壤性质间接影响泥炭地碳释放过程（CO_2和CH_4产生）以及氮的矿化。

为了验证上述假设，Keller等（2004）连续6年测量了9种不同气候状态下泥炭沼泽的碳和氮的矿化能力，实验中所有的沼泽都处于相同的温度和厌氧条件下，任何碳、氮矿化动态的改变均来自气候变化对土壤质量改变的影响。此外，他们还利用稳定同位素技术对同一样品中不同甲烷产生途径进行了研究（图11-4）。

增温对土壤碳矿化的影响随着时间延长逐渐降低，最大的效应出现在增温早期（图11-4a），这表明气候变化明显改变了可利用碳库及其质量。利用稳定同位素$\delta^{13}C$和δD分析厌氧途径和自养产甲烷途径对甲烷生产的相对贡献时发现，苔藓沼泽产生的甲烷中^{13}C含量比泥炭沼泽产生的甲烷高（图11-4b），而两者的δD值则没有明显的差异。根据这一结果可以判断，从泥炭沼泽地中产生的CH_4更多的是通过厌氧途径产生，而苔藓沼泽地即使处于厌氧条件，CH_4依然是通过氧化产生。总体而言，该结果表明短期的气候变化能够改变苔藓沼泽和泥炭沼泽中的泥炭质量，泥炭沼泽土壤通过改变土壤碳氮矿化过程实现对气候变化的反馈与响应。

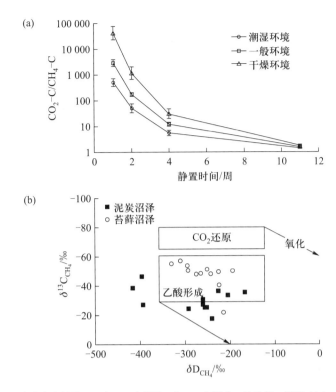

图11-4 （a）泥炭地产生的总CO_2中CO_2来源的C和CH_4来源的C的比值，以及（b）11周的静置后苔藓沼泽（bog）和泥炭沼泽（fen peat）中甲烷的C、H稳定同位素比值散点图（Keller et al.，2004）

该研究结果报道了泥炭沼泽地释放CH_4的$\delta^{13}C$值为$-47.8‰ \pm 2.7‰$，高于厌氧产甲烷菌产生甲烷的$\delta^{13}C$值（Whiticar and Faber，1986），与其他相关研究结果基本吻合（Hornibrook et al.，1997；Avery Jr and Martens，1999）。而以前相关研究普遍认为泥炭地CH_4的主要来源是通过自养产甲烷途径产生（Williams and Crawford，1984；Hines et al.，2001；Horn et al.，2003）。进一步分析发现，CH_4的氧化过程很大程度影响了它的碳和氢稳定同位素组成（Whiticar，1999）。值得注意的是，尽管泥炭沼泽是厌氧环境，但实验装置中不可避免存在残留的氧气。如果产甲烷菌利用这部分氧气，就会对CH_4的$\delta^{13}C$值和δD值有很大的影响。

三、增温对不同生长型植物养分关系的影响

气候变化影响了植物叶片养分和高等植物碳交换过程，叶片养分含量和同位素组成是叶片营养及生理活动的综合量化指标，是研究植物对气候变化响应的重要参数（Farquhar et al.，1989；Robinson，2001）。同时，高等植物碳交换过程是对光合作用、初级生产力、动植物间相互关系、叶片凋落过程、土壤有机质分解以及植物相关的营养运输、碳循环途径和速率的综合反馈（Shaver et al.，2001；Welker et al.，2005；Aerts et al.，2006；Dorrepaal et al.，2007）。只有理解了这些过程

及其响应机制，我们才能更全面地理解和评价气候变化的影响。

Dormann和Woodin（2002）研究发现，在温度升高的条件下，即使土壤存在较多的可利用氮，叶片的养分浓度依然会降低。这说明气候变化产生的直接效应远比营养元素产生的效应明显（Arft et al., 1999；Rustad et al., 2001；Walker et al., 2006）。植物叶片氮浓度的下降会直接降低光合作用速率，进而导致植物光合作用与温度上升之间的正反馈（Evans, 1989）。

通过测定植物叶片矿质元素中^{15}N的变化情况，可以反映各组分^{15}N的差异，进而可以反映如氮的来源（Michelsen et al., 1996；Robinson, 2001）、菌根感染（Michelsen et al., 1998）和土壤矿化过程（Robinson, 2001）等生理生态过程中的氮变化情况。因此，氮稳定同位素适用于对同种植物不同氮素利用过程的研究。

不同物种的^{15}N自然丰度差别非常明显，这种差异受植物根瘤菌类型影响，与根附近的根瘤菌类型呈现明显相关性。通常，植物叶片的$\delta^{15}N$值依照如下顺序排列：非根瘤菌/丛枝菌根（AM）植物＞外生菌根（ECM）植物＞根毛内菌根（ERI）植物和苔藓植物（Michelsen et al., 1998）。这些植物物种间的差异表明它们具有不同的土壤氮源：菌根类植物和苔藓主要利用泥炭地里含量丰富的有机氮源（Michelsen et al., 1998；Krab et al., 2008），而菌根和丛枝菌根植物则仅仅吸收无机氮源。这些植物对不同土壤氮源利用的差异决定了它们在氮限制条件下能否正常生长（Aerts, 2003）。

叶片碳同位素排斥程度（Δ_L）是反映植物叶片碳固定和CO_2扩散过程中同位素分馏的参数（Brooks et al., 1997；Buchmann et al., 1997；Alstad et al., 1999），受到土壤和叶片的养分和水分、降水及灌溉等多种因素的共同影响（Ehleringer et al., 1991b；Welker et al., 2003）。研究表明，土壤温度降低能够降低植物渗透压和气孔导度，而高温导致的土壤和空气变干能够更有效地降低北极植物的Δ_L（Dawson and Bliss, 1993）。

同时，寒带受气候变暖的影响，不仅会导致夏季温度升高，同时也会导致暖冬和冬季降水现象的出现，而目前的研究仅仅在尝试回答植物如何响应季节性气候变化这一问题。Aerts等（2009）在瑞典亚寒带地区的泥炭地进行了模拟实验，实验处理主要为春夏季的温度变化和冬季的降雪与温度变化。研究结果表明叶片养分和碳交换特征可以反映苔原带不同种植物对于气候变化的响应。

不同种类和生长型的植物的Δ_L有所差别，但Δ_L本身较小，一般小于5‰。按照植物生长型对Δ_L排列，顺序如下：草本植物＜苔藓和常绿灌木＜落叶灌木。Brooks等（1997）研究发现，Δ_L与生长型之间的相关性由植株高度和叶片寿命决定，植株越高Δ_L值越低，叶片寿命越长叶片的Δ_L值越低。Aerts等（2009）的研究进一步证实了该结论。

以上实验结果表明，暖春效应和冬季雪量增加对于严寒带冻原植物叶片养分和碳交换参数的影响与夏季变暖产生的效应相当。这一结果也表明在寒带地区中期增温实验中气候变化导致的植物种类组成和群落结构的变化对植物营养和元素循环产生的影响远比改变植物生长型的影响显著（Aerts et al., 2009）。

第3节 降水变化的生态效应

据政府间气候变化专门委员会（Intergovernmental Panel on Climate Change，IPCC）报告，全球平均气温上升将对全球水文产生一系列的影响，包括降水格局的变化。大气环流变化、水蒸气明显增多和气温升高引发的蒸发量增加，将导致降水量明显增加，但增幅尚不清楚。预期这种变化存在地域差异性，有些地区会变得更湿润，而另外一些地区会变得更干旱。目前模型预测结果大多显示：降水在高纬度地区随气候变化会明显增加，在亚热带地区将会减少，而在赤道地区的变化具有高度不确定性。

一、降水变化对土壤呼吸的影响

在大气-陆地生态系统交换过程中，土壤呼吸碳通量（F_{soil}）是最大的碳通量之一，而且土壤碳储量是大气碳储量的3倍（Amundson，2001）。土壤呼吸一般分为自养呼吸和异养呼吸，两者对环境变化（如降水量以及降水格局）的响应是不同的（Borken et al., 2006；Inglima et al., 2009）。干旱对于土壤碳通量的变化表现为直接影响根际微生物活动，或者通过影响根际分解需要的底物以及根的周转速率间接影响土壤呼吸（Sowerby et al., 2008）。干旱土壤经历降水瞬时土壤呼吸值会出现急剧上升。因此，区分土壤呼吸组成对于碳平衡研究具有重要意义。

目前，准确估计土壤呼吸及其各组成部分还比较困难（Ryan and Law，2005；Borken et al., 2006），而且，对于全球变化（例如干旱）如何影响温带草原碳循环也不能完全理解。目前，关于降水量及降水格局的变化（Knapp et al., 2002；Chou et al., 2008）对温带草原碳平衡影响的研究远不及对增温（Luo，2007）以及大气CO_2浓度增加（Luo et al., 2006）的研究透彻。目前仅有的温带草原模拟实验也主要集中在降水量以及降水格局的改变对地上部分生物量的影响方面（Knapp et al., 2002），对地下部分的研究更少。而且，我们对凋落物分解对于土壤呼吸碳通量的贡献以及环境因子如何影响土壤呼吸及凋落物分解更知之甚少。因此，迫切需要准确定量土壤呼吸中这两部分的比例，以便于更好地理解土壤呼吸对全球变化的响应。

为了探究干旱对土壤呼吸的影响以及凋落物分解释放CO_2占土壤呼吸的比例，Joos等（2010）在瑞士管理良好的草地运用降水遮挡板减少年降水量的30%（相当于较干热的2003年中欧的降水量），来模拟夏季干旱（2007年5—7月）对当地生态系统的影响。Joos等（2010）通过向凋落物中加入^{13}C贫化的标记物，进而测定添加标记凋落物后土壤CO_2通量以及CO_2中的$\delta^{13}C$来定量研究土壤CO_2通量。结果发现，加入^{13}C贫化的凋落物后，土壤呼吸CO_2的$\delta^{13}C$显著降低，表明凋落物分解对土壤呼吸贡献显著。在标记物添加实验组，凋落物分解释放的CO_2在凋落物添加后迅速达到顶峰（DOY 129）并随时间迅速降低。通过凋落物同位素添加实验发现，干旱导致土壤呼吸降低了59%，同时凋落物分解释放的CO_2减少了81%，这表明干旱影响凋落物CO_2的释放明显大于土壤呼吸其他部分（如有机质或者根的呼吸）。干旱后进行灌溉会导致CO_2的大量释放，但通过同位素添加实验定量研究表明，干旱依然减少了26%的土壤呼吸，其中凋落物呼吸减少为37%。综上所述，降水量的改变对于温带草原是比较敏感的因素，这一因素在建立评估和预测全球变化对区域碳循环影响的模型时需要考虑。

Joos等（2010）首先在草原生态系统利用^{13}C贫化标记物确定了凋落物对土壤CO_2通量的贡献。在以往的研究中都是通过设置凋落物框进行研究的（例如处理组含凋落物，对照组不含凋落物）。通过将^{13}C添加技术与凋落袋分解方法结合，量化了凋落物分解释放的CO_2量（图11-5）。该结果与在温带草原利用^{14}C标记技术（Buyanovsky et al., 1987）以及通过收割方法得到的（Wan and Luo, 2003）结果十分相似，仅相差14%~20%。研究发现受草原生态系统凋落物高分解性影响，草原生态系统凋落物分解占土壤呼吸的比例比森林生态系统高约10%（例如Maier and Kress, 2000）。对森林和半干旱草原净初级生产力研究表明：随着夏季干旱的增强，其生态系统可能由碳汇变成碳源（Ciais et al., 2005; Scott et al., 2009）。即使小规模的草原干旱也会导致土壤呼吸CO_2释放减少，同时初级生产力也会减少，幅度达300~350 g C·m^{-2}·年$^{-1}$（Gilgen and Buchmann, 2009）。对于长期干旱如何减少植物初级生产力进而导致凋落物量减少，以及土壤凋落物输入的减少和土壤呼吸的释放过程还有待进一步研究。

立枯物、地表凋落物和表层土严重影响了干旱土壤重新灌溉后土壤CO_2的释放，而在干旱时期土壤呼吸产生的CO_2则主要受树根活动的影响（Casals et al., 2011）。同时，通过提取土壤中可利用的碳，我们估算了凋落物对土壤CO_2通量的贡献量。该研究通过静态箱测定切除树根的土壤呼吸释放的$^{13}C-CO_2$值为−25.0‰±0.2‰，而重新灌溉后测定的值为−28.4‰±0.2‰，这表明较严重干旱

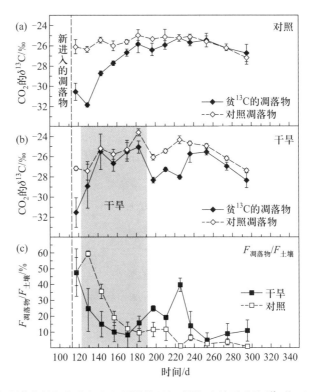

图11-5 2007年凋落物添加实验中（a）干旱处理和对照组土壤呼吸的$\delta^{13}C$值、（b）凋落物释放CO_2的$\delta^{13}C$值以及（c）凋落物释放CO_2占总土壤呼吸的比例。平均值和标准差由3个重复计算得到（Joos et al.，2010）

中，土壤呼吸中自养呼吸为主，而降水初期异养呼吸会明显升高。我们知道立枯物和新鲜的凋落物对于土壤呼吸的贡献很小（＜25%），且随时间推移作用越来越小。综上，我们得出结论：干旱地灌溉后土壤呼吸增加释放的CO_2主要来自土壤微生物对可利用有机碳的矿化作用。

二、降水增加对荒漠群落水分关系的影响

Lin等（1996）曾利用D同位素标记的水，对3种夏季增雨条件进行了模拟（分别为未增加、每年7—9月增加25 mm及每年7—9月增加50 mm）。通过实验比较了5种常见荒漠灌木植物（*Atriplex canescens*、*Artemisia filifolia*、*Chrysothamnus nauseosus*、*Coleogyne ramosissima*、*Vanclevea stylosa*）在增雨条件下对不同水分利用的差异。如图11-6所示，利用向当地井水增添D同位素富集的重水（D_2O，^{18}O未标记）作为人工降水，可以大幅度提高该水源的氢同位素比值，使得当地植物具有3种氢、氧同位素特征明显不同的主要水源，即夏季降水、深层土壤水（由冬季降水和地下水补充的）和人工降水（图11-6）。通过在人工降水前后不同时间采集植物茎水并分析它们的氢、氧同位素比值，就可以定量研究不同植物对添加水源的选择利用，结合测定清晨和正午的木质部

水势以及叶片碳同位素比值反映植物水分亏缺状况及长期水分利用效率的变化（Lin et al.，1996）。

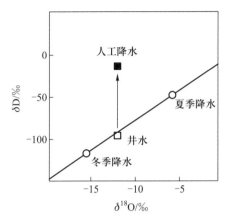

图11-6 冬季降水、夏季降水、井水和人工降水的δD值和δ¹⁸O值（Lin et al.，1996）
注：实线代表在1989—1993年间收集降水而绘制的当地大气降水线

我们的研究结果显示（表11-1，图11-7），两种灌木（A. canescens、C. nauseosus）在7月或9月，基本上不吸收人工增加的降水，处理组植物的水势与对照组差异不显著。而对于另外两种植物（A. filifolia和V. stylosa），50%的木质部水来自添加的人工降水（表11-1），但它们木质部水势受人工降水的影响也不显著（图11-7）。与此相反，半灌木植物（C. ramosissima）受添加水源的影响最显著，其中大于50%的木质部水来自新添加的人工降水，且植物的水势也出现明显增高。3种能吸收人工降水的灌木（A. filifolia、V. stylosa、C. ramosissima），降水处理后新长出的叶片的碳同位素判别值均出现不同程度的提高，说明了植物水分利用效率也发生了改变（Lin et al.，1996）。

表11-1 美国犹他州西南部沙漠生态系统中5种优势多年生植物利用模拟夏季降水的百分比（Lin et al.，1996）

物种	降水处理/mm	利用夏季降水/%	
		7月	9月
Atriplex canescens	25	1	13
	50	2	13
Chrysothamnus nauseosus	25	5	2
	50	7	3
Artemisia filifolia	25	5	20
	50	25	35

续表

物种	降水处理/mm	利用夏季降水/%	
		7月	9月
Coleogyne ramosissima	25	20	55
	50	42	58
Vanclevea stylosa	25	12	27
	50	16	52

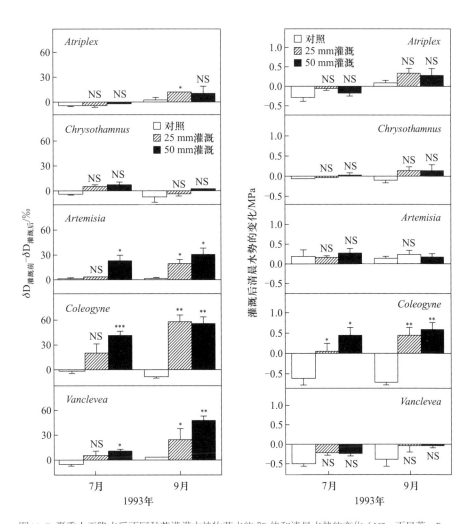

图11-7 夏季人工降水后不同种荒漠灌木植物茎水的 δD 值和清晨水势的变化（NS：不显著，$P > 0.05$；*$P < 0.05$；**$P < 0.01$；***$P < 0.001$）（Lin *et al.*，1996）

通常情况下，水分是干旱地区生态系统初级生产力的主要限制因子（Hadley and Szarek，1981；Smith and Nowak，1990）。在美国科罗拉多高原，冬季低温阻止了大部分植物的生长（Comstock and Ehleringer，1992）；春季，随着温度变暖和土壤水分含量达到最高，这些寒冷沙漠生态系统的大部分木质多年生植物的生长达到最快（Everett et al., 1980；Caldwell, 1985；Strojan et al., 1987）。因此，在水分限制时期，土壤中植物可利用水分的任何增加都可能对植物生长、植物竞争以及改变群落竞争的潜力有明显效果（Fowler, 1986）。由于亚利桑那季风边界在科罗拉多高原发生周期性的转变，因此，相对于那些不能利用夏季降水的物种，能利用夏季降水的物种更具有竞争优势。Ehleringer等（1991a）观察到科罗拉多高原沙漠的草本多年生植物比木本多年生植物利用更广泛的夏季水分输入。Sala等（1989）发现Patagonia地区的干旱陆地植物也具有相似的生态位分化模式。以上这些生态生理研究结果预测：随着夏季积分降水的增加，相对于木本多年生植物，草本多年生植物在资源竞争方面可能更具优势。基于这些研究结果，木本植物（例如Atriplex）受到这种竞争的影响可能最显著。

第4节　海平面上升的生态效应

海平面上升是全球气候变化最显著的影响之一，海平面的改变必然会影响滨海湿地的水文条件。因此通过了解滨海生态系统不同类型植物对海水的选择利用及其变化趋势，对预测海平面上升的生态效应具有重要意义。Greaver和Sternberg（2007）通过分析海岸沙丘（coastal dune）多种植物的氢、氧、碳同位素比值及其季节变化规律，发现海平面上升很可能会引起沙丘物种向内陆迁移，进而会导致灭顶之灾。该研究利用稳定同位素技术，对海水从土壤进入植物的过程进行跟踪，并在旱季和湿季分别对近海岸到远海岸不同位置的植物茎水和叶片组织的$\delta^{18}O$值（图11-8）及叶片$\delta^{13}C$值进行测定。受海洋水分和咸淡水混合的影响，海岸沙丘生境的水文条件空间异质性很高，且季节变化明显。海水通过盐雾（salt spray）的作用，可以影响到离岸很远的植被。受这种特殊生境的影响，靠海最近的植物对海水浸淹呈现出弹性响应，如增加海水的吸收比例（图11-9），提高水分利用效率（叶片$\delta^{13}C$值提高）等方面。相同环境条件下，靠近海岸线的植物水分利用效率比远离海岸线的植物更高，且旱季明显高于湿季（Greaver and Sternberg, 2007）。由于不同季节或不同采样点间土壤湿度并没有显著差异，因此，水分利用效率的差异很可能是受土壤盐度的影响。Greaver和Sternberg（2007）认为，植物对周期性海水渗入响应的生理可塑性，是它们适应多变的水分来源及盐度的重要机制，也是生活在滨海多样生境中植物必备的功能特性。综上可以推测，随着海平面的进一步升高，海岸沙丘植物为了减轻

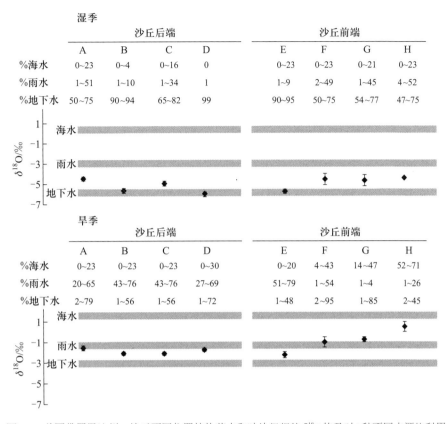

图 11-8 美国佛罗里达州一沙丘不同位置植物茎水和叶片组织的 $\delta^{18}O$ 值及对 3 种不同水源的利用比例（物种代码：A: *Caesalpinia bondoc*；B: *Coccoloba uvifera*；C: *Lantana Involucrata*；D: *Suriana maritima*；E: *Iva imbricata*；F: *Sesuvium portulacastrum*；G: *Scaevola plumieri*；H: *Ipomoea pescaprae*）（Greaver and Sternberg，2007）

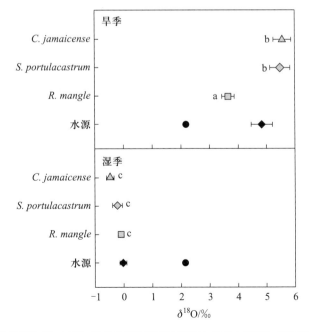

图 11-9 美国佛罗里达州一沙丘 3 种优势植物茎水及浅层土壤水（菱形）和地下水（圆形）的 $\delta^{18}O$ 值比较（相同的字母表示差异不显著）（Ewe et al.，2007）

海水浸淹的威胁被迫向内陆进行迁移，但海岸带的人工建筑或开发很可能妨碍了这一过程，进而导致许多海岸沙丘系统的退化。Greaver 和 Sternberg（2007）的研究充分体现了稳定同位素技术在研究和预测生态系统对全球变化的响应过程与机理方面的优势，有关这方面的研究进展将会在后面继续介绍。

第5节　大气氮沉降增加的生态效应

人类活动已经很大程度地在全球范围内增加了可利用活性氮含量（Galloway et al.，2008），增加的氮大部分以化肥的形式进入陆地生态系统，进而通过大气的沉积作用实现氮的转运（Galloway et al.，2008）。随着21世纪农业和工业活动继续增强，陆地生态系统将会经历一次更严重的氮沉降过程（Dentener et al.，2006）。因此，明确氮沉降过程对于预测陆地生态系统的变化有着重要意义。

以往的研究表明，世界大多数森林生长明显受到氮供应限制（LeBauer and Treseder，2008）。这表明大部分地区如果增加氮沉降森林生产力将会增加，但对于温带森林生态系统，情况更加复杂（Ollinger et al.，2002）。目前的研究结果表明氮沉降会增加地上部分生产力以及森林的碳储量（Nadelhoffer et al.，1999；Pregitzer et al.，2008；Thomas et al.，2009），且常常增加植物叶片的氮含量（Hutchinson et al.，1998；Bauer et al.，2004；Boggs et al.，2005）。分析其原因发现，氮是影响植物光合作用的关键因子。因此，许多关于氮沉降影响植物地上部分生产力的模型中也包含了增加光合作用这一效应的影响（De Vries et al.，2006；Hyvönen et al.，2007）。

然而，也有研究发现某些生态系统中氮的供应已超出植物和微生物所能利用的范围进而被固定，这种情况称之为氮饱和现象（Aber et al.，1989）。在氮饱和生态系统中，过多的氮会结合底物中的阳离子使得营养供应受到限制，进而影响植物对碳的固定，降低了植物的生长（Aber et al.，1998；Elvir et al.，2010）。在美国东北部就曾报道存在这类生态系统，人们普遍认为是其他营养元素（特别是Ca和Mg）限制了植物的光合作用和生长（Bauer et al.，2004；Elvir et al.，2006）。综上所述，我们认为大多数情况下大气氮沉降通过增加叶片氮含量增强叶片光合能力进而实现森林的快速生长。由于对此机理的研究还比较缺乏，同时已有研究并没有发现氮沉降能够持续增加成熟森林的生产力，因此，该问题并没有得到彻底解决。

为了检验氮沉降对叶片光合作用的影响，Talhelm 等（2011）在整个生长季对某个站点的两个冠层台的植物进行了叶片水平气体交换的重复测定。结合已有研究结果发现，缓慢的氮沉降会持续增强植物的光合作用。为了验证当氮浓度达到饱和后继续添加是否还会继续增强植物的光合作用，科学家通过双同位素（^{18}O 和 ^{13}C）对植物叶片气体交换进行了分析。随着叶片内有机物质的产生和转运，有机物的氧原子被置换后形成叶片水中的 $\delta^{18}O$。虽然气温、大气压亏损、气孔导度以及水源都会影响叶片水的 ^{18}O 的丰度（Barbour, 2007），但由于同一研究站点的树木基本上有着相同的水源，经历的环境条件也相同，因此气孔导度的变化是该实验中实验组和对照组的唯一差别（Scheidegger et al., 2000）。实验结果说明，通过 ^{18}O 的数据解释十分便捷，叶片 ^{18}O 自然丰度的增加表明其气孔导度较低，反之亦然。

同时，对美国中北部 4 片成熟的北方阔叶林研究后发现：缓慢地施加氮（连续 14 年通过 $NaNO_3$ 向生态系统施肥，施肥量为 30 kg N·hm^{-2}·$年^{-1}$）会促进地上部分的生长，然而对整个冠层的叶片生物量和叶面积指数并没有影响。为了探究这一原因，Talhelm 等（2011）通过添加 NO_3^- 验证是否能够增加叶片氮含量、提高森林中优势种（糖枫和糖槭）的叶片光合能力。研究发现，NO_3^- 的添加明显增加了叶片氮含量。然而，对 2006—2007 年两个季节的瞬时光合测定中对比研究发现，NO_3^- 添加组和对照组间叶片氮含量并没有显著差异。同时，测定离体枝条光合氮利用效率后发现，添加 NO_3^- 明显降低了叶片光合氮利用效率。同时，该研究还发现所有站点中现存叶片与凋落物叶片（1994—2007 年）的光合氮利用效率并不是完全一致的。分析叶片 $\delta^{13}C$ 和 $\delta^{18}O$ 后发现，同位素能够被用来整合解释光合作用随时间变化的原因（图 11-10）。同时还发现添加 NO_3^- 对离体叶片的平均面积和平

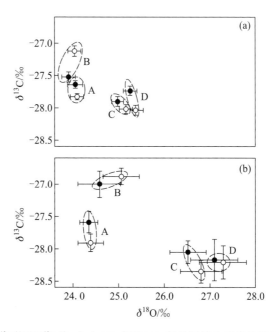

图 11-10 叶片的 $\delta^{13}C$ 值和 $\delta^{18}O$ 值：（a）2006 年和 2007 年从树枝上采集的叶片；（b）1994 年到 2007 年采集的叶片掉落物（Talhelm et al., 2011）

均重量有显著的影响。结合光合资料以及叶片数据资料分析发现，添加NO_3^-并没有明显刺激植物的光合作用（Talhelm et al.，2011）。由于这些站点并未出现营养限制，因此不存在氮饱和现象。综上，Talhelm等（2011）认为地上-地下部分间的碳转移影响地上部分的增长进而改变植物的生长状况。

主要参考文献

- Aber, J., W. McDowell, K. Nadelhoffer, A. Magill, G. Berntson, M. Kamakea, S. McNulty, W. Currie, L. Rustad, and I. Fernandez. 1998. Nitrogen saturation in temperate forest ecosystems. Bioscience 48:921–934.
- Aerts, R. 2003. The role of various types of mycorrhizal fungi in nutrient cycling and plant competition. Ecological Studies 157:117–134.
- Aerts, R., T. V. Callaghan, E. Dorrepaal, R. S. P. van Logtestijn, and J. H. C. Cornelissen. 2009. Seasonal climate manipulations result in species-specific changes in leaf nutrient levels and isotopic composition in a sub-arctic bog. Functional Ecology 23:680–688.
- Aerts, R., J. Cornelissen, and E. Dorrepaal. 2006. Plant performance in a warmer world: General responses of plants from cold, northern biomes and the importance of winter and spring events. Plants and Climate Change 182:65–77.
- Alstad, K., J. Welker, S. Williams, and M. Trlica. 1999. Carbon and water relations of *Salix monticola* in response to winter browsing and changes in surface water hydrology: An isotopic study using $\delta^{13}C$ and $\delta^{18}O$. Oecologia 120:375–385.
- Amundson, R. 2001. The carbon budget in soils. Annual Review of Earth and Planetary Sciences 29:535–562.
- Andrews, J. A. and W. H. Schlesinger. 2001. Soil CO_2 dynamics, acidification, and chemical weathering in a temperate forest with experimental CO_2 enrichment. Global Biogeochemical Cycles 15:149–162.
- Arft, A., M. Walker, J. Gurevitch, J. Alatalo, M. Bret-Harte, M. Dale, M. Diemer, F. Gugerli, G. Henry, and M. Jones. 1999. Responses of tundra plants to experimental warming: Meta-analysis of the international tundra experiment. Ecological Monographs 69:491–511.
- Avery Jr, G. and C. S. Martens. 1999. Controls on the stable carbon isotopic composition of biogenic methane produced in a tidal freshwater estuarine sediment. Geochimica et Cosmochimica Acta 63:1075–1082.
- Balesdent, J., G. H. Wagner, and A. Mariotti. 1988. Soil organic matter turnover in long-term field experiments as revealed by carbon-13 natural abundance. Soil Science Society of America Journal 52:118–124.
- Barbour, M. M. 2007. Stable oxygen isotope composition of plant tissue: A review. Functional Plant Biology 34:83–94.
- BassiriRad, H., J. V. H. Constable, J. Lussenhop, B. A. Kimball, R. J. Norby, W. C. Oechel, P. B. Reich, W. H. Schlesinger, S. Zitzer, and H. L. Sehtiya. 2003. Wide spread foliage $\delta^{15}N$ depletion under elevated CO_2: Inferences for the nitrogen cycle. Global Change Biology 9:1582–1590.
- Bauer, G., F. Bazzaz, R. Minocha, S. Long, A. Magill, J. Aber, and G. Berntson. 2004. Effects of chronic N additions on tissue chemistry, photosynthetic capacity, and carbon sequestration potential of a red pine (*Pinus resinosa* Ait.) stand in the NE United States. Forest Ecology and Management 196:173–186.
- Bellamy, P. H., P. J. Loveland, R. I. Bradley, R. M. Lark, and G. J. D. Kirk. 2005. Carbon losses from all soils across England and Wales 1978–2003. Nature 437:245–248.
- Biasi, C., O. Rusalimova, H. Meyer, C. Kaiser, W. Wanek, P. Barsukov, H. Junger, and A. Richter. 2005. Temperature-dependent shift from labile to recalcitrant carbon sources of arctic heterotrophs. Rapid Communications in Mass Spectrometry 19:1401–1408.
- Billings, S., S. Schaeffer, S. Zitzer, T. Charlet, S. Smith, and R. Evans. 2002. Alterations of nitrogen dynamics under elevated carbon dioxide in an intact Mojave desert ecosystem: Evidence from nitrogen-15 natural abundance. Oecologia 131:463–467.
- Boggs, J. L., S. G. McNulty, M. J. Gavazzi, and J. M. Myers. 2005. Tree growth, foliar chemistry, and nitrogen cycling across a nitrogen deposition gradient in southern Appalachian deciduous forests. Canadian Journal of Forest Research 35:1901–1913.
- Borken, W., K. Savage, E. A. Davidson, and S. E. Trumbore. 2006. Effects of experimental drought on soil respiration and radiocarbon efflux from a temperate forest soil. Global Change Biology 12:177–193.
- Bosatta, E. and G. I. Ågren. 1999. Soil organic matter quality interpreted thermodynamically. Soil Biology and Biochemistry 31:1889–1891.
- Bridgham, S. D., C. A. Johnston, J. Pastor, and K. Updegraff. 1995. Potential feedbacks of northern wetlands on climate change.

Bioscience 45:262-274.
- Brooks, J. R., L. B. Flanagan, N. Buchmann, and J. R. Ehleringer. 1997. Carbon isotope composition of boreal plants: Functional grouping of life forms. Oecologia 110:301-311.
- Buchmann, N., W. Y. Kao, and J. Ehleringer. 1997. Influence of stand structure on carbon-13 of vegetation, soils, and canopy air within deciduous and evergreen forests in Utah, United States. Oecologia 110:109-119.
- Buyanovsky, G., C. Kucera, and G. Wagner. 1987. Comparative analyses of carbon dynamics in native and cultivated ecosystems. Ecology 68:2023-2031.
- Caldwell, M. 1985. Cold desert. In: Chabot, B. F. and H. A. Mooney. (eds). Physiological Ecology of North American Plant Communities. Chapman and Hall, London:198-212.
- Canadell, J., H. Mooney, D. Baldocchi, J. Berry, J. Ehleringer, C. Field, S. Gower, D. Hollinger, J. Hunt, and R. Jackson. 2000. Carbon metabolism of the terrestrial biosphere: A multitechnique approach for improved understanding. Ecosystems 3:115-130.
- Casals, P., L. Lopez-Sangil, A. Carrara, C. Gimeno, and S. Nogues. 2011. Autotrophic and heterotrophic contributions to short-term soil CO_2 efflux following simulated summer precipitation pulses in a Mediterranean dehesa. Global Biogeochemical Cycles 25: doi: 10.1029/2010GB003973.
- Challinor, A., T. Wheeler, P. Craufurd, C. Ferro, and D. Stephenson. 2007. Adaptation of crops to climate change through genotypic responses to mean and extreme temperatures. Agriculture, Ecosystems and Environment 119:190-204.
- Chapin III, F. S., P. Matson, and H. A. Mooney. 2002. Principles of Terrestrial Ecosystem Ecology. Springer-Verlag, New York.
- Chapin III, F. S., G. R. Shaver, A. E. Giblin, K. J. Nadelhoffer, and J. A. Laundre. 1995. Responses of arctic tundra to experimental and observed changes in climate. Ecology 76:694-711.
- Chou, W. W., W. L. Silver, R. D. Jackson, A. W. Thompson, and B. Allen-Diaz. 2008. The sensitivity of annual grassland carbon cycling to the quantity and timing of rainfall. Global Change Biology 14:1382-1394.
- Ciais, P., M. Reichstein, N. Viovy, A. Granier, J. Ogée, V. Allard, M. Aubinet, N. Buchmann, C. Bernhofer, and A. Carrara. 2005. Europe-wide reduction in primary productivity caused by the heat and drought in 2003. Nature 437:529-533.
- Ciais, P., P. P. Tans, J. W. C. White, M. Trolier, R. J. Francey, J. A. Berry, D. R. Randall, P. J. Sellers, J. G. Collatz, and D. S. Schimel. 1995. Partitioning of ocean and land uptake of CO_2 as inferred by $\delta^{13}C$ measurements from the NOAA Climate Monitoring and Diagnostics Laboratory Global Air Sampling Network. Journal of Geophysical Research 100:5051-5070.
- Comstock, J. and J. Ehleringer. 1992. Correlating genetic variation in carbon isotopic composition with complex climatic gradients. Proceedings of the National Academy of Sciences, USA 89:7747-7751.
- Cooper, L. W. and R. J. Norby. 1994. Atmospheric CO_2 enrichment can increase the content of leaf water and cellulose: Paleoclimatic and ecophysiological implications. Climate Research 4:1-11.
- Davidson, E. A. and I. A. Janssens. 2006. Temperature sensitivity of soil carbon decomposition and feedbacks to climate change. Nature 440:165-173.
- Dawson, T. and L. Bliss. 1993. Plants as mosaics: Leaf-, ramet-, and gender-level variation in the physiology of the dwarf willow, *Salix arctica*. Functional Ecology 7:293-304.
- De Vries, W., G. J. Reinds, P. Gundersen, and H. Sterba. 2006. The impact of nitrogen deposition on carbon sequestration in European forests and forest soils. Global Change Biology 12:1151-1173.
- Dentener, F., J. Drevet, J. Lamarque, I. Bey, B. Eickhout, A. Fiore, D. Hauglustaine, L. Horowitz, M. Krol, and U. Kulshrestha. 2006. Nitrogen and sulfur deposition on regional and global scales: A multimodel evaluation. Global Biogeochemical Cycles 20: doi:10.1029/2005GB002672.
- Dormann, C. and S. Woodin. 2002. Climate change in the Arctic: Using plant functional types in a meta-analysis of field experiments. Functional Ecology 16:4-17.
- Dorrepaal, E., R. Aerts, J. H. C. Cornelissen, T. V. Callaghan, and R. S. P. van Logtestijn. 2004. Summer warming and increased winter snow cover affect *Sphagnum fuscum* growth, structure and production in a subarctic bog. Global Change Biology 10:93-104.
- Dorrepaal, E., R. Aerts, J. H. C. Cornelissen, R. S. P. van Logtestijn, and T. V. Callaghan. 2006. Sphagnum modifies climate-change impacts on subarctic vascular bog plants. Functional Ecology 20:31-41.
- Dorrepaal, E., J. H. C. Cornelissen, and R. Aerts. 2007. Changing leaf litter feedbacks on plant production across contrasting sub-arctic peatland species and growth forms. Oecologia 151:251-261.
- Dorrepaal, E., S. Toet, R. S. P. van Logtestijn, E. Swart, M. J. van de Weg, T. V. Callaghan, and R. Aerts. 2009. Carbon respiration from subsurface peat accelerated by climate warming in the subarctic. Nature 460:616-619.
- Drake, B. G., M. A. Gonzàlez-Meler, and S. P. Long. 1997. More efficient plants: A consequence of rising atmospheric CO_2? Annual Review of Plant Biology 48:609-639.

- Drake, B. G., G. Peresta, E. Beugeling, and R. Matamala. 1996. Long-term Elevated CO_2 Exposure in a Chesapeake Bay wetland: Ecosystem Gas Exchange, Primary Production, and Tissue Nitrogen. Academic Press, San Diego, CA, USA.
- Ehleringer, J. R., S. Klassen, C. Clayton, D. Sherrill, M. Fuller-Holbrook, Q. Fu, and T. A. Cooper. 1991a. Carbon isotope discrimination and transpiration efficiency in common bean. Crop Science 31:1611–1615.
- Ehleringer, J. R., S. L. Phillips, W. S. F. Schuster, and D. R. Sandquist. 1991b. Differential utilization of summer rains by desert plants. Oecologia 88:430–434.
- Ellsworth, D. 1999. CO_2 enrichment in a maturing pine forest: Are CO_2 exchange and water status in the canopy affected? Plant, Cell and Environment 22:461–472.
- Elvir, J. A., G. B. Wiersma, S. Bethers, and P. Kenlan. 2010. Effects of chronic ammonium sulfate treatment on the forest at the Bear Brook Watershed in Maine. Environmental Monitoring and Assessment 171:129–147.
- Elvir, J. A., G. B. Wiersma, M. E. Day, M. S. Greenwood, and I. J. Fernandez. 2006. Effects of enhanced nitrogen deposition on foliar chemistry and physiological processes of forest trees at the Bear Brook Watershed in Maine. Forest Ecology and Management 221:207–214.
- Evans, J. R. 1989. Photosynthesis and nitrogen relationships in leaves of C_3 plants. Oecologia 78:9–19.
- Everett, R. L., P. T. Tueller, J. B. Davis, and A. D. Brunner. 1980. Plant phenology in galleta-shadscale and galleta-sagebrush associations. Journal of Range Management 33:446–450.
- Ewe, S., L. Sternberg, and D. Childers. 2007. Seasonal plant water uptake patterns in the saline southeast Everglades ecotone. Oecologia 152:607–616.
- Farquhar, G. D., J. R. Ehleringer, and K. T. Hubick. 1989. Carbon isotope discrimination and photosynthesis. Annual Review of Plant Physiology and Plant Molecular Biology 40:503–537.
- Ferretti, D., E. Pendall, J. Morgan, J. Nelson, D. LeCain, and A. Mosier. 2003. Partitioning evapotranspiration fluxes from a Colorado grassland using stable isotopes: Seasonal variations and ecosystem implications of elevated atmospheric CO_2. Plant and Soil 254:291–303.
- Flanagan, L. B. and J. R. Ehleringer. 1998. Ecosystem-atmosphere CO_2 exchange: Interpreting signals of change using stable isotope ratios. Trends in Ecology and Evolution 13:10–14.
- Fowler, N. 1986. The role of competition in plant communities in arid and semiarid regions. Annual Review of Ecology and Systematics 17:89–110.
- Fung, I. and T. Takahashi. 2000. Estimating air-sea exchanges of CO_2 from pCO_2 gradients: Assessment of uncertainties. In: Wigley, T. M. L. and D. S. Schimel. (eds). The Carbon Cycle. Cambridge University Press, Cambridge: 125–133.
- Galloway, J. N., A. R. Townsend, J. W. Erisman, M. Bekunda, Z. Cai, J. R. Freney, L. A. Martinelli, S. P. Seitzinger, and M. A. Sutton. 2008. Transformation of the nitrogen cycle: Recent trends, questions, and potential solutions. Science 320:889–892.
- Gilgen, A. and N. Buchmann. 2009. Response of temperate grasslands at different altitudes to simulated summer drought differed but scaled with annual precipitation. Biogeosciences 6:2525–2539.
- Goulden, M., S. Wofsy, J. Harden, S. Trumbore, P. Crill, S. Gower, T. Fries, B. Daube, S. M. Fan, and D. Sutton. 1998. Sensitivity of boreal forest carbon balance to soil thaw. Science 279:214–217.
- Greaver, T. L. and L. S. L. Sternberg. 2007. Fluctuating deposition of ocean water drives plant function on coastal sand dunes. Global Change Biology 13:216–223.
- Greenep, H., M. Turnbull, and D. Whitehead. 2003. Response of photosynthesis in second-generation *Pinus radiata* trees to long-term exposure to elevated carbon dioxide partial pressure. Tree physiology 23:569–576.
- Grogan, P. and F. Chapin III. 2000. Initial effects of experimental warming on above - and below-ground components of net ecosystem CO_2 exchange in arctic tundra. Oecologia 125:512–520.
- Hadley, N. F. and S. R. Szarek. 1981. Productivity of desert ecosystems. Bioscience 31:747–753.
- Heimann, M. 2005. Obituary: Charles David Keeling 1928—2005. Nature 437:331.
- Hines, M. E., K. N. Duddleston, and R. P. Kiene. 2001. Carbon flow to acetate and C_1 compounds in northern wetlands. Geophysical Research Letters 28:4251–4254.
- Hoegh-Guldberg, O. 1999. Climate change, coral bleaching and the future of the world's coral reefs. Marine and Freshwater Research 50:839–866.
- Horn, M., C. Matthies, K. Kuesel, A. Schramm, and H. Drake. 2003. Hydrogenotrophic methanogenesis by moderately acid-tolerant methanogens of a methane-emitting acidic peat. Applied and Environmental Microbiology 69:74–83.
- Hornibrook, E. R. C., F. J. Longstaffe, and W. S. Fyfe. 1997. Spatial distribution of microbial methane production pathways in temperate zone wetland soils: Stable carbon and hydrogen isotope evidence. Geochimica et Cosmochimica Acta 61:745–753.
- Hungate, B. A., E. A. Holland, R. B. Jackson, F. S. Chapin III, H. A.

- Mooney, and C. B. Field. 1997. The fate of carbon in grasslands under carbon dioxide enrichment. Nature 388:576–579.
- Hutchinson, T. C., S. A. Watmough, E. P. S. Sager, and J. D. Karagatzides. 1998. Effects of excess nitrogen deposition and soil acidification on sugar maple (Acer saccharum) in Ontario, Canada: An experimental study. Canadian Journal of Forest Research 28:299–310.
- Hyvönen, R., G. I. Ågren, S. Linder, T. Persson, M. F. Cotrufo, A. Ekblad, M. Freeman, A. Grelle, I. A. Janssens, and P. G. Jarvis. 2007. The likely impact of elevated [CO_2], nitrogen deposition, increased temperature and management on carbon sequestration in temperate and boreal forest ecosystems: A literature review. New Phytologist 173:463–480.
- Inglima, I., G. Alberti, T. Bertolini, F. Vaccari, B. Gioli, F. Miglietta, M. Cotrufo, and A. Peressotti. 2009. Precipitation pulses enhance respiration of Mediterranean ecosystems: The balance between organic and inorganic components of increased soil CO_2 efflux. Global Change Biology 15:1289–1301.
- IPCC 2007. Climate Change 2007: Synthesis Report: Contribution of Working Groups I, II and III to the Fourth Assessment Report of the Intergovernmental Panel on Climate Change. IPCC Geneva.
- Ise, T., A. L. Dunn, S. C. Wofsy, and P. R. Moorcroft. 2008. High sensitivity of peat decomposition to climate change through water-table feedback. Nature Geoscience 1:763–766.
- Jackson, R., J. Canadell, J. Ehleringer, H. A. Mooney, O. Sala, and E. Schulze. 1996. A global analysis of root distributions for terrestrial biomes. Oecologia 108:389–411.
- Jackson, R., O. Sala, C. Field, and H. Mooney. 1994. CO_2 alters water use, carbon gain, and yield for the dominant species in a natural grassland. Oecologia 98:257–262.
- Joos, O., F. Hagedorn, A. Heim, A. Gilgen, M. Schmidt, R. Siegwolf, and N. Buchmann. 2010. Summer drought reduces total and litter-derived soil CO_2 effluxes in temperate grassland—Clues from a ^{13}C litter addition experiment. Biogeosciences 7:1031–1041.
- Keeling, C., T. Whorf, M. Wahlen, and J. Plicht. 1995. Interannual extremes in the rate of rise of atmospheric carbon dioxide since 1980. Nature 375:666–670.
- Keller, M., A. Alencar, G. P. Asner, B. Braswell, M. Bustamante, E. Davidson, T. Feldpausch, E. Fernandes, M. Goulden, and P. Kabat. 2004. Ecological research in the large-scale biosphere-atmosphere experiment in Amazonia: Early results. Ecological Applications 14:3–16.
- Kelly, M. 1997. Obituary: Hubert Horace Lamb (1913–1997). Nature 388:836.
- Kirschbaum, M. U. F. 1995. The temperature dependence of soil organic matter decomposition, and the effect of global warming on soil organic C storage. Soil Biology and Biochemistry 27:753–760.
- Knapp, A. K., P. A. Fay, J. M. Blair, S. L. Collins, M. D. Smith, J. D. Carlisle, C. W. Harper, B. T. Danner, M. S. Lett, and J. K. McCarron. 2002. Rainfall variability, carbon cycling, and plant species diversity in a mesic grassland. Science 298:2202–2205.
- Knorr, W., I. C. Prentice, J. I. House, and E. A. Holland. 2005. Long-term sensitivity of soil carbon turnover to warming. Nature 433:298–301.
- Krab, E. J., J. H. C. Cornelissen, S. I. Lang, and R. S. P. van Logtestijn. 2008. Amino acid uptake among wide-ranging moss species may contribute to their strong position in higher-latitude ecosystems. Plant and Soil 304:199–208.
- Lafleur, P., T. Moore, N. Roulet, and S. Frolking. 2005. Ecosystem respiration in a cool temperate bog depends on peat temperature but not water table. Ecosystems 8:619–629.
- Lajtha, K. and J. D. Marshall. 1994. Source of variation in the stable isotopic composition of plants. In: Lajtha, K. and R. H. Michener. (eds). Stable Isotopes in Ecology and Environmental Sciences. Blackwell, Oxford:1–21.
- Leavitt, S. W., E. A. Paul, B. A. Kimball, G. R. Hendrey, J. R. Mauney, R. Rauschkolb, H. Rogers, K. F. Lewin, J. Nagy, and P. J. Pinter Jr. 1994. Carbon isotope dynamics of free-air CO_2-enriched cotton and soils. Agricultural and Forest Meteorology 70:87–101.
- Leavitt, S. W., E. Pendall, E. Paul, T. Brooks, B. Kimball, P. Pinter Jr, H. Johnson, A. Matthias, G. Wall, and R. LaMorte. 2001. Stable-carbon isotopes and soil organic carbon in wheat under CO_2 enrichment. New Phytologist 150:305–314.
- LeBauer, D. S. and K. K. Treseder. 2008. Nitrogen limitation of net primary productivity in terrestrial ecosystems is globally distributed. Ecology 89:371–379.
- Lin, G., J. R. Ehleringer, P. L. T. Rygiewicz, M. G. Johnson, and D. T. Tingey. 1999. Elevated CO_2 and temperature impacts on different components of soil CO_2 efflux in Douglas-fir terracosms. Global Change Biology 5:157–168.
- Lin, G., S. L. Phillips, and J. R. Ehleringer. 1996. Monosoonal precipitation responses of shrubs in a cold desert community on the Colorado Plateau. Oecologia 106:8–17.
- Lin, G., P. T. Rygiewicz, J. R. Ehleringer, M. G. Johnson, and D. T. Tingey. 2001. Time-dependent responses of soil CO_2 efflux components to elevated atmospheric [CO_2] and temperature in experimental forest mesocosms. Plant and Soil 229:259–270.
- Luo, Y. 2007. Terrestrial carbon-cycle feedback to climate

- warming. Annual Review of Ecology, Evolution, and Systematics 38:683–712.
- Luo, Y., D. Hui, and D. Zhang. 2006. Elevated CO_2 stimulates net accumulations of carbon and nitrogen in land ecosystems: A meta-analysis. Ecology 87:53–63.
- Luo, Y., S. Wan, D. Hui, and L. L. Wallace. 2001. Acclimatization of soil respiration to warming in a tall grass prairie. Nature 413:622–625.
- Lutze, J. and R. Gifford. 1998. Acquisition and allocation of carbon and nitrogen by *Danthonia richardsonii* in response to restricted nitrogen supply and CO_2 enrichment. Plant, Cell and Environment 21:1133–1141.
- Maier, C. A. and L. Kress. 2000. Soil CO_2 evolution and root respiration in 11 year-old loblolly pine (*Pinus taeda*) plantations as affected by moisture and nutrient availability. Canadian Journal of Forest Research 30:347–359.
- Matamala, R. and W. H. Schlesinger. 2000. Effects of elevated atmospheric CO_2 on fine root production and activity in an intact temperate forest ecosystem. Global Change Biology 6:967–979.
- Melillo, J., P. Steudler, J. Aber, K. Newkirk, H. Lux, F. Bowles, C. Catricala, A. Magill, T. Ahrens, and S. Morrisseau. 2002. Soil warming and carbon-cycle feedbacks to the climate system. Science 298:2173–2176.
- Michelsen, A., C. Quarmby, D. Sleep, and S. Jonasson. 1998. Vascular plant ^{15}N natural abundance in heath and forest tundra ecosystems is closely correlated with presence and type of mycorrhizal fungi in roots. Oecologia 115:406–418.
- Michelsen, A., I. K. Schmidt, S. Jonasson, C. Quarmby, and D. Sleep. 1996. Leaf ^{15}N abundance of subarctic plants provides field evidence that ericoid, ectomycorrhizal and non-and arbuscular mycorrhizal species access different sources of soil nitrogen. Oecologia 105:53–63.
- Moore, T. and M. Dalva. 1993. The influence of temperature and water table position on carbon dioxide and methane emissions from laboratory columns of peatland soils. Journal of Soil Science 44:651–664.
- Nadelhoffer, K. J., B. A. Emmett, P. Gundersen, O. Kjonaas, C. J. Koopmans, P. Schleppi, A. Tietema, and R. F. Wright. 1999. Nitrogen deposition makes a minor contribution to carbon sequestration in temperate forests. Nature 398:145–148.
- Niklaus, P., R. Stocker, C. Körner, and P. Leadley. 2000. CO_2 flux estimates tend to overestimate ecosystem C sequestration at elevated CO_2. Functional Ecology 14:546–559.
- Nitschelm, J., A. Luscher, U. Hartwig, and C. van Kessel. 1997. Using stable isotopes to determine soil carbon input differences under ambient and elevated atmospheric CO_2 conditions. Global Change Biology 3:411–416.
- Nolte, C. G., A. B. Gilliland, C. Hogrefe, and L. J. Mickley. 2008. Linking global to regional models to assess future climate impacts on surface ozone levels in the United States. Journal of Geophysical Research 113:doi: 14310.11029/12007JD008497.
- Norby, R. J., M. F. Cotrufo, P. Ineson, E. G. O'Neill, and J. G. Canadell. 2001. Elevated CO_2, litter chemistry, and decomposition: A synthesis. Oecologia 127:153–165.
- Ollinger, S. V., J. D. Aber, P. B. Reich, and R. J. Freuder. 2002. Interactive effects of nitrogen deposition, tropospheric ozone, elevated CO_2 and land use history on the carbon dynamics of northern hardwood forests. Global Change Biology 8:545–562.
- Pataki, D. E., D. S. Ellsworth, R. D. Evans, M. Gonzalez-Meler, J. King, S. W. Leavitt, G. Lin, R. Matamala, E. Pendall, and R. Siegwolf. 2003. Tracing changes in ecosystem function under elevated carbon dioxide conditions. Bioscience 53:805–818.
- Pendall, E., J. Y. King, A. Mosier, J. Morgan, and D. Milchunas. 2005. Stable isotope constraints on net ecosystem production under elevated CO_2. In: Flanagan, L. B., J. R. Ehleringer, and D. E. Pataki. (eds). Stable Isotopes and Biosphere-Atmospheric Interactions: Processes and Biological Controls. Elsevier, San Diego:182–198.
- Pregitzer, K. S., A. J. Burton, D. R. Zak, and A. F. Talhelm. 2008. Simulated chronic nitrogen deposition increases carbon storage in Northern Temperate forests. Global Change Biology 14:142–153.
- Radajewski, S., P. Ineson, N. R. Parekh, and J. C. Murrell. 2000. Stable-isotope probing as a tool in microbial ecology. Nature 403:646–649.
- Randerson, J., F. Chapin III, J. Harden, J. Neff, and M. Harmon. 2002. Net ecosystem production: A comprehensive measure of net carbon accumulation by ecosystems. Ecological applications 12:937–947.
- Reichstein, M., J. D. Tenhunen, O. Roupsard, J. Ourcival, S. Rambal, F. Miglietta, A. Peressotti, M. Pecchiari, G. Tirone, and R. Valentini. 2002. Severe drought effects on ecosystem CO_2 and H_2O fluxes at three Mediterranean evergreen sites: Revision of current hypotheses? Global Change Biology 8:999–1017.
- Robinson, D. 2001. $\delta^{15}N$ as an integrator of the nitrogen cycle. Trends in Ecology and Evolution 16:153–162.
- Rustad, L., J. Campbell, G. Marion, R. Norby, M. Mitchell, A. Hartley, J. Cornelissen, and J. Gurevitch. 2001. A meta-analysis of the response of soil respiration, net nitrogen mineralization, and aboveground plant growth to experimental ecosystem warming. Oecologia 126:543–562.

- Ryan, M. G. and B. E. Law. 2005. Interpreting, measuring, and modeling soil respiration. Biogeochemistry 73:3–27.
- Sala, O., R. Golluscio, W. Lauenroth, and A. Soriano. 1989. Resource partitioning between shrubs and grasses in the Patagonian steppe. Oecologia 81:501–505.
- Saleska, S. R., M. R. Shaw, M. L. Fischer, J. A. Dunne, C. J. Still, M. L. Holman, and J. Harte. 2002. Plant community composition mediates both large transient decline and predicted long-term recovery of soil carbon under climate warming. Global Biogeochemical Cycles 16:doi:10.1029/2001GB001573 .
- Scheidegger, Y., M. Saurer, M. Bahn, and R. Siegwolf. 2000. Linking stable oxygen and carbon isotopes with stomatal conductance and photosynthetic capacity: A conceptual model. Oecologia 125:350–357.
- Schulze, E. D., C. Wirth, and M. Heimann. 2000. Managing forests after Kyoto. Science 289:2058–2059.
- Scott, R. L., G. D. Jenerette, D. L. Potts, and T. E. Huxman. 2009. Effects of seasonal drought on net carbon dioxide exchange from a woody-plant-encroached semiarid grassland. Journal of Geophysical Research-Biogeosciences 114:doi: 10.1029/2008JG000900.
- Shaver, G. R., M. S. Bret-Harte, M. H. Jones, J. Johnstone, L. Gough, J. Laundre, and F. S. Chapin III. 2001. Species composition interacts with fertilizer to control long-term change in tundra productivity. Ecology 82:3163–3181.
- Smith, S. D. and R. S. Nowak. 1990. Ecophysiology of plants in the intermountain lowlands. Ecological Studies: Analysis and Synthesis 80:179–241.
- Sowerby, A., B. A. Emmett, A. Tietema, and C. Beier. 2008. Contrasting effects of repeated summer drought on soil carbon efflux in hydric and mesic heathland soils. Global Change Biology 14:2388–2404.
- Strain, B. and F. Bazzaz. 1983. Terrestrial Plant Communities. Duke University, Durham, NC.
- Strojan, C. L., D. C. Randall, and F. B. Turner. 1987. Relationship of leaf litter decomposition rates to rainfall in the Mojave Desert. Ecology 68:741–744.
- Symon, C., L. Arris, and B. Heal. 2005. Arctic Climate Impact Assessment. Cambridge University Press, New York.
- Talhelm, A., K. Pregitzer, and A. Burton. 2011. No evidence that chronic nitrogen additions increase photosynthesis in mature sugar maple forests. Ecological Applications 27:2413–2424.
- Tans, P. P., I. Y. Fung, and T. Takahashi. 1990. Observational contrains on the global atmospheric CO_2 budget. Science 247:1431–1438.
- Tans, P. P. and J. W. C. White. 1998. In balance, with a little help from the plants. Science 281:183–184.
- Thomas, R. Q., C. D. Canham, K. C. Weathers, and C. L. Goodale. 2009. Increased tree carbon storage in response to nitrogen deposition in the US. Nature Geoscience 3:13–17.
- Valentini, R., G. Matteucci, A. Dolman, E. D. Schulze, C. Rebmann, E. Moors, A. Granier, P. Gross, N. Jensen, and K. Pilegaard. 2000. Respiration as the main determinant of carbon balance in European forests. Nature 404:861–865.
- van Kessel, C., W. R. Horwath, U. Hartwig, D. Harris, and A. Lüscher. 2000. Net soil carbon input under ambient and elevated CO_2 concentrations: Isotopic evidence after 4 years. Global Change Biology 6:435–444.
- Vitousek, P. M. 1994. Beyond global warming: Ecology and global change. Ecology 75:1861–1876.
- Walker, M. D., C. H. Wahren, R. D. Hollister, G. H. R. Henry, L. E. Ahlquist, J. M. Alatalo, M. S. Bret-Harte, M. P. Calef, T. V. Callaghan, and A. B. Carroll. 2006. Plant community responses to experimental warming across the tundra biome. Proceedings of the National Academy of Sciences, USA 103:1342–1346.
- Wan, S. and Y. Luo. 2003. Substrate regulation of soil respiration in a tallgrass prairie: Results of a clipping and shading experiment. Global Biogeochemical Cycles 17: doi:10.1029/2002GB001971.
- Wassmann, R., N. X. Hien, C. T. Hoanh, and T. P. Tuong. 2004. Sea level rise affecting the Vietnamese Mekong Delta: Water elevation in the flood season and implications for rice production. Climatic Change 66:89–107.
- Watson, R. T. 2003. Climate change: The political situation. Science 302:1925–1926.
- Welker, J., J. Fahnestock, P. Sullivan, and R. Chimner. 2005. Leaf mineral nutrition of Arctic plants in response to warming and deeper snow in northern Alaska. Oikos 109:167–177.
- Welker, J. M., I. S. Jónsdóttir, and J. T. Fahnestock. 2003. Leaf isotopic (δ^{13}C and δ^{15}N) and nitrogen contents of Carex plants along the Eurasian Coastal Arctic: Results from the Northeast Passage expedition. Polar Biology 27:29–37.
- Weltzin, J. F., C. Harth, S. D. Bridgham, J. Pastor, and M. Vonderharr. 2001. Production and microtopography of bog bryophytes: Response to warming and water-table manipulations. Oecologia 128:557–565.
- Whiticar, M. J. 1999. Carbon and hydrogen isotope systematics of bacterial formation and oxidation of methane. Chemical Geology 161:291–314.
- Whiticar, M. J. and E. Faber. 1986. Methane oxidation in sediment and water column environments — Isotope evidence. Organic Geochemistry 10:759–768.
- Wieder, R. K. 2001. Past, present, and future peatland carbon

- balance: An empirical model based on ^{210}Pb-dated cores. Ecological Applications 11:327–342.
- Williams, R. T. and R. L. Crawford. 1984. Methane production in Minnesota peatlands. Applied and Environmental Microbiology 47:1266–1271.
- Zak, D. R., K. S. Pregitzer, J. S. King, and W. E. Holmes. 2000. Elevated atmospheric CO_2, fine roots and the response of soil microorganisms: A review and hypothesis. New Phytologist 147:201–222.
- Zanetti, S., U. A. Hartwig, A. Luscher, T. Hebeisen, M. Frehner, B. U. Fischer, G. R. Hendrey, H. Blum, and J. Nosberger. 1996. Stimulation of symbiotic N_2 fixation in *Trifolium repens* L. under elevated atmospheric pCO_2 in a grassland ecosystem. Plant Physiology 112:575–583.
- Zhou, X., S. Wan, and Y. Luo. 2007. Source components and interannual variability of soil CO_2 efflux under experimental warming and clipping in a grassland ecosystem. Global Change Biology 13:761–775.

第 12 章
稳定同位素与
城市生态学

城区是陆地上有关陆地与大气交换研究薄弱的区域之一。尽管城市及郊区的面积微不足道（约占陆地面积的2%），但它不仅对大气，而且对局部区域甚至全球的生物地球化学循环都会产生巨大影响（Grimm et al.，2000）。化石燃料的燃烧、水资源的消耗、食物的消费及垃圾的产生通常都集中在城市地区。同时，CO_2的排放率高、水分的蒸发和蒸腾率高也是这一区域的显著特征（Douglas，1983；Decker et al.，2000）。随着人口的增长（且增加的人口大部分集中在城区及周边地区）（United Nations，2000），城区陆地-大气交换对全球大气圈和生物地球化学循环的影响将越来越重要。要了解目前和将来人类对全球碳循环和水循环的影响，就必须不断地增加对物质在城区及其交界区域间流动的认识。

由于人为活动所产生的痕量温室气体与植物和土壤产生的痕量温室气体的同位素组成存在差异，因而同位素适合用于城市上空的大气研究。这一特性可以用于区分示踪气体的来源和评估城市污染对城市植物和土壤的影响。而区分痕量温室气体的来源和量化痕量温室气体所产生的影响是理解城区生态系统功能的第一步。与自然生态系统的陆地-大气交换不同，城区陆地-大气交换不仅受人类行为和活动的强烈影响，也与自然过程（比如植物和土壤气体交换）密切相关（Grimm et al.，2000；Pickett et al.，2008）。为了全面地理解包括人为因素和植物/土壤组分对CO_2、CH_4等温室气体以及其他空气污染物的影响，我们必须区分它们各自所产生的作用和评估社会因素、现行的制度体系和环境因素对它们的时间和空间分布所产生的影响（Day et al.，2002；Koerner and Klopatek，2002；Clark-Thorne and Yapp，2003；Pataki et al.，2003a；Pataki et al.，2005b）。

本章主要讨论城区及其周边大气CO_2和植物稳定同位素组成在拆分城市城区CO_2源（特别是化石燃料燃烧产生的CO_2）（第1节）、确定城市空气污染对植物生理生态的影响（第2节）和大气颗粒污染物$PM_{2.5}$和PM_{10}主要来源与分布（第3节）等方面的应用原理和研究实例。

第1节　城区CO_2同位素组成变化与化石燃料利用

全球碳循环过程中，最不确定的因素之一是未来化石燃料燃烧释放的CO_2量。以人类为主导的生态系统对区域碳循环的影响越来越大，这将引发人们对城市陆地与大气CO_2交换研究的兴趣。在城市及周边范围内，从城市到郊区CO_2浓度梯度的变化叫作城市"CO_2圆屋顶"（CO_2 dome）（Idso et al.，2001）。能源排放清算、土壤呼吸通量和CO_2同位素组成数据显示城市大气中增加的CO_2来自诸多源，包括汽油燃烧、天然气燃烧和生物代谢（Day et al.，2002；Koerner and Klopatek，2002；Clark-Thorne and Yapp，2003；Pataki et al.，2003a；Pataki et al.，2005b）。尽管这些来源的时空变异性还未得到深入研究，但是目前已有的信息可以帮助提高我们对城市居民使用能源和燃料时空特点的认识，同时帮助我们量化植物在城市地区的作用和土壤的变化过程（Pataki et al.，2006）。

与大气CO_2相比，化石燃料燃烧释放的CO_2的^{13}C的含量相对贫乏（Keeling et al.，1979）。化石燃料燃烧排放CO_2的同位素组成在大气碳循环研究和局部城区CO_2研究中受到极大关注（Andres et al.，2000）。化石燃料燃烧产生CO_2有两个主要来源：汽油燃烧和天然气燃烧，并且这两种来源的CO_2同位素组成通常存在明显差异。作为城市生态系统的主要组成部分，城市中植物和土壤组成的"城市森林"对局部区域的碳循环存在一定的影响。化石燃料同位素组成的季节和空间分布的准确估计，将有助于区分CO_2的来源，为区域和全球大气碳循环研究提供数据，也可以进一步深入理解局部的城区生态系统功能。

根据天然气和汽油燃烧产物$\delta^{13}C$值不同及化石燃料和生物呼吸释放的CO_2的$\delta^{18}O$不同，Pataki等（2003a）最先结合城市CO_2浓度、CO_2的$\delta^{13}C$和$\delta^{18}O$值以及当地CO_2源的同位素组成来量化每个CO_2源的释放比例。这种方法的不足之处在于采集样品数量的限制以及利用Keeling曲线法（见第4章）区分两种不同CO_2源的贡献比例必须满足一个基本前提，即在测量期间大气背景CO_2和城市CO_2对空气CO_2的贡献比例不发生改变（Pataki et al.，2003b）。Pataki等（2006）利用可调谐二极管激光吸收光谱仪，每隔5分钟测量一次CO_2的$\delta^{13}C$，结果发现化石燃料释放CO_2的比例具有明显的日动态。应用CO_2中O同位素值来区分生物和人为活动产生的CO_2，需要先估算生物呼吸释放CO_2的$\delta^{18}O$的值。在实际应用中，由于化石燃料燃烧释放的CO_2的干扰，城市CO_2的$\delta^{18}O$测定一般都不可靠，只能通过建立在有关呼吸速率和生态系统水源同位素组成一系列假设基础上的模型模拟得到（Bowling et al.，2003；Riley et al.，2003；Lai et al.，2006）。$\delta^{18}O$值可指示生态系统过程信息，特别是生态系统地上和地下部分呼吸的相对贡献（Bowling et al.，2003）。质量守恒法在不受二源混合模型（two-ended mixing）限制的情况下，可以用来计算$\delta^{18}O$值，那么城市"CO_2圆屋顶"的大小和同位素的组成可以进一步用来推断城市生态系统的过程。

一、城区空气CO_2浓度变化及其源的同位素组成

（一）城区空气CO_2浓度变化

Pataki等（2007）在美国犹他州盐湖谷（the Salt Lake Valley，Utah）3个采样点上（犹他大学东部山地校区、盐湖城市中心商业区、未城市化郊区），从2004年1月到2006年5月的日均CO_2浓度监测发现，CO_2浓度变化呈现预期的季节周期性，并在冬季达到最大值（图12-1）。在所有的采样点中，郊区采样点的CO_2浓度持续最低，城区采样点的CO_2浓度持续最高。城区的两个采样点，冬季日平均CO_2浓度在有些情况下高于500 ppm[1]。如图12-1b所示，与7月相比，1月份的平均日间CO_2波动幅度更加明显。城区夜间CO_2浓度在2005年1月出现最高值，与犹他大学东部山地校区白天CO_2浓度相近，然而郊区CO_2浓度持续较低并且相对平稳。虽然这3个地区的CO_2浓度在2005年7月较1月份都有所下降，尤其在午后，但CO_2浓度变化模式基本相同。Clark-Thorne和Yapp（2003）在美国达拉斯城也发现类似的现象。

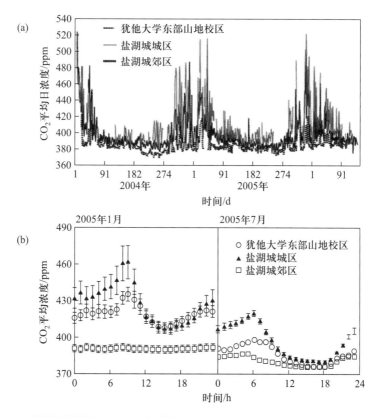

图12-1 美国犹他州盐湖谷（a）3个采样点大气CO_2浓度的季节和（b）日动态变化（Pataki *et al.*，2007）

---

[1] 1 ppm=10^{-6}。

(二)城区空气CO_2源的碳同位素组成

煤和石油均来自生物沉积,其碳同位素值一般为 −32‰ ~ −21‰(Deines,1980)。Tans(1981)和Andres等(2000)在全球尺度上估计了不同化石燃料燃烧所产生CO_2的碳同位素组成,他们测量的"源"包括煤、天然气、石油燃烧所产生的气体,还包括炼油和生产水泥过程中所产生的CO_2(表12-1)。结果表明,所有煤的$\delta^{13}C$值都基本恒定在 −24.1‰,而石油的$\delta^{13}C$值则因来源的不同而不同。

表12-1 化石燃料碳同位素组成($\delta^{13}C$)的全球平均值(Tans, 1981; Andres et al., 2000)

化石燃料排放源	Tans(1981)/‰	Andres等(2000)/‰	观测到的$\delta^{13}C$范围/‰
煤	−24.1	−24.1	−27 ~ −20
石油	−26.5	−26.5	−35 ~ −19
天然气	−41	−44	−100 ~ −20
废气燃烧	−41	−40	−60 ~ −20
水泥生产	0	0	—

天然气的主要成分是甲烷。在自然状态下,甲烷的$\delta^{13}C$值范围较宽,但通常比光合作用产物的$\delta^{13}C$值更负。热效应产生的甲烷$\delta^{13}C$值范围通常为 −60‰ ~ −20‰,而细菌产生的甲烷$\delta^{13}C$值通常为 −100‰ ~ −40‰(Schoell,1988)。天然气也包含少量的乙烷、丙烷、丁烷和其他气体,但这些气体的碳同位素值要高于甲烷(Deines,1980)。Tans(1981)和Andres等(2000)运用这一变化范围得出全球尺度上天然气燃烧的$\delta^{13}C$加权估计值为 −44‰ ~ −41‰。

如果城区有以天然气为能源的发电厂,或者有大量的居民使用天然气取暖,则大气CO_2的^{13}C就会相对贫乏。炼油厂(从石油中提取汽油)在燃烧废气(燃烧相对分子质量小的复合物)过程中也会产生^{13}C贫化的CO_2。由于化石燃料(尤其是天然气)的同位素组成呈现较大的地理差异性,所以在局部地区研究这些成分时,需要重新测定它们的同位素组成。但这并不影响我们利用碳同位素来区分城区上空CO_2气体来源于汽油还是天然气燃烧。来自美国盐湖城的数据表明,该地区汽油燃烧和天然气燃烧的排放物碳同位素值相差大约10‰(表12-2)。汽油燃烧和柴油燃烧的排放物碳同位素组成也有明显差异,但比汽油燃烧和天然气燃烧的排放物碳同位素之间的差异小。在法国巴黎所测的结果与这些值相差都在2‰以内(Widory and Javoy,2003)。但在美国达拉斯的研究却发现,汽油燃烧和天然气燃烧的排放物同位素值大约相差15‰(Clark-Thorne and Yapp,2003)。

表12-2 汽车尾气和居民的天然气燃烧炉排放物的碳同位素组成（Clark-Thorne and Yapp, 2003）

排放源	美国盐湖城		法国巴黎		美国达拉斯	
	$\delta^{13}C$/‰	n	$\delta^{13}C$/‰	n	$\delta^{13}C$/‰	n
汽油（汽车）	−27.9	42	−28.7	10	−27.2	3
柴油（汽车）	−28.6	39	−28.9	7		
天然气（熔炉）	−37.8	6	−39.2	6		
气体（实验室制备）	−37.3	6	−38.4	1	−42.0	1

注：n代表样品数。

美国盐湖城当地冶炼厂提炼的原油中碳同位素测定值为−31.5‰～−25.9‰，该测定值恰好处于文献记录的该地原油碳同位素值的范围之内（表12-3）。从不同经销商提供的石油中提炼出的汽油样品$\delta^{13}C$显著不同（ANOVA, $p<0.05$），（表12-3）。

表12-3 不同产地原油和不同品牌汽油的碳同位素组成（Bush et al., 2007）

原油产地	美国盐湖城监测结果		法国巴黎	
	$\delta^{13}C$/‰	n	$\delta^{13}C$/‰	n
汽油（汽车）	−29.1±0.03	2	−31.1～−27.6	7
柴油（汽车）	−31.5	1	−31.7～−27.8	14
天然气	−25.9	1	−29.6～−25.7	29

汽油经销商	$\delta^{13}C$/‰	n
Sinclair	−28.8±0.07[a]	9
Chevron	−28.2±0.05[b]	9
Tesoro	−27.3±0.06[c]	9
Philips 66	−26.7±026[d]	9

注：n代表样品数。不同字母代表差异显著。

通过对6辆车所使用的汽油及其排放气体的$\delta^{13}C$值成对比较发现，这两者存在显著的正相关（线性回归，$P<0.05$，图12-2）（Bush et al., 2007）。相关曲线的斜率为1.01±0.01（图12-2），说明汽油燃烧排放的CO_2具有与汽油相同的碳同位素比值。6辆车汽油的平均$\delta^{13}C$值为−28.1‰±0.28‰，排放物的平均$\delta^{13}C$值为−28.4‰±0.31‰，两者差异也不显著（双边T-检验，$P>0.05$）。

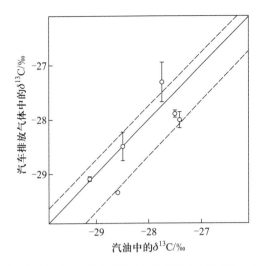

图12-2 汽车所用汽油同位素组成与该汽车排放物同位素组成的相关性。虚线代表95%的置信区间（Bush et al.，2007）

根据Bush等（2007）的研究发现，使用夏季汽油和柴油的汽车排放的CO_2的$\delta^{13}C$值差异不显著（Kruskal-Wallis检验，$P > 0.05$）；燃烧夏季汽油和柴油所排放CO_2的$\delta^{13}C$均值为$-28.5‰ \pm 0.04‰$。相反，燃烧冬季汽油所排放的CO_2的^{13}C相对富集，$\delta^{13}C$值为$-27.9‰ \pm 0.08‰$（Kruskal-Wallis检验，$P < 0.05$）。燃烧天然气排放的CO_2的$\delta^{13}C$值为$-37.1‰ \pm 0.20‰$，与燃烧汽油和柴油排放CO_2的$\delta^{13}C$值差异显著（Kruskal-Wallis检验，$P < 0.05$，图12-3）。

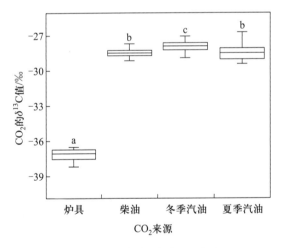

图12-3 美国盐湖城主要化石燃料释放的气体中碳同位素的组成（Bush et al.，2007）
注：图中不同字母代表差异显著。

Bush等（2007）假设主要的排放源只有汽车排放和天然气燃烧，结合燃料专一排放因子（fuel-specific emissions factors）（美国环境保护署，1998；美国能源部，2002b，c），利用汽油、柴油和天然气燃烧排放的CO_2的$\delta^{13}C$均值估算犹他州化石燃料排放CO_2的同位素的月平均组成。为了估算盐湖城气体的排放情况，他们还结合了犹他州环境质量检测局（Utah Department of Environmental Quality）提供的1996年人口和就业率数据。为了与所测样品取样的时间匹配，估算了2002年月平均排放量。总CO_2排放量的同位素值为主要排放源的均值。

$$\delta^{13}C_T = \delta^{13}C_N(F_N) + \delta^{13}C_G(1-F_N) \quad (12-1)$$

式中，$\delta^{13}C_T$为天然气和汽油燃烧总排放物的碳同位素组成，$\delta^{13}C_N$是居民炉具天然气燃烧排放物中碳同位素平均组成，F_N是天然气燃烧排放的CO_2量占总CO_2排放量的比例，$\delta^{13}C_G$是汽车排放CO_2气体中同位素平均组成值。计算结果呈现明显的季节变化，$\delta^{13}C_T$在 $-30.8‰$（夏季）到 $-33.5‰$（冬季）间波动（图12-4）。

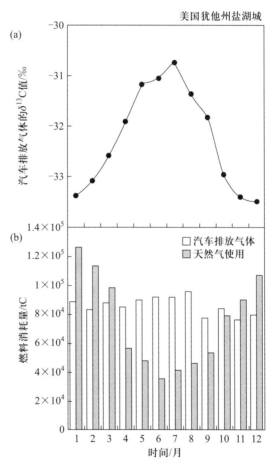

图12-4（a）气体的$\delta^{13}C$值变化情况和（b）美国盐湖城汽车排放气体量和天然气燃烧释放气体量（Bush et al., 2007）

（三）城区空气CO_2源的氧同位素组成

因为呼吸产生的CO_2会与植物的叶水和土壤水发生平衡（由叶中的碳酸脱水酶和土壤微生物推动），所以生态系统呼吸$\delta^{18}O_R$值受土壤水和叶水氧同位素组成的强烈影响（Gillon and Yakir，2001）。通常情况下，由于蒸发作用，土壤的表层水比深层水 ^{18}O 富集。Miller 等（1999）发现，土壤 CO_2 与土壤水进行平衡的有效深度为 5~15 cm。由于水在植物体内运输过程中的蒸腾作用，叶水中的 ^{18}O 比这一深度土壤水中的 ^{18}O 富集（Dongmann et al.，1974；Flanagan et al.，1991）。因此，$\delta^{18}O_R$ 受到来自叶水和土壤水的双重影响，这种影响可以使 $\delta^{18}O_R$ 值偏差达 40‰ 之多（图 12-5）。获取叶片和土壤呼吸对生态系统呼吸 $\delta^{18}O_R$ 的贡献是非常困难的，而且目前对于城区生态系统根本不适用。例如，在盐湖城土壤水 $\delta^{18}O$ 约为 −15‰，假设叶子与土壤呼吸对所有呼吸产生 CO_2 的贡献率相同，那么生态系统呼吸 CO_2 的 $\delta^{18}O_R$ 值将与化石燃料燃烧排放 CO_2 的 ^{18}O 预估值不同（图 12-5）。

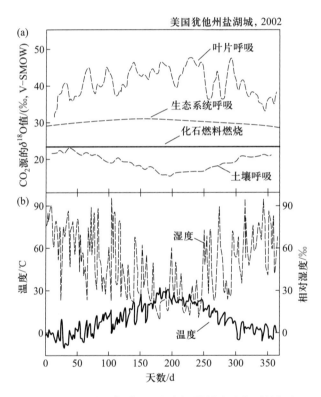

图 12-5 美国盐湖城郊区（a）CO_2 源 $\delta^{18}O$ 值；（b）夜间平均气温和相对湿度（Pataki et al.，2005a）

二、城区 CO_2 主要源的同位素拆分

CO_2 的同位素组成已被用于区分生态系统 C 循环过程中多个组分，包括光合作用/呼吸作用（Yakir and Wang，1996；Bowling et al.，2001）和不同光合途径（C_3/C_4）植物的呼吸作用（Still et al.，2003）。在自然生态系统，尤其是温带森林生态系统中，生态系统呼吸的碳同位素值（$\delta^{13}C_R$）已经得到很好的研究。Pataki 等（2003b）综合了 40 多个 C_3 生态系统中所测定的 137 个 $\delta^{13}C_R$ 值发现，$\delta^{13}C_R$ 值的大致范围为 −28.9‰ ~ −21.4‰。对于城区植物和土壤呼吸这方面的研究还很

欠缺。Pataki等（2003b）利用Keeling曲线方法估算了美国犹他州盐湖城夜间CO_2源的同位素组成（图12-6）。对于碳同位素，Keeling曲线的截距，即污染源CO_2的碳同位素比值（$\delta^{13}C_S$值）在冬季最小、夏季最大。在所有的采样点中，郊区采样点$\delta^{13}C_S$值最大，并且超出了燃烧和处于生长季的C_3植物呼吸产生的CO_2的$\delta^{13}C$值范围（图12-6a）。对于氧同位素，在两个城区采样点中，呈现出季节动态的趋势（图12-6b）。

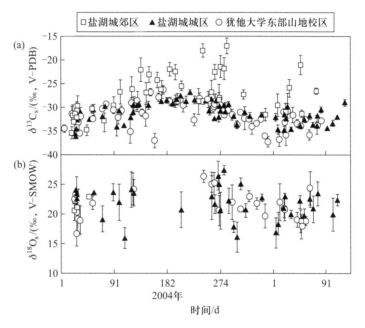

图12-6 通过Keeling曲线方法估算的犹他州盐湖城污染源CO_2的（a）$\delta^{13}C_S$和（b）$\delta^{18}O_S$（Pataki et al., 2007）

决定城区CO_2呼吸源碳同位素比值（$\delta^{13}C_R$）的可能因素包括：① 大气和土壤污染带来的生理压力可能会降低细胞间与环境CO_2的交换率，这会导致$\delta^{13}C_R$增大；② 化石燃料的燃烧稀释了城区大气中的^{13}C，植物吸收这种^{13}C贫化的CO_2会引起$\delta^{13}C_R$的降低。在许多城市生态系统中，CO_2源具有各自不同的同位素值，因而可以CO_2的同位素值追溯其来源。与植物和土壤呼吸产生的现代碳相比，化石燃料不包含放射性碳（Takahashi et al., 2002）。由于当地植物可利用水的氧同位素组成不同，燃烧与呼吸释放的CO_2中氧同位素组成一般也不同（Pataki et al., 2003a; Pataki et al., 2005a）。对于人类活动的来源，天然气燃烧释放的CO_2与汽油燃烧释放相比，^{13}C更加贫化（Andres et al., 2000）。因而，天然气燃烧、汽油燃烧和生物呼吸释放的CO_2具有不同的同位素信号（图12-7），可以用来计算CO_2源对大气总CO_2的贡献率。

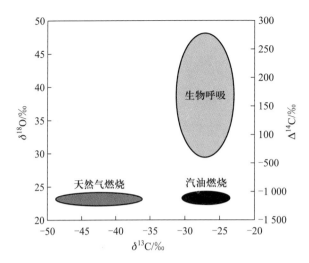

图12-7 城区CO_2源释放的CO_2的$\delta^{13}C$、$\delta^{18}O$和$\Delta^{14}C$分布范围(Pataki et al., 2006)

三、城区化石燃料利用的研究案例

在城区生态系统中,^{14}C可作为一个十分有用的示踪物来拆分化石燃料燃烧产生的CO_2与植物呼吸释放的CO_2。以^{13}C和^{14}C作为示踪物,通过计算化石燃料燃烧和呼吸释放的CO_2所占城区大气CO_2的相对比例发现,植物和土壤呼吸CO_2对大气CO_2有显著贡献。虽然这些结果不能直接说明城区森林的净碳平衡,但至少可以表明,尽管化石燃料燃烧产生的CO_2影响很大,且城区一般植被覆盖率较低(与自然森林相比),在城区大气中仍然可以监测到植物和土壤呼吸过程。因此,同位素区分研究将是量化城区生态系统中植物作用的基础。

化石燃料燃烧和植物/土壤呼吸释放的CO_2中^{13}C和^{18}O的含量通常有明显差异(图12-7)。Florkowski等(1998)通过测定波兰克拉科夫地区上空CO_2的碳和氧同位素比率来计算整体CO_2的混合比例,运用的质量平衡方程如下:

$$C_\tau = C_A + C_R + C_F \tag{12-2}$$

$$\delta^{13}C_\tau C_\tau = \delta^{13}C_A C_A + \delta^{13}C_R C_R + \delta^{13}C_F C_F \tag{12-3}$$

$$\delta^{18}O_\tau C_\tau = \delta^{18}O_A C_A + \delta^{18}O_R C_R + \delta^{18}O_F C_F \tag{12-4}$$

式中,C为CO_2浓度,下标τ代表总体,A代表大气背景,R代表植物或土壤呼吸源,F代表化石燃料源。在这个方程中,C_τ、C_A、C_R、C_F的同位素比值是可测定的,而C_A、C_R和C_F是未知数,需要结合式(12-2)、式(12-3)和式(12-4)求解。

研究城区生态学功能,包括该区域的植物生理学过程、生物地球化学和社会经济因素对人类活动的影响,可以进一步区分化石燃料CO_2源。在一些局部区域

(拥有漫长而寒冷的冬季),天然气燃烧释放的CO_2占总体CO_2的主要部分,而且受环境和社会因素的影响,交通、工业活动和居民取暖所排放的CO_2量也因地而异。测量城区大气CO_2的同位素组成可以补充说明该区域由自下而上的经济策略(bottom-up inventories)得出的能量消耗量。在波兰的克拉科夫,Kuc和Zimnoch(2006)通过测定放射性同位素来估计C_F。他们还利用天然气和焦炭的$\delta^{13}C$值进行估算,发现在1994年秋季该地区的化石燃料燃烧有59%来自天然气。这一估计值超过了用自下而上的经济策略法得出的结果,这可能是由于自下而上的经济策略法低估了工业活动的贡献。

Pataki等(2003a)进一步扩展了方程(12-2)~方程(12-4),式中包括了区分汽油燃烧(C_G)和天然气燃烧(C_N),重新组合方程后可以解得各组分所贡献的比例(f),而不是它们各自的绝对混合率:

$$f_R + f_G + f_N = 1 \tag{12-5}$$

$$\delta^{13}C_R f_R + \delta^{13}C_G f_G + \delta^{13}C_N f_N = \delta^{13}C_S \tag{12-6}$$

$$\delta^{18}O_R f_R + \delta^{18}O_G f_G + \delta^{18}O_N f_N = \delta^{18}O_S \tag{12-7}$$

式中,下标R、N、G和S分别表示呼吸、天然气、汽油和总体源;$f_R = C_R/C_S$,$f_G = C_G/C_S$,$f_N = C_N/C_S$,$C_S = C_R + C_G + C_N$。这种方法很方便,是因为它利用了Keeling曲线方法来推算$\delta^{13}C_S$和$\delta^{18}O_S$,而不是先求C_A、$\delta^{13}C_A$和$\delta^{18}O_A$。

实验已经证实,城区大气CO_2浓度在时间和空间上的变异性较大。沿城区与郊区做梯度研究表明,越接近城区CO_2的浓度越高。连续监测表明,CO_2浓度的日变化大,而且由于CO_2的排放量和大气混合程度的变化,CO_2浓度也呈季节性变化。CO_2浓度短期内的巨大变化正好适用于利用Keeling曲线法求CO_2源的同位素组成,因为取样时CO_2浓度变化范围大时正好减小了测量误差(Pataki *et al.*, 2003b)。Pataki等(2003b)每周对城区空气进行了为期一年的取样以获得Keeling曲线截距(求^{13}C和^{18}O)(图12-8)。$\delta^{13}C_S$值呈现出明显的季节循环:冬季,大量天然气的燃烧导致了$\delta^{13}C_S$值更负;而在春夏,汽油燃烧和植物/土壤呼吸释放出的CO_2所占比例更大一些,所以$\delta^{13}C_S$值更正。相比之下,$\delta^{18}O_S$值在冬季相对稳定(大量天然气的燃烧),而在春夏更高一些(值更正)。在冬季(1月1日—4月15日),$\delta^{18}O_S$的平均值为21.3‰ ± 0.1‰,与预期值23.5‰相差2.2‰。这一偏差可能是由土壤呼吸释放出的CO_2所引起的,也可能是燃烧分馏造成的。在生长季(4月16日—11月15日),$\delta^{18}O_S$值开始上升,比冬季$\delta^{18}O_S$值(21‰)可高出8‰(图12-8),这是由于植物呼吸CO_2在总体CO_2中增加的缘故。

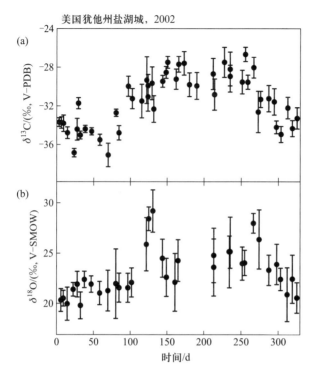

图12-8 在盐湖城通过Keeling曲线法求得的郊区CO_2排放源所排放的所有CO_2中（a）碳、（b）氧同位素组成的变化情况（Pataki et al., 2005a）

利用测出的$\delta^{13}C_G$和$\delta^{13}C_N$值，通过方程（12-5）～方程（12-7）可得f_R、f_G和f_N。$\delta^{13}C_S$和$\delta^{18}O_S$可以从图12-8中连续的时间序列中得出。天然气燃烧产生的CO_2比例呈现出明显的季节性循环：在该地区主要依赖燃烧天然气取暖，所以天然气燃烧释放CO_2在冬季所占比例就相对较大（图12-9）；春秋季节，汽油燃烧和植物/土壤呼吸CO_2所占比例较大，而在冬季和盛夏的贡献几乎可以忽略。需要强调的是：这种方法只有当所有的CO_2源都是正值的时候才更适用。所以测量和取样最好在

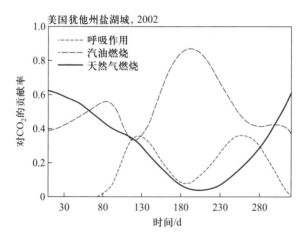

图12-9 由公式（12-5）～公式（12-7）求得的盐湖城呼吸作用、汽油燃烧和天然气燃烧对全部CO_2的贡献率（Pataki et al., 2005a）

冬季或晚上进行。在生长季节，因为测量的结果并不代表白天吸收的CO_2，生物呼吸对总体CO_2的影响并不能指示某一城区生态系统总体C平衡。然而，测量结果却显示，尽管化石燃烧生成的CO_2对当地大气有很大影响，但在很多城区生态系统中，还是很容易监测到生物活动的。同位素研究表明，植物和土壤呼吸在城区陆地-大气交换中起着十分重要的作用。

Pataki等（2007）通过反演模型将上述方法进一步扩展。他们应用一套简单的质量平衡公式[式（12-8）～式（12-10）]来计算当地CO_2排放源规模的大小：

$$C_T = C_B + C_N + C_G + C_R \tag{12-8}$$

$$\delta^{13}C_T C_T = \delta^{13}C_B C_B + \delta^{13}C_N C_N + \delta^{13}C_G C_G + \delta^{13}C_R C_R \tag{12-9}$$

$$\delta^{18}O_T C_T = \delta^{18}O_B C_B + \delta^{18}O_N C_N + \delta^{18}O_G C_G + \delta^{18}O_R C_R \tag{12-10}$$

式中，C是CO_2的浓度，$\delta^{13}C$是CO_2的碳同位素比值，$\delta^{18}O$是CO_2的氧同位素比值，下标T、B、N、G和R依次代表环境中总的CO_2、CO_2背景值、天然气燃烧释放的CO_2、汽油燃烧释放的CO_2和生物呼吸释放的CO_2。

在实际应用中，CO_2背景值指在没有当地CO_2排放源干扰的情况下大气中CO_2的浓度。当地化石燃料源的同位素组成可以直接测量，并且在以往的研究中已经测过其同位素组成值（Pataki et al.，2003a；Bush et al.，2007）。在许多自然生态系统中测量过$\delta^{13}C_R$值，和其他源相比，在以C_3植物为主的生态系统中$\delta^{13}C_R$值变异较小。然而，因为植物和土壤呼吸释放的CO_2与水源之间的平衡反应，$\delta^{18}O_R$随特定生态系统水源同位素组成变化而变化（Gillon and Yakir，2001）。在当地水源的同位素变异、叶片和土壤呼吸贡献率已知的情况下，$\delta^{18}O_R$可以作为导致蒸发富集的环境因子函数，通过模型推导得出。过去，人们一般假设叶片呼吸和土壤呼吸间保持恒定的比例，通过式（12-8）～式（12-10）求得C_G、C_N和C_R。Pataki等（2005a，2006）和Bush等（2007）利用反演模型法来计算这四个未知量：C_N、C_G、C_R和$\delta^{18}O_R$。通过对盐湖城化石燃料源的直接测量，$\delta^{13}C_G$为-28‰，$\delta^{13}C_N$为-37‰。由于需要冷凝状态下测量$\delta^{18}O_G$和$\delta^{18}O_N$，因而假定$\delta^{18}O_G$和$\delta^{18}O_N$等于理论值23.5‰（大气中O_2的同位素组成值）。尽管实际值和理论值可能存在偏差，但是这些偏差相对于$\delta^{18}O_R$值的范围和不确定性影响不大（Pataki et al.，2003a）。假定C_3生态系统的$\delta^{13}C_R$平均值为-26‰。通过NOAA CMDL Wendover监测站（距盐湖城西部200 km）的测量结果估算C_B值。$\delta^{13}C_B$和$\delta^{18}O_B$的观测平均值分别为-8.5‰和41‰（Pataki et al.，2005a）。他们还使用了2004年大气中水汽的平均观测值-23‰和离研究地点最近的NOAA MesoWest观测站报告的温度和相对湿度数据。

通过使用这些数据，利用贝叶斯概率反演技术（Bayesian probabilistic inversion technique）来计算式（12-8）～式（12-10）中的 C_N、C_G、C_R 和 $\delta^{18}O_R$ 值（Leonard and Hsu，2001；Tarantola，2005）。概率密度分布函数可以有效地定义估算区间。均匀分布假设在定义范围内的任何值其概率都是相同的。在式（12-11）中，Pataki 等（2007）计算了每一个观测阶段的 C_N、C_G、C_R 和 $\delta^{18}O_R$。

$$J\left(C_{N}, C_{G}, C_{R}, \delta_{R}^{18}\right) = \sum_{i=1}^{K}\left[C_{N} + C_{G} + C_{R} - \left(C_{T,i} - C_{B,i}\right)\right]^{2} \bigg/ \sigma_{1}^{2}$$
$$+ \sum_{i=1}^{K}\left[\delta_{N}^{13}C_{N} + \delta_{G}^{13}C_{G} + \delta_{R}^{13}C_{R} - \left(\delta_{T,i}^{13}C_{T,i} - \delta_{R}^{13}C_{B,i}\right)\right]^{2} \bigg/ \sigma_{2}^{2}$$
$$+ \sum_{i=1}^{K}\left[\delta_{N}^{18}C_{N} + \delta_{G}^{18}C_{G} + \delta_{R}^{18}C_{R} - \left(\delta_{T,i}^{18}C_{T,i} - \delta_{B}^{18}C_{B,i}\right)\right]^{2} \bigg/ \sigma_{3}^{2}$$

（12-11）

$$P \propto \exp\left\{-\frac{1}{2}J\left(C_{N}, C_{G}, C_{R}, \delta_{R}^{18}\right)\right\}$$

式中，P 是多个 C_N、C_G、C_R 和 $\delta^{18}O_R$ 观测值的概率密度函数。盐湖城3个采样点的结果见图12-10（Pataki et al.，2007）。

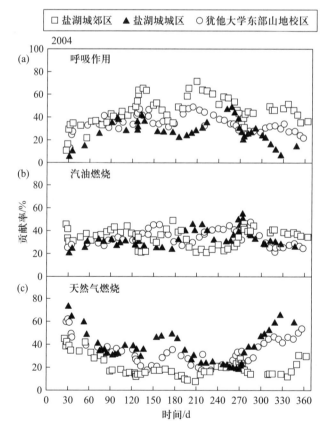

图12-10 反演模型估算出的盐湖城3个采样点（a）呼吸作用、（b）汽油燃烧、（c）天然气燃烧对当地 CO_2 贡献率（Pataki et al.，2007）

Pataki等（2007）的结果呈现出一个合理的格局：在植物生长季，夜间生物呼吸对当地CO_2贡献率为20%~60%；在冬季，呼吸的贡献率为0%~40%（图12-10a）。在郊区样点，生物呼吸对当地CO_2的贡献率最大；在城区，生物呼吸对当地CO_2的贡献率最小（图12-10a）。与此相反，在冬季，天然气燃烧对城区夜间当地CO_2的贡献率最大；在夏季，天然气燃烧对郊区夜间当地CO_2的贡献率小（图12-10c）。汽油燃烧贡献率在一年中变化不大（图12-10b）。图12-10中没有标明误差，但是在图12-11中误差作为C_R、C_N和C_G对总CO_2贡献率的函数被表示出来。标准误差不是随机分布，随着贡献率的下降而增大（图12-11）。换句话说，当CO_2源的贡献率较小（＜30%）时，由反演模型的结果存在很大的不确定性（＞50%相对误差）。因此，正如图12-10所示，在生长季对C_R的估计值最准确，在冬季对C_N的估计值最准确。

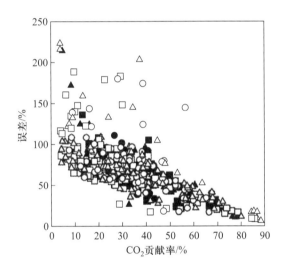

图12-11 误差与贡献率关系（空心图标代表郊区采样点，灰色图标代表城区采样点，实心图标代表犹他大学东部山地校区采样点。方框图标代表天然气燃烧源，圆圈图标代表汽油燃烧源，三角形图标代表呼吸源）（Pataki et al., 2007）

Djuricin等（2010）同时利用^{13}C、^{18}O和^{14}C示踪物来拆分天然气燃烧，汽油燃烧和地上、地下呼吸作用对美国洛杉矶盆地CO_2贡献率。CO是化石燃料燃烧产生的CO_2的直接示踪物，依据燃烧过程中化石燃料来源和燃烧效率的不同，CO与CO_2会出现特定的比值（R_{CO/CO_2}）。另外，他们将CO示踪物与^{14}C示踪物进行比较来区分人类和生物呼吸的CO_2。这三个同位素示踪物的结果表明，在样品收集阶段，化石燃料的燃烧不是CO_2的主要来源，在春季地上部分呼吸作用的贡献率达到了大约70%。然而，通过^{14}C计算出的化石燃料CO_2贡献率在冬季可达到将近70%，这与通过CO示踪物计算出的结果不完全一致。尽管CO示踪物对于CO_2源的日变化情况非常有效，但由于燃烧比值R_{CO/CO_2}变化很大，这就对精确追溯CO_2来源提出了挑战。为了有效地利用CO示踪物来量化CO_2的来源,需要当地 R_{CO/CO_2} 的详细信息。

稳定同位素方法也可以用于研究城市空气中其他痕量温室气体,如N_2O(Townsend-Small et al.,2011)和CH_4(Nakagawa et al.,2005)。N_2O作为一种重要的温室气体,在大气中的含量逐渐上升,尤其是随着农业中化肥的施用,它与环境中不断上升的活性氮含量还有密切的关系。由于不同的生态系统N_2O通量的时空变异性较大和对城市生态系统较少的研究,导致了全球和局部地区农业用地的城市化过程中N_2O排放的后果仍不明确。例如,Townsend-Small等(2011)监测了美国加利福尼亚州洛杉矶市一年中城区(人工草坪和运动场)和附近农田生态系统中的N_2O通量和同位素组成($\delta^{15}N$和$\delta^{18}O$)。他们发现城区(人工草坪和运动场)N_2O通量与农田生态系统相近或更大。施肥量作为N_2O排放量的影响因子,城区的施肥量等于或者高于农田生态系统。在所有的生态系统中,N_2O的$\delta^{15}N$和$\delta^{18}O$值变化较大,并且在相同的生态系统类型、季节、土壤湿度或温度条件下也不相同。然而,在施肥之后随着N_2O释放量的增加,$\delta^{15}N$会发生相应的变化,首先相对施肥之前的$\delta^{15}N$值会有所下降,然后大约在一星期内逐渐上升到背景值。初步的尺度扩大计算表明城区N_2O释放量几乎等于或大于加利福尼亚南部城市化地区的农田生态系统的释放量,这个结论进一步说明当前对区域N_2O(以农田区域为基础)释放量的估计可能太低。

甲烷(CH_4)是大气中重要的痕量气体之一,同时也是一种温室气体(见第10章),并且是平流层和对流层光化学反应中的重要分子。人口密集的城市地区具有诸多源于人类活动的CH_4排放源,因而,释放的CH_4一般会在夜间大气分层时累积。汽车尾气是大气中CH_4的来源之一,但是由于城市地区错综复杂的土地利用方式,仅通过有限的固定观测站测量对流层CH_4混合比例很难估算汽车排放的CH_4量。然而,CH_4的同位素组成是确定CH_4排放源和地区及全球通量计算方面非常有用的指标(Quay et al.,1999)。但是,利用^{13}C和D估算大气CH_4来源必须明确代表性排放源排放CH_4的$\delta^{13}C$和δD值。Nakagawa等(2005)测定了日本名古屋汽车尾气中CH_4的$\delta^{13}C$和δD值,进而通过质量平衡来量化汽车尾气对大气CH_4的贡献。汽车尾气中CH_4的$\delta^{13}C$和δD值均随着测量年份而增加,可能是现代汽车催化转化器中金属氧化过程相关的同位素分馏引起的(图12-12)。因而,与其他源于人为活动的CH_4源相比,如天然气泄漏、垃圾填埋和水稻田,当代汽车尾气中CH_4的^{13}C和D明显富集(图12-13)。利用CH_4的$\delta^{13}C$和δD平均值估算日本名古屋汽车尾气对大气CH_4的贡献结果为,高达30%的大气CH_4来源于汽车尾气。

第 12 章 稳定同位素与城市生态学

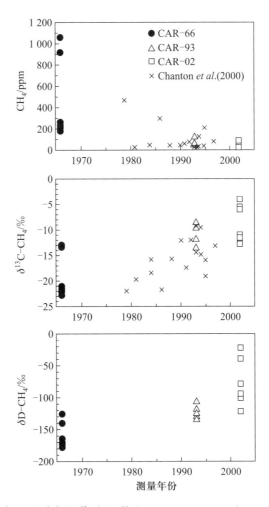

图 12-12 汽车尾气中 CH_4 的浓度及 $\delta^{13}C$ 和 δD 值（Nakagawa et al., 2005）

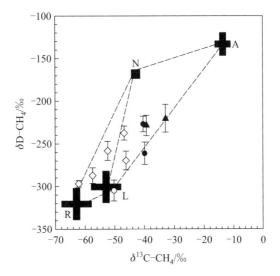

图 12-13 源于人为活动 CH_4 来源的碳氢同位素组成（实心三角代表采样点 Higashi-Sakurad 冬季值；空心菱形代表采样点 Tomida 夏季值；空心和实心圆圈代表采样点 Nagoya 大学夏冬季值。字母代表 CH_4 排放源，其中 A：汽车尾气；N：天然气泄漏；R：水稻田；L：垃圾填埋场）（Nakagawa et al., 2005）

第2节 城区植物稳定同位素与植物生理生态响应

城市生态系统极其复杂,包含多种类型的人类环境及植被-环境交互作用。由于城市高的空间异质性及生物与非生物环境的高变异性,目前对城市植物生态学定量化认识远低于对自然生态系统中植物-环境相互作用的认识。然而,全球城市化进程迅速,城市化在土地利用变化、资源利用和污染物排放方面起着重要作用,研究城市土地利用过程变得越来越重要。研究植被在城市地理和生态环境中的作用时,需明确植物生理过程、人类活动和城市自然环境之间许多交互作用大小及其重要性。这也会帮助城市政策制定者、居民、规划师们设计和管理城市森林、景观以及土地,使其效益达到最大化。本章第1节讨论了植物和土壤的生物学过程对城区大气CO_2源的影响,但空气污染对城区植物的负面影响也是城区生态学研究中一个重要部分。由于城区大气成分改变极大,城区植被生理过程和生长可能会受到影响,而城区植被可为城区居民提供很多的服务,包括碳储备、呼吸降温、消除污染等,因而这方面的研究很重要,而稳定同位素技术是这方面研究的有力工具。

C_3植物的同位素组成是细胞间与环境CO_2浓度比(C_i/C_a)与大气同位素组成的函数(Farquhar et al., 1989)。因此$δ^{13}C$可指示植物气体交换的相关信息,同时也是植物对水分胁迫和空气污染响应的潜在指示信号。在城市生态系统中,植物$δ^{13}C$主要受到化石燃料燃烧所释放的^{13}C贫化的CO_2的影响。城区环境中CO_2浓度的升高和排放其他燃烧产物对植物生理过程和生物地球化学效应的影响,我们还知之甚少,稳定同位素分析将为认识这一过程提供更新的信息。Wang和Pataki(2010)报道了植物$δ^{13}C$与CO_2浓度以及其他大气污染物(如CO、O_3和NO_2)之间的关系。大气臭氧浓度升高会改变植物气体交换和碳同位素分馏,从而影响植物$δ^{13}C$(Jaggi and Fuhrer,2007;Gessler et al.,2009;Inclán et al.,2010)。然而到目前还未发现植物$δ^{13}C$与CO、NO_2之间的关系。

植物$δ^{15}N$值是对具有不同$δ^{15}N$信号的N源的综合指标,也是具有显著不同分馏系数的土壤N过程的指标(Evans,2001;Robinson,2001)。它被用于示踪植物通过叶片吸收或通过N沉降吸收的具有独特$δ^{15}N$信号的人类活动产生的含N污染物(Guerrieri et al.,2009;Kwak et al.,2009;Laffray et al.,2010)。尽管人们普遍认为土壤N矿化过程中所发生的同位素分馏效应不明显,氨氮硝化后可能产生^{15}N富集的NH_4^+-N和^{15}N贫化的硝态氮(NO_3^--N)。土壤无机氮(IN)可因随后的硝化作用和NH_3挥发的分馏作用而发生不同程度富集。城市土壤N循环过程受到干扰后可能会加速土壤N循环和气态N流失，利用土壤N的植物生物量$\delta^{15}N$值可能会体现这种改变（Högberg，1997；Robinson，2001）。

一、城区大气CO_2浓度重建

C_4植物很适合重建CO_2浓度，因为它们的同位素组成和叶片胞间与大气CO_2浓度比（C_i/C_a）直接相关。但在适合研究植物暴露在高CO_2浓度下的城区，不一定有C_4植物存在。如果在某一城区和农村（作为对照）能分别找到一个环境变化（对C_i/C_a影响相似）相似的地方，那么，分析C_3植物的响应也能得到有价值的信息。Lichtfouse等（2003）对生长在法国巴黎某一繁忙高速公路边的草和生长在郊区的草的$\delta^{13}C$进行了比较，发现生长在城区的草的$\delta^{13}C$比郊区平均要低4.5‰（图12-14）。用这些数据计算出城区草生物量中有20.8% ~ 29.1%的碳来自化石燃料燃烧产生的CO_2。

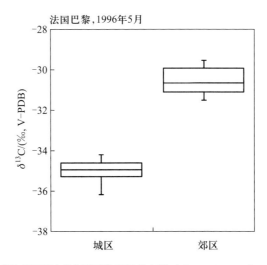

图12-14 巴黎道路旁和郊区草本植物碳同位素组成（$\delta^{13}C$）（Lichtfouse et al.，2003）

树木的年轮记录了树木长期暴露于CO_2浓度不断增加的环境中的生长过程。Dongarra和Varrica（2002）测定了意大利巴勒莫的法国梧桐树木年轮$\delta^{13}C$值发现，在1980—1998年间，$\delta^{13}C$平均降低了3.6‰（图12-15）。这一结果比同一时期内全球大气背景值高出1.5‰之多，也表明^{13}C贫化的CO_2的释放对植物的影响（巨大的城区效应）。这些数据也可以用于推算历史上城市还未出现时的CO_2浓度。甚至可以解释年轮中C_i/C_a的长期变化，Dongarra和Varrica（2002）推断，在巴勒莫，CO_2浓度从1950年到现在平均增加了约90 ppm，比全球变化趋势高30 ppm。实验已经证明，CO_2浓度升高不但会改变C_i/C_a，还能影响植物的水分利用、植物生长、分布和其他的生物学过程（Drake et al.，1997）。

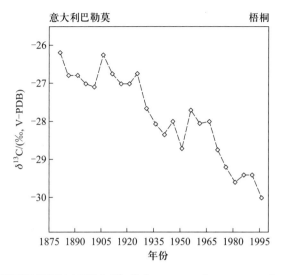

图12-15 意大利巴勒莫的梧桐树木年轮的$\delta^{13}C$值（Dongarra and Varrica，2002）

城区CO_2的释放通常还伴随着其他气体的产生，例如SO_2、NO_x和O_3等。如果说CO_2浓度增加促进了植物的生长，那么，大气污染物（例如SO_2和O_3）浓度的增加往往会破坏许多植物组织并导致气孔关闭。这种结果将降低或改变CO_2浓度增加对植物生长的影响。气孔关闭导致C_i/C_a降低，进而使C_3植物的碳同位素富集。这种影响已经通过控制试验（对SO_2和O_3浓度升高的响应）和田间试验（生长在污染源附近和生长在没有污染地区的树木年轮同位素组成的比较研究）得到证实。同位素还被用于研究植物对含氮化合物（污染源）的吸收作用，例如NH_3/NH_4^+和NO_2。当浓度低时，这些化合物可以作为肥料被植物吸收，但浓度高时又会对植物产生毒害作用。因为大气污染物对植物的气体交换和生长有多种可能的影响，所以结合多种同位素示踪物来确定各种大气污染物的作用将是未来一个重要的研究方向。

二、城市空气污染对城区及周边地区植物的影响

Wang和Pataki（2010）利用多种同位素示踪物的空间分布和叶片N含量定量研究了洛杉矶盆地气候和污染物源对植物气体交换和氮循环的影响。他们发现在区域尺度上，植物$\delta^{15}N$和N含量在沿海城市地区比相对不发达的内陆地区高很多（图12-16）。另外，植物$\delta^{15}N$与空气质量检测站通过插值方法估算的大气NO_2浓度的空间分布存在相关关系（表12-4）。植物氮同位素的富集可能是叶子直接吸收NO_2的结果或者是吸收干、湿沉降的含氮污染物所致（Vallano and Sparks，2008）。

已有许多研究报道了城市植物$\delta^{15}N$值与NO_2浓度的正相关关系或者植物$\delta^{15}N$值与NO_2排放源距离的负相关关系（Ammann et al.，1999；Pearson et al.，2000；Guerrieri et al.，2009；Laffray et al.，2010）。同位素富集也可能是源于城市土壤N循环速率的

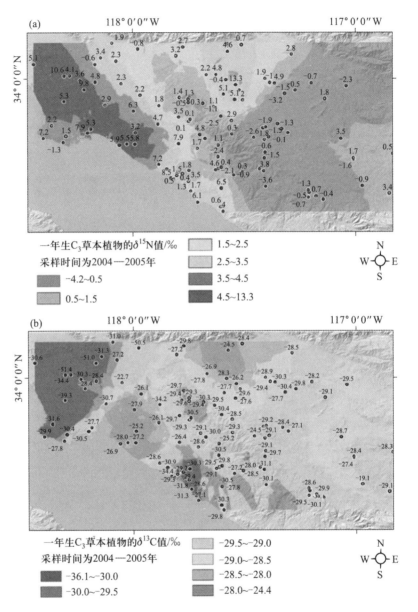

图12-16 洛杉矶盆地一年生C_3草本植物叶片（a）$\delta^{15}N$和（b）$\delta^{13}C$值（Wang and Pataki，2010）（参见书末彩插）

加快和N流失的增加（Robinson，2001）。另外，土壤$\delta^{15}N$值的空间异质性也可能造成植物$\delta^{15}N$值的空间变化，因而混淆了植物$\delta^{15}N$与NO_2浓度之间的关系。同样，植物$\delta^{13}C$也与大气CO_2浓度呈显著相关关系，与空气污染物（如CO、NO_2、O_3）以及植物C/N也呈现一定的关系，但是这些影响因素只能解释$\delta^{13}C$空间变异的部分原因。对于城市地区影响植物生理过程和相关的同位素示踪物的因素还需进一步的研究。

表12-4 植物δ^{15}N与各种环境因子的多元回归模型（Wang and Pataki，2010）

变量	T	$Pr > |t|$	Partial R^2
截距	−2.33	0.021	
NO_2浓度日均值（2—4月）	2.41	0.018	0.122
1小时内O_3的最大值（2—4月）	2.5	0.014	0.099
海拔	−3.47	0.001	0.074
人口数（2003）	2.45	0.016	0.034
距NO_x源的距离	−2.05	0.043	0.022
距海洋的距离	−2.31	0.023	0.046
人口数（2003）×$[O_3]_{1h内最大值}$（2—4月）	−2.53	0.013	0.01
距海洋的距离 × 距NO_x源的距离	2.64	0.01	0.003

城市环境复杂多变，可能很难解释示踪物的变异，然而对于一些示踪物，Wang和Pataki（2010）发现它们与地理、气候以及污染物参数有显著关系。例如，冬季一年生植物的δ^{15}N和C/N与大气NO_2浓度的空间分布有关。这意味着植物直接通过叶片或间接通过干、湿沉降吸收了人类活动产生的含氮化合物。氧同位素比值与水汽压亏缺（vapor pressure deficit）和大气臭氧浓度有关，说明这两个参数均会影响气孔导度。

Wang和Pataki（2011）进一步探究了引起洛杉矶盆地植物碳和氮同位素空间变异的因素以及这些植物的同位素组成对城市环境改变的意义。他们同时测定了植物和土壤的同位素、空气污染物浓度和土壤氮循环。于2008年和2009年，分别对位于空气质量监测站附近13～15个样地的一年生冬季雀麦属植物（Bromus hordeaceus和B. madritensis）和0～10 cm土壤进行取样。结果显示，两年中的植物和土壤δ^{15}N值均显著相关（图12-17）。植物-土壤δ^{15}N富集因子（EF）或植物δ^{15}N与土壤δ^{15}N的

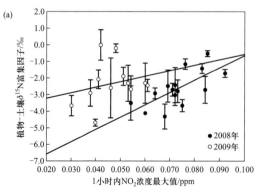
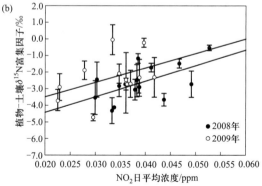

图12-17 2008年和2009年雀麦生长季（a）植物富集因子与1小时内的大气NO_2浓度最大值关系，（b）植物富集因子与日间（12小时）平均大气NO_2浓度相关关系（Wang and Pataki，2011）

差值,只在2008年与NO_2浓度显著相关。然而,2009年,植物EF随着土壤净硝化相对百分比升高到90%而降低。植物碳同位素组成($\delta^{13}C$)与大气CO和NO_2呈显著负相关(图12-18)。因此,城市植物同位素组成可用于指示环境变化(如大气污染),也可以指示土壤N循环的变化。

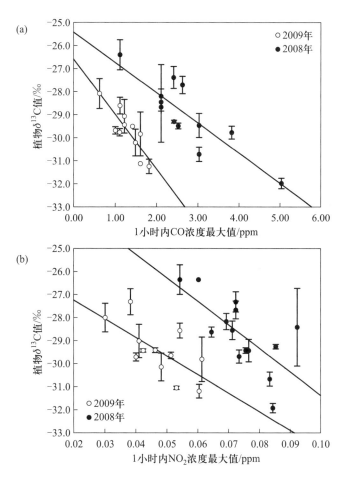

图12-18 2008年和2009年雀麦生长季植物$\delta^{13}C$与(a)1小时内大气CO浓度最大值相关关系,及其与(b)1小时内大气NO_2浓度最大值的相关关系(Wang and Pataki, 2011)

第3节 城市空气颗粒物$PM_{2.5}$和PM_{10}的稳定同位素研究

空气颗粒物(particulate matter),是指大气中的固体或液体颗粒状物质。通常把空气动力学当量直径在10 μm以下的颗粒物称为PM_{10},又称为可吸入颗粒物或飘尘,而$PM_{2.5}$是指大气中直径小于或等于2.5 μm的颗粒物,也称为可入肺颗粒物。虽然$PM_{2.5}$只是地球大气成分中含量很少的组分,但它对空气质量和能见度等有重要的影响。另外,与较粗的大气颗粒物如PM_{10}相比,$PM_{2.5}$粒径小,富含大量的有毒有害物质且在大气中的停留时间长、输送距离远,因而对人体健康和大气环境质量的影响更大。因此,研究空气颗粒物的来源与分布不仅对了解气候变化具有科学意义,对改善大城市居民的身体健康也有重要价值。近些年来,稳定碳同位素技术被广泛应用于解析大气颗粒物的污染源和时空分布(López-Veneroni,2009;Cao et al., 2011)。

一、原理

稳定同位素(如^{13}C和^{12}C)是非常有用的地球化学标记物,早在1980年碳同位素就被用于研究空气污染(如Chesselet et al., 1981)。Cachier等(1989)利用碳同位素、气溶胶中元素碳(EC)与总碳(TC)之比来研究生物燃烧排放物。近期的研究利用EC和TC中碳同位素追溯释放源的贡献比率和研究大气中化学物质的转变(Ho et al., 2006;Huang et al., 2006;Fisseha et al., 2009)。

二、研究案例

1. 墨西哥首都——墨西哥城

López-Veneroni(2009)利用碳稳定同位素研究了墨西哥城区空气中悬浮颗粒($PM_{2.5}$和PM_{10})中碳的来源和分布。潜在的来源包括郊区和农田土壤、汽油和柴油、液化石油气、火山灰和街道尘埃(图12-19)。液化石油气、柴油和汽油完全燃烧产生的悬浮物$\delta^{13}C$值最低($-29‰ \sim -27‰$),而街道尘埃(PM_{10})的$\delta^{13}C$值最高($-17‰$)。郊区土壤的$\delta^{13}C$值在4个不同的研究点上相似($-20.7‰ \pm 1.5‰$)。燃烧柴油和汽油的汽车尾气中颗粒和烟灰与来自农田土壤的颗粒物的$\delta^{13}C$值均介于$-26‰ \sim -23‰$。分别在2000年11月、2002年3月和12月在代表工业区、商业区和居民居住区的3个样点采集颗粒物样品,分析发现PM_{10}和$PM_{2.5}$的$\delta^{13}C$值均集中在$-25.1‰$左右,说明这3个采样点的颗粒物具有同样的来源。

墨西哥城城区大气中颗粒物的主要碳源为烃类燃烧(柴油和/或汽油燃烧)和地质过程来源的颗粒物。工业区样点显著较负的$\delta^{13}C$值说明汽车燃烧汽油和点源排放的输入。根据同位素质量守恒原理,在商业区和居民居住区来源于地质过程的PM_{10}约为73%,$PM_{2.5}$约为54%。虽然在该研究中并未测量,但邻近森林的生物燃烧释放物($\delta^{13}C$为$-29‰$)是一个很重要的碳源,在西南风盛行期间可能成为墨西哥城大气中颗粒碳的主要贡献者(67%)。另外,需要考虑其他^{13}C贫化的颗粒物来源,例如烹饪用火和城市垃圾焚烧。以上结果显示稳定同位素测定是区分墨西哥城大气中悬浮颗粒物中碳来源的有效手段(López-Veneroni, 2009)。

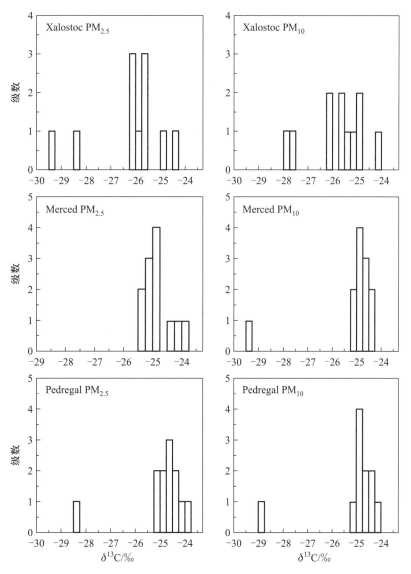

图12-19 2000年11月、2001年3月和12月墨西哥城中工业区（Xalostoc）、商业区（Merced）和居民生活区（Pedregal）$PM_{2.5}$（左图）和PM_{10}（右图）中的$\delta^{13}C$值（López-Veneroni，2009）

2. 中国大城市

中国科学院地球环境研究所曹军骥研究员开展了大气细颗粒物中有机碳和元素碳稳定碳同位素研究，相关成果"Stable carbon isotopes in aerosols from Chinese cities: Influence of fossil fuels"近期已在国际著名学术刊物《大气环境》（Atmospheric Environment）上发表。该研究系统调查了中国14个主要城市大气细颗粒物有机碳（OC）和元素碳（EC）的稳定碳同位素组成，获得中国南方和北方主要城市OC和EC碳同位素的空间分布及季节变化特征（表12-5）。研究发现，OC同位素值变化范围为−26.90‰ ~ −23.08‰，EC同位素值变化范围为−26.63‰ ~ −23.27‰。冬季OC、EC稳定同位素值具有显著的相关性，OC、EC同位素差异北方大于南方。

通过同位素指示特征对比，发现城市大气细颗粒物中碳组分主要来自化石燃料的燃烧，特别是燃煤和机动车的排放，冬季北方城市更多受到燃煤影响。该研究表明，大气OC、EC稳定碳同位素可作为大气气溶胶碳来源识别的有效指示物，并有望成为未来大气污染研究的新型常规研究手段（Cao et al., 2011）。

表12-5 中国14个城市大气颗粒物OC、EC和TC的$\delta^{13}C$平均值（Cao et al., 2011）

	冬季（W）			夏季（S）			W-S[b]
	$\delta^{13}C_{OC}$/‰	$\delta^{13}C_{EC}$/‰	$\delta^{13}C_{TC}$[a]/‰	$\delta^{13}C_{OC}$/‰	$\delta^{13}C_{EC}$/‰	$\delta^{13}C_{TC}$[a]/‰	$\delta^{13}C_{EC}$/‰
中国北方城市							
北京	-25.17	-25.02	-25.14	-26.90	-26.62	-26.84	1.60
长春	-23.08	-23.27	-23.13	-26.41	-25.97	-26.33	2.70
金昌	-25.54	-24.51	-25.33	-26.67	-25.27	-26.45	0.76
青岛	-24.59	-24.47	-24.57	-26.46	-25.91	-26.33	1.44
天津	-24.69	-24.44	-24.64	-26.33	-25.91	-26.26	1.47
西安	-23.58	-23.61	-23.59	-26.90	-26.30	-26.79	2.69
榆林	-24.54	-24.47	-24.53	-26.34	-25.88	-26.24	1.41
中国南方城市							
重庆	-26.05	-25.44	-25.94	-26.30	-26.14	-26.26	0.70
广州	-26.50	-26.10	-26.40	-25.50	-25.75	-25.55	-0.35
香港	-26.62	-25.57	-26.20	-26.74	-25.82	-26.44	0.25
杭州	-26.04	-25.64	-25.95	-26.02	-25.41	-25.92	-0.23
上海	-26.01	-25.66	-25.94	-25.54	-26.20	-25.65	0.54
武汉	-25.90	-25.33	-25.80	-25.29	-25.52	-25.32	0.19
厦门	-25.79	-25.68	-25.77	-26.30	-26.63	-26.3	0.95

注：a $\delta^{13}C_{TC}$=（OC/TC）×$\delta^{13}C_{OC}$+（EC/TC）×$\delta^{13}C_{EC}$，b W-S代表冬夏季$\delta^{13}C_{EC}$的差值。

城区陆地-大气交换涉及全球变化研究的多个领域，包括改变全球碳循环、水循环和城市化进程对区域景观的影响。目前，关于城区陆地-大气交换动态，我们还知之甚少。由于城区主要CO_2排放源的稳定同位素和放射性同位素组成有明显差异，稳定同位素测量将是研究城区CO_2源的动态、城市对大气CO_2同位素组成的影响及局部城区大气变化对植物功能的影响等的一个十分有效的方法。之前的研究（利用放射性和稳定性同位素）已经证明城区CO_2的排放不仅仅来自化石燃料燃烧，还包含相当（比例不等）一部分植物和土壤呼吸释放出的CO_2。同时，植物稳定同位素分析也已应用于研究植物暴露于城区高污染环境下的生理生态学、生物地球化学以及城市森林对区域环境的影响等方面的研究。虽然本章仅局限于测量和运用城区 CO_2 和有机物的同位素组成，但稳定同位素也可为研究城区生态学中其他生态系统组成要素（水、甲烷、其他烃类等）提供了可能。城区植物整合了社会和生物地球化学过程，城区森林为提高人类生活质量提供了很多益处。随着城市大气研究的深入，稳定同位素所整合的这些过程在未来城市系统科学规划中将发挥越来越重要的作用。

主要参考文献

- Ammann, M., R. Siegwolf, F. Pichlmayer, M. Suter, M. Saurer, and C. Brunold. 1999. Estimating the uptake of traffic-derived NO_2 from ^{15}N abundance in Norway spruce needles. Oecologia 118:124–131.
- Andres, R. J., G. Marland, T. Boden, and S. Bischof. 2000. Carbon dioxide emissions from fossil fuel consumption and cement manufacture, 1751–1991; and an estimate of their isotopic composition and latitudinal distribution. Cambridge University, New York.
- Bowling, D. R., N. G. McDowell, J. M. Welker, B. J. Bond, B. E. Law, and J. R. Ehleringer. 2003. Oxygen isotope content of CO_2 in nocturnal ecosystem respiration: 2. Short-term dynamics of foliar and soil component fluxes in an old-growth ponderosa pine forest. Global Biogeochemical Cycles 17:doi:10.1029/2003GB002082.
- Bowling, D. R., P. P. Tans, and R. K. Monson. 2001. Partitioning net ecosystem carbon exchange with isotopic fluxes of CO_2. Global Change Biology 7:127–145.
- Bush, S. E., D. E. Pataki, and J. R. Ehleringer. 2007. Sources of variation in $\delta^{13}C$ of fossil fuel emissions in Salt Lake City, USA. Applied Geochemistry 22:715–723.
- Cachier, H., M. P. Bremond, and P. Buat-Ménard. 1989. Determination of atmospheric soot carbon with a simple thermal method. Tellus B 41:379–390.
- Cao, J. J., J. C. Chow, J. Tao, S. C. Lee, J. G. Watson, K. F. Ho, G. h. Wang, C. S. Zhu, and Y. M. Han. 2011. Stable carbon isotopes in aerosols from Chinese cities: Influence of fossil fuels. Atmospheric Environment 45:1359–1363.
- Chesselet, R., M. Fontugne, P. Buat-Ménard, U. Ezat, and C. Lambert. 1981. The origin of particulate organic carbon in the marine atmosphere as indicated by its stable carbon isotopic composition. Geophysical Research Letters 8:345–348.
- Clark-Thorne, S. T. and C. J. Yapp. 2003. Stable carbon isotope constraints on mixing and mass balance of CO_2 in an urban atmosphere: Dallas metropolitan area, Texas, USA. Applied Geochemistry 18:75–95.
- Day, T. A., P. Gober, F. S. Xiong, and E. A. Wentz. 2002. Temporal patterns in near-surface CO_2 concentrations over contrasting vegetation types in the Phoenix metropolitan area. Agricultural and Forest Meteorology 110:229–245.
- Decker, E. H., S. Elliott, F. A. Smith, D. R. Blake, and F. S. Rowland. 2000. Energy and material flow through the urban ecosystem. Annual Review of Energy and the Environment 25:685–740.
- Deines, P. 1980. The isotopic composition of reduced organic carbon. Handbook of Environmental Isotope Geochemistry 1:329–406.
- Djuricin, S., D. E. Pataki, and X. Xu. 2010. A comparison of tracer methods for quantifying CO_2 sources in an urban region. Journal of Geophysical Research 115:doi:10.1029/2009JD012236.
- Dongarra, G. and D. Varrica. 2002. $\delta^{13}C$ variations in tree rings as an indication of severe changes in the urban air quality. Atmospheric Environment 36:5887-5896.
- Dongmann, G., H. W. Nürnberg, H. Förstel, and K. Wagener. 1974. On the enrichment of $H_2^{18}O$ in the leaves of transpiring plants. Radiation and Environmental Biophysics 11:41–52.
- Douglas, I. 1983. The Urban Environment. Edward Arnold, Baltimore.
- Drake, B. G., M. A. Gonzàlez-Meler, and S. P. Long. 1997. More efficient plants: A consequence of rising atmospheric CO_2? Annual Review of Plant Biology 48:609–639.
- Evans, R. D. 2001. Physiological mechanisms influencing plant nitrogen isotope composition. Trends in Plant Science 6:121–126.
- Farquhar, G. D., J. R. Ehleringer, and K. T. Hubick. 1989. Carbon isotope discrimination and photosynthesis. Annual Review of Plant Physiology and Plant Molecular Biology

40:503–537.

- Fisseha, R., M. Saurer, M. Jäggi, R. T. W. Siegwolf, J. Dommen, S. Szidat, V. Samburova, and U. Baltensperger. 2009. Determination of primary and secondary sources of organic acids and carbonaceous aerosols using stable carbon isotopes. Atmospheric Environment 43:431–437.
- Flanagan, L. B., J. P. Comstock, and J. R. Ehleringer. 1991. Comparison of modeled and observed environmental influences on the stable oxygen and hydrogen isotope composition of leaf water in *Phaseolus vulgaris* L. Plant Physiology 96:588–596.
- Florkowski, T., A. Korus, J. Miroslaw, J. Necki, R. Neubert, M. Schimdt, and M. Zimnoch. 1998. Isotopic composition of CO_2 and CH_4 in a heavily polluted urban atmosphere and in a remote mountain area (southern Poland). In: Agency, I. A. E. (ed). Isotope Techniques in the Study of Environmental Change, Vienna:37–48.
- Gessler, A., G. Tcherkez, O. Karyanto, C. Keitel, J. P. Ferrio, J. Ghashghaie, J. Kreuzwieser, and G. D. Farquhar. 2009. On the metabolic origin of the carbon isotope composition of CO_2 evolved from darkened light-acclimated leaves in *Ricinus communis*. New Phytologist 181:374–386.
- Gillon, J. and D. Yakir. 2001. Influence of carbonic anhydrase activity in terrestrial vegetation on the ^{18}O content of atmospheric CO_2. Science 291:2584–2587.
- Grimm, N. B., J. Morgan Grove, S. T. A. Pickett, and C. L. Redman. 2000. Integrated approaches to long-term studies of urban ecological systems. Bioscience 50:571–584.
- Guerrieri, M. R., R. T. W. Siegwolf, M. Saurer, M. Jäggi, P. Cherubini, F. Ripullone, and M. Borghetti. 2009. Impact of different nitrogen emission sources on tree physiology as assessed by a triple stable isotope approach. Atmospheric Environment 43:410–418.
- Ho, K., S. Lee, J. Cao, Y. Li, J. C. Chow, J. G. Watson, and K. Fung. 2006. Variability of organic and elemental carbon, water soluble organic carbon, and isotopes in Hong Kong. Atmospheric Chemistry and Physics Discussions 6:4579–4600.
- Högberg, P. 1997. Tansley Review No. 95 ^{15}N natural abundance in soil-plant systems. New Phytologist 137:179–203.
- Huang, L., J. Brook, W. Zhang, S. Li, L. Graham, D. Ernst, A. Chivulescu, and G. Lu. 2006. Stable isotope measurements of carbon fractions (OC/EC) in airborne particulate: A new dimension for source characterization and apportionment. Atmospheric Environment 40:2690–2705.
- Idso, C. D., S. B. Idso, and R. C. Balling Jr. 2001. An intensive two-week study of an urban CO_2 dome in Phoenix, Arizona, USA. Atmospheric Environment 35:995–1000.
- Inclán, R., B. S. Gimeno, J. Peñuelas, D. Gerant, and A. Quejido. 2010. Carbon isotope composition, macronutrient concentrations, and carboxylating enzymes in relation to the growth of *Pinus halepensis* Mill. when subject to ozone stress. Water, Air, and Soil Pollution 214:587–598.
- Jaggi, M. and J. Fuhrer. 2007. Oxygen and carbon isotopic signatures reveal a long-term effect of free-air ozone enrichment on leaf conductance in semi-natural grassland. Atmospheric Environment 41:8811–8817.
- Keeling, C. D., W. I. M. G. MOOK, and P. P. Tans. 1979. Recent trends in the $^{13}C/^{12}C$ ratio of atmospheric carbon dioxide. Nature 227:121–123.
- Koerner, B. and J. Klopatek. 2002. Anthropogenic and natural CO_2 emission sources in an arid urban environment. Environmental Pollution 116:S45–S51.
- Kuc, T. and M. L. Zimnoch. 2006. Changes of the CO_2 sources and sinks in a polluted urban area (southern Poland) over the last decade, derived from the carbon isotope composition. Radiocarbon 40:417–423.
- Kwak, J. H., W. J. Choi, S. S. Lim, and M. A. Arshad. 2009. $\delta^{13}C, \delta^{15}N$, N concentration, and Ca-to-Al ratios of forest samples from *Pinus densiflora* stands in rural and industrial areas. Chemical Geology 264:385–393.
- López-Veneroni, D. 2009. The stable carbon isotope composition of $PM_{2.5}$ and PM_{10} in Mexico City Metropolitan Area air. Atmospheric Environment 43:4491–4502.
- Laffray, X., C. Rose, and J. P. Garrec. 2010. Biomonitoring of traffic-related nitrogen oxides in the Maurienne valley (Savoie, France), using purple moor grass growth parameters and leaf $^{15}N/^{14}N$ ratio. Environmental Pollution 158:1652–1660.
- Lai, C. T., J. R. Ehleringer, B. J. Bond, and U. K. T. Paw. 2006. Contributions of evaporation, isotopic non-steady state transpiration and atmospheric mixing on the $\delta^{18}O$ of water vapour in Pacific Northwest coniferous forests. Plant, Cell and Environment 29:77–94.
- Leonard, T. and J. S. J. Hsu. 2001. Bayesian Methods: An Analysis for Statisticians and Interdisciplinary Researchers. Cambridge University Press, Cambridge.
- Lichtfouse, E., M. Lichtfouse, and A. Jaffrézic. 2003. $\delta^{13}C$ values of grasses as a novel indicator of pollution by fossil-fuel-derived greenhouse gas CO_2 in urban areas. Environmental Science and Technology 37:87–89.
- Miller, J. B., D. Yakir, J. W. C. White, and P. P. Tans. 1999. Measurement of $^{18}O/^{16}O$ in the soil-atmosphere CO_2 flux. Global Biogeochemical Cycles 13:761–774.
- Nakagawa, F., U. Tsunogai, D. D. Komatsu, K. Yamada, N.

- Yoshida, J. Moriizumi, K. Nagamine, T. Iida, and Y. Ikebe. 2005. Automobile exhaust as a source of ^{13}C- and D-enriched atmospheric methane in urban areas. Organic Geochemistry 36:727–738.
- Pataki, D. E., D. R. Bowling, and J. R. Ehleringer. 2003a. Seasonal cycle of carbon dioxide and its isotopic composition in an urban atmosphere: Anthropogenic and biogenic effects. Journal of Geophysical Research 108:doi:10.1029/2003JD003865.
- Pataki, D. E., D. R. Bowling, J. R. Ehleringer, and J. M. Zobitz. 2006. High resolution atmospheric monitoring of urban carbon dioxide sources. Geophysical Research Letters 33:1–5.
- Pataki, D. E., S. E. Bush, and J. R. Ehleringer. 2005a. Stable isotopes as a tool in urban ecology. In: Flanagan, L.B., J.R.Ehleringer, and D.E.Pataki. (eds). Stable Isotopes and Biosphere-Atmosphere Interactions: Processes and Biological Controls. Elsevier Acdemic, California:199–216.
- Pataki, D. E., J. R. Ehleringer, L. B. Flanagan, D. Yakir, D. R. Bowling, C. J. Still, N. Buchmann, J. O. Kaplan, and J. A. Berry. 2003b. The application and interpretation of Keeling plots in terrestrial carbon cycle research. Global Biogeochemical Cycles 17:doi:10.1029/2001GB001850.
- Pataki, D. E., B. J. Tyler, R. E. Peterson, A. P. Nair, W. J. Steenburgh, and E. R. Pardyjak. 2005b. Can carbon dioxide be used as a tracer of urban atmospheric transport. Journal of Geophysical Research 110:doi:10.1029/2004JD005723.
- Pataki, D. E., T. Xu, Y. Q. Luo, and J. R. Ehleringer. 2007. Inferring biogenic and anthropogenic carbon dioxide sources across an urban to rural gradient. Oecologia 152:307–322.
- Pearson, J., D. M. Wells, K. J. Seller, A. Bennett, A. Soares, J. Woodall, and M. J. Ingrouille. 2000. Traffic exposure increases natural ^{15}N and heavy metal concentrations in mosses. New Phytologist 147:317–326.
- Pickett, S. T. A., M. Cadenasso, J. Grove, C. Nilon, R. Pouyat, W. Zipperer, and R. Costanza. 2008. Urban ecological systems: Linking terrestrial ecological, physical, and socioeconomic components of metropolitan areas. Annual Review of Ecological Systematics 32:127–157.
- Quay, P., J. Stutsman, D. Wilbur, and A. Snover. 1999. The isotopic composition of atmospheric methane. Global Biogeochemical Cycles 13:445–461.
- Riley, W. J., C. J. Still, B. R. Helliker, M. Ribas-Carbo, and J. A. Berry. 2003. ^{18}O composition of CO_2 and H_2O ecosystem pools and fluxes in a tallgrass prairie: Simulations and comparisons to measurements. Global Change Biology 9:1567–1581.
- Robinson, D. 2001.δ^{15}N as an integrator of the nitrogen cycle. Trends in Ecology and Evolution 16:153–162.
- Schoell, M. 1988. Multiple origins of methane in the earth. Chemical Geology 71:1-10.
- Still, C. J., J. A. Berry, M. Ribas-Carbo, and B. R. Helliker. 2003. The contribution of C_3 and C_4 plants to the carbon cycle of a tallgrass prairie: An isotopic approach. Oecologia 136:347–359.
- Takahashi, H. A., E. Konohira, T. Hiyama, M. Minami, T. Nakamura, and N. Yoshida. 2002. Diurnal variation of CO_2 concentration, δ^{14}C and δ^{13}C in an urban forest: Estimate of the anthropogenic and biogenic CO_2 contributions. Tellus B 54:97–109.
- Tans, P. P. 1981. ^{13}C/^{12}C of industrial CO_2. In: Bolin, B. (ed). Carbon Cycle Modelling. Wiley, Chichester:127–129.
- Tarantola, A. 2005. Inverse Problem Theory and Methods for Model Parameter Estimation. Society for Industrial Mathematics, Philadephia.
- Townsend-Small, A., D. E. Pataki, C. I. Czimczik, and S. C. Tyler. 2011. Nitrous oxide emissions and isotopic composition in urban and agricultural systems in southern California. Journal of Geophysical Research 116:doi:10.1029/2010JG001494.
- Vallano, D. M. and J. P. Sparks. 2008. Quantifying foliar uptake of gaseous nitrogen dioxide using enriched foliar δ^{15}N values. New Phytologist 177:946–955.
- Wang, W. and D. E. Pataki. 2010. Spatial patterns of plant isotope tracers in the Los Angeles urban region. Landscape Ecology 25:35–52.
- Wang, W. and D. E. Pataki. 2011. Drivers of spatial variability in urban plant and soil isotopic composition in the Los Angeles basin. Plant and Soil 350:1–16.
- Widory, D. and M. Javoy. 2003. The carbon isotope composition of atmospheric CO_2 in Paris. Earth and Planetary Science Letters 215:289–298.
- Yakir, D. and X. F. Wang. 1996. Fluxes of CO2 and water between terrestrial vegetation and the atmosphere estimated from isotope measurements. Nature 380:515—517.

第 13 章
古气候、古植被与古生态过程的重建

全球环境变化是当前地球科学、生物学和生态学研究的前沿领域，对古气候、古环境和古生态过程的重建研究是全球变化研究领域的重要组成部分。通过对树轮、黄土、石笋、湖泊沉积物及动物牙齿珐琅质等天然材料稳定同位素比率的分析，我们已获得了相当多针对古气候、古植被与古生态过程的记录（Cerling et al.，2005；王国安等，2005）。这些记录展示了过去几千到几百万年内的长时间气候变化、环境变化及其对生物的影响，将有助于我们了解气候变化以及人类活动对生态系统乃至整个地球的影响。土壤有机碳稳定同位素受控于生长在其上的植物类型及其生物量相对贡献，因此土壤有机质的碳稳定同位素比值可以反映地质历史时期 C_3 和 C_4 植被变化，从而进一步揭示环境的变化进程。土壤有机碳稳定同位素特征分析已成为古生态与古环境恢复、古气候重建和全球变化研究的重要内容（柏松等，2006）。在第四纪考古的研究中，科学家通过碳同位素分析推断古人类食物习性，通过碳、氧同位素分析溯源古代陶瓷及玉器的原产地。海洋沉积物同位素的研究极大地影响了第四纪考古科学，证实了数千年以上时间尺度的气候周期。

近几年来，随着稳定同位素分析技术的不断进步，特别是连续流同位素质谱技术、气相色谱-同位素比率质谱技术、液相色谱-同位素比率质谱技术以及分子同位素分析技术的应用，加上树木年轮、沉积物和动物组织形成过程的同位素分馏效应及其生态学意义的深入研究（Roden et al.，2000；Cerling et al.，2005；Dodd et al.，2008），为稳定同位素技术在古气候、古环境和古生态学过程重建研究中的应用注入了新的活力。近年来，湖泊和海洋沉积物的有机分子的稳定同位素分析在古环境研究中的应用也取得许多令人鼓舞的成果（王国安等，2001）。

本章阐述如何利用树轮（第1节）、沉积物（第2节）和化石材料（第3节）的同位素组成重建古气候、古环境与古生态过程的原理与应用现状。

第1节 树轮稳定同位素

古气候重建的研究主要依赖于树轮、黄土、石笋、海洋和湖泊沉积物、泥沼以及冰芯等能记录长期环境或生态变化的载体。其中，树轮具有定年精确、连续性好、分辨率高以及对环境变化敏感性强等优点。此外，树木分布广泛，可以用于分析过去气候变化的地域差异，这对于预测未来气候变化具有重要的意义。虽然树轮宽度、密度指数和反射系数等物理特征也记录了过去的环境变化信息，但树轮碳、氢、氧稳定同位素比率的差异可用于更精确地提取该区域气候变化的信息（Robertson et al., 1997；Roden et al., 2000；刘禹等，2006；Loader et al., 2007；龙良平和陶发祥，2007）。树轮的氢、氧同位素记录了树轮形成时的温度和水分来源，而树轮的碳同位素则反映了大气CO_2的碳同位素特征。除了能记录温度、湿度、光照条件、大气压力和盐分等环境因子外，树轮的稳定同位素也能反映季风盛行区树木生长与水热组合的关系。由于树轮的时间尺度可以达到上千年，比现有的人类气候记录长得多，所以树轮研究为估计人类活动对环境的影响提供了自然背景资料，从而为重建过去的环境提供了一份不间断的"历史档案"。

一、树轮稳定同位素重组古气候、古生态、古环境的原理

树轮的木质部几乎全都由碳、氢和氧三种元素组成，它们的稳定同位素比值与树木生长的生态环境密切相关。通过研究树轮中这些同位素含量的变化以及它们与某个限定性气候因子之间的关系，就可以了解树轮形成时的气候变化。树木每一个年轮的碳都来源于大气CO_2，而氢、氧则来源于土壤水分和降水，但树轮并不只是收集存储这些元素，也就是说，树轮的碳、氢和氧同位素比值并非只简单记录当时大气或水体的同位素比值，而是综合反映了树轮形成时期内各种气候和植物水源的信息。因此，树轮稳定同位素比值可作为一种灵敏的生物指示物，记录了树木对不同年份或不同地区环境变化的生理生态响应。

（一）碳同位素

根据Farquhar等（1982）提出的植物叶片碳同位素分馏理论，气候因子（温度、湿度及光照等）和大气成分（CO_2浓度和污染物浓度等）可以通过影响植物（多为C_3植物）叶片的气孔导度从而影响植物的光合作用同化率，进而影响树轮纤维素碳同位素分馏程度及最终组成（Barbour et al., 2001；Loader et al., 2007）。因此，可根据树轮碳稳定同位素与气候因子之间的关系来重建古气候。

树轮材料是由多种化学成分组成的复合体，包括纤维素、木质素、半纤维素、树脂和丹宁酸等。由于光合作用中形成各种组分的生物化学过程不同，各组分的同位素组成也存在差异（Barbour et al., 2002），因而需要选择合适的树轮材料分析碳稳定同位素才能开展古气候重建。例如，针叶树的树轮$\delta^{13}C$值比树轮纤维素的小0.87‰（Warren et al., 2001）。然而，一些学者通过对比研究却认为，全木和纤维素记录同样的气候信息，仅分析全木也不会丢失气候信息（Borella et al., 1998；Barbour et al., 2001；Loader et al., 2003）。

树轮^{13}C含量在生长前期存在"幼龄效应"，即树木幼年期树轮$\delta^{13}C$值较高（Freyer and Belacy, 1983）。另外，同一树轮的早材和晚材碳同位素比值也不尽相同，这种现象在森林地区尤为明显，其原因可能是树木自身生理活动造成局部大

气CO_2的$\delta^{13}C$值偏小，进而影响树轮自身的$\delta^{13}C$值（Neilson et al.，2002）。沙地海岸松（Pinus pinaster）早材和晚材的纤维素明显不同，树木的年龄不能很好解释早材与晚材的碳同位素比值差异及其年变化差异，气候因子（如年降水量、夏温和蒸汽压亏缺等）的季节与年际变化才是决定因子（Porté and Loustau，2001）。对于欧洲云杉（Picea abies），树轮早材$\delta^{13}C$值与冬季降水呈弱相关，而晚材$\delta^{13}C$与总辐射、相对湿度和温度有关（气候越干热，碳同位素越富集）；早材同位素信号由生化分馏（如淀粉形成）决定，而晚材同位素信号主要受气候条件影响（Jäggi et al.，2002）。因此，采用何种树轮材料进行稳定同位素分析，进而重建古气候，应取决于需要重建的古气候因子，不能一概而论。

（二）氢、氧同位素

叶片合成光合产物携带了环境中相对湿度的信息，它们经韧皮部运送至茎干，但在合成纤维素的过程中，部分氢、氧原子还会和携带植物源水信息的茎干水分发生交换（Sternberg et al.，1986；Yakir and DeNiro，1990；Yakir，1992），因此树木年轮的$\delta^{18}O$值不仅与相对湿度有关，还代表植物水源的$\delta^{18}O$值。长期以来，相对湿度和水源这两种信息的相对比例是利用树轮稳定同位素重建古气候研究的争论热点（DeNiro and Cooper，1990；Edwards，1990）。一些学者认为树轮纤维素记录了空气相对湿度的情况（Yapp and Epstein，1982b；Edwards and Fritz，1986；Lipp et al.，1993），但其他研究却发现树轮纤维素只保留了当年植物水分来源的稳定同位素比值，无法从中得知空气相对湿度的信息（DeNiro and Cooper，1989；White et al.，1994；Terwilliger and DeNiro，1995）。另外，植物水源的同位素组成还与温度和海拔相关，因此很多学者确信树轮的氢、氧同位素组成能准确反映环境的温度变化（Gray and Thompson，1976；Yapp and Epstein，1982a；Feng and Epstein，1994）。而究竟哪种说法更有说服力？树轮纤维素的氢、氧同位素又有何种生态学意义？

当以上争论热潮达到顶峰时（1993—1994年），本书笔者正在犹他大学做博士后研究，当时我的研究工作集中于利用稳定同位素技术研究陆地生态系统对全球变化的响应，而对树轮纤维素氢、氧同位素具有何种生态学意义的研究兴趣则是来自当时犹他大学博士生们的争论：沙漠地区植物的树轮同位素组成能否用来重建当地的古气候变化。这一争论让我联想起我的博士生导师Leonel Sternberg教授与其师弟Dan Yakir博士对纤维素形成过程中氧、氢同位素分馏效应的系统研究（Sternberg et al.，1986；Yakir and DeNiro，1990；Yakir，1992），他们尝试利用树轮纤维素合成过程中的氧、氢同位素分馏效应来阐释树轮纤维素稳定同位素组成与纤维素形成时的环境因子之间的机制关系。经过一周的文献阅读和方程演算，我写出了一份完整的研究计划并得到博士后合作导师James Ehleringer教授的高度肯定。他鼓励我设计受控实验，并邀我一起编写美国自然科学基金（NSF）申请书。但在完成一个温室受控实验并得到NSF36万美元基金的资助之际，我因意外获得了到闻名遐迩的世界生物圈2号（Biosphere 2）工作的机会，而不得不中止了这方面的研究，最后由我们基金项目聘任的博士后John Roden博士继续我的工作，发表了后来被广泛引用的树轮同位素机制模型论文（Roden et al., 2000）及相关佐证论文（Roden and Ehleringer, 1999 a, b）。

这一模型通过树轮纤维素合成过程同位素分馏的生化机制阐明了树轮所能反映的气候因子信息（图13-1）。该模型在预测树轮同位素比率的同时记录了大气湿度和植物水分来源的信息，既不同于DeNiro和Cooper等（1990）认为的树轮同位素只记录了植物水分来源，也不同于Edwards等（1990）认为的树轮同位素完全反映大气湿度的观点。模型主要包括5个方面的内容：① 叶蒸腾过程氢、氧同位素富集效应；② 光合作用过程中同位素生化分馏效应及其与叶片水进行原子交换的同位素效应；③ 光合产物（如蔗糖）从叶片输出至不断增长的茎干这一过程的同位素效应；④ 光合产物转化为纤维素时部分氢、氧原子与木质部中的水发生原子交换的同位素效应；⑤ 纤维素合成过程同位素生化分馏效应。

木本植物的水分来源于土壤，因此树木中的氢、氧同位素与降水的同位素组成有一定关系。然而，水分在被树木利用前还存在其他同位素分馏过程。首先，土壤的蒸发作用和叶片的蒸腾作用会产生同位素分馏；其次，降水的氢、氧同位素组成随季节变化。除某些盐生和旱生植物外（Lin and Sternberg, 1993; Ellsworth and Williams, 2007），大多高等植物从根部吸收水分经木质部运输的整个过程不发生同位素分馏，但水分在叶片蒸发时会发生同位素富集效应（第5章）。由于叶片蒸腾过程的富集效应与大气相对湿度紧密相关（Craig and Gordon, 1965; Farquhar et al., 1989），而光合作用又结合了经叶片富集的水，并进一步发生分馏，使叶片纤维素的氢、氧同位素比值远高于叶片水，而大气相对湿度的信号也记录在叶片形成的纤维素或糖类中（Sternberg et al., 1986; Barbour et al., 2001; Sternberg, 2009）（图13-1a）。

在光合作用中，叶片水和CO_2合成有机物（如糖类）的过程为自养作用，其产生的同位素分馏称为自养分馏。这些糖类被运送到茎干并进一步合成纤维素等高分子化合物，成为树轮的一部分。利用已有的糖类合成新化合物的过程称为异养作用，异养作用产生的同位素分馏称为异养分馏，这里涉及的异养分馏实际上是由糖类和茎干水（植物源水）之间的同位素交换作用引起的分馏效应。但并非所有参与异养作用的糖类都发生同位素交换反应。以f_H和f_O分别表示糖类发生同

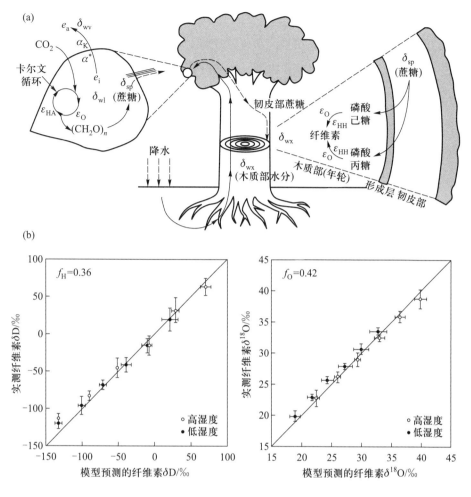

图13-1（a）树轮纤维素形成过程不同步骤氢、氧同位素分馏效应模型示意图及（b）模型预测与实测纤维素同位素比值之间的关系（Roden et al., 2000）

位素交换的氢原子和氧原子与各自总量的比例，用下列方程表示树轮纤维素的氢、氧同位素比值（δD_{cx}、$\delta^{18}O_{cx}$）：

$$\delta D_{cx} = f_H \times (\delta D_{wx} + \varepsilon_{HH}) + (1 - f_H) \times (\delta D_{wl} + \varepsilon_{HA})$$
$$\delta^{18}O_{cx} = f_O \times (\delta^{18}O_{wx} + \varepsilon_O) + (1 - f_O) \times (\delta^{18}O_{wl} + \varepsilon_O)$$

(13-1)

式中，ε_{HA} 和 ε_{HH} 分别是氢同位素的自养分馏值和异养分馏值，ε_O 表示纤维素合成过程氧同位素分馏值，δD_{wx}、$\delta^{18}O_{wx}$ 和 δD_{wl}、$\delta^{18}O_{wl}$ 分别代表植物茎水和叶片中水的氢、氧同位素比值。根据实验研究，自养代谢 ε_{HA} 值为 $-171‰$（Yakir and DeNiro，1990），而异养代谢 ε_{HH} 平均值为 $+155‰$，波动于 $144‰ \sim 166‰$（Yakir and DeNiro，1990；Luo and Sternberg，1992）。模型预测值与实测值最接近时，$f_H = 0.36$（图13-1b），这与报道的 0.35 相当接近（Yakir and DeNiro，1990）。

与氢同位素不同,纤维素合成过程中氧同位素分馏不存在自养和异养之分,其分馏过程遵循比合成时所交换的水富集27‰(即ε_o=27‰)的规律(Sternberg and DeNiro,1983)。我们的实验与模型研究结果(图13-1b)表明,树轮纤维素中与茎水发生交换的比例达到42%(f_o=0.42)(Roden et al., 2000),与利用组织培养(Sternberg et al., 1986)、异养水生植物培养(Yakir and DeNiro, 1990)和种子萌发(Sternberg et al., 1986;Luo and Sternberg, 1992)所获得的结果一致。其机理在于纤维素氧分子的每5个氧原子中有2个与环境的水分子发生同位素交换(2/5=0.4,与0.42接近)(Sternberg, 2009)。

叶片中水的H和O在叶绿体中通过光合作用被合成到蔗糖中(Sternberg et al., 1986;Sternberg et al., 2006),这些蔗糖通过韧皮部组织被输送到植物茎和根,然后可能转化为永久的结构性纤维素。由于氧原子与木质部水分发生不同程度的交换(Roden et al., 2000;Anderson et al., 2002;Sternberg et al., 2006),使得叶片水分的信息被减弱,因此树轮中$\delta^{18}O$主要的环境信息很可能来自降水和夏季大气水分的$\delta^{18}O$,但这两种信息的强度变化有所不同(McCarroll and Loader, 2004)。

二、树轮稳定同位素与古气候、古环境重建研究实例

树轮稳定同位素分析作为一种新颖的高分辨率分析方法,已在重建历史时期大气CO_2浓度、温度、降水变化、灾害以及环境污染等过程中发挥了重要作用,成为获取古气候变化信息的重要途径。最早的树轮同位素研究采用全树轮作为分析对象,对树木的破坏性较大。Epstein和Yapp(1976)通过对比研究认为,树轮的各种有机组分中纤维素具有优良的信息记录能力,并建立了纤维素的化学提取方法,他们还发现纤维素中羟基上的氢原子易被交换而不具备信息记录能力必须清除,并建立了相应的技术方法。他们的工作为树轮稳定同位素研究消除了一个障碍。20世纪90年代以来,树轮稳定同位素研究取得了很大进展,尤其是在碳、氢、氧同位素与古气候重建等方面。

虽然我国树轮稳定同位素研究在20世纪90年代中期才开始,但已取得诸多很有影响的研究成果。在西北地区,李正华等(1994)、刘禹等(1996)研究了阴山、贺兰山地区油松树轮$\delta^{13}C$值的季节与年变化,并重建了部分季节气候要素的变化;陈拓等(2001)研究了新疆阿尔泰及天山地区云杉及落叶松树轮$\delta^{13}C$值变化及气候意义,探讨了树轮^{13}C记录的小冰期信息及大气CO_2浓度(C_a)的变化趋势;刘晓宏等(2002)研究了西藏林芝云杉树轮$\delta^{13}C$序列变化,重建了该地区气温、降水及相对湿度的变化。在东北与华北地区,刘广深等(1996,1997)、徐海等(2002)利用东北长白山红松树轮$\delta^{13}C$序列研究了该地区降水、云量及河川径

流等的变化。在华南地区，侯艾敏等（2000）测定了广东鼎湖山自然保护区内部分木本植物叶片内外CO_2浓度比，探讨了树木的"幼龄效应"及利用树轮$\delta^{13}C$序列重建大气CO_2及其^{13}C的可行性。孙艳荣等（2002）研究了广东阳春地区樟树树轮$\delta^{13}C$与ENSO事件及气候要素的关系。在东部亚热带地区，赵兴云等（2005）利用浙江天目山地区柳杉树轮$\delta^{13}C$序列，重建了该区100多年的气温、降水、大气CO_2浓度变化及水分利用率变化。

（一）重建大气CO_2浓度

自工业革命以来，大气CO_2浓度（C_a）迅速增加，而相应的$\delta^{13}C$值不断降低。主要原因是化石燃料的大量燃烧排放出^{13}C贫化的CO_2。C_a的增加必然对树木的生长产生影响，而树轮的$\delta^{13}C$值也记录了C_a的增加趋势。遍及全球的树轮$\delta^{13}C$值的记录几乎都呈现出自工业革命以来明显下降的趋势，例如Pearman等（1976）报道塔斯马尼亚松树（*Arthrotaxis selaginoides*）木质部纤维素及$\delta^{13}C$值由1880年的$-24.3‰$下降到1950年的$-25.2‰$；Farmer（1979）发现英国橡树（*Quercus robur*）年轮$\delta^{13}C$值由1890年的$-20.5‰$下降到1970年的$-22.0‰$；而李正华等（1994）发现工业革命以来中国地区大气CO_2的$\delta^{13}C$值下降了约$2.1‰$，反映出了C_a逐渐升高的趋势。蒋高明等（1997）利用油松年轮$\delta^{13}C$值的变化推测出我国北方C_a已由工业革命前的$278.4\,\mu mol\cdot mol^{-1}$上升到了20世纪90年代初期的$340\,\mu mol\cdot mol^{-1}$，而Feng（1998）也利用天然森林年轮$\delta^{13}C$值的变化推测出在1800—1985年期间，$C_a$由$280\,\mu mol\cdot mol^{-1}$上升到了$340\,\mu mol\cdot mol^{-1}$。Leavitt和Lara（1994）发现南美洲树轮的$\delta^{13}C$值有着与北半球大气$CO_2$$\delta^{13}C$值一致的下降趋势。陈拓等（2001）利用树轮碳同位素组成分析了新疆昭苏近280年以来云杉（*Picea obovata*）胞间与大气CO_2浓度比（C_i/C_a）及云杉内部CO_2浓度和水分利用效率的变化。在整个分析时段内，云杉内部CO_2浓度和水分利用效率都有较明显的升高趋势，而C_i/C_a相对恒定在0.52左右。郑淑霞和上官周平（2005）研究了黄土高原地区4种植物叶片的$\delta^{13}C$，发现近70年中它们分别下降了$14.65‰$、$14.46‰$、$11.99‰$和$2.44‰$，远远大于Pearman等（1976）和Farmer（1979）观测的植物体$\delta^{13}C$的下降幅度，较好地反映出了近1个世纪以来大气CO_2浓度的升高趋势。以上这些结果都清楚地表明，由于大量化石燃料的燃烧导致了自工业革命以来大气CO_2浓度急剧升高，进而对全球的气候及生态环境产生了巨大影响。但是，也有少数地区如芬兰（Robertson *et al.*, 1997）、瑞士（Anderson *et al.*, 1998）及美国塔斯马尼亚地区（Francey, 1981）的树轮$\delta^{13}C$与大气CO_2浓度存在相反的变化趋势，但研究人员并未指示出其升高的趋势。

应该指出，目前通过树轮$\delta^{13}C$的研究来重建C_a变化，主要依据的是Farquhar等

(1982)的计算公式：$\delta^{13}C_p = \delta^{13}C_a - a - (b-a) \times C_i/C_a$（参见第4章）。利用这一公式定量重建$C_a$的前提是$C_i$必须保持恒定，但众多的研究表明在环境变化较大的情况下，C_i值不能保持恒定（侯爱敏等，2000），因此通过树轮$\delta^{13}C$的分析难以精确重建区域性C_a的变化（Francey，1981）。

（二）重建气候与环境参数

目前，在树轮$\delta^{13}C$值与气候变化关系的研究中，最主要的应用就是对古气候变化的重建，重建的气候参数主要有温度、降水量、相对湿度、土壤含水量、云量及水分利用效率等。

（1）温度

Freyer和Belacy（1983）研究了瑞士北部苏格兰松树轮氧同位素比值与秋季气温的关系，温度系数为0.18‰·℃$^{-1}$。Leavitt和Long（1983）研究发现美国亚利桑那州西方柏树轮$\delta^{13}C$值与12月温度和降水量呈负相关。Lipp等（1991）利用德国黑森林冷杉树轮晚材$\delta^{13}C$值与8月温度、湿度及降水量的相关关系，重建了德国1004—1980年的气候变化。Leavitt和Long（1983）利用美国加利福尼亚州白山狐尾松样本，建立了超过1 000年的$\delta^{13}C$值序列，发现$\delta^{13}C$值与当地7月份干旱指数呈显著正相关。Kitagawa和Matsumoto（1995）利用日本雪松树轮$\delta^{13}C$值的记录重建了过去2 000年的温度变化。Duquesnay等（1998）利用法国东北部欧洲水青冈年轮$\delta^{13}C$研究了过去100年其水分利用效率的变化，结果是树轮$\delta^{13}C$值降低，其水分利用率提高。Ramesh等（1986）研究发现克什米尔地区南部针叶林区蓝松年轮$\delta^{13}C$值与湿度和云量之间呈负相关。Leavitt和Long（1989）研究发现，树轮$\delta^{13}C$值序列变化包含了河流流量变化的信息，并且发现树轮$\delta^{13}C$值序列与重建的科罗拉多河上游的水流量显著相关。

在我国，韩兴国等（2000）通过对山杏（*Prunus armniaca*）树干木质部$\delta^{13}C$值与环境因子的分析发现，年均气温和山杏木质部$\delta^{13}C$值的关系最为密切，其次分别是年降水量、生长季平均温度和生长季降水量。Liu等（2002）通过分析贺兰山区油松（*Pinus tabulaeformis*）树轮碳稳定同位素，发现$\delta^{13}C$值的高低与夏季6—8月的平均气温有关，并据此重建了贺兰山区夏季气温，指出贺兰山区的夏季气温与热带太平洋海面水温相关。尹璐等（2005）分别逐轮测定了两棵红松（*Pinus koraiensis*）年轮的纤维素碳同位素组成，获得了长达109年（1880—1988年）的两个时间序列，去趋势化处理后将之与同样长度的中国东部年气温变化序列进行交叉相关分析，结果表明，树轮碳同位素组成对温度有灵敏响应且具滞后性（$r=0.373$，$n=109$，$P<0.001$）；同时，碳同位素组成也与其中一棵树的年轮宽度高度负相关（$r=-0.390$，$n=109$，$P<0.001$）。

Schiegl（1974）最先探讨了δD与温度的关系，虽然他采用全树轮样品分析使结果受到干扰，但还是找出了两者之间的相关性。Gray和Thompson（1976）分析了北美洲不同纬度树木的$\delta^{18}O$与平均气温之间的相关性，结果比较显著（$P<0.05$）。Feng和Epstein（1994）通过对不同地区树轮$\delta^{13}C$的研究，认为20世纪的气候变化将比19世纪更加明显，近一二百年中树轮的氢同位素（δD）也体现了这一变化趋势，随温度上升而升高，而全球变暖的趋势在19世纪中末期就已经开始，且寒冷地区较温暖地区变化更快，该结论与D'Arrigo和Jacoby（1999）及刘晓宏等（2004）利用树轮宽度重建的温度变化序列所得的结论基本一致。

Epstein和Yapp（1976）发现1841—1970年间，苏格兰松的年轮硝化纤维素δD的平均值与苏格兰爱丁堡地区冬季平均温度之间具有高度相关性（$r=0.906$）。Libby等（1976）利用一棵日本雪松的年轮硝化纤维素δD值推测出该地区在过去的1 800年中温度下降了约1.5℃。

Aucour等（2002）对生长在中国长白山国家自然保护区内的两棵红松进行了研究，发现树轮硝化纤维素的δD值与前一年的夏季温度相关（$r=-0.67, P<0.05$）。Yapp和Epstein（1982a）分析了分布在北美洲20个地点的不同树种的年轮δD和年平均温度数据，发现δD值随温度的变化系数为5.8‰·℃$^{-1}$，非常接近从北美洲11个国际原子能机构（IAEA）站点得到的降水δD值随年平均温度的变化系数（5.6‰·℃$^{-1}$）。而在另一些研究中，人们发现温度变化只能解释δD值变化的很小一部分，如Tang等（2000）发现温度最多只能解释δD总方差的26%。

（2）降水量

Dansgaard（1964）在总结IAEA的全球降水同位素组成测量资料时发现，大多数热带站点的全年和中纬度站点的夏季范围内降水的氢同位素组成与月降水量成反比，即"雨量效应"。Ramesh等（1986）发现银杉树轮硝化纤维素δD值主要受生长季节的降水量和平均最高温度影响，与降水量呈负相关关系，而且δD值对降水量的敏感性要高于对温度的敏感性。降水量可以单独解释δD和$\delta^{18}O$的方差。Lawrence和White（1984）报道了纽约东部两棵白松年轮硝化纤维素δD值与5—8月总降水量的相关系数分别是−0.76（21年），−0.93（11年），这说明树轮氢同位素组成与夏季降水量之间呈显著的负相关关系。巴基斯坦北部一棵千年古树纤维素的氧同位素组成表明，随着20世纪全球变暖，该地区降水量明显增加，20世纪是该地区过去1 ka[1]以来最潮湿的时期，该研究再次证明了树轮稳定同位素在重建降水量方面的重要作用（Treydte et al., 2006）。

---

[1] ka，时间单位，千年（即1 000年）。

(3) 湿度

湿度是控制大气圈能量平衡的一个基本变量,它的重建对于古气候研究具有十分重要的意义。早期研究发现纤维素的 δD 和 $\delta^{18}O$ 都与相对湿度相关。Pendall（2000）对美国西南部半干旱地区3个地点的北美矮松的年轮和针叶的研究表明,所有地点树轮硝化纤维素的 δD 值都和相对湿度呈显著的负相关,进一步证明了前人提出的树轮纤维素 δD 和 $\delta^{18}O$ 能够用来重建温度和相对湿度的观点。但是,也有一些研究者认为树轮纤维素的同位素组成没有记录湿度信息,因为光合作用过程的异养同位素分馏模糊了叶片水蒸腾作用过程中的重同位素富集信号。

(4) 复合气候因子

沈吉和陈毅风（2000）分析了采自南京的雪松（*Cedrus deodara*）树轮纤维素的碳稳定同位素,结合气象记录,对气候因子进行了重建,结果表明重建值与观测值高度吻合,南京地区树轮纤维素碳稳定同位素与5—7月平均降水量及5—9月平均气温显著相关,分别对应于干热和湿冷环境。赵兴云等（2005）依据浙江天目山柳杉（*Cryptomeria fortunei*）树轮碳同位素年序列重建了9月的降水量与9月的最高气温两个气候要素,也得到了上述结果,这在一定程度上反映了东亚季风盛行区树木生长与水热组合的关系。Robertson等（2004）通过分析树轮不同组分的 $\delta^{13}C$ 值发现,晚材中木质素和纤维素的 $\delta^{13}C$ 值的高频变化都与7月和8月的降水、温度及湿度等综合因子的高频变化有关。所以晚材纤维素或木质素的 $\delta^{13}C$ 值可以作为过去气候的非直接测定指标,且木质素的优势是无论在有氧条件还是无氧条件下都更不易腐烂。

钱君龙等（2001）根据浙江天目山柳杉树轮,重建了天目山地区近160年的气候变化,认为树轮的 $\delta^{13}C$ 变化与厄尔尼诺事件存在基本一致的周期（414年）,树轮 $\delta^{13}C$ 的高频振荡与气温和降水等显著相关,并有滞后效应,变化值较精确地记录了东亚季风的变化情况,较好地反映了冬季风的强弱变化。吕军等（2002）对采自天目山的柳杉树轮进行交叉定年后,得到树轮的 $\delta^{13}C$ 和 δD 年序列,利用杭州气象站的相对湿度资料,分析其对树轮 $\delta^{13}C$ 和 δD 的影响。结果表明,树轮稳定同位素值与空气相对湿度之间存在显著的负相关关系（$P < 0.05$）,其中 δD 与空气相对湿度的相关性更好。利用其较好的相关性,通过建立回归方程重建了当地100多年来的相对湿度序列。

(三) 重建极端气候事件

许多研究发现,树轮生长环境中所发生的众多极端事件,如极冷、干旱、台风、虫灾、森林火灾、火山爆发、大地构造运动（如滑坡、地震）等,都在年轮 $\delta^{13}C$ 中得到很好的记录或有相应的联系（Hemming *et al.*, 1998）。近年来,在重建厄尔尼诺、南方涛动、季风、冰川进退、森林火灾史和太阳活动等研究中也采用了树轮同位素组成（Liu et al.，2004）。

Epstein和Yapp（1976）统计了北美洲与欧洲广阔地理区域内众多现代树木纤维素δD与环境要素的关系，认为在干旱半干旱地区，植物稳定同位素的短期波动是由降水量变化引起的，植物纤维素δD与环境水δD呈线性相关，并且提供了降水同位素组成的可靠信息。刘广深（1996）通过对我国长白山地区1789—1988年的200个长白山红松年轮进行逐轮碳稳定同位素组成的$\delta^{13}C$分析，建立了$\delta^{13}C$序列，并以此提取了近200年来长白山（乃至东北地区）降水量变化、季风强弱变迁及松花江径流变化等方面的信息。刘晓宏等（2002）利用采自我国西藏林芝的喜马拉雅冷杉（Abies spectabilis）建立了树轮$\delta^{13}C$序列，去除生长趋势和大气CO_2浓度升高导致大气$\delta^{13}C$下降的影响得到$\Delta^{13}C$，利用附近气象资料，分析了$\Delta^{13}C$对气候要素的响应，结果表明，冷杉$\Delta^{13}C$的高频振荡与季节的温度、降水和空气相对湿度显著相关，并存在强烈的滞后效应。在树木生长初期，降水和空气湿度对年轮生长影响较大，除3月最低温度和11月、12月平均温度对年轮$\Delta^{13}C$有一定影响外，温度对年轮生长的影响小于降水和相对湿度。Ward等（2002）调查了河岸常见树种复叶槭（Acer negundo）的雌、雄株树轮纤维素碳稳定同位素和植株基因型等指标，研究其对不同水分梯度的生理反应，发现在干旱年雌、雄株有相似的生长状况和生理反应，在湿润年雌株表现出高的生长率和低的碳同位素比率，而复叶槭雄株气孔活动对干、湿年反应基本一致。

我国秦岭西部冷杉和铁杉（Tsuga chinensis）年轮中纤维素$\delta^{13}C$的历史变化指示了夏季风的强弱程度，夏季风越强，降水量越大，$\delta^{13}C$值就越低；1920年陕西省发生特大干旱，$\delta^{13}C$升高；1930—1950年，$\delta^{13}C$较低，说明该期间盛行东南季风，气候相对温暖潮湿（刘禹等，2003）。Raffalli-Delerce等（2004）认为法国橡树树轮纤维素$\delta^{18}O$比树轮宽度和$\delta^{13}C$能更精确地重建夏季气象参数，长期（1879—1998年）以来，该区夏季温度和年均降水量呈增加趋势，夏季干旱事件每隔7年发生1次，但干旱发生频率与气象资料记载的夏季温度变化不一致，气象资料表明20世纪30、60和70年代气候较为湿润，而20世纪初期、40和90年代气候较为干旱。

季风气候，特别是与季风有关的降水和气温变化，对于人口稠密的东亚地区的生存和发展都至关重要。目前用树轮来研究季风强度主要有以下一些代表性成果。Feng等（1999）比较了两棵现代云杉树年轮和一个10 000年的木料中年轮的氢同位素组成，发现后者比现代云杉树年轮平均δD值低45‰，并将其归因于全新世早期强的夏季风。但是，Aucour等（2002）的研究却发现树轮δD值和前一年的夏季季风强度指数（MI）有显著的负相关关系，表明一个强大的夏季风（季风强度指数值小）与更高的 δD 有关，这是迄今为止国际上首次报道树轮同位素组成同东亚季风强度指数直接相关。该研究还发现树轮 δD 值和前一年的夏季温度呈正相关，而与夏季降水量并不相关。他们对这个与前人结论相反的解释是：研究区降水 δD 值和降水量不相关，但是季风强度指数和夏季温度反相关，特别是在研究区内的松江气象站尤为明显。Liu 等（2004）发现年总降水量和树轮 $\delta^{18}O$ 值显著正相关，他们将此归因于研究区夏季风降水比冬季降水更富集 $\delta^{18}O$，且年水量主要由夏季风贡献。

（四）古植被的重建

利用稳定同位素技术重建植被的研究中最显著的成果是揭示了陆地上 C_4 植物的出现时间和原因（Cerling et al., 1997）。在新生代晚期，特别是中新世以来，地球环境从过去几千万年来缓慢而不规则的变冷逐渐过渡到第四纪时期剧烈波动且极度不稳定的气候特征，成为地球环境变化的主旋律，逐渐奠定了现代环境的格局，搞清楚这一时期发生的各种地质、生物和气候事件及它们之间的相互关系无疑对了解第四纪时期全球环境变化具有重要的意义。

C_4 植物仅见于被子植物，分布在 18 科 487 属中，约有 7 600 种，这在已知的 5 万多种被子植物中只占少数。C_4 光合作用途径对全球碳生物量起最重要作用的还是单子叶的禾本科（Poaceae）植物，据统计，10 000 多种禾本科草本植物中有接近一半的种（约 4 600 种）采用 C_4 光合作用途径，禾本科的 C_4 植物种数占全部 C_4 植物物种数的 61%。另外，单子叶植物中的莎草科（Cyperaceae）有 C_4 植物 1 330 种，占 18%。其他单子叶的 C_4 植物就剩下水鳖科（Hydrochartaceae）1 种。双子叶植物中 C_4 植物种数较多的有藜科（Chenopodiaceae）、大戟科（Euphorbiaceae）、苋科（Amaranthaceae）、紫苑科（Asteraceae）、蓼科（Polygonaceae）、爵床科（Acanthaceae）、马齿苋科（Portulacaceae）、石竹科（Caryophyllaceae）和蒺藜科（Zygophyllaceae）等。这些科构成了从温带到热带草原、热带稀树草原和半沙漠环境莎草植物、禾本科植物、滨藜植物和大戟属植物生物量的重要部分。

C_4 植物在热带任何强光照射的陆地上都能生长，在炎热而开阔的热带和亚热带地区，C_4 植物占禾本科草本植物总数的 75%，但在树冠密集的热带雨林内却根本找不到 C_4 植物。在温带，由于其他环境因素的相互作用变数很大，在生长季最低温度为 16～18℃ 的强光照射环境中，C_4 植物仍占优势，而在生长季最低温度为 6～12℃ 或者晴天的日照水平低于 20% 时，C_4 植物就很难生存。在降水集中在冬季、夏季干燥的典型地中海气候环境中也难以找到 C_4 植物，在高纬度地区，当温度超过 50℃ 时，C_4 植物就极少见。除了纬度分布特征外，C_4 植物也有明显的高度分布特征。一般来说，C_4 植物的种属随海拔高度的增加而减少，海拔超过 3 000 m 时，

C_4植物很快消失。C_4植物是受温度和光照格局控制的，高温和强光照是C_4植物出现的重要条件，而降水、氮素和盐度只起次要作用。

根据一些重要的C_4植物全球分布情况，早年曾有人推断C_4植物已经存在至少1亿年。但化石记录能给出的光合作用信息却少得可怜，因为C_4植物生长的生态环境导致大部分埋藏的C_4植物被氧化，只有极少部分能形成化石，而可以辨认出叶片解剖结构的植物化石又少之又少。已发现有两种重要的化石呈现比较清晰的Kranz花环结构，一种是产自美国加利福尼亚州中新世的Ricardo组，另一种是产自堪萨斯州中新世的Ogallalla组。加利福尼亚州南部中新世的Ricardo组以它保存完好的动物群和植物群很早就闻名于世。据报道，其中的禾本科牧草具有脉络间距较小、由3～5个叶肉细胞分隔的维管束，是典型的Kranz解剖结构特征（Tidwell and Nambudiri，1989），这一地点的沉积物时代为中新世。在Whistler和Brubank（1992）描述过的加利福尼亚州南部Last Chance峡谷地点的Ricardo群中的Dove Spring组，根据放射性年代测定和古地磁记录定年的结果，它的年龄估计为12.5 Ma[1]，这一地点是有文献记载的最老的、具有Kranz解剖结构的地点。另外一个发现中新世Kranz解剖结构的重要地点是堪萨斯州Graham的Minium采石场（Thomasson et al.，1986）。这一地点的禾本科牧草也具有由不超过4个叶肉细胞分开的维管束，这一特点被认为是典型的C_4植物解剖特征。该地点的年代属于中新世晚期，距今约5Ma～7Ma。此外，还有来自肯尼亚的植物化石也有人载文讨论过，根据表皮的形态，有若干不同的化石种被认为可能与现存的C_4种属有着密切关系（Retallack et al.，1990；Retallack，1992；Dugas and Retallack，1993），这就是肯尼亚的Ternan城堡（其年代为距今约14 Ma）沉积物中保存完好的禾本科植物化石。很可惜，它们的Kranz解剖结构无法确认，因为虽然化石硅质部分被很好地保存下来，但内部都被钙质或黏土取代，内部细微结构特征没有保存下来。因此，目前对它们的类型和种属的确定都是以硅质部分为依据。

地层记录中出现C_4植物信号，并不一定表明当时C_4植物已在生态系统中占据主导地位。食草动物化石，特别是马牙齿化石的同位素组成能很好地指示其食物的状况，它和古土壤中的有机碳和碳酸盐的稳定同位素证据一起，可以作为替代性方法来鉴别C_4植物的存在及其在生态系统中的作用。Cerling（1984）根据现代土壤的研究，认为土壤碳酸盐的碳同位素组成取决于土壤CO_2的碳同位素，而土壤的碳同位素又取决于C_3、C_4植物的相对生物量。大型食草动物齿冠珐琅质的$\delta^{13}C$值约比食物的$\delta^{13}C$值偏高14‰。由此推得，以100% C_3植物为食的马，它们齿

---

[1] Ma指代百万年。

冠珐琅质的$\delta^{13}C$值应该在−20‰左右；而以100% C_4植物为食者则为−4‰～+2‰。尽管当时已有C_4植物出现，但对采自Ricardo组地层的马化石$\delta^{13}C$分析表明，马的日常食物还是以C_3植物为主（Cerling et al., 1998）。迄今所有的证据也表明，不排除14 Ma前在Ternan城堡地点已经出现C_4植物的可能性，但那时C_4植物生物量并不占优势（Cerling et al., 1991）。对土壤碳酸盐、鸵鸟蛋壳、马牙化石齿冠珐琅质和孟加拉扇沉积物有机质碳同位素比值的分析（图13-2）均表明，约7Ma～8 Ma前这些化石材料的$\delta^{13}C$值出现明显的升高，清楚指示C_4植物的扩张，并已在某些生态系统中占据主导地位（Cerling, 1999；France-Lanord and Derry, 1994；Quade et al., 1994；Ding and Yang, 2000）。

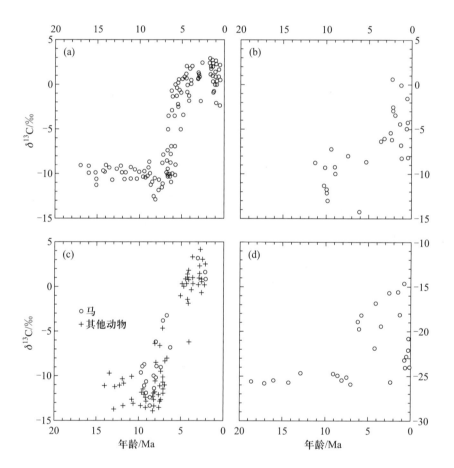

图13-2 新生代植物扩张的碳同位素记录：（a）土壤碳酸盐；（b）鸵鸟蛋壳；（c）马牙化石齿冠珐琅质；（d）孟加拉扇沉积物有机质（Cerling, 1999）

C_4光合作用途径出现的原因，一直是学术界关注的焦点问题。早期研究把C_4光合作用归结为温暖、强光照而水分有限情况下的产物。这种认识把C_4植物的出现与干旱联系起来。近年来，更多的人则认为C_4光合作用是适应大气浓度降低时植物采用的一种光合作用方式。众所周知，在最佳的生存环境条件下，C_4植物的总产率要比C_3植物低,因为C_4光合作用需消耗更多的能量。在高温环境下,由于光呼吸作用使C_3植物光合作用的净产率大大降低,而C_4植物光合作用的净产率相对较高。Ehleringer等(1997)根据C_3和C_4植物总产率的高低,模拟了C_3和C_4光合途径的转换过程(图13-3)。根据模型,在目前的大气组分(CO_2浓度约360 $\mu mol \cdot mol^{-1}$)条件下,高温(>25℃)对C_4植物的生长更为有利,而在CO_2浓度较高时,转换过程在更高的温度下发生。例如,在生长季节温度超过35℃时,转换的界限为500~600 $\mu mol \cdot mol^{-1}$。也就是说,只有当大气CO_2浓度减少到这个范围以下时,C_4植物才比C_3植物显示出更高的适应性。所以,C_4光合作用是一种受CO_2浓度控制的机制,它能够增加Rubisco酶的羧化率,同时减少氧自由基的活动,并抑制光呼吸效应(Chollet and Ogren,1975)。从光合作用角度看,C_4光合作用的最大优点在高温时得到明显体现。C_3植物在高温时光呼吸增加,同时较小气孔和较低大气CO_2浓度造成细胞间CO_2浓度偏低,危及C_3植物的生存。因为C_4植物在大气CO_2浓度水平较低时比C_3植物有更高的光合作用总产率。地质时期的绝大部分时间,大气的CO_2浓度水平在500 $\mu mol \cdot mol^{-1}$以上,此时期在绝大多数气候条件下,C_3植物比C_4植物光合作用的效率更高(Ehleringer *et al.*,1997)。

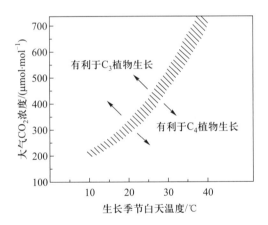

图13-3 根据禾草光合作用相对总产率得到的光合作用途径的转换示意图(Ehleringer *et al.*,1997)。阴影部分是C_3和C_4光合作用途径的转换带

以上这些研究实例充分说明,采用树轮稳定同位素组成分析得到的结果较采用树轮宽度、密度测定得到的结果更为准确、可靠,今后研究中应加强$\delta^{13}C$、δD、$\delta^{18}O$和$\delta^{15}N$等多种稳定同位素技术的综合运用,以提高重建温度、降水序列的精度和可比性,获得更为客观、可信的古气候与古环境变化的信息。近年来,树木年轮稳定同位素在全球气候变化研究中的应用有了较大进展,受到世界各国研究者的关注(Loader *et al.*,2007;Roden and Ehleringer,2007;徐庆等,2009),也取得了一些成果,但在同位素信号的非气候因子干扰、不同树种间同位素差异以及

极端胁迫和休眠等条件下光合产物的储存和重新利用对树木年轮稳定同位素的影响等方面的研究还不够深入。由于生态系统和树木年轮自身的复杂性、多样性以及孤立学科方法分析研究的不确定性,将稳定同位素生态学与植物学、植物生理学、气象学相结合,运用碳、氢、氧稳定同位素联合示踪技术,能更准确地阐明树轮对气候变化的响应方式以及树种在全球气候变化条件下的适应机制。

第2节 沉积物稳定同位素

通过检测沉积物有机质的同位素比值,就有可能对沉积物所在地的环境变化信息进行重建,有机碳同位素的研究成果已在全球碳循环、古气候变化、生物演化、地层对比研究等领域得到了应用。水体沉积物能够较好地保存环境中有机质的信息及其时间次序。水体沉积物中有机碳和有机分子碳的碳同位素研究为研究近百万年来全球及局部地区古气候变化、追踪沉积物中有机质的生物先质来源以及了解过去环境中生态系统状况等提供了良好方法。通常研究的水体沉积物主要分为海洋沉积物(marine sediment)和湖泊沉积物(lacustrine sediment)。全新世以来的气候环境变化,最初大多是通过海洋沉积物中有机物的同位素分析得到的,但是海洋沉积物不能反映内陆的气候、环境变化。通过研究湖泊沉积物则可以获得相关地区过去诸如温度、湿度、植被覆盖等环境信息,并且当沉积物中存在大量有机物质时,其同位素分馏特征受地球化学过程的影响较小。

一、沉积物有机质同位素与环境的关系

(一)陆相沉积物

陆相沉积物中的有机质主要来自陆生高等植物,陆相沉积物中有机质的$\delta^{13}C$组成与形成该有机质的植被$\delta^{13}C$组成基本一致。因此,如果已知某一地层中有机质的$\delta^{13}C$组成,我们就可以估算出当时地表植被中C_3和C_4植物的相对生物量贡献,从而研究植被中C_3和C_4植物的变化。由于C_3和C_4植物所代表的生态环境不同,因此通过沉积物中有机质的$\delta^{13}C$就可以重建过去的环境。

陆相沉积物中碳酸盐$\delta^{13}C$也可以用来恢复古生态和古环境。黄土-古土壤中几乎不含原生碳酸盐(文启忠,1989),因此黄土-古土壤中碳酸盐$\delta^{13}C$的组成基本上代表了自生碳酸盐的$\delta^{13}C$组成。土壤中自生碳酸盐$\delta^{13}C$主要由土壤CO_2的$\delta^{13}C$组成决定,而土壤CO_2的$\delta^{13}C$组成又受地表植被中C_3和C_4植物的相对生物量贡献

控制。因此土壤中碳酸盐的$\delta^{13}C$值与地表植被中C_3和C_4植物的相对生物量贡献有关。由于$^{12}CO_2$与$^{13}CO_2$的扩散系数存在差别，土壤CO_2的$\delta^{13}C$要比土壤有机质的$\delta^{13}C$偏高4.4‰（Cerling，1984）。CO_2与碳酸盐交换平衡时的分馏系数在25℃和0℃时分别是−9.8‰和−12.4‰，因此土壤中碳酸盐的$\delta^{13}C$值较土壤有机质$\delta^{13}C$值偏高14‰（25℃）～17‰（0℃）（Cerling et al.，1989）。而根据Bottinga（1969）研究结果，CO_2与碳酸盐交换平衡时的分馏系数在20℃时是−10.7‰，如果分别取C_3和C_4植物的$\delta^{13}C$为−27‰和−13‰，那么可以推算出纯C_3和C_4植被环境下土壤碳酸盐的$\delta^{13}C$值分别是−11.9‰和+2.1‰（20℃）。根据上述分析，Wang等（1987）和Zheng等（1997）给出了直接通过土壤碳酸盐$\delta^{13}C$来计算地表植被中C_3和C_4植物的相对生物量贡献的方程：

$$\delta^{13}C_{carb} = 2.1M_4 + (-11.9)M_3 \qquad (13-2)$$

式中，$\delta^{13}C_{carb}$为土壤碳酸盐的碳同位素值，M_3和M_4分别为植被中C_3和C_4植物的相对生物量贡献，其中，$M_3+M_4=100\%$。

在20世纪80年代初期，Dzurec等（1985）就通过测定土壤有机质的$\delta^{13}C$来揭示过去历史时期美国犹他州Curlew山谷中的植被演替。Kelly等（1998）通过美国中部大平原土壤剖面有机质和硅质体的$\delta^{13}C$分析揭示了全新世以来古生态和古气候变化。分布在我国北方的厚层黄土-古土壤，是古气候研究中的重要载体。Zheng等（1987）对洛川剖面古土壤钙结核的$\delta^{13}C$和$\delta^{18}O$进行了测试。他们认为，黄土中致密坚硬的钙结核不含原生碳酸盐碎屑，形成时已与环境水达到同位素平衡，形成后即处于封闭状态，适于进行古环境研究。这一成果已成为钙结核碳、氧稳定同位素研究的重要依据。此后，许多学者对我国黄土-古土壤序列中的碳酸盐$\delta^{13}C$进行了测定，有机质的$\delta^{13}C$分析相对做得较少。林本海等在研究中，不但对黄土-古土壤序列中的碳酸盐进行了$\delta^{13}C$分析，而且还测定了其中有机质的$\delta^{13}C$（林本海等，1992）。根据前人对我国黄土-古土壤的$\delta^{13}C$分析结果，我们可以总结出以下两点：① 碳酸盐的$\delta^{13}C$显示，古土壤的$\delta^{13}C$值普遍较黄土偏轻（图13-4）；② 有机质的$\delta^{13}C$显示，古土壤的$\delta^{13}C$值普遍较黄土偏重。这两点似乎矛盾，但事实上并不矛盾。因为古土壤发育时的气候条件不同于黄土堆积时的气候条件，所以古土壤的CO_2与碳酸盐交换平衡时的分馏系数不同于黄土。有许多证据都表明土壤中碳酸盐和有机质之间的$\delta^{13}C$差别超出了14‰～17‰的范围（Rabenhorst et al.，1984；Pendall and Amundson，1990；Kelly et al.，1991；Humphrey and Ferring，1994）。Wang等（1997）发现在我国更新世的黄土-古土壤序列中，这种$\delta^{13}C$差别在9‰～22‰。现假设某一层古土壤及相邻某一黄土层的有机质$\delta^{13}C$分别为−20‰和−22‰（因为古土壤的$\delta^{13}C$重于黄土）。如果分别取11‰和16‰代表古土壤发育时和黄土堆积时的碳酸盐与有机质的$\delta^{13}C$差别值（因为古土壤发育时期的温度一般要高于黄土堆积时期），那么古土壤层和黄土层的碳酸盐$\delta^{13}C$分别是$-9‰$和$-6‰$。

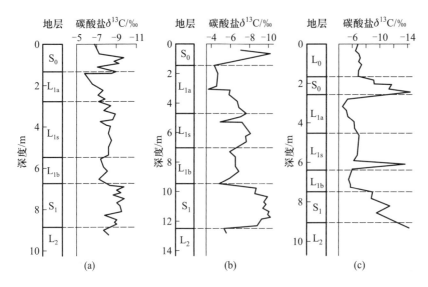

图13-4 我国黄土-古土壤序列的碳酸盐$\delta^{13}C$记录：（a）宝鸡剖面；（b）洛川剖面；（c）岐山剖面

为了反演古环境，许多学者都利用获得的黄土-古土壤序列中的碳酸盐$\delta^{13}C$数据或有机质$\delta^{13}C$数据对当时植被中C_4生物量贡献进行了估算。根据式（13-3），利用碳酸盐$\delta^{13}C$估算的结果都是，古土壤发育时期C_4在植被中的相对生物量贡献要低于黄土堆积时期，而来自有机质的估算结果恰好相反。哪一个结果更可信呢？我们认为应该是来自有机质$\delta^{13}C$估算的结果，因为有机质较碳酸盐更直接与地表植被相关联。根据Bottinga（1969）的研究结果（$-10.7‰$），土壤有机质与其共生的碳酸盐之间的$\delta^{13}C$差别是15.1‰，而事实上这种差别往往可能要大大地小于或者大于15.1‰（Rabenhorst et al., 1984; Pendall and Amundson, 1990; Kelly et al., 1991; Humphrey and Ferring, 1994）。因此从这点来看，来自碳酸盐$\delta^{13}C$估算的结果是很不准确的。Wang等（1997）认为土壤中碳酸盐的$\delta^{13}C$不像有机质的$\delta^{13}C$一样能反映全年的植被状况，它反映的是植被季节的变化，因此他们认为不能用碳酸盐的$\delta^{13}C$来计算植被中C_4植物生物量贡献，碳酸盐的$\delta^{13}C$变化不代表植被中C_3/C_4生物量的变化（Wang and Follmer, 1998）。这种观点是否正确还有待进一步的研究。

不论是来自碳酸盐$\delta^{13}C$的估算还是来自有机质$\delta^{13}C$的估算，在整个黄土-古土壤序列中都显示C_3植物占优势，这点是没有异议的。但是，在我国黄土地区C_4植物在植被中的相对生物量贡献究竟是在冰期多还是在间冰期多？这是一个值得探讨的问题。如果是基于碳酸盐$\delta^{13}C$的估算，C_4在冰期相对生物量贡献是增加的，而基于有机质$\delta^{13}C$的估算，结果就会恰好相反。从现代C_4的分布和它的生理特性看，C_4植物在植被中的相对生物量贡献应该是在间冰期多。这个地区温度太低，不利于C_4植物生长。如在甘肃省肃南县海拔大于2 500 m的草地中根本见不到C_4植物，该地的年均温度为3℃左右，年均降水量为280～300 mm。再如，在中国科学院海北高寒草甸生态系统研究站，尽管年均降水量高达615 mm，但由于海拔在2 750 m以上，年均温度低于0℃，因此也没有见到C_4植物。另外，过分干旱显然也不利于C_4植物生长。例如，位于我国河西走廊中段的山丹县城附近的戈壁滩，夏季炎热，尤其白天更是如此，夏季的平均温度为19.5℃。该地区年均降水量仅为180 mm，不可能支持C_4植物的生长。而在戈壁滩上的季节性小河沟中，却能见到2～3种C_4植物。在末次冰期时，黄土区年均温度下降了8～10℃（Wu et al.，1995；Ganopolski et al.，1998）。如果这一数据可靠的话，那么当时的黄土区不利于C_4植物生长。现在黄土高原中部，如洛川、西峰、安塞和黄陵等地，年均温度都在9℃左右。假设末次间冰期的年均温度与现在差不多的话，那么下降8～10℃后年均温度就会降到0℃左右，比目前肃南县海拔大于2 500 m地区的年均温度还要低。即使夏季温度下降的幅度小于冬季，当地的水热条件对C_4植物生长也是很不利的。由于末次冰期时全球大气CO_2浓度比间冰期下降了100 μmol·mol^{-1}左右（Petit et al.，1999），上面提到CO_2浓度的下降可以抵消温度下降对C_4生长的不利影响。

  间冰期黄土区C_4植物在植被中的相对生物量贡献增加是因为间冰期相对冰期时温度和降水都有所增加。温度升高、降水量增加对C_4植物的生长有利。在南方的多雨区和湿润区，C_4植物的竞争力比C_3植物低，C_3植物的高大乔木形成很郁闭的空间，阳光很难透过茂密的树冠，而C_4植物生长必须要有适度或强烈的光照，因此C_4植物很少。反之，在我国南方若原生植被被破坏，C_4植物就会得到蓬勃的发展。云南曲靖等地原生植被被破坏后，地表的植被类型是森林-草原，主要的乔木有云南松（*Pinus yunnanensis*）、青冈（*Quercus glauca*）等，所有的乔木都不甚高大，十分稀疏，林间空地极多，空地上草本植物茂盛，基本上都是C_4植物，主要有黄背草（*Themeda triandra* var. *japonica*）、油芒（*Eccoilopus cotulifer*）等。根据表层土壤有机质的$\delta^{13}C$分析结果，C_4植物对当地植被总生物量的贡献率能达到30%左右。由此可以推断，我国黄土区间冰期的环境肯定不是纯森林环境，只可能为森林-草原环境或草原环境。若是纯森林环境，C_4植物就很难生长，C_4植物的相对生物量贡献就会极低甚至可以忽略不计。而事实上，根据有机质$\delta^{13}C$估算的结果，C_4的相对生物量贡献在古土壤发育时期不低于10%（图13-5）（Wang et al.，1997）。

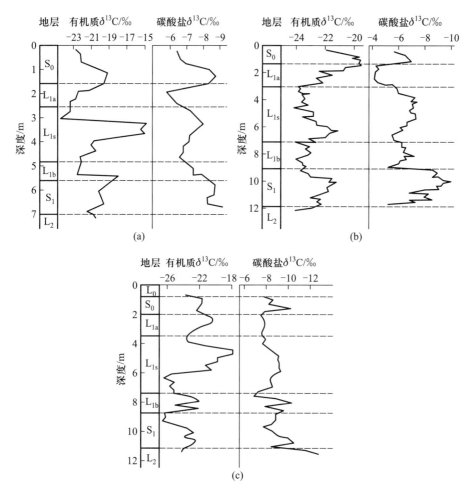

图13-5 我国黄土-古土壤序列的有机质δ^{13}C和碳酸盐δ^{13}C记录：(a) 段家坡剖面 (林本海等，1996)；(b) 洛川剖面 (林本海等，1996)；(c) 刘家坡剖面 (Wang et al., 1997)

(二) 湖沼相沉积物

湖泊和海洋沉积物的碳、氧稳定同位素是古气候环境的重要地质记录。湖沼相沉积物中有机质主要来源于周围环境的陆生植物和水生植物。水生植物可简单地分为漂浮植物和沉水植物两类，漂浮植物的δ^{13}C值接近C_3植物，由于有水生生物的贡献，对湖沼相沉积物的有机质δ^{13}C所包含的气候信息的解释还一直存在争议。吴敬禄和王苏民 (1996) 通过对若尔盖盆地有机质样品的δ^{13}C分析认为，有机质δ^{13}C低值段对应于暖期，δ^{13}C高值段对应于冷期。这一结果与Pearson和Coplen (1978) 的研究一致。然而吉磊和王苏民 (1993) 对我国固城湖、女山湖等湖泊晚更新世以来沉积物中有机质δ^{13}C分析后认为，δ^{13}C高值段对应于暖期，δ^{13}C低值段对应于冷期，与吴敬禄和王苏民的解释正好相反。Stuiver (1975) 对分布于全球不同纬度的12个湖泊晚更新世以来沉积物有机质δ^{13}C变化特征进行了统计，发现从高纬度到低纬度具有逐渐富集^{13}C的趋势。这可能间接地说明了湖泊沉

积物有机质 $\delta^{13}C$ 组成随环境温度升高而富集 ^{13}C。由于对有机质 $\delta^{13}C$ 所包含的气候信息解释混乱，限制了湖沼相沉积物的有机质 $\delta^{13}C$ 在古气候研究中的应用。然而对于下列两类湖泊的沉积物有机质 $\delta^{13}C$ 所包含的气候信息的解释相对要简单一些。

第一类是位于陆生植被不发育的干旱-半干旱区湖泊，外源输入的有机质很少，有机质来源以内源水生植物为主，如位于我国河西走廊东端的石羊河流域三角城古湖泊（张成君和孙维贞，2000）。对于这类湖泊有机质 $\delta^{13}C$ 的解释目前基本一致，即在高湖面时期，湖水硬度变高，生产力增强，沉水植物发育，在有机质来源中所占比例上升，导致沉积物有机质 $\delta^{13}C$ 值变重。而在低湖面时期，挺水植物发育，在有机质来源中所占比例上升，导致沉积物有机质 $\delta^{13}C$ 值变轻。

另一类湖泊与之相反，有机质以外源输入为主，内源水生植物的输入很少，如全新世大暖期云南洱海的沉积物中总有机碳（TOC）和总氮（TN）的 C/N 比值在 30～50 变化，指示湖泊有机质以陆源输入为主（张振克等，2007）。对这类湖泊沉积物有机质 $\delta^{13}C$ 所包含的气候信息的解释可参照陆相沉积物中有机质 $\delta^{13}C$，可以通过有机质 $\delta^{13}C$ 估算当时周围环境中 C_3 和 C_4 植物在陆生植被中的相对生物量贡献，从而恢复古生态。尽管为了简便起见，在对湖泊沉积物有机质 $\delta^{13}C$ 所包含的气候信息进行解释时，可以忽视其中一类有机质来源，但事实上这种忽视最终会导致来自有机质 $\delta^{13}C$ 重建的古生态和古气候结果不太可靠。有机质中分子化合物组成分析和碳同位素分析极大地推动了湖沼相沉积物有机质 $\delta^{13}C$ 在古气候研究中的应用，提高了湖沼相沉积物有机质 $\delta^{13}C$ 重建古气候古生态的精度。因为来自陆生草本植物的正构烷烃是以 n-C_{31} 为主，而源于非草本植物的高等陆生植物的正构烷烃是以 n-C_{27} 和 n-C_{29} 为主（Kawamura and Ishiwatari，1985）。源于水生生物的是低碳数正构烷烃，碳数一般在 10～20（Meyers and Ishiwatari，1993）。Huang 等（2001）通过对 Lake Alta Babícora 和 Lake Quexil 湖泊沉积物中树叶蜡质的 C_{27}、C_{29} 和 C_{31} 正构烷烃的 $\delta^{13}C$ 分析，对 C_4 在全球的扩张源于全球 CO_2 浓度下降的观点提出了质疑。有机质中纤维素碳、氧同位素技术的引进也提高了湖沼相沉积物有机质 $\delta^{13}C$ 重建古气候古生态的精度。Hong 等（2001）通过对我国东北金川泥炭的有机质中纤维素 $\delta^{13}C$ 分析，再结合纤维素的氧同位素结果，重建了我国东北地区 6 ka 以来的气候变化，其结果与历史文献资料有很好的可比性。

前人通过深海钻探岩心对碳氧稳定同位素进行分析，高分辨率揭示了新生代不同时期及第四纪全球古气候的变化过程（Shackleton et al.，1984；Zachos et al.，2001），对青藏高原第四纪湖泊沉积与全新世冰芯也进行过钻探、碳氧稳定同位素测试和古气候环境分析，但对青藏高原形成演化具有重要意义的中新世早期五道梁群湖相沉积（姚檀栋等，1997；陈诗越等，2004），迄今仍然缺乏古环境钻探及碳氧稳定同位素分析。吴珍汉等（2009）选择青藏高原北部五道梁盆地古大湖沉积中心，对中新世五道梁群湖相沉积地层进行了全岩心钻探，通过对五道梁群湖相沉积钻探岩心进行系统取样及碳氧稳定同位素分析（图13-6），发现五道梁群约150 m深处湖相沉积以灰岩、白云质灰岩和泥灰岩为主，深度为140～145 m的湖相沉积碳氧同位素剧烈变化，碳同位素（$\delta^{13}C$）出现2次最低峰值，氧同位素（$\delta^{18}O$）出现2次最高峰值。深度为140.7 m湖相沉积碳同位素（$\delta^{13}C$）和氧同位素（$\delta^{18}O$）同时出现极低值，对应于渐新世/中新世界线深海沉积记录的Mi-1全球古气候事件。深度为140.7～14.2 m湖相沉积碳氧同位素记录了Mi-1期后7次天文周期为1.2 Ma的古气候旋回，深度为62.6～69.86 m湖相沉积碳氧同位素记录了9次周期约为17.4 ka的古气候旋回。根据湖相沉积碳氧同位素记录的古气候旋回，推断青藏高原北部五道梁盆地中新世早期古大湖发育时期为24.1Ma±0.6Ma～14.5Ma±0.5 Ma，年均温度变化范围为19～21℃，平均约为20.0℃。该结果良好揭示了青藏高原北部中新世古大湖的形成环境及古气候旋回，同时为五道梁群湖相沉积及中新世古大湖发育时代提供了重要的年代学约束。

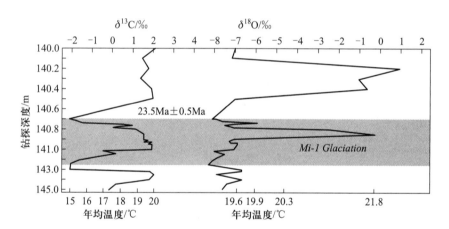

图13-6 青藏高原北部中新世湖相沉积地层ZK1钻孔140～145 m深度岩心碳氧同位素曲线（吴珍汉等，2009）

顾延生等（2008）运用水生生物遗存、色素、有机碳同位素和磁化率分析了武汉东湖钻孔沉积物中的生物与环境信息，重建了东湖100多年来湖泊营养与环境演化历史（图13-7），发现东湖100多年来在人类活动不断增强的背景下，指示重金属污染的磁化率和指示湖泊富营养化的色素指标如蓝藻叶黄素（Myx）、颤藻黄素（Osc）快速上升，相应的水生生物如介形虫、腹足类、水生高等植物等表现明显的组合和变化阶段，同时有机碳同位素偏正与湖泊生产力升高和藻类繁盛有关。沉积记录表明东湖生态系统在近代发生了深刻变化，湖泊营养演化自早至晚呈现4个阶段：贫营养化阶段（1900—1966年），色素水平低、拥有较丰富的水生高等植物和腹足类；中营养化阶段（1966—1983年），色素含量增高、水生高等植物和腹足类减少；富营养化阶段（1983—1989年），色素含量快速增高、水生高等植物消失；超富营养化阶段（1989年至今），色素含量稳定居高、某些耐污染的介形类较繁盛。研究结果对于认识湖泊生态环境演化与人类活动的关系以及如何治理湖泊环境具有现实意义。

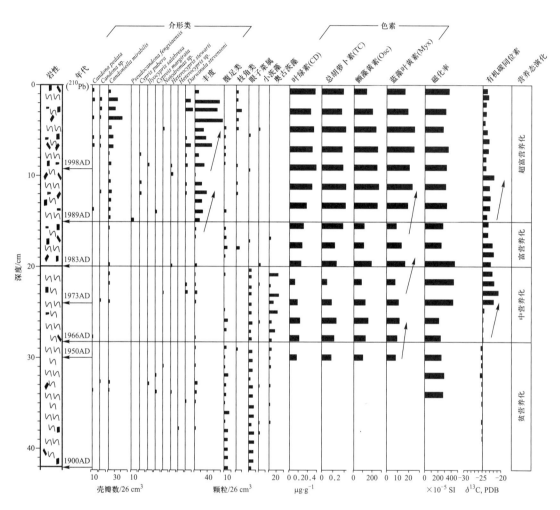

图13-7 东湖沉积物水生生物遗存、色素、磁化率、有机碳同位素与湖泊营养态演化（顾延生等，2008）

通过测量湖沼相沉积物总有机碳同位素的比值可以辨别沉积物中的有机质来源、成岩作用以及环境信号。Hedges和Parker（1976）通过测量总有机碳 $\delta^{13}C$ 值来确认海洋沉积物中的有机质是来自陆源还是海源，Jia等（2003）通过测量取自珠江口沉积物总有机碳中 $\delta^{13}C$ 值，分析推测出每个沉积物样品中有机物的来源。通常的数据显示，海源地现代沉积物有机质与陆源地现代沉积物有机质相比具有较重的碳同位素组成。Hunt（1970）认为中低纬度典型海洋现代沉积物有机质 $\delta^{13}C$ 变化为 $-23.0‰ \sim -19.0‰$，陆源河流现代沉积物有机质 $\delta^{13}C$ 为 $-28.1‰ \sim -25.6‰$。陈践发和徐永昌（1992）的研究表明，陆源沉积泥炭有

机质 $\delta^{13}C$ 为 $-29.0‰ \sim -26.3‰$。Rau 等（1989，1992）研究认为海洋植物在水体中无机碳 $\delta^{13}C$ 相对恒定的情况下，植物中 $\delta^{13}C$ 随表面水体中的 CO_2 浓度的降低而增加，并根据来自南大西洋和南中国海的数据提出了经验公式

$$\delta^{13}C_{org} = -0.8 \times [mCO_{2(aq)}] - 12.6 \qquad (13-3)$$

因此，沉积物总有机碳中 $\delta^{13}C$ 可以与海洋表面水体或大气中的 CO_2 浓度建立相关关系。利用这个相关性，Wang 等（1997）通过对来自南中国古扬子海（Yangtze Sea）沉积物中的有机碳同位素进行了研究，发现在冰期时更新世海洋和大气中的 CO_2 水平有显著增高。Ramesh 等（1998）利用从印度洋海底沉积物有机质中得到的 $\delta^{13}C$ 值数据，根据与海水表层 CO_2 浓度的相关性，推测冰河期印度洋海水 pH 可能上升了 0.01～0.13。这是由于水体中有机质来源的多样性会对沉积物中有机质的 $\delta^{13}C$ 造成影响。一般认为水体中植物 $\delta^{13}C$ 是由以下因素控制的：① 水体中可利用碳源的同位素组成；② 无机碳的形式和浓度；③ 植物光合作用所采用的生物化学途径；④ 环境扩散阻力。当沉积物中总有机碳的 $\delta^{13}C$ 被精确测量后，可以根据沉积物所在周边环境等信息对过去环境的生态系统进行研究。McQuoid 等（2001）利用总有机碳同位素比值来研究 14 ka 以来，Saanich 湾中生态系统初级生产力的发展、强度以及变化过程。Struck 等（2000）利用波罗的海海底沉积物有机质中的 $\delta^{13}C$ 值以及其他环境数据，从侧面印证了水体中曾存在富营养化现象。

（三）岩溶沉积物

岩溶沉积物是岩溶系统中二氧化碳-有机碳-碳酸盐体系的产物，灵敏地记录了大气、土壤传递到洞穴沉积物中的环境信息，如大气中 CO_2 浓度、水圈中的 pH、HCO_3^- 的浓度、地表 C_3/C_4 植物、有机物的存在形式等，是气候变化的灵敏指示剂。近十年来，由于 AMS 及 TIMS 等高精度测试技术分别引进 ^{14}C 及 U 系法测年，其样品用量仅为原来的百分之一，再加上工作者们对气候与环境理论认识的深入，测年精度和分辨率大幅度提高，达到年级，使得利用石笋的纹层特征、洞穴次生碳酸盐的 ^{13}C 和 ^{18}O 分析进行高分辨率的古气候及古植被重建成为可能。特别是洞穴石笋、钙华沉积物中的碳氧同位素记录了通过大气、土壤传递到洞穴沉积物中的环境信息；^{18}O 的记录可反映过去年平均温度以及大气降水的变化过程，从而揭示出各地质时期气候环境的冷暖旋回变化、降水量及季风强度的变化趋势；^{13}C 的记录可以作为研究古生态环境变迁的间接替代指标，它不仅记录了各地质时期森林植被的繁茂和退化程度、C_3/C_4 植被变化趋势，也记录了大气 CO_2 浓度的升降变化。

国外从洞穴沉积物中提取古环境信息，始于20世纪60—70年代。首先，加拿大麦克玛斯特大学（McMaster University）建立了对洞穴沉积物进行铀系年代及稳定同位素分析的第一个实验室，并陆续发表了许多重要成果，其中Hendy（1971）建立的洞穴碳酸钙同位素沉积平衡的判别式，至今仍被各国研究者广泛使用。到了20世纪90年代，由于测年和其他测试技术的迅速发展，利用洞穴沉积物进行古环境的研究取得了广泛和深入的进展。Talma和Vogel（1992）对南非Cango洞长27 cm石笋的研究、Holmgren等（1995）对博茨瓦纳一长35 cm石笋的研究、Bar-Matthews等（1997）对以色列Soreq洞的两个小型石笋和钟乳石的研究等都取得了较为满意的成果。1998年，Winograd等（1992）研究了美国内华达州DevilsHole的一段长约36 cm的水下方解石脉（DH11），在年龄数据的基础上，结合碳氧同位素分析，利用TIMS-U系定年，获得了该区66 ka～60 ka以来的古气候变化曲线及古植被的生态演变历史，更因其对Milankovitch理论提出了挑战而备受关注。1998年，明尼苏达大学的Dorale等（1998）对美国密苏里州Crevice洞石笋的研究发现4支石笋的氧同位素变化曲线在热点时段内变化趋势几乎一致，说明了石笋氧同位素记录的可比性，揭示了75 ka～25 ka前该地区的生态历史。

国内用石笋恢复古环境研究开始于20世纪80年代，在90年代达到了空前的高潮。研究区遍及全国，其中以北京、长江中下游（江苏、湖北）、西南岩溶区（广西、贵州和云南）最为突出。刘东生等（1997）在北京石花洞通过AMS-^{14}C方法恢复了北京地区1.13 ka以来的气候演变特征，与历史记录（干旱期、湿润期、小冰期）十分吻合。秦小光等（1999）对北京地区1 ka以来的石笋微层进行了滑动谱分析，得出结论为：夏季风加强时，降水增多，温度升高，促使微层厚度加大，夏季风相应对碳酸钙沉淀产生了较大影响，留下了较强的波动变化印迹；反之则相反。该研究重建了北京地区过去1 ka中6次降温期和500年来13次降水增加期。此外，秦小光等（2000）对北京石花洞石笋进行了微层灰度显微特征分析，初步归纳了亮度变化类型、暗色有机物分布规律和微层层内的亮度变化形式，为利用灰度信息研究古气候变化提供了依据。李红春等（1998）用^{210}Pb、^{14}C法获取了分辨率为3年的北京石花洞氧同位素变化曲线，得到了京津地区500年来的气候变化信息，认为在较短时间尺度上，石笋的^{18}O值取决于大气降水同位素组成，在较长时间尺度上主要反映洞穴古温度变化，这一结论可推广至东亚季风区，并对这一时期以来的古气候、古环境和古植被的变化做了推断。汪永进等（2000）对江苏汤山葫芦洞一根长40 cm的石笋进行了碳氧同位素分析，在应用TIMS-U系年龄及稳定同位素的基础上，建立了末次冰期中晚期东部高分辨率的古气候变化时间序列。他认为，对于千年、万年时间尺度而言，南京洞穴石笋δ^{18}O值的变化主要反映气候暖湿程度或冬夏季风环流强度比率，即$\delta^{18}O$值越偏负，夏季风越盛，气候越暖湿。此结论与安芷生在黄土高原的研究结果一致，即气候干冷的时期是东亚冬季风加强的时期。

黄俊华等（2002）用湖北清江洞穴石笋记录揭示了长江中游20 ka来的气候变化规律，认为石笋碳酸盐岩^{18}O与地表均温呈正相关。袁道先等（1999）用AMS-^{14}C、计数^{14}C、U系、TIMS-U系及^{230}Pb等测年方法对桂林地区石笋进行古环境研究，并采用碳、氧同位素，微层发光及微量元素等综合手段，提取古气候信息，重建了20万年以来的古环境变化过程，提出了以桂林为代表的西南地区石笋碳酸盐岩的$\delta^{18}O$值受地表均温、东亚季风强度、降水强度等因素影响，全球气温升高、东亚季风加强、降水强度增强时石笋$\delta^{18}O$值减轻；反之则相反。$\delta^{13}C$值则受植被环境制约，具有与$\delta^{18}O$一致的同步变化。覃嘉铭等（1994）早在1994年对桂林盘龙洞一高12 m的石笋做氧同位素分析中，发现在10.83 ka前氧同位素比率突然下降了0.3‰，认为是新仙女木事件。蔡演军等（2001）对贵州七星洞一长48.3 cm的石笋进行氧同位素测定，在TIMS-U系定年的基础上，建立了晚更新世4.3万～1.2万年贵州地区的时间序列。他认为，西南季风加强即夏季风加强时，气候暖湿，降水量增加，$\delta^{18}O$值偏负的降水相对增多，年降水的$\delta^{18}O$值加权平均值偏负；反之则相反。这一结果可推至整个云贵高原。

（四）土壤次生碳酸盐

地处内陆的干旱、半干旱地区，土壤中常有成土过程形成（或称土源性）的次生碳酸盐积累。次生碳酸盐是碳元素循环的汇，也是大气循环的重要组成部分（Khademi and Mermut，1999）。土壤碳酸盐包含的碳、氧同位素组成不仅能够指示土壤形成年代以及长期的气候趋势，而且也是反映植被演替、古气候变化、水文条件变化的重要工具（Quade *et al*.，1989；Quade and Cerling，1990；Amundson *et al*.，1996），还可以用来研究过去全球变化、探讨区域植被或土地利用方式以及人类活动强度，对植被恢复与生态重建等也具有重要的现实意义。

土壤碳酸盐的来源有两类：① 原生碳酸盐（primary carbonate）或称继承性碳酸盐（inherited carbonate），指来源于成土母质或母岩，未经风化成土作用而保存下来的，即未与成土环境发生交换作用的碳酸盐；② 次生碳酸盐（secondary carbonate）或自生碳酸盐（authigenic carbonate）或成土过程中形成的碳酸盐（pedogenic carbonate），指在土壤风化成土过程中形成的碳酸盐（主要成分是碳酸钙），多发现在相对干旱的草原或草灌植被土壤下，且土壤pH一般高于7，年均降水量少于800 mm的地区（Cerling，1984）。

在$CO_2-H_2O-CaCO_3$系统中，碳酸钙的溶解与淀积可用简单化学式表示：

$$CaCO_3 + CO_2 + H_2O \rightleftharpoons Ca^{2+} + 2HCO_3^- \quad (13-4)$$

一般认为土壤CO_2分压是常数，故次生碳酸盐形成于开放状态下（Liu et al.，1996）。在次生碳酸盐形成过程中，土壤CO_2稳定同位素组成由土壤中CO_2（^{13}C）和土壤水（^{18}O）决定（Pendall et al.，1994）。年降水量为500 mm时流入土壤的水通量为$2.8\ mol \cdot cm^{-2} \cdot 年^{-1}$，土壤$CO_2$呼吸速率为$10^{-5} \sim 10^{-3}\ mol \cdot cm^{-2} \cdot 年^{-1}$，通常土壤次生碳酸盐形成速率为$1 \times 10^{-7} \sim 1 \times 10^{-6}\ mol \cdot cm^{-2} \cdot 年^{-1}$，远远低于前两个速率。所以，土壤次生碳酸盐的碳、氧同位素组成又分别受大气水的氧同位素和土壤CO_2中碳同位素组成控制。一般在表层或空气通量大的土壤中，CO_2快速达到平衡，次生碳酸盐中的^{13}C取决于土壤CO_2，土壤CO_2又几乎全部来源于有机质矿化、植物根系呼吸和大气CO_2（Ambrose and Sikes，1991；Zanchetta et al.，2000）。理想状态下，在通气性好、有机质分布和同位素组成均一的土壤中，碳酸盐$\delta^{13}C$值应随土壤深度逐渐变化，反映出从上至下的扩散梯度、植被控制的土壤CO_2中^{13}C贫化和大气CO_2中^{13}C富集混合（Quade et al.，1989）。所以在一定深度土壤中，碳酸盐$\delta^{13}C$值主要受控于其形成期间流动快速的土壤CO_2的$^{13}C/^{12}C$比率，即根呼吸和循环迅速的有机物组成（Amundson et al.，1997；Connin et al.，1997）。土壤次生碳酸盐$\delta^{13}C$又受当地植物类型（C_3植物和C_4植物等）及其相对生物量控制（Wang and Zheng，1989）。由此，利用次生碳酸盐$\delta^{13}C$值可以推断土壤碳酸盐形成时的温度、水分等环境条件。

土壤碳酸盐中$\delta^{18}O$值与当地降水量中$\delta^{18}O$值组成存在较好的相关性（Cerling，1984），两者间的关系可用下式表示（Wang and Zheng，1989；Han et al.，1997）：

$$\delta^{18}O_{H_2O} = -1.361 + 0.955 \delta^{18}O_{CaCO_3} \quad (13-5)$$

但这种相关性会受季节变化蒸发作用或水渗透性能的影响（Quade et al.，1989）。实际上大气降水的$\delta^{18}O$值与气候有关，尤其是研究区域的年平均温度，两者间数量关系只存在于有限区域内（Cerling et al.，1989；Han et al.，1997）。为此，土壤碳酸盐氧稳定同位素组成特征记录了碳酸盐形成时的环境温度状况，尽管这种相关性的确切机理还有待进一步的研究。

早期对土壤次生碳酸盐研究集中在其形成过程、形成年代及其与气候、其他环境因子之间关系等方面（Marion et al.，1985）。20世纪90年代以来，土壤中次生碳酸盐碳、氧稳定同位素地球化学在土壤发生学、古环境恢复、古生态重建以及全球变化研究中的应用日益广泛（Cerling，1984；Cerling et al.，1993）。

（1）原生碳酸盐和次生碳酸盐的辨别

土壤次生碳酸盐形成机理与原生碳酸盐有极大差别，区分原生碳酸盐和次生碳酸盐对于土壤分类、土壤发生以及过去环境研究等均有重要作用。由于原生碳酸盐的稳定碳同位素特征，尤其是海相碳酸盐组成与土壤次生碳酸盐有较大差别，故同位素组成是分辨碳酸盐来源的有利工具（Sposito et al., 1992）。Zheng等（1987）利用碳氧同位素分析结合显微镜观察探讨黄土高原钙质结核是否包含原生碳酸盐碎屑。Magaritz和Amiel（1980）还根据碳同位素变化计算次生碳酸盐占总碳酸盐的比例。利用古土壤碳酸盐与附近地区现代土壤碳酸盐的碳氧稳定同位素特征比较，还可以判断古土壤中的碳酸盐是否为次生碳酸盐和多元发生的产物（Quade and Cerling, 1990）。

（2）古气候重建

在中国黄土-古土壤序列研究中利用古土壤碳酸盐碳、氧同位素组分转换为气候参数，反映了古土壤形成时的降水、温度等气候条件的波动（Wang and Zheng, 1989; Frakes and Sun, 1994）。坦桑尼亚Olduvai峡谷土壤碳酸盐碳、氧稳定同位素研究证实该地区过去百万年间温度和干旱程度一直在增加（Cerling and Hay, 1986）。在巴西东北部半干旱现代环境下发现土壤次生方解石结晶作用具有两相，在剖面较深处，为湿润气候下排气作用产生的次生方解石结晶；而上部剖面中次生碳酸盐是土壤溶液在半干旱气候条件下蒸发结晶的结果。意大利中部地区古土壤次生碳酸盐稳定同位素记录反映出自上新世晚期以来，当地气候未发生剧烈变化，温度相对更为稳定，降水量有所变动（Dever et al., 1987）。而在南部，古土壤次生碳酸盐记录了因阿韦利诺（Avellino）火山喷发导致3.8 ka以来温度约有2℃的下降（Zanchetta et al., 2000）。通过对印度河-恒河平原（Indo-Gangetic Plain）的研究发现，土壤剖面上部层次中^{13}C贫化是由植被稀疏和土壤呼吸率低造成的；而剖面下部层次显示^{13}C富集是在湿润气候下强烈的溶解-再结晶作用产生的，表明615 ka以前该区域处在干旱-半干旱气候环境中，而后气候才转向湿热（Srivastava, 2001）。

（3）古水文特征重建

探测区域水文特征（如地下水位可能的变化幅度）对土地利用方式、废弃物处置场布局、工农业发展等都有重要意义，需要对区域气候变化下地下水位变迁做详细研究。美国内华达州核废料处置场四周古土壤次生碳酸盐的碳、氧同位素与附近泉水存在明显差异，说明过去30万年以来地下水位未达到现在处置场高度，为核废料的安全存放提供了科学依据（Quade and Cerling, 1990）。

（4）古生态恢复

古土壤碳酸盐碳、氧同位素分析不仅应用于第四纪、人类历史时期的景观生态演变研究，也用于新近纪以前植被演替和古生态恢复研究。古土壤碳酸盐碳、氧同位素特征表明，我国黄土高原中部各层古土壤形成时期C_4型草原植被占优势，C_3 植物森林分布较少（Frakes and Sun，1994；Han et al.，1997；Ding and Yang，2000）。在希腊，过去 11 Ma 以来植被类型一直以 C_3 植物为主，与现代近似（Quade et al.，1994）。Liu 等（1996）对土壤次生碳酸盐碳、氧稳定同位素的研究表明，在美国亚利桑那州西南阿霍（Ajo）山区，过去 700 ka 中绝大部分时期 C_4 型草类植被占优势，而非全新世以来的 C_3 型、CAM 型荒漠灌丛和肉质性植被占优势。

（5）全球变化

现代生态系统中 C_4 型植被分布范围较广，主要存在于热带稀疏干旱草原、温带草原以及半荒漠灌丛景观中，这类植被分布趋势的形成可追溯至古近纪。巴基斯坦西瓦利克群（Siwalik Group）沉积物中新近纪古土壤次生碳酸盐碳、氧同位素分析揭示，在距今 7.4 Ma ~ 7.0 Ma 时 C_3 植物群落退缩、C_4 植物群落扩张迅速，估计与亚洲季风系统形成或强化等作用有关（Quade et al.，1989；Quade and Cerling，1995）。这一结果被 Harrison 等（1992）作为青藏高原约在 8 Ma 前已接近现有高度观点的有力佐证之一。Cerling 等（1993）对巴基斯坦和北美古土壤次生碳酸盐、哺乳动物牙齿釉质等材料的研究指出，在中新世晚期（距今 5 Ma ~ 7 Ma）C_4 型植物在全球生态系统中有明显的扩张过程，反映出全球生态变化的发生，并推测是由于大气中 CO_2 浓度降低，更利于 C_4 型光合作用的结果。但 Quade 等（1995）的进一步分析表明，仅以大气 CO_2 分压的降低来解释 C_4 植物迅速扩张有欠缺，并认为是喜马拉雅山脉抬升驱动印度季风加强以及强烈风化作用加大了对大气 CO_2 的消耗所致。

（五）孢粉分析

孢粉分析是古环境研究中的一个重要分析手段，这主要是由于孢子和花粉有几个比较明显的优势：生产量高、细胞壁易于保存、保存范围广、壁的表面结构易于识别等。它可以提供直接的古植被群落结构信息，从而推断与其相对应的气候环境及环境变化与人类活动对其分布和演化的影响。但孢粉分析主要是注重形态和分类特征等，这些方面的研究可以提供植被较为宏观和定性的属性，但却常常受到很多因素的限制，如孢粉鉴定的分类学水平（大多数只到属或科的水平）、鉴定者对研究地区植被和花粉种类的熟悉程度及鉴定所花费的时间等，研究者自然想到能否通过对花粉的微观成分等的研究获取其生成时的气候环境参数。

由于光合作用途径的不同能够影响植物组分中由 CO_2 带来的碳元素的性质（$\delta^{13}C$ 值），这一现象的掌握已在植物生理和生态中得到广泛的应用，植物组织的 $\delta^{13}C$ 分析也被广泛应用于对过去环境和生态学的研究（Francey and Farquhar，1982；Leavitt and Long，1982；Meyers，1997；Boom et al.，2002；Meyers，2003）。

目前已有大量孢粉学研究将孢粉图谱的解释与沉积物中有机碳的$\delta^{13}C$记录相结合（Street-Perrott et al., 1997; Huang et al., 2001; Scott, 2002），从不同的角度说明C_3和C_4植物的相对含量变化，或者植被群落结构的演化等，从而进一步推断得到温度、降水等气候指标。由于孢粉壁中也包含有光合作用生成的碳元素，因而随着分析技术精度的提高，孢粉壁中$\delta^{13}C$研究也成为孢粉分析和古环境研究中的一种更直接的方法和手段，且正处于发展和成熟阶段。一般认为，由于植物生长周期较长（尤其是木本植物），植被对气候环境变化的响应可能存在一个或长或短的滞后效应，因而可能对一些较短时间的事件来不及显现或表现不明显（Loader and Hemming, 2004）。而花粉本身的形成周期较短，主要是由当年光合作用产物形成，并在当年就散发出去，因而其组成与当年尤其是开花季节的气候参数和营养成分的相关性应该最大，这就能克服或减小传统的孢粉分析在恢复古环境时存在的时间滞后的缺陷，能够在更高时间精度上反映环境的变化，尤其是与光合作用直接相关的大气CO_2和降水等变化。但这样做的前提是相关性的建立以及研究手段的掌握（边叶萍和翁成郁，2009）。

孢粉稳定碳同位素分析的基本原理主要是基于植物在光合作用过程中对大气中CO_2碳同位素的生物分馏作用。C_4植物的生理构造使其比C_3植物更能适应较干旱以及大气CO_2浓度较低的环境，从而使得C_3和C_4植物的相对比例会随着环境参数的改变而发生变化，如温度、湿度以及大气CO_2浓度等。因此，我们可以将植物组织及各类生物化合物的碳稳定同位素分析应用到生物学、生态学及地质学等领域（Leavitt and Long, 1982; Meyers, 1997），比如利用植物化石的$\delta^{13}C$分析来了解从C_3到C_4植物转变时的环境状态（Scott, 2002）以及哪些环境参数变化引发了上述转变过程（Boom et al., 2002; Nordt et al., 2002）。

早在1941年，Murphey和Nier就对石松属（Lycopodium）孢子的孢子花粉素进行了碳稳定同位素测试，发现比大气中的$\delta^{13}C$值低（Loader and Hemming, 2004）。但在将这一方法应用于更广泛的古环境和古气候分析时，有必要验证花粉的$\delta^{13}C$值是否与植物体、植物组织的$\delta^{13}C$值一致。另外，除了光合作用途径不同的影响之外，由于孢粉的生成还受光合作用的反应物水和CO_2的性质以及生成时环境条件的影响，这些因素势必会在孢粉的组分上留下一定的痕迹，因而也需验证其他环境因素对孢粉$\delta^{13}C$的影响相对于光合作用途径不同的影响是否有实质性的意义。

（1）孢粉碳稳定同位素测定

如上所述，孢粉碳稳定同位素分析从理论上来说具有很多优点。但同时也要看到，由于孢粉粒个体很小，往往需要通过一系列的化学处理对它们进行富集和提纯，这一过程相对于植物体的测定繁琐耗时，同时在操作技术上存在新的问题，例如化学提纯过程是否会影响测量的结果，如果影响，应该怎么避免？另外，还存在分析中需要的样品量以及测定时仪器的分辨率是否能够达到要求等问题（边叶萍和翁成郁，2009）。

孢粉颗粒在成岩过程中脂类、纤维素和蛋白质遭到破坏（van Bergen and Poole，2002），在分析前又必须用化学方法去除溶解性有机质、硅质和碳酸盐，以便清除孢粉内壁、纤维素和细胞质等残质，只留下由孢子花粉素组成的外壁。常规的化学提纯方法是通过醋酸酐处理法（醋酸酐和浓硫酸比例为9：1的混合物），但是Amundson等（1997）发现，经过醋酸酐化学分离后的孢粉碳稳定同位素与未经处理的原始孢粉粒的碳稳定同位素存在很大的差异，这一差异已经对结果产生很大影响。究其原因，他认为是在化学处理过程中产生了碳稳定同位素的污染。原始的孢粉样只是通过离心来增加浓度的，而化学处理的孢粉样品采取的是标准孢粉样品处理流程，包括了HCl、KOH、HF和醋酸酐处理等。醋酸酐的$\delta^{13}C$值为-19.5‰，醋酸为（-20.4±0.1）‰，这些试剂虽然不会在样品中有太多的残留，但它们在与孢粉反应时会改变孢粉的碳稳定同位素值（Charman，1992；Amundson et al.，1997）。因此，这种常规的化学处理方法可能不适用于碳稳定同位素分析的前期处理，应该寻求一种新的处理方法，使得处理过程既能完全清除纤维素，又不会对样品的碳稳定同位素产生影响。

在Amundson等的实验基础上，为了避免碳同位素污染，Loader和Hemming（2000）采取了一种简单实用的孢粉富集方法，即将10 mg经过筛选的干孢粉放入试管中，加入10 mL浓硫酸，然后在室温下用磁力搅拌仪搅拌、离心和清洗后测定碳同位素。研究发现，处理时间在半小时以上的样品的同位素没有明显变化，说明此时纤维素已完全反应，这样就可以在不使用醋酸酐的情况下达到我们想要的结果。随后，又有一些学者希望通过在孢粉处理过程中添加比较常用的化学试剂，达到同样或更好的实验效果。Descolas-Gros和Scholzel（2007）收集整理了不同化学处理方法对实验结果的影响，可以明显看到，使用过醋酸酐处理的样品，其$\delta^{13}C$值会偏负5‰至10‰；利用H_2SO_4处理方法去除纤维素的结果比较理想，且与未经处理的孢粉粒之间的差值最小。另外，Jahren（2004）通过实验得到，使用NaOH会使$\delta^{13}C$值偏正，而利用HF+HCl+Schulze溶液（70%的HNO_3和饱和的$KClO_3$溶液按1：1配制而成）得到的结果比较好，该方法主要用于第四纪之前的孢粉样品处理，但由于其测试的是乔木花粉而非草地植被，我们不能就此确定H_2SO_4和Schulze溶液哪个的效果更好。花粉个体微小，所含碳元素量不高，而从地层中能提取的花粉量也很少，且提取过程需要投入较多的时间，工作量较大，因而测试时要求的样品量和精度很关键。目前，高分辨率的测试很大一部分得益于测试技术的提高，包括实验过程的改进和仪器设备精度的改进，而且现在有机地球化学的测试量级都在毫克级，甚至更低，为孢粉的稳定同位素测试提供了可能（边叶萍和翁成郁，2009）。

一般而言，在进入质谱仪测试$\delta^{13}C$值前，样品需要移入经过称量的锡杯中，将锡杯包好后放入进样系统，然后测试燃烧后得到气体的$\delta^{13}C$值。而孢粉测试比较常用的也是将提纯的孢粉粒放入锡杯中，等水分蒸发后进入EA-IRMS进行测试（Jahren，2004；Nelson et al.，2006）。孢粉样品一般先在显微镜下进行提纯，而不像其他样品经过预处理后直接上机测试。通过显微操作，1个小时大概能提取现代花粉600粒或化石花粉60粒。同时，为了保证测试结果的正确性，至少需要未经过化学处理的现代花粉200粒或经过化学处理的花粉600粒才能得到比较好的实验结果（Nelson et al.，2006）。对于测定C_3、C_4植物的比例，可以将富集后的所有的孢粉作为一个样品进行分析，再根据测出的数据推断C_3、C_4的比例。Nelson等（2007）经过一系列的重复测试发现，当测试量达到50粒花粉时就能观察到比较明显的C_4植物百分含量，但当测试量增加到100粒甚至150粒时，其结果就会更加理想。对于实验误差来说，当测试样品中C_4花粉含量适中时，结果的正确率会比较高，而当其含量居两端时，误差较大。比如，当测试的样品是含20% C_4花粉的100粒花粉，若认为实验结果与真实值的差值范围在10%以内为正确，实验结果正确率高于1σ内的68%（实际约为89%），但若只要求差值范围在12.5%内为正确，那么正确率高于95%（2σ）。因此，上述测试结果选择95%的置信度时，实验测得的C_4百分含量范围是7.5%～32.5%。测试量在50粒花粉以上时，正确率基本都在68%以上，但是考虑到在样品的传输过程中，会有大约48%的花粉粒会从镍线上脱落，因此实际操作中至少需要90粒以上的化石孢粉颗粒，而这比上述的600粒已是一个很大的进步，明显提高了孢粉$\delta^{13}C$分析的效率。虽然测试量上有很大的改进，但是实验的误差都在10%以上，尤其是当C_4植物百分含量居两端，即小于30%或大于60%时，实验误差会导致结果难有确切的结论（边叶萍和翁成郁，2009）。

鉴于花粉分辨率较低，有时需要对单粒花粉中的碳同位素进行测量，就需要知道某些花粉种类的光合作用性质（尤其是禾本科花粉）。对于利用花粉的碳同位素建立气候参数的变化情况，也常需要精确到单粒花粉的精度，这时一定需要完全排除由于C_3、C_4途径不同造成的影响。这时最好是对鉴定准确且其光合作用途径清楚的花粉种类进行测定，最好能够出自同种植物（如某种花粉类型在研究地区仅有一种植物），这样可排除由种间可能存在的差异造成的影响。这样的花粉常常在每一个样品中都不多，测量的精度也成为关键。Nelson等（2007）所用的方法是将样品移入经高温（850℃）清洗的镍线上，然后该镍线会以 0.8 cm·s^{-1} 的速率先后通过烘干炉（120℃）和燃烧炉（800℃），最后，燃烧得到的气体在去除水蒸气后会进入质谱仪进行稳定碳同位素测定。这样的方法已经可以对单粒花粉进行分析，但目前的误差还比较大，这都是未来研究中需要改进和提高的。

（2）孢粉 $\delta^{13}C$ 值与植物体不同组织的比较

沉积物中的有机碳主要来自植物，其同位素可以用于解释植被演化、所处的环境状态及其与各生态系统之间的关系，但由于生理过程和作用的不同，同位素的分馏作用在不同部位的结果会有所不同，植物的叶子通常比其他部位贫化 ^{13}C，植物蛋白质相对富集 ^{13}C，而脂类化合物贫化 ^{13}C。植物中不同氨基酸的 $\delta^{13}C$ 值也各不相同（Benner et al., 1987; Jahren, 2004）。虽然孢粉粒与植物体全样或植物组织的组成成分存在一些差异，但它们之间的 $\delta^{13}C$ 值基本一致，因此孢粉粒所测得的 $\delta^{13}C$ 值能代替植物体用于测定植物的光合作用途径（C_3 和 C_4），而且由于孢粉颗粒的化学组成比较一致，形成时间较短，甚至可能更精确地反映出植物群落以及环境的变化特征，这一特性或许能为更高精度的气候-孢粉同位素关系的建立提供理论基础。目前，孢粉 $\delta^{13}C$ 值与气候参数间关系的研究还处于尝试时期，虽然已有的研究结果显示了它们之间存在着线性关系，但更深入更全面的研究还亟待进一步的工作和理论突破，从而为这一领域的研究提供广泛的应用空间（边叶萍和翁成郁，2009）。

在将孢粉的同位素分析应用于环境解释前，需要知道它的同位素变化是否与其他植物组织一致，以及在孢粉中的偶然波动是否大于主要环境因子引起的变动。Amundson等（1997）对不同生态环境下禾本科植物的碳稳定同位素进行研究，包括对 C_3 和 C_4 植物全样同位素、原始孢粉同位素及化学处理后的孢粉同位素进行分析，发现原始孢粉与其植物体的同位素很接近，可以认为孢粉的稳定同位素与植物体对环境变化的反应是一致的。但其实验材料只是草地植被，其结论可能存在局限性。Jahren（2004）广泛收集了北美地区 189 种现代被子植物，对植物的孢粉、茎秆和树叶等部位的同位素的测定和比较并结合前人的部分数据显示，孢粉的碳同位素变化范围为 −32.34‰ ~ −14.70‰，茎秆的变化范围为 −30.82‰ ~ −12.55‰，树叶的变化范围为 −31.75‰ ~ −14.14‰，这些变化范围都在陆生植物的碳同位素变化幅度内。用孢粉碳同位素和植物其他部分同位素分别作为坐标轴显示，无论是茎秆还是树叶或植物体等，与孢粉的同位素测定值都在 1∶1 线附近（图13-8），这说明孢粉与它们的关系基本上是一致的。对于同一植物样品，孢粉与植物体全样两者间的 $\delta^{13}C$ 差值（Δpollen-bulk）的变化范围从 −1.93‰ 到 +5.29‰，但 90% 以上的值都在 −3‰ ~ 3‰。

同样，孢粉与茎秆两者的$\delta^{13}C$差值（Δpollen-stem）的变化范围从−4.01‰到+5.44‰，90%以上的值都在−3‰~3‰（Jahren，2004）。由此可见，孢粉碳同位素和植物体本身的碳同位素变化是一致的，也能反映植物的不同光合作用方式，但孢粉可能由于其物质组成和来源比较单一，形成过程比较一致，它的碳稳定同位素值比植物体本身的碳稳定同位素值要稳定，也许比植物体其他部分在反映形成过程的环境影响上更具可靠性。再结合孢粉的产量高、传播广、保存好的特点，孢粉碳稳定同位素分析应该比植物体具有更大的优势和可行性（边叶萍和翁成郁，2009）。

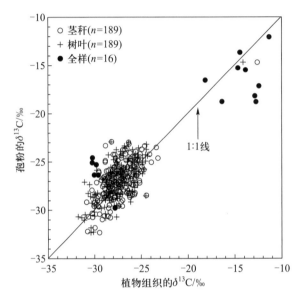

图13-8 现代C_3和C_4植物的孢粉$\delta^{13}C$值与同一植物体的茎秆、树叶的$\delta^{13}C$值之间的关系
（Jahren，2004）

（3）孢粉$\delta^{13}C$值与环境参数间的关系

如上所述，对孢粉的$\delta^{13}C$值影响最大的是植物的光合作用方式。但是这种方式的不同不能解释所有的变化。孢粉的形成时间短，主要是在植物开花期间，因而是探讨环境参数与其$\delta^{13}C$值的较好研究材料，但前提是必须建立一个比较明确的关于其$\delta^{13}C$值与气候、环境等各个参数的数量关系以后才能将地球化学测试应用到实际中。那么，这种数量关系是否存在？在不同的植物中这种关系是否稳定一致呢？Loader和Hemming（2001，2004）收集了欧洲地区28个站位的现代樟子松（*Pinus sylvestris*）孢粉，将其碳稳定同位素记录与当地各种气候指标的观测值进行对比。在收集气象资料时，由于条件限制，只能收集每年4—6月的平均温度记录，但此时正好是孢粉形成和传播的时期。虽然影响$\delta^{13}C$值的因素有很多，但是大量的研究表明，其与夏季温度有显著的相关性（Loader and Hemming，2001），这主要是由于研究区夏季水汽压强较高，湿度较低，光照较强，而孢粉的$\delta^{13}C$值可能反映出孢粉传播前4~6个星期内的生长状

况。因此，孢粉外壁的孢子花粉素中的$\delta^{13}C$值能很好地记录其形成时的环境参数，而分析结果也显示了孢粉的$\delta^{13}C$值与温度的气象记录有很好的线性关系（图13-9）。

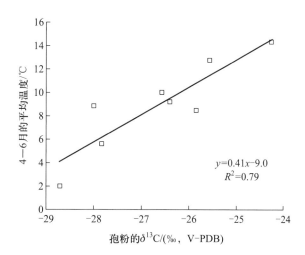

图13-9 *Pinus sylvestris* 孢粉的$\delta^{13}C$值与当地4—6月的平均温度之间的线性关系（Loader and Hemming，2004）

（4）孢粉碳稳定同位素重建的前景

目前已知常用的醋酸酐处理方法会对样品产生碳同位素污染，新的无污染酸处理方法（如浓硫酸处理法）已被用于替代传统方法。但这些方法也多是处于尝试期，还远不能说是成熟的，未来也许会提出更成熟可靠的方法。同时，样品测试的进样系统也得到了改进，使得测试量大幅度降低，从而提高分析效率，提升了该分析方法的应用空间，然而其测试的精确度对于高分辨率的分析要求来说还是有些不足。目前研究主要涉及的是草地植被和温带植被，这可能与大部分的C_4植物为草本植物有关，缺少了对热带植被的研究。热带植被的种类复杂多样，特别是热带雨林地区的生物多样性是地球上任何地方都无法比拟的，因此，如果我们能对现代热带植被的孢粉进行类似的分析测试，这样不但能更好地了解不同地区孢粉的$\delta^{13}C$值与气候参数间的关系，而且能改善目前热带植被形态研究结果。另外，在比较全面的现代数据基础上，我们可以提取沉积物中孢粉颗粒，得到长时间序列和比较精确的植被演化及古气候信息。此外，对海洋表层沉积中的花粉粒进行稳定同位素分析，或许能结合花粉粒对花粉来源、传播途径等方面有更进一步的了解，从而在结合花粉图谱的基础上，更正确地解释海陆记录中的古环境、古生态记录（边叶萍和翁成郁，2009）。

二、沉积物中生物有机分子稳定同位素与环境的关系

沉积物中生物有机分子也称为生物标记化合物，生物标记化合物的研究首先被应用于油气勘探以及沉积环境判识等方面，并发展了一系列检测手段与研究方

法。由于生物标记化合物具有相对来源单一等有利因素，人们已开始从海洋和湖泊水体沉积物中寻找反映古气候环境变迁的分子有机地球化学指标（Brassell et al., 1983；Fu et al., 1990；Schouten et al., 2000；薛博, 2007）。有机分子碳的同位素研究可以为重建古环境提供许多非常重要的线索，而这种方法在某种程度上，可能是更正确、更细致的方法。研究中通常利用气相色谱（GC）以及气相色谱-质谱联用仪（GC/MS）从水体沉积物中分析获取生物合成的有机分子。

（一）正构烷烃碳同位素与古生态学的关系

1967年，Eglinton和Hamilton（1967）认为具奇偶优势（OEP）值的长链正构烷烃（n-alkanes）是典型源于陆生高等植物的有机分子。Simoneit（1978）、Peters和Moldwan（1993）、Madureira等（1997）均研究发现，碳链数目为C_{27}至C_{33}表现出奇碳优势的正构烷烃被认为是来源于陆生植物的叶片蜡质层。Cidyk等（1978）研究认为，链状烷烃中姥鲛烷与植烷的相对含量比值（Pr/Ph）可以作为沉积氧化还原环境的指标。Gelpi等（1970）和Giger等（1980）的研究发现，C_{17}（heptadecane，十七烷）是浮游植物中含量最为丰富的正构烷烃。Cranwell等（1987）的研究表明，正构烷烃的后主峰碳C_{29}与C_{31}之间的相对含量特征，可反映落叶植物与草本植物对沉积物中有机质的相对贡献，C_{29}趋向于来自落叶植物，而C_{31}则倾向于源自草本植物。Brassell（1993）认为，由于源自陆生高等植物的长链正构烷烃通过河流或风转运至海洋沉积物中，所以它们在沉积物中随时间变化的含量就可以反映出相应的陆生高等植物的丰度变化以及风向或风强度的变化，这同样适用于湖泊水体沉积物。Ishiwatari等（1999）在总结前人研究的基础上认为，沉积物中源于高等植物正构烷烃的碳同位素组成受4种因素控制：① 作为高等植物光合系统底物的大气CO_2中$\delta^{13}C$；② 细胞内外CO_2浓度比率，这个比率与气孔导度以及光合速率有关；③ 植物叶片中脂类（正构烷烃）生物合成中的同位素分馏；④ 高等植物的类型（C_3植物，C_4植物）。Schouten等（2000）在研究阿拉伯海海底沉积物时发现，陆源性正构烷烃C_{29}和C_{31}的$\delta^{13}C$为−28.1‰±0.3‰，对比前人实验数据后认为，陆生C_3植物不是这两种正构烷烃唯一的来源，C_4和CAM植物亦有贡献。Collister等（1994）认为，来源于同种植物的正构烷烃$\delta^{13}C$的变化最大不超过6‰，这个差异主要是由植物生长周期内独特的水分养分差异造成的。Freeman等（1994）发现，来自类似的沉积环境下的相同碳链正构烷烃的$\delta^{13}C$最大差异为3.6‰。Ostrom等（1997）在研究湖体沉积物时发现，不同地点采集的沉积物的正构烷烃$\delta^{13}C$存在相当大的变化，他认为这种变化是由不同取样点生态系统的生物合成不同以及沉积作用不同造成的。

（二）烷醇碳同位素与古生态学的关系

Eglinton和Hamilton（1967）的研究表明，水体沉积物具有类似正构烷烃一样强烈奇偶优势的烷醇，可能来源于陆生C_3植物表皮的蜡质。Huang等（1995）研究了中新世湖相沉积及沉积化石中分离出的脂肪烃类和醇类的分布、丰度和同位素组成以及$C_{26} \sim C_{32}$的正构烷醇（n-alkanols）的$\delta^{13}C$（$-35.8‰ \sim -26.6‰$），表明这些混合物有可能来源于C_3植物。正构烷醇的$\delta^{13}C$平均比正构烷烃的多富集约2‰的^{13}C，说明正构烷醇中有一部分其他生物来源（如水生生物）。Versteegh等（1997）研究认为，沉积物中常见来源于生物合成标记物的烷醇及碳链数为$30 \sim 32$的双醇（$1\,152C_{30} \sim 1\,152C_{32}$），并认为通常具有奇偶优势的双醇，呈现出典型的海源性分布。Volkman等（1992，1997）已能够确定某些双醇的生物来源物种，通过分析这些双醇分子的$\delta^{13}C$以及其他化学特性就有可能推断过去水体中的物种变化以及外源有机物的输入情况。

（三）脂肪酸碳同位素与古生态学的关系

脂肪酸是水体沉积物中有机质脂类的重要组分，它的碳同位素组成一般与沉积有机质中脂类相似。通过检测不同脂肪酸中的$\delta^{13}C$，有可能将这些脂肪酸的来源区分清楚。一般细菌和藻类脂肪酸在小于C_{18}碳数范围内的奇偶优势明显，而高等植物在$C_{20} \sim C_{34}$范围内奇偶优势明显，所以高CPIA值（脂肪酸偶碳优势指数）往往指示细菌和藻类有机质的优势输入。Eglinton和Hamilton（1967）研究认为，长链脂肪酸（$\geq C_{22}$）来源于陆生高等植物，而碳数较少（$C_{14} \sim C_{22}$）的脂肪酸主要源于藻类植物。水体沉积物中有机质的碳同位素组成与其生物源和成岩作用有关。不同环境下生长的生物具有不同的碳同位素组成。段毅和文启彬（1995）在研究我国南沙群岛现代海洋沉积物时发现，样品中$C_{16:0}$与$C_{26:0}$饱和脂肪酸的$\delta^{13}C$平均值近似，分别为$-28.2‰$和$-27.9‰$，并认为它们可能主要源于低纬度海洋浮游生物。Taroncher-Oldenburg和Stephanopoulos（2000）发现，长链正构烷烃的$\delta^{13}C$范围分布与长链正构烷醇的分布类似，并且都被看做源自陆生C_3植物，Hu等（2002）在南沙群岛的海底沉积物中也发现了类似的分布。Schouten等（2001）在研究中认为，大多数的短链（$C_{16} \sim C_{20}$）不饱和脂肪酸可能来源于细菌，它们的$\delta^{13}C$为$-22‰ \sim -16‰$，Naraoka和Ishiwatari（2000）在研究太平洋西北部海底沉积物时发现，沉积物中含量丰富的短链正构脂肪酸（C_{16}和C_{18}）的$\delta^{13}C$分布范围为$-26‰ \sim -22‰$，且比相同样本中总有机碳的$\delta^{13}C$轻$1.2‰ \sim 5.3‰$，而长链正构脂肪酸（$C_{20} \sim C_{26}$）的$\delta^{13}C$为$-27‰ \sim -25‰$。

（四）多分支类异戊二烯碳同位素与古生态学的关系

多分支类异戊二烯（HBI）是水体沉积物中常见的生物合成物质，在沉积物中这类物质主要是由水体中的藻类合成并进入沉积物中。Volkman等（1994）发现的碳链数目为C_{25}以及C_{30}分别含有$3 \sim 5$个和$5 \sim 6$个双键的HBI，源于两种海藻 Haslea ostrearia 和 *Rhizosolenia setigera*（Volkman et al., 1994）。Wraige 等（1997）则发现 $C_{25:3}$，$C_{25:4}$，$C_{25:6}$ 各有一种以及两种 $C_{25:5}$ 的 HBI，是由 *Haslea ostrearia* 合成的。Eglinton 等（1997）在研究阿拉伯海（Arabian Sea）沉积物时发现，其中 C_{25}、C_{30} HBI 的 $\delta^{13}C$ 值大多为 $-23.3‰ \sim -19.9‰$，但是同时观察到一种 HBI 分子的 $\delta^{13}C$ 为 $-37.1‰$。Schouten 等（2001）在研究中也发现同样的现象，多数 HBI 分子的 $\delta^{13}C$ 为 $-24‰ \sim -22‰$，但有两种 C_{30} HBI 分子的 $\delta^{13}C$ 出现异常，为 $-37‰$。这种现象可能是由于当时的海藻生活在一个极度氮素限制的环境中并且有着相对高的面积-体积比和低生长速率。

（五）其他有机分子碳同位素与古生态学的关系

Schouten 等（1997）在研究海底沉积物样品时，发现二降藿烷的 $\delta^{13}C$ 变化范围为 $-28.8‰ \sim -24.5‰$。Schoell 等（1992）的研究表明，二降藿烷是由生活在沉积物孔隙水中的细菌合成的有机物，这些细菌是利用沉积物孔隙水中的 CO_2 为碳源。Spooner 等（1994）在研究一个富营养化湖泊的湖底沉积物单体烃的碳同位素组成和湖水中浮游植物的碳同位素组成时，发现沉积物中蕾烷的 $\delta^{13}C$ 值远轻于浮游植物的 $\delta^{13}C$ 值，由此认为蕾烷至少部分来源于甲烷营养菌。甾烯也是水体沉积物中常见的有机分子，Volkman（1986）的研究认为沉积物中常见碳数为 $C_{27} \sim C_{30}$ 的甾烯在水体中可由多种藻类合成。Schouten 等（2000）发现 C_{27} 甾烯还可以由 C_{27} 甾醇经成岩作用而产生，Grice 等（1998）认为在这个过程中 C_{27} 甾烯和 C_{27} 甾醇之间的 $\delta^{13}C$ 没有显著的变化，因此可以认为 C_{27} 甾醇的 $\delta^{13}C$ 可以由 C_{27} 甾烯的 $\delta^{13}C$ 来反映。水体沉积物中还存在着可以由多细菌合成的藿烯。Schouten 等（2000）在阿拉伯海沉积物中发现，正构藿烯的 $\delta^{13}C$ 为 $-24‰ \sim -23‰$，这与 Eglinton 等（1997）得出的数据吻合。此外，海洋沉积物中还常见一些长链多烯烃（alkenones），链数目多见为 C_{37}，C_{38} 和 C_{39}。这类化合物被认为是由 *Gephyrocapsa oceanica* 和 *Emiliania huxleyi* 两种藻类合成的（Brassell, 1993），通过测量这些化合物的 $\delta^{13}C$ 值以及其他数据可以推测当时这些藻类的生长速率等生态指标。

第3节　化石材料的稳定同位素

一、化石木

研究全新世以来的气候变化特征有助于我们更深刻了解人类活动与自然因素之间的关系（Hodell et al., 1995；方修琦等，1998；Yancheva et al., 2007）。目前，对我国全新世以来气候变化的研究总体上集中在3个时段，即早全新世的升温期、中全新世的暖期和晚全新世的降温期(温孝胜等,1999;余克服等,2002)。全球低纬度湖泊和洞穴沉积物的研究结果表明(Hodell et al., 1995;郑卓等,2003;Zhu et al., 2006),在全新世中晚期距今3.2 ka ~ 2.7 ka期间,低纬度地区的降水急剧减少,气候变得干冷。然而,目前对古森林的地层年代学及其所揭示的古气候信息的研究仍不多。李平日等(2001)较早对珠江三角洲地区埋藏的古木做了较为详细的研究,认为古树的死亡与历史上的小冰期有关。而最近对古森林的研究认为,人类砍伐可能是古树死亡的原因之一。

丁平等(2009)通过研究广东省四会市地下古森林沉积剖面总有机碳及细根的碳同位素组成,揭示珠江三角洲地区在中晚全新世4.5 ka ~ 0.6 ka期间的气候和地理环境变化特征(图13-10)。研究结果表明,4.5 ka ~ 0.6 ka期间,该地区

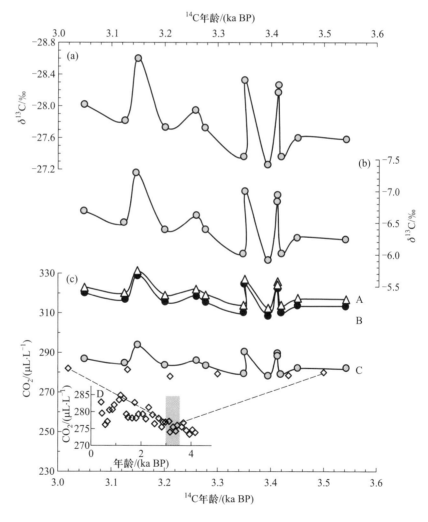

图13-10 广东省四会市地下古森林沉积剖面中3.5 ka ~ 3.0 ka期间细根的$\delta^{13}C$值与模拟的大气CO_2浓度及其$\delta^{13}C$值:(a)细根$\delta^{13}C$值随深度变化曲线;(b)模拟的当时大气$\delta^{13}C$值;(c) 3种方法模拟的当时大气CO_2浓度曲线和南极冰芯记录,其中A、B、C分别为模拟曲线,D为南极Taylor Dome冰芯中记录的大气CO_2浓度曲线。曲线C中◇为曲线D阴影部分数据点(丁平等,2009)

的主要植被类型为C_3植被。古森林在4 ka左右于湿地环境中开始发育，在3 ka左右与湿地同时消失，表明在3 ka左右该地区的气候可能发生过急剧的变化。模拟结果显示，在3.5 ka～3 ka期间，该地区大气CO_2浓度上升，气候有变暖的趋势；3 ka～1.2 ka期间的地层^{14}C年代呈现大的跨度，这可能与新构造运动过程中地层抬升并遭到强烈剥蚀有关。在1.2 ka～0.6 ka期间，该地区为陆相沉积环境，植被的生物量日渐减少。古森林的消失可能与在3 ka左右研究区域气候变干有关，热带辐合带的南移可能是导致气候变化的主要机制。

二、动物的骨骼和牙齿

利用哺乳动物牙齿的碳稳定同位素研究古生态在国际上已经取得很多成果，国内也开展了一些研究，但还很少，如魏明瑞和郭建崴（2002）选择宁夏同心动物群，利用动物化石牙齿碳稳定同位素作为新的证据证明了三种动物主要食物来源为C_3植物。

（一）牙齿碳稳定同位素重建陆地古生态的基本原理

植物通过三种光合作用途径来固定碳。第一种途径是Calvin-Benson循环，在这种循环过程中，生成3个碳原子的链式化合物，即所谓的C_3，所以采用这种光合作用途径的植物被称为C_3植物。在陆地生态系统中，Calvin-Benson循环是占统治地位的光合作用途径。85%的陆生植物都属于C_3植物，它们包括乔木、大多数灌木、高纬度或高海拔或温凉季节生长的草本植物。第二种途径是Hatch-Slack循环，大约10%的陆生植物在光合作用过程中采用Hatch-Slack循环，在这种循环中，生成4个碳原子的链式化合物，即所谓的C_4，这些植物被称为C_4植物，现代热带和亚热带的草本植物中C_4植物占优势。与C_3植物相比，C_4植物更适应相对干旱的强烈季节性气候；而C_3植物生长在相对冷湿的环境中，不仅包括寒带，也包括温带和热带地区寒冷小生境中的植物（Ehleringer et al., 1991）。第三种光合作用途径是CAM（crassulacean acid metabolism）循环，大多数肉质植物（如仙人掌）采用这种循环，它们在自然界中所占比例很小，在大多数生态系统中，这种循环途径都是不重要的（魏明瑞和郭建崴，2002）。

研究表明，哺乳动物的骨骼或牙齿的碳稳定同位素组成反映了取食植物的碳稳定同位素组成（Thackeray et al., 1990；Cerling et al., 1993）。但是骨骼的高孔隙度使化石受到成岩作用的严重影响，而牙齿釉质的致密性使其原始碳同位素组成受成岩作用的影响很小，在哺乳动物化石碳稳定同位素研究上显示出重要作用（Quade et al., 1992；Wang et al., 1994）。哺乳动物牙齿的95%由羟基磷灰石[主要是磷酸钙，即$Ca_3(PO_4)_2$]构成。在牙齿形成过程中，碳酸根离子（CO_3^{2-}）置换氢氧根离子（OH^-）或磷酸根离子（PO_4^{3-}），形成$Ca_{10}(PO_4, CO_3)_6(OH, CO_3)_2$，被称为结构碳酸盐（LeGeros，1981；Hillson，1986；Newesely，1989）。大量研究表明，这种结构的碳酸盐稳定同位素组成可以通过合理的实验室处理而分离出来（Thorp and van der Merwe，1987；Quade et al.，1992）。而且，这种结构碳酸盐占牙齿釉质的1%~2%，这个数量足以在质谱仪上测定$\delta^{13}C$值。因此，食草动物牙齿釉质羟基磷灰石中的结构碳酸盐能够反映取食植物的碳稳定同位素组成，这样牙齿成为一种"记录器"，用来解释地方植物群落的光合作用途径。当动物取食C_3或C_4植物时，^{13}C在动物体内富集，幅度为12‰~15‰（Thorp and van der Merwe，1987）。

（二）牙齿碳稳定同位素重建古生态的研究实例

分析食草动物的骨骼和牙齿的$\delta^{13}C$提供了动物食谱的信息。其中，牙齿上的珐琅质-牙釉无孔隙、结晶度高（Trautz，1967），其$\delta^{13}C$值在石化过程中不会发生改变（Wang and Cerling，1994；Wang et al.，1994）。因此食草动物骨骼和牙齿的$\delta^{13}C$分析可以用来反演古生态。20世纪80年代初，Ericson等（1981）率先开展了对古哺乳动物牙齿磷灰石$\delta^{13}C$组成的研究工作。进入20世纪90年代，许多学者都对动物牙齿进行了较为深入系统的研究，并详细考察了晚中新世以来全球范围内的C_4植物扩张发生的时间（Thackeray et al.，1990；Quade et al.，1992；MacFadden et al.，1994；Cerling et al.，1998；MacFadden et al.，1999）。动物牙齿的$\delta^{13}C$分析中多以马的牙齿为对象，这是由于马的食谱较广的缘故。对现代资料的统计结果表明，食草动物牙釉的$\delta^{13}C$值通常比其食物的$\delta^{13}C$值高14‰~15‰，纯C_4植物区，食草动物牙釉$\delta^{13}C$值变化范围较窄，为2‰~4‰（Cerling et al.，1998），或-4.5‰~1.3‰（Sponheimer and Lee-Thorp，1999）。Kutzbach等（1993）的模拟结果显示，当青藏高原在晚中新世达到有影响的高度时，高原北侧将发生显著的温度下降，而南侧的温度将上升。作者据此认为南侧的升温使C_4植物在南侧取代了C_3植物，而北侧温度下降不利于C_4植物生长。

在我国，对动物化石骨骼的$\delta^{13}C$分析最早来自考古学界。20世纪80年代初，蔡莲珍和仇士华（1984）测定了西安半坡等地一些人类遗址的人骨和猪骨标本中骨胶原的$\delta^{13}C$值，以此推断古人类食谱中C_4植物（小米）所占的比例。邓涛等（2001）分析了我国华北地区11个第四纪地点共70个哺乳动物牙齿釉质样品的$\delta^{13}C$，结果表明华北第四纪陆地生态系统中以C_3植物占优势，与纬度相当的巴基斯坦以C_4占绝对统治地位的情况完全不同，作者认为这一巨大差异是由于青藏高原的隆升引起的。

主要参考文献

- 柏松,黄成敏,唐亚.2006.土壤有机碳稳定同位素的古环境指示意义及影响因素.土壤38:148-152.
- 边叶萍,翁成郁.2009.孢粉稳定碳同位素研究进展.海洋地质与第四纪地质25:141-148.
- 蔡莲珍,仇士华.1984.碳十三测定和古代食谱研究.考古10:945-955.
- 蔡演军,彭子成,安芷生,张兆峰,曹蕴宁.2001.贵州七星洞全新世石笋的氧同位素记录及其指示的季风气候变化.科学通报46:1398-1402.
- 陈践发,徐永昌.1992.沼泽环境中有机质碳同位素组成特征.科学通报22:2080-2082.
- 陈诗越,王苏民,金章东.2004.湖泊沉积物记录的藏中地区2.8 Ma以来的环境演变历史.地球化学33:159-164.
- 陈拓,秦大河,李江风.2001.从树轮纤维素$\delta^{13}C$序列看树木生长对大气CO_2浓度变化的响应.冰川冻土1:43-45.
- 邓涛,董军社,王杨.2001.化石稳定碳同位素记录的中国华北第四纪陆生生态系统演变.科学通报46:1213-1215.
- 丁平,沈承德,王宁,易惟熙,丁杏芳,付东坡,刘克新.2009.广东四会古森林地下生态系统碳同位素组成及其古气候意义.中国科学39:70-78.
- 段毅,文启彬.1995.南沙海洋和甘南沼泽现代沉积物中单个脂肪酸碳同位素组成及其成因.地球化学24:270-275.
- 方修琦,章文波,张兰生.1998.全新世暖期我国土地利用的格局及其意义.自然资源学报13:16-22.
- 顾延生,李雪艳,邱海鸥,黄俊华,谢树成.2008.100年来东湖富营养化发生的沉积学记录.生态环境17:35-40.
- 韩兴国,严昌荣,陈灵芝,梅旭荣.2000.暖温带地区几种木本植物碳稳定同位素的特点.应用生态学报11:497-500.
- 侯爱敏,彭少麟,周国逸.2000.通过树木年轮$\delta^{13}C$重建大气CO_2碳同位素比δa的可靠性探讨.科学通报45:1451-1456.
- 黄俊华,方念乔,杨冠青.2002.湖北清江榨洞石笋双波长反射光谱特征及其古气候意义.第四纪研究22:468-473.
- 吉磊,王苏民.1993.浅钻岩芯揭示的固城湖4 000年来环境演化.湖泊科学5:316-323.
- 蒋高明,黄银晓,万国江.1997.树木年轮C值及其对我国北方大气CO_2浓度变化的指示意义.植物生态学报21:155-160.
- 李红春,顾德隆,D.S.Lowel.1998.高分辨率洞穴石笋稳定同位素应用之一——京津地区500a来的气候变化——^{18}O记录.中国科学(D辑)28:181-186.
- 李平日,崔海亭,谭惠忠,戴君虎,沈承德,孙彦敏.2001.广东全新世埋藏树木研究.热带地理21:195-197.
- 李正华,刘荣谟,安芷生,吴祥定.1994.工业革命以来大气CO_2浓度不断增加的树轮稳定碳同位素证据.科学通报39:2172-2174.
- 林本海,安芷生,刘荣谟.1992.最近60万年中国黄土高原季风变迁的稳定同位素证据.见:刘东生,安芷生主编.黄土·第四纪地质·全球变化(三).北京:科学出版社:51-54.
- 林本海,刘荣谟,安芷生,谭桂生,刘东生,吴锡浩.1996.最近130ka西安和洛川黄土稳定同位素的初步研究.见:刘东生,安芷生主编.黄土·第四纪地质·全球变化(四).北京:科学出版社:82-89.
- 刘东生,谭明,秦小光,赵树森,李铁英,吕金波,张德二.1997.洞穴碳酸钙微层理在中国的首次发现及其对全球变化研究的意义.第四纪研究1:41-51.
- 刘广深.1996.长白山树轮稳定碳同位素序列与环境气候变迁.地质地球化学6:94-96.
- 刘广深,威长谋,米家榕,杨春雷.1997.树轮氢氧同位素方法在环境变迁研究中的应用.世界地质16:45-51.
- 刘晓宏,秦大河,邵雪梅,陈拓.2004.祁连山中部过去近千年温度变化的树轮记录.中国科学(D辑)34:89-95.
- 刘晓宏,秦大河,邵雪梅,任贾文.2002.西藏林芝冷杉树轮稳定碳同位素对气候的响应.冰川冻土24:574-578.
- 刘禹,W. K. Park,蔡秋芳.2003.公元1840年以来东亚夏季风降水变化——以中国和韩国的树轮记录为例.中国科学(D辑)33:543-549.
- 刘禹,安芷生,马海州,蔡秋芳,刘征宇.2006.青海都兰地区公元850年以来树轮记录的降水变化及其与北半球气温的联系.中国科学(D辑)36:461-471.
- 刘禹,吴祥定,S. W. Leavitt, M. K. Hughes.1996.黄陵树木年轮稳定C同位素与气候变化.中国科学(D辑)26:125-130.
- 龙良平,陶发祥.2007.树轮氢同位素气候学:现状与方向.地球与环境34:84-92.
- 吕军,屠其璞,钱君龙.2002.利用树木年轮稳定同位素重建天目山地区相对湿度序列.气象科学22:47-51.
- 钱君龙,吕军,屠其璞.2001.用树轮α-纤维素$\delta^{13}C$重建天目山地区近160年气候.中国科学(D辑)4:333-341.
- 秦小光,刘东生,谭明,王先锋.1999.石笋微层的谱分析和北京地区1千年来的气候演变.地理学报54:543-549.
- 秦小光,刘东生,谭明,王先锋,李铁英,吕金波.2000.北京石花洞石笋微层灰度变化特征及其气候意义Ⅱ.灰度的年际变化.中国科学(D辑)30:239-248.
- 沈吉,陈毅凤.2000.南京地区近二十年来雪松树轮的稳定碳同位素与气候重建.植物资源与环境学报9:34-37.
- 孙艳荣,穆治国,崔海亭.2002.埋藏古木树轮碳、氢、氧同位素研究与古气候重建.北京大学学报(自然科学版)38:294-301.
- 覃嘉铭,袁道先,林玉石,张美良,李彬.1994.桂林44 ka BP石笋同位素记录及其环境解译.地球学报21:407-416.

- 王国安, 韩家懋, 周力平, 熊小刚, 谭明, 吴振海, 彭隽. 2005. 中国北方黄土区C_4植物稳定碳同位素组成的研究. 中国科学（D辑）35:1174-1179.
- 王国安, 申建中, 季美英. 2001. 塔北、塔中天然气中CO_2的碳同位素组成及成因探讨. 地质地球化学 29:36-39.
- 汪永进, 吴江滢, 吴金全, 穆西南, 许汉奎, 陈骏. 2000. 末次冰期南京石笋高分辨率气候记录与GRIP冰芯对比. 中国科学（D辑）5:533-539.
- 魏明瑞, 郭建崴. 2002. 宁夏同心中中新世三种植食性哺乳动物牙齿碳同位素分析. 古脊椎动物学报 40:300-304.
- 文启忠. 1989. 中国黄土地球化学. 北京: 科学出版社.
- 温孝胜, 彭子成, 赵焕庭. 1999. 中国全新世气候演变研究的进展. 地球科学进展 14:81-87.
- 吴敬禄, 王苏民. 1996. 湖泊沉积物有机质$\delta^{13}C$所揭示的环境气候信息. 湖泊科学 8:113-118.
- 吴珍汉, 吴中海, 胡道功, 彭华. 2009. 青藏高原北部中新统五道梁群湖相沉积碳氧同位素变化及古气候旋回. 中国地质 26:966-975.
- 徐海, 洪业汤, 朱咏煊. 2002. 安图红松树轮稳定$\delta^{13}C$、$\delta^{18}O$序列记录的气候变化信息. 地质地球化学 30:59-65.
- 徐庆, 冀春雷, 王海英. 2009. 氢氧碳稳定同位素在植物水分利用策略研究中的应用. 世界林业研究 22:41-46.
- 薛博, 严重玲, 傅园. 2007. 水体沉积物中有机碳和有机分子碳稳定同位素研究进展. 海洋科学 31:87-91.
- 姚檀栋, 施雅风, 秦大河, 焦克勤, 杨志红, L. Thompson, E. Mosley-Thompson. 1997. 古里雅冰芯中末次间冰期以来气候变化记录研究. 中国科学（D辑）27:447-452.
- 尹璐, 安宁, 龙良平, 刘莹, 刘广深, 陶发祥. 2005. 中国红松年轮纤维素碳同位素组成对中国东部气温变化的响应. 矿物学报 25:103-106.
- 余克服, 陈特固, 钟晋梁, 赵焕庭, 宋朝景, 刘东生, 沈承德, 赵建新. 2002. 雷州半岛全新世高温期珊瑚生长所揭示的环境突变事件. 中国科学（D辑）32:149-156,177.
- 袁道先, 覃嘉铭, 林玉石. 1999. 桂林20万年石笋高分辨率古环境重建. 桂林: 广西师范大学出版社:101.
- 张成君, 孙维贞. 2000. 西北干旱区全新世气候变化的湖泊有机质碳同位素记录——以石羊河流域三角城为例. 海洋地质与第四纪地质 20:93-97.
- 张振克, 吴瑞金, 王苏民. 2007. 全新世大暖期云南洱海环境演化的湖泊沉积记录. 海洋与湖沼 32:210-214.
- 赵兴云, 王建, 钱君龙. 2005. 天目山地区树轮$\delta^{13}C$记录的300多年的秋季气候变化. 山地学报 23:540-549.
- 郑淑霞, 上官周平. 2005. 近70年来黄土高原典型植物$\delta^{13}C$值变化研究. 植物生态学报 29:289-295.
- 郑卓, 王建华, 王斌, 刘春莲, 邹和平, 张华, 邓韫, 白雁. 2003. 海南岛双池玛珥湖全新世高分辨率环境纪录. 科学通报 48:282-286.
- Alisauskas, R. T. and K. A. Hobson. 1993. Determination of lesser snow goose diets and winter distribution using stable isotope analysis. The Journal of Wildlife Management 57:49-54.
- Ambrose, S. H. and N. E. Sikes. 1991. Soil carbon isotope evidence for Holocene habitat change in the Kenya Rift Valley. Science 253:1402-1405.
- Amundson, R., O. Chadwick, C. Kendall, Y. Wang, and M. DeNiro. 1996. Isotopic evidence for shifts in atmospheric circulation patterns during the late Quaternary in mid-north America. Geology 24:23-26.
- Amundson, R., R. R. Evett, A. H. Jahren, and J. Bartolome. 1997. Stable carbon isotope composition of Poaceae pollen and its potential in paleovegetational reconstructions. Review of Palaeobotany and Palynology 99:17-24.
- Anderson, W., S. Bernasconi, J. McKenzie, and M. Sauer. 1998. Oxygen and carbon isotopic record of climatic variability in tree ring cellulose (*Picea abies*): An example from central Switzerland (1913-1995). Journal of Geophysical Research 103:31625-31636.
- Anderson, W., S. Bernasconi, J. McKenzie, M. Saurer, and F. Schweingruber. 2002. Model evaluation for reconstructing the oxygen isotopic composition in precipitation from tree ring cellulose over the last century. Chemical Geology 182:121-137.
- Aucour, A., F. Tao, S. Sheppard, N. Huang, and C. Liu. 2002. Climatic and monsoon isotopic signals (δD, $\delta^{13}C$) of northeastern China tree rings. Journal of Geophysical Research 107:doi:10.1029/2001JD000464.
- Bar-Matthews, M., A. Ayalon, and A. Kaufman. 1997. Late Quaternary paleoclimate in the eastern Mediterranean region from stable isotope analysis of speleothems at Soreq Cave, Israel. Quaternary Research 47:155-168.
- Barbour, M., T. Andrews, and G. Farquhar. 2001. Correlations between oxygen isotope ratios of wood constituents of *Quercus* and *Pinus* samples from around the world. Functional Plant Biology 28:335-348.
- Barbour, M., A. Walcroft, and G. Farquhar. 2002. Seasonal variation in $\delta^{13}C$ and $\delta^{18}O$ of cellulose from growth rings of *Pinus radiata*. Plant, Cell and Environment 25:1483-1499.
- Benner, R., M. L. Fogel, E. K. Sprague, and R. E. Hodson. 1987. Depletion of ^{13}C in lignin and its implications for stable carbon isotope studies. Nature 329:708-710.
- Boom, A., R. Marchant, H. Hooghiemstra, and J. Sinninghe Damst. 2002. CO_2 and temperature controlled altitudinal shifts of C_4- and C_3-dominated grasslands allow reconstruction of palaeoatmospheric pCO_2. Palaeogeography, Palaeoclimatology,

Palaeoecology 177:151−168.
- Borella, S., M. Leuenberger, M. Saurer, and R. Siegwolf. 1998. Reducing uncertainties in $\delta^{13}C$ analysis of tree rings: Pooling, milling, and cellulose extraction. Journal of Geophysical Research 103:19519−19526.
- Bottinga, Y. 1969. Calculated fractionation factors for carbon and hydrogen isotope exchange in the system calcite-carbon dioxide-graphite-methane-hydrogen-water vapor. Geochimica et Cosmochimica Acta 33:49−64.
- Brassell, S. 1993. Applications of biomarkers for delineating marine paleoclimatic fluctutations during the Pleistocene. In:Engel, M. H. and S. A. Macko. (eds). Organic Geochemistry: Principies and Applications. Plenum Press, New York:699−738.
- Brassell, S., G. Eglinton, and J. Maxwell. 1983. The geochemistry of terpenoids and steroids. Biochemical Society Transactions 11:575−586.
- Cerling, T., J. Harris, and M. Leakey. 2005. Environmentally driven dietary adaptations in African mammals.In:Ehleringer, J. R. ,T. E. Cerling, and M. D. Dearing. (eds） . A History of Atmospheric CO_2 and Its Effects on Plants, Animals, and Ecosystems. Springer, New York:258−272.
- Cerling, T., J. Harris, and B. MacFadden. 1998. Carbon isotopes, diets of North American equids, and the evolution of North American C_4 grasslands. In: Griffiths, H.（ed） . Stable Isotopes. BIOS Scientific Publication, Oxford:363−379.
- Cerling, T., J. Quade, S. Ambrose, and N. Sikes. 1991. Fossil soils, grasses, and carbon isotopes from Fort Ternan, Kenya: Grassland or woodland？ Journal of Human Evolution 21:295−306.
- Cerling, T., J. Quade, Y. Wang, and J. Bowman. 1989. Carbon isotopes in soils and palaeosols as ecology and palaeoecology indicators. Nature 341:138−139.
- Cerling, T. E. 1984. The stable isotopic composition of modern soil carbonate and its relationship to climate. Earth and Planetary Science Letters 71:229−240.
- Cerling, T. E. 1999. Paleorecords of C_4 plants and ecosystems. In: Sage, R. F. and K. M. Russell. (eds). C_4 Plant Biololgy. Academy Press, San Diego:445−469.
- Cerling, T. E., J. M. Harris, B. J. MacFadden, M. G. Leakey, J. Quade, V. Eisenmann, and J. R. Ehleringer. 1997. Global vegetation change through the Miocene /Pliocene boundary. Nature 389:153−158.
- Cerling, T. E. and R. L. Hay. 1986. An isotopic study of paleosol carbonates from Olduvai Gorge. Quaternary Research 25:63−78.
- Cerling, T. E., Y. Wang, and J. Quade. 1993. Expansion of C_4 ecosystems as an indicator of global ecological change in the late Miocene. Nature 361:344−345.

- Charman, D. J. 1992. The effects of acetylation on fossil *Pinus pollen* and *Sphagnum* spores discovered during routine pollen analysis. Review of Palaeobotany and Palynology 72:159−164.
- Chollet, R. and W. L. Ogren. 1975. Regulation of photorespiration in C_3 and C_4 species. The Botanical Review 41:137−179.
- Cidyk, B. M., B. R. T. Simoneit, and S. C. Brassell. 1978. Organic geochemical indicators of paleoenvironmental conditions of sedimentation. Nature 272:216−222.
- Collister, J. W., G. Rieley, B. Stern, G. Eglinton, and B. Fry. 1994. Compound-specific $\delta^{13}C$ analyses of leaf lipids from plants with differing carbon dioxide metabolisms. Organic Geochemistry 21:619−627.
- Connin, S. L., R. A. Virginia, and C. P. Chamberlain. 1997. Isotopic study of environmental change from disseminated carbonate in polygenetic soils. Soil Science Society of America Journal 61:1710−1722.
- Craig, H. and L. I. Gordon. 1965. Deuterium and oxygen-18 variations in the ocean and marine atmosphere.In: Tongiorgi, E.（ed）.Proceedings of A Conference on Stable Isotopes in Oceanographic Studies and Paleotemperatures. Spoleto, Italy:9−130.
- Cranwell, P., G. Eglinton, and N. Robinson. 1987. Lipids of aquatic organisms as potential contributors to lacustrine sediments-II. Organic Geochemistry 11:513−527.
- D'Arrigo, R. D. and G. C. Jacoby. 1999. Northern North American tree-ring evidence for regional temperature changes after major volcanic events. Climatic Change 41:1−15.
- Dansgaard, W. 1964. Stable isotopes in precipitation. Tellus 16:436−468.
- DeNiro, M. J. and L. W. Cooper. 1990. Water is lost from leaves and trunks of trees by fundamentally different mechanisms. Geochimica et Cosmochimica Acta 54:1845−1846.
- DeNiro, M. J. and L. W. Cooper. 1989. Post-photosynthetic modification of oxygen isotope ratios of carbohydrates in the potato: Implications for paleoclimatic reconstruction based upon isotopic analysis of wood cellulose. Geochimica et Cosmochimica Acta 53:2573−2580.
- Descolas-Gros, C. and C. Scholzel. 2007. Stable isotope ratios of carbon and nitrogen in pollen grains in order to characterize plant functional groups and photosynthetic pathway types. New Phytologist 176:390−401.
- Dever, L., J. C. Fontes, and G. Riché. 1987. Isotopic approach to calcite dissolution and precipitation in soils under semi-arid conditions. Chemical Geology (Isotope Geoscience Section ） 66:307−314.
- Ding, Z. and S. Yang. 2000. C_3/C_4 vegetation evolution over

the last 7.0 Myr in the Chinese Loess Plateau: Evidence from pedogenic carbonate δ^{13}C. Palaeogeography, Palaeoclimatology, Palaeoecology 160:291–299.

- Dodd, J. P., W. P. Patterson, C. Holmden, and J. M. Brasseur. 2008. Robotic micromilling of tree-rings: A new tool for obtaining subseasonal environmental isotope records. Chemical Geology 252:21–30.
- Dorale, J. A., R. L. Edwards, E. Ito, and L. A. González. 1998. Climate and vegetation history of the midcontinent from 75 to 25 ka: A speleothem record from Crevice Cave, Missouri, USA. Science 282:1871–1874.
- Dugas, D. P. and G. J. Retallack. 1993. Middle Miocene fossil grasses from Fort Ternan, Kenya. Journal of Paleontology 67:113–128.
- Duquesnay, A., N. Breda, M. Stievenard, and J. Dupouey. 1998. Changes of tree-ring δ^{13}C and water use efficiency of beech (*Fagus sylvatica* L.) in north-eastern France during the past century. Plant, Cell and Environment 21:565–572.
- Dzurec, R., T. Boutton, M. Caldwell, and B. Smith. 1985. Carbon isotope ratios of soil organic matter and their use in assessing community composition changes in Curlew Valley, Utah. Oecologia 66:17–24.
- Edwards, T. and P. Fritz. 1986. Assessing meteoric water composition and relative humidity from ^{18}O and ^{2}H in wood cellulose: Paleoclimatic implications for southern Ontario, Canada. Applied Geochemistry 1:715–723.
- Edwards, T. 1990. New contributions to isotope dendroclimatology from studies of plants. Geochimica et Cosmochimica Acta 54:1843–1844.
- Eglinton, G. and R. J. Hamilton. 1967. Leaf epicuticular waxes. Science 156:1322–1335.
- Eglinton, T. I., B. C. Benitez-Nelson, A. Pearson, A. P. McNichol, J. E. Bauer, and E. R. M. Druffel. 1997. Variability in radiocarbon ages of individual organic compounds from marine sediments. Science 277:796–799.
- Ehleringer, J. R., T. E. Cerling, and B. R. Helliker. 1997. C_4 photosynthesis, atmospheric CO_2, and climate. Oecologia 112:285–299.
- Ehleringer, J. R., R. F. Sage, L. B. Flanagan, and R. W. Pearcy. 1991. Climate change and the evolution of C_4 photosynthesis. Trends in Ecology and Evolution 6:95–99.
- Ellsworth, P. Z. and D. G. Williams. 2007. Hydrogen isotope fractionation during water uptake by woody xerophytes. Plant and Soil 291:93–107.
- Epstein, S. and C. J. Yapp. 1976. Climatic implications of the D/H ratio of hydrogen in CH groups in tree cellulose. Earth and Planetary Science Letters 30:252–261.
- Ericson, J. E., C. H. Sullivan, and N. Boaz. 1981. Diets of Pliocene mammals from Omo, Ethiopia, deduced from carbon isotopic ratios in tooth apatite. Palaeogeography, Palaeoclimatology, Palaeoecology 36:69–73.
- Farmer, J. G. 1979. Problems in interpreting tree-ring δ^{13}C records. Nature 279:229–231.
- Farquhar, G. D., J. R. Ehleringer, and K. T. Hubick. 1989. Carbon isotope discrimination and photosynthesis. Annual Review of Plant Physiology and Plant Molecular Biology 40:503–537.
- Farquhar, G. D., M. O'leary, and J. Berry. 1982. On the relationship between carbon isotope discrimination and the intercellular carbon dioxide concentration in leaves. Australian Journal of Plant Physiology 9:121–137.
- Feng, X. 1998. Long-term C_i/C_a response of trees in western North America to atmospheric CO_2 concentration derived from carbon isotope chronologies. Oecologia 117:19–25.
- Feng, X., H. Cui, K. Tang, and L. E. Conkey. 1999. Tree-ring δD as an indicator of Asian monsoon intensity. Quaternary Research 51:262–266.
- Feng, X. and S. Epstein. 1994. Climatic implications of an 8000-year hydrogen isotope time series from bristlecone pine trees. Science 265:1079–1081.
- Feng, X. and S. Epstein. 1995. Carbon isotopes of trees from arid environments and implications for reconstructing atmospheric CO_2 concentration. Geochimica et Cosmochimica Acta 59:2599–2608.
- Frakes, L. and J. Z. Sun. 1994. A carbon isotope record of the upper Chinese loess sequence: Estimates of plant types during stadials and interstadials. Palaeogeography, Palaeoclimatology, Palaeoecology 108:183–189.
- France-Lanord, C. and L. A. Derry. 1994. δ^{13}C of organic carbon in the Bengal Fan: Source evolution and transport of C_3 and C_4 plant carbon to marine sediments. Geochimica et Cosmochimica Acta 58:4809–4814.
- Francey, R. 1981. Tasmanian tree rings belie suggested anthropogenic $^{13}C/^{12}C$ trends. Nature 290:232–235.
- Francey, R. and G. Farquhar. 1982. An explanation of $^{13}C/^{12}C$ variations in tree rings. Nature 297:28–31.
- Freeman, K. H., S. G. Wakeham, and J. M. Hayes. 1994. Predictive isotopic biogeochemistry: Hydrocarbons from anoxic marine basins. Organic Geochemistry 21:629–644.
- Freyer, H. and N. Belacy. 1983. $^{13}C/^{12}C$ records in northern hemispheric trees during the past 500 years-anthropogenic impact and climatic superpositions. Journal of Geophysical Research 88:6844–6852.

- Fu, J., G. Sheng, J. Xu, G. Eglinton, A. Gowar, R. Jia, S. Fan, and P. Peng. 1990. Application of biological markers in the assessment of paleoenvironments of Chinese non-marine sediments. Organic Geochemistry 16:769–779.
- Ganopolski, A., S. Rahmstorf, V. Petoukhov, and M. Claussen. 1998. Simulation of modern and glacial climates with a coupled global model of intermediate complexity. Nature 391:351–356.
- Gelpi, E., H. Schneider, J. Mann, and J. Oro. 1970. Hydrocarbons of geochemical significance in microscopic algae. Phytochemistry 9:603–612.
- Giger, W., C. Schaffner, and S. G. Wakeham. 1980. Aliphatic and olefinic hydrocarbons in recent sediments of Greifensee, Switzerland. Geochimica et Cosmochimica Acat 44:119–129.
- Gray, J. and P. Thompson. 1976. Climatic information from $^{18}O/^{16}O$ ratios of cellulose in tree rings. Nature 262:481–482.
- Grice, K., S. Schouten, A. Nissenbaum, J. Charrach, and J. S. Sinninghe Damsté. 1998. Isotopically heavy carbon in the C_{21} to C_{25} regular isoprenoids in halite-rich deposits from the Sdom Formation, Dead Sea Basin, Israel. Organic Geochemistry 28:349–359.
- Han, J., E. Keppens, T. Liu, R. Paepe, and W. Jiang. 1997. Stable isotope composition of the carbonate concretion in loess and climate change. Quaternary International 37:37–43.
- Harrison, T., P. Copeland, W. Kidd, and A. Yin. 1992. Raising Tibet. Science 255:1663–1670.
- Hedges, J. I. and P. L. Parker. 1976. Land-derived organic matter in surface sediments from the Gulf of Mexico. Geochimica et Cosmochimica Acta 40:1019–1029.
- Hemming, D., V. Switsur, J. Waterhouse, and A. Carter. 1998. Climate variation and the stable carbon isotope composition of tree ring cellulose: An intercomparison of *Quercus robur*, *Fagus sylvatica* and *Pinus silvestris*. Tellus 50:25–33.
- Hendy, C. 1971. The isotopic geochemistry of speleothems-I. The calculation of the effects of different modes of formation on the isotopic composition of speleothems and their applicability as palaeoclimatic indicators. Geochimica et Cosmochimica Acta 35:801–824.
- Hillson, S. 1986. Teeth and age. In: Hillson, S.(ed).Teeth. Cambridge University Press, Cambridge:176–230.
- Hodell, D. A., J. H. Curtis, and M. Brenner. 1995. Possible role of climate in the collapse of Classic Maya civilization. Nature 375:391–394.
- Holmgren, K., W. Karlén, and P. A. Shaw. 1995. Paleoclimatic significance of the stable isotopic composition and petrology of a Late Pleistocene stalagmite from Botswana. Quaternary Research 43:320–328.
- Hong, Y., Z. Wang, H. Jiang, Q. Lin, B. Hong, Y. Zhu, Y. Wang, L. Xu, X. Leng, and H. Li. 2001. A 6000-year record of changes in drought and precipitation in northeastern China based on a $\delta^{13}C$ time series from peat cellulose. Earth and Planetary Science Letters 185:111–119.
- Hu, J., P. Peng, G. Jia, D. Fang, G. Zhang, J. Fu, and P. Wang. 2002. Biological markers and their carbon isotopes as an approach to the paleoenvironmental reconstruction of Nansha area, South China Sea, during the last 30 ka. Organic Geochemistry 33:1197–1204.
- Huang, Y., M. J. Lockheart, J. W. Collister, and G. Eglinton. 1995. Molecular and isotopic biogeochemistry of the Miocene Clarkia Formation: Hydrocarbons and alcohols. Organic Geochemistry 23:785–801.
- Huang, Y., F. A. Street-Perrott, S. E. Metcalfe, M. Brenner, M. Moreland, and K. Freeman. 2001. Climate change as the dominant control on glacial-interglacial variations in C_3 and C_4 plant abundance. Science 293:1647–1651.
- Humphrey, J. D. and C. R. Ferring. 1994. Stable isotopic evidence for latest Pleistocene and Holocene climatic change in north-central Texas. Quaternary Research 41:200–213.
- Hunt, J. M. 1970. The significance of carbon isotope variations in marine sediments. In: Hobson, G. D. and G. C. Spears.(eds). Advances in Organic Geochemistry. Pergamon, Oxford:27–35.
- Ishiwatari, R., K. Yamada, K. Matsumoto, M. Houtatsu, and H. Naraoka. 1999. Organic molecular and carbon isotopic records of the Japan Sea over the past 30 kyr. Paleoceanography 14:260–270.
- Jahren, A. H. 2004. The carbon stable isotope composition of pollen. Review of Palaeobotany and Palynology 132:291–313.
- Jäggi, M., M. Saurer, J. Fuhrer, and R. Siegwolf. 2002. The relationship between the stable carbon isotope composition of needle bulk material, starch, and tree rings in Picea abies. Oecologia 131:325–332.
- Jia, G., P. Peng, Q. Zhao, and Z. Jian. 2003. Changes in terrestrial ecosystem since 30 Ma in East Asia: Stable isotope evidence from black carbon in the South China Sea. Geology 31:1093–1096.
- Kawamura, K. and R. Ishiwatari. 1985. Distribution of lipid-class compounds in bottom sediments of freshwater lakes with different trophic status, in Japan. Chemical Geology 51:123–133.
- Kelly, E., S. Blecker, C. Yonker, C. Olson, E. Wohl, and L. Todd. 1998. Stable isotope composition of soil organic matter and phytoliths as paleoenvironmental indicators. Geoderma 82:59–81.
- Kelly, E. F., R. G. Amundson, B. D. Marino, and M. J. DeNiro. 1991. Stable carbon isotopic composition of carbonate in Holocene

- grassland soils. Soil Science Society of American Journal 55:1651–1658.
- Khademi, H. and A. Mermut. 1999. Submicroscopy and stable isotope geochemistry of carbonates and associated palygorskite in Iranian Aridisols. European Journal of Soil Science 50:207–216.
- Kitagawa, H. and E. Matsumoto. 1995. Climatic implications of $\delta^{13}C$ variations in a Japanese cedar (*Cryptomeria japonica*) during the last two millenia. Geophysical Research Letters 22:2155–2158.
- Kutzbach, J., W. Prell, and W. F. Ruddiman. 1993. Sensitivity of Eurasian climate to surface uplift of the Tibetan Plateau. The Journal of Geology 101:177–190.
- Lawrence, J. and J. White. 1984. Growing season precipitation from D/H ratios of Eastern White Pine. Nature 311:558–560.
- Leavitt, S. W. and A. Lara. 1994. South American tree rings show declining $\delta^{13}C$ trend. Tellus 46:152–157.
- Leavitt, S. W. and A. Long. 1982. Evidence for $^{13}C/^{12}C$ fractionation between tree leaves and wood. Nature 298:742–744.
- Leavitt, S. W. and A. Long. 1983. An atmospheric $^{13}C/^{12}C$ reconstruction generated through removal of climate effects from tree-ring $^{13}C/^{12}C$ measurements. Tellus 35:92–102.
- Leavitt, S. W. and A. Long. 1989. Drought indicated in carbon-13/carbon-12 ratios of southwestern tree rings. Journal of the American Water Resources Association 25:341–347.
- LeGeros, R. 1981. Apatites in biological systems. Prog Cryst Growth Charact 4:1–45.
- Libby, L. M., L. J. Pandolfi, P. H. Payton, J. Marshall, B. Becker, and V. Giertz-Sienbenlist. 1976. Isotopic tree thermometers. Nature 261:284–288.
- Lin, G. and L. S. L. Sternberg. 1993. Hydrogen isotopic fractionation by plant roots during water uptake in coastal wetland plants. In: Ehleringer, J. R., A. E. Hall, and G. D. Farquhar. (eds). Stable Isotopes and Plant Carbon/Water Relations. Academic Press, New York:497–510.
- Lipp, J., P. Trimborn, P. Fritz, H. Moser, B. Becker, and B. Frenzel. 1991. Stable isotopes in tree ring cellulose and climatic change. Tellus B 43:322–330.
- Lipp, J., P. Trimborn, W. Graff, and B. Becker. 1993. Climatic significance of D/H ratios in the cellulose of late wood in tree rings from spruce (*Picea abies* L.). In:Isotope Techniques in the Study of Past and Current Environmental Change in the Hydrosphere and Atmosphere. IAEA, Vienna:395–405.
- Liu, B., F. M. Phillips, and A. R. Campbell. 1996. Stable carbon and oxygen isotopes of pedogenic carbonates, Ajo Mountains, southern Arizona: Implications for paleoenvironmental change. Palaeogeography, Palaeoclimatology, Palaeoecology 124:233–246.
- Liu, Y., L. Ma, Q. Cai, Z. An, W. Liu, and L. Gao. 2002. Reconstruction of summer temperature (June–August) at Mt. Helan, China, from tree-ring stable carbon isotope values since AD 1890. Science in China Series D: Earth Sciences 45:1127–1136.
- Liu, Y., L. Ma, S. W. Leavitt, Q. Cai, and W. Liu. 2004. A preliminary seasonal precipitation reconstruction from tree-ring stable carbon isotopes at Mt. Helan, China, since AD 1804. Global and Planetary Change 41:229–239.
- Loader, N. and D. Hemming. 2000. Preparation of pollen for stable carbon isotope analyses. Chemical Geology 165:339–344.
- Loader, N. and D. Hemming. 2001. Spatial variation in pollen $\delta^{13}C$ correlates with temperature and seasonal development timing. The Holocene 11:587–592.
- Loader, N. and D. Hemming. 2004. The stable isotope analysis of pollen as an indicator of terrestrial palaeoenvironmental change: A review of progress and recent developments. Quaternary Science Reviews 23:893–900.
- Loader, N., I. Robertson, and D. McCarroll. 2003. Comparison of stable carbon isotope ratios in the whole wood, cellulose and lignin of oak tree-rings. Palaeogeography, Palaeoclimatology, Palaeoecology 196:395–407.
- Loader, N. J., D. McCarroll, M. Gagen, I. Robertson, and R. Jalkanen. 2007. Extracting climatic information from stable isotopes in tree rings. Terrestrial Ecology 1:25–48.
- Luo, Y. and L. S. L. Sternberg. 1992. Hydrogen and oxygen isotopic fractionation during heterotrophic cellulose synthesis. Journal of Experimental Botany 43:47–50.
- MacFadden, B. J., T. E. Cerling, J. M. Harris, and J. Prado. 1999. Ancient latitudinal gradients of C_3/C_4 grasses interpreted from stable isotopes of New World Pleistocene horse (*Equus*) teeth. Global Ecology and Biogeography 8:137–149.
- MacFadden, B. J., Y. Wang, T. E. Cerling, and F. Anaya. 1994. South American fossil mammals and carbon isotopes: A 25 million-year sequence from the Bolivian Andes. Palaeogeography, Palaeoclimatology, Palaeoecology 107:257–268.
- Madureira, M., C. Vale, and M. Gonalves. 1997. Effect of plants on sulphur geochemistry in the Tagus salt-marshes sediments. Marine Chemistry 58:27–37.
- Magaritz, M. and A. Amiel. 1980. Calcium carbonate in a calcareous soil from the Jordan Valley, Israel: Its origin as revealed by the stable carbon isotope method. Soil Science Society of American Journal 44:1059–1062.
- Marion, G. M., W. Schlesinger, and P. Fonteyn. 1985. CALDEP: A regional model for soil $CaCO_3$ (caliche) deposition in

- southwestern deserts. Soil Science 139:468–481.
- McCarroll, D. and N. J. Loader. 2004. Stable isotopes in tree rings. Quaternary Science Reviews 23:771–801.
- McQuoid, M., M. Whiticar, S. Calvert, and T. Pedersen. 2001. A post-glacial isotope record of primary production and accumulation in the organic sediments of Saanich Inlet, ODP Leg 169S. Marine Geology 174:273–286.
- Meyers, P. A. 1997. Organic geochemical proxies of paleoceanographic, paleolimnologic, and paleoclimatic processes. Organic Geochemistry 27:213–250.
- Meyers, P. A. 2003. Applications of organic geochemistry to paleolimnological reconstructions: A summary of examples from the Laurentian Great Lakes. Organic Geochemistry 34:261–289.
- Meyers, P. A. and R. Ishiwatari. 1993. Lacustrine organic geochemistry—An overview of indicators of organic matter sources and diagenesis in lake sediments. Organic Geochemistry 20:867–900.
- Naraoka, H. and R. Ishiwatari. 2000. Molecular and isotopic abundances of long-chain n-fatty acids in open marine sediments of the western North Pacific. Chemical Geology 165:23–36.
- Neilson, R., D. Robinson, C. A. Marriott, C. M. Scrimgeour, D. Hamilton, J. Wishart, B. Boag, and L. L. Handley. 2002. Above-ground grazing affects floristic composition and modifies soil trophic interactions. Soil Biology and Biochemistry 34:1507–1512.
- Nelson, D. M., F. S. Hu, and R. H. Michener. 2006. Stable-carbon isotope composition of Poaceae pollen: An assessment for reconstructing C_3 and C_4 grass abundance. The Holocene 16:819–825.
- Nelson, D. M., F. S. Hu, J. A. Mikucki, J. Tian, and A. Pearson. 2007. Carbon isotopic analysis of individual pollen grains from C_3 and C_4 grasses using a spooling-wire microcombustion interface. Geochimica et Cosmochimica Acta 71:4005–4014.
- Newesely, H. 1989. Fossil bone apatite. Applied Geochemistry 4:233–245.
- Nordt, L. C., T. W. Boutton, J. S. Jacob, and R. D. Mandel. 2002. C_4 plant productivity and climate CO_2 variations in south-central Texas during the late Quaternary. Quaternary Research 58:182–188.
- Ostrom, P. H., M. Colunga-Garcia, and S. H. Gage. 1997. Establishing pathways of energy flow for insect predators using stable isotope ratios: Field and laboratory evidence. Oecologia 109:108–113.
- Pearman, G., R. Francey, and P. Fraser. 1976. Climatic implications of stable carbon isotopes in tree rings. Nature 260:771–773.
- Pearson, F. and T. B. Coplen. 1978. Stable isotope studies of lakes. In: Lerman, A.（ed）. Lakes: Chemistry, Geology, Physics. Springer, New York:325–340.
- Pendall, E. 2000. Influence of precipitation seasonality on piñon pine cellulose $δD$ values. Global Change Biology 6:287–301.
- Pendall, E. and R. Amundson. 1990. The stable isotope chemistry of pedogenic carbonate in an alluvial soil from the Punjab, Pakistan. Soil Science 149:199–211.
- Pendall, E. G., J. W. Harden, S. E. Trumbore, and O. A. Chadwick. 1994. Isotopic approach to soil carbonate dynamics and implications for paleoclimatic interpretations. Quaternary Research 42:60–71.
- Peters, K. E. and J. M. Moldwan. 1993. The biomarker guide: Interpreting molecular fossils in petroleum and ancient sediments. University of Cambridge, Cambridge.
- Petit, J. R., J. Jouzel, D. Raynaud, N. Barkov, J. Barnola, I. Basile, M. Bender, J. Chappellaz, M. Davis, and G. Delaygue. 1999. Climate and atmospheric history of the past 420,000 years from the Vostok ice core, Antarctica. Nature 399:429–436.
- Porté, A. and D. Loustau. 2001. Seasonal and interannual variations in carbon isotope discrimination in a maritime pine（Pinus pinaster）stand assessed from the isotopic composition of cellulose in annual rings. Tree Physiology 21:861–868.
- Quade, J., J. M. L. Cater, T. P. Ojha, J. Adam, and T. Mark Harrison. 1995. Late Miocene environmental change in Nepal and the northern Indian subcontinent: Stable isotopic evidence from paleosols. Geological Society of America Bulletin 107:1381–1397.
- Quade, J. and T. E. Cerling. 1990. Stable isotopic evidence for a pedogenic origin of carbonates in trench 14 near Yucca Mountain, Nevada. Science 250:1549–1552.
- Quade, J. and T. E. Cerling. 1995. Expansion of C_4 grasses in the late Miocene of northern Pakistan: Evidence from stable isotopes in paleosols. Palaeogeography, Palaeoclimatology, Palaeoecology 115:91–116.
- Quade, J., T. E. Cerling, J. C. Barry, M. E. Morgan, D. R. Pilbeam, A. R. Chivas, J. A. Lee-Thorp, and N. J. van der Merwe. 1992. A 16-Ma record of paleodiet using carbon and oxygen isotopes in fossil teeth from Pakistan. Chemical Geology（Isotope Geoscience Section）94:183–192.
- Quade, J., T. E. Cerling, and J. R. Bowman. 1989. Systematic variations in the carbon and oxygen isotopic composition of pedogenic carbonate along elevation transects in the southern Great Basin, United States. Bulletin of the Geological Society of America 101:464–475.
- Quade, J., N. Solounias, and T. E. Cerling. 1994. Stable isotopic

- evidence from paleosol carbonates and fossil teeth in Greece for forest or woodlands over the past 11 Ma. Palaeogeography, Palaeoclimatology, Palaeoecology 108:41–53.
- Rabenhorst, M., L. Wilding, and L. West. 1984. Identification of pedogenic carbonates using stable carbon isotope and microfabric analyses. Soil Science Society of American Journal 48:125–132.
- Raffalli-Delerce, G., V. Masson-Delmotte, J. Dupouey, M. Stievenard, N. Breda, and J. Moisselin. 2004. Reconstruction of summer droughts using tree-ring cellulose isotopes: A calibration study with living oaks from Brittany (western France). Tellus 56:160–174.
- Ramesh, R., S. Bhattacharya, and K. Gopalan. 1986. Climatic correlations in the stable isotope records of silver fir (*Abies pindrow*) trees from Kashmir, India. Earth and Planetary Science Letters 79:66–74.
- Rau, G., T. Takahashi, and D. Des Marais. 1989. Latitudinal variations in plankton C: Implications for CO_2 and productivity in past oceans. Nature 341:516–518.
- Rau, G., T. Takahashi, D. Des Marais, D. Repeta, and J. Martin. 1992. The relationship between $\delta^{13}C$ of organic matter and [CO_2(aq)] in ocean surface water: Data from a JGOFS site in the northeast Atlantic Ocean and a model. Geochimica et Cosmochimica Acta 56:1413–1419.
- Retallack, G. J. 1992. Middle Miocene fossil plants from Fort Ternan (Kenya) and evolution of African grasslands. Paleobiology 18:383–400.
- Retallack, G. J., D. Dugas, and E. Bestland. 1990. Fossil soils and grasses of a middle Miocene East African grassland. Science 247:1325–1328.
- Robertson, I., N. Loader, D. McCarroll, A. Carter, L. Cheng, and S. Leavitt. 2004. $\delta^{13}C$ of tree-ring lignin as an indirect measure of climate change. Water, Air, and Soil Pollution: Focus 4:531–544.
- Robertson, I., V. Switsur, A. Carter, A. Barker, J. Waterhouse, K. Briffa, and P. Jones. 1997. Signal strength and climate relationships in $^{13}C/^{12}C$ ratios of tree ring cellulose from oak in east England. Journal of Geophysical Research 102:19507–19516.
- Roden, J. S. and J. R. Ehleringer. 1999a. Hydrogen and oxygen isotope ratios of tree-ring cellulose for riparian trees grown long-term under hydroponically controlled environments. Oecologia 121:467–477.
- Roden, J. S. and J. R. Ehleringer. 1999b. Leaf water D and ^{18}O observations confirm robustness of Craig-gordon model under wide ranging environmental conditions. Plant Physiology 120:1165–1173.
- Roden, J. S. and J. R. Ehleringer. 2007. Summer precipitation influences the stable oxygen and carbon isotopic composition of tree-ring cellulose in *Pinus ponderosa*. Tree Physiology 27:491–501.
- Roden, J. S., G. Lin, and J. R. Ehleringer. 2000. A mechanistic model for interpretation of hydrogen and oxygen isotope ratios in tree-ring cellulose. Geochimica et Cosmochimica Acta 64:21–35.
- Schiegl, W. 1974. Climatic significance of deuterium abundance in growth rings of *Picea*. Nature 256:582–585.
- Schoell, M., M. A. McCaffrey, F. J. Fago, and J. M. Moldowan. 1992. Carbon isotopic compositions of 28,30-bisnorhopanes and other biological markers in a Monterey crude oil. Geochimica et Cosmochimica Acta 56:1391–1399.
- Schouten, S., W. A. Hartgers, J. F. Lopez, J. O. Grimalt, and J. S. Sinninghe Damst. 2001. A molecular isotopic study of ^{13}C-enriched organic matter in evaporitic deposits: Recognition of CO_2-limited ecosystems. Organic Geochemistry 32:277–286.
- Schouten, S., M. J. L. Hoefs, and J. S. Sinninghe Damst. 2000. A molecular and stable carbon isotopic study of lipids in late Quaternary sediments from the Arabian Sea. Organic Geochemistry 31:509–521.
- Schouten, S., M. Schoell, W. I. C. Rijpstra, J. S. Sinninghe Damsté, and J. W. de Leeuw. 1997. A molecular stable carbon isotope study of organic matter in immature Miocene Monterey sediments, Pismo basin. Geochimica et Cosmochimica Acta 61:2065–2082.
- Scott, L. 2002. Grassland development under glacial and interglacial conditions in southern Africa: Review of pollen, phytolith and isotope evidence. Palaeogeography, Palaeoclimatology, Palaeoecology 177:47–57.
- Shackleton, N. J., J. Backman, H. Zimmerman, D. Kent, M. Hall, D. Roberts, D. Schnitker, J. Baldauf, A. Desprairies, and R. Homrighausen. 1984. Oxygen isotope calibration of the onset of ice-rafting and history of glaciation in the North Atlantic region. Nature 307:620–623.
- Simoneit, B. R. T. 1978. Preliminary organic geochemistry of laminated versus nonlaminated sediments B from holes 479 and 480, deep sea drilling project leg 641. Initial reports of the Deep Sea Drilling Project: A project planned by and carried out with the advice of the Joint Oceanographic Institutions for Deep Earth sampling 64:921–924.
- Sponheimer, M. and J. A. Lee-Thorp. 1999. Isotopic evidence for the diet of an early hominid, *Australopithecus africanus*. Science 283:368–370.
- Spooner, N., G. Rieley, J. W. Collister, M. Lander, P. A. Cranwell, and J. R. Maxwell. 1994. Stable carbon isotopic correlation of individual biolipids in aquatic organisms and a lake bottom

- sediment. Organic Geochemistry 21:823–827.
- Sposito, G., R. J. Reginato, and R. J. Luxmoore. 1992. Opportunities in basic soil science research. Soil Science Society of America, Madison.
- Srivastava, P. 2001. Paleoclimatic implications of pedogenic carbonates in Holocene soils of the Gangetic Plains, India. Palaeogeography, Palaeoclimatology, Palaeoecology 172:207–222.
- Sternberg, L. and M. J. DeNiro. 1983. Isotopic composition of cellulose from C_3, C_4, and CAM plants growing near one another. Science 220:947–949.
- Sternberg, L., M. C. Pinzon, W. T. Anderson, and A. Jahren. 2006. Variation in oxygen isotope fractionation during cellulose synthesis: Intramolecular and biosynthetic effects. Plant, Cell and Environment 29:1881–1889.
- Sternberg, L. S. L. 2009. Oxygen stable isotope ratios of tree-ring cellulose: The next phase of understanding. New Phytologist 181:553–562.
- Sternberg, L. S. L., M. J. DeNiro, and R. A. Savidge. 1986. Oxygen isotope exchange between metabolites and water during biochemical reactions leading to cellulose synthesis. Plant Physiology 82:423–427.
- Street-Perrott, F. A., Y. Huang, R. A. Perrott, G. Eglinton, P. Barker, L. B. Khelifa, D. D. Harkness, and D. O. Olago. 1997. Impact of lower atmospheric carbon dioxide on tropical mountain ecosystems. Science 278:1422–1426.
- Struck, U., K. C. Emeis, M. Voss, C. Christiansen, and H. Kunzendorf. 2000. Records of southern and central Baltic Sea eutrophication in $\delta^{13}C$ and $\delta^{15}N$ of sedimentary organic matter. Marine Geology 164:157–171.
- Stuiver, M. 1975. Climate versus changes in ^{13}C content of the organic component of lake sediments during the late Quarternary. Quaternary Research 5:251–262.
- Talma, A. and J. C. Vogel. 1992. Late Quaternary paleotemperatures derived from a speleothem from Cango caves, Cape province, South Africa. Quaternary Research 37:203–213.
- Tang, K., X. Feng, and G. J. Ettl. 2000. The variations in δD of tree rings and the implications for climatic reconstruction. Geochimica et Cosmochimica Acta 64:1663–1673.
- Taroncher-Oldenburg, G. and G. Stephanopoulos. 2000. Targeted, PCR-based gene disruption in cyanobacteria: Inactivation of the polyhydroxyalkanoic acid synthase genes in *Synechocystis* sp. PCC6803. Applied Microbiology and Biotechnology 54:677–680.
- Terwilliger, V. J. and M. J. DeNiro. 1995. Hydrogen isotope fractionation in wood-producing avocado seedlings: Biological constraints to paleoclimatic interpretations of δD values in tree ring cellulose nitrate. Geochimica et Cosmochimica Acta 59:5199–5207.
- Thackeray, J., N. van der Merwe, J. Lee-Thorp, A. Sillen, J. Lanham, R. Smith, A. Keyser, and P. Monteiro. 1990. Changes in carbon isotope ratios in the Late Permian recorded in therapsid tooth apatite. Nature 347:751–753.
- Thomasson, J. R., M. E. Nelson, and R. J. Zakrzewski. 1986. A fossil grass (Gramineae: Chloridoideae) from the Miocene with Kranz anatomy. Science 233:876–878.
- Thorp, J. L. and N. J. van der Merwe. 1987. Carbon isotope analysis of fossil bone apatite. South African Journal of Science 83:712–715.
- Tidwell, W. D. and E. Nambudiri. 1989. *Tomlisonia thomassonii*, gen. et sp. nov., a permineralized grass from the upper Miocene Ricardo Formation, California. Review of Palaeobotany and Palynology 60:165–177.
- Trautz, O. R. 1967. Crystalline organization of dental mineral. Structural and Chemical Organization of Teeth 2:165–200.
- Treydte, K. S., G. H. Schleser, G. Helle, D. C. Frank, M. Winiger, G. H. Haug, and J. Esper. 2006. The twentieth century was the wettest period in northern Pakistan over the past millennium. Nature 440:1179–1182.
- van Bergen, P. F. and I. Poole. 2002. Stable carbon isotopes of wood: A clue to palaeoclimate? Palaeogeography, Palaeoclimatology, Palaeoecology 182:31–45.
- Versteegh, G., H. J. Bosch, and J. De Leeuw. 1997. Potential palaeoenvironmental information of C_{24} to C_{36} mid-chain diols, keto-ols and mid-chain hydroxy fatty acids: A critical review. Organic Geochemistry 27:1–13.
- Volkman, B. F., A. M. Prantner, S. J. Wilkens, B. Xia, and J. L. Markley. 1997. Assignment of ^1H, ^{13}C, and ^{15}N signals of oxidized Clostridium pasteurianum rubredoxin. Journal of Biomolecular NMR 10:409–410.
- Volkman, J. K. 1986. A review of sterol markers for marine and terrigenous organic matter. Organic Geochemistry 9:83–99.
- Volkman, J. K., S. M. Barrett, and G. A. Dunstan. 1994. C_{25} and C_{30} highly branched isoprenoid alkenes in laboratory cultures of two marine diatoms. Organic Geochemistry 21:407–414.
- Volkman, J. K., S. M. Barrett, G. A. Dunstan, and S. Jeffrey. 1992. C_{30}-C_{32} alkyl diols and unsaturated alcohols in microalgae of the class Eustigmatophyceae. Organic Geochemistry 18:131–138.
- Wang, H., S. H. Ambrose, C. L. J. Liu, and L. R. Follmer. 1997. Paleosol stable isotope evidence for early hominid occupation of East Asian temperate environments. Quaternary Research 48:228–238.
- Wang, H. and L. R. Follmer. 1998. Proxy of monsoon seasonality

- in carbon isotopes from paleosols of the southern Chinese Loess Plateau. Geology 26:987–990.
- Wang, Y. and T. E. Cerling. 1994. A model of fossil tooth and bone diagenesis: Implications for paleodiet reconstruction from stable isotopes. Palaeogeography, Palaeoclimatology, Palaeoecology 107:281–289.
- Wang, Y., T. E. Cerling, and B. J. MacFadden. 1994. Fossil horses and carbon isotopes: New evidence for Cenozoic dietary, habitat, and ecosystem changes in North America. Palaeogeography, Palaeoclimatology, Palaeoecology 107:269–279.
- Wang, Y. and S. H. Zheng. 1989. Paleosol nodules as Pleistocene paleoclimatic indicators, Luochuan, PR China. Palaeogeography, Palaeoclimatology, Palaeoecology 76:39–44.
- Ward, J., T. Dawson, and J. Ehleringer. 2002. Responses of Acer negundo genders to interannual differences in water availability determined from carbon isotope ratios of tree ring cellulose. Tree Physiology 22:339–346.
- Warren, C. R., J. F. McGrath, and M. A. Adams. 2001. Water availability and carbon isotope discrimination in conifers. Oecologia 127:476–486.
- Whistler, D. P. and D. W. Brubank. 1992. Miocene biostratigraphy and biochronology of the Dove Spring Formation, Mojave Desert, California, and characterization of the Clarendonian mammal age (late Miocene) in California. Geological Society of America Bulletin 104:644–658.
- White, J. W. C., J. R. Lawrence, and W. S. Broecker. 1994. Modeling and interpreting ratios in tree rings: A test case of white pine in the northeastern United States. Geochimica et Cosmochimica Acta 58:851–862.
- Winograd, I. J., T. B. Coplen, J. M. Landwehr, A. C. Riggs, K. R. Ludwig, B. J. Szabo, P. T. Kolesar, and K. M. Revesz. 1992. Continuous 500,000-year climate record from vein calcite in Devils Hole, Nevada. Science 258:255–260.
- Wraige, J.E., S. T.Belt, C.A. Lewis, D.A.Cooke, J.M. Robert, G.Massé, and S. Rowland. 1997. Variations in structures and distributions of C_{25} highly branched isoprenoid (HBI) alkenes in cultures of the diatom, Haslea ostrearia (Simonsen). Organic Geochemistry 27:497–505.
- Wu, N., H. Lu, X. Sun, Z. Guo, J. Liu, and J. Han. 1995. Climatic factor transfer function from opal phytolith and its application in paleoclimate reconstruction of China loess-paleosol sequence. Scientia Geologica Sinica 1:105–114.
- Yakir, D. 1992. Variations in the natural abundance of oxygen-18 and deuterium in plant carbohydrates. Plant, Cell and Environment 15:1005–1020.
- Yakir, D. and M. J. DeNiro. 1990. Oxygen and hydrogen isotope fractionation during cellulose metabolism in *Lemna gibba* L. Plant Physiology 93:325–332.
- Yancheva, G., N. R. Nowaczyk, J. Mingram, P. Dulski, G. Schettler, J. F. W. Negendank, J. Liu, D. M. Sigman, L. C. Peterson, and G. H. Haug. 2007. Influence of the intertropical convergence zone on the East Asian monsoon. Nature 445:74–77.
- Yapp, C. J. and S. Epstein. 1982a. Climatic significance of the hydrogen isotope ratios in tree cellulose. Nature 297:636–639.
- Yapp, C. J. and S. Epstein. 1982b. A reexamination of cellulose carbon-bound hydrogen δD measurements and some factors affecting plant-water D/H relationships. Geochimica et Cosmochimica Acta 46:955–965.
- Zachos, J., M. Pagani, L. Sloan, E. Thomas, and K. Billups. 2001. Trends, rhythms, and aberrations in global climate 65 Ma to present. Science 292:686–693.
- Zanchetta, G., M. D. Vito, A. Fallick, and R. Sulpizio. 2000. Stable isotopes of pedogenic carbonates from the Somma-Vesuvius area, southern Italy, over the past 18 kyr: Palaeoclimatic implications. Journal of Quaternary Science 15:813–824.
- Zheng, S., Y. Wang, and C. Chen. 1987. Studies on the stable isotopes in carbonates in Luochuan loess section: Applicability of the Ca daduies as paleoclimate indicators. In:Liu, T. S.(ed). Aspects of Loess Research. China Ocean Press, Beijing：283–290.
- Zhu, X., M. Zhang, Y. Lin, J. Qin, and Y. Yang. 2006. Carbon isotopic records from stalagmites and the signification of paleo-ecological environment in the area of Guangxi–Guizhou, China. Environmental Geology 51:267–273.

第14章
稳定同位素
与污染生态学

环境污染不仅对人类健康产生极大危害，而且对生物种群、群落以至整个生态系统的结构和功能都会有很大影响。例如，大气污染造成大片树林枯萎、农作物收成减少；水体污染造成大量鱼类死亡、渔业产量下降；土壤污染造成农作物发育障碍和植物体内毒素积累。随着污染日益严重，环境污染的生态学研究受到广泛重视，尤其是20世纪80年代以来，各国科学家调查了鸟、鱼、兽类的大量死亡事件，研究了污染物在食物链中的生物积累、生物浓缩和生物放大，开展了实验室生态模拟和野外受控生态系统的试验，探索了污染物在生态系统中的迁移和转化规律，逐渐形成了以研究污染胁迫下生态系统效应为中心内容的污染生态学。

污染生态学是研究生物与受污染环境之间的相互作用机理和规律的学科，主要研究以下内容。① 环境污染的生态效应：包括环境污染对生态系统中各种生物的影响，污染物在生物体内的积累、浓缩、放大、协同和颉颃等作用；② 环境污染的生物净化：包括绿色植物对大气污染物的吸收、吸附、滞尘以及杀菌作用，土壤-植物系统的净化功能，植物根系和土壤微生物的降解、转化作用以及生物对水体污染的净化作用；③ 环境质量的生物监测和生物评价等。污染生态学的研究为生态污染的防治提供了科学依据。目前存在的主要问题包括：缺乏野外定量的研究方法；实验室的实验结果与野外调查结果存在差异；污染物在生态系统内的运转规律和机理还有大量问题尚未阐明，需进一步研究。

在不同环境条件下相同物质的稳定同位素组成会有一定的差异（见第3章）。根据同位素分馏的原理，在特定的条件下不同物质的稳定同位素组成有大致固定的变化范围。例如，膏岩和灰泥的硫同位素比值（$\delta^{34}S$）介于15‰～35‰，而汽车排放废气的$\delta^{34}S$波动于12‰～17‰。大气沉降物的$\delta^{15}N$值一般在2‰～8‰，人类和动物排泄物的$\delta^{15}N$值为10‰～20‰，而人工合成的化学肥料$\delta^{15}N$值接近0‰（-3‰～3‰）。利用N、S等元素稳定同位素比率的这些变异规律，我们可以追踪环境的污染状况，进而对污染程度进行定量评价（Elsner et al.，2005；白志鹏等，2007；罗绪强等，2007；郭照冰等，2010；王艳红等，2010）。

由于不同来源的含氮物质具有不同的氮同位素组成（图14-1），因此氮同位素是一种很好的污染物指示剂。目前，在农业生产中化肥的使用非常普遍，土壤中的氮肥及其他的含氮有机物随着水土流失而进入江河湖海，因此$\delta^{15}N$值可以作为水域环境污染程度指标（罗绪强等，2007）。近期稳定同位素示踪技术也有效地应用于赤潮的研究中，通过追踪引起赤潮主要物种的发展变化，可以研究赤潮的产生机理、发展过程和对水体及生态系统营养层次的影响，了解赤潮发生的原因及赤潮的预防手段（Teichberg et al.，2010）。硫作为大气和水体中污染物的主要成分，确定其来源对于含硫污染物的控制有着重要意义。利用硫稳定同位素组成示踪污染物的来源具有准确方便的特点，使之成为研究的热点（郭照冰等，2010）。此外，氮稳定同位素还可用于生物对多氯联苯（PCBs）、敌敌畏（DDVP）、氯丹（CHL）等持久性有机污染物（POPs）的生物富集研究以及微生物修复过程研究（Elsner et al., 2005；刘慧杰等，2007）。利用稳定同位素示踪的方法，与常规污染物调查相结合来研究陆源污染物的扩散运移规律以及在食物网中的生物放大和积累作用，可为环境污染的综合治理提供科学技术支持。可以说，稳定同位素技术将会在当前生态学研究热点——环境污染治理以及生态动力学模型建立等方面发挥巨大的作用。

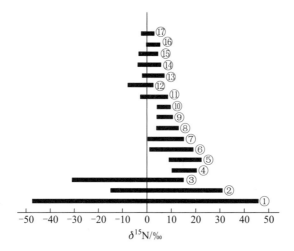

图14-1 不同天然和污染氮化物的$\delta^{15}N$值分布图：① 天然气；② 火成岩；③ 火山气；④ 受粪肥污染土壤中的氮；⑤ 动物粪便（厩肥）或污水中的NO_3^-；⑥ 沉积岩中的有机质；⑦ 石油；⑧ 非豆科植物；⑨ 垦殖土壤和受生活污水污染土壤中的氮；⑩ 土壤有机氮矿化形成的NO_3^-；⑪ 天然土壤中的氮；⑫ 雨水；⑬ 煤；⑭ 受化肥和工业废水污染土壤中的氮；⑮ 含氮化肥的NO_3^-；⑯ 豆科植物；⑰ 泥炭（罗绪强等，2007）

本章分别介绍稳定同位素技术在追踪水体污染物、大气氮、硫化合物、土壤有机与无机污染物等方面的应用原理和研究实例。

第1节 水体污染物的稳定同位素示踪研究

水体污染物是指可以造成水体水质、水中生物群落以及水体底泥质量恶化的各种有害物质。可以利用氮、硫、碳等轻元素稳定同位素来研究水体污染物，水体污染物主要包括硫酸盐、氮化物等。表14-1列出了一些稳定同位素示踪剂在水质量和水环境监测项目中的用途。

表14-1 常用稳定同位素标记示踪剂在水质量和水环境监测项目中的用途（Kendall et al., 2010）

示踪剂类别	用途
硝酸盐 $\delta^{18}O$、$\delta^{15}N$ 和 $\Delta^{17}O$	量化不同来源（肥料、污水、湿地、大气沉降物等）的硝酸盐；反映藻类生产力和回收程度；区分硝化、反硝化和同化过程
悬浮颗粒有机物（POM）$\delta^{15}N$、$\delta^{13}C$ 和 $\delta^{34}S$	POM的来源追溯；C、N和S的来源追溯以及驱动元素循环的生物地球化学反应（包括这些元素进入藻类生物合成的反应）的追踪；量化藻类与陆地植被在生物量方面的贡献
溶解有机质（DOM）$\delta^{15}N$、$\delta^{13}C$ 和 $\delta^{34}S$	DOM的来源追溯；C、N和S的来源追溯以及驱动这些元素循环的生物地球化学反应（包括这些元素进入藻类生物合成反应）的追踪；量化藻类与陆地植被对生物量的贡献；指示有机质的降解
溶解无机碳（DIC）$\delta^{13}C$	DIC的来源追溯，反映原位藻类生产力、有机质降解程度、DIC与大气气体交换程度以及硝化作用
溶解氧（DO）气体 $\delta^{18}O$	反映水体中生产量和呼吸消耗量的比率、氧气来源、与大气气体交换程度、生物需氧（BOD）机制等
硫酸盐 $\delta^{34}S$、$\delta^{18}O$ 和 $\Delta^{17}O$	量化不同来源（土壤、污水、湿地、大气等）的硫酸盐；反映藻类的来源、物质循环过程
磷酸盐 $\delta^{18}O$	量化磷酸盐的来源；反映藻类的生产状况、河段内的物质循环和P限制情况
生物群（藻类、无脊椎动物、鱼类）$\delta^{15}N$、$\delta^{13}C$、$\delta^{34}S$、$\delta^{2}H$ 和 $\delta^{18}O$	反映生物群的来源地、C、N和S的来源追溯以及驱动元素循环的生物地球化学反应（包括这些元素进入藻类生物合成的反应）的追踪；量化藻类与陆地植被在生物量方面的贡献；营养结构等

一、地表水硫酸盐源的识别

随着工业文明的发展，地表水中的化学组分变得越发复杂，污染物种类越来越多，而硫酸盐是其主要组成成分之一。水体中的硫酸盐主要来自大气、岩石土壤与水体中的生物等。硫同位素比值测定为理清地表水中硫酸盐污染源及了解其污染过程提供了一种方法。

（一）大气源

大气中的硫酸盐可以通过大气直接或间接沉降进入水体。直接沉降是指通过降水直接进入水体。例如，我国都江堰地区的降水和地表水中的硫酸盐 $\delta^{34}S$ 值分别为1‰~5‰和1.9‰~4‰，而该地区燃煤中的 $\delta^{34}S$ 值为1.5‰~4.7‰。通过三者之间的相似性可以判断，地表水中的硫酸盐主要来自大气降水，其主要污染源是燃煤排放（Li et al., 2006）。韩国部分地区大气降水 $\delta^{34}S$ 值与地表水的 $\delta^{34}S$ 值相近，说明大气降水也是当地地表水中硫酸盐的主要来源。间接沉降是指沉降到地表的硫酸盐通过土壤进入水体的过程（Yu and Park，2004）。Shanley等（2005）通过测定多种可能源的$\delta^{34}S$，建立相关模型并进行物料衡算，得出所研究区域大气中的硫酸盐主要通过间接沉降进入水体。由于间接沉降过程慢于直接沉降，因此当大气中硫酸盐$\delta^{34}S$突然发生剧烈变化时，当地河流中硫酸盐的$\delta^{34}S$并不会出现大的波动。这一现象可以用来解释大气中硫酸盐向水体中的传播路径是直接沉降或是间接沉降。

（二）矿物岩石源

人为采矿、金属矿物表面硫的风化与河水的冲刷可产生大量的含硫酸性废水和环境有害物质。因此，人为采矿与矿体风化往往成为矿区附近水体中硫的主要来源途径。例如，位于澳大利亚昆士兰州中部的Mt Morgan矿区从1882年就开始进行采矿生产，伴随着采矿活动其附近的Dee River水质显著恶化，河流中的某些污染物浓度达到了本底值的数百倍。Edraki等（2005）对不同断面河水中硫酸盐的$\delta^{34}S$进行了检测和对比，发现其$\delta^{34}S$与矿体硫化物的$\delta^{34}S$值具有较好的吻合度，并断定矿体硫化物是河流中硫酸盐污染物的重要来源。在研究矿山废水对河流的影响时，仅通过常见的离子分析很难将来自地下水、土壤及大气中的硫酸盐与废水中的硫酸盐区分开。Trettin等（2007）的研究显示，利用不同源头$\delta^{34}S$的差异则可以很好地区分不同硫源对同一水体的影响，同时还可揭示河水进入废矿后可能发生的后续反应。

（三）农业源

造成水体硫污染的另一个重要污染源是农业生产所使用的化肥。几乎所有的化肥中都含有硫酸盐，因此化肥在促进农作物生长的同时也会向环境中释放硫酸盐等污染物（Otero et al.，2005）。利用$\delta^{34}S$测定可以评估化肥对河流的污染。法国东北部Mandon河穿过Lorrain平原的农业区，由于当地土壤只含较少的有机碳类和铁、铝等元素（Kirchmann et al.，1996；Eriksen，1997a，b；Knights et al.，2001），化肥难以被土壤长期吸附，在短时间内会进入Mandon河，成为河水水质恶化的主要原因之一。Brenot等（2007）通过对比水体与化肥中的$\delta^{34}S$，佐证了农业化肥是Mandon河的主要污染源，并计算出化肥中70%～100%的硫酸盐直接流入Mandon河。利用硫同位素组成还可以辨明造成水体污染的物质种类。日本Usogawa地区的河流富营养化现象比较严重，通过测定当地家用洗涤剂（＞10‰）、化肥（−5.9‰～3.7‰）与河水中的$\delta^{34}S$值（−2‰～5.8‰），推测家用洗涤剂和化肥是Usogawa地区河流的主要污染源（Hosono et al.，2007）。

（四）自然源

硫酸盐的自然源主要是大气、岩石、土壤以及火山爆发等。这些污染源会随着当地温度、水文等自然条件的变化而改变。因此，常见的化学方法很难解释水中污染物的来源，但通过对水体中硫酸盐浓度及$\delta^{34}S$的持续观测，结合自然条件的变化，可得到各时段水体中主要污染物的来源，并区分各时段的主导污染源。Sleepers河位于美国东北部，由当地自然条件判断这一河流中的污染源可能为大气、岩石、土壤、生物源。Shanley等（2008）对Sleepers河水$\delta^{34}S$进行了一年多的跟踪测量，发现河流中$\delta^{34}S$存在季节性变化。通过对4种潜在污染源进行$\delta^{34}S$测定与分析后，指出4种源在不同时间内对Sleepers河的硫酸盐污染分别起着主导作用。由于冬、春季气温较低，土壤中硫细菌不活跃，可排除土壤中生物源的可能。通过对比这段时间内水体、大气、土壤的$\delta^{34}S$，可推断出大气沉降和土壤的非生物影响产生的硫酸盐是其主要的污染源；进入夏季，来自岩石风化的硫酸盐（10.3‰）占据主导地位；秋天，由于硫细菌的频繁活动，硫同位素峰值持续出现，随着时间推移，秋季洪水的到来使土壤中非生物影响的硫酸盐被大量冲刷进河流，导致河水$\delta^{34}S$不断下降；与此同时，由于硫细菌形成的低$\delta^{34}S$硫化物的复氧化作用，进一步加剧水体中$\delta^{34}S$（<6.5‰）的下降。虽然一年里水体中硫酸盐的主导污染源会有变化，但水中$\delta^{34}S$净变化值显示，岩石风化是Sleepers河的主要硫酸盐污染源。在运用$\delta^{34}S$进行污染物溯源时应该注意当地降水的变化，应尽量避免在降水发生剧烈变化时采集数据，因为降水的大幅变化会影响河流$\delta^{34}S$数值，给溯源研究造成不必要的麻烦。例如，在发生干旱时，由于地下水位的下降，原本处于缺氧环境的还原性硫暴露在氧气中被再次氧化，发生硫同位素分馏效应，此时若出现降水，这些硫酸盐则会被冲刷进入河流中，从而改变了河流的$\delta^{34}S$（Schiff et al.，2005）。

二、地下水中氮化物源的识别

据资料显示，北京95%以上的居民饮用地下水，地下水一旦受到污染，后果不堪设想（宋秀杰和丁庭华，1999）。地下水污染来源主要有：工业废物（废水、废渣、废气）、城市和乡镇居民排放的生活污水、大量施用化肥和农药、土地填埋污染、燃料和石油的泄漏以及地质环境造成的地下水污染。硝酸盐污染容易引起高铁血红蛋白症，导致食管癌等（罗玉芳，2001）；工业废水中的砷污染会引起人中毒，并可以致癌；氟化物污染引起"氟骨症"、"氟斑牙"等；六价铬污染引起农作物减产，使幼苗发育受阻等（宋国慧和史春安，2001）。

基于不同来源的硝酸盐有不同的氮同位素组成和含氮物质间的分馏机理，Kohl

等（1971）用$\delta^{15}N$研究了地下水中硝酸盐的污染。Mariotti和Létolle（1977）率先提出以$\delta^{15}N$作为示踪硝酸盐中氮来源的示踪剂，地下水中NH_4^+的来源不同，$\delta^{15}N$值也有一定差异（Fogg et al.，1998；Panno et al.，2001）。根据这一原理，通过测定水样中$NO_3^- - N$的$\delta^{15}N$值，结合其他手段和数据，可以初步推测地下水中硝酸盐污染的主要来源（金赞芳等，2004）。但必须指出这一方法还有不少缺陷。譬如水体中的反硝化作用可使残留的NO_3^-富集^{15}N，使产物的^{15}N减少，从而使$NO_3^- - N$的$\delta^{15}N$值增高（Xing et al.，2002；张翠云等，2003），制约了这一方法判断氮来源的准确性。硝酸盐$\delta^{18}O$同位素在某些情况下可以弥补氮同位素组成无显著差别的不足，更有效地识别反硝化作用（张翠云等，2003）。因此，在分析硝酸盐的源汇时，大多同时测定硝酸盐中$\delta^{15}N$和$\delta^{18}O$（Wassenaar，1995；朱琳和苏小四，2004）。

稳定同位素在地下环境中不受外界条件影响，且具有"指纹"特征，可以方便地确定地下水污染的来源，从而显示出其在地下水污染源追踪方面的优越性，在地下水污染治理方面有良好的应用前景。下面以氢、氧等稳定同位素为例来说明稳定同位素在地下水污染物的监测、污染与防治中的应用。

（一）判断地下水的现代补给来源

如果地下水有几种不同地区的降水补给来源，而且在不同地区形成这些降水的蒸发凝结条件也各不相同，那么在不同地区降水来源的$\delta D - \delta^{18}O$图上的直线就会出现不同的斜率和截距，据此就可以判断地下水的补给来源。如太原地区大气降水线（MWL）为$\delta D = 7.6 \times \delta^{18}O + 10$，汾河水的氢氧同位素平均值分别为$\delta D = -62.3‰ \pm 2.8‰$，$\delta^{18}O = -8.32‰ \pm 0.4‰$。西山岩溶水的$\delta D$和$\delta^{18}O$之间的线性关系方程为$\delta D = 5.56 \times \delta^{18}O - 16.1$。可见，西山岩溶水中混入了具有强烈蒸发作用的汾河水及浅层水，它与汾河渗漏水及上覆石炭、二叠系裂隙水有明显的水力联系。利用这一原理，我们可以进行地下水污染源的追踪。地下水源如果遭到地表污水的影响，一旦地下水与地表水的δD和$\delta^{18}O$存在一定的联系，就可以利用稳定同位素方法判定该地下水与地表水之间的水力联系，确定污水的地表来源（沈照理，1986）。

（二）判断地下水与地表水流及水体间的联系

由于地表水流及水体的水面暴露在大气中，蒸发作用明显，因此地表水中的D和^{18}O含量总是高于大气降水和地下水。这样就可根据水中的δD及$\delta^{18}O$值以及$\delta D - \delta^{18}O$图上的斜率来判断他们之间是否存在水力联系。因为在通常情况下的降水直线为$\delta D = 8 \times \delta^{18}O + 10$，如果降水转为地表水并经过蒸发后，其直线斜率会发生变化。有学者曾利用同位素对莱州湾海水入侵的成因和变化发展做了研究。结果表明，莱州湾西部的广饶地区属于卤水（古海水）入侵区，该区地下水变咸是由于地下水超量开采导致地下水位降低，使地下卤水入侵所致；莱州湾东部的龙口地区属于现代海水入侵区；莱州地区则既存在海水入侵又存在着卤水入侵（潘曙兰和马凤山，1997）。

用同位素法确定各种污水来源的混合比例时，必须具备3个基本条件：① 参加混合的两种以上的D或^{18}O含量必须存在明显差异；② 同位素含量必须在时间上保持稳定；③ 水的同位素成分不因与含水层岩石相互作用而发生改变。

三、近海水体富营养化的发生机理

近海水域和河口地区是地球上N富集最严重的地区之一，水体富营养化是导致生长快速的海洋藻类急剧增殖、扩散的一个原因。许多研究表明，藻类^{15}N能作为溶解无机氮（DIN）输入水域生态系统的指示剂（表14-2）。

表14-2 利用藻类δ^{15}N值作为人为DIN输入的指示剂（Teichberg et al., 2010）

（δ^{15}N的值为附近污染源和/或DIN的δ^{15}N的累加）

藻类类群	位点	DIN浓度/($\mu mol \cdot L^{-1}$)	DIN源	δ^{15}N / ‰	参考文献
Ulva lactuca	Narragansett Bay, RI, USA	2.7~130	来自处理厂的排放污水	9~15	（Pruell et al., 2006）
Ulva spp. *Ceramium* spp. *Polysiphonia* spp.	Warnow River-system Baltic sea, NE Germany	5~265	排放污水，肥料	7.6~13.5 4.7~9.5 6.9~8.6	（Deutsch and Voss, 2006）
Ulva lactuca *Chaetomorpha linum* *Gracilaria tikvahiae* *Caulerpa prolifera*	East central FL, USA	0.7~8.1	处理的排放污水，排放的废水和地下水	5~13	（Barile, 2004）
Laurencia intricate *Cladophora catenata* 其他藻类	Southern Florida Bay and Lower Florida Keys, USA	1~8.5	排放污水	1~6.5 1~5.5 1~10	（Lapointe et al., 2004）
Fucus vesiculosus	Himmerfjarden Bay, Sweden	21~32	排放污水	3~9.5	（Savage and Elmgren, 2004）
Ulva lactuca *Gracilaria tikvahiae*	Cape Cod estuaries MA, USA	2~12.6	排放废水、地下水	5~10	（Cole et al., 2005）
Ulva australus *Vidalia* spp. *Ecklonia radiata*	Ocean Reef, Western Australia	—	排放污水	8.8~12.8 6.3~10.2 8~14	（Gartner et al., 2002）
Ulva spp.	Boston Harbor MA, USA	10	来自处理厂的排放污水	6.1~14.4	（Tucker et al., 1999）

Teichberg 等（2010）在温带和热带海域利用赤潮藻类——石莼（Ulva spp.），研究 N、P 元素（两个主要的潜在生长限制营养元素）和不同 N 浓度对藻类生长的影响。作者在 7 个海岸体系中开展 N 和 P 富集实验，由于其中一个海岸体系包括 3 个不同河口区，所以共计 9 个实验位点。实验结果表明，石莼的生长率与年均 DIN 浓度直接相关，并随着 DIN 浓度的增加而增加。藻体 N 库还与 DIN 输入的增加有关，且藻类生长率与其体内 N 库密切相关。藻类 $\delta^{15}N$ 随着 DIN 增加而升高说明，DIN 的增加与这些近海水域废水输入增加有关（图 14-2）。N 和 P 富集实验表明，当藻类周围 DIN 浓度低的时候，藻类生长率受到 DIN 供给的调控，当周围 DIN 浓度较高的时候受到 P 的调控，而与纬度和地理位置无关。Teichberg 等建

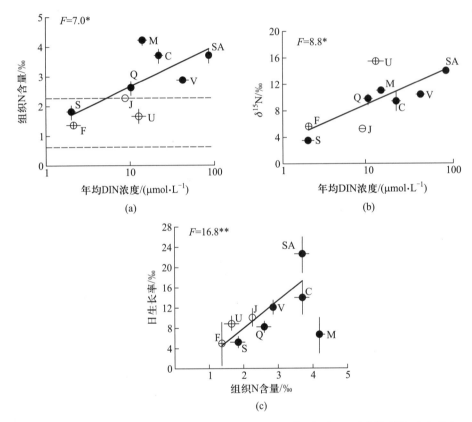

图 14-2（a）藻类组织 N 含量-年均 DIN 浓度关系图；（b）$\delta^{15}N$-年均 DIN 浓度关系图；（c）日生长率-组织 N 含量关系图。图中大写字母代表各个实验地点。虚线代表生长所需的最大和最小的 N 需求量（Teichberg et al., 2010）

议，了解藻类赤潮的基本原理及对有害现象进行管理，需要确定营养源信息并开展实际行动去降低 N 和 P 对近海水域的输入。

由于城市污水和水产养殖业排放污水对近海环境影响的日益加剧，导致分布于近海环境中的海草床有不断退化的迹象（Kang et al., 1999）。目前，对水体营养程度的监测一般采用传统的物理化学方法，监测项目通常为氮盐（铵盐、硝酸

盐、亚硝酸盐)、活性磷酸盐、盐度、浮游植物的生物量等(Pennisi, 1997), 但是传统的监测方法很多时候并不奏效, 因为河口海湾处的营养盐受到潮流、水流运动的影响, 同时, 浮游藻类和大型水生植物对营养盐的快速吸收也会影响到监测的有效性和准确性(Stapel et al., 1996; Lee and Dunton, 1999; Barile, 2004)。另外, 由于海草对人为因素引起的水质变化相当敏感(Lapointe, 1997; Cloern, 2001), 在海草床水域中, 即使是很微小的DIN($\Delta DIN \geq 1.0\,\mu mol \cdot L^{-1}$)增量, 也会改变水体中的藻类优势种, 从而使海草床遭受严重的破坏, 而传统的监测方法并不能对这样小的增量做出有效的判断(Gartner et al., 2002)。因此, 寻找一种对氮源敏感的指示方法, 作为预防人为排污而破坏海草床的有效手段是十分必要的。

氮稳定同位素分析在环境监测中有着独特的作用, 通过分析海草$\delta^{15}N$值, 能有效揭示地下水和污水对近岸海域的影响(McClelland and Valiela, 1998; Holmer et al., 2003)。海草的$\delta^{15}N$值有效地反映了海草对外界氮源利用的时间综合尺度, 而不仅仅是反映水体中瞬时的无机氮浓度, 因此, 即使氮浓度增量很微弱, 甚至不足以对水体中的浮游藻类产生任何可观察到的影响, $\delta^{15}N$值仍然能有效地指示水体中氮源的增加(McClelland et al., 1997)。对海草$\delta^{15}N$值的分析, 弥补了传统方法无法有效监测水体中导致海草床退化的N微小增量的缺陷(Udy and Dennison, 1997; Yamamuro et al., 2004)。海草$\delta^{15}N$值还能够作为海洋中陆源污染物分布的示踪剂, 这是因为不同污染源的硝酸盐有不同的$\delta^{15}N$值, 例如来源于大气沉降的地下水中硝酸盐的$\delta^{15}N$值为2‰~8‰(McClelland et al., 1997), 污水的$\delta^{15}N$值一般为10‰(Costanzo et al., 2001), 而来源于人类和动物排泄物的地下水硝酸盐的$\delta^{15}N$值一般为10‰~20‰, 这样的高值主要是由于这些废物的早期分解, 导致富含^{14}N的氨流失(McClelland et al., 1997)。相反, 人工合成的化学肥料的^{15}N则是比较贫化的, 它们的$\delta^{15}N$范围是-3‰~3‰(Raven et al., 2002)。研究显示, 在没有受到人为排污影响的天然水体中, 海草中的N通常是通过固氮作用而获得的, 生长在这种环境中的海草的$\delta^{15}N$值一般为-2‰~0‰(Wada and Hattori, 1991)。而当有污水排放到近岸海域时, 通常会导致海草$\delta^{15}N$值的增加, 因为海草的$\delta^{15}N$值跟它利用的DIN有直接的联系(Udy and Dennison, 1997)。

四、流域水体污染物的同位素时空格局及成因

流域地表的物理和生物地球化学过程具有独特的同位素信息, 在开展关于量化和减少人类活动对流域生态系统影响方面的监测和评估项目中, 同位素技术是一种潜在的强有力的辅助工具。尤其是在对大河流域、湿地和大气中各种污染的源汇追踪方面,稳定同位素技术极为有效(Finlay and Kendall,2007;Kendall et al.,2007)。图14-3显示了水域中主要的生物地球化学过程是如何影响DIC的δ^{13}C和硝酸盐的δ^{15}N以及藻类的δ^{13}C和δ^{15}N(Kendall et al.,2010)。例如,藻类在生长过程中会同化(吸收)C和N,使残余溶解物中的δ^{13}C和δ^{15}N逐渐累积升高。因此,河流中的水华很可能会形成一个同位素的热点,在该点可观测溶解物和藻类的δ^{13}C和δ^{15}N。最新研究发现,美国大河流中很大比例的悬浮颗粒有机物(POM)来源于水体的初级生产者(Kendall et al.,2001;Kratzer et al.,2004;Volkmar and Dahlgren,2006),分析收集POM样品的δ^{13}C和δ^{15}N是确定水华位点的一种简单方法。

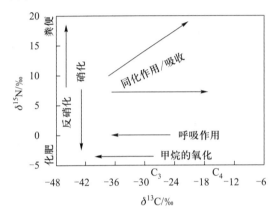

图14-3 控制水体中DIC的δ^{13}C、硝酸盐的δ^{15}N、水生植物δ^{13}C、δ^{15}N和POM的δ^{13}C、δ^{15}N在主要生物地球化学过程中的概念模型(Kendall et al.,2001)

一般情况下,由于NO_3^-来源和循环的变化,大河流域、湿地和大气中NO_3^-浓度和δ^{15}N的纵向格局导致藻类δ^{15}N的空间分布也具有类似格局。水体中δ^{15}N、NO_3^-和POM纵向梯度突然改变的可能原因包括:人为影响(如化肥、动物排泄物、发电厂排放物)、近海区域影响(如潮汐引起的营养物质交换)、氧化还原反应(如反硝化,铵态氮的硝化)及藻类对硝酸盐的吸收利用。尤其是硝酸盐、藻类、POM和生物群落的δ^{15}N可能会受到城区污水处理厂排放的污水、密集动物饲养作业和耕地区农业径流的影响。

δ值-地点二维平面关系图是表示河流空间变化的常用方式。例如,图14-4显示了位于美国圣华金河35主河道位点POM的δ^{15}N空间变化。绘制这个氮同位素景观图的数据来自6个定位研究点(在2005年3月至2007年12月期间采集的)约400个样品,此图形象地描述了该河流水体POM-δ^{15}N值的时间、空间分布格局。POM主要(>75%)来源于藻类,冬天由于发源于内达华山脉的主要支流带来大量的陆生物质,使POM含量降低;而夏天由于上游支流大量藻类繁殖,水中生产力提高,使POM含量升高。2007年比2006年更加干旱,这导致该流域δ^{15}N显著升高(Kendall et al.,2010)。

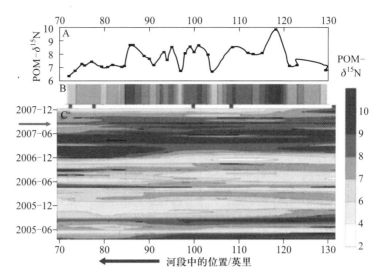

图14-4 美国圣华金河中POM-δ^{15}N时空变化的3种不同表示方式(Kendall et al., 2010)

第2节 大气污染物的稳定同位素示踪研究

随着经济活动和生产的迅速发展,人类在大量消耗能源的同时,也将大量的废气、烟尘物质排放到大气中,严重影响了大气环境的质量,对生态系统和人类正常生存和发展造成严重危害。追踪这些污染物的来龙去脉一直是污染生态学研究的重点。稳定同位素作为生物监测指示剂,在确定大气污染物来源、研究大气污染对生态系统的影响中起着十分重要的作用。

一、空气硫化物与酸雨

自20世纪60年代以来,由于大气污染,酸雨愈来愈受到世界舆论的关注,酸雨已成为一个全球性的环境问题。中国由于20世纪80年代,经济的飞速增长,也导致了严重的环境污染,中国目前已成为仅次于欧洲和北美的世界第三大酸雨区,酸雨严重的地区主要分布在我国的西南、华南与长江中下游地区。与酸雨紧密相关的硫的化学问题也受到重视。一个地区受到严重的酸雨污染,决定因素是有大量酸雨前体物的排放或输入,其次也与气象条件密切相关。姜勇和沈红军(2006)的研究表明,降水污染主要受SO_4^{2-}和NO_3^-的前体物SO_2和NO_x的影响,降水中的污染前体物以硫氧化物为主,这与当地的煤烟型空气污染类型是吻合的。张鸿斌等(1995,2002)对华南地区工业集中、排放最强的珠江三角洲和湘桂走廊酸雨区的研究发现,华南湘桂走廊和珠江三角洲地区的大气降水硫同位素组成具有明显的区域特征,湘桂走廊地区大气降水明显富集^{32}S,而珠江三角洲地区则明显富集^{34}S。这种硫同位素组成的区域性特征在对广州地区酸雨硫源的研究中也有发现。

酸雨硫源的4种类型（人为成因硫、天然生物硫、海雾硫和远距离传输硫）中，人为成因硫、天然生物硫是广州地区对酸雨影响最明显的两种较强污染硫源，冬季远距离传输硫的贡献较为突出，全年之中海雾硫的贡献一般小于11%（张鸿斌等，1995），而对于珠江三角洲和湘桂走廊地区来说，人为成因硫是最强的污染硫源，而生物硫在夏季贡献突出（张鸿斌等，2002）。可见酸沉降的硫源既有区域性变化也有季节性变化，这个现象的另一个佐证是来自Ohizumi等（1997）的研究，他们发现：酸沉降在冬季升高，硫同位素比率的变化范围为0.9‰～12.3‰，冬季出现最大值，夏季出现最小值。季节变化的原因除了海盐（硫酸盐溶胶），当地人为因素（二氧化硫），生物因素（硫化氢和二甲基硫DMS）和火山因素（二氧化硫和硫化氢）外，煤的燃烧也是一个原因。在夏季，生物成因硫的贡献并不显著，这与生物成因硫的释放与温度相关不一致。在研究区，火山硫和生物成因硫对硫沉降的贡献率是小的。而Nriagu等（1987）的研究表明，在加拿大的偏远地区，生物成因硫占到了空气酸沉降的30%。

稳定同位素技术除了研究酸雨中的硫源以外，Mast等（2001）用硫稳定同位素来研究岩石山雪堆的硫源问题，他们的研究表明，岩石山的雪堆硫主要来源于人为硫源，根据研究区南部的$\delta^{34}S$值与纬度的线性相关推测，雪堆硫酸盐是两个不同源区的混合，较轻的同位素来自南部，较重的同位素来自北部。另外，Nriagu等（1991）对加拿大北极霾硫源的研究发现，霾中的大多数硫主要来源于欧洲而不是来源于当地的人为或生物硫源，可见空气污染具有在全球范围扩散的趋势。

刘广深和洪业汤（1996）以五级撞击式大气颗粒物采样器采集贵阳城区、郊区大气颗粒物样品，分析了不同粒径大气颗粒物的全硫同位素组成，探讨了大气颗粒物中的硫源，同时初步查明了贵阳城区、郊区大气颗粒物全硫同位素组成在时间和粒径上的变化趋势（图14-5）。大气颗粒物的硫同位素组成变化范围随粒径变小而减小。说明伴随粒径变小，颗粒物中硫的来源趋向简单，硫越来越多地由气相硫转化而来。春季样品各级颗粒物的$\delta^{34}S$值有低于夏季的趋势，说明燃煤排放的SO_2通量与生物源硫化物通量在时间上的消长关系是控制颗粒物中硫来源构成的一个重要因素。

二、空气污染对植物的生态效应研究

稳定同位素技术在污染生态学的另一个应用研究就是将空气污染物和其对植被的影响联系起来，在这方面往往选用对空气污染较为敏感的地衣、苔藓类和针叶植物。例如，Winner等（1978）通过硫稳定同位素的分析来了解SO_2污染物对

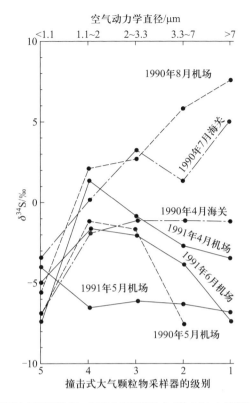

图14-5 贵阳城区、郊区大气颗粒物春、夏季大气颗粒物的δ^{34}S对比（刘广深和洪业汤，1996）

植被的影响，发现苔藓作为SO_2库，其δ^{34}S值与SO_2胁迫直接相关，而针叶树 *Picea glauca* 和 *Abies balsamea* 的δ^{34}S值高于苔藓的，表明其S元素来源于空气和土壤。显然，与维管植物相比，苔藓更易受到SO_2污染物的伤害。与此相类似，Case和Krouse（1980）进一步研究发现，来源于加拿大艾伯塔Fox Creek附近的SO_2硫源可以影响其附近地衣和 *Picea glauca* 针叶的盖度和生活力。*Picea glauca* 的硫源是空气和土壤，树生地衣的硫源是空气，陆生地衣的硫源是空气和沉降的颗粒物，并且树生地衣在叶状体含硫浓度大于1 400 ppm时就选择性地分泌轻硫同位素。他们认为，植被中硫的积累取决于处理时间的长短、频率、浓度及植物对伤害的抵抗能力，但与硫酸化的速率不相关。可见，用δ^{34}S值可以研究SO_2的扩散格局、植物累积污染物的速率以及将观测到的SO_2伤害与污染源联系起来。

稳定同位素是环境科学领域中用于指示大气环境变化和研究大气污染物输入地表生态系统及其环境效应的新技术。刘学炎等（2007b）探讨了不同生境要素对苔藓监测效果的影响，发现受树冠遮挡的苔藓（*Haplocladium microrhyllum*）δ^{15}N值（如柳杉下为−8.2‰±0.8‰、桂花树下为−6.3‰±1.2‰、法国梧桐下为−5.4‰±2.2‰）比开阔地苔藓δ^{15}N值（−4.5‰±0.6‰）低，反映了树冠下方缺少干沉降氮的输入，尤其是开阔地石生苔藓更高的δ^{15}N值（−2.8‰±0.9‰）指示了其受到干沉降输入的控制以及更依赖于大气沉降氮源的生长环境；而不同树冠的落叶特征、叶片形态、叶面性质造成树冠对大气氮沉降的吸收能力不同可能是地表苔藓 $\delta^{15}N$ 值存在差异的原因。同一树冠下方苔藓氮含量随树冠厚度增加（1~4m）呈降低趋势（2.7%~1.7%），而 $\delta^{15}N$ 值从 −7.8‰升高至 −4.7‰±0.7‰，反映了树冠厚度也是干扰苔藓监测氮沉降的重要因素。此外，细叶小羽藓新生组织氮含量（2.28%±0.06%）明显高于衰老组织（1.85%±0.12%），但两者之间的氮同位素组成（−6.5‰±1.1‰和 −6.8‰±1.5‰）没有明显差异，反映了苔藓和维管植物一样具有衰老过程中体内氮物质向新生组织迁移的特征，但该过程并没有导致不同年龄组织间氮同位素的根本变化（刘学炎等，2007a）。

根据上述结果，他们选取开阔地的石生苔藓新生组织为监测工具，对贵阳地区从市中心往外到农村地区分 4 个剖面共 175 个苔藓的氮含量和氮同位素组成进行了分析（刘学炎等，2008）。结果显示，从市区到郊区苔藓氮含量随距离增加而降低（从 2.97%至 0.85%），与采样点距市中心的距离存在负指数关系，表明城区氮沉降水平从市区向郊区逐渐降低。苔藓 $\delta^{15}N$ 值变化范围为 −12.50‰~1.39‰，城区比农村地区偏负，并与距离呈对数关系。城区苔藓氮同位素组成（−8.9‰±1.76‰）主要反映城市生活废水所释放的氮源，而农村地区苔藓氮同位素组成（−3.35‰±1.10‰）则主要指示农业氮源的贡献。将苔藓氮同位素方法应用到大气氮沉降的生物监测领域，有助于更加准确地认识城市氮污染状况及其对环境的影响。

长期以来，在绝大多数植物叶片氮同位素比值的研究中，研究者均习惯把植物的整个叶片假设为一个均质性整体加以采用。Kuang 等（2010）以大气污染和相对洁净环境下生长的马尾松针叶为实验对象，通过对比研究不同叶龄马尾松针叶不同部位的氮同位素比值，发现大气污染对马尾松针叶长度序列上 $\delta^{15}N$ 值的均质性产生显著影响。在污染条件下，马尾松针叶不同部位 $\delta^{15}N$ 值存在显著差异；而在洁净条件下，$\delta^{15}N$ 值在针叶长度序列上仍保持均质性。研究结果证实，在生长环境发生明显变化的情况下，植物叶片作为开展 N 稳定同位素研究的对象时，已经不再是一个均质性整体。今后在氮稳定同位素污染生态学研究中，必须充分考虑植物叶片不同部位 $\delta^{15}N$ 的差异性可能对研究结果带来的偏差。目前，该研究成果已发表在国际著名环境科学刊物 *Environmental Pollution* 上。

利用硫稳定同位素示踪技术还可研究硫在植物中的积累和分配问题。例如，Monaghan 等（1999）用含不同 $\delta^{34}S$ 值的 SO_4^{2-} 溶液来饲喂小麦植株，结果表明，在单一的硫源中，枝条的 $\delta^{34}S$ 值接近于硫源，说明在 SO_4^{2-} 的吸收及从分蘖株至根的转运过程中同位素分馏小。在不同生长阶段改变硫源发现，麦穗积累的硫的 14%、

30%、6%和50%分别来自以下几个生长阶段：茎出现和茎伸长早期阶段、茎伸长和旗叶出现阶段、旗叶出现和开花阶段、开花后阶段。他们的研究同时表明了小麦植株中存在广泛的硫循环过程，以及开花后硫吸收对麦穗硫积累的重要性。

也有研究者运用硫同位素比率来研究硫沉降的长期变化。如Zhao等（2003）对英国1845—1999年间小麦（*Triticum aestivum* L.）样品硫同位素组成的研究表明，小麦$\delta^{34}S$值从1845年的6‰～7‰减少到20世纪70年代的-5‰～-2‰，20世纪90年代以来，随着SO_2排放量的减少，小麦的$\delta^{34}S$值又回升到0.5‰～2‰。小麦的$\delta^{34}S$值与酸雨密切相关，当地酸雨主要因煤的燃烧排放SO_2引起，而当地燃煤的$\delta^{34}S$值为-10‰～-6‰，人为成因硫占小麦硫吸收的62%～78%。因而酸雨越严重的年代，小麦中$\delta^{34}S$值越低。因此，可以通过小麦的硫同位素来判断酸雨来源，这一方面可以大大减少测试的工作量，另一方面可以采集每年的小麦样品存档，通过每年采集的小麦样品的硫同位素组成来推测该地区酸雨来源的变化（Zhao et al., 2001）。

三、大尺度空间范围大气硫化物来源追踪

硫元素以多种形态存在于大气中，包括气态硫（二氧化硫）、液态硫（溶解的硫酸盐）和固态硫（硫酸盐颗粒），它们是现代大气的重要组成部分。大气中的硫主要来自：① 海洋产生的硫酸盐气溶胶；② 人类活动所产生的二氧化硫；③ 生物作用所产生的硫化氢和二甲基硫；④ 火山释放出的硫化氢和二氧化硫（Hatakeyama，1985；Ohizumi et al., 1997）。其中，人类活动产生的二氧化硫及其二次硫酸盐是最主要的污染物。在沿海地区，海洋硫也是主要污染物。目前，含硫气溶胶污染物的来源解析多是利用其化学组成，通过数学模式计算的化学-统计分析方法。这些受体模型多数停留在源识别上，对污染源的定量表达较差，更难以揭示含硫气溶胶污染物的形成和转化过程。运用硫同位素则可以弥补通过化学组成分析溯源时的缺陷。一般情况下，来自不同硫源的$\delta^{34}S$差异较大，如不同产地煤的$\delta^{34}S$可以从-30‰到+30‰（Krouse and Grinenko，1991），生物硫一般相对富集轻硫同位素，其$\delta^{34}S$一般小于0‰（Calhoun et al., 1991；姚文辉等，2003），海洋$\delta^{34}S$约为20‰（Wadleigh et al., 1994；Pichlmayer et al., 1998）。因此，通过对可能的源及汇中含硫物质进行$\delta^{34}S$测定就可以确定所测地区大气中硫酸盐的来源（Mast et al., 2001；Norman et al., 2006）。

（一）东亚地区大气中的硫污染源

东亚地区大气硫酸盐不仅浓度存在季节性变化，其$\delta^{34}S$也呈现夏季低、冬季高的特点。通过对1996年及1997年冬夏两季大气硫酸盐$\delta^{34}S$的测量，发现中国

许多城市夏季δ^{34}S要比冬季低1‰~3‰（Mukai et al.，2001）。日本一些城市冬夏两季大气硫酸盐的δ^{34}S最大差值可达到11.4‰（Ohizumi et al.，1997）。中国以燃煤作为主要能源（中国国家统计局，2005），这些煤的δ^{34}S大多高于0‰，全国的平均值为6.9‰（Ohizumi et al.，1997）。冬季是传统的采暖季节，中国大部分地区尤其是北方普遍采用燃煤来取暖，从而造成冬季北方地区大气中含硫物质δ^{34}S偏高（Mukai et al.，2001）。虽然日本石油占到所有能源的50%，燃煤只占20%（Statistics，2007），但冬季盛行的西北风却将亚洲大陆上的污染物带到了日本（Satake，1992），其中包括燃煤产生的高δ^{34}S的硫酸盐。据文献的测算，日本冬季大气中20%的硫酸盐都来自亚洲大陆，这些高δ^{34}S的硫酸盐使日本冬季的δ^{34}S高于夏季（Calhoun et al.，1991）。夏季，日本盛行东南季风，不受亚洲大陆大气污染物的影响（Ohizumi et al.，1997），低δ^{34}S表明了日本本国的污染源特征。日本所使用石油的δ^{34}S约为-1‰（Maruyama et al.，2000）。Toyama等（2007）通过与气溶胶δ^{34}S比较，认为石油燃烧是日本夏季的主要硫源。韩国大气沉降的δ^{34}S值也显示出韩国大气沉降的硫酸盐主要源于本国石油燃烧（Mukai et al.，2001）。因此，东亚地区大气中的硫同位素与本地区所使用的煤、石油等化石能源有关，并表现出明显的季节性差异。

（二）欧洲地区大气中的主要硫污染源

与东亚地区相似，欧洲地区大气气溶胶的δ^{34}S也存在季节性变化，但同东亚地区的夏低冬高相比，欧洲部分区域夏季空气中硫的δ^{34}S普遍要高于冬季，这一现象依然归结于化石能源的使用（Novák et al.，2001）。欧洲地区所使用的煤具有较低的δ^{34}S（Novák et al.，2001；Puig et al.，2008）。冬季，人们大规模的燃煤采暖，使得煤炭中低δ^{34}S的硫进入空气，降低了大气中硫的δ^{34}S值水平。夏季由于缺少大规模的燃煤采暖，大气污染物显现出重硫同位素的特征。通过对阿尔卑斯山上常年积雪的δ^{34}S测定发现，工业化之前欧洲大气沉降中δ^{34}S高达11.5‰（Pichlmayer et al.，1998），而现在西班牙夏季降水的δ^{34}S本底值只有7.2‰（Otero and Soler，2002），说明即使在相对干净的地区，人为活动对大气环境也已造成明显影响。

由于SO_2容易被氧化，其在大气中的停留时间只有几天（Wojcik and Chang，1997），因此它反映的是小范围区域硫污染情况。通过测量大气中SO_2的δ^{34}S就可以判断出当地的硫污染源，且很少受邻近地区干扰物质的影响（Torfs et al.，1997）。硫同位素溯源是建立在从源头到样品的过程中不发生硫同位素分馏的基础上，而SO_2的氧化过程一般都会有硫同位素分馏效应（均相反应使δ^{34}S下降，异相反应使δ^{34}S升高）（Saltzman et al.，1983）。因此，当经由SO_2氧化生成的硫酸盐占多数时，δ^{34}S就不能直观指示出污染源。相对于SO_2，硫酸盐在大气中的停留时间较长，它所体现的是相对广阔的区域污染源特征。因此，在研究硫酸盐的同位素组成时要考虑硫的远距离传输。例如，在意大利Bologna地区的大气中，来自地中海远程输送的硫酸盐总会占有一定比例（Panettiere et al., 2000）。从20世纪末开始，欧洲各国的发电厂都陆续安装了除硫设备（Bridges et al., 2002），这一举措对降低大气中硫酸盐浓度起到了立竿见影的效果（Zimmermann et al., 2006），但气溶胶和河流中的$\delta^{34}S$并没有大的变化。Tichomirowa等（2007）认为气溶胶的S相对稳定可能是多重硫源叠加的结果，而文献把河流$\delta^{34}S$的相对稳定归结为土壤对硫酸盐的吸附性（Moldan et al., 2004）。

第3节　土壤有机与无机污染物的稳定同位素示踪研究

土壤中含有硫化物、氮化物、多环芳烃化合物（PAHs）等各种无机和有机污染物。认识这些污染物在环境中的行为尤为重要。以往主要通过分析污染物组成特征、污染物中某些特定化合物（分子标志物）以及有机地球化学参数等方法来分析和跟踪有机或无机污染物来源，但这些方法可能会因为化合物受地表地质作用风化、降解引起的损失或丢失而造成"源"信息的失真。由于多数有机化合物的稳定同位素在地表地质作用过程中没有明显的分馏，不同来源物质的同位素组成特征可以被继承。这些污染物的稳定同位素组成差异反映了它们来源的差异与相对贡献。因此，稳定同位素组成分析在土壤污染物示踪中显露出明显的优越性（O'Malley et al., 1997）。

一、森林土壤硫元素的循环与转化

很多研究都利用硫稳定同位素技术来研究硫元素的循环和转化问题。例如，Fry（1986）对纽约Adirondack山的四个湖心沉积物的硫稳定同位素分析表明，$\delta^{34}S$值为6‰～8‰，低于硫源（土壤、树叶、湖水的SO_4^{2-}），且变动小，低的$\delta^{34}S$值表明SO_4^{2-}的还原增加，这可能是由于SO_4^{2-}载荷和酸沉降的增加，这两者通过还原产物亚硫酸盐含量的增加和同位素分馏的增加共同导致$\delta^{34}S$值偏低。可见，硫的转化过程中存在着一定的同位素分馏效应（Richet et al., 1977）。用硫稳定同位素技术对德国黑森林两个集水区的硫循环进行的研究中也发现，空气沉降以及非矿化气体是两地的主要硫源，两地相当部分渗出水中的SO_4^{2-}来自碳基土壤硫，并通过有机土壤硫库进行循环，其中也存在着同位素分馏（Mayer et al., 1995；Mayer et al.,

2001)。在硫的转化和循环过程中,硫稳定同位素的时空格局往往存在着一定的变动。如,Alewell和Gehre(1999)对森林集水区生物硫的转化中发现,透冠水的$\delta^{34}S$值变动较小,而土壤溶液的$\delta^{34}S$值时空变动较大。高地土壤溶液中硫的^{34}S与吸收值有些许降低,这可能是由于硫的矿化作用;而湿地中则富集^{34}S,表明异化SO_4^{2-}的还原。集水区湿地土壤中异化SO_4^{2-}的还原使它成为SO_4^{2-}库。同时也有研究表明,降水和透冠水$\delta^{34}S$值较为相似,但存在季节差异:降水中休眠季节的$\delta^{34}S$值大于生长季节的,而透冠水则相反。树种的类型差异不影响透冠水的$\delta^{34}S$值。土壤溶液中的$\delta^{34}S$值是生长季节大于休眠季节。这些季节性差异可能是由于生物硫源同位素分馏引起的,这与之前一些学者的研究是相符的(Zhang et al.,1998)。一般来说,水溶性SO_4^{2-}的时空格局往往受吸附/解吸附过程调节,土壤有机质的矿化和有机硫库是土壤溶液及表面水的硫源。

二、土壤氮化物

土壤氮的$\delta^{15}N$值主要受环境影响。不同环境条件下土壤氮的$\delta^{15}N$值差异较大,这种特征有助于识别土壤的利用方式和污染类型。一般土壤中不同来源铵盐的$\delta^{15}N$值不同,这是土壤中铵盐来源的识别基础。天然土壤中铵态氮的$\delta^{15}N$值一般为-3‰~8‰,平均为5‰,这是由于土壤颗粒表面吸附80%以上的NH_4^+来自土壤有机氮的矿化作用;垦殖土壤和受生活污水污染的土壤$\delta^{15}N$值为4‰~9‰;受粪肥污染的土壤$\delta^{15}N$值为10‰~12‰,这是因为氨在常温下挥发,并引起显著的氮同位素分馏;受化肥和工业废水污染的土壤$\delta^{15}N$值略高于空气(为-4‰~5‰),这是因为多数氮肥中含铵基并存在不同程度的氨挥发(曹亚澄等,1993;Högberg,1997)。土壤中不同来源的硝酸盐$\delta^{15}N$值不同。土壤有机氮矿化形成NO_3^-,$\delta^{15}N$值为4‰~9‰;而源自含氮化肥的NO_3^-因N主要来自大气N_2的工业固定,$\delta^{15}N$值接近于0‰,一般为-3‰~3‰;动物粪便(厩肥)或污水由于氨的挥发,使贫化^{15}N的NH_4^+优先挥发后留下富^{15}N的NH_4^+,再由此富^{15}N的NH_4^+硝化形成NO_2^-而富集^{15}N。因此,由动物粪便(厩肥)或污水污染过的土壤$NO_3^-$$\delta^{15}N$值较大,一般为8.8‰~22‰(Aranibar et al., 2004;Yasmin et al., 2006)。值得注意的是,由于微生物活动,土壤中氮的硝化和反硝化作用一直在进行,这在某种程度上限制了单纯测定土壤中NO_3^-的$\delta^{15}N$值来判断硝酸盐来源的可靠性。

三、土壤多环芳烃等有机污染物

多环芳烃(PAHs)化合物碳稳定同位素组成与其生源、形成方式有密切关系。O'Malley等(1997)研究认为,C_3植物燃烧产物中PAHs的$\delta^{13}C$值在-28.8‰~-28.0‰

范围内，而C_4植物燃烧释放PAHs的$\delta^{13}C$值要大得多，介于-17.1‰ ~ -15.8‰。化石燃料来源（包括燃烧产物和直接输入）的PAHs，其$\delta^{13}C$值-32.0‰ ~ -24.0‰。例如，我国大庆油田和环渤海湾各油田原油芳烃馏分的$\delta^{13}C$值分别为-29.5‰和-26.8‰ ~ -25.6‰（田克勤等，2000；王大锐，2000）。烃类生物降解产生的PAHs碳稳定同位素较轻，$\delta^{13}C$值为-62‰ ~ -31‰（McRae et al.，2000）。Okuda等（2002）曾报导，从汽油和柴油车尾气中抽提出的PAHs富集重碳同位素，$\delta^{13}C$值为-26.6‰ ~ -12.9‰，而木材燃烧烟中PAHs相对富集轻碳同位素，$\delta^{13}C$值为-31.6‰ ~ -26.8‰。硫化床燃煤后，得到的PAHs碳同位素组成变化范围较小（$\delta^{13}C$值为-31‰ ~ -25‰）（McRae et al.，2000）。因此，环境中的PAHs污染物往往可能有多种不同污染源的输入，PAHs单体化合物的碳稳定同位素组成分析是示踪污染源的一种有效手段。例如，苑金鹏等（2005）利用天津市不同功能区土壤中多环芳烃的碳稳定同位素组成特征，发现化石燃料燃烧产物的干/湿沉降是土壤PAHs的最主要来源之一，其他可能的来源有污水携带的油污、农作物茎秆及薪柴不完全燃烧的产物等。

Hu等（2010）还利用氮稳定同位素技术发现多溴联苯醚（PBDEs）在河北白洋淀淡水生态系统中不同生物体内有不同程度的积累，而且通过食物链传递具有生物放大效应。他们的研究成果对全面系统了解新型持久性有机污染物（POPs）的特性及其综合管理具有重要意义。PBDEs是一类环境中广泛存在的全球性有机污染物，由于其具有环境持久性，远距离传输性，生物可累积性及对生物和人体具有毒害效应等特性，对其环境问题的研究已成为当前环境科学的一大热点。已有的研究资料主要集中在PBDEs的环境行为研究方面，而关于这类化合物在淡水生态系统中水生生物体内生物积累的研究资料有限，并且与通过食物链传递产生生物放大效应的研究结果并不一致。针对上述问题，Hu等（2010）以白洋淀生态系统为研究对象，开展处于不同营养级水生生物体内PBDEs的积累放大研究。结果显示，PBDEs能在浮游动物、底栖动物、甲壳动物、鱼类及水禽组织中不同程度积累。白洋淀水生生物体内PBDEs的含量和利用氮（$\delta^{15}N$）稳定同位素估算的营养级之间显著相关。图14-6表明PBDEs沿着食物链传递具有生物放大效应，其中营养级放大因子（TMFs）的范围在1.3 ~ 2.1之间波动。

综上所述，稳定同位素技术在追踪水体污染物、大气氮、硫化合物、土壤有机与无机污染物等污染生态学研究方面已显示出传统方法不具备的优势，从新的角度揭示了不同污染物在自然界的转移和转化过程，从机理层面阐明了各类污染物对生物生理或生态的影响，可为有效降低环境污染对人类健康、生物种群以及生态系统的负面影响提供科学依据。

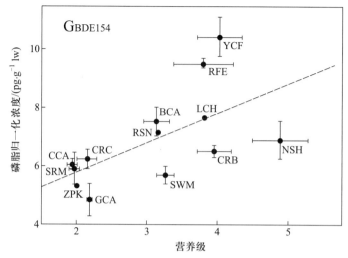

图14-6 多溴联苯醚（PBDEs）同系物含量（用其磷脂归一化浓度表示）与利用$\delta^{15}N$值估算营养级之间的关系（ZPK=浮游动物，SRM=虾，CRB=螃蟹，RSN=田螺，SWM=河蚌，CCA=鲤鱼，CRC=鲫鱼，GCA=草鱼，BCA=大头鱼，NSH=北方黑鱼，YCF=黄鲶鱼，LCH=泥鳅，RFE=黄鳝）（Hu et al., 2010）

主要参考文献

- 白志鹏, 张利文, 朱坦, 冯银厂. 2007. 稳定同位素在环境科学研究中的应用进展. 同位素 20:57-64.
- 曹亚澄, 孙国, 施书莲. 1993. 土壤中不同含氮组分的$\delta^{15}N$质谱测定法. 土壤通报 24:87-90.
- 郭照冰, 董琼元, 陈天. 2010. 硫稳定同位素对环境污染物的示踪. 南京信息工程大学学报（自然科学版）2:426-430.
- 姜勇, 沈红军. 2006. 江苏省酸雨形势与污染状况分析. 江苏环境科技 19:55-56.
- 金赞芳, 王飞儿, 陈英旭. 2004. 城市地下水硝酸盐污染及其成因分析. 土壤学报 41:252-258.
- 刘广深, 洪业汤. 1996. 贵阳城、郊近地面大气颗粒物的硫同位素组成特征. 矿物学报 16:353-357.
- 刘慧杰, 田蕴, 郑天凌. 2007. 稳定同位素技术在污染环境生物修复研究中的应用. 应用与环境生物学报 13:443-448.
- 刘学炎, 肖化云, 刘丛强, 李友谊. 2007a. 苔藓新老组织及其根际土壤的碳氮元素含量和同位素组成（$\delta^{13}C$和$\delta^{15}N$）对比. 植物生态学报 31:1168-1173.
- 刘学炎, 肖化云, 刘丛强, 李友谊. 2007b. 碳氮稳定同位素指示苔藓生境特征以及树冠对大气氮沉降的吸收. 地球化学 36:286-294.
- 刘学炎, 肖化云, 刘丛强, 肖红伟. 2008. 贵阳地区主要大气氮源的沉降机制与分布：基于石生苔藓氮含量和氮同位素的证据. 地球化学 37:455-461.

- 罗绪强, 王世杰, 刘秀明. 2007. 稳定氮同位素在环境污染示踪中的应用进展. 矿物岩石地球化学通报 26:295-299.
- 罗玉芳. 2001. 污染水及对污染致病问题的研究. 地下水 23:121.
- 潘曙兰, 马凤山. 1997. 海水入侵的同位素研究. 地球学报：中国地质科学院院报 18:310-312.
- 沈照理. 1986. 水文地球化学基础. 北京：地质出版社.
- 宋国慧, 史春安. 2001. 铬在包气带的垂直污染机理研究. 西安工程学院学报 23:56-58.
- 宋秀杰, 丁庭华. 1999. 北京市地下水污染的现状及对策. 环境保护 11:44-47.
- 田克勤, 于志海, 冯明, 杨池银, 廖前进, 周建生, 孙晓明. 2000. 渤海湾盆地地下第三系深层油气地质与勘探. 北京：石油工业出版社.
- 王大锐. 2000. 油气稳定同位素地球化学. 北京：石油工业出版社.
- 王艳红, 江洪, 余树全, 李巍. 2010. 硫稳定同位素技术在生态学研究中的应用. 植物生态学报 34:179-185.
- 肖化云, 刘丛强, 李思亮. 2003. 贵阳地区夏季雨水硫和氮同位素地球化学特征. 地球化学 32:248-254.
- 姚文辉, 陈佑蒲, 刘坚, 姚伟新, 陈翰, 尹小凤, 文秀凤. 2003. 衡阳大气硫同位素组成环境意义的研究. 环境科学研究 16:3-5.
- 苑金鹏, 钟宁宁, 吴水平. 2005. 土壤中多环芳烃的稳定碳同位

- 素特征及其对污染源示踪意义.环境科学学报 25:81-85.
- 张翠云,钟佐燊,沈照理.2003.地下水硝酸盐中氧同位素研究进展.地学前缘 10:287-291.
- 张鸿斌,陈毓蔚,刘德平.1995.广州地区酸雨硫源的硫同位素示踪研究.地球化学 24:126-133.
- 张鸿斌,胡霭琴,卢承,张国新.2002.华南地区酸沉降的硫同位素组成及其环境意义.中国环境科学 22:165-169.
- 中国国家统计局.2005.2004年中国统计年鉴.北京:中国统计出版社.
- 朱琳,苏小四.2004.地下水硝酸盐中氮、氧同位素研究现状及展望.世界地质 22:396-403.
- Alewell, C. and M. Gehre. 1999. Patterns of stable S isotopes in a forested catchment as indicators for biological S turnover. Biogeochemistry 47:317-331.
- Aranibar, J. N., L. Otter, S. A. Macko, C. J. W. Feral, H. E. Epstein, P. R. Dowty, F. Eckardt, H. H. Shugart, and R. J. Swap. 2004. Nitrogen cycling in the soil-plant system along a precipitation gradient in the Kalahari sands. Global Change Biology 10:359-373.
- Barile, P. J. 2004. Evidence of anthropogenic nitrogen enrichment of the littoral waters of east central Florida. Journal of Coastal Research 20:1237-1245.
- Brenot, A., J. Carignan, C. France-Lanord, and M. Benoît. 2007. Geological and land use control on $\delta^{34}S$ and $\delta^{18}O$ of river dissolved sulfate: The Moselle river basin, France. Chemical Geology 244:25-41.
- Bridges, K. S., T. D. Jickells, T. D. Davies, Z. Zeman, and I. Hunova. 2002. Aerosol, precipitation and cloud water chemistry observations on the Czech Krusne Hory plateau adjacent to a heavily industrialised valley. Atmospheric Environment 36:353-360.
- Calhoun, J. A., T. S. Bates, and R. J. Charlson. 1991. Sulfur isotope measurements of submicrometer sulfate aerosol particles over the Pacific Ocean. Geophysical Research Letters 18:1877-1880.
- Case, J. W. and H. R. Krouse. 1980. Variations in sulphur content and stable sulphur isotope composition of vegetation near a SO_2 source at Fox Creek, Alberta, Canada. Oecologia 44:248-257.
- Cloern, J. E. 2001. Our evolving conceptual model of the coastal eutrophication problem. Marine Ecology Progress Series 210:223-253.
- Cole, M. L., K. D. Kroeger, J. W. McClelland, and I. Valiela. 2005. Macrophytes as indicators of land-derived wastewater: Application of a $\delta^{15}N$ method in aquatic systems. Water Resources Research 41: doi:01010.01029/02004WR003269.
- Costanzo, S. D., M. J. O'donohue, W. C. Dennison, N. R. Loneragan, and M. Thomas. 2001. A new approach for detecting and mapping sewage impacts. Marine Pollution Bulletin 42:149-156.
- Deutsch, B. and M. Voss. 2006. Anthropogenic nitrogen input traced by means of $\delta^{15}N$ values in macroalgae: Results from in-situ incubation experiments. Science of the Total Environment 366:799-808.
- Edraki, M., S. D. Golding, K. A. Baublys, and M. G. Lawrence. 2005. Hydrochemistry, mineralogy and sulfur isotope geochemistry of acid mine drainage at the Mt. Morgan mine environment, Queensland, Australia. Applied Geochemistry 20:789-805.
- Elsner, M., L. Zwank, D. Hunkeler, and R. P. Schwarzenbach. 2005. A new concept linking observable stable isotope fractionation to transformation pathways of organic pollutants. Environmental Science and Technology 39:6896-6916.
- Eriksen, J. 1997a. Sulphur cycling in Danish agricultural soils: Inorganic sulphate dynamics and plant uptake. Soil Biology and Biochemistry 29:1379-1385.
- Eriksen, J. 1997b. Sulphur cycling in Danish agricultural soils: Turnover in organic S fractions. Soil Biology and Biochemistry 29:1371-1377.
- Finlay, J. C. and C. Kendall. 2007. Stable isotope tracing of temporal and spatial variability in organic matter sources to freshwater ecosystems. In: Michener, R. and K. Lajtha. (eds). Stable Isotopes in Ecology and Environmental Science. Blackwell, Malden:283-333.
- Fogg, G. E., D. E. Rolston, D. L. Decker, D. T. Louie, and M. E. Grismer. 1998. Spatial variation in nitrogen isotope values beneath nitrate contamination sources. Ground Water 36:418-426.
- Fry, B. 1986. Stable sulfur isotopic distributions and sulfate reduction in lake sediments of the Adirondack Mountains, New York. Biogeochemistry 2:329-343.
- Gartner, A., P. Lavery, and A. J. Smit. 2002. Use of $\delta^{15}N$ signatures of different functional forms of macroalgae and filter-feeders to reveal temporal and spatial patterns in sewage dispersal. Marine Ecology-Progress Series 235:63-73.
- Hatakeyama, S. 1985. Emission of reduced-sulfur compounds into the atmosphere and oxidation of those compounds in the atmosphere, Japan. Journal of Japan Society Air Pollution 20:1-11.
- Heaton, T. H. E. 1986. Isotopic studies of nitrogen pollution in the hydrosphere and atmosphere: A review. Chemical Geology 59:87-102.
- Holmer, M., M. Pérez, and C. M. Duarte. 2003. Benthic primary producers—A neglected environmental problem in Mediterranean maricultures? Marine Pollution Bulletin 46:1372-1376.

- Hosono, T., T. Nakano, A. Igeta, I. Tayasu, T. Tanaka, and S. Yachi. 2007. Impact of fertilizer on a small watershed of Lake Biwa: Use of sulfur and strontium isotopes in environmental diagnosis. Science of the Total Environment 384:342–354.
- Högberg, P. 1997. ^{15}N natural abundance in soil-plant systems. New Phytologist 137:179–203.
- Hu, G. C., J. Y. Dai, Z. C. Xu, X. J. Luo, H. Cao, J. S. Wang, B. X. Mai, and M. Q. Xu. 2010. Bioaccumulation behavior of polybrominated diphenyl ethers (PBDEs) in the freshwater food chain of Baiyangdian Lake, North China. Environment International 36:309–315.
- Kang, C. K., P. G. Sauriau, P. Richard, and G. F. Blanchard. 1999. Food sources of the infaunal suspension-feeding bivalve *Cerastoderma edule* in a muddy sandflat of Marennes-Oléron Bay, as determined by analyses of carbon and nitrogen stable isotopes. Marine Ecology Progress Series 187:147–158.
- Kendall, C., E. M. Elliott, and S. D. Wankel. 2007. Tracing anthropogenic inputs of nitrogen to ecosystems. In: Michener, R. H. and K. Lajtha. (eds). Stable Isotopes in Ecology and Environmental Science. Blackwell, Malden:375–449.
- Kendall, C., S. R. Silva, and V. J. Kelly. 2001. Carbon and nitrogen isotopic compositions of particulate organic matter in four large river systems across the United States. Hydrological Processes 15:1301–1346.
- Kendall, C., M. B. Young, and S. R. Silva. 2010. Applications of stable isotopes for regional to national-scale water quality and environmental monitoring programs. In: West, J. B., G. J. Bowen, T. D. Dowson, and K. P. Tu. (eds). Isoscapes: Understanding Movement, Pattern, and Process on Earth though Isotope Mapping. Springer, London:89–111.
- Kirchmann, H., F. Pichlmayer, and M. H. Gerzabek. 1996. Sulfur balances and sulfur-34 abundance in a long-term fertilizer experiment. Soil Science Society of America Journal 60:174–178.
- Knights, J. S., F. J. Zhao, S. P. McGrath, and N. Magan. 2001. Long-term effects of land use and fertiliser treatments on sulphur transformations in soils from the Broadbalk experiment. Soil Biology and Biochemistry 33:1797–1804.
- Kohl, D. H., G. B. Shearer, and B. Commoner. 1971. Fertilizer nitrogen: Contribution to nitrate in surface water in a corn belt watershed. Science 174:1331–1334.
- Kratzer, C. R., P. D. Dileanis, C. Zamora, S. R. Silva, C. Kendall, B. A. Bergamaschi, R. A. Dahlgren, and S. Geological Survey, C.A. 2004. Sources and transport of nutrients, organic carbon, and chlorophyll-a in the San Joaquin River upstream of Vernalis, California, during summer and fall, 2000 and 2001. Water-Resources Investigations Report, United States Geological Survey:124.
- Krouse, H. R. and V. A. Grinenko. 1991. Stable Isotopes: Natural and Anthropogenic Sulphur in the Environment. John Wiley and Sons, New York.
- Kuang, Y. W., D. Z. Wen, J. Li, F. F. Sun, E. Q. Hou, G. Y. Zhou, D. Q. Zhang, and L. Huang. 2010. Homogeneity of δ^{15}N in needles of Masson pine (*Pinus massoniana* L.) was altered by air pollution. Environmental Pollution 158:1963–1967.
- Lapointe, B. E. 1997. Nutrient thresholds for bottom-up control of macroalgal blooms on coral reefs in Jamaica and southeast Florida. Limnology and Oceanography 42:1119–1131.
- Lapointe, B. E., P. J. Barile, and W. R. Matzie. 2004. Anthropogenic nutrient enrichment of seagrass and coral reef communities in the Lower Florida Keys: Discrimination of local versus regional nitrogen sources. Journal of Experimental Marine Biology and Ecology 308:23–58.
- Lee, K. S. and K. H. Dunton. 1999. Inorganic nitrogen acquisition in the seagrass *Thalassia testudinum*: Development of a whole-plant nitrogen budget. Limnology and Oceanography 44:1204–1215.
- Li, X. D., H. Masuda, M. Ono, M. Kusakabe, F. Yanagisawa, and H. A. Zeng. 2006. Contribution of atmospheric pollutants into groundwater in the northern Sichuan Basin, China. Geochemical Journal 40:103–119.
- Mariotti, A. and R. Létolle. 1977. Application de l'étude isotopique de l'azote en hydrologie et en hydrogéologie. Analyse des résultats obtenus sur un exemple précis: le Bassin de mélarchez (Seine-et-Marne, France). Journal of Hydrology 33:157–172.
- Maruyama, T., T. Ohizumi, Y. Taneoka, N. Minami, N. Fukuzaki, H. Mukai, K. Murano, and M. Kusakabe. 2000. Sulfur isotope ratios of coals and oils used in China and Japan. Journal of Chemical Society of Japan, Chemistry and Industrial Chemistry 1:45–51.
- Mast, M. A., J. T. Turk, G. P. Ingersoll, D. W. Clow, and C. L. Kester. 2001. Use of stable sulfur isotopes to identify sources of sulfate in Rocky Mountain snowpacks. Atmospheric Environment 35:3303–3313.
- Mayer, B., K. H. Feger, A. Giesemann, and H. J. Jäger. 1995. Interpretation of sulfur cycling in two catchments in the Black Forest (Germany) using stable sulfur and oxygen isotope data. Biogeochemistry 30:31–58.
- Mayer, B., J. Prietzel, and H. R. Krouse. 2001. The influence of sulfur deposition rates on sulfate retention patterns and mechanisms in aerated forest soils. Applied Geochemistry 16:1003–1019.

- McClelland, J. W. and I. Valiela. 1998. Changes in food web structure under the influence of increased anthropogenic nitrogen inputs to estuaries. Marine Ecology Progress Series 168:259–271.
- McClelland, J. W., I. Valiela, and R. H. Michener. 1997. Nitrogen-stable isotope signatures in estuarine food webs: A record of increasing urbanization in coastal watersheds. Limnology and Oceanography 42:930–937.
- McRae, C., C. E. Snape, C. G. Sun, D. Fabbri, D. Tartari, C. Trombini, and A. E. Fallick. 2000. Use of compound-specific stable isotope analysis to source anthropogenic natural gas-derived polycyclic aromatic hydrocarbons in a lagoon sediment. Environmental Science and Technology 34:4684–4686.
- Moldan, F., R. A. Skeffington, C. M. Moerth, P. Torssander, H. Hultberg, and J. Munthe. 2004. Results from the covered catchment experiment at Gårdsjön, Sweden, after ten years of clean precipitation treatment. Water, Air, and Soil Pollution 154:371–384.
- Monaghan, J. M., C. M. Scrimgeour, W. M. Stein, F. J. Zhao, and E. J. Evans. 1999. Sulphur accumulation and redistribution in wheat (*Triticum aestivum*): A study using stable sulphur isotope ratios as a tracer system. Plant, Cell and Environment 22:831–839.
- Mukai, H., A. Tanaka, T. Fujii, Y. Zeng, Y. Hong, J. Tang, S. Guo, H. Xue, Z. Sun, and J. Zhou. 2001. Regional characteristics of sulfur and lead isotope ratios in the atmosphere at several Chinese urban sites. Environmental Science and Technology 35:1064–1071.
- Norman, A. L., K. Anlauf, K. Hayden, B. Thompson, J. R. Brook, S. M. Li, and J. Bottenheim. 2006. Aerosol sulphate and its oxidation on the Pacific NW coast: S and O isotopes in $PM_{2.5}$. Atmospheric Environment 40:2676–2689.
- Novák, M., I. Jačková, and E. Prechova. 2001. Temporal trends in the isotope signature of air-borne sulfur in Central Europe. Environmental Science and Technology 35:255–260.
- Nriagu, J. O., R. D. Coker, and L. A. Barrie. 1991. Origin of sulphur in Canadian arctic haze from isotope measurements. Nature 349:142–145.
- Nriagu, J. O., D. A. Holdway, and R. D. Coker. 1987. Biogenic sulfur and the acidity of rainfall in remote areas of Canada. Science 237:1189–1192.
- O'Malley, V. P., R. A. Burke, and W. S. Schlotzhauer. 1997. Using GC-MS/Combustion/IRMS to determine the $^{13}C/^{12}C$ ratios of individual hydrocarbons produced from the combustion of biomass materials-application to biomass burning. Organic Geochemistry 27:567–581.
- Ohizumi, T., N. Fukuzaki, and M. Kusakabe. 1997. Sulfur isotopic view on the sources of sulfur in atmospheric fallout along the coast of the sea of Japan. Atmospheric Environment 31:1339–1348.
- Okuda, T., H. Kumata, H. Naraoka, and H. Takada. 2002. Origin of atmospheric polycyclic aromatic hydrocarbons (PAHs) in Chinese cities solved by compound-specific stable carbon isotopic analyses. Organic Geochemistry 33:1737–1745.
- Otero, N. and A. Soler. 2002. Sulphur isotopes as tracers of the influence of potash mining in groundwater salinisation in the Llobregat Basin (NE Spain). Water Research 36:3989–4000.
- Otero, N., L. Vitoria, A. Soler, and A. Canals. 2005. Fertiliser characterisation: Major, trace and rare earth elements. Applied Geochemistry 20:1473–1488.
- Panettiere, P., G. Cortecci, E. Dinelli, A. Bencini, and M. Guidi. 2000. Chemistry and sulfur isotopic composition of precipitation at Bologna, Italy. Applied Geochemistry 15:1455–1467.
- Panno, S. V., K. C. Hackley, H. H. Hwang, and W. R. Kelly. 2001. Determination of the sources of nitrate contamination in karst springs using isotopic and chemical indicators. Chemical Geology 179:113–128.
- Pennisi, E. 1997. Brighter prospects for the world's coral reefs? Science 277:491-493.
- Pichlmayer, F., W. Schöner, P. Seibert, W. Stichler, and D. Wagenbach. 1998. Stable isotope analysis for characterization of pollutants at high elevation alpine sites. Atmospheric Environment 32:4075–4085.
- Pruell, R. J., B. K. Taplin, J. L. Lake, and S. Jayaraman. 2006. Nitrogen isotope ratios in estuarine biota collected along a nutrient gradient in Narragansett Bay, Rhode Island, USA. Marine Pollution Bulletin 52:612–620.
- Puig, R., A. Ávila, and A. Soler. 2008. Sulphur isotopes as tracers of the influence of a coal-fired power plant on a Scots pine forest in Catalonia (NE Spain). Atmospheric Environment 42:733–745.
- Raven, J. A., A. M. Johnston, J. E. Kübler, R. Korb, S. G. McInroy, L. L. Handley, C. M. Scrimgeour, D. I. Walker, J. Beardall, and M. Vanderklift. 2002. Mechanistic interpretation of carbon isotope discrimination by marine macroalgae and seagrasses. Functional Plant Biology 29:355–378.
- Richet, P., Y. Bottinga, and M. Janoy. 1977. A review of hydrogen, carbon, nitrogen, oxygen, sulphur, and chlorine stable isotope enrichment among gaseous molecules. Annual Review of Earth and Planetary Sciences 5:65–110.
- Saltzman, E. S., G. W. Brass, and D. A. Price. 1983. The mechanism of sulfate aerosol formation: Chemical and sulfur isotopic evidence. Geophysical Research Letters 10:513–516.
- Satake, H. 1992. Deposition of non-sea salt sulfate observed

- at Toyama facing the sea of Japan for the period of 1981–1991. Geochemistry Journal 26:299–305.
- Savage, C. and R. Elmgren. 2004. Macroalgal (*Fucus vesiculosus*) $\delta^{15}N$ values trace decrease in sewage influence. Ecological Applications 14:517–526.
- Schiff, S. L., J. Spoelstra, R. G. Semkin, and D. S. Jeffries. 2005. Drought induced pulses of from a Canadian shield wetland: Use of $\delta^{34}S$ and $\delta^{18}O$ in to determine sources of sulfur. Applied Geochemistry 20:691–700.
- Shanley, J. B., B. Mayer, M. J. Mitchell, and S. W. Bailey. 2008. Seasonal and event variations in $\delta^{34}S$ values of stream sulfate in a Vermont forested catchment: Implications for sulfur sources and cycling. Science of the Total Environment 404:262–268.
- Shanley, J. B., B. Mayer, M. J. Mitchell, R. L. Michel, S. W. Bailey, and C. Kendall. 2005. Tracing sources of streamwater sulfate during snowmelt using S and O isotope ratios of sulfate and ^{35}S activity. Biogeochemistry 76:161–185.
- Stapel, J., T. L. Aarts, B. H. M. van Duynhoven, J. D. de Groot, P. H. W. van den Hoogen, and M. A. Hemminga. 1996. Nutrient uptake by leaves and roots of the seagrass *Thalassia hemprichii* in the Spermonde Archipelago, Indonesia. Marine Ecology Progress Series 134:195–206.
- Statistics, B. 2007. Japan Statistical Yearbook 2006. Japan Statistical Association Tokyo.
- Teichberg, M., S. E. Fox, Y. S. Olsen, I. Valiela, P. Martinetto, O. Iribarne, E. Y. Muto, M. A. V. Petti, and T. N. Corbisier. 2010. Eutrophication and macroalgal blooms in temperate and tropical coastal waters: Nutrient enrichment experiments with *Ulva*. spp. Global Change Biology 16:2624–2637.
- Tichomirowa, M., F. Haubrich, W. Klemm, and J. Matschullat. 2007. Regional and temporal (1992–2004) evolution of airborne sulphur isotope composition in Saxony, southeastern Germany, central Europe. Isotopes in Environmental and Health Studies 43:295–305.
- Torfs, K. M., R. E. van Grieken, and F. Buzek. 1997. Use of stable isotope measurements to evaluate the origin of sulfur in gypsum layers on limestone buildings. Environmental Science and Technology 31:2650–2655.
- Toyama, K., H. Satake, S. Takashima, T. Matsuda, M. Tsuruta, and K. Kawada. 2007. Long-range transportation of contaminants from the Asian Continent to the Northern Japan Alps, recorded in snow cover on Mt. Nishi-Hodaka-Dake. Bulletin of Glaciological Research 24:37–47.
- Trettin, R., H. R. Glaser, M. Schultze, and G. Strauch. 2007. Sulfur isotope studies to quantify sulfate components in water of flooded lignite open pits-Lake Goitsche, Germany. Applied Geochemistry 22:69–89.
- Tucker, J., N. Sheats, A. E. Giblin, C. S. Hopkinson, and J. P. Montoya. 1999. Using stable isotopes to trace sewage-derived material through Boston Harbor and Massachusetts Bay. Marine Environmental Research 48:353–375.
- Udy, J. W. and W. C. Dennison. 1997. Growth and physiological responses of three seagrass species to elevated sediment nutrients in Moreton Bay, Australia. Journal of Experimental Marine Biology and Ecology 217:253–277.
- Volkmar, E. C. and R. A. Dahlgren. 2006. Biological oxygen demand dynamics in the lower San Joaquin River, California. Environmental Science and Technology 40:5653–5660.
- Wada, E. and A. Hattori. 1991. Nitrogen in the Sea: Forms, Abundances, and Rate Processes. CRC Press, Boca Raton.
- Wadleigh, M. A., H. P. Schwarcz, and J. R. Kramer. 1994. Sulphur isotope tests of seasalt correction factors in precipitation: Nova Scotia, Canada. Water, Air, and Soil Pollution 77:1–16.
- Wassenaar, L. I. 1995. Evaluation of the origin and fate of nitrate in the Abbotsford aquifer using the isotopes of ^{15}N and ^{18}O in NO_3^-. Applied Geochemistry 10:391–405.
- Winner, W. E., J. D. Bewley, H. R. Krouse, and H. M. Brown. 1978. Stable sulfur isotope analysis of SO_2 pollution impact on vegetation. Oecologia 36:351–361.
- Wojcik, G. S. and J. S. Chang. 1997. A re-evaluation of sulfur budgets, lifetimes, and scavenging ratios for eastern North America. Journal of Atmospheric Chemistry 26:109–145.
- Xing, G. X., Y. C. Cao, S. L. Shi, G. Q. Sun, L. J. Du, and J. G. Zhu. 2002. Denitrification in underground saturated soil in a rice paddy region. Soil Biology and Biochemistry 34:1593–1598.
- Yamamuro, M., Y. Umezawa, and I. Koike. 2004. Internal variations in nutrient concentrations and the C and N stable isotope ratios in leaves of the seagrass *Enhalus acoroides*. Aquatic Botany 79:95–102.
- Yasmin, K., G. Cadisch, and E. M. Baggs. 2006. Comparing ^{15}N-labelling techniques for enriching above-and below-ground components of the plant-soil system. Soil Biology and Biochemistry 38:397–400.
- Yu, J. Y. and Y. Park. 2004. Sulphur isotopic and chemical compositions of the natural waters in the Chuncheon area, Korea. Applied Geochemistry 19:843–853.
- Zhang, Y., M. J. Mitchell, M. Christ, G. E. Likens, and H. R. Krouse. 1998. Stable sulfur isotopic biogeochemistry of the Hubbard Brook experimental forest, New Hampshire. Biogeochemistry 41:259–275.
- Zhao, F. J., J. S. Knights, Z. Y. Hu, and S. P. McGrath. 2003. Stable sulfur isotope ratio indicates long-term changes in sulfur

deposition in the Broadbalk experiment since 1845. Journal of Environmental Quality 32:33–39.

- Zhao, F. J., K. C. J. Verkampen, M. Birdsey, M. M. A. Blake-Kalff, and S. P. McGrath. 2001. Use of the enriched stable isotope ^{34}S to study sulphur uptake and distribution in wheat. Journal of Plant Nutrition 24:1551–1560.

- Zimmermann, F., J. Matschullat, E. Brüggemann, K. Plessow, and O. Wienhaus. 2006. Temporal and elevation-related variability in precipitation chemistry from 1993 to 2002, Eastern Erzgebirge, Germany. Water, Air, and Soil Pollution 170:123–141.

第15章
稳定同位素技术与产品溯源和司法侦探

随着世界各国经济和人类生活全球化程度的进一步深入，食品安全和国家安全事件时有发生，并有扩大蔓延之势，严重影响到我们每个人的生活质量和人身安全。例如，近年来"疯牛病"、"口蹄疫"、"禽流感"等对食品安全和人类健康构成了极大的威胁，并对病源发生国造成了严重的经济损失和社会恐慌，也使消费者对农产品的产地溯源和原产地甄别提出了更高的要求。"三聚氰胺"、"二噁英"、"毒鸡蛋"、"毒奶粉"等国内外重大食品安全事件，不仅挫伤了消费者对动物源性食品安全的信心，也给国家和企业带来了严重的经济损失。更为严重的是，世界范围内的恐怖活动（如"9·11事件"、"炭疽菌事件"等）、毒品走私、运动员违禁药品的滥用等均涉及违禁物品的使用，严重威胁到国家、社会和民众的安全与利益，迫切需要利用高科技开展司法侦探，打击这些跨国犯罪活动。

前面几章提到，稳定同位素作为一种示踪物、指示物和整合器，已经广泛用于生态学各个领域的研究。由于不同地点和气候环境条件下形成的植物组织具有特定的稳定同位素比值，动物（包括人）组织中同位素的组成又能真实地反映一段时期内的食物来源信息。因此，稳定同位素技术可以应用于食品科学、法医学以及刑事侦探等诸多研究或应用领域（Kelly et al.，2002；Bowen et al.，2005；郭波莉等，2006；Primrose et al.，2010）。例如，通过检测蜂蜜中碳同位素组成可以鉴别蜂蜜的真假；通过碳同位素来确定柠檬酸和食用香料是人工合成产品还是天然产品（Jamin et al.，1997；Guillou et al.，1999）；通过测量农产品的氮、碳、氢、氧或硫等同位素可以得知农产品是有机的还是非有机的、是野生的还是人工的（Bateman et al.，2007；Rogers，2008）。在司法侦探中，通过检测缴获海洛因的碳同位素组成可以推知海洛因原料的产地（Besacier et al.，1997；Ehleringer et al.，1999；Ehleringer et al.，2000）；通过有机物的碳同位素测定可以推断运动员是否服用兴奋剂等（Bowers，1997；Aguilera et al.，2002）。本章重点介绍稳定同位素生态学原理和相关技术在食品溯源、假冒或掺假产品甄别以及违禁物品追踪等领域的应用原理、实例和前景。

第1节 食品溯源与原产地品质保障

食品是人类赖以生存和发展的物质基础，其卫生状况与人类健康密切相关，因此，各国政府和有关国际组织都高度重视，世界卫生组织将食品安全确定为全球公共卫生领域的重点（FAO，2001）。产自特定国家或区域的食品因具备某些特殊品质，在价格上往往高于其他地区生产的同一类食品。一般消费者不易甄别特定产地和普通产地的食品，很容易出高价购买了标有原产地地名而实际却为冒牌的劣质食品，严重损害了消费者的利益。另外，提供原产地食品的供应商由于缺乏有效甄别假冒产品的技术也蒙受经济和名誉损失。因此，很有必要开发可以有效鉴定原产地的分析技术，以帮助生产商和消费者识别假冒原产地的食品。欧盟经济共同体不久前启动了名为"TRACE"的食品原产地化学与生物指纹技术研发项目，旨在研发先进有效的分析技术用于识别主要名牌食品的原产地。

原产地是指某商品来源于某地区，且该商品的特定质量、信誉或者其他特征主要由该地区的自然环境或人文因素所决定。对于农产品来说，一个地区的自然环境条件决定了该地区所生产的农产品具备特有的质量与品味。农产品原产地品牌建设有利于增强区域内农产品的竞争力，也有利于促进区域内的产业集群发展。食品产地标注是实施"从农田到餐桌"全程控制技术的首要环节，已逐渐成为各国政府和消费者关注的热点。欧盟1760/2000法规要求，从2005年起所有进出口的产品必须注明其产地来源[Regulation（EC）178，2002]。《中华人民共和国食品安全法》也明确规定国家建立食品召回制度（http://www.ccn.com.cn/news/zhengcefagui/2009/0716/271002.html）。可见，建立食品产地溯源体系是解决食品国际贸易中的技术纠纷、实施食品召回制度、确保食品安全以及保护消费者利益的有力保障。稳定同位素检测技术结合矿质元素分析，是当今食品产地溯源的最有效方法。利用这些多因素的分析方法，我们可以建立特定同位素和矿质元素参数与产品原产地的稳定关系，用于追溯产品的品种、地理起源及其流通途径，确保产品的品质和卫生。

一、食品产地溯源稳定同位素技术的原理

产地溯源就是在不知产品背景的前提下通过一些物理、化学和生物学的方法来鉴别产品的真伪，同时追溯产品的品种、种植模式或饲养制度和地理起源。目前国外已建立了一系列方法进行追溯，这些方法包括植物标记法、DNA标记法、近红外反射光谱法以及稳定同位素法，其中稳定同位素技术是食品产地溯源中一项相对高效的分析手段。由于生物体内的同位素组成受气候、环境和生物代谢类型等因素的影响，不同种类及不同地域来源的食品原料中同位素自然丰度存在差异，利用这种差异可以区分不同种类的产品及其可能的来源地区。因此，同位素的自然分馏效应是稳定同位素溯源技术的基本原理和依据。稳定同位素因为没有放射性，不会造成二次污染，加上稳定同位素分析速度快、精度高等特点，已成为欧盟、美国、日本等食品溯源体系中非常有效的测试评价指标。

在食品产地溯源中，常用的稳定同位素包括碳、氮、氢、氧、硫、硼、锶和铅等。这些元素的同位素组成受气候、地形、土壤及生物代谢类型等因素的影响，其变化规律有很大差异，在第3章中已详细介绍了碳、氮、氢、氧、硫这5种生源要素稳定同位素组成的变化规律及其受控机制，这里仅介绍其他几种元素的稳定同位素。

（一）硼同位素

硼（B）主要以 ^{10}B 和 ^{11}B 两种同位素形式存在。硼的同位素比率在环境科学、生物科学和地球化学中应用较多，这主要是由于不同的地球化学过程会引起硼同位素分馏，从而导致岩石、海洋沉积物和自然水体中 $^{11}B/^{10}B$ 比率变化较大。例如胶体矿物、海水中的盐在沉淀时会吸附 ^{10}B，使天然水尤其是海水中 ^{11}B 含量增加。硼同位素发生自然分馏的另一个重要机制是硼酸与硼酸盐离子之间会因pH的改变而发生交换，从而导致 ^{11}B 在硼酸中富集。以上这些自然过程会导致 $\delta^{11}B$ 值高达90‰。硼同位素组成除受自然因素影响外，农业生产中施加含硼的化肥也会影响 $^{11}B/^{10}B$ 的比率，这就导致不同土壤之间硼同位素组成有较大的差异（Coetzee and Vanhaecke，2005）。

（二）锶同位素

锶（Sr）在自然界中有4种同位素，即 ^{84}Sr、^{86}Sr、^{87}Sr、^{88}Sr。其中，^{87}Sr 是 ^{87}Rb（铷）天然衰变的产物。锶是典型的分散元素，在自然界中主要以类质同象的形式分布在造岩矿物中，很少形成自身独立矿物。锶的离子半径（0.113 nm）和钙的离子半径（0.099 nm）相似。因此锶主要分散在含钙的矿物中，如斜长石、角闪石、辉石和碳酸岩。尽管动植物的吸收代谢过程会改变锶的同位素比率，但由 ^{87}Rb 放射衰变产生的 ^{87}Sr 各地含量不同，可作为地域溯源的指标。动植物体中的 $^{87}Sr/^{86}Sr$ 与岩床中能被生物体利用的含锶矿化物有关，而岩石的 $^{87}Sr/^{86}Sr$ 与 ^{87}Rb 的含量及岩石的寿命有关。不同性质的岩石 $^{87}Sr/^{86}Sr$ 比率也有差异，如酸性岩石（如含硅石较多的花岗岩）的 $^{87}Sr/^{86}Sr$ 比率较高，这是因为随着时间的延长，Rb/Sr比率增高；而碱性岩石（如玄武岩和碳酸岩）的 $^{87}Sr/^{86}Sr$ 比率相对较低。因此，锶同位素比值是判断动植物产品原产地来源的一种有效指标，尤其是当不同地域来源食品因来自气候差异较小的地区而具有类似的 $\delta^{18}O$ 和 δD 值时，锶同位素比率就能发挥出特有的功能（Vogel et al.，1990）。

（三）铅同位素

铅共有4种天然同位素，即 ^{204}Pb、^{206}Pb、^{207}Pb 和 ^{208}Pb。其中 ^{204}Pb 的半衰期特别长（1.4×10^{17}年），一般都把它作为铅同位素稳定的参考物。^{206}Pb、^{207}Pb 和 ^{208}Pb 分别是 ^{238}U（铀）、^{235}U 和 ^{232}Th（钍）放射性衰变的最终产物，其丰度处在不断变

化中。在铅的4种同位素中，由于^{204}Pb的丰度较低，测定精度较差，所以一般常选用^{206}Pb/^{207}Pb和^{208}Pb/^{207}Pb作为检测指标。年代不同的天然物质，由于原生的Pb、U和Th含量不同，其铅的同位素丰度组成也有所差别。这一特征一般不因它所经历的化学、物理变化而改变，因而可以把铅的同位素丰度作为含铅物质的一种"指纹"去识别和区分铅的不同来源。铅同位素"指纹"记录方法的优点在于可以给出可能的铅的来源及传播路径，而且检测所需样品用量少。同时，由于各地区在地质结构、地质年龄和矿物质含量上存在差异以及各地区降水分布的不同，不同地区的铅同位素组成存在差异。动植物体内诸如铅等金属元素，大部分来自土壤或地表水，其铅同位素组成也因此具有地区标志。因此，铅同位素丰度比也可作为判断动植物产地的标识。

利用稳定同位素技术进行食品产地溯源具有以下优点。① 实验过程简便：应用先进的同位素比率质谱仪，自动化程度高，不必进行样品的提取或纯化就可直接测量，减少了许多繁杂的分离和提纯工作，加速了测试进程；② 灵敏度高：目前精确的化学分析方法一般较难测定10^{-12} g的水平，但利用稳定同位素技术方法可以检测到10^{-14} g或更低的水平；③ 不破坏产品的性质：利用稳定同位素技术区分不同来源的产品时一般不需加入新的试剂，降低了测试方法本身可能带来的干扰。这些优点为高效追溯食品原产地提供了技术保障，然而，利用稳定同位素技术追溯食品产地也存在一定的局限性。首先，不同地区环境的相似性可能导致来自不同地域的产品不具有显著差异的稳定同位素比值。其次，对动物源食品（如肉类、奶制品等），碳同位素组成主要反映动物饲料中C_3与C_4植物所占的比例，而饲料的改变可能会掩藏或混淆地域来源的部分信息。水的氢氧同位素组成主要受气候和地形等环境因素的影响，但在气候和地形相似的不同地区，食品中的氢和氧同位素组成可能相同，会导致无法有效判别这些食品的地域来源。此外，稳定同位素分析所需仪器设备相对昂贵，样品的分析成本相对较高，难以开展大批量的检测。

二、食品溯源稳定同位素技术应用实例

（一）葡萄酒

与其他农产品相比，葡萄酒具有相对较高的经济价值，加之长期以来欧洲国家对葡萄酒原产地名号的控制，原产地在很大程度上决定了葡萄酒的价格。欧洲各国已对公认的、产自特定地区的高品质葡萄酒立法进行保护。因此，对葡萄酒原产地的溯源极为重要。葡萄酒含有丰富的矿质元素，其中既包括Ca、K、Na和Mg等常见元素，也包括Fe、Cu、Zn和Cr等微量元素。这些矿质元素主要靠葡萄

从种植地土壤中吸取，所以不同产地土壤中矿质元素的种类和含量比例等具有地理地质特异性。因此，特定产地的葡萄酒中矿质元素应具有"指纹"特性，以此可区别于其他产地的葡萄酒。然而，其他因素（如环境污染、农艺实践、气候变化、酿造工艺过程以及葡萄原料品种的改变）也会显著改变葡萄酒的矿质元素组成，从而影响了特定产地葡萄酒与其他产地产品之间在矿质元素含量方面的差异，给葡萄酒产地溯源带来技术限制。近几年来，众多研究发现葡萄酒中一些元素（如C、H、B、Sr等）的稳定同位素比值具有原产地的一些"指纹"特性，可有效甄别葡萄酒的原产地（Almeida and Vasconcelos，2001；Gremaud et al.，2004；Coetzee and Vanhaecke，2005）。例如，Gremaud等（2004）通过测定葡萄酒多种元素含量、同位素比值和一些常规参数对瑞士多种葡萄酒的原产地特性进行比较分析，发现瑞士4个主要葡萄酒产地之间在葡萄酒的$^{18}O/^{16}O$值和Sr、Rb、乙醇含量上存在显著差异，可根据这些参数对葡萄酒原产地进行准确的判定。

为了加强对葡萄酒原产地的验证，欧盟从1990年开始就从欧洲不同国家特别是法国、德国、意大利以及西班牙等主要葡萄酒生产地区收集葡萄酒样品，建立了不同地区葡萄酒稳定同位素组成数据库。刚开始时，主要利用^{2}H-NMR测定乙醇特定位置上氢同位素比率（欧盟法规2676/1990），直至1997年，才开始利用同位素比率质谱仪测定葡萄酒中水的$\delta^{18}O$和乙醇的$\delta^{13}C$值，并在法国、意大利、英国、西班牙和德国等建立了分析这些指标的10个实验室（Rossmann，2001）。这些测定后来成为国际葡萄和葡萄酒协会（OVI）检测葡萄酒与原料产地和品质的三个标准测试方法：MAE-AS311-05-ENRRMN（^{2}H-NMR法测定葡萄酒的δD）、Resolution OENO 353/2009（同位素质谱仪法测定酒水的$\delta^{18}O$）和MA-E-AS312-06-ETHANO（同位素质谱仪法测定葡萄酒乙醇的$\delta^{13}C$）。由于欧盟No. 555/2008法规的实施，欧盟区所有葡萄酒生产国的葡萄酒样品库已经建立起来。鉴于"MA-E-AS312-06-ETHANO"方法需要先蒸馏提取葡萄酒的乙醇（须达到至少92%的提取率），Cabañero等（2008）尝试利用液相色谱-同位素质谱联用（HPLC-IRMS）和气相色谱-同位素质谱联用（GC-IRMS）直接测定葡萄酒中乙醇的$\delta^{13}C$值，不仅测试结果可靠（表15-1），测试时间也由原来每样品的5 h降低到35 min，测试过程也未出现同位素分馏。Spitzke和Fauhl-Hassek（2010）进一步完善了HPLC-IRMS方法，不仅可以直接测定葡萄酒乙醇的$\delta^{13}C$，还可以测定乙醇衍生物和葡萄酒中水的稳定同位素比值。在我国，已有一些测定葡萄酒微量元素的研究，但还没有利用稳定同位素技术追溯葡萄酒原产地研究的报道，主要原因在于我国对葡萄酒原产地保护的意识还不够，对这种新技术也还不太熟悉。

表15-1　三种方法测定葡萄酒乙醇δ^{13}C效果比较（Cabañero et al., 2008）

		EA-IRMS		HPLC-IRMS		GC-IRMS	
	n	平均值/‰	标准偏差	平均值/‰	标准偏差	平均值/‰	标准偏差
乙醇（1天内）	10	−27.53	0.02	−27.60	0.03	−27.63	0.03
葡萄酒（1天内）	5	−25.54	0.03	−25.60	0.03	−25.57	0.05
乙醇（3天内）	5	−27.57	0.03	−27.62	0.02	−27.60	0.02
葡萄酒（3天内）	5	−25.50	0.10	−25.57	0.14	−25.47	0.08

Christoph等（2003）系统测定了1991—1992年间产于Franconia和Constance湖两地葡萄酒样品的稳定同位素比值，发现葡萄收获前的降水量显著影响了葡萄酒中水的δ^{18}O和δD值。在随后的另一研究里，他们比较了匈牙利和克罗地亚1997—2001年生产的葡萄酒中水的δ^{18}O和δD值，发现匈牙利不同地区出产的葡萄酒中水的δ^{18}O和δD值相当接近，而产自克罗地亚的葡萄酒由于受到Adriatic海干旱气候的影响出现内陆与沿海地区之间显著不同的δ^{18}O和δD值（Christoph et al., 2004）。Gremaud等（2004）也测定了来自瑞士不同产地葡萄酒的多种元素含量、稳定同位素组成以及许多传统测试指标（如乙醇含量、pH、总酸度、各种糖成分等），认为只有葡萄酒中水的δ^{18}O值、Sr与Rb含量以及乙醇含量能最好地区分葡萄酒的原产地。然而，Adami等（2010）仅通过测定葡萄酒中乙醇的δ^{13}C及葡萄酒中水的δ^{18}O就可有效区分巴西3个主要的葡萄酒原产地（图15-1）。

除了C、H、O同位素可用于葡萄酒原产地溯源外，其他一些常见元素的同位素也显示出巨大的潜力。例如，Coetzee和Vanhaecke（2005）比较了南非、法国和意大利一些典型原产地红葡萄酒样品的B同位素组成，发现来自南非、法国和意大利三地的葡萄酒样品具有显著不同的^{11}B/^{10}B值，说明^{11}B/^{10}B能够区分葡萄酒样品的原产地。另外，葡萄酒的Sr同位素组成受季节、气候及加工工艺的影响较小，可以作为判断葡萄酒原产地的理想指标（Almeida and Vasconcelos，2004）。Barbaste等（2001）利用葡萄酒^{87}Sr/^{86}Sr比值区分葡萄酒原产地的精确度高达99.5%。Larcher等（2003）还测定了来自意大利不同行政省份的葡萄酒样品的Pb同位素比值，发现^{207}Pb/^{206}Pb可以区分意大利西北地区、东北地区和南部地区原产的葡萄酒，而^{208}Pb/^{206}Pb值可区分西北地区与南部地区原产的葡萄酒。因此，Pb同位素也可以应用于葡萄酒原产地的甄别，但需要选择合适的同位素比值。

我国是白酒的最大生产和消费国，名牌白酒的原产地溯源一直是打击白酒假冒活动的重要任务。适合于葡萄酒的上述同位素指标也可用来区分白酒的原产地。例如，汪强等（2009）对茅台酱香白酒硼（B）同位素进行了比较研究，他们采用ICP-

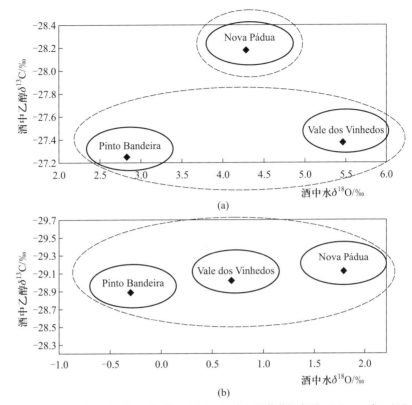

图15-1 利用葡萄酒中乙醇$\delta^{13}C$和水$\delta^{18}O$区分巴西3个主要葡萄酒产区：(a) 2005年；(b) 2006年 (Adami et al., 2010)

MS检测茅台地区不同厂家生产的酱香型白酒中$^{11}B/^{10}B$比率，发现不同厂家间$^{11}B/^{10}B$具有明显差异。白酒的B同位素组成不仅取决于原料、土壤和水源中B的同位素组成，还可能受到生产工艺、贮存及运输条件的影响。$^{11}B/^{10}B$比率不仅可作为天然产品地理区域划分的指标，而且在同一小区域范围内的产品也具有各自独特的指纹特征。同样地，C、H和O同位素比值也可以用来追溯各种名贵白酒的产地，但相关样品处理测试方法以及白酒同位素数据库不能照抄葡萄酒，还需要开展深入的研究。

（二）啤酒、矿泉水等软饮产品

市面上销售的大多数饮料如各种品牌的啤酒、特定来源的瓶装水一般不是在销售的当地生产，其δ^2H和$\delta^{18}O$值与销售地点自来水的同位素组成可能显著不同。因此，利用原产地自来水的同位素比率可以预测出特定饮料的同位素组成，并与销售地点自来水同位素比值比较，就可判定该产品产地是否真实。例如，Chesson等（2010）测量了美国瓶装水、苏打水、啤酒和自来水的δ^2H和$\delta^{18}O$值，发现这些饮料的同位素值一般沿全球大气降水线分布，证明配置这些饮料的原料水同位素比值可以反映原产地水源的地理信息。然而，一些瓶装水和苏打水的同位素比值与购买地点自来水的δ^2H和$\delta^{18}O$具有很强的相关性，啤酒用水的δ^2H和$\delta^{18}O$也和销售地自来水的同位素值直接相关，说明这些产品很可能不是真品。

据其来源和装瓶过程，瓶装水可分为天然汽水、人工汽水、蒸馏水和加味水，这些水来源于水循环的不同组成部分，其氢氧稳定同位素组成可反映它们的自然起源。例如，Brencic 和 Vreca（2006）分析了 2004 年 9 月随机收集的来自斯洛文尼亚市场上的 58 个国内外品牌瓶装水的 δ^2H 和 $\delta^{18}O$，结果发现它们的变化范围分别介于 −83‰ ~ −46‰ 和 −11.9‰ ~ −7.5‰，平均值分别为 −66‰ 和 −9.6‰。这些数据具有以下用途：① 确定和测试瓶装水的分类；② 确定瓶装水的天然来源；③ 区分瓶装水天然和人工生产流程。生产流程也会影响加味水和人工汽水的同位素组成，但是蒸馏水和天然汽水并不会发生这种情况。将这些同位素方法和水文知识相结合，可对瓶装水进行鉴别，加强瓶装水的质量监管（图 15-2）。

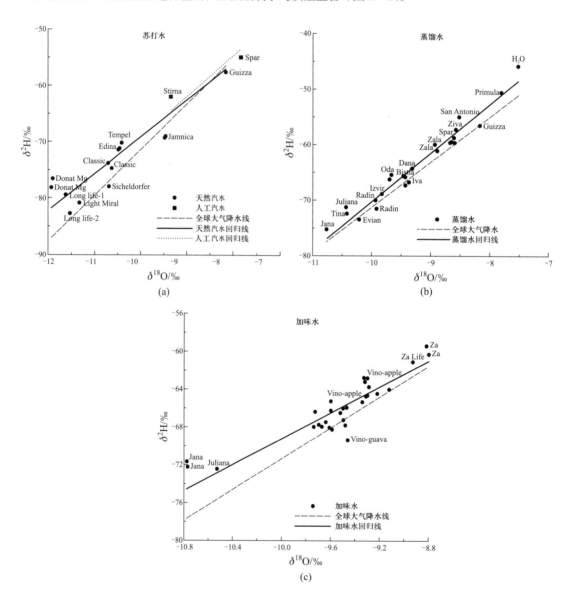

图 15-2（a）汽水、（b）蒸馏水和（c）加味水的 δ^2H 和 $\delta^{18}O$ 值以及相应的回归线和全球大气降水线（Brencic and Vreca, 2006）

Papesch 和 Horacek（2009）在奥地利提供了两个利用稳定同位素进行鉴定的精彩案例，他们调查了贴错标签的啤酒和受污染的柴油中水的同位素组成。第一个案例研究证明，贴有高档品牌标签的啤酒样品实际上是一个便宜的品牌。第二个案例是关于加油站柴油污染的问题研究，这些柴油含有明显的水，导致加油车辆受损。保险公司为了确定是否支付汽车受损保金，决定聘请专家确定这些水的来源。他们的调查结果表明，几乎所有柴油样品中水的 $\delta^{18}O$ 值都接近加油站当地自来水的 $\delta^{18}O$ 值，因此断定是加油站不法商人往柴油里灌注了当地的自来水而造成汽车损坏，保险公司据此拒绝支付保金。

（三）茶与咖啡等饮品原料

茶叶是公认的一种具有相当声望和种植面积的农作物。茶一般是指由茶树叶片加工成的饮料，茶叶传统制作方法是由手工摘采树枝末端顶部的两片叶子和芽，并在24小时内完成所有的收割和加工过程。茶叶的生产主要集中在亚洲和非洲，目前75%以上的茶叶产于印度、中国、斯里兰卡、肯尼亚、土耳其和印度尼西亚。茶叶的价格主要由品种、质量、味道、加工工艺和产地的名声决定。

对茶叶原产地的判定，传统的方法是分析尽可能多的微量元素。如 Moreda-Piñeiro 等（2003）采用微量元素分析法可以对中国的茶叶100%正确判定其原产地，但却无法对印度和斯里兰卡的茶叶进行区分。然而，在茶叶原产地确定中，铅同位素可以作为很好的定量指标。杨红梅等（2005）通过大量的茶叶炭化、灰化条件试验和铅的分离、纯化、富集与质谱测定试验，开发出一套茶叶铅同位素比值的测定方法，测得的茶叶样品 $^{207}Pb/^{206}Pb$ 的精度优于0.05%，为茶叶的产地溯源提供了良好的技术。Pilgrim 等（2010）详细阐述了有机和无机物同位素技术在亚洲茶叶样品分析中的应用，利用同位素和矿物浓度线性判别分析，对茶样品的正确分类达97.6%，可用的同位素主要包括：D、^{13}C、^{49}Ti、^{53}Cr、^{59}Co、^{60}Ni、^{65}Cu、^{71}Ga、^{85}Rb、^{88}Sr、^{89}Y、^{93}Nb、^{111}Cd、^{133}Cs、^{138}Ba、^{139}La、^{140}Ce、^{141}Pr、^{153}Eu、^{203}Tl、^{208}Pb 和 ^{209}Bi（图15-3）。

另外，Weckerle 等（2002）对不同产地生咖啡豆样本中的咖啡因萃取物进行同位素分析，结果表明利用同位素比值的区域差异性可对生咖啡豆样本进行原产地判定，其中 $\delta^{18}O$ 值区域差异性最显著，可作为最重要的产地溯源指标。

（四）谷物粮食

对谷物原产地的判定主要采用同位素比值和多种元素含量等多指标相结合的方法。例如，Kelly 等（2002）收集了来自美洲（美国阿肯色州、路易斯安那州、密西西比州、得克萨斯州）、亚洲（印度、巴基斯坦）和欧洲（法国、意大利、西班牙）的长粒大米样品，共检测了52项指标。通过典型判别分析，他们从中筛选出9个对地域判别有效的指标，包括 $\delta^{13}C$、$\delta^{18}O$、B、Ho、Gd、Mn、Rb、Sr 和 W。Kawasaki

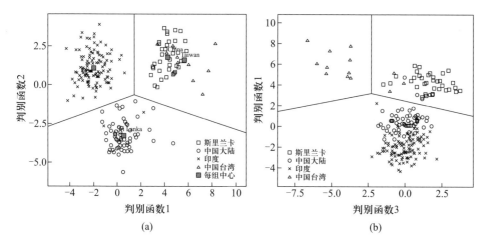

图15-3 （a）判别函数1和2区分亚洲茶叶种植地区散点图；（b）判别函数1和3区分亚洲茶叶散点图（Pilgrim et al., 2010）

等（2002）还测定了日本、澳大利亚、美国、中国和越南的糙米样本中的 $^{87}Sr/^{86}Sr$，发现来自中国和越南糙米样品的 $^{87}Sr/^{86}Sr$ 介于 0.710 ~ 0.711，稍大于几乎所有产自日本的糙米样品；澳大利亚糙米样品的 $^{87}Sr/^{86}Sr$ 值最高，介于 0.715 ~ 0.717；而美国糙米样本的 $^{87}Sr/^{86}Sr$ 均值为 0.706，低于所有产自日本、中国和澳大利亚的糙米样品。由此可见，Sr同位素比值可以有效判定糙米的原产地。

Branch等（2002）测定了来自美国、加拿大和欧洲小麦样品的Cd、Pb、Se和Sr的含量，并结合同位素分析（$\delta^{13}C$ 和 $\delta^{15}N$）可准确对所有小麦样本进行原产地判定。他们发现，美国和加拿大的小麦样品Se含量和 $\delta^{13}C$ 值显著高于来自欧洲的小麦样品，单用 $\delta^{13}C$ 一项指标也能完全区分三个不同地域来源的小麦样品，但利用 $\delta^{15}N$ 对小麦地域判别不太理想。

（五）动物源性食品

上面提到，动物体内的同位素组成不仅取决于动物生长的环境，而且还与动物代谢过程中同位素的分馏作用有关。另外，由于家畜育肥和流通体系的改变，动物源性食品的产地溯源将越来越复杂，不同类的动物性食品溯源的难度会有所不同（叶珊珊等，2009）。例如，羊的饲养体系中，一般不需要育肥，且主要食用当地的饲料，因此羊肉的溯源较为简单。肥牛育肥过程中对牛的饲养地和饲料配比做出改变，因而牛组织中元素的同位素组成可能反映的是两个或多个地区的信息。家禽在饲养过程中主要使用混合或浓缩饲料，而每批饲料的来源可能不断变换，因此使家禽肉的溯源更为复杂，需要更尖端的技术支持。目前，动物源性食品产地溯源研究主要集中在乳制品、牛肉、羊肉、家禽肉以及它们的饲料上，常用的同位素指标包括 δD、$\delta^{13}C$、$\delta^{15}N$、$\delta^{18}O$、$\delta^{34}S$ 和 $^{87}Sr/^{86}Sr$（Primrose et al., 2010；孙淑敏等，2010）。动物组织中的 δD 和 $\delta^{18}O$ 值主要受饮用水同位素组成的影响，与地理纬度、海拔高度等密切相关，是反映地理起源的良好指标；碳同位素组成与动物饲料种类密切相关，可以表征饲料中C_4植物所占的比例；氮同位素组成受饲料种类、土壤状况、气候等多种因素的影响；而$\delta^{34}S$和$^{87}Sr/^{86}Sr$主要受地理和地质条件的影响。以下详细介绍一些利用稳定同位素技术追溯动物性食品的研究和应用实例。

（1）乳制品

欧洲自从1998年在欧元区开展鉴别牛奶、黄油和奶酪产地方法研发以来，利用稳定同位素技术进行乳制品产地溯源的研究报道迅速增加。Ritz等（2005）比较了同一饲养环境和模式下不同品种奶牛牛奶水$\delta^{18}O$值上的差异，发现奶牛的品种对牛奶水$\delta^{18}O$值的影响显著，而不同饲养环境或饲养模式对牛奶水$\delta^{18}O$值的影响可以忽略不计。然而，Renou等（2004）却发现牛奶的$\delta^{18}O$值既可以判定牛奶的原产地也可以区分饲养的模式。Chesson等（2010）分析了美国不同地区奶牛场、超市和快餐店牛奶样品的氢、氧同位素比值，发现牛奶中水与奶牛饮用的水在氢、氧同位素比值上有很强的相关性（图15-4），证明了牛奶水的δD与$\delta^{18}O$值可以判定牛奶的原产地。根据这种关系，他们还成功溯源了一些快餐店牛奶样品的产地。

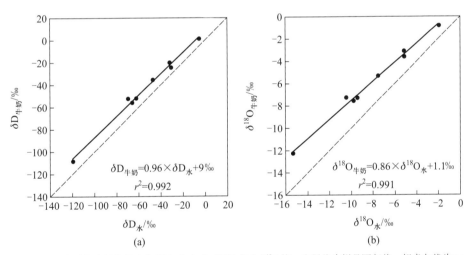

图15-4 成对的牛奶和奶牛饮用水（a）δD值和（b）$\delta^{18}O$值。实黑线为样品回归线；粗虚灰线为1：1线，代表成对的牛奶与奶牛饮用水样品同位素值理论上的完全一致（Chesson et al., 2010）

Rossmann等（2000）分析了欧洲主要品牌黄油的C、N、O、Sr同位素比值，发现黄油的这些同位素比值因受气候、地理等因素的影响存在明显的区域差异，如果结合其他一些传统的检测参数（如脂肪酸组成、胡萝卜素含量和微量元素含量），可以准确判定黄油的原产地。Brescia等（2005）依据乳酪的$\delta^{13}C$和$\delta^{15}N$值可有效地对意大利不同地点水牛乳酪进行原产地的判定，如果结合核磁共振谱（NMR）数据更有利于对水牛乳酪的原产地进行判定。另外，Fortunato等（2003）还测定了不同地区瑞士艾曼塔乳酪样品的$^{87}Sr/^{86}Sr$比值，发现乳酪的Sr同位素比值也可反映原产地的一些地理特性。

（2）牛肉

de Smet 等（2004）发现牛不同组织的 $\delta^{13}C$ 值依次为毛发＞肌肉＞肝脏＞肾脏＞脂肪。相对膳食而言，脂肪组织在合成过程对 ^{13}C 有贫化作用，而肌肉、毛发、肝脏、血液和血浆组织对 ^{13}C 有富集作用。此外，动物不同组织中同位素组成随膳食的改变而变化，并且与膳食达到平衡所需的时间不同。血浆约需10 d左右，肌肉、毛发约需3个月，骨骼的平衡时间更长。即血液、脂肪、肝脏、肌肉反映几星期到几个月的膳食信息，骨骼则可反映长达几十年的膳食信息。郭波莉等（2009）也探讨了牛不同组织中碳稳定同位素组成特征以及牛的品种、饲料对牛组织 $\delta^{13}C$ 值的影响，发现牛尾毛、脱脂牛肉、牛肉粗脂肪的 $\delta^{13}C$ 值大小依次为牛尾毛＞脱脂牛肉＞牛肉粗脂肪，三者之间的相关性达到极显著水平；饲料对牛组织中碳同位素组成的影响远大于牛品种对它们的影响；牛不同组织中碳稳定同位素组成取决于主膳食的构成和成分，浓缩饲料、添加剂等少量成分对它们的影响很小。因此，牛组织的 $\delta^{13}C$ 值是表征牛主要膳食构成及追溯牛肉来源地的一项重要指标。

在牛肉产地溯源研究中，Schmidt等（2005）通过测定欧洲和美洲不同地区牛肉的C、N和S同位素，发现美国与欧洲牛肉之间具有显著不同的 $\delta^{13}C$ 和 $\delta^{15}N$ 值，这主要是由牛饲料中 C_3 和 C_4 植物比例不同造成的，因此综合分析牛肉的C、N、S同位素，就可区分牛肉的原产地。Bahar等（2005）比较了欧洲6个国家不同类型牛肌肉的 $\delta^{13}C$ 和 $\delta^{15}N$ 值，发现不同饲喂方式的牛肉粗蛋白和脂肪的 $\delta^{13}C$ 值具有极显著性差异，且粗蛋白 $\delta^{13}C$ 值比脂肪的 $\delta^{13}C$ 值平均高5.0‰，但两者具有很高的相关性（$r=0.976$），表明牛肉的 $\delta^{13}C$ 值主要受饲喂体系的影响。该研究还发现食用相同饲料而品种不同的牛生产出的牛肉，其粗蛋白 $\delta^{15}N$ 值差异显著，表明 $\delta^{15}N$ 值不仅受饲料的影响，还与动物品种有关。郭波莉等（2008）的研究结果表明，我国不同地区牛组织的碳、氮稳定同位素组成有极显著差异，牛组织的 $\delta^{13}C$ 值可预测其膳食中 C_4 植物所占的比例，而 $\delta^{15}N$ 值可有效区分牧区与农区喂养的牛，如结合两项指标可以显著提高对牛肉原产地判别的准确率。

牛肉中水的 $\delta^{18}O$ 和 δD 值是否可以作为产地溯源的指标至今还未能定论。一些学者认为它们可以作为产地溯源的指标，但另一些研究者发现肉中水的 $\delta^{18}O$ 值不仅受季节变化的影响，也受到牛肉储存期和储存环境的影响，这些因素的影响大到可以掩盖地域间的差异（Schwertl et al.，2003）。另外，Heaton等（2008）通过测定不同国家牛肉粗脂肪的氢、氧同位素比值，发现 δD 和 $\delta^{18}O$ 值与产地所处的纬度之间具有良好的相关性，并且随着纬度的增加而减小。Hegerding等（2002）建议通过测定牛尾毛的 $\delta^{18}O$ 和 δD 值来区分牛肉的产地，因为牛尾毛相对其他组织而言比较特殊。牛尾毛主要是由角蛋白组成的结构,一旦形成,毛发组织的代谢就会停止,不再与其他部分进行交换,每段毛发记录的同位素信息反映的是不同生长时期内牛的膳食信息,从而可以反映出牛肉的产地信息。

(3) 羊肉

Camin 等(2007)测定了欧洲不同地区羔羊肉中 C、H、N 和 S 同位素,结果显示不同地区羊肉脱脂蛋白中的多个同位素值均存在显著差异,其中 δD 值与当地降水和地下水的 δD 值呈显著相关关系,$\delta^{13}C$ 和 $\delta^{15}N$ 值主要受饲料和气候的影响,$\delta^{34}S$ 值主要受地质条件的影响。Piasentier 等(2003)通过分析来自欧洲 6 个不同国家 12 种不同饲养制度羊的羊肉 $\delta^{13}C$ 和 $\delta^{15}N$ 值,表明以不同的饲料饲喂的羊其羊肉蛋白质 $\delta^{13}C$、$\delta^{15}N$ 值有显著差异。Sacco 等(2005)也报道了意大利南部地区不同品种羊肌肉中的 $\delta^{15}N$ 值有显著差异。最近,孙淑敏等(2010)也利用稳定同位素比率质谱仪(IRMS)测定来自我国内蒙古自治区锡林郭勒盟、阿拉善盟和呼伦贝尔市 3 个牧区、重庆市和山东省菏泽市两个农区羊肉、羊颈毛及饲料样品中的 $\delta^{13}C$ 和 $\delta^{15}N$ 值,比较不同地域羊组织中碳、氮稳定同位素组成的差异,分析羊组织同位素组成的相关关系,结合羊的饲养方式和地域环境,探讨 C、N 同位素组成的变化规律。他们发现,不同地域羊组织的 $\delta^{13}C$ 和 $\delta^{15}N$ 值有显著性差异,其 $\delta^{13}C$ 值与牧草 $\delta^{13}C$ 高度相关,主要受牧草种类的影响,$\delta^{15}N$ 值与饲料和地域环境有关。脱脂羊肉、粗脂肪及羊颈毛的 $\delta^{13}C$ (图15-5)、$\delta^{15}N$ 值均呈极显著性相关。因此,碳、氮稳定同位素可以作为追溯羊肉产地及其饲养体系的参考指标。

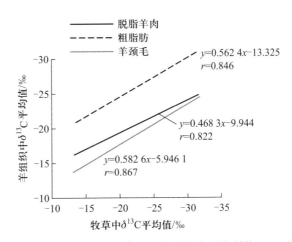

图15-5 不同羊组织与牧草碳同位素比值($\delta^{13}C$)的相关关系(孙淑敏等,2010)

羊不同组织碳、氮同位素组成差异显著,其 $\delta^{13}C$ 值大小依次为羊颈毛＞脱脂羊肉＞粗脂肪,这主要是由于脂质合成过程对 ^{13}C 有贫化作用,因此粗脂肪的 $\delta^{13}C$ 值低于毛发和肌肉组织的 $\delta^{13}C$ 值。不同地域来源羊组织碳同位素组成也有显著差异，这主要与不同地域羊的饲料种类差异有关。不同地域光照、温度、大气中CO_2浓度等环境因子不同，适宜生长的C_3植物种类不同，它们对^{13}C富集能力也不同，从而使C_3植物饲料$\delta^{13}C$值存在明显差异。相对饲料而言，羊组织对^{15}N有富集作用。影响动物组织氮同位素组成的因子较多，不仅与饲料种类、气候、土壤状况、农业生产方式等环境因子有关，还受自身生理特性、饮食营养水平的影响。孙淑敏等（2010）发现农区羊组织样品中的$\delta^{15}N$值明显低于牧区样品，这可能因为农区生产以化肥为主，而牧区则以动物粪便等有机肥料为主。另外，饲料的种类及其蛋白质含量也影响动物组织的$\delta^{15}N$值。脱脂羊肉、粗脂肪及羊颈毛中的$\delta^{13}C$、$\delta^{15}N$值均呈极显著性相关，这说明脱脂羊肉、粗脂肪及羊颈毛的C、N同位素组成对地域、饲料的变化响应模式一致，均可作为羊肉产地溯源的特征指标。值得注意的是，动物不同组织与饲料之间的转化速率不同，如骨胶原组织$\delta^{13}C$值能反映动物长达数年的饮食信息，而毛发、肌肉、血浆等组织则能反映动物近期的饮食信息。因此需要根据具体的研究目标选择合适的组织作为取样对象。以上这些因素在利用碳、氮稳定同位素进行羊肉产地溯源中需要充分考虑。

（4）家禽肉

家禽肉的产地溯源最为复杂，因为家禽食用混合饲料与浓缩饲料，每批饲料成分差异很大。国外对家禽肉的产地溯源研究还不多，但我国学者孙丰梅等（2008）通过稳定同位素质谱技术分析了来自北京、山东、湖南、广东4省（市）9个不同地区鸡肉粗蛋白的$\delta^{13}C$、$\delta^{15}N$、$\delta^{34}S$、δD值和相应各地饮用水的$\delta^{18}O$值，发现不同地区鸡肉的$\delta^{13}C$、$\delta^{15}N$、δD值均有显著差异（$p<0.05$），但这些地区间鸡肉$\delta^{34}S$的差异不显著；鸡肉和饲料的$\delta^{13}C$值呈极显著的正相关（$p<0.01$），鸡肉的δD值和养鸡基地饮用水的$\delta^{18}O$值呈高度正相关（$p<0.01$），说明可以根据鸡肉的$\delta^{13}C$、δD值推断鸡的饲料和产地；而同时使用4个参数对鸡肉产地进行判定，正确率达到100%。

三、同位素溯源技术与其他溯源技术的区别与联系

目前，我国食品企业数量庞大，经营分散，其中包括一大批小型企业，生产的很多食品连最起码的标识都不健全，发生问题后，无法找到生产者。因此，急需研发出可靠的现代技术进行产品溯源。现在适用这种要求的技术方法包括组织DNA和蛋白质检测技术及同位素检测技术。组织DNA和蛋白质检测技术可用于品种鉴定和追溯动物产品的来源。对品种进行鉴定，这两项技术简单、快速。对动物个体进行追溯，需要依据每个个体的DNA标记建立数据库。群体中个体的数量越多，DNA标记的数量就越多，建立数据库需用的费用就越高，这是此方法在实

际应用过程中最大的限制因素，而且这两种技术不能区分产品的地域来源。同位素溯源技术既能区分不同种类、不同来源的生物产品，又是目前用于判断地域来源比较直接有效的一种追溯工具，但它不能用于区分生物个体。应用全球统一标识系统（或称为编码系统）可对产品生产的各个环节进行标识，可保证生产过程的透明性，满足消费者的要求。但记录过程烦琐，需要一定的经济和技术支撑，而且其中信息易造假。组织DNA和蛋白质检测技术及同位素检测技术可提供关于产品科学的、独立的以及在整个生产链流动的信息，但它们不能评价产品的加工过程，而且组织DNA和蛋白质检测技术主要与个体建立联系，同位素溯源技术主要与产地建立联系。这些方法技术各有优缺点和独自的适用范围，在实际追溯体系中可相互补充，相得益彰。

食品产地同位素指纹溯源技术是在同位素自然分馏原理的基础上发展的一项新技术，土壤、地质及植物中同位素自然丰度的变化规律研究为该项技术提供了一定的理论依据。目前对于大多数农产品而言，以下问题需要加以重视：① 尽管元素"指纹"分析能为农产品原产地判定提供有效的身份鉴定信息，然而许多常规参数（某些农产品中特殊化学物质的含量，如脂肪酸、胡萝卜素等）不容忽略，它们也在一定程度上为原产地判定提供了非常宝贵的额外信息；② 随着研究的不断开展，数据库不断扩大，数据库中样本所提供的具有原产地信息的数据资料不断增多；被分析农产品样本的种类及数量也不断增加，对农产品原产地判定的解释实际上变得更加复杂；③ 如何选定有效的参数指标，如何选择有效的统计分析方法，对快速进行农产品原产地判定起到一定作用；④ 气候、地化环境、生物代谢类型等因素对农产品中多元素含量和同位素组成的影响变化规律有待进一步研究；⑤ 研究的系统性、深入性还很不够，国际上的研究目前也仅局限于个别国家或针对个别种类农产品。随着世界经济和全球贸易的迅速发展，名、特、优新农产品的安全和原产地保护工作将越来越得到重视。进一步发展农产品原产地判定的元素"指纹"分析技术，必将有利于推动农产品安全追溯体系的建立和完善，在农产品安全领域也会有更广阔的应用前景。

总之，利用稳定同位素技术开展产品产地溯源，虽然国内外在此方面的研究有了一定进展，但许多问题还处于探索阶段。因此，我国应加大投资力度，开展同位素溯源技术在食品安全溯源领域的研究和应用工作。具体应从以下几方面开展工作：① 针对不同种类的食品，研究筛选出区分不同产地来源的同位素指标体系，并建立检验检测规范体系，在此基础上，建立不同产地来源食品的同位素组成特征数据库；② 研究各种因素（如温度、湿度、降水量、气压、海拔、纬度及加工工艺等）对食品中同位素组成的影响，探索食品中同位素组成的变化机理，进而建立预测模型，为预测判断不同来源的食品提供理论依据；③ 将同位素溯源技术与其他溯源技术和管理方法相结合，研究建立完善的食品安全追溯制度体系。

第2节 产品掺假鉴定与消费者利益保护

蜂蜜中掺入果糖、玉米糖浆等低廉物质，鲜乳中加入水分、淀粉等物质，苹果汁中掺入海棠、沙果等果汁，非有机产品混入有机产品，人工养殖产品冒充野生产品，名贵医药产品以假乱真，类似于这些掺假或以低质量的产品假冒高质量产品销售以获得不法利润的现象在食品与医药工业中屡见不鲜。这些不法行为不但严重侵害了消费者的利益，而且使很多企业的利益在这种不公平的竞争中受到侵害。同位素溯源技术在鉴别食品成分掺假方面的研究报道比较多，且多集中在鉴别果汁加水、加糖分析，葡萄酒中加入劣质酒、甜菜糖、蔗糖等的分析以及蜂蜜加糖分析等方面。此外，还可鉴别不同植物混合油、高价值食用醋中加入廉价醋酸等掺假分析。这些掺假行为不仅会影响消费者的健康，并且会对诚实的生产者产生误导，并使他们处于经济利益不利地位（Rossmann et al.，1997）。

一、产品掺假稳定同位素鉴定的原理与测定方法

一个早期的利用稳定同位素分析技术对食品进行鉴定的例子是检测橙汁中加糖加水，这个案例也同样适用于苹果汁，如果所加的糖源来自甘蔗或玉米（C_4 植物），可以被检测出来，因为柑橘和苹果属 C_3 植物。如果所加的糖来自甜菜（C_3 植物），这种鉴别就会失去作用，但是应用核磁共振（NMR）可以确定糖源乙醇的 $^2H/^1H$ 值分布，从而能检测出所加的甜菜糖（Martin et al.，1996）。Kelly等（2003）发展了一个新的检测方法，它可以通过质谱技术将这两种分析（$^2H/^1H$ 和 $^{13}C/^{12}C$）结合起来检测苹果汁中的甘蔗或甜菜糖掺假。运用半制备高效液相色谱法（HPLC）可以将个别糖类进行分离，将果糖转化为六亚甲基四胺的衍生物，这种衍生物可用于确定H和C的同位素比率，然后联合这两种同位素比率可以检测出果汁中添加糖的类型。另一个例子是棕榈糖，由于它价格昂贵，经常被加入白砂糖进行掺假。棕榈是 C_3 植物，而甘蔗是 C_4 植物，棕榈糖的掺假可以利用国际公职分析化学家联合会（AOAC）关于蜂蜜中 C_4 植物糖的确定方法进行检测，通过对比棕榈糖与蜂蜜蛋白质内两个C同位素比值，可以确定蜂蜜中 C_4 植物的糖。由于蛋

白质完全来自所用的天然棕榈糖,它作为内部控制,消除了与棕榈糖$^{13}C/^{12}C$天然变化有关的不确定性。

二、产品掺假稳定同位素鉴定的研究与应用实例

(一)蜂蜜

2011年2月2日,正当人们忙着置办年货迎接卯兔新年之际,北京市工商局通报,河北梦圆食品厂生产的"武帝斯"4个批次的蜂蜜,C_4植物糖项目检测不合格,也就是蜂蜜成分少,全市停售。这是因为"C_4植物糖"是反映蜂蜜产品纯度的一个重要指标,如果C_4植物糖项目检测不合格,表明该产品可能添加或掺杂了其他物质。本次监测中,这4个批次的"武帝斯"蜂蜜样品还同时发现葡萄糖和果糖超标。据业内人士介绍,近年来许多厂商蜂蜜造假,大批量掺入果糖、蔗糖、玉米糖浆等。其实早在20世纪70年代初,美国市场就已出现了大量掺假蜂蜜。这些蜂蜜中掺入了高果糖玉米糖浆,主要成分是果糖和葡萄糖。这些成分价格便宜,与蜂蜜十分相似,极易以假乱真,用常规方法难以检测。

为了打击蜂蜜掺假行为,1974年美国农业部委任著名的蜂蜜专家White博士主持蜂蜜真伪检测新技术的研究。在研究的初始阶段,White博士试验了一系列较廉价的方法,如测定Na/K比例法、测定阿络酮糖法、测定脯氨酸法、测定高聚糖法、测定麦芽糖/异麦芽糖比率法,还试验了免疫分析法、示差扫描热量法、薄层色谱法等十多种分析方法,但所有这些方法都难以识别或准确定量蜂蜜中掺入的高果糖玉米糖浆。经过多年的潜心研究,White的研究团队终于研发出利用碳稳定同位素技术检测蜂蜜产品,可以有效揭示出蜂蜜掺假程度,先后建立了国际公职分析化学家联合会(Association of Official Analyze Chemists,AOAC)蜂蜜产品的两个质量检验方法:蜂蜜碳同位素第一检验方法和蜂蜜内标碳同位素检验方法(又称第二检验方法)。

White博士研究发现,几乎所有的蜜源植物都属C_3植物,其$\delta^{13}C$值大约为-30‰~-22‰,自然界中在这个范围之外的蜜源植物寥寥无几,而产生高果糖的植物(如玉米等)属C_4植物,其$\delta^{13}C$值介于-14‰~-9‰。上述C_3和C_4两类植物形成的碳水化合物在化学组成上是相同的,但两种碳同位素比值由于光合途径的不同明显不同。当两类碳水化合物混在一起时,混合物的碳同位素比值就会随混合物的比例变化而变化。利用这项技术,White博士分析了500多个来自不同国家和地区的纯正天然蜂蜜样品,也分析了大量人工制备的掺有不同比例高果糖玉米糖浆的蜂蜜样品。通过对这些蜂蜜样品测试结果的分析统计,得出的结论是,$\delta^{13}C$值低于-23.5‰的蜂蜜是没有掺假的纯正蜂蜜,而$\delta^{13}C$值高于-21.5‰的蜂蜜,假蜂蜜的

概率为99.996%（White and Doner，1978）。这一检验方法于1987年被国际AOAC组织批准为国际AOAC标准方法，方法代号为AOAC978117。

蜂蜜碳同位素第一检验方法虽然解决了$\delta^{13}C$值小于-23.5‰的纯正蜂蜜和大于-21.5‰的假蜜之间的检验，但对-23.5‰ $\sim$ -21.5‰这一"灰色区"仍无能为力。White博士转向寻找内标物，一开始时选择蜂蜜中的葡萄糖酸作为内标物，但分离后经碳同位素分析结果表明，这种物质不适于作为内标物。蜂蜜中另一种重要成分是蛋白质，研究结果表明，用蜂蜜蛋白质作为内标物对"灰色区"蜂蜜中掺入高果糖玉米糖浆的鉴定是行之有效的。由于蛋白质需要在蛋白酶的作用下生成肽和各种氨基酸，氨基酸需在一定的条件下发生脱羧或转氨反应，才能生成碳水化合物，在酵母产生的糖酵酶作用下，最终产生二氧化碳。这个反应过程比葡萄糖和果糖慢得多，因此就蜂蜜的$\delta^{13}C$值而言，蜂蜜中蛋白质$\delta^{13}C$值比较稳定，检测效果更好。结果分析也很简单，只要计算出蜂蜜蛋白质$\delta^{13}C$值减去蜂蜜$\delta^{13}C$值的差值即可，这个差值叫作为ISCIRA-指数，当该指数为-1‰时，蜂蜜中存在7%的C_4糖。这个指数越负，说明蜂蜜中掺入的C_4糖越多，也就是掺入的高果糖玉米糖浆越多（White，1980）。该方法于1991年被国际AOAC组织采纳为国际AOAC方法，代号为AOAC991141。

White博士用碳同位素检测技术评价了美国、德国、英国、墨西哥、西班牙、意大利共6个国家的蜂蜜质量情况，同时还分析了1994—1997年中国出口到美国的303个蜂蜜样品，并与从上述6国得到的224个蜂蜜样品进行了对比。结果表明，绝大多数中国蜂蜜样品的$\delta^{13}C$与蜂蜜中蛋白质$\delta^{13}C$相比，明显偏正。303个中国蜂蜜样品$\delta^{13}C$平均值是-23.05‰，其蛋白质$\delta^{13}C$平均值为-24.48‰，而来源于其他6个国家的224个蜂蜜样品蛋白质$\delta^{13}C$平均值是-24.95‰。表明中国出口蜂蜜和其他国家蜂蜜的蛋白质$\delta^{13}C$值几乎没有差别，但其他6个国家224个蜂蜜样品蛋白质$\delta^{13}C$值减去蜂蜜$\delta^{13}C$值差值的平均值为-0.14‰，而303个中国蜂蜜样品的平均差值为-1.43‰，说明中国出口的蜂蜜中有掺假现象。从上述检验结果可以看出，碳稳定同位素比值分析法对世界各国蜂蜜产品掺假的检验是行之有效的。1992年，我国上海进出口商检局也以碳稳定同位素比值质谱分析法成功地检验了进口蜂蜜中掺杂有玉米糖浆。回到前面提到"武帝斯"蜂蜜掺假事件，北京市工商局共抽取了627个样品进行稳定同位素"C_4植物糖"检验，检测出不合格的样本7个（按国家标准，"C_4植物糖含量"超过7%为不合格产品），不合格率为1.12%。鉴于碳稳定同位素技术检验的高度准确性，政府机关下令这4个批次的"武帝斯"蜂蜜全部下架，有效地保护了消费者的利益。

（二）果汁、食品油和果醋等产品

稳定同位素分析在果汁中的研究应用已有20年的历史，最早主要是通过碳同位素分析鉴别C_3植物产品（如橘子汁、苹果汁或葡萄汁）中掺加C_4植物产品（如玉米糖浆或甘蔗糖）。这种方法在20世纪70年代已得到官方认可。80年代，随着^2H-NMR技术在鉴别苹果汁或橘子汁中加入甜菜糖的应用，稳定同位素分析在食品质量控制中的应用日益受到欧洲政府的重视。到90年代，果汁中稳定同位素分析方法在欧洲被作为一种官方方法得到发展和认可（Rossmann，2001）。

同检测蜂蜜掺假的原理相似，利用$\delta^{13}C$可以检测果汁中是否掺有高果糖玉米糖浆。果汁中的掺假主要是加入水、糖或有机酸。通过检测果汁中糖、果肉、有机酸的$\delta^{13}C$值，果汁水中的$\delta^{18}O$值和D/H的比值，以及发酵果汁乙醇中D/H的比值进行鉴别。真正的纯果汁比用自来水稀释后的果汁水中$\delta^{18}O$值和δ^2H含量高，这是因为自来水中的重氧和重氢含量较低（Rossmann et al.，2001）。为了提高检测的精确度，常采用内标同位素分析法进行测定。内标法主要依据为来自同一食品不同成分的同位素组成相对稳定，如果汁中的糖、果肉和有机酸的$\delta^{13}C$值有各自独特的范围，这些成分的$\delta^{13}C$值相对固定。在浑浊果汁（如橙汁、菠萝汁等）分析中，果肉常作为比较方便的内标物。在果汁加糖检测分析中，可同时检测果汁中果肉和糖的$\delta^{13}C$值，将其差值与纯正果汁中这两者的差值范围进行比较。如果在纯正果汁差值范围之内或特别接近，可认为没有掺假；反之，可判断其中有掺加其他糖。根据偏离倾向，还可判断其中是加入了C_3植物糖（如甜菜糖等）还是C_4植物糖（如玉米高果糖浆等）。对澄清果汁（如苹果汁）而言，以其中的有机物作为内标物。Doner等（1980）为了确定是否可以通过碳稳定同位素丰度来鉴别掺假果汁，又进一步测定了纯苹果汁的$\delta^{13}C$值。结果表明种植在不同地理位置、不同品种的苹果汁的$\delta^{13}C$均值为$-25.4 \pm 1.2‰$，$\delta^{13}C$值和地理位置、品种没有显著相关关系。因此，可以根据纯果汁中高果糖玉米糖浆$\delta^{13}C$值的不同，检测果汁中是否掺有高果糖玉米糖浆。

甜菜糖浆是由甜菜中的蔗糖水解形成的，它的主要成分是蔗糖、葡萄糖和果糖，比例为2:1:1，这和橘子汁中的比例相同，用传统的方法很难检测出橘子汁中是否掺有甜菜糖浆。碳稳定同位素分析也很难检测出橘汁中是否掺有甜菜糖浆，因为甜菜和橘子都遵循C_3光合作用途径，产品中$\delta^{13}C$相差不大。Rossmann等（2001）发现柑橘属果汁（包括柠檬、葡萄、橘子）δD值平均值为$-55‰ \sim -30.5‰$，苹果汁δD平均值为$-69‰$，而由番茄、甜菜、玉米等制成的商业用糖浆δD平均值分别为$-141‰$、$-118.4‰$和$-43‰$。这个研究结果说明甜菜糖浆添加到果汁中可以很容易通过分析氢稳定同位素比率检测出来。

牛丽影等（2009）还探讨了稳定同位素比率质谱法在非浓缩还原（NFC）与浓缩还原（FC）果汁鉴别上的应用前景。针对市场上出现的以低成本的FC果汁假冒NFC果汁，以及标注为NFC果汁的产品中NFC含量难以测定的问题，他们采用同位素比率质谱法（IRMS）对NFC、FC橙汁与苹果汁中水的δD、$\delta^{18}O$值进行了测定，结果表明NFC橙汁和苹果汁的δD、$\delta^{18}O$值均显著高于FC果汁，并且δD、$\delta^{18}O$值与果汁含量呈二次回归关系（图15-6）。因此δD、$\delta^{18}O$值可用于NFC果汁含量的判别。

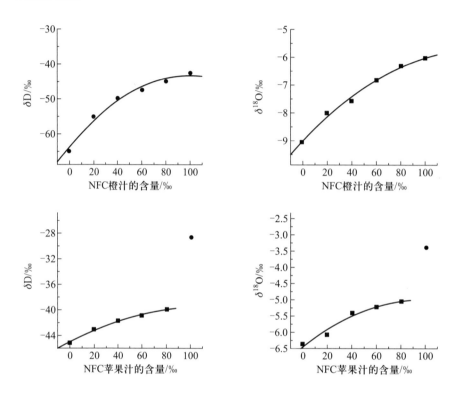

图15-6 NFC果汁含量与δD和$\delta^{18}O$值的相关性分析（牛丽影等，2009）

在油脂掺假检验中，常用$\delta^{13}C$值作为判断指标。该法可以检测C_3、C_4植物混合油，如葵花籽油中加入玉米胚芽油（Meier-Augenstein，2002），同时也可区分不同来源的C_3植物混合油，如橄榄油中加入菜油（Fronza *et al.*，1998）。Woodbury等（1998）还利用定位脂肪水解酶研究比较了甘油骨架不同位置脂肪酸的$\delta^{13}C$值，发现2位上的脂肪酸具有独特的$\delta^{13}C$值。此外，$\delta^{13}C$值也可用于醋酸的掺假分析，如判断苹果醋中加入用甜菜糖、土豆或淀粉发酵制成的醋酸。

（三）掺假葡萄酒

近年来，"半汁葡萄酒"、"调配型葡萄酒"或在较差年份的葡萄汁里加糖发酵，却冠以"年份酒"美名进行销售等假冒伪劣现象仍猖獗地充斥着我国葡萄酒市场。

由于普通的检测方法对这些掺假行为不能进行有效的鉴别，使"全汁葡萄酒"、"年份酒"等标准成为空头之谈。虽然从2004年7月1日起，国家明文废止了半汁葡萄酒行业标准，但由于缺乏有效的检测手段，少数生产企业在经济利益的驱动下，仍在生产半汁葡萄酒。因此，建立一种能有效鉴别"全汁葡萄酒"、"年份酒"的快速有效方法成为葡萄酒业内人士的当务之急。蒋露等（2009）用点特异性天然同位素分馏核磁共振技术（SNIF-NMR）和同位素比值质谱仪测定技术（IRMS）发现掺入不同比例水或糖的葡萄酒乙醇分子具有显著不同的甲基（D/H）$_I$ 和次甲基位点（D/H）$_{II}$ 值，从而鉴别葡萄酒酿造过程中是否人为进行了加糖、调酒度等不规范的操作。通过测定葡萄酒中水的 $\delta^{18}O$ 值，可鉴别是全汁葡萄酒还是半汁葡萄酒（表15-2）。我国加入世界贸易组织已经多年，各方面的标准正逐渐与国际接轨，但稳定同位素分析技术作为国际通用的葡萄酒分析方法，在我国葡萄酒标准体系中仍为空白。我国应尽快建立我国葡萄酒和其他酒类的稳定同位素数据库，并开发相应的快速分析技术，缩短与世界葡萄酒发达国家检测方面的差距，严厉打击酒类假冒、掺假不法行为，保证我国葡萄酒、白酒市场的健康发展。

表15-2 不同加水、加糖处理的葡萄酒 $\delta^{18}O$ 值比较（蒋露等，2009）

样品	检测对象	标准物质	$\delta^{18}O$/‰	精密度 σ/‰
纯净水	$^{18}O/^{16}O$	VSMOW[①]	-8.129	0.006
全汁白葡萄酒	$^{18}O/^{16}O$	VSMOW	-1.657	0.008
加20%水葡萄酒	$^{18}O/^{16}O$	VSMOW	-2.936	0.004
加40%水葡萄酒	$^{18}O/^{16}O$	VSMOW	-4.936	0.005
加50%水葡萄酒	$^{18}O/^{16}O$	VSMOW	-6.885	0.006
加20%水再补平糖发酵葡萄酒	$^{18}O/^{16}O$	VSMOW	-4.383	0.004
加40%水再补平糖发酵葡萄酒	$^{18}O/^{16}O$	VSMOW	-6.374	0.005
加50%水再补平糖发酵葡萄酒	$^{18}O/^{16}O$	VSMOW	-7.602	0.007

注：① VSMOW：Vienna Standard Mean Ocean Water，即维也纳标准平均海水。

（四）有机产品与非有机产品

近年来，农业生产从数量满足型向质量需求型转变，环境友好型的循环农业也日益凸显优势，消费者对采用化肥生产的传统食品转向对有机和绿色食品的需求，农产品的质量安全监管也从产品检测型向过程控制型转变。农业生产是一个投入产出系统，农业投入品会在农产品中留有"印迹"，例如使用农药会造成农药残留，化学肥料或有机肥会造成产品理化指标的改变，检测这些投入品在农产品中的"印迹"，可以为有机产品生产过程的监督提供技术支持。在有机生产中禁止施用化学合成氮肥，监管化学肥料的使用对有机产品认证的公正、公平和消费者权益的保护具有积极的社会意义，并为构建诚实守信的生产、销售体系提供有力的技术支持。

植物吸收环境中的氮，在体内进行同化与代谢，^{15}N反应速度比^{14}N慢，含有^{14}N的氮化合物可能通过其他途径被排出体外，而^{15}N在植物体内富集，产生分馏和印迹。由于化学合成氮肥（如尿素、碳酸氢铵）是由空气中的N_2在高温高压条件下合成的，N并没有发生分馏，^{15}N的含量接近于空气中的含量。植物体内N转化过程则会发生同位素分馏，使^{15}N的丰度高于空气中^{15}N的丰度，如作物被再利用（如沤肥、动物饲料），^{15}N会进一步发生富集（Yoneyama et al., 2003）。常用的有机肥主要是经过堆沃、发酵、灭菌和杀虫等过程的人畜粪便、作物非可食用部分，如鸡粪、猪粪和牛粪或作物秸秆，其中的氮来源于食物或有机质残余。因此，不同肥料（化肥与有机肥）在植株体内产生^{15}N的印迹含量不同，可用作指示氮肥来源。例如Bateman等（2007）发现，化学肥料中^{15}N的丰度变化范围小，80%的样品中$\delta^{15}N$值为-2‰ ~ 2‰，98.2%的样品$\delta^{15}N$低于4‰，平均值为0.1‰，而有机肥料（如堆肥、粪肥和鱼粉等）中$\delta^{15}N$值变化范围大，为0.2‰ ~ 36.2‰，平均值为8.2‰。另外，有机粪肥中$\delta^{15}N$丰度与动物的食物来源有关，食草动物粪便中$\delta^{15}N$丰度一般要比食肉动物粪便中低，如家禽粪肥中$\delta^{15}N$（2.2‰）显著低于奶牛粪肥（4.2‰）和猪粪（11.13‰）中的$\delta^{15}N$；而化肥如硫酸铵（-1.2‰）、尿素（-1.2‰）和硝酸铵（-1.2‰）中的$\delta^{15}N$丰度差异不大（Rogers，2008）。

利用农产品$\delta^{15}N$变化可以区分农作物生产过程使用的肥料种类。中野明正和上原洋一（2006）研究不施肥、施化学肥料和有机肥料（牛粪、鸡粪）对草莓$\delta^{15}N$的影响，发现施有机肥和化肥种植的草莓$\delta^{15}N$分别为9.12‰ ± 1.17‰和-0.14‰ ± 1.15‰。Lim等（2007）研究不同氮肥对4年轮作双低油菜、大麦和小麦中$\delta^{15}N$丰度的影响，结果表明氮肥中$\delta^{15}N$丰度对作物$\delta^{15}N$影响明显，液态猪粪＞固态牛粪＞对照（不施肥）＞化肥（尿素和磷酸氢二铵），且不同氮肥中的有效N比总氮更影响作物$\delta^{15}N$。

不同的施肥量对作物中$\delta^{15}N$丰度影响也不同。Bateman等（2005）研究发现胡萝卜$\delta^{15}N$值与有机肥料量呈正相关，施肥超过一定量时，$\delta^{15}N$趋于平衡（约6.15‰），而与硝酸铵的施用量则呈负相关，随着施肥量的增加，胡萝卜$\delta^{15}N$不断降低（约2.15‰），施用鸡粪和不施肥时胡萝卜$\delta^{15}N$差异不显著，这与胡萝卜对不同外源氮肥的吸收量有关。另外，不同肥料处理方式也影响作物$\delta^{15}N$值，如Nakano等（2003）采用化肥包衣、化肥灌溉和有机肥灌溉（玉米提取液）栽培西红柿，肥料$\delta^{15}N$分别为0.181‰ ± 0.145‰、0.100‰ ± 0.104‰和8.150‰ ± 0.171‰，

施肥后西红柿果实 $\delta^{15}N$ 分别为 3.118‰±1.134‰、0.130‰±0.161‰ 和 7.109‰±0.168‰，说明灌溉外源化学氮肥降低了作物中的 $\delta^{15}N$，而使用有机肥灌溉却能明显增加作物中 $\delta^{15}N$ 丰度。

稳定同位素分析方法在区分传统种植蔬菜和有机蔬菜方面有很大潜力，这种方法的基本原理在于合成的化肥比有机肥具有较低的 $\delta^{15}N$ 值。合成肥料中的氮来源于 Habere-Bosch 过程中的大气氮，而有机肥在土壤中分解会失去更多的轻同位素，相对于大气具有更少的 ^{14}N，一般情况下有机种植的西红柿、蘑菇和莴苣（胡萝卜除外）比常规种植的具有更高的 $\delta^{15}N$ 值，但一些值会重叠（Bateman et al.，2007）。如果农民种植豆类，会使土壤中更富集 ^{15}N，这样重叠值会更多。然而当把微量元素和氮同位素分析结合在一起分析时，可以很清晰地分离有机和非有机的西红柿。

（五）香烟

由于名牌香烟附加的各项税费较高，假冒香烟的走私和非法销售异常活跃，这些活动不仅违反法律规定，还导致严重的财政税收损失。因此，有必要发展一种能够甄别真品与假冒香烟的方法。目前，对假冒香烟的鉴定，除了对包装进行外观检查外，还应用气相色谱-质谱和电喷雾-质谱提取各种烟草的化学成分进行分析。最近，Binette 等（2009）发现来自加拿大的香烟比来自中国的香烟具有更高的 D/H 比率和更低的 $^{15}N/^{14}N$ 比率，加拿大香烟的 δD 值介于 -232.7‰～-203.4‰，平均值为 -222.1‰；而中国香烟的 δD 值介于 -262.6‰～-219.9‰，平均值为 -243.8‰。加拿大香烟中的 $\delta^{15}N$ 值介于 -7.7‰～-6.3‰，平均值为 -7.1‰；而中国香烟中 $\delta^{15}N$ 值介于 -7.6‰～-5.7‰，平均值为 -6.3‰。因此可以利用香烟的 δD 和 $\delta^{15}N$ 值区分真假香烟的产地。

（六）食品中农药兽药及激素残留物

1999 年，比利时食品中"二噁英"超标事件引起了世界各国对食品农药兽药及激素残留物的警惕，国际食品法典委员会（CAC）、中国、欧盟、美国、日本对各类食品中农药兽药残留限量都做了严格的限制（林维宣，2002；王伟，2010）。农药兽药残留物是指动植物产品的任何可食用部分所含农药兽药的母体化合物及其代谢物。由于农药兽药和激素在作物种植和动物畜禽饲养过程中的不合理使用，残留在动植物体内的农药兽药及激素残留物随着食物链进入人体，会对人类的健康构成严重威胁。因此，加强农药兽药残留的检测，对确保食品安全、保护人类身体健康具有十分重要的意义。近年来，稳定同位素质谱分析由于具有准确和快速的优点，在食品农药兽药及激素残留物的检测方面已得到广泛应用。

稳定同位素质谱分析解决了农药兽药残留传统分析过程中存在着待测物质浓

度低、样品基质复杂、干扰物质多、农药兽药残留代谢产物多样或不明确等难题，主要是采用同位素稀释质谱法，即在待测同位素样品中，加入一定量含该元素另一同位素的稀释剂使其混合均匀，达到同位素交换平衡后，测定相应同位素丰度比值，即可定量测定待测同位素含量。这种方法不仅能够同时准确地提供定性和定量信息，而且能有效避免样品基质的影响和校正方法中出现的误差，显著地提高农药兽药残留检测方法的稳定性，已在抗生素类、呋喃类、磺胺类农药兽药残留分析中显现出很高的定量准确优越性。例如，Nicolich等（2006）采用CAP-D作为同位素内标，通过HPLC-MS/MS检测，测定牛奶中的氯霉素残留量，检测限低达$0.09\ ng·mL^{-1}$。Mottier等（2005）利用稳定同位素作为内标，研发出测定虾和禽肉中呋喃类兽药残留物的同位素稀释质谱法，检测限达$0.1\ \mu g·kg^{-1}$，达到欧盟标准的要求。吴宗贤等（2007）建立了以稳定同位素^{13}C-磺胺二甲基嘧啶为内标，快速测定肠衣中17种磺胺类药物残留量的方法，定量限为$1.0\ \mu g·kg^{-1}$，检出限在$0.4\ \mu g·kg^{-1}$以下，方法回收率在80%～100%之间。该方法前处理过程简单，通过内标校正后测定结果准确，是一种快速的测定磺胺类药物残留量的方法。可以预见，稳定同位素技术在我国农药兽药残留检测中的应用会越来越广泛，稳定同位素内标试剂的应用也将会对我国食品安全体系的建设起到极其重要的作用。

（七）食品中有害元素含量检验

工业上的"三废"释放到环境中，其中许多有害污染物可随水、土壤以及食物链通过生物放大作用，在人体内产生蓄积，从而造成实质性的或难以逆转的危害。因此，在进出口贸易中，各国将食品中有害元素含量超标检验作为重要内容之一。用原子吸收分光光度法分析Zn、Pb、Ni、Cr、Cd、Fe，灵敏度不高，原子荧光法测定砷，检出限也仅达$0.1\ \mu g·L^{-1}$（赵馨等，2001）。自从稳定同位素用于食品领域后，人类开始采用这种方法对鱼类体内铅、海鸟体内汞的富集状况做了定量分析，该方法灵敏度可达pg级（Thompson et al., 1998; Spencer et al., 2000）。Eimers等（2002）利用稳定同位素标记化合物$^{113}Cd(NO_3)_2$、$^{114}CdSO_4$对Cd的生物积累情况做了很好的评价。

第3节 违禁物品的追踪与检验

毒品是指鸦片、海洛因、甲基苯丙胺（冰毒）、吗啡、大麻、可卡因以及国家规定管制的其他能够使人形成瘾癖的麻醉药品和精神药品。20世纪80年代以来，毒品在全世界日趋泛滥，毒品走私日益严重。毒品的泛滥使用直接危害人民的身心健康，并给经济发展和社会进步带来巨大威胁。据联合国统计，全世界每年毒品交易额达5 000亿美元以上。日趋严重的毒品问题已成为全球性灾难，世界上没有哪一个国家和地区能够摆脱毒品之害。有些地方，贩毒、恐怖活动、黑社会三位一体，已成为破坏国家稳定的重要因素，严重影响了人体健康和国际社会的安定。国际药品监督管理机构十分关注毒品的走私和违法使用（Levine，2003）。

在过去的20多年中，追踪非法可卡因和海洛因等毒品的地理来源问题一直是相关执法部门的研究焦点。但是，以前的研究主要是通过鉴定非法药物中的微量杂质或可卡因和吗啡提取过程中附带的微量生物碱，但都未取得理想的结果。虽然这类方法的初始目的是追踪地理区域来源信息，但事实上这些方法在确定毒品不同加工方法上更有效。Besacier等（1997）首次报道了利用稳定同位素区分和跟踪海洛因的可行性。Ehleringer研究团队也采用稳定同位素技术确证可卡因和海洛因等毒品的产地，对它们的来源进行有效跟踪（Ehleringer et al.，1999；Ehleringer et al.，2000）。这些研究使稳定同位素分析成为目前最有效的鉴别海洛因来源的方法之一。

一、理论基础

第2章介绍过，同位素比率质谱仪能够分辨出来自不同地区同种化合物中同一种元素同位素组成之间非常细微的差异。这种同位素组成上的差异主要是由植物生理过程、人工加工和其他物理过程的不同所造成。例如，植物和微生物的生物和酶促过程中，多数合成反应中植物或微生物可能更倾向于选择某种元素的轻同位素，从而导致产物中重同位素相对贫化（第3章）。与环境相关联的物理过程也可导致一种元素的轻重同位素比率发生改变。以氧元素的^{16}O和^{18}O在降水过程中的改变为例，内陆地区降水中^{18}O的含量比沿海地区少得多。

化合物分子（如可卡因和吗啡分子）一旦形成之后，会维持其同位素组成直至该化合物分解。因此，如果提自东南亚和西南亚地区罂粟的吗啡中某些元素的同位素比值有差别的话，这些差别会一直存在。相同的道理也适用于提自玻利维亚地区和哥伦比亚地区古柯叶中的可卡因。因而，对于一份可卡因，即使从可卡因碱到可卡因盐酸的加工过程在哥伦比亚完成，仍然可以检测出在哥伦比亚缴获的可卡因碱最初是来源于哥伦比亚还是玻利维亚。需要强调的是，这种方法检测的是毒品中自然存在的同位素比率，而非添加的同位素标记物。

通过分析化合物中细微的同位素差别，可以得知化合物的物质来源及其地理来源信息（也可从某种物质的可能来源地中确定其最终来源）。同位素分析可用于确定一系列生物或非生物物质的地理来源信息,包括动物的来源(如鸟的迁徙),昂贵宝石的来源(如绿宝石和象牙的来源地等)。在此之前,稳定同位素方法在检测毒品方面的应用受到限制的原因不是同位素分析上的问题,也不是缺乏判断来自不同地理区系植物同位素差异的理论框架,而是由于缺乏来源地明确、真实可靠的样品。

从古柯叶(*Erythroxylum coca*,*E. novogranatense*)中非法提炼可卡因经常在玻利维亚、秘鲁和哥伦比亚丛林简陋的实验室中进行。从古柯叶中非法提取可卡因的过程比较简单,包括多次提取和沉淀。这种粗糙的提纯工序并不能完全分离可卡因和其他在初步提取过程中分离出的多种微量生物碱,这些生物碱被带到最后的产品中。在古柯植物中,分离出了100多种微量生物碱,不同古柯种群中所含微量生物碱的种类由其基因决定。在确定可卡因地理来源中最有用的微量生物碱是异托品基可卡因(truxilline)和三甲氧基可卡因(trimethoxycocaine),这两类生物碱可以被用来区分来自哥伦比亚和玻利维亚或秘鲁的古柯植物。如上所述,由于毒品加工和运输过程的错综复杂,使其在确定可卡因来源方面的应用受到限制。

海洛因是吗啡的半合成品,而吗啡来源于罂粟(*Papaver somniferum*)。罂粟是目前世界上药用吗啡的唯一来源,其非法种植区主要集中在西南亚、东南亚、墨西哥和南美地区。吗啡提取自花期后罂粟的繁殖体,其与无水醋酸反应后形成海洛因。追溯海洛因来源地的传统方法主要是测定微量组分、所含杂质、微量的植物残体和其他再加工之后仍然存留的组分。最近的一些研究表明,吗啡及其衍生物海洛因中碳、氮或氢的同位素组成能够表征其地理来源(Besacier *et al.*,1997;Ehleringer *et al.*,1999;Ehleringer *et al.*,2000),说明稳定同位素技术在不同毒品之间的比较和毒品来源追踪方面具有广泛的应用潜力。

由于海洛因是吗啡的次生产品,所以稳定同位素比值不仅能够追溯其所用吗啡的来源地,而且可以进一步追溯到提取吗啡所用罂粟的地理出处和合成过程中所用无水醋酸的来源(Ehleringer *et al.*,1999;Ehleringer *et al.*,2000)。如果我们检测一个可卡因或吗啡分子,其分子中C原子的组成是不同光合作用模式的体现,因为植物光合作用模式影响其对^{13}C的吸收。潮湿、干旱和光合作用途径都会影响植物叶片的$\delta^{13}C$值和其他化学组分含量。在低湿度干旱地带,植物的$\delta^{13}C$值会比生长在环境适宜地带的同种植物的$\delta^{13}C$值高。因而,毒品中$\delta^{13}C$值能够体现各个地区环境因子的差异。依据该理论,可以推断来自不同地区的吗啡具有不同的$\delta^{13}C$值。因此,对海洛因的检测,不仅能够追溯到其主要组分吗啡的来源,也可以追踪到其合成所需的无水醋酸的产地。在海洛因的21个C原子中,有17个来自吗啡,其他的4个来源于无水醋酸。对于缴获的海洛因,从海洛因还原到吗啡的过程也相对简单，根据质量平衡理论，可以推算出用于合成海洛因的无水醋酸的 ^{13}C 组成。跟 C 同位素的原理相同，不同来源毒品分子中的 H、N 和 O 同位素组成差异也是其植物生理特征及不同环境因子的表征，也可以用来区分海洛因的来源（Ehleringer et al., 1999; Ehleringer et al., 2000）。

二、测定方法

测定毒品中同位素比率所需的样品量为 1~2 mg，待测样品置于小锡盘中，先在与同位素质谱仪相连的元素分析仪中进行燃烧，使样品气化，其中的氧化还原柱确保所有的 C、N 都被转化为 CO_2 和 N_2。在元素分析仪和同位素质谱仪之间连有气相色谱仪，以氦气为载气，使 CO_2 和 N_2 通过色谱柱分离。C 和 N 同位素比值在一次进样中就能测得。另外，通过整合 C 和 N 气相色谱所得色谱峰，能够得到准确的碳氮比值（C/N），可以根据 C/N 确定样品的纯度。一般测定一个样品需要 16~20 min，一个样品盘可放置 20~50 个样品，通过自动进样设备自动进样，无需人工操作。比正常测定所需量少 1~2 个数量级的样品，同位素质谱仪也可以精确测量其目标元素同位素比值，但是样品准备和分析需要的时间更长一些。

三、古柯叶片稳定同位素比值与生物碱含量

在南美洲，大部分用于生产可卡因的古柯叶主要来自玻利维亚、哥伦比亚和秘鲁境内的 5 个地区。Ehleringer 等（2000）的研究表明，在整个南美区域，古柯叶 $\delta^{13}C$ 的分布区间为 $-32.4‰ \sim -25.3‰$，$\delta^{15}N$ 为 $0.1‰ \sim 13.0‰$。哥伦比亚的 Putumayo 和 Caqueta 两个地区的古柯叶具有不同的 $\delta^{13}C$ 值，秘鲁 Apurimac Valley 的 Huallaga 峡谷和 Ucayali 峡谷，其古柯植物叶片的 $\delta^{13}C$ 也存在差异。来自玻利维亚的古柯叶 $\delta^{15}N$ 值比来自秘鲁地区的低。$\delta^{15}N$ 值最高的古柯叶来自哥伦比亚，最低的来自玻利维亚的恰帕里山谷（Chapare Vally）。利用双变量（$\delta^{13}C$ 和 $\delta^{15}N$）均值和标准差来评估古柯叶 $\delta^{13}C$、$\delta^{15}N$ 值与其地理来源匹配的准确性，结果显示，正确匹配的可能性最高。利用这种方法，Ehleringer 等（2000）准确推断了 200 份古柯叶样品中 90% 的来源地。

四、海洛因和吗啡的稳定同位素比值

大部分海洛因来自以下 4 个主要产区，西南亚、东南亚、北美洲墨西哥和南美洲。Ehleringer 等（1999）研究表明，这 4 个地区海洛因样品 $\delta^{13}C$ 和 $\delta^{15}N$ 之间的差别可分别达 2.4‰ 和 3.1‰。如图 15-7 所示，海洛因的 $\delta^{13}C$ 值较负，与罂粟生长的高湿度环境相匹配，或与其光合碳固定过程中的同位素分馏相一致。从追溯地理

起源的目的出发，利用参数统计能区分各个主要的产地。来自墨西哥和南美洲两地区海洛因的δ^{13}C和δ^{15}N值有很小部分的重叠，而产自西南亚和东南亚海洛因的δ^{13}C和δ^{15}N值在统计上具有显著的差异。从图中可知，单个样品之间δ^{13}C和δ^{15}N有很小部分的重叠。对海洛因单个样品来讲，南美洲的24份样品和西南亚的20份样品中，各地分别只有2份样品的δ^{13}C和δ^{15}N值和其他地区的有重叠。而来自东南亚的26份样品和墨西哥的6份样品，其δ^{13}C和δ^{15}N值没有与其他地区的值重叠。

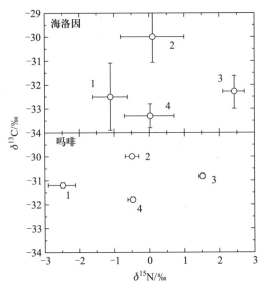

图15-7 来自4个不同地区的海洛因和吗啡的δ^{13}C和δ^{15}N分布图。其中数字1、2、3、4分别代表来自墨西哥、西南亚、东南亚和南美洲的样品；误差符号覆盖范围代表可信度为95%的置信区间（Ehleringer et al., 2001）

五、无水醋酸的碳同位素比值

有效控制无水醋酸的供货和分布会限制海洛因的非法生产。稳定同位素可以确定某个地区内的无水醋酸的生产商。通过对来自不同生产商的无水醋酸样品δ^{13}C值分析，结果显示不同生产商生产的无水醋酸的δ^{13}C浮动范围较小。以已知的印度新德里无水乙酸的生产商和销售商为例来说明（表15-3）。

表15-3 印度新德里不同生产商和销售商的无水醋酸样品的δ^{13}C值（Ehleringer et al., 1999）

生产商	δ^{13}C /‰	销售商	δ^{13}C /‰
1	-11.09 ± 0.04	1	-11.11 ± 0.02
2	-14.00 ± 0.12	2	-13.89 ± 0.13
3	-16.84 ± 0.10	3	-20.21 ± 0.09
4	-29.05 ± 0.02		

数据显示，来自同一个生产商的无水醋酸样品的$\delta^{13}C$波动范围很小，利用0.1‰的微小差异可以确定无水醋酸的来源。另外，生产商和销售商之间的联系有利于更准确地确定他们之间的关系。通过对缴获样品的$\delta^{13}C$分析，其$\delta^{13}C$值狭窄的变化区间表明其可能具有相同的来源。对1999—2000年间缴获的5份无水醋酸的$\delta^{13}C$分析显示，同一来源地的不同箱样品之间的$\delta^{13}C$绝对值差异小于0.03‰，其标准差小于0.02‰。

Ehleringer等（1999）对不同年际间科研用无水醋酸生产商所生产的无水醋酸进行了取样测定，发现生产商与其所生产的无水醋酸$\delta^{13}C$值对应关系比较一致。例如，在1999年，Fisher公司生产的无水醋酸的$\delta^{13}C$值为$-19.94‰ \pm 0.01‰$，Alderich公司的为$-19.37‰ \pm 0.13‰$，Merck公司的为$-29.16‰ \pm 0.01‰$，Matherson公司的为$-27.18‰ \pm 0.02‰$，Malinkrodt公司的为$-25.74‰ \pm 0.06‰$。通过对3年数据的比较发现，各个生产商所生产的无水醋酸的$\delta^{13}C$值变化范围一般小于0.2‰。

六、可卡因纯度与$\delta^{13}C$的关系

Ehleringer等（1999）分析比较了某次缴获的几千克可卡因之间的$\delta^{13}C$和$\delta^{15}N$值差异，目的是为了测定样品的同质性，利用同位素值来追踪毒品运输和销售途径。在同时缴获的5份可卡因中，取样测定其$\delta^{13}C$和$\delta^{15}N$值，发现$\delta^{13}C$和$\delta^{15}N$均值波动范围很小（表15-4）。C/N值可指示可卡因的纯度，C/N为15.4时可认为是纯可卡因。在5份可卡因中，有2份样品（样品3和样品4）具有显著不同的C/N值，其对应的$\delta^{13}C$和$\delta^{15}N$值也不同。

表15-4 不同可卡因样品的$\delta^{13}C$、$\delta^{15}N$及C/N值（Ehleringer et al., 1999）

样品代号	$\delta^{13}C$/‰	$\delta^{15}N$/‰	C/N值
1	-35.04 ± 0.04	-5.42 ± 0.16	15.43
2	-35.06 ± 0.06	-5.76 ± 0.11	15.45
3	-34.94 ± 0.04	-5.07 ± 0.56	14.04
4	-34.13 ± 0.14	-7.80 ± 0.39	10.09
5	-35.22 ± 0.06	-4.03 ± 0.09	15.39

七、毒品来源及其走私途径的追溯

通过结合生物碱含量和同位素比率，Ehleringer等（1999）发明了一种更为有效的追溯南美地区可卡因地理来源的方法。这种方法巧妙地利用了可卡因$\delta^{15}N$值

与异托品基可卡因含量正相关、$\delta^{13}C$值与三甲氧基可卡因含量负相关的关系。结合两者数据所得到的图（图15-8）显示，来源于同一地理区域的可卡因样品数据分布比较集中，而不同地区来源的可卡因信号不重叠。利用这种方法，他们鉴定了200份已知出处的可卡因样品地理来源，准确度高达96%。

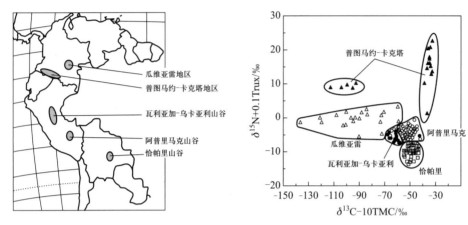

图15-8 利用$\delta^{13}C$、$\delta^{15}N$和微量生物碱含量混合模型确定可卡因的地理来源。微量生物碱包括三甲氧基可卡因（TMC=trimethoxycocaine）和异托品基可卡因（Trux=truxilline）。图标□、△、○分别代表来自玻利维亚、哥伦比亚和秘鲁的样品。同一国家的不同地区以黑白框区别（Ehleringer et al., 2000）

不受毒品加工工艺影响的鉴定方法为确定毒品来源和运输路线提供了新的契机和策略。随着以后更多地理区域的采样分析，我们可以获得毒品$\delta^{13}C$和$\delta^{15}N$同位素分布的GIS地图，将有助于确定除四大主要产区之外可能新增的毒品产地。从区域和全球尺度来讲，毒品的$\delta^{13}C$和$\delta^{15}N$分析，可为各国缉毒机构提供独立的、量化的高新技术，从而鉴定毒品来源及其走私途径。通过对各国缴获的大量可卡因和海洛因等毒品样品进行$\delta^{13}C$和$\delta^{15}N$分析，可以绘制出主要毒品的同位素地理图谱，给侦破可卡因和海洛因可能的生产商和供应商提供直接和有效的技术方法，同时也为毒品销毁工程有效性的评估和量化毒品的来源变化提供有效的方法。

八、稳定同位素技术在兴奋剂检测中的应用

与追踪毒品类似，稳定同位素技术还可以应用于运动员使用违禁兴奋剂的检测。兴奋剂（dope）是指运动员在训练和比赛时，为改善体力或心理状态，提高运动成绩，而服用或以异常途径进入体内的化学合成的生理物质。对荣誉的强烈追逐和名利双收的强烈渴望，总有一些运动员不惜铤而走险，期望借助兴奋剂，不公平地夺走也许属于别人的金牌和荣誉，破坏了体育竞赛的公平性。

自1980年国际奥林匹克委员会禁用兴奋剂以来，兴奋剂的检测主要以气相色谱－质谱（GC-MS）、气相色谱（GC）及液相色谱（HPLC）为主。液相色谱－质谱（LC-MS）、液相色谱－串联质谱（HPLC-MS/MS）等联用技术在药物分析、法医学、商检、环境科学、生命科学等领域的广泛应用和蓬勃发展，也不可避免地带动了兴奋剂检测方法的改进与发展。对于传统的外源性兴奋剂（如刺激剂、合成类固醇、β-阻断剂、利尿剂等药物）的检测方法已十分完善。运动员一旦使用了这些药物，则很难逃脱比赛中和比赛之外的兴奋剂检查。然而，现在一些运动员为了逃避传统的兴奋剂检查，开始使用另一类难以检测的药物（如内源性激素，包括睾酮、人体生长激素等）。睾酮是最常见的类固醇兴奋剂之一，检测比较麻烦，人体尿液中都有内源性睾酮排出，如何准确区分内源性和外源性类固醇兴奋剂，对兴奋剂检测技术提出了更高的要求。稳定同位素技术为内源性类固醇睾酮等的确证提供了可靠的检测方法。利用稳定同位素技术检测尿液，可以有效地验证运动员参赛前是否服用过激素类药物（Becchi et al., 1994; Aguilera et al., 2002）。这种方法已经得到国际奥林匹克委员会的认可，多个国家已经利用这种方法来检验参赛人员是否服用了睾酮激素或其他雄性激素（Bowers, 1997）。以下的两个著名实例充分说明了稳定同位素技术在检验运动员是否服用类固醇兴奋剂方面所发挥的重要作用。为了在2008年北京奥运会期间检测运动员是否服用了内源性兴奋剂，我国在位于北京的中国反兴奋剂中心专门配置了高灵敏度的同位素比率质谱仪，用于检测运动员尿样中的睾酮是内源分泌的还是外源摄入的，准确率接近100%，顺利完成了北京奥运会反兴奋剂确定的分析任务。

我国著名乒乓球运动员刘国梁在1999年荷兰举行的世乒赛上被检测出尿样中表睾酮超标，后来借助稳定同位素比率质谱仪，包括美国洛杉矶大学实验室在内的多家国际一流兴奋剂检测中心对刘国梁的尿样进行了多次检测，最终得出的结论是刘国梁表睾酮超标是自源性的，即其自身基因内分泌的结果，与违禁药物无关。同样是睾酮检测，位于夏特奈的法国反兴奋剂实验室使用同位素比率质谱仪对意大利车手莫雷尼的尿液进行了检测，发现检测出的睾酮并非莫雷尼自身产生的，而是因为服用了合成睾酮，莫雷尼被车队开除并被勒令退出当年的环法比赛。

以上详细论述了稳定同位素生态学原理和相关技术在食品溯源、假冒或掺假产品甄别以及违禁物品追踪等领域的应用原理和一些研究实例，充分显示出稳定同位素技术相对于传统方法的优越性和准确性及其在这些关系到我们日常生活与国家安全研究及生产实践中的应用前景。我国由于受设备条件和技术要求的限制以及这方面研究的滞后，稳定同位素技术在这些领域的应用尚为落后。近几年来，我国开始大力支持稳定同位素方面的研究工作，稳定同位素测试装置如先进质谱仪的引进，以及基于食品安全、国家安全等领域的同位素溯源技术研究的逐步开展，可以预测稳定同位素技术在我国食品安全、国家安全等领域的应用将会越来越广。

主要参考文献

- 郭波莉,魏益民,潘家荣.2006.同位素溯源技术在食品安全中的应用.核农学报20:148-153.
- 郭波莉,魏益民,潘家荣.2008.牛尾毛中稳定性碳同位素组成变化规律研究.中国农业科学41:2105-2111.
- 郭波莉,魏益民,潘家荣,魏帅.2009.稳定性氢同位素分析在牛肉产地溯源中的应用.分析化学37:1333-1336.
- 蒋露,薛洁,林奇,王昇静.2009. SNIF-NMR和IRMS技术在葡萄酒质量评价中的初步研究.食品与发酵工业34:139-143.
- 林维宣.2002.各国食品中农药兽药残留限量规定.大连:大连海事大学出版社.
- 牛丽影,胡小松,赵镭,高敏,廖小军,吴继红.2009.稳定同位素比率质谱法在NFC与FC果汁鉴别上的应用初探.中国食品学报9:192-197.
- 孙丰梅,王慧文,杨曙明.2008.稳定同位素碳、氮、硫、氢在鸡肉产地溯源中的应用研究.分析测试学报27:925-929.
- 孙淑敏,郭波莉,魏益民,樊明涛.2010.羊组织中碳、氮同位素组成及地域来源分析.中国农业科学43:1670-1676.
- 汪强,郭坤亮,熊正河,季克良.2009.茅台地区酱香白酒硼同位素比较研究.酿酒科技4:43-45.
- 王伟.2010.垃圾焚烧中抑制二噁英二次生成的方法探讨.化工设计通讯36:32-33.
- 吴宗贤,沈崇钰,陈惠兰,丁涛,吴斌,徐锦忠,陈正行.2007.高效液相色谱-串联质谱法测定肠衣中17种磺胺类药物残留量.分析试验室26:96-99.
- 杨红梅,路远发,段桂玲,吕红,刘焰,章丽娟,梅玉萍,马丽艳.2005.茶叶中铅同位素比值的测定方法.地球化学34:69-74.
- 叶珊珊,杨健,刘洪波.2009.农产品原产地判定的元素"指纹"分析进展.中国农业科技导报:34-40.
- 赵馨,王求芳,韩宏伟,宋凤英.2001.氢化物发生-原子荧光法测定保健食品中的砷.中国卫生检验杂志11:266-267.
- 中野明正,上原洋一.2006.イチゴの^{15}N値に及ぼす肥料および土壌窒素の影響.野菜茶業研究所研究報告5:7-13.
- Adami, L., S. V. Dutra, Â. R. Marcon, G. J. Carnieli, C. A. Roani, and R. Vanderlinde. 2010. Geographic origin of southern Brazilian wines by carbon and oxygen isotope analyses. Rapid Communications in Mass Spectrometry 24:2943-2948.
- Aguilera, R., C. K. Hatton, and D. H. Catlin. 2002. Detection of epitestosterone doping by isotope ratio mass spectrometry. Clinical Chemistry 48:629-636.
- Almeida, C. M. and M. Vasconcelos. 2001. ICP-MS determination of strontium isotope ratio in wine in order to be used as a fingerprint of its regional origin. Journal of Analytical Atomic Spectrometry 16:607-611.
- Almeida, C. M. and M. Vasconcelos. 2004. Does the winemaking process influence the wine $^{87}Sr/^{86}Sr$? A case study. Food Chemistry 85:7-12.
- Bahar, B., F. J. Monahan, A. P. Moloney, P. O'Kiely, C. M. Scrimgeour, and O. Schmidt. 2005. Alteration of the carbon and nitrogen stable isotope composition of beef by substitution of grass silage with maize silage. Rapid Communications in Mass Spectrometry 19:1937-1942.
- Barbaste, M., K. Robinson, S. Guilfoyle, B. Medina, and R. Lobinski. 2001. Precise determination of the strontium isotope ratios in wine by inductively coupled plasma sector field multicollector mass spectrometry (ICP-SF-MC-MS). Journal of Analytical Atomic Spectrometry 17:135-137.
- Bateman, A. S., S. D. Kelly, and T. D. Jickells. 2005. Nitrogen isotope relationships between crops and fertilizer: Implications for using nitrogen isotope analysis as an indicator of agricultural regime. Journal of Agricultural and Food Chemistry 53:5760-5765.
- Bateman, A. S., S. D. Kelly, and M. Woolfe. 2007. Nitrogen isotope composition of organically and conventionally grown crops. Journal of Agricultural and Food Chemistry 55:2664-2670.
- Becchi, M., R. Aguilera, Y. Farizon, M. M. Flament, H. Casabianca, and P. James. 1994. Gas chromatography/combustion/isotope-ratio mass spectrometry analysis of urinary steroids to detect misuse of testosterone in sport. Rapid Communications in Mass Spectrometry 8:304-308.
- Besacier, F., R. Guilluy, J. Brazier, H. Chaudron-Thozet, J. Girard, and A. Lamotte. 1997. Isotopic analysis of ^{13}C as a tool for comparison and origin assignment of seized heroin samples. Journal of Forensic Sciences 42:429-433.
- Binette, M. J., P. Lafontaine, M. Vanier, and L. K. Ng. 2009. Characterization of Canadian cigarettes using multi-stable isotope analysis by gas chromatography-isotope ratio mass spectrometry. Journal of Agricultural and Food Chemistry 57:1151-1155.
- Bowen, G. J., L. I. Wassenaar, and K. A. Hobson. 2005. Global application of stable hydrogen and oxygen isotopes to wildlife forensics. Oecologia 143:337-348.
- Bowers, L. D. 1997. Analytical advances in detection of performance-enhancing compounds. Clinical Chemistry 43:1299-1304.
- Branch, S., S. Burke, P. Evans, B. Fairman, and C. S. J. W. Briche. 2002. A preliminary study in determining the geographical origin of wheat using isotope ratio inductively coupled plasma mass spectrometry with ^{13}C, ^{15}N mass spectrometry. Journal of

- Analytical Atomic Spectrometry 18:17–22.
- Brencic, M. and P. Vreca 2006. Identification of sources and production processes of bottled waters by stable hydrogen and oxygen isotope ratios. Rapid Communications in Mass Spectrometry 20:3205–3212.
- Brescia, M., M. Monfreda, A. Buccolieri, and C. Carrino. 2005. Characterisation of the geographical origin of buffalo milk and mozzarella cheese by means of analytical and spectroscopic determinations. Food Chemistry 89:139–147.
- Cabañero, A.I., J. L. Recio, and M. Rupérez. 2008. Isotope ratio mass spectrometry coupled to liquid and gas chromatography for wine ethanol characterization. Rapid Communications in Mass Spectrometry 22:3111–3118.
- Camin, F., L. Bontempo, K. Heinrich, M. Horacek, S. D. Kelly, C. Schlicht, F. Thomas, F. J. Monahan, J. Hoogewerff, and A. Rossmann. 2007. Multi-element (H, C, N, S) stable isotope characteristics of lamb meat from different European regions. Analytical and Bioanalytical Chemistry 389:309–320.
- Chesson, L. A., L. O. Valenzuela, S.P.O'Grady, T.E.Cerling, and J.R. Ehleringer. 2010. Hydrogen and oxygen stable isotope ratios of milk in the United States. Journal of Agricultural and Food Chemistry 58:2358–2363.
- Christoph, N., G. Baratossy, V. Kubanovic, B. Kozina, A. Rossmann, C. Schlicht, and S. Voerkelius. 2004. Possibilities and limitations of wine authentication using stable isotope ratio analysis and traceability. Part 2: Wines from Hungary, Croatia and other European countries. Mitteilungen Klosterneuburg 54:144–158.
- Christoph, N., A. Rossmann, and S. Voerkelius. 2003. Possibilities and limitations of wine authentication using stable isotope and meteorological data, data banks and statistical tests. Part 1: Wines from Franconia and Lake Constance 1992 to 2001. Mitteilungen Klosterneuburg 53:23–40.
- Coetzee, P. P. and F. Vanhaecke. 2005. Classifying wine according to geographical origin via quadrupole-based ICP-mass spectrometry measurements of boron isotope ratios. Analytical and Bioanalytical Chemistry 383:977–984.
- de Smet, L. C. P. M., A. V. Pukin, G. A. Stork, C. Ric de Vos, G. M. Visser, H. Zuilhof, and E. J. R. Sudholter. 2004. Syntheses of alkenylated carbohydrate derivatives toward the preparation of monolayers on silicon surfaces. Carbohydrate Research 339:2599–2605.
- Doner, L. W., H. W. Krueger, and R. H. Reesman. 1980. Isotopic composition of carbon in apple juice. Journal of Agricultural and Food Chemistry 28:362–364.
- Ehleringer, J.R., J.F. Casale, D.A. Cooper, and M.J. Lott. 2001. Sourcing drugs with stable isotopes. In: Proceedings of the Sixth ONDCP International Counterdrug Technology Symposium, 26–28.
- Ehleringer, J. R., J. F. Casale, M. J. Lott, and V. L. Ford. 2000. Tracing the geographical origin of cocaine. Nature 408:311–312.
- Ehleringer, J. R., D. A. Cooper, M. J. Lott, and C. S. Cook. 1999. Geo-location of heroin and cocaine by stable isotope ratios. Forensic Science International 106:27–35.
- Fortunato, G., K. Mumic, S. Wunderli, L. Pillonel, J. Bosset, and G. Gremaud. 2003. Application of strontium isotope abundance ratios measured by MC-ICP-MS for food authentication. Journal of Analytical Atomic Spectrometry 19:227–234.
- Fronza, G., C. Fuganti, P. Grasselli, F. Reniero, C. Guillou, O. Breas, E. Sada, A. Rossmann, and A. Hermann. 1998. Determination of the ^{13}C content of glycerol samples of different origin. Journal of Agricultural and Food Chemistry 46:477–480.
- Gremaud, G., S. Quaile, U. Piantini, E. Pfammatter, and C. Corvi. 2004. Characterization of Swiss vineyards using isotopic data in combination with trace elements and classical parameters. European Food Research and Technology 219:97–104.
- Guillou, C., J. Koziet, A. Rossmann, and G. Martin. 1999. Determination of the ^{13}C contents of organic acids and sugars in fruit juices: An inter-comparison study. Analytica Chimica Acta 388:137–143.
- Heaton, K., S. D. Kelly, J. Hoogewerff, and M. Woolfe. 2008. Verifying the geographical origin of beef: The application of multi-element isotope and trace element analysis. Food Chemistry 107:506–515.
- Hegerding, L., D. Seidler, H. J. Danneel, A. Gessler, and B. Nowak. 2002. Oxygen isotope-ration-analysis for the determination of the origin of beef. Fleischwirtschaft 82:95–100.
- Jamin, E., J. Gonzalez, G. Remaud, N. Naulet, G. G. Martin, D. Weber, A. Rossmann, and H. L. Schmidt. 1997. Improved detection of sugar addition to apple juices and concentrates using internal standard ^{13}C IRMS. Analytica Chimica Acta 347:359–368.
- Kawasaki, A., H. Oda, and T. Hirata. 2002. Determination of strontium isotope ratio of brown rice for estimating its provenance. Soil Science and Plant Nutrition 48:635–640.
- Kelly, S., M. Baxter, S. Chapman, C. Rhodes, J. Dennis, and P. Brereton. 2002. The application of isotopic and elemental analysis to determine the geographical origin of premium long grain rice. European Food Research and Technology 214:72–78.
- Kelly, S. D., C. Rhodes, J. H. Lofthouse, D. Anderson, E. Christine, M. J. Dennis, and P. Brereton. 2003. Detection of sugar syrups in apple juice by δ^2H‰ and δ^{13}C‰ analysis of hexamethylenetetramine prepared from fructose. Journal of Agricultural and Food Chemistry

- 51:1801–1806.
- Larcher, R., G. Nicolini, and P. Pangrazzi. 2003. Isotope ratios of lead in Italian wines by inductively coupled plasma mass spectrometry. Journal of Agricultural and Food Chemistry 51:5956–5961.
- Levine, H. G. 2003. Global drug prohibition: Its uses and crises. International Journal of Drug Policy 14:145–153.
- Lim, S. S., W. J. Choi, J. H. Kwak, J. W. Jung, S. X. Chang, H. Y. Kim, K. S. Yoon, and S. M. Choi. 2007. Nitrogen and carbon isotope responses of Chinese cabbage and chrysanthemum to the application of liquid pig manure. Plant and Soil 295:67–77.
- Martin, G., J. Koziet, A. Rossmann, and J. Dennis. 1996. Site-specific natural isotope fractionation in fruit juices determined by deuterium NMR an European inter-laboratory comparison study. Analytica Chimica Acta 321:137–146.
- Meier-Augenstein, W. 2002. Stable isotope analysis of fatty acids by gas chromatography-isotope ratio mass spectrometry. Analytica Chimica Acta 465:63–79.
- Moreda-Piñeiro, A., A. Fisher, and S. J. Hill. 2003. The classification of tea according to region of origin using pattern recognition techniques and trace metal data. Journal of Food Composition and Analysis 16:195–211.
- Mottier, P., S. P. Khong, E. Gremaud, J. Richoz, T. Delatour, T. Goldmann, and P. A. Guy. 2005. Quantitative determination of four nitrofuran metabolites in meat by isotope dilution liquid chromatography-electrospray ionisation-tandem mass spectrometry. Journal of Chromatography A 1067:85–91.
- Nakano, A., Y. Uehara, and A. Yamauchi. 2003. Effect of organic and inorganic fertigation on yields, $\delta^{15}N$ values, and $\delta^{13}C$ values of tomato (*Lycopersicon esculentum* Mill. cv. Saturn). Plant and Soil 255:343–349.
- Nicolich, R. S., E. Werneck-Barroso, and M. A. S. Marques. 2006. Food safety evaluation: Detection and confirmation of chloramphenicol in milk by high performance liquid chromatography-tandem mass spectrometry. Analytica Chimica Acta 565:97–102.
- Papesch, W. and M. Horacek. 2009. Forensic applications of stable isotope analysis: Case studies of the origins of water in mislabeled beer and contaminated diesel fuel. Science and Justice: Journal of the Forensic Science Society 49:138–142.
- Piasentier, E., R. Valusso, F. Camin, and G. Versini. 2003. Stable isotope ratio analysis for authentication of lamb meat. Meat Science 64:239–247.
- Pilgrim, T. S., R. J. Watling, and K. Grice. 2010. Application of trace element and stable isotope signatures to determine the provenance of tea (*Camellia sinensis*) samples. Food Chemistry 118:921–926.
- Primrose, S., M. Woolfe, and S. Rollinson. 2010. Food forensics: Methods for determining the authenticity of foodstuffs. Trends in Food Science and Technology 21:582–590.
- Renou, J. P., G. Bielicki, C. Deponge, P. Gachon, D. Micol, and P. Ritz. 2004. Characterization of animal products according to geographic origin and feeding diet using nuclear magnetic resonance and isotope ratio mass spectrometry. Part II: Beef meat. Food Chemistry 86:251–256.
- Ritz, P., P. Gachon, J. P. Garel, J. C. Bonnefoy, J. B. Coulon, and J. P. Renou. 2005. Milk characterization: Effect of the breed. Food Chemistry 91:521–523.
- Rogers, K. M. 2008. Nitrogen isotopes as a screening tool to determine the growing regimen of some organic and nonorganic supermarket produce from New Zealand. Journal of Agricultural and Food Chemistry 56:4078–4083.
- Rossmann, A. 2001. Determination of stable isotope ratios in food analysis. Food Reviews International 17:347–381.
- Rossmann, A., G. Haberhauer, S. Hölzl, P. Horn, F. Pichlmayer, and S. Voerkelius. 2000. The potential of multielement stable isotope analysis for regional origin assignment of butter. European Food Research and Technology 211:32–40.
- Rossmann, A., J. Koziet, G. J. Martin, and M. J. Dennis. 1997. Determination of the carbon-13 content of sugars and pulp from fruit juices by isotope-ratio mass spectrometry (internal reference method). A European interlaboratory comparison. Analytica Chimica Acta 340:21–29.
- Sacco, D., M. A. Brescia, A. Buccolieri, and A. Caputi Jambrenghi. 2005. Geographical origin and breed discrimination of Apulian lamb meat samples by means of analytical and spectroscopic determinations. Meat Science 71:542–548.
- Schmidt, O., J. M. Quilter, B. Bahar, A. P. Moloney, C. M. Scrimgeour, I. S. Begley, and F. J. Monahan. 2005. Inferring the origin and dietary history of beef from C, N and S stable isotope ratio analysis. Food Chemistry 91:545–549.
- Schwertl, M., K. Auerswald, and H. Schnyder. 2003. Reconstruction of the isotopic history of animal diets by hair segmental analysis. Rapid Communications in Mass Spectrometry 17:1312–1318.
- Spencer, K., D. J. Shafer, R. W. Gauldie, and E. H. DeCarlo. 2000. Stable lead isotope ratios from distinct anthropogenic sources in fish otoliths: A potential nursery ground stock marker. Comparative Biochemistry and Physiology-Part A: Molecular and Integrative Physiology 127:273–284.
- Spitzke, M. E. and C. Fauhl-Hassek. 2010. Determination of the $^{13}C/^{12}C$ ratios of ethanol and higher alcohols in wine by GC-

- C-IRMS analysis. European Food Research and Technology 231:247–257.
- Thompson, D. R., S. Bearhop, J. R. Speakman, and R. W. Furness. 1998. Feathers as a means of monitoring mercury in seabirds: Insights from stable isotope analysis. Environmental Pollution 101:193–200.
- Vogel, J. C., B. Eglington, and J. M. Auret. 1990. Isotope fingerprints in elephant bone and ivory. Nature 346:747–749.
- Weckerle, B., E. Richling, S. Heinrich, and P. Schreier. 2002. Origin assessment of green coffee (*Coffea arabica*) by multi-element stable isotope analysis of caffeine. Analytical and Bioanalytical Chemistry 374:886–890.
- White, J. W. 1980. High-fructose corn syrup adulteration of honey: Confirmatory testing required with certain isotope ratio values. Journal of the Association of Official Analytical Chemists 63:1168.
- White, J. W. and L. W. Doner. 1978. Mass spectrometric detection of high-fructose corn syrup in honey by use of $^{13}C/^{12}C$ ratio: Collaborative study. Journal-Association of Official Analytical Chemists 61:746–750.
- Woodbury, S. E., R. P. Evershed, and J. Barry Rossell. 1998. Purity assessments of major vegetable oils based on $\delta^{13}C$ values of individual fatty acids. Journal of the American Oil Chemists' Society 75:371–379.
- Yoneyama, T., O. Ito, and W. M. H. G. Engelaar. 2003. Uptake, metabolism and distribution of nitrogen in crop plants traced by enriched and natural ^{15}N: Progress over the last 30 years. Phytochemistry Reviews 2:121–132.

索引

A

AMS 390,391,392

氨挥发 76,77,245-247,263,265,438

暗呼吸 60,95,96,105

B

饱和水汽压亏缺 105,111

饱和蒸气压差 142

贝叶斯概率反演技术 348

边界层 58,68,91,100-103,113,141,149

标准物 7-9,47,80

丙酮酸 59,61,90

C

C_3植物 4,57,61,89,106,111,142,162,172,217,232,343,352-354,379-381,402,438,462,468

C_3-C_4中间光合植物 90

C_4植物 4,57-59,89,162,166-168,217,277,309,353,378-385,438,452,465-468

Calvin-Benson循环 406

CAM 29,57,89,182,204,395

CCM 231-235

CH_4同位素分析仪 275

C_i/C_a 4,33,90,141,307,352-354,373

CO_2浓缩机制 231,232,235

CO_2同位素分析仪 49,50,275

CO_2圆屋顶 335,336

CO_2再循环 100,101

Craig-Gordon模型 4,72

颤藻黄素 388

持久性有机污染物 422,439

次生代谢 59,60

D

DIC 59,65,169,170,423,430

DIN 427-429

DOC 64,215,223-225

大气沉降监测计划 19

大气环流模式 151

大气降水 19,34,66,320,390,423,455

大气降水线 69,70,320,426,456

大气自由CO_2施肥实验 264,304-306

氮饱和 243,248,254,324,326

氮沉降 243,283,304,324,434

氮利用效率 264,306,325

氘 3,6,23,137

氘化水 137

地表径流 128

地球系统科学 25,309

地下水 34,55,128,136-140,244,311,344,394,424-427,461

地衣 211,230-235,252,254,432

点特异性天然同位素分馏核磁共振技术 469

电感耦合等离子体质谱仪 41

凋落物 63,95-98,195,212,222-225,246,310,317-319

动力学非平衡分馏 13,14

豆科根瘤固氮共生体 251

多分支类异戊二烯 403

多环芳烃 437-439

E

El Nino 278

1,5-二磷酸核酮糖羧化酶 14

厄尔尼诺 281,376,377

二次离子质谱仪 41

二噁英 449,471

二源混合模型 16,336

F

FACE 217,264,304-306,310

Fick's 定律 15

Finnigan Delta V 44

法医调查 191

法医学 24,449,479

反硝化 75-78,243,291,423,438

反硝化细菌法 261

放射性同位素 5,195,226,345,360

非质量相关分馏 13,14

非洲碳交换计划 22

分馏系数 12-16,56-58,106,164,191,244-246,383

封闭气室 304

峰聚焦 45

辐射强迫 284,290

富集 5,48,55-57,95,132-135,163,203,212,244,290,307,340,369,422,451,470-472

富营养化 243,388-390,404,424,427

G

GNIP 8,18,19,151

GPP 111,118,280,283,284

高温裂解元素分析仪 40

根际外土 245,263

根毛内菌根 318

根系 34,64,95-98,105,128,137-140,215,250,303,393,421

共生菌 230,231,234,247

共生藻 230-233

共质体途径 130-133

固氮细菌 193

冠层效应 33,35,100,145

光合作用 4,56-59,89-91,142,170,197,219,277,304,338,368,398-400,467,474

光腔衰荡激光光谱同位素分析仪 49,104,275

国际地圈-生物圈计划 25

国际公职分析化学家联合会 464,465

国际食品法典委员会 471

国际原子能机构 18,375

过渡态理论 4

H

Hatch-Slack 循环 406

海岸沙丘 139,322,324

海洛因 449,472-476,478

海平面上升 303,322

海雾 139,140,432

海洋沉积物 79,367,382,386,389,402-404,451

旱生植物 128,131,133,134,370

禾本科 58,90,378,379,398

褐腐真菌 213

红树植物 92,98,128,129,139,164

红外气体分析仪 34

湖泊沉积物 367,382,387

槲寄生　197，203，204

化石燃料　62，116，235，243，276-278，303，335，342-345，373，439

回补反应　220-222，224

混合营养型　197，198，199

活化络合物理论　4

I

IAEA　8-11，18，19，69，375

IPCC　317

ISCIRA-指数　466

IsoSource　135，167

J

基线营养富集度　174，175

季风　139，322，376-378，390-392，436

季风强度指数　377，378

继承性碳酸盐　392

《京都议定书》　303，314

甲烷　49，55，103，226，273，314，338，350，404

渐进性氮限制　256

茎水　106，128-131，319，321-323，371，372

景观　22-24，292，352，394，430

净光合同化速率　57，91

净生态系统交换　308

净生态系统生产力　308，309

绝对丰度　5，6

菌根网络　194

菌根真菌　192-194，197-199，203，220-222，257

K

Keeling曲线法　4，25，102，111，149，336

Kranz花环结构　89，379

开顶式气室　304，305

凯氏带　129，131，133

颗粒有机碳　169，170

可调谐二极管激光吸收光谱仪　275，336

可卡因　472-475，477，478

可溶性糖　60，146，147，225

矿化　59，75-78，212，243，252-255，306，352，393，422，437，451

L

LGR同位素分析仪　49

LTB-1　8

兰花植物　197，198

蓝细菌　230-233，252

蓝藻叶黄素　388

冷阱　34，35，46，47，374

冷阱/同位素质谱仪　46

连续流同位素比率质谱仪　43，44

联合国气候变化框架公约　303

磷脂脂肪酸　225，228，229

硫酸盐　11，79-81，172，422-425，432，435-437

卤水　426，427

氯丹　422

M

脉冲水分　136

酶化作用　288

美国国家标准局　8

美国国家海洋与大气管理局　20

美国国家生态观测网络　276

美国降水同位素网络　19

木质部水　17，68，128，132-138，320，372

木质素　60，211-215，223-225，368，376

木质素生物标记物　214

N

^{15}N标记法　243，244，249，257，258，263，264

N_2O　20，37，76，245，273，290-293，303，350

N_2O同位素分析仪　275

NAD-ME型　58

NADP-ME型　58

NBS　8-11

NEE　283，284，308，309

NEP　308-310

NO　45，245

NO_2　78，284，292，352，354-357，438

NOAA-CMDL-CCGG/INSTAAR2网络　20

NO_x　47，230，273，284，354，431

^{15}N自然丰度法　243，248-254，264

内生菌根　251，254

南方涛动　281，377

泥炭地　221，311-316

O

O_3　14，284，354-356

Ogallalla组　379

OTC　304，305

欧盟框架第五综合项目　21

P

PAHs　437-439

PBDEs　439，440

PCBs　422

PCK型　58

PDB　7-10，277，284

PEP酶　57，89

Péclet数　143

Picarro同位素分析仪　50

PLFAs　225-228

PM_{10}　335，357-359

$PM_{2.5}$　335，357-359

POM　169，178，423，430，431

POPs　422，439

判别值　12，58，90，110，129-131，163，233，245-247，280，320

泡囊-丛枝菌根　251

硼同位素　451

贫化　7，33，56，96，129，172，215，246，287，304，338，373，393，429，438，460

葡萄酒　452-455，464，469

Q

奇偶优势　402，403

气候监测和诊断实验室小样瓶收集网络　277

气孔导度　57，91，141-145，220，307，356，368

气溶胶　291，358，360，435-437

气体交换技术　91

气体同位素比率质谱仪　41

气相色谱-燃烧/热转换-同位素比率质谱联用仪　44

气相色谱-燃烧-同位素比率质谱联用仪　44

索引

气相色谱-热转换-同位素比率质谱联用仪　44

气相色谱仪　40，227，262，475

气相色谱-质谱　225，273，402

迁徙　24，161，162，178-182，474

铅同位素　451，452

羟基磷灰石　406，407

清晨水势　139，147，201，321

全球变化与陆地生态系统　21

全球大气采样与检测实验室　20

全球河流同位素网络　19

全球降水同位素网络　18，151

全球气候模型　21

全球示踪运输模型　115

全球植物动力模型　283

全球总初级生产力　114，118

全纤维素　40，170

R

Ricardo 组　379，380

Robin Hood 示意图　278，280

RuBP 酶　57，58，89

热力学平衡分馏　13

溶解二氧化碳　59，170

溶解无机氮　429

溶解无机碳　65，169，423

溶解有机碳　64，223

瑞利蒸馏　16

S

SIO/CIO 网络　19

SLAP　8，11

SMOW　7

SO_2　33，45，78-80，354，431-436

SOM　211，212，214-219，222，224，227

Suess 效应　220，222

三甲氧基可卡因　474，478

三羧酸循环　221

三峡大坝　168

森林火灾　376，377

森林实验生态系统　97

生态系统呼吸　25，62，95，219，280，304，341

生态系统判别　110

生态学　3-8，41，55，90，161，191，244，276，306，344，367，421，449

生物固氮　75，76，243，245，249-253，264，266

生物圈 2 号　370

生物圈-大气圈交换稳定同位素计划　21

生物圈-大气圈水分同位素网络　19

生物土壤结皮层　252

食物来源　23，78，161，170，406，449，470

食物链　5，161-163，216，421，439，471，472

世界气象组织　18

树干呼吸　96，233，234

树轮　23，127，147，255，256，367-378

双解卷积　277，280

双进样同位素质谱仪　43，44

双同位素区分法　18

双重下推　116

水分传导性　145

水分来源　17，34，128，134，307，322，368-370

水分利用效率　25，33，91，111，141，193，320，373

水分提升　137，138，193

水分真空抽提系统　38

水汽压亏缺　105，111，356

水蒸气 15-17, 34, 67, 102, 148-151, 231, 317, 399

瞬时蒸腾效率 141

锶同位素 451

松柏醇 213, 214

酸雨 80, 431, 435

碎屑食物链 172

羧化酶体 231

T

TER 284

TGA100 47, 48

Thermo-Finnigan MAT-253 273

TIMS 390-392

TRACE 450

苔藓 211, 229, 230, 314-316, 432-434

太阳活动 377

碳酸酐酶 74, 106, 118

碳酸氢盐 55, 64, 65

碳酸盐 33, 59, 379, 382-384, 392-395

碳循环温室气体团队 20

梯度-同位素法 113

甜菜糖 464, 467, 468

甜土植物 130, 131

条件取样技术 112

同化速率 57, 91, 113, 141

同位素比率 5, 66, 90, 165, 194, 215, 218-220, 344, 367, 421, 451-453, 473

同位素比率质谱仪 3, 33-35, 104, 219, 262, 273, 452, 473, 479

同位素比值 4, 37, 55, 106-111, 127, 167, 194, 243, 273, 303, 339, 367-371, 421, 449, 464-466

同位素不平衡参数 115, 116

同位素等值 182

同位素分馏 3, 35, 56-62, 90, 127-129, 163, 191, 243-248, 277, 316, 350, 367, 421, 451

同位素丰度 5, 43, 55, 249, 260, 452, 467, 472

同位素古温度 3

同位素混合模型 16, 135, 136

同位素景观 24, 430

同位素平衡状态 13, 16, 68, 72

同位素瑞利分馏 16

同位素示踪物脉冲 136

同位素通量 115, 117, 118, 280, 284

同位素稳定状态 68, 148, 149, 150

同位素稀释技术 258, 259

同位素效应 12, 55-57, 89, 109, 128, 215, 221-224, 248, 281, 310, 370

同位素印迹 181

同位素再循环指数 4

同位素质量平衡方程 166, 167

同位素组成梯度 113, 134

土壤呼吸 35, 74, 95-98, 211, 220-222, 284, 311-313, 336, 342-347, 394

土壤水 17, 34, 65, 112, 128, 254, 283, 341, 393

土壤有机质 64, 96-98, 211, 215-217, 248, 280, 306, 367, 383-385, 438

湍流混合 100, 101, 113, 149, 150

U

U系法 392

V

VOCs 275

V-PDB 8，10

V-SMOW 8-11

W

WMO 18

WUE 33，141，142，144-147，203，307

外生菌根 193，197，222，254，316

微生物共生体 195

微生物呼吸 77，96，108，109，220，222，224，308

维管束鞘 57，58，90

温室气体 20，273-276，289，290，303，311，335，350

稳定同位素 3-18，33，44-48，55，65-69，89，95-97，111-114，127-129，140-142，161-183，191-193，211，225-229，243，273-275，303-307，335，367-369，421-423，449-454，471-476

稳定同位素地球化学 7，22，24，40，393

稳定同位素生态学 3，5，22-26，382，449，479

涡度相关 111，112，283

涡度协方差 21，48，284，308

污染生态学 421，431，432，434，439

无氮水培 151

无叶绿素植物 196

五级撞击式大气颗粒物采样器 432

X

纤维素 4，37，75，142，170，213，280，307，368

香豆醇 213

硝酸盐 195，243，260-263，290-292，423

兴奋剂 449，478，479

悬浮颗粒有机物 178，423，430

Y

牙齿釉质 395，406，407

亚马孙河流域大尺度生物圈-大气圈实验 22

盐生植物 25，128-131

盐雾 139，322

叶面边界层 68

叶面积指数 100，308，325

叶肉质体 59

液相色谱-质谱仪 41

乙酰辅酶A 59，61

异托品基可卡因 474，478

异戊二烯 404

异养呼吸 220，222，308，314

营养动力学 175

营养级 3，22，77，161，167，173-178，191，217，243，285，305，439，440

营养级富集度 163，164

永久冻土 221，288，289，312，313

幼龄效应 368，373

雨量桶 34

雨量效应 375

玉米糖浆 464-467

元素分析仪 40，44，475

元素丰度 5

原生碳酸盐 382，383，392-394

原子百分比 6，7，258

原子过剩百分比 259

Z

真菌-异养植物 196

蒸发 4，34，61，102，128，201，288，307，335，370

蒸气摩尔分数 111

蒸散 5，102，148-150，288

蒸腾 34，67，102，129，203，307，335，342，370，376

蒸腾效率 141

正构烷醇 403

正构烷烃 387，402，403

政府间气候变化专门委员会 317

《中华人民共和国食品安全法》 450

质荷比 41，43

质谱法 41，468，472

质谱仪 3，33-35，40-46，104，219，260，273，398，452，469，473，475，479

中生植物 131

种间关系 191，200

自生碳酸盐 382，392

总初级生产力 106，111，114，118，278，308

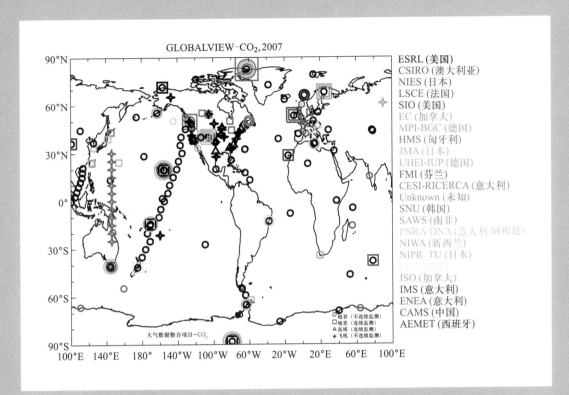

图1-4 NOAA-CMDL-CCGG/INSTAAR2网络的站点分布

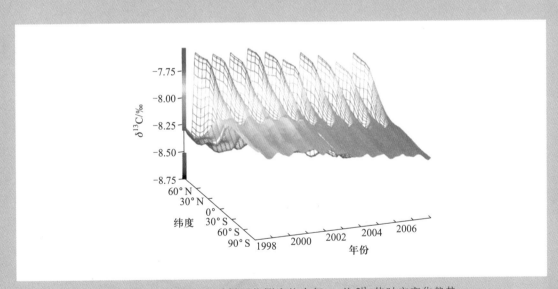

图3-5 美国NOAA/INSTAAR全球大气气瓶采样网络测出的大气CO_2的$\delta^{13}C$值时空变化趋势
(Vaughn et al., 2010)

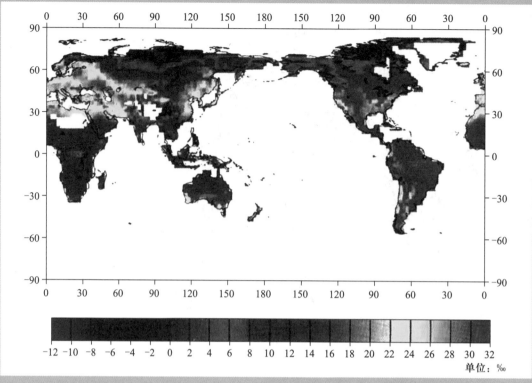

图4-11 植被光合作用对大气CO_2氧同位素的判别值(Δ_A)全球变化格局(Farquhar et al., 1993)

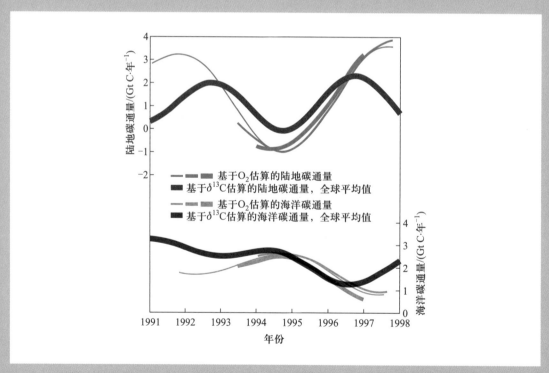

图4-14 利用大气氧气浓度和CO_2碳同位素比率估算的陆地和海洋碳汇年际变化(Battle et al., 2000)

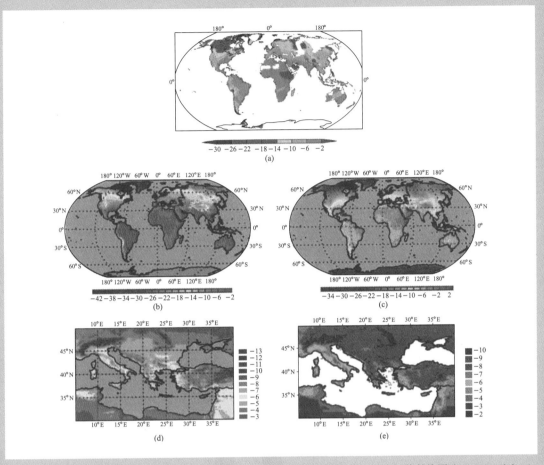

图5-10 年平均$\delta^{18}O_p$值的全球和局部示意图：(a)由Cressman客观分析法得到的内插值替换图（IAEA 2001）(Birks et al., 2002)；(b)依据年平均温度、降水量和海拔等参数得出的回归模型基底图（Farquhar et al., 1993；New et al., 1999)（U. S. National Geophysical Data Center, 1998）；(c)利用反距离平均加权法将纬度和海拔参数化得到的地统计学-回归模型混合图（http://waterisotopes.org；Bowen and Revenaugh, 2003)；(d)图(c)中标识的地中海地区$\delta^{18}O_p$值的放大图；(e)基于地统计学-回归模型混合法得到的地中海地区$\delta^{18}O_p$值的局部分布图（原始Krigin法)（Lykoudis and Argiriou, 2007）

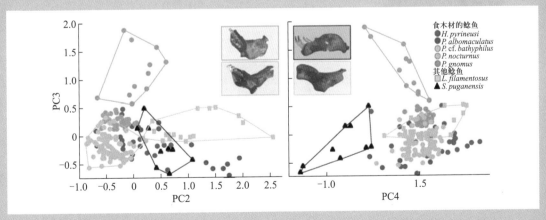

图6-5 不同鲶鱼下颌骨多元形态空间分布图（Lujan et al., 2011）

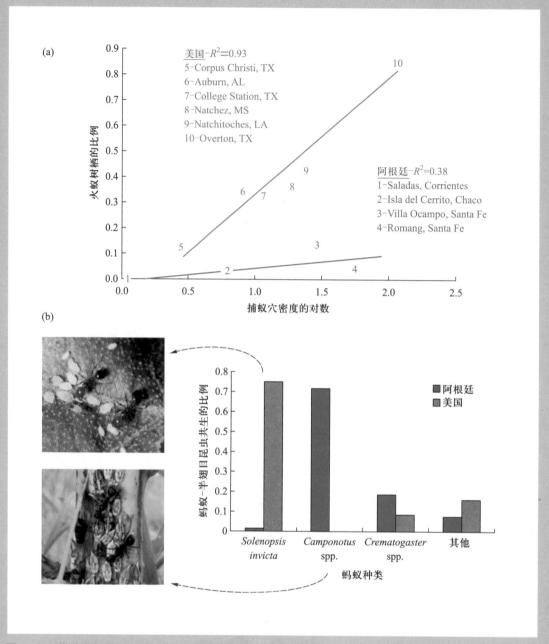

图7-4（a）美国和阿根廷两个地区火蚁树栖比例和捕蚁穴密度对数的关系；（b）蚂蚁种类与半翅目Hemiptera的共生关系（Wilder et al., 2011）

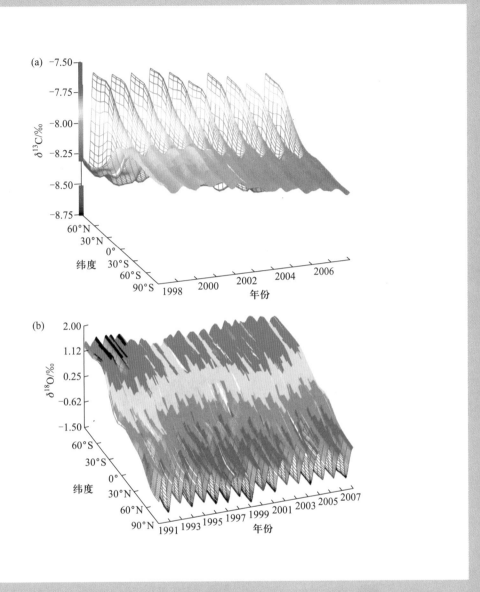

图10-2 全球大气CO_2碳、氧同位素组成的时空变化趋势(NOAA-CMDL)

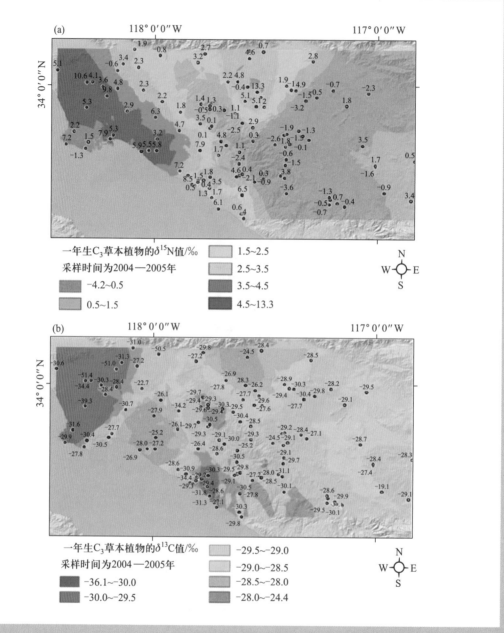

图12-16 洛杉矶盆地一年生C_3草本植物叶片（a）$\delta^{15}N$和（b）$\delta^{13}C$值（Wang and Pataki，2010）

郑重声明

高等教育出版社依法对本书享有专有出版权。任何未经许可的复制、销售行为均违反《中华人民共和国著作权法》，其行为人将承担相应的民事责任和行政责任；构成犯罪的，将被依法追究刑事责任。为了维护市场秩序，保护读者的合法权益，避免读者误用盗版书造成不良后果，我社将配合行政执法部门和司法机关对违法犯罪的单位和个人进行严厉打击。社会各界人士如发现上述侵权行为，希望及时举报，本社将奖励举报有功人员。

反盗版举报电话　（010）58581897　58582371　58581879
反盗版举报传真　（010）82086060
反盗版举报邮箱　dd@hep.com.cn
通信地址　　　　北京市西城区德外大街4号
　　　　　　　　高等教育出版社法务部
邮政编码　　　　100120

内容简介

稳定同位素生态学随着同位素技术在生态学领域内的广泛应用而诞生，成为先进技术推动的又一门生态学新分支学科。通过稳定同位素分析，不仅可以追踪自然界生源要素（碳、氮、磷、水等）的地球化学循环过程，还可研究动植物对环境胁迫和全球变化的生理生态响应、追踪污染物的来源与去向以及重建古气候和古生态过程等。本书系统论述稳定同位素技术在生态学及相关领域的应用原理，并着重阐述稳定同位素技术在研究不同时空尺度生态学格局和过程的应用案例及应用前景，可作为我国应用这一技术的生态学科研人员、研究生和实验室技术人员的参考书。

图书在版编目（CIP）数据

稳定同位素生态学 / 林光辉著. -- 北京：高等教育出版社，2013.8（2016.12重印）
ISBN 978-7-04-028497-3

Ⅰ. ①稳… Ⅱ. ①林… Ⅲ. ①稳定同位素-应用-生态学 Ⅳ. ①O562.6②Q14

中国版本图书馆CIP数据核字(2013)第018015号

策划编辑	李冰祥　柳丽丽	责任编辑	柳丽丽　关　焱
封面设计	王凌波	版式设计	王凌波
责任校对	刘　莉	责任印制	朱学忠
插图绘制	尹　莉		

出版发行　高等教育出版社
社　　址　北京市西城区德外大街4号
邮政编码　100120
购书热线　010-58581118
咨询电话　400-810-0598
网　　址　http://www.hep.edu.cn
　　　　　http://www.hep.com.cn
网上订购　http://www.landraco.com
　　　　　http://www.landraco.com.cn

印　　刷　北京信彩瑞禾印刷厂
开　　本　787mm×1092mm　1/16
印　　张　32.75
字　　数　605千字
版　　次　2013年8月第1版
印　　次　2016年12月第2次印刷
定　　价　139.00元

本书如有缺页、倒页、脱页等质量问题，请到所购图书销售部门联系调换
版权所有　侵权必究
物料号　28497-00